普通高等教育材料类系列教材

铸件成形原理

主　编　祖方遒
副主编　袁晓光　梁维中
参　编　刘洪喜　席　赟　张国赏　黄中月
主　审　孙国雄　陈其善

机械工业出版社

本书为高等学校材料成形及控制工程专业铸造方向的专业基础课教材，主要介绍金属凝固过程的基本概念、基本理论、组织形成规律及控制原理，以及与铸件成形相关的诸种缺陷的形成机制与控制原则，具体内容包括液态金属的结构与性质、凝固温度场、晶体形核与生长、单相合金凝固、多相合金凝固、铸件凝固组织的控制、特殊条件下的凝固技术、液态金属与气相和渣相的相互作用、凝固过程中的成分偏析、气孔和夹杂的形成与控制、凝固收缩过程中的缺陷形成与控制、固态冷却过程中的缺陷形成与控制。本书在内容取舍、表达方式、篇章布局等方面均进行了新的尝试，尤其在凝固基础知识方面做了较大程度的更新，力求在相关重要内容上与国内外当今的认知和发展水平同步，以体现高等教育教材应有的时代特征。

本书适用于材料成形及控制工程专业铸造方向本科教学，也可供在铸造、冶金及金属材料等领域从事技术和研发的专业人员以及相关专业的研究生参考。

图书在版编目（CIP）数据

铸件成形原理/祖方遒主编．—北京：机械工业出版社，2013.1
（2025.7重印）
普通高等教育材料类系列教材
ISBN 978-7-111-40306-7

Ⅰ.①铸…　Ⅱ.①祖…　Ⅲ.①铸件-成形过程-高等学校-教材　Ⅳ.①TG25

中国版本图书馆 CIP 数据核字（2012）第 263592 号

机械工业出版社（北京市百万庄大街22号　邮政编码100037）
策划编辑：冯春生　责任编辑：冯春生　韩　冰　版式设计：闫玥红
责任校对：张　媛　封面设计：张　静　责任印制：邓　博
北京中科印刷有限公司印刷
2025年7月第1版第9次印刷
184mm×260mm·21.5 印张·530 千字
标准书号：ISBN 978-7-111-40306-7
定价：54.80 元

电话服务　　　　　　　　　网络服务
客服电话：010-88361066　　机 工 官 网：www.cmpbook.com
　　　　　010-88379833　　机 工 官 博：weibo.com/cmp1952
　　　　　010-68326294　　金 书 网：www.golden-book.com
封底无防伪标均为盗版　　　机工教育服务网：www.cmpedu.com

普通高等教育材料类系列教材
编审委员会

主任委员　李荣德　沈阳工业大学

副主任委员（按姓氏笔画排序）

方洪渊	哈尔滨工业大学	王智平	兰州理工大学
朱世根	东华大学	许并社	太原理工大学
邢建东	西安交通大学	李大勇	哈尔滨理工大学
李永堂	太原科技大学	周　荣	昆明理工大学
聂绍珉	燕山大学	葛继平	大连交通大学

委　　员（按姓氏笔画排序）

丁雨田	兰州理工大学	文九巴	河南科技大学
王卫卫	哈尔滨工业大学（威海）	计伟志	上海工程技术大学
邓子玉	沈阳理工大学	刘永长	天津大学
刘金合	西北工业大学	华　林	武汉理工大学
毕大森	天津理工大学	许映秋	东南大学
闫久春	哈尔滨工业大学	何国球	同济大学
张建勋	西安交通大学	李　尧	江汉大学
李　桓	天津大学	李　强	福州大学
李亚江	山东大学	邹家生	江苏科技大学
周文龙	大连理工大学	武晓雷	中国科学院
侯英玮	大连交通大学	姜启川	吉林大学
赵　军	燕山大学	梁　伟	太原理工大学
黄　放	贵州大学	蒋百灵	西安理工大学
薛克敏	合肥工业大学	戴　虹	西南交通大学

秘 书 长　袁晓光　沈阳工业大学
秘　　书　冯春生　机械工业出版社

铸造方向教材编委会

主 任 委 员　李荣德　沈阳工业大学

副主任委员　（按姓氏笔画排序）
　　王智平　兰州理工大学　　　　朱世根　东华大学
　　李大勇　哈尔滨理工大学　　　李元元　华南理工大学
　　陈维平　华南理工大学　　　　周　荣　昆明理工大学
　　孟祥才　佳木斯大学　　　　　黄　放　贵州大学
　　傅高升　福州大学　　　　　　翟启杰　上海大学

委　　　员　（按姓氏笔画排序）
　　丁雨田　兰州理工大学　　　　刘敬福　辽宁工程技术大学
　　孙清洲　山东建筑大学　　　　米国发　河南理工大学
　　许春香　太原理工大学　　　　宋延沛　河南科技大学
　　李秋书　太原科技大学　　　　李培耀　上海工程技术大学
　　苏　勇　合肥工业大学　　　　陈美玲　大连交通大学
　　荣守范　佳木斯大学　　　　　祖方遒　合肥工业大学
　　赵占西　河海大学　　　　　　赵玉华　沈阳航空航天大学
　　徐　瑞　燕山大学　　　　　　袁晓光　沈阳工业大学
　　梁维中　黑龙江科技大学　　　曾大新　湖北汽车工业学院
　　樊自田　华中科技大学　　　　潘　冶　东南大学

秘 书 长　李润霞　沈阳工业大学
秘 　　书　冯春生　机械工业出版社

前　言

本书是根据中国机械工业教育协会材料成形及控制学科教学委员会于2009年8月在兰州召开的会议精神组织编写的铸造方向系列教材之一，主要用于高等学校材料成形及控制工程专业铸造方向专业基础理论课程的教学。

我国高等院校自1952年开始创办铸造专业（1998年按国家专业目录调整并入材料成形及控制工程专业），作为教学中论述铸件成形基础理论的这门专业主干课程，其教材发展经历了一个漫长的历程。早先的教材内容基本上是基于前苏联俄文版的有关书籍，如雷日可夫的《铸造生产理论基础》（1954）、魏尼克的《铸件凝固理论》（1960）、普利斯贝尔的《铸造过程理论》（1967）等。除各校的自编讲义外，最具代表性的是作为全国统编教材出版的《铸造合金原理》（舒光冀等，1961），以及此后多校合编的《铸造工艺学（工艺基础部分）》（1975、1977）和《铸造工艺基础》（1979）等教材。

1977年恢复高考后，我国高等教育百废待兴，鉴于缺乏适合于当时科技发展水平的铸造基础理论方面正规教材的情况，根据1978年4月原第一机械工业部在天津召开的高等学校对口专业座谈会精神，1978年6月在长沙召开的铸造专业教材会议上讨论并制订了《铸造形成理论基础》教材的编写大纲，会议委托李庆春教授担纲主编并组织该教材的编写工作，该教材编成后还未及正式出版即在全国多所高校用于77和78级铸造专业的教学，1982年由机械工业出版社以铸造专业全国统编教材正式出版。8年后在该教材的基础上，由安阁英、陈其善和曾松岩三位教授重新编写，教材改名为《铸件形成理论》并于1990年出版。这部教材基于原苏联《铸件形成理论基础》（Баладин，1979）以及20世纪50年代和60年代初其他书籍内容，也融入了《Principles of Solidification》（B. Chalmers，1964）和《Solidification Processing》（M. C. Flemings，1974）等著作的部分新内容，专业内具有里程碑意义。在此后几十年内该教材一直广泛用于铸造专业/方向的基础理论课的教学。虽然之后出版过若干类似教材，包括近年铸锻焊通用教材《材料成形（基本）原理》等，内容体系上对上述教材均少有突破。

欣然接受本书编写任务之后，在确定内容体系时，编者面临使命感及诸多疑虑间的两难抉择。一方面，过去几十年中，国内外凝固理论及技术原理方面不仅出现了一些新的认知和发展，即使对一些经典凝固内容，认识上也更趋于系统、深入和完善，或对物理过程描述和内容表达上也更具新意。而且，凝固技术、铸造产业水平和内涵也有了迅速发展和外延。若守着几十年前传统内容体系不变，"剪刀+糨糊"地做些调整或重写，延续教材"版本新而内容体系陈旧"的局面，则教材本身缺乏时代特征，更不利于人才的培养。而另一方面，若做到对传统内容体系有明显突破，编者并非没有顾忌。首先，经典内容的保留与更新，新内容重要性及权威性的研判与筛选，教材整体体系的构建等，需要编写人在原有知识构成基础上广泛收集资料和新的素材，并认真消化、梳理和凝练，这些对编者均构成任务上的挑战。而且，为此所消耗的大量时间与精力，同用之于写专著或做科研等相比，当今的认定准则却让编写人员不无得不偿失之感。再者，上述传统教材的内容及其体系深入人心，尤其对于授课教师更是如此，而且，教材新的内容体系要求教师在教学准备上多花时间，接受它必然会有阻力。两难抉择之际，我们请教、求证于国内一些资深专家，包括曾参加过传统教材的主要编写者以及企业高工，令人欣慰的是，他们的一致意见与编者的使命感高度地吻合——内容体系的更新势在必行。得不偿失的心态也好，习惯于传统内容的外界阻力也罢，方向既定则我们义无反顾地准备接受任务上的挑战。

基于上述考虑，这里对本教材的编写纲领和特点作几点说明。第一，关于内容的筛选，本书不刻板地拘泥于过去属本科还是研究生阶段的内容。道理很浅显，集成电路问世之初，在电子领域即使博士、教授也觉得深奥，而今本科教材中则必然涉及，因为时代在发展。因此，本书新增内容的取舍，取决于其重要性及当今的共识程度；而其表达深度和方式则以本科生的知识结构所决定的理解和接受能力为根据。第二，除了新增内容之外，对一些经典内容的介绍，基于内涵上新的发展或表达上的严谨性、系统性、易懂性的需要，在内容陈述、公式引出、示例说明等方面也进行了一定程度的更新，替换并新增了较多的示意图及实例图，其中一些图例是以往国内教科书中未见的。对于新增内容以及经典内容的更新与重新表达，本教材主要参考了《Fundamentals of solidification》（W. Kurz 等，第 4 版，1998）、《Science and engineering of casting solidification》（D. M. Stefanescu，2002）等专著，也广泛参考了国内外学术期刊上近年相关的重要论文。第三，关于撰写风格，本教材对一些内容着意采取开放式写法，即在介绍现代共识性知识的同时，也让学生知晓其相关理论并非完全成熟的现实及目前的发展现状。其考虑主要基于，科学理论或技术原理的发展都具有其时代性与阶段性，若对所有的知识内容在表达上都言之凿凿，给读者以完美无缺之感，则不利于学生开放性思维习惯的形成，更不利于学生创新意识的培养。第四，本书将关于凝固基本原理的第 1~7 章内容作为上篇；关于铸件在凝固及后续冷却过程缺陷形成的第 8~12 章内容作为下篇。考虑到铸造方向当前无"冶金原理"方面的课程，而此方面基本知识对于凝固缺陷形成与控制是不可或缺的，故本书专门新增一章内容（第 8 章），简要介绍液态金属与气体、熔渣和铸型材料之间的冶金作用过程和原理。第五，由于上述几方面原因，本书就相关主要内容在各章后面对应给出了较为详细且有针对性的参考文献。这些文献将有助于一些读者对相关内容作进一步的深入了解和探究，相信对本科大学生的自主学习有用，对研究生及专业科技人员也具有参考价值。

本书由合肥工业大学祖方遒教授任主编，沈阳工业大学袁晓光和黑龙江科技大学梁维中两位教授任副主编，东南大学孙国雄、合肥工业大学陈其善两位教授任主审。在祖方遒的主持下，通过充分调研与论证，确定了本书的编写纲领和内容大纲。编写分工为：第 1、3、4、5 章由祖方遒编写，第 2、7 章由袁晓光编写，第 6、11 章由梁维中编写，第 8、12 章由昆明理工大学刘洪喜教授编写，第 9 章由合肥工业大学席赟高工编写，第 10 章由河南科技大学张国赏副教授编写，第 6 章的 6.6 节由合肥工业大学黄中月博士编写，绪论由袁晓光、梁维中和祖方遒共同完成。祖方遒对各章书稿在三轮内部评阅中给出了详细的内容调整和修改意见，初稿形成后于 2011 年 7 月提交主审。根据 2011 年 11 月广州教材审稿会上两位主审中肯的审稿意见，编写人分别对书稿进行了认真修改。修改稿经内审并部分修改后再次提交主审，其后参考二审意见再行修订后于 2012 年 5 月最终定稿。

成稿之际，衷心感谢对本书给予帮助与支持的所有同行和专家！在辛苦付出之后虽觉释然，也深感难以满意。由于编者水平所限，加之内容更新与表达上力图做些尝试，教材中不妥和错误之处在所难免，恳请读者和相关专家不吝批评指正。

编 者

目 录

前言
绪论 ·· 1

上篇 金属凝固基本原理

第1章 液态金属的结构与性质 ········· 10
1.1 引言 ·· 10
1.2 液态金属的结构 ··· 11
  1.2.1 液体与固体、气体的结构比较及衍射特征 ············· 11
  1.2.2 由物质熔化过程认识液体结构 ······ 13
  1.2.3 液态金属结构的理论模型 ·········· 16
  1.2.4 实际金属的液态结构 ·················· 18
  1.2.5 对液态结构的再认识及研究新进展 ·· 19
1.3 液态金属的性质 ··· 22
  1.3.1 液态金属的粘度 ························· 22
  1.3.2 液态金属的表面张力 ················ 25
1.4 液态金属的充型能力 ································ 31
  1.4.1 液态金属充型能力的基本概念 ······ 31
  1.4.2 液态金属的停止流动机理与充型能力 ······································ 32
  1.4.3 影响充型能力的因素 ················ 34
思考与练习 ··· 39

第2章 凝固温度场 ···································· 42
2.1 传热基本原理 ··· 42
  2.1.1 基本概念 ···································· 42
  2.1.2 热量的传递形式 ························· 43
  2.1.3 导热基本定律 ···························· 44
2.2 铸件的传热特点 ·· 46

2.3 铸件凝固温度场的研究方法 ············· 48
  2.3.1 铸件凝固温度场的数学解析法 ······ 49
  2.3.2 铸件凝固温度场的数值计算法 ······ 53
  2.3.3 铸件凝固温度场的测量法 ········ 57
2.4 铸件的凝固时间 ·· 60
  2.4.1 铸件凝固过程的平方根定律 ········· 60
  2.4.2 铸件凝固时间计算中的折算厚度法 ·· 62
2.5 影响铸件温度场的因素 ························· 64
2.6 铸件凝固方式及与铸件质量的关系 ··· 68
  2.6.1 铸件凝固区域结构 ····················· 68
  2.6.2 铸件凝固方式及影响因素 ········ 70
  2.6.3 铸件凝固方式与内部质量的关系 ·· 71
思考与练习 ··· 73

第3章 晶体形核与生长 ························· 75
3.1 引言 ··· 75
3.2 液-固相变驱动力及过冷度 ················· 78
  3.2.1 液-固相变驱动力 ······················· 78
  3.2.2 凝固过冷度 ································ 79
3.3 凝固形核 ·· 83
  3.3.1 均质形核 ···································· 83
  3.3.2 非均质形核与均质形核的比较 ······ 84
  3.3.3 非均质形核的形核条件 ············ 90
3.4 晶体生长 ·· 90
  3.4.1 固-液界面的微观结构 ·············· 90
  3.4.2 晶体生长方式 ···························· 93
思考与练习 ··· 98

第4章 单相合金凝固 ·········· 99
4.1 凝固过程中的溶质再分配 ·········· 99
- 4.1.1 溶质平衡分配系数 ·········· 99
- 4.1.2 平衡凝固条件下的溶质再分配 ·········· 101
- 4.1.3 固相无扩散而液相充分混合均匀的溶质再分配 ·········· 102
- 4.1.4 固相中无扩散而液相中只有有限扩散的溶质再分配 ·········· 103
- 4.1.5 液相中部分混合（有对流作用）的溶质再分配 ·········· 107

4.2 合金凝固界面前沿的成分过冷 ·········· 109
- 4.2.1 成分过冷的形成及其条件 ·········· 109
- 4.2.2 成分过冷形成的判据 ·········· 111
- 4.2.3 成分过冷的程度 ·········· 112

4.3 成分过冷对合金单相固溶体结晶形态的影响 ·········· 112
- 4.3.1 热过冷对纯物质液-固界面形态的影响 ·········· 112
- 4.3.2 成分过冷对合金固溶体晶体形貌的影响规律 ·········· 114
- 4.3.3 窄成分过冷作用下胞状组织的形成及其形貌 ·········· 115
- 4.3.4 较宽成分过冷作用下的枝晶生长 ·········· 117
- 4.3.5 等轴晶的形成与内生生长 ·········· 119

4.4 界面稳定性动力学分析 ·········· 122
4.5 枝晶间距 ·········· 124
- 4.5.1 胞状晶及柱状树枝晶的一次间距 ·········· 125
- 4.5.2 柱状树枝晶及等轴树枝晶的二次间距 ·········· 128

思考与练习 ·········· 130

第5章 多相合金凝固 ·········· 134
5.1 共晶组织的分类及特点 ·········· 134
5.2 规则共晶的凝固 ·········· 136
- 5.2.1 层片状共晶组织的形核过程 ·········· 136
- 5.2.2 层片状共晶组织的扩散耦合生长 ·········· 137
- 5.2.3 层片状共晶组织生长的界面过冷度 ·········· 139
- 5.2.4 确定共晶片层间距的最小过冷度准则 ·········· 140
- 5.2.5 棒状共晶生长 ·········· 143

5.3 共晶与枝晶相的竞争生长 ·········· 144
- 5.3.1 共晶生长界面的失稳 ·········· 144
- 5.3.2 偏离平衡相图的共晶共生区 ·········· 146
- 5.3.3 离异生长及离异共晶 ·········· 150

5.4 非小平面-小平面非规则共晶的一般特征及形成机制 ·········· 151
5.5 灰口铸铁的非规则共晶结晶 ·········· 154
- 5.5.1 奥氏体-石墨（γ-G）共晶的多种方式 ·········· 154
- 5.5.2 灰铸铁的共晶（片状石墨＋奥氏体）结晶 ·········· 155
- 5.5.3 球墨铸铁的共晶（球状石墨＋奥氏体）结晶 ·········· 157

5.6 Al-Si 合金的非规则共晶结晶 ·········· 160
- 5.6.1 未变质 Al-Si 合金的共晶生长 ·········· 160
- 5.6.2 变质元素对共晶硅生长方式的作用——IIT 机制 ·········· 162
- 5.6.3 变质处理对 Al-Si 共晶形核的作用——限制形核机制 ·········· 164
- 5.6.4 变质处理与 Al-Si 合金共晶结晶动力学 ·········· 166
- 5.6.5 Al-Si 合金熔体的表面张力与变质效果 ·········· 168

5.7 包晶凝固 ·········· 169
- 5.7.1 包晶凝固过程 ·········· 169
- 5.7.2 包晶转变中的相竞争 ·········· 171

思考与练习 ·········· 174

第6章 铸件凝固组织的控制 ·········· 178
6.1 铸件宏观组织特征 ·········· 178
6.2 表面激冷晶区的形成机理 ·········· 179
6.3 柱状晶区的形成机理 ·········· 180
6.4 内部等轴晶区的形成机理 ·········· 180
- 6.4.1 成分过冷理论 ·········· 181
- 6.4.2 激冷等轴晶型壁脱落与游离理论 ·········· 181
- 6.4.3 枝晶熔断及结晶雨理论 ·········· 183

6.5 铸件宏观凝固组织控制 ·········· 184
6.6 凝固组织与熔体热历史的相

关性 …………………………………… 192
  6.6.1 熔体热历史与凝固相关性 ……… 193
  6.6.2 凝固行为及组织与熔体状态相
     关性的认识 …………………………… 194
 思考与练习 …………………………………… 197

第7章 特殊条件下的凝固 … 199
 7.1 快速凝固 …………………………………… 199
  7.1.1 快速凝固原理 ………………………… 199
  7.1.2 快速凝固工艺 ………………………… 201
  7.1.3 快速凝固材料的特点 ……………… 204
 7.2 块体非晶合金 …………………………… 205
  7.2.1 块体非晶合金形成的理论基础 … 206
  7.2.2 多组元块体的非晶合金设计 …… 209
  7.2.3 非晶合金复合材料 ………………… 210
  7.2.4 块体非晶合金的性能及应用 …… 212
 7.3 定向凝固 …………………………………… 214
  7.3.1 定向凝固原理 ………………………… 214
  7.3.2 定向凝固工艺 ………………………… 214
  7.3.3 定向凝固的应用 ……………………… 216
 7.4 超常条件下的凝固 ……………………… 220
  7.4.1 微重力凝固 …………………………… 220
  7.4.2 超重力凝固 …………………………… 222
  7.4.3 超高压凝固 …………………………… 222
 思考与练习 …………………………………… 224

下篇 铸件成形过程缺陷形成与控制

第8章 液态金属与气相和渣相的相
互作用 ……………………………… 227
 8.1 铸件成形过程中气体的来源与
   产生 ………………………………………… 227
  8.1.1 气体的来源 …………………………… 227
  8.1.2 铸型内的气体 ………………………… 228
 8.2 气体在金属中的溶解 …………………… 231
  8.2.1 气体在金属中的存在形式 ……… 231
  8.2.2 气体在金属中的溶解度 …………… 232
  8.2.3 双原子气体在液态金属和合金
     中的溶解 ……………………………… 233
  8.2.4 化合态气体在金属和合金中的
     溶解 ……………………………………… 238
 8.3 氧化性气体对金属的氧化 ……………… 239
  8.3.1 金属氧化还原方向的判据 ……… 239
  8.3.2 自由氧对金属的氧化 ……………… 240
 8.4 气体的影响和控制 ……………………… 240
  8.4.1 气体对金属质量的影响 …………… 240
  8.4.2 气体的控制措施 ……………………… 241
 8.5 熔渣的作用与形成 ……………………… 241
  8.5.1 熔渣的作用与铸造熔渣的分类 … 241
  8.5.2 熔炼过程中的熔渣来源与构成 … 242
 8.6 熔渣的结构及碱度 ……………………… 243
  8.6.1 熔渣结构的分子理论 ……………… 243
  8.6.2 熔渣结构的离子理论 ……………… 244
  8.6.3 离子与分子共存理论 ……………… 247
  8.6.4 熔渣的碱度 …………………………… 247
 8.7 渣相的物理性质 ………………………… 248
 8.8 活性熔渣对金属的氧化 ………………… 250
 8.9 液态金属的脱氧、脱碳、脱
   硫和脱磷 ………………………………… 252
  8.9.1 液态金属的脱氧 ……………………… 253
  8.9.2 液态金属的脱碳 ……………………… 256
  8.9.3 液态金属的脱硫 ……………………… 257
  8.9.4 液态金属的脱磷 ……………………… 259
 思考与练习 …………………………………… 260

第9章 凝固过程中的成分偏析 …… 262
 9.1 引言 ………………………………………… 262
 9.2 显微偏析 …………………………………… 263
  9.2.1 晶内偏析（枝晶偏析） …………… 263
  9.2.2 晶界偏析 ……………………………… 266
 9.3 宏观偏析 …………………………………… 266
  9.3.1 正常偏析 ……………………………… 267
  9.3.2 逆偏析 ………………………………… 268
  9.3.3 带状偏析 ……………………………… 269
  9.3.4 V型及逆V型偏析 ………………… 270
  9.3.5 密度偏析 ……………………………… 272
 思考与练习 …………………………………… 272

第10章 气孔和夹杂的形成与控制 …… 273
 10.1 引言 ……………………………………… 273
 10.2 铸件中的气孔 ………………………… 274
  10.2.1 气孔的分类及特征 ……………… 274
  10.2.2 气体在金属中的析出 …………… 275
  10.2.3 析出型气孔 ……………………… 279
  10.2.4 侵入型气孔 ……………………… 280
  10.2.5 反应型气孔 ……………………… 282

10.3 铸件中的夹杂 …………………… 285
　10.3.1 概述 ………………………… 285
　10.3.2 夹杂物的形成原因 …………… 286
　10.3.3 夹杂物的长大、分布及形状 …… 287
　10.3.4 夹杂物的防止措施 …………… 288
思考与练习 …………………………… 289

第11章　凝固收缩过程中的缺陷形成与控制 ……………………………… 291

11.1 金属的收缩 ……………………… 291
　11.1.1 收缩的基本概念 ……………… 291
　11.1.2 铸铁的收缩 …………………… 292
　11.1.3 铸钢的收缩 …………………… 295
　11.1.4 铸件的收缩 …………………… 296
11.2 缩孔与缩松的分类及特征 ……… 297
　11.2.1 缩孔 …………………………… 297
　11.2.2 缩松 …………………………… 298
11.3 缩孔与缩松的形成机理 ………… 299
　11.3.1 缩孔的形成机理 ……………… 299
　11.3.2 缩松的形成机理 ……………… 300
　11.3.3 铸铁件的缩孔及缩松形成特点 …………………………………… 302
11.4 影响缩孔与缩松的因素及防止措施 ……………………………… 303
　11.4.1 影响缩孔与缩松的因素 ……… 303
　11.4.2 影响灰铸铁和球墨铸铁缩孔与缩松的因素 ……………………… 304
　11.4.3 防止缩孔与缩松的措施 ……… 305
11.5 热裂纹的形成与控制 …………… 309
　11.5.1 热裂纹的分类及形成机理 …… 309
　11.5.2 热裂纹的影响因素及防止措施 …………………………………… 311
思考与练习 …………………………… 314

第12章　固态冷却过程中的缺陷形成与控制 ……………………………… 316

12.1 铸造应力 ………………………… 316
　12.1.1 应力的分类和危害 …………… 316
　12.1.2 铸件热应力的形成 …………… 319
　12.1.3 影响铸造应力的因素 ………… 320
　12.1.4 减小铸造应力的途径 ………… 321
　12.1.5 降低铸造应力的方法 ………… 322
12.2 铸件变形 ………………………… 324
　12.2.1 铸件变形种类 ………………… 324
　12.2.2 铸件变形的影响因素 ………… 326
　12.2.3 防止铸件变形的途径 ………… 327
12.3 铸件裂纹 ………………………… 328
　12.3.1 热裂纹 ………………………… 328
　12.3.2 冷裂纹 ………………………… 329
思考与练习 …………………………… 330

绪 论

1. 材料与材料成形

材料是划分人类文明进程的重要标志,史学家们据此将人类发展历史分为石器时代、青铜器时代和铁器时代。当今,由于科学技术的飞速发展以及社会进步所带来的各个层面和各个领域对材料的新的更高需求,使得材料的品种和数量不断增多、质量不断提高。在金属材料方面,加大了对各类黑色、有色金属及其合金的研究,并扩大了其应用范围,如钢铁材料、铝合金、锌合金、铜合金、镁合金、钛合金等。在非金属材料方面,高分子材料、合成纤维等的性能日趋提高,它们在结构材料中的应用范围逐渐扩大并日益显示出发展潜力;韧化陶瓷、功能陶瓷、人造金刚石以及各种复合材料、表面涂层等新材料的效能进一步得以发挥。从材料的使用功能来看,以往多以结构材料为主,而今发展出超强、超韧、超硬、耐磨、耐蚀、耐高温等各类特性材料,以满足更严酷的服役条件,取得更长的使用寿命;激光晶体、超导材料、光导纤维、电/磁流变液材料、电/磁致伸缩材料、形状记忆合金等新材料的发现和应用,使得功能材料异军突起,屡建奇功;半导体材料自问世以来,发展成现今日新月异的集成电路,引发了电子、信息及通信等领域的产业革命狂潮;各种换能、储能等新能源材料的出现已引起各国的普遍重视。从材料的微观结构来看,人们在不断地探索和制备多晶、单晶、微晶、纳米晶、准晶、非晶等材料,获得相异的特殊性能,满足不同的需求。

材料是现代文明各个领域不可缺少的物质基础,而材料的应用价值体现在形成具有一定形状、尺寸及结构并具备所需使用性能的零件、部件及构件,并以特定方式组合、装配而构成各种装置、设备、仪器、设施、器件或用具,从而服务于各行各业。材料制备成零件、部件及构件等产品的工艺过程称为"材料成形",材料成形一般包括铸件成形、塑性成形、连接成形、粉末冶金及切削加工等。目前高等学校的材料成形及控制工程专业囊括了以往所称的铸造、锻压、焊接、粉末冶金等多个传统专业,也涵盖了高分子材料、复合材料等材料的成形方法。随着科学技术的不断发展以及新材料、新工艺的不断涌现,材料成形的内涵和外延仍在不断地发展与拓宽,材料成形向着精密、柔性、复合、高效、清洁、优质及智能方向不断发展。

材料成形与各行各业密不可分,可以毫不夸张地说,没有材料成形就没有现代工业、现代农业、交通运输、城市建设、能源与矿产等国民经济的基础设施和精良装备;没有材料成形就没有现代通信、自动控制、航海、航空航天等高技术领域的存在;没有材料成形,人民生活需求及国防建设就没有保障。

本课程主要以金属材料为对象,讨论铸件成形基本原理方面的内容。

2. 铸件成形在材料成形中的地位与特点

铸件成形是材料成形方法的一种,也称为铸造。铸件成形是将液态金属浇入到具有一定形状的型腔中，液态金属在重力场或其他外力场的作用下充满型腔，冷却并凝固形成具有型腔形状的物体。铸件成形的方法很多，通常从砂型铸造到各种形式的特种铸造，但其基本特点是相同的，首先都要熔炼出符合化学成分要求的液态金属，然后将液态金属充填铸型，待冷却、凝固后成为铸件。在金属材料的成形过程中，除了通过粉末成形和电铸法等获得特殊金属制品外，几乎所有金属制品及其原材料都要经历至少一次的冶炼和凝固过程。铸件的性能、铸锭经过塑性成形制备的各种型材的性能、铸件经焊接制成的构件性能，以及金属铸锭经切削成形获得的制品性能，都要受到铸件或铸锭最原始的凝固组织的影响。因此，铸件成形在材料成形过程中具有不可取代的地位，研究铸件成形原理对获得高质量的金属制品具有十分重要的意义。

在各种材料成形方法中，铸造方法具有以下独到的优点：

1）适用范围广。铸造法几乎不受铸件大小、厚薄和形状复杂程度的限制，铸件的壁厚可达到 0.3~1000mm，长度可从几毫米到十几米，质量可从几克到数百吨。铸造最适合生产形状复杂的结构件，特别是内腔复杂的零件，如复杂的箱体、阀体、叶轮、发动机气缸体、螺旋桨等。

2）铸造可采用的材料广泛，几乎凡是能熔化成液态的合金材料均可用于铸造，如铸钢、铸铁，各种铝合金、铜合金、镁合金、钛合金及锌合金等。对于塑性较差的脆性合金材料（如普通铸铁等），铸造是唯一可行的成形方法。

3）铸件具有一定的尺寸精度，一般情况下，铸件比普通锻件、焊接件的成形尺寸精确。

4）成本低廉、综合经济性能好、能源与材料消耗及成本均低于其他金属成形方法。

3. 中国古代的铸造技术

铸造是一种古老的技术，在人类发展的历史长河中，铸造有着许多辉煌记载和重要贡献。

中国的铸造历史源远流长，五千多年的铸造技术发展史都印证在青铜器和铁器上。根据对出土文物的考证，前三千年以青铜器为主，后两千年以铸铁为主。1978 年湖北随县曾乙侯墓出土的青铜器编钟，是在距今 2400 多年前的战国初期制造的，如图 0-1 所示。该编钟有 64 件共分 8 组，总质量为 2500kg，其中最大的编钟质量为 203.6kg，高 153.4cm，最小的编钟质量为 2.4kg，高 20.2cm。曾乙侯编钟音色优美淳朴，音域宽广，音律准确，可演奏中外名曲，其纹饰繁美，玲珑剔透，充分体现了该时期铜合金熔炼和铸造技术的最高水平。

由于我国青铜铸造技术的快速发展，在商代已经获得了 1200℃ 以上的炉温，极大地促进了铸铁技术的发展。到了战国中期，由生铁铸造的工具已经取代了青铜，成为主要的生产工具。由于对生铁工具的大量需求，促使金属型铸造在战国时期就开始使用了，同时也促成了球墨铸铁在西汉晚期的出现。隋唐以后，铸造技术向大型及特大型铸件发展。河北沧县的五代时期铁狮长 5.3m、高约 5.4m、宽 3m、质量约 40t，如图 0-2 所示，是由数百块约 30cm 见方的铁块采用分节叠铸的方法拼铸而成的，其铸造技术充分显示了我国高超的铸铁工艺。湖北当阳的北宋铁塔由十三层叠成，质量约 8300kg，铁塔上铸有 2279 尊栩栩如生的佛像，其铸造工艺精湛，造型挺秀典雅，如图 0-3 所示。

失蜡法铸造在我国具有悠久的历史，许多精美的青铜艺术品都采用失蜡法铸造。北京故宫内象征着江山万代永固及万寿无疆的铜狮、铜龟及铜麒麟等都是明清时期的代表作,如图 0-4 所示。现代的熔模精密铸造就从失蜡法发展而来。

图 0-1　曾乙侯编钟（青铜铸造）

图 0-2　五代铁狮

图 0-3　北宋铁塔

图 0-4　明代铸造的太和门铜狮

可以说,我国的铸造历史悠久,工艺水平精湛,对世界铸造技术的发展做出了举世公认的贡献。

4. 现代凝固理论及铸造技术的发展

随着现代科学技术的发展和不断提高的社会需求,铸造技术及其产业的水平和内涵有了迅速发展和外延。在国民经济诸多领域的基础设施和精良装备中,在国家大型工程、国防科技、航海、航空航天等高技术领域中,铸件成形技术及产品都发挥着不可替代的重要作用。日益增长的社会需求对铸件的性能要求越来越高,应用范围需求越来越广,合金类别要求越来越多,质量要求越来越轻,结构要求越来越复杂,环境保护及节约资源要求也越来越苛刻,这些都极大地促进了现代凝固理论及铸造技术的发展。

（1）凝固理论及凝固技术的发展　凝固理论是金属铸造技术最重要的基础,其发展奠定了铸件成形的基本原理。凝固科学并非铸件成形所独有的基础理论,它与凝聚态物理、数学、热力学、材料学、化学等基础科学及众多工程科学与技术体系相互交叉，并通过凝固基础理论的研究发展，同时又不断地从冶金、晶体生长、空间科学、化工、机械、电子、信息、计算科学等领域汲取营养，迄今已初步构筑成一个凝固科学与材料凝固加工技术的应用与研究体系，人们甚至将凝固科学称为大科学。

现代凝固理论和技术的迅速发展大体经历了以下几个阶段。

19世纪后叶起是经典凝固理论的萌芽期。1878年Gibbs发表的著名论文《论复相物质的平衡》为研究晶体生长的开端。

20世纪初期和中叶是经典凝固理论的诞生时期。自1926年起，在Volmer和Weber等模型的基础上，形核理论得以发展和不断完善。20世纪20年代Kossel和Stranski提出了完整晶体生长的微观理论；40年代Frank发展了缺陷晶体生长的微观理论；特别是自50年代Jackson提出液固界面结构模型及判据之后，晶体生长理论不断得以完善。

20世纪50年代自半导体的问世及60年代激光晶体的发展之后，围绕着传热、传质、液固成分分布和界面稳定性研究，在Chalmers的指导下，Tiller和Jackson等人在对凝固界面附近溶质分布求解的基础上提出了著名的"成分过冷"理论，首次将传质和传热因素结合起来分析凝固过程的组织形态问题。此后，Jackson和Hunt提出了枝晶和共晶合金凝固过程扩散场的理论解。Flemings等人从工程的角度出发，进一步考虑了凝固过程两相区内的液相流动效应，提出了局部溶质再分配方程等理论模型，推动了凝固理论的发展。

20世纪60年代以来，人们把研究重点放在经典凝固理论的应用上。通过大量的实验研究，Chalmers等人提出"激冷等轴晶游离"理论，Jackson及Southi等人提出了"枝晶熔断"及"结晶雨"理论，以此为指导可有效控制结晶过程和凝固组织。在这些理论的基础上，机械、超声及电磁等动力学方法，孕育处理、变质处理、半固态铸造等技术得以发展与完善，使人们在控制材料凝固组织形貌和细化晶粒方面更加得心应手。

20世纪60～80年代，"扰动分析"（Perturbation Analyses）理论克服了"成分过冷"理论的不足，对界面稳定性认识有了进一步深化。在此其间及之后，Kurz和Trivedi等人的理论及实验研究工作推动了枝晶形态及枝晶间距认识的发展，也为共晶凝固理论和基本规律的发展做出了新的贡献。

最近几十年来，凝固技术和理论研究进入新的发展历史时期。由于对高性能先进材料的需求和技术的进步，高精确控制定向、双梯度/高梯度定向、光悬浮定向等凝固新技术不断发展，对在极端条件下的凝固过程（快速凝固、极低速凝固）和特殊条件下的凝固过程（微重力凝固，超重力凝固，超高压凝固，电、磁、超声等物理场下的凝固）的研究不断深入，此外，对纤维增强及颗粒增强金属基复合材料的凝固等方面也进行了大量的研究。在这些凝固条件下，某些经典凝固理论和规律已不再适用，而原先忽略的因素变成了主要影响因素。必须指出，在各种极端和特殊条件下的凝固技术及其新现象，对凝固理论及规律的认识又提出了许多新的任务，尚有待人们继续探索。

(2) 铸件成形技术及相关工艺的发展

1) 金属液质量控制技术与工艺的发展。熔炼是保证铸件成分及内部质量的关键，更是保证铸件性能的重要环节。随着冶金物理化学在铸件成形和合金熔炼过程中的应用与发展，涌现出一批新的熔炼与熔体质量控制技术，包括稀土复合孕育技术、VOD（真空吹氧精炼）、AOD（氩氧精炼）、VAOD（真空氩氧精炼）等除气及除杂质精炼技术、电渣熔铸、炉前快速检测技术、液态金属过滤技术等，极大地提高了合金熔体的质量。此外，熔炼过程中的环保、节能技术也得到了发展，大大降低了铸造生产对环境的污染和碳的排放。例如：大型、高效、除尘、微机测控、外热送风无炉衬水冷连续作业冲天炉的使用，70t电弧炉的使用和各种高效电炉控制系统的开发等，既提高了熔炼效率，又减少了排放，降低了能耗，使得铸造生产向清洁化、低能耗化方向更进一步发展。

2）造型材料及其技术的发展。随着对环保和铸件质量要求的不断提高，铸造用辅助材料已由单纯保证铸件成形向提高铸件尺寸精度、减少表面和内部缺陷、满足复杂结构、少污染与排放方向发展。随着铸造用有机粘结剂的不断开发，使得树脂粘结剂的种类和品质不断提高，相应的各种硬化方法的出现，使得树脂粘结剂逐渐替代传统的粘土、水玻璃等低效粘结剂，并得到广泛应用。传统的粘土粘结剂通过建立新的与高密度粘土型砂相适应的原辅材料体系，进一步提高了粘土砂型铸造的尺寸精度和表面质量；而对水玻璃粘结剂的改性研究，使水玻璃砂型的溃散性、抗湿性和硬化强度等均得到显著改善。通过建立与近无余量精确成形技术相适应的新的涂料系列，并开发出有机和无机系列非占位涂料及自硬转移涂料等，进一步提高了铸件的精确成形性，保证了高尺寸精度铸件生产的需要。随着旧砂再生性研究工作的不断深入和新技术的开发，使旧砂得到了最大可能的回用，降低了生产成本，减少了污染，节约了资源。

3）铸件成形新技术及新型合金材料的发展。随着铸造装备和工艺方法的发展，传统的砂型铸造、压铸及熔模铸造等技术水平得到了大幅度提升，适用范围进一步扩大。低压、差压、调压、半固态加工、挤压铸造、电磁铸造、真空铸造、消失模铸造等新技术、新工艺、新装备得到不断完善和应用，一方面提高了铸件内部质量，大幅度提高了铸件的力学性能和致密性；另一方面，这些装备和工艺使一些结构复杂、薄壁及大型零件可以采用特种铸造方法进行生产，并使易氧化、难熔炼的镁合金、钛合金等材料可以稳定地进行工业化生产，成为装备轻量化的有效途径之一，既实现了近终成形，又避免了大量造型材料的排放，极大地促进了先进装备的发展。

随着镁合金、钛合金、锆合金、高温合金、块体金属玻璃以及各类声、能、光、电、磁、形状记忆等特殊功能材料的多种新型合金材料的快速发展，加之新型铸造成形技术的涌现，使得人们获得轻质、超韧、超强、耐高温、耐腐蚀以及具有各种特殊物理、化学等高性能的构件和装备成为可能，也推动了铸件成形产业的内涵和外延的迅速扩展。

4）铸件成形数字化与智能化。计算机作为有效的信息处理和控制手段，在铸造中的应用取得了迅速发展。计算机数值模拟技术已从单一的对铸件凝固过程的数值模拟，发展到铸造工艺的计算机辅助设计、铸造缺陷和铸件组织形成过程的预测，以及与检测手段相结合的可视化铸造等。各种模拟研究工作的开展和大量高精度计算机软件的商品化，不但揭示了一些重要的凝固过程的物理本质，促进了凝固理论的发展，也进一步推动了计算机模拟技术在铸造生产中的应用，实现了铸造生产过程的可预测和可控性，在优化铸造工艺方案、控制铸件质量等方面正发挥着巨大的作用。此外，计算机在铸造装备控制、生产管理、专家系统建设等方面的应用大幅度提高了装备的自动化水平和生产管理效率，在保证铸件质量、科学化管理、降低生产成本和稳定化生产等方面发挥了重要作用。铸件成形的数字化与智能化，仍然是今后几十年的重要任务。

（3）铸件成形在国民经济及高技术领域的作用　铸造作为一个最基础行业，其产品为各个行业、各类产品所应用,大到矿山冶金装备、发电与电力输送装备、石化装备、医疗设备、交通运输工具、军工装备、航天装备等,小到各类家用电器、五金配件、仪器仪表、通信工具等,其零配件,甚至是关键结构件越来越多地通过铸造生产。通过以下几个方面的例子,即不难理解铸件成形及其产业的重要地位。

1)铸件成形与机械工业。铸造是现代机械制造工业的基础工艺之一,其行业发展标志着一个国家的制造业实力。铸造是机械制造工业毛坯和零件的主要供应者,在国民经济中占有极其重要的地位。统计表明,2010 年机械工业总产值达到 14.38 万亿,占当年我国 GDP(39.8 万亿)的 1/3 以上。这里还以数据说明铸件在机械产品中所占的比例:内燃机的关键零件多数是铸件,占总质量的 70%~90%;汽车中的铸件质量占 19%(轿车)~23%(货车);机床、拖拉机、液压泵、阀和通用机械中的铸件质量占 65%~80%;矿山机械中的铸件质量占 65%~85%;农业机械中的铸件质量占 40%~70%。图 0-5 所示为某数控加工中心,其床身及大多数重要部件均为铸件,占总质量的 70% 以上,图 0-6 所示为先进的汽车发动机缸体铸件。

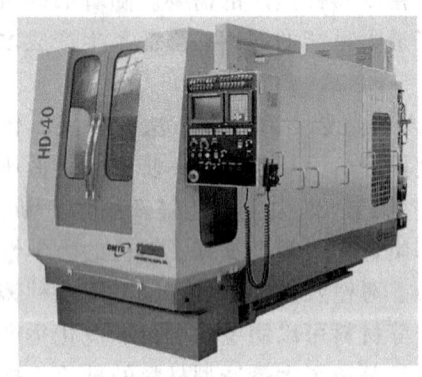
图 0-5 数控加工中心

图 0-6 压铸铝合金汽车发动机缸体

2)铸件成形与国家大型工程及重大装备。随着铸造科技水平和产业的发展,许多高难度、高水平及高质量铸件在三峡工程、南水北调、西气东输、高速铁路、磁悬浮列车等国家大型工程中,以及在一些具有世界领先水平的重大装备中发挥着不可替代的作用。

图 0-7 所示为三峡工程 70 万 kW 水轮机 500t 转轮图片(我国自主成功制造),其制造技术目前仅为国际上少数国家所拥有。三峡水力发电机组单机容量达 700MW,主要核心部件大型水轮机叶片长 5500mm、宽 5100mm、从进水边到出水边最大落差为 5080mm、旋转直径为 9950mm,需由 63t 不锈钢钢液一次浇注成形,是混流式叶片中等级最高的大型叶片。由于叶片的边沿尺寸特大,几何形状复杂,设计难度高,钢液冶炼及成分控制精度高,其上下环的制造难度及技术水平也极高。

在磁悬浮列车、高速铁路轨道建设及高速列车的机车、发动机、连接件及车厢承载件等零部件的制造中,高质量铸件也广泛地发挥了重要作用。图 0-8 所示为目前国际上唯一投入商业运营的磁悬浮列车(上海),其列车底盘部分主要结构部件均为铝合金铸件,每节车厢共有十几种 200 多件。图 0-9 所示为我国高速列车用机车转向架,其主要部件多为铸件,图 0-10 所示为高速列车上的铸件示例。

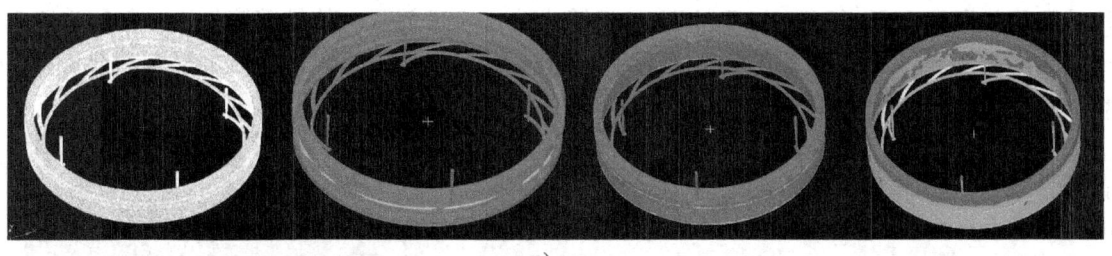

a)

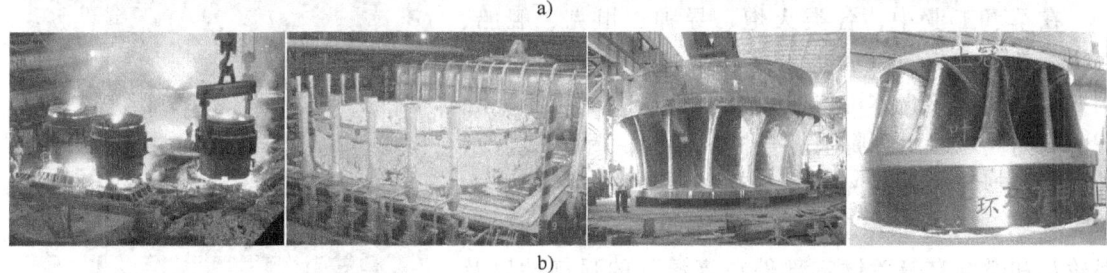

b)

图 0-7 三峡工程 70 万 kW 水轮机 500t 转轮成功制造（数字化铸件成形：平稳充型浇注系统软件在三峡下环上的应用）

a) 三峡下环充型过程中速度场模拟结果 b) 三峡下环制造过程及水轮机叶片

图 0-8 国际上唯一投入商业运营的磁悬浮列车

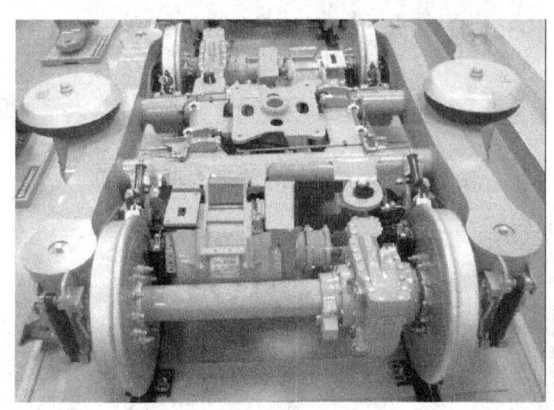

图 0-9 高速列车机车转向架　　　　　图 0-10 高速列车铸件示例

大型、优质、复杂铸件的成功制造，也推动了我国重大装备工业的发展。图 0-11 所示为我国中信重工制造的 18500t 自由锻油压机（为目前世界自由锻最高能力），可满足国内水电、火电、核电、加氢反应、冶金、船舶等大型装备的关键大型自由锻件的制造需求，有效提升了我国重型装备的制造能力。该油压机通身大多为大型铸件，图 0-11 中仅上横梁单铸件毛坯质量即达520t（2008年5月22日浇铸成功，为目前国内外最重铸件），需冶炼10炉质量达829.5t的钢液进行6包合浇，其各炉钢液温差要求之细微、工艺之复杂、合浇之困难、对庞大的系统设施和设备可靠性及配套要求之严，创造了现代铸造工业之最。

3）铸件成形与航空航天、国防等高技术领域。随着铸件成形新技术及新型合金材料的发展，各类高性能铸件在众多高技术领域中得到越来越广泛的应用。

在军事工业中，各类火炮、导弹、坦克、舰船、战机等常规和先进装备的许多主要零部件均为铸件。例如，巡航导弹仓体可以采用低压铸造方法生产，导弹的导向翼可以用金属基复合材料铸造，图0-12所示为我国某型号先进激光制导导弹。先进战机的性能在很大程度上取决于发动机涡轮工作叶片、导向叶片、涡轮盘和燃烧室等关键零部件在高温下的强韧性以及耐高速气体冲蚀等性能，其高温合金材料的研发及其凝固成形技术都有待于各国铸造工作者研究解决。图0-13所示为我国自主研发的某型号先进战机发动机。

在航空航天工业中，各类现代合金优质铸件的应用也举不胜举，图0-14所示为几个例子。

图0-11 中信重工18500t自由锻油压机

图0-12 国产某型号激光制导导弹

图0-13 国产某型号先进战机发动机

a)

b)

c)

图0-14 高质量铸件在航空航天工业中的应用举例

a) 航空用几种精密铸造零件 b) 运载火箭液氢输送泵体钛合金铸件 c) 宇宙飞船用钛合金铸件之一

随着铸造技术水平的不断提高，铸件的应用范围还将进一步扩大，在国民经济中的基础作用会更加突出，对高新技术领域发展的支撑作用将进一步提升。

5. "铸件成形原理"课程的性质与任务

"铸件成形原理"是材料成形及控制工程专业的专业基础课。本课程的主要任务是对铸件成形的基本原理及分析问题的方法加以阐述，使学生对铸件成形原理能够有深入广泛的实质性理解，为后续的"铸造工艺方法"及"铸造设备"等课程的学习，为开发新材料和新铸造技术、分析和解决铸造过程中的质量缺陷问题奠定理论基础。

6. "铸件成形原理"与其他课程的联系与分工

（1）与"造型材料"课程的关系　有关造型材料和铸型的性质，"铸件成形原理"课程只作为铸件形成过程中的影响因素进行分析。关于造型材料与铸型相互作用而引起侵入性气孔缺陷的形成机理及其防止措施在"铸件成形原理"课程中讲授，而其他缺陷，如夹砂、粘砂等与造型材料有关的缺陷在"造型材料"课程中讲授。

（2）与"铸造工艺学"课程的关系　本课程为"铸造工艺学"课程在金属充填铸型过程、冒口补缩作用方面及防止铸造缺陷产生方面初步奠定了理论基础，并从获得不同铸件的宏观组织角度对铸型选择提出适当要求。浇注系统和冒口的设计及相应的工艺措施等在"铸造工艺学"课程中讲授。

（3）与"铸造合金及其熔炼"课程的关系　本课程主要讲授铸造合金的结晶组织形成及控制的一般规律以及在铸造过程中可能出现缺陷的形成机理及防止原则。为了更生动地讲解一般规律，也运用一些重要的合金凝固示例对基本原理加以说明。"铸造合金及其熔炼"课程主要讲授各类铸造合金的成分及工艺与组织和性能的关系，以及合金显著的铸造性能、常见铸造缺陷形成的具体影响因素及防止措施。

（4）与"特种铸造"课程的关系　关于振动、磁场、离心力等在铸件形成过程中的作用，本课程只介绍影响及控制铸件凝固组织的因素、规律及相关原理，而"特种铸造"课程讲授各种铸造方法的具体工艺和参数。

（5）与"金属学"课程的关系　本课程在"金属学"课程讲授均质形核基本原理的基础上，重点讲授非均质形核及生长、单相合金和多相合金的凝固及铸件的组织控制。

（6）与"物理化学"课程及"传输原理"课程的关系　这两门课程主要讲授热力学、传热、流体力学等方面的基本理论及一般规律，而本课程则主要是应用这两门课程的基本理论阐述铸件在成形过程中的基本规律，如在传热基本原理的基础上阐述铸件的凝固温度场规律。

参 考 文 献

[1] 傅恒志，魏炳波，郭景杰. 凝固科学技术与材料 [J]，中国工程科学，2003，5（8）：1-15.
[2] 李庆春. 铸件形成理论基础 [M]. 北京：机械工业出版社，1982.
[3] 刘全坤，祖方道，李萌盛，等. 材料成形基本原理 [M]. 北京：机械工业出版社，2010.
[4] 李新亚. 中国先进成形技术现状与发展：中国科学院固体物理研究所 30 周年所庆系列报告之一 [R]. 合肥：2012-3-15.
[5] 中国机床工具工业协会铸造机械分会. 铸造机械行业"十五"回顾与"十一五"展望 [J]. 中国铸造装备与技术，2007（2）：7-10.
[6] 张立波，田世江，葛晨光. 中国铸造新技术发展趋势 [J]. 铸造，2005，54（3）：207-212.

上篇　金属凝固基本原理

第 1 章　液态金属的结构与性质

1.1　引言

自然界有千万种不同的液体，按液体结构和内部作用力的不同可将其分为原子液体（如液态金属、液化惰性气体）、分子液体（如极性与非极性分子液体）、离子液体（如各种简单的及复杂的熔盐）等。

在物质三态中，相对于固态和气态，人类对液态结构及性质的认识最为不足。19 世纪后期，人类对气态已形成了较为统一的认识，并可借助范德瓦尔斯方程等一系列修正后的气体状态方程式来描述实际气体的状态和性质；到了 20 世纪，由于量子理论及现代实验手段（如各种衍射及显微技术等）的发展，人们可以利用晶体点阵类型和相应参数精确地描述固态微观结构，并结合能带、电子等理论来分析固体物质的各种性能。然而，液体的情况要复杂得多。

液体的表观特征与固体及气体相比具有以下特点：①液体最显著的性质之一是具有流动性，不能像固体那样承受切应力，表明液体的粒子间的结合力没有固体的强，这一点类似于气体；②液体可完全占据容器自由表面以下的空间并取得其内腔的形状，这一点也与气体相似；③液体与固体一样具有自由表面，而气体却不具有自由表面；④液体的可压缩性很低，与固体相像，而这一点与气体又恰恰相反。

液体的性质包括：①熔点、沸点、密度、粘度、电导率、热导率和扩散系数等物理性质；②等压热容、等容热容、熔化和汽化潜热、表面张力等物理化学性质；③蒸气压、膨胀和压缩系数及其他热力学性质等。

液态金属的结构和性质直接影响其熔炼和凝固过程，具体表现在以下几个方面：

1）铸造合金在精炼时去除有害杂质和气体的效果除了受热力学因素影响外，还受到反应物和生成物在金属熔体及渣相中的扩散速度的影响。

2）熔炼过程中熔渣的工艺性，如覆盖性（影响对合金液的保护能力）、成形性、分离性（影响扒渣、脱渣的难易程度）等，与熔渣-金属液之间的界面张力、渣液自身的表面张力、熔渣的粘度、熔渣-金属的熔点之差等因素相关。

3）探索凝固的微观机制需要人们深入地了解熔体的结构信息。

4）凝固过程的形核及晶体生长的热力学与液体的结构和界面张力、潜热等性质有关。

5）成分偏析、固-液界面类型及晶体生长方式受液体的原子扩散系数、界面张力、传热系数、结晶潜热、粘度等性质共同控制。

6）性能优异的非晶、微晶、纳米晶材料的凝固以及各种低维功能晶体的液相生长，也受到与传热及（或）传质相关的液相性质和微观结构的制约。

7）特种条件下（如电磁场、高压、微重力、超重力等物理场下）的现代凝固技术均需考虑液体的相关物理性质。

8）重力浇注及压力充型铸件的外部轮廓和尺寸精度及内部缩孔和缩松的控制，与合金熔体的粘度、表面张力、界面张力、熔点、热容、结晶潜热、热导率等性质密切相关。

为了掌握金属的凝固理论，控制金属的凝固过程，把握各类缺陷的形成原理和规律，需要对液体的结构和性质有较为深入的了解和认识。本章将以液态金属为例，介绍有关液体结构方面的知识，以及近年来新的突破和新的认识。有关液体的性质，主要讨论与液态成形相关的粘度和表面张力，并介绍液态金属的流动性与充型能力。液态金属的各项性质对铸件成形过程的具体影响将放在后续章节中详细论述。

1.2 液态金属的结构

1.2.1 液体与固体、气体的结构比较及衍射特征

现代晶体学表明，晶体中的原子或分子（统称为粒子）以一定方式周期排列在三维空间的晶格结点上，表现出平移及对称性特征，同时原子以某种模式在平衡位置上作热振动。相对于晶体的这种长程有序，气体的粒子则不停地作无规律运动，其平均间距比粒子的尺寸要大得多，气体粒子的统计分布相对于任何一个粒子而言是均匀的，其结构特征是完全无序。液体的粒子分布相对于周期有序的晶态固体是不规则的，液体结构在宏观上不具备平移及对称性，表现为长程无序特征；而相对于完全无序的气体，液体中存在着许多不停"游荡"着的局域有序的原子集团，其结构又表现为近程有序。

图 1-1 所示为描述不同类型物质结构的示意图以及描述其结构特征的偶分布函数 $g(r)$。偶

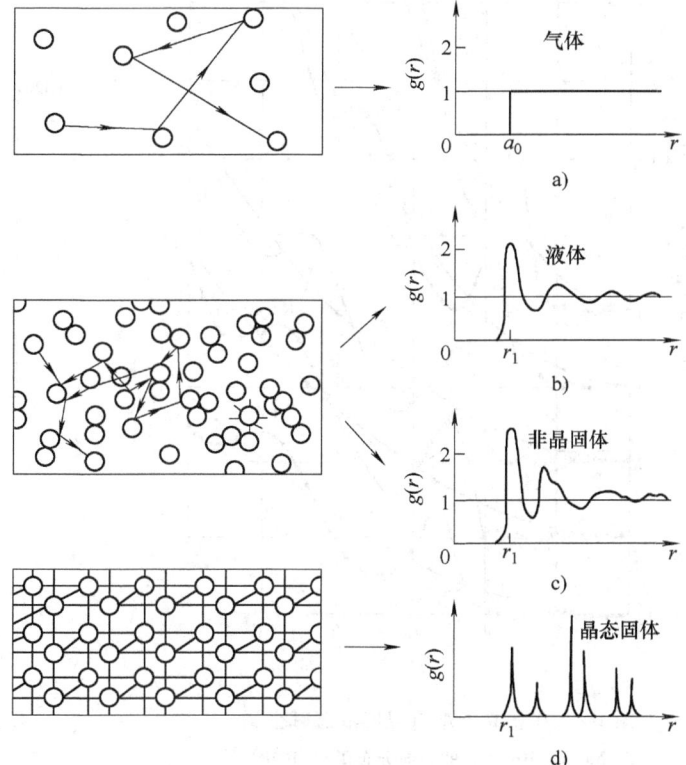

图 1-1 气体、液体、非晶及晶态固体的结构特点及衍射特征[1]

分布函数的物理意义是，对于粒子数为 N、体积为 V 的任一体系，离开某一参考粒子（处于坐标原点，$r=0$）距离为 r 处，找到另一个粒子的几率，换言之，表示 r 处的数密度 $\rho(r)$（单位体积粒子数）对于平均数密度 ρ_0（$\rho_0 = N/V$）的相对偏差。若 $g(r)=1$，则表示该位置的粒子数密度 $\rho(r)$ 等于整个体系的平均数密度 ρ_0。对于气体，由于其粒子的统计分布的均匀性，其偶分布函数 $g(r)$ 在任何位置均相等，呈一条直线，即 $g(r)=1$，图 1-1 中 a_0 表示气体中粒子的平均自由程。由于晶态固体粒子以特定方式呈周期排列，其 $g(r)$ 以相应的规律呈分立的若干尖锐峰。液体的 $g(r)$ 出现若干渐衰的钝化峰，直至几个粒子间距后趋于直线 $g(r)=1$，表明液体的原子集团（短程有序的局域范围）半径只有几个粒子间距大小。非晶固体的 $g(r)$ 与液体相似，但往往以第二峰劈裂为特征。对于液体或非晶固体，对应于 $g(r)$ 第一峰的位置，$r=r_1$ 表示参考粒子至其周围第一配位层各粒子的平均间距，由于衍射所获得的 $g(r)$ 具有统计平均意义，r_1 也表示某液体的平均粒子间距。对应于 $g(r)$，通常将 RDF $=4\pi r^2 \rho_0 g(r)$ 称为径向分布函数（Radical Distribution Function），它描述体系空间在 r 和 $r+\mathrm{d}r$ 之间的球壳中粒子数的多少。图 1-2 所示中的带点的曲线为在稍高于熔点的温度各种液态碱金属的径向分布函数 RDF，不带点的抛物线为 $4\pi r^2 \rho_0$[即 $g(r)=1$]的情况。RDF 第一峰之下的积分面积即所谓配位数 N_1，它表示参考粒子周围最近邻（即第一壳层）粒子数，如图 1-3 所示。平均粒子间距 r_1 与配位数 N_1 被认为是液体最重要的结构参数，因为它们描绘了液体的粒子排布情况。

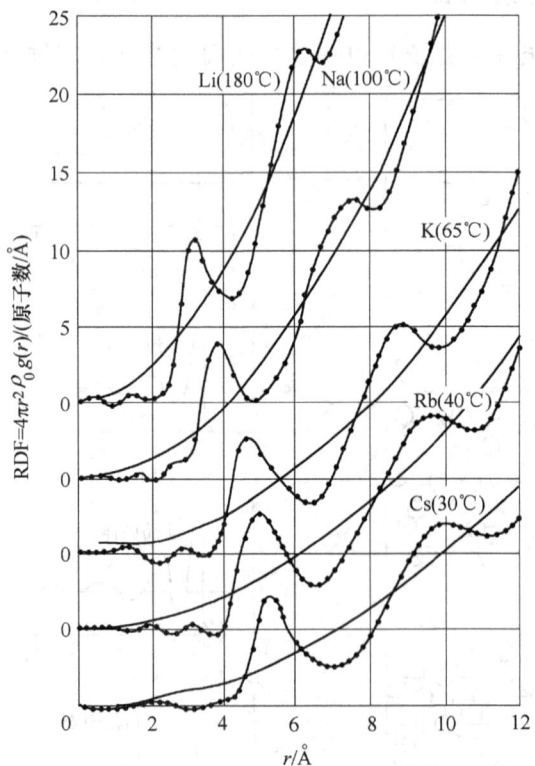

图 1-2　在稍高于熔点温度液态碱金属
（Li、Na、K、Rb、Cs）的径向分布函数（RDF）[2]

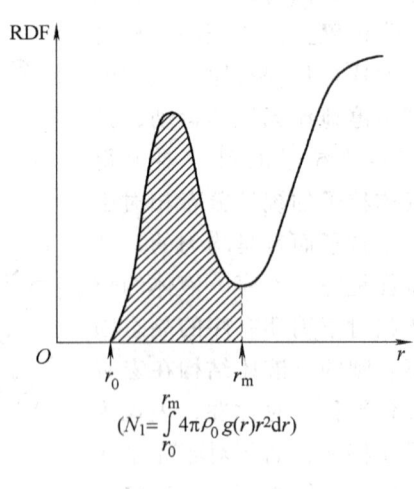

图 1-3　液体配位数 N_1 的求法[1]

为了更深入地理解液态金属的结构特征,下面从固体金属原子间的相互作用力、加热膨胀及熔化过程来比较液体与固体的区别与联系。

1.2.2 由物质熔化过程认识液体结构

1. 原子间作用力及作用势

在物质的双原子模型中,两个原子间的相互作用力 F 及相互作用势能 E 与原子间的距离 R 的关系如图 1-4 所示。两个原子间的相互作用既有吸引,也有排斥。无论物质采取什么方式结合,吸引都是来自于异号电荷间的库仑相互作用;排斥则一方面来自同号电荷间的库仑相互作用,另一方面也来自于泡利不相容原理决定的电子间相互作用。引力与斥力如图 1-4a 中的虚线所示,它们的综合作用即为两原子间的相互作用力 F(图 1-4a 中实线所示的合力)。当 $R \to \infty$ 时,$F \to 0$。当两个原子靠近时,原子间产生吸引力($F < 0$),并随距离的缩短而增大。随着距离继续缩短,到达 $R = R_1$ 时,F 为最大吸引力。距离再缩短时,吸引力又逐渐减小,当达到 $R = R_0$ 时,相互作用力等于零($F = 0$),此时 R_0 为平衡距离。当距离小于平衡距离 R_0 时,出现排斥力($F > 0$),并随距离的继续缩短而迅速增大。

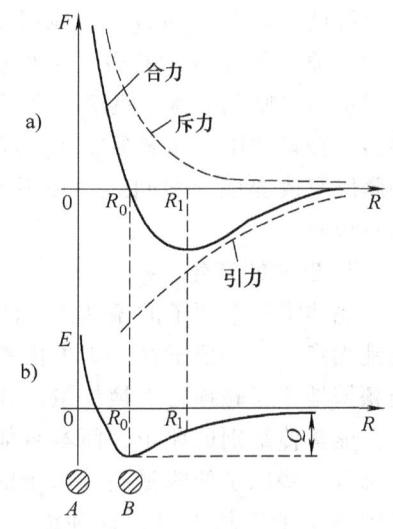

图 1-4 两个原子间的相互作用力及相互作用势能

两个原子的相互作用势能 $E(R)$ 的曲线如图 1-4b 所示。当 R 由 R_0 增加 dR 时,力 F 就靠势能 $E(R)$ 减小做外功 FdR,因此得到 $F(R)dR = -dE(R)$,或 $F(R) = -\dfrac{dE(R)}{dR}$。

当 $R = R_0$ 时,$F(R_0) = 0$,即 $F(R_0) = -\left|\dfrac{dE(R)}{dR}\right|_{R=R_0} = 0$。

对应于能量的极小值,状态稳定,原子之间倾向于保持一定的间距,这就是在一定条件下,晶体中的原子具有一定排列的原因。

当 $R = R_1$ 时,吸引力最大,即 $\dfrac{dF(R)}{dR}\bigg|_{R=R_1} = -\dfrac{d^2 E(R)}{dR^2}\bigg|_{R=R_1} = 0$,对应于能量曲线的拐点。

2. 金属的加热膨胀

固体物理指出,只要晶体温度高于热力学温度 0K,则晶体中每个原子皆在平衡位置附近振动,即所谓热振动。温度升高时振动能量增加,振动频率和振幅加大。这里以双原子为模型(图 1-5),假设左边的原子在坐标原点被固定,右边的原子是自由的。温度升高时,右边自由振动原子的振幅增大,此时若该原子以 R_0 为原点作简谐振动,则其平衡位置仍是 R_0,就不会发生膨胀。其实,势能曲线极不对称,向右是水平渐近线,向左是垂直渐近线。当温度升高,能量从 E_0 升高到 E_1、E_2、E_3、E_4 时,其间距(振幅中心位置)将由 R_0 增大到 R_1、R_2、R_3、R_4,原子间距离将随温度的升高而增加,即产生热膨胀。在对应温度的平衡位置,原子循环往复作热振动,偏离平衡位置时,势能升高而动能降低。当动能全部转化为势能时，原子则不能继续偏离，之后原子向平衡位置作返回运动，势能又逐渐转化为动能。到达平衡位置时，势能为最小值，动能达到最大值。在动能作用下，原子继续向前运动，直到动能又全部转化为势能。如前所述，由于势能曲线是极不对称的，向左振动时，动能很快就全部转化为势能，原子所能达到的最大偏离位置较小。而向右振动时，则需较大的偏离，动能才全部转化为势能，振幅的中心位置则由 $R_0 \to R_1 \cdots$。但是，这种膨胀只改变原子的间距，并不改变原子排列的相对位置。

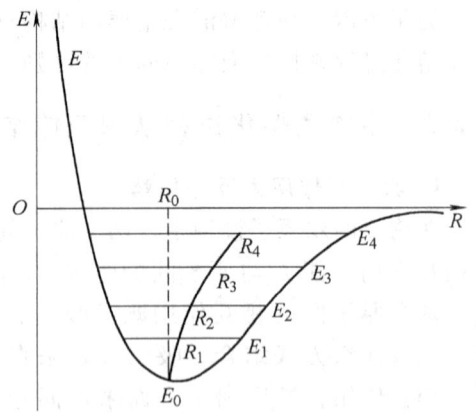

图 1-5 加热时原子间距的变化

3. 空穴的产生

晶体中每个原子的振动能量不是均等的，其振动方向杂乱无章。每个原子在三维方向都有相邻的原子，它们之间频繁地相互碰撞，交换能量。在碰撞时，有的原子将一部分能量传给别的原子，而本身能量降低，结果是每时每刻都有一些原子的能量超过原子的平均能量，有些原子能量则远小于平均能量，这种能量的不均匀性称为能量起伏。由于能量起伏，一些原子可能越过势垒跑到原子之间的间隙中或金属表面，而失去大量能量，在新的位置上作微小振动，如图 1-6 所示。一旦有机会获得大的能量，原子又可以跑到新的位置上。如此下去，它可以在整个晶体中"游动"，这个过程称为内蒸发。原子离开点阵则留下自

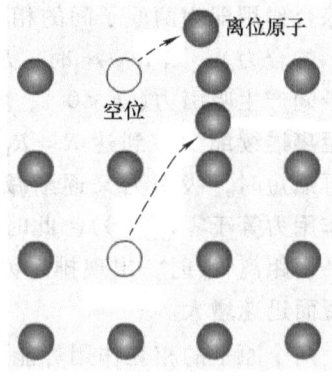

图 1-6 空穴的产生

由点阵——空穴（图 1-6 中空位）。空穴的产生使局部地区能垒降低，邻近的原子则进入空穴位置，造成空穴的移动。这样，在实际晶体中，除了按一定点阵排列的原子外，尚有离位原子和空穴。通常，空穴首先产生于金属表面，再从表面向内部扩展。温度越高，原子的能量就越大，产生的空穴数目越多，从而使金属膨胀。在熔点附近，空穴数目可达原子总数的 10% 左右。因此，除了原子间距增大造成膨胀之外，空穴的产生也是物体膨胀的一个原因。

4. 金属的熔化

当金属加热到接近熔点时，由于原子动能升高，晶粒内部原子的跳跃频率增大，离位原子和空穴的数目大为增加。晶界上的原子则可能脱离原晶粒表面，向邻近晶粒跳跃，晶粒逐渐失去固定形状。将金属加热至熔点时，金属体积突然膨胀 3%~5%，相当于固态金属从热力学温度 0K 加热到熔点前的总膨胀量。金属的其他性质如电阻、粘度等发生突变，吸收大量热能——熔化潜热，而金属的温度不升高。这些突变现象是不能仅仅用离位原子和空穴数目的增加予以解释的，因为空穴数目的增加不可能是突变的。因此，对于这种突变，应当理解为金属已经熔化，已由固态转变为液态，即由于发生状态改变而造成的。从图 1-4 中可以看出，假设在熔点附近原子间距达到了 R_1，原子具有很高的能量，很容易超过势垒而离位，但是在相邻原子最大引力的作用下，仍然要向平衡位置运动，虽然此时离位原子和空穴

大为增加，但是金属仍表现为固体性质。若此时从外界供给足够的能量——熔化潜热，使原子间距超过 R_1，原子间的引力急剧减小，从而造成原子结合键突然破坏，金属则从固态进入熔化状态。

上述变化完全符合热力学条件，外界所供给的潜热除了使体积膨胀做功外，还增加系统的内能。在恒压下有

$$\delta q = d(u + pv) = du + pdv = dH$$

式中，δq 为外界供给的热能；u 为内能；pdv 为膨胀功；H 为热焓。

等温等压下熵值 S 的增量为

$$dS = \frac{\delta q}{T} = \frac{1}{T}(du + pdv)$$

系统熵值的突变（增加）表示原子排列趋于紊乱，即物质结构的有序度陡然降低；体积的突然变化表明熔化后原子间距发生突变；而内能的突然增大必然引起液态物质的能量起伏程度明显高于晶态物质。因此，熔化是金属由规则的原子排列变为紊乱的非晶质结构的过程，所形成液体的平均原子间距 r_1 及配位数 N_1 已与晶体完全不同，其各项性质也必然发生质的改变。然而，熔化过程并不意味着原子间结合力的全部打破，物质结构也非趋于完全无序。

相对于汽化过程而言，物质熔化时体积变化、熵变（及焓变）一般均不大，见表 1-1。金属熔化时典型的体积变化率 $\Delta V_m/V$（多为增大）为 3%～5%，表明液体的原子间距接近于固体，在熔点附近液态系统的混乱度只是稍大于固体而远小于气体的混乱度。另一方面，金属的熔化潜热 ΔH_m 比其汽化潜热 ΔH_b 要小得多（表 1-2），为汽化潜热的 1/15～1/30，表明熔化时其内部原子结合键只有部分被破坏。在表 1-1 及表 1-2 中，T_m 为熔化温度（Melting Temperature），T_b 为汽化温度（Boiling Temperature）。

表 1-1　几种晶体物质在熔化过程中的体积变化（$\Delta V_m/V$）及熵变（ΔS_m）[2,3]

晶体物质	结构类型	T_m/K	$\Delta V_m/V(\%)$	$\Delta S_m/J \cdot K^{-1} \cdot mol^{-1}$
Na	bcc	370	2.60	7.03
Sc	bcc	302	2.60	6.95
Fe	bcc/fcc	1809	3.60	7.61
Al	fcc	931	6.90	11.60
Ag	fcc	1234	3.51	9.16
Cu	fcc	1356	3.96	9.71
Mg	hcp	924	2.95	9.71
Zn	hcp	692	4.08	10.70
Sn	complex	505	2.40	13.80
Ga	complex	303	−2.90	18.50
N_2		63.1	7.50	2.70
Ar		83.78	14.40	3.36
CH_4		90.67	8.70	2.47

表1-2　几种晶体物质的熔化潜热（ΔH_m）和汽化潜热（ΔH_b）[4]

晶体物质	T_m/℃	ΔH_m/kcal·mol^{-1}	T_b/℃	ΔH_b/kcal·mol^{-1}	$\Delta H_b/\Delta H_m$
Al	660	2.50	2480	69.6	27.8
Au	1063	3.06	2950	81.8	26.7
Cu	1083	3.11	2575	72.8	23.4
Fe	1536	3.63	3070	81.3	22.4
Zn	420	1.73	907	27.5	16.0
Cd	321	1.53	765	23.8	15.6
Mg	650	2.08	1103	32.0	15.4

注：1kcal=4.1868kJ。

由此可见，金属熔化并非原子间结合键的全部破坏，液体金属内原子的局域分布仍具有一定的规律性。由此不难理解，虽然熔化使金属失去了晶态时的长程有序，但液体结构仍遗留着短程有序。可以说，在熔点（或液相线）附近，液态金属（或合金）的原子集团内短程结构类似于固体，而与气体截然不同。但需要指出的是，在液-气临界点（T_c），液体与气体的结构往往难以分辨，说明接近T_c时，液体的结构更接近于气体。

1.2.3　液态金属结构的理论模型

半个多世纪以来，人们提出了很多理论模型来描述液体的结构，其中多数以液态金属这样的简单液体作为研究对象。下面针对几种颇具影响的典型模型作一简要介绍。

1. 晶体缺陷模型

如前所述，在研究熔化现象及其规律的过程中人们发现，金属熔化时体积和能量的改变很小。液体与固体金属的这些相似性激发人们在早期研究中发展了液体结构的各种缺陷模型，它们几乎与每一种晶体缺陷相对应，如微晶模型、空穴模型和位错模型等。这些模型及其相应的理论在解释液体的性质和一些特有的现象方面均取得了一定的效果。然而，这些模型的致命弱点就是其理论基础均来源于在液体中根本不存在的长程有序，因此都具有各自的局限性，特别是在热力学参数的估算方面存在着严重的不足。

2. 无规密堆硬球模型（RCP: Random Close Packing——Bernal多面体）

1960年前后，Bernal领导的小组提出以无规堆积的硬球描述液体的结构。在构建液体结构几何模型的实验中，他们将无规密堆铁球灌以油漆，固化后球与球相邻处留下漆斑，借以构建以球的中心为各个结点的间隙多面体，并统计配位数分布及平均值。其研究结果指出，在液态结构中存在五种间隙多面体类型，如图1-7所示。这五种类型在数量上的统计分

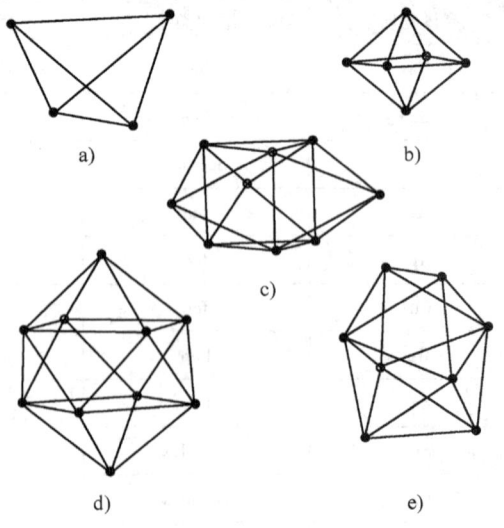

图1-7　无规密堆结构中的五种多面体间隙[5]
a) 四面体　b) 八面体　c) 四方十二面体
d) 三角棱柱多面体　e) 阿基米德反棱柱多面体

布分别为：四面体 73%、八面体 20%、三角棱柱多面体 3%、四方十二面体 3%、阿基米德反棱柱多面体 1%。

Bernal 认为，这些多面体显然相互关联，彼此分享相接触的多边形面及其交线，构成了液体的空间网络拓扑结构。这种液体结构状态为单一的、随时间和空间变化的相，其多面体的体积和所占的比例也随温度而连续改变。

无规密堆硬球模型形象地描述了液体远程无序而近程有序的特征，为奠定液体结构的统计几何基础做出了重要贡献。此外，按其统计结果获得的偶分布函数 $g(r)$ 与液体 Ar 的衍射实验结果很好地吻合，对液体及非晶的衍射方法和结果的可信度提供了直观的例证，因此被视为液体结构模型的一个重要里程碑，但它不能解释晶体熔化相变的不连续性，而且难以描述液体分子或原子不停地作热振动的特征。后来，随着对液态结构认识的逐步深入，发展了目前广泛被人们所接受的所谓综合模型。

3. 液态金属结构的综合模型

综合模型认为，由于液态金属中的原子频繁移位和热振动所引起的能量交换，使不同原子的能量有高有低，同一原子的能量也随时间和空间的变化而时高时低，即存在"能量起伏"现象。另一方面，液态金属是由大量不停"游动"着的原子团簇组成的，团簇内为某种有序结构，团簇周围是一些散乱无序的原子。由于"能量起伏"，这些原子团簇不断地分化组合，一部分金属原子（离子）从某个团簇中分化出去，同时又会有另一些原子组合到该团簇中，此起彼伏，不断发生着这样的涨落过程，似乎原子团簇本身在"游动"一样，团簇的尺寸及其内部原子数量都随时间和空间发生着改变，这种现象称为"结构起伏"。虽然有"能量起伏"和"结构起伏"的存在，但对于某一特定的液体，在特定的温度下，其团簇的统计平均尺寸是一定的。然而，原子团簇的平均尺寸随温度变化而变化，温度越高，原子团簇的平均尺寸越小。

4. 液体结构及粒子间相互作用的理论描述

在液体结构的定量计算上，人们也提出了很多理论模型及其方程。通常是以不同的理论近似，通过建立偶分布函数 $g(r)$ 与偶势 $u(r)$（"粒子对"之间的相互作用势能随粒子空间距离 r 的变化函数）的关系，或在获知偶势 $u(r)$ 的条件下，可直接计算得到给定液体的 $g(r)$。也可由衍射的方法进行实验，经数学变换得到 $g(r)$，从而也可反推出未知的偶势 $u(r)$。另外，这类理论还建立了一系列数学关系，可通过液体的 $g(r)$ 和内能来计算液态系统的热力学参数和物理性质，如熵 S、自由能 F、比热容 c_V 及 c_p、等压膨胀系数 α_p、等温压缩系数 χ_T、密度 ρ、粘度 η 及表面张力 σ 等。

在这类理论中，最为典型的几种模型如图 1-8 所示，其中 B-G 模型、P-Y 模型和 HNC（超网链）模型分别在数学上采取不同的截断近似方法建立起 $u(r)$ 与 $g(r)$ 之间的方程，其推导过程及其方程颇为繁琐，这里不作介绍。由于液体硬球模型的 P-Y 方程的解析解已被 Thiele 和 Wertheim 精确地求解得出，因此显得特别重要，它也是液体模型中至今唯一具有解析解的方程。液体硬球偶势模型的表达式为[6]

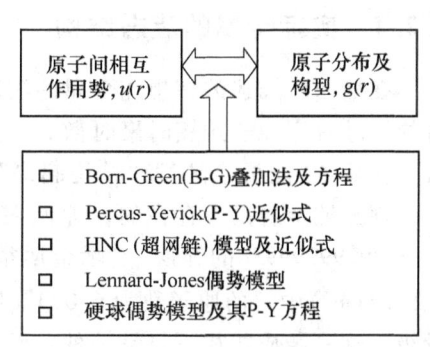

图 1-8 描述液体结构与粒子间相互作用关系的几种理论模型

$$u(r) = +\infty \ (r < \sigma) \atop = 0 \ (r > \sigma) \bigg\} \quad (1\text{-}1)$$

式中，σ 为硬球的直径。硬球模型 P-Y 方程的解析解为

$$C_H(r) = -y(r) = a + b\left(\frac{r}{\sigma}\right) + c\left(\frac{r}{\sigma}\right)^3 \quad (r < \sigma) \quad (1\text{-}2)$$

$$= 0 \quad (r > \sigma) \quad (1\text{-}3)$$

$$C_H(r) = g(r)\left\{1 - \exp\left[\frac{u(r)}{k_B T}\right]\right\} \quad (1\text{-}4)$$

$$y(r) = g(r)\exp\left[\frac{u(r)}{k_B T}\right] \quad (1\text{-}5)$$

$C_H(r)$ 称为直接相关函数。式中的系数为

$$\left. \begin{array}{l} a = -\dfrac{(1+2\xi)^2}{(1-\xi)^4} \\ b = \dfrac{6\xi(1+\xi/2)^2}{(1-\xi)^4} \\ c = -\dfrac{\xi(1+2\xi)^2}{2(1-\xi)^4} \end{array} \right\}, \left(\xi = \frac{1}{6}\pi\sigma^3 n = \frac{\frac{1}{6}\pi\sigma^3}{v} \right) \quad (1\text{-}6)$$

式中，ξ 为堆垛密度，它表示硬球所占据的总体积分数；k_B 为玻耳兹曼常数；T 为热力学温度；v 是每个粒子所占的平均体积，即 $v \equiv \frac{V}{N} = \frac{1}{n}$，$V$ 及 N 分别为液体系统的总体积和总粒子数，n 为单位体积的粒子数，即平均数密度。

令人惊奇的是，硬球模型虽然简单，其计算所得结果却往往与衍射实验能很好地吻合，特别是对于如 Al、Pb、Ba、In 等具有各向同性的简单液态金属。正因为如此，在液态金属或合金结构的研究中，往往将研究对象的偶分布函数 $g(r)$ 或其他结构特征与硬球模型的吻合或偏离程度作为分析其结构特征的重要依据之一。

需要指出的是，各种理论计算模型虽然具有一些成功例证，但均有其局限性。这是因为在数学处理中采取了一定程度的截断近似，不可避免地会带来某些不足，粒子间相互作用势的选取有着很大的随意性。因此，至今液态理论尚未趋于成熟是科学界的共识。当然，这与液体的多样性、复杂性及实验研究的困难程度有关。

1.2.4 实际金属的液态结构

在前面所描述的理想纯金属的液态结构中，由于"能量起伏"，液体中大量不停"游动"着的局域有序原子团簇时聚时散、此起彼伏而存在"结构起伏"。实际金属的现象还要复杂得多，除了"能量起伏"及"结构起伏"外，还同时存在着"浓度起伏"。

理想纯金属是不存在的，即使在非常纯的实际金属中也总存在着大量杂质原子。假设 $w_{Fe} = 99.999999\%$ 的纯铁（实际金属很难达到如此高的纯度），即杂质量为 10^{-8}，每摩尔体积（7.1cm^3）中总的原子数为 6.023×10^{23}，则每 1cm^3 铁液中所含杂质原子数约相当于 10^{15} 数量级。这些杂质往往不只是一种，而是多种多样的，它们在液体中不会很均匀地分布，而且存在方式也是不同的，有的以溶质方式存在，有的与其他原子形成某些化合物（液态、固态或气态的夹杂物）。

当液态金属中存在第二组元(如合金)时,情况更加复杂。由于同种元素及不同元素之间的原子间结合力存在差别,结合力较强的原子容易聚集在一起,把其他原子排挤到别处,表现为游动原子团簇之间存在着成分差异,而且这种局域成分的不均匀性随原子热运动在不时发生着变化,这一现象称为"浓度起伏"。若同类原子间(A-A、B-B)的结合力比异类原子间(A-B)的结合力大,则 A-A、B-B 原子易分别聚集在一起,而形成富 A 及富 B 的原子团簇,在游动原子团簇中有的 A 种原子多,有的 B 种原子多。如果 A-B 原子间的结合力较强,足以在液体中形成新的化学键,则在热运动的作用下,出现时而化合、时而分解的分子,也可称为临时的不稳定化合物,或者在低温时化合,在高温时分解。例如,高温时硫在铁液中可以完全溶解,而在较低温度下则可能出现 FeS。当 A-B 原子间或同类原子间结合非常强时,则可以形成比较强而稳定的结合,在液体中就出现新的固相(如氧在铝中形成 Al_2O_3,氧与铁中的硅形成 SiO_2 等)或气相。一般而言,在相图中具有较稳定的化合物的合金,在一定的成分范围内熔化以后,在过热度不高的情况下这种化合物不易分解,即在液态中容易保留相近成分的原子集团。此外,由于"浓度起伏"的存在,使实际液态金属的"结构起伏"更为突出和复杂。

实际金属的情况比上述现象还要复杂,因为:①工业应用的金属主要是多元合金;②在原材料中存在多种多样的杂质,有些杂质的化学分析值虽然不高,甚至低于 10^{-4} 量级,但其原子数仍是惊人的;③在熔炼过程中,金属与炉气、熔剂、炉衬的相互作用还会吸收气体带进杂质,甚至带入许多固、液质点。因此,实际金属的液态结构非常复杂,还存在着游动原子团簇、空穴以及能量起伏,在原子团簇和空穴中溶有各种各样的合金元素及杂质元素。由于化学键力和原子间结合力的不同,还存在着浓度起伏以至成分和结构不同的游动原子团簇。在一些化学亲和力较强的元素的原子之间还可能形成不稳定的(临时的)或稳定的化合物,这些化合物可能以固态、气态或液态出现,有一部分在液态金属的保持过程中上浮或下沉,而有相当一部分则悬浮于液态金属中,成为夹杂物(多数为非金属夹杂物)。

总之,实际金属和合金的液体由大量时聚时散、此起彼伏游动着的原子团簇及空穴所组成,同时也可能含有各种固态、液态或气态杂质或化合物,而且还表现出能量、结构及浓度三种起伏特征,其结构相当复杂。这里只是在总体上提供了一些定性的描述,至于更为科学的定量描述以及对各种不同熔体结构的具体认识,还有待于人们不断探索。

1.2.5 对液态结构的再认识及研究新进展

1. 对液体结构"短程有序"的进一步认识

在热力学中,液体是各向同性的均匀体。虽然液体结构的"短程有序"很早就被提出,且被一些理论模型所支持,但近几十年的研究结果却赋予了"短程有序"丰富、具体的物理内涵。20 世纪 70 年代,Ubbelohde 在其专著[3]《The Molten State of Matter》中就曾指出,在液相线(或熔点)以上不很高的温度范围内,用"熔体"(Melt)这个词比"液体"(Liquid)更加妥贴。衍射实验及计算机模拟结果表明,在单组元液体中存在着"拓扑短程序"(Topological Short-range),而在像合金这样的多组元液体中则还可能同时存在"化学短程序"(CSRO,Chemical Short-range Ordering)。

Richter 等人利用 X 衍射、中子及电子衍射手段,对碱金属及 Au、Ag、Pb 和 Tl 等熔体进行了十多年的系统研究。经过仔细分析,结果认为,在液体中存在着拓扑球状密排结构以及层状结构，如图1-9所示，它们的尺寸范围为 $10^{-6} \sim 10^{-7}$ cm[3]。

许多不同研究者发现，Sn、Ge、Ga、Si等固态具有共价键的单组元液体，其原子间的共价键并未完全消失，存在着与固体结构中对应的四面体局域拓扑有序结构[7]。

Frank研究液体与非晶的结构后提出，在液相线附近和较大过冷度条件下，在简单金属液体中存在着大量的二十面体原子集团（图1-10），其原因在于该结构的能量比hcp及fcc的密排原子集团低8%。而Reichert于2000年在《自然》杂志上撰文报道，观察到了液态铅局域结构的五重对称性及二十面体的存在，并推测二十面体存在于所有的单组元简单液体中。随后，Späpen总结认为，在简单液体中存在着许多种五重对称性的局域结构，并称这是液体结构领域的重要结论。

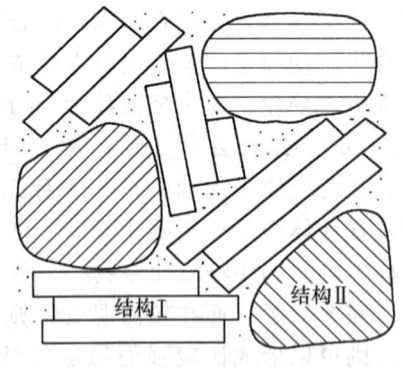

图1-9 液体金属球状密排结构及层状结构[3]

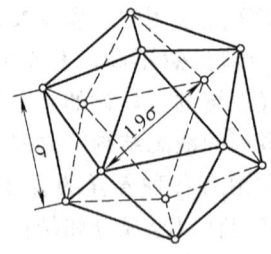 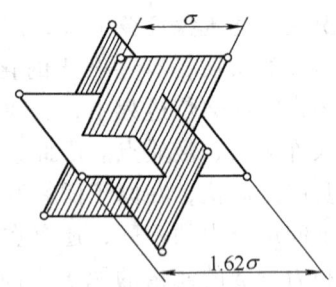

图1-10 液体中由12个原子构成的二十面体结构及其分解的三个正交矩形平面[8]

研究表明，在多组元液体中则可能同时存在拓扑短程序和化学短程序。电负性差别较大的二元液态体系一般具有负的混合热，异种原子之间的吸引力强，并存在着电荷转移，势必影响原子间距和配位数，并可能形成化学短程序。如在Li-Pb、Cs-Au、Mg-Bi、Mg-Zn、Mg-Sn、Cu-Ti、Cu-Sn、Al-Mg、Al-Fe等固态具有金属间化合物的二元熔体中均被发现有化学短程序的存在[9]。

20世纪90年代以来，对于尺寸较大的拓扑及化学有序提出了中程序的概念[10]，认为对应于径向分布函数RDF第一及第二峰的最近邻和次近邻配位层以内的有序性为短程序，范围一般为0.3~0.5nm；而中程序则处在大于短程序但远小于晶体的长程序的有序情况，范围一般在2.0nm以内。Li-Pb、Na-Sn、Cs-Tl和三溴化物MBr_3（M = La、Ce、Y、Dy）等合金熔体被发现既有短程序也有中程序存在。

2. 液-液结构转变新发现及启示

前面已经讨论过，在离液相线不太远的温度范围内，液体中存在着拓扑或化学短程甚至中程有序结构。其系统熵（混乱度）接近于固体而远小于气体。另一方面，液态物理指出，在物质温度-压力相图的液-气临界点T_c温度下，液体和气体的结构难以分辨，也就是说，此时的液体结构接近于气体。然而，液体在这两种状态之间的结构情况如何？随温度和压力有无转变？如何转变？人们知之甚少。传统观念一直认为，液体的结构及性质随温度和压力的升高而缓慢地连续变化。这一传统观念的影响是巨大的，以至于在相关专著和教科书中，液态物质的各种性质与温度 T 的关系无一例外地被表达为连续函数。例如，液体的比定压热容 c_p 常表达为 T 的二次多项式，而密度、电阻等物理性质则表达为 T 的一次（线性）函数。

(1) 压力诱导液-液结构转变的发现 近年来，人们发现液态 Ga、Cs、Se、I、Bi、Te 等元素以及石墨熔体的某些物理性质随着压力变化出现异常变化，提示其间发生压力诱导非连续液-液结构转变的可能性。根据一些现象，1997 年 Poole 在《科学》杂志上撰文，从理论上分析认为[11]，过冷条件下的压力诱导液-液结构转变容易发生在低压下具有开放型配位的分子结构液态物质中，例如局域呈四面体分子的单组元液体 Si、Ge、C、SiO_2、GeO_2 及 H_2O。2000 年 Katayama 等人利用 S-Pring8 第三代同步辐射装置对液态磷做了细致的高压 X-衍射实验，于 $p=1GPa$ 左右在极小的压力差范围内（<0.02GPa）发现其结构仅几分钟就发生了十分明显的突变，液态磷由低密度（$2.0g/cm^3$）结构转变成高密度（$2.8g/cm^3$）结构，而且这一结构转变是可逆的[12]。这项研究立即引起科学界的高度重视，McMillan 在《自然》杂志上撰文对这一研究结果给予了极高的评价：第一次为压力诱导型非连续液-液结构转变提供了直接的实验依据，表明人类必须修正传统的液体结构连续变化的观念，并重新考虑对液体结构的整体认识[13]。

(2) 温度诱导液-液结构转变的发现 上述压力诱导液-液结构转变均发生在高压或深过冷条件下，且均为单组元液体。而合金熔体在液相线以上是否会发生温度诱导的非连续液-液结构转变？其实，在研究熔体热历史对凝固组织影响的许多工作中，人们早就意识到熔体结构与温度具有一定的对应关系[14,15]。尤其是 21 世纪以来，内耗技术、热分析、液态 X 衍射、中子衍射、电阻、粘度、计算机模拟等手段的研究揭示，一些合金熔体在液相线以上一定温度范围内发生温度诱导的非连续液-液结构转变[16-22]，包括简单共晶类合金系统如 Pb-Sn、Pb-Sb、Sn-Bi、Al-Si 等，具有包晶反应的合金系统如 Pb-Bi、In-Sn、Pb-In 等，具有金属间化合物的复杂系统如 Bi-In、Bi-Te、Cu-Sn、Cu-Sb、Sn-Sb、In-Sb 等，匀晶系合金如 Bi-Sb 等。

研究指出，温度诱导液-液结构转变过程，原先的短程有序团簇（拓扑短程序或化学短程序）被打破而消散，从而形成新的短程有序团簇，其尺寸更小、有序度降低，液态系统变得更加均匀。In-80% Sn（质量分数）合金液的衍射结果表明[17]，在液-液结构转变过程中配位数 N_1 和原子间距 r_1 出现不连续异常变化，原子团簇半径 R_c、团簇原子数 N_c 及有序度（参量 $\zeta = R_c/r_1$）在转变后期突然下降。此外，温度诱导液-液结构转变存在可逆及不可逆两种类型，一些液态系统的结构与性质在升降温过程中呈可逆行为，而另一些则呈不可逆性。如 U. Dahlborg 等人通过小角度中子散射（SANS）和中子衍射对铝硅合金熔体结构与温度的关系进行研究后指出，共晶铝硅合金[Al-12.2% Si（摩尔分数）]的转变为部分可逆，而过共晶铝硅合金[Al-20% Si（摩尔分数）]的熔体结构则以完全不可逆的方式发生了变化[21]。

短程序和中程序的不断被发现，获得了原子团簇的微观和介观信息及丰富的物理图像，使得对液体的结构认识更接近客观实际。压力及温度诱导非连续液-液结构转变现象揭示出液体的结构和性质并非一定随压力或温度呈连续变化，J. A. White 在综述大量文献所发现的这类现象时指出，此类现象提示液体从熔点到液-气临界点之间可能存在多个转变的临界点[23]。随着对液态物质结构的深入研究，人类将不断发现有关液体结构新的现象，从而逐步加深对液态物质结构本质的认识，并将对凝固微观机制及新材料的研究与开发产生深远的影响。

1.3 液态金属的性质

1.3.1 液态金属的粘度

1. 液态金属的粘度及其影响因素

粘度系数简称粘度,是根据牛顿(Sir Isacc Newton)提出的数学关系式来定义的,即

$$\tau = \eta \frac{dv_x}{dy} \tag{1-7}$$

式中,τ 为平行于 x 方向作用于液体表面(x-z 面)的外加切应力,如图 1-11 所示;v_x 为液体在 x 方向的运动速度;dv_x/dy 表示沿 y 方向的速度梯度;η 为动力学粘度。由于液体各原子层(间距为 δ)之间的内摩擦力作用,液体第一原子层沿应力方向的运动受第二层阻碍,第二层受第三层阻碍,……。内摩擦阻力越大,则每一原子层相对于下一层的运动速度差别就越小,表明液体越不容易流动,则液体的粘度越大。因此,粘度 η 是液体内摩擦阻力大小的标征。

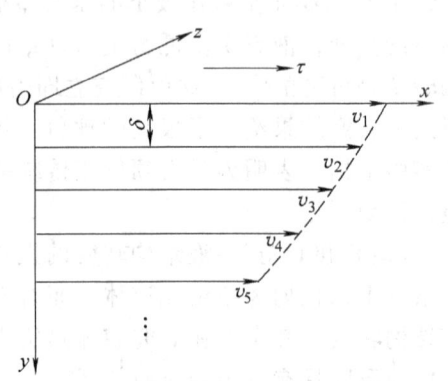

图 1-11 外力作用于液体表面各原子层速度

由式(1-7)可见,粘度的物理意义可视为作用于液体表面的应力 τ 与该平面法线方向上的速度梯度 dv_x/dy 的比例系数。应力 τ 一定时,产生的速度梯度 dv_x/dy 大,表明液体粘度 η 低。换言之,要产生相同的 dv_x/dy,内摩擦阻力越大,即 η 越大,所需外加切应力越大。式(1-7)称为液体粘度的牛顿定律,即液体流动的速度梯度 dv_x/dy 与切应力 τ 成正比。如果液体符合牛顿定律,则称为牛顿液体,否则称为非牛顿液体。在通常条件下,所有的液态金属及合金均被视为牛顿液体,而高分子熔体、分子聚合度高的熔渣等液体则属于非牛顿液体。

液体粘度的量纲为 $[M \cdot L^{-1} \cdot T^{-1}]$,常用单位为 Pa·s(帕·秒)或 mPa·s(毫帕·秒),在实际应用中需注意单位换算:1 千克力·秒/米²(kgf·s/m²) = 9.80665 帕·秒(Pa·s)。

液体粘度对温度的关系通常可表达为 $\eta = \eta_0 \exp(U/k_B T)$,式中 k_B 为波耳兹曼常数;U 为无外力作用时原子之间的结合能(或原子扩散势垒);η_0 为常数;T 为热力学温度。但是,早在 1934 年 Andrade 就指出,液体的粘度与原子间距(或体积)相关。此后,不断有人就此提出相关物理模型和相关数学表达式,如

$$\eta = \frac{2k_B T}{\delta^3} \tau_0 \exp\left(\frac{U}{k_B T}\right) \tag{1-8}$$

式中,τ_0 为原子在平衡位置的振动周期(对液态金属约为 10^{-13} s)。根据式(1-8),金属液的粘度 η 随结合能 U 按指数关系增加,这可以理解为,液体的原子之间结合力越大,则内摩擦阻力越大,粘度也就越高。此外,粘度随原子间距 δ 增大而降低,即与原子体积 δ^3 成反比。粘度与温度的关系受两方面(正比的线性及负的指数关系)制约,但总的趋势是随温度 T 而下降,如图 1-12 所示。实际金属液的原子间距 δ 也非定值,温度升高,原子热振动加剧,

原子间距随之而增大，因此 η 会随之下降。

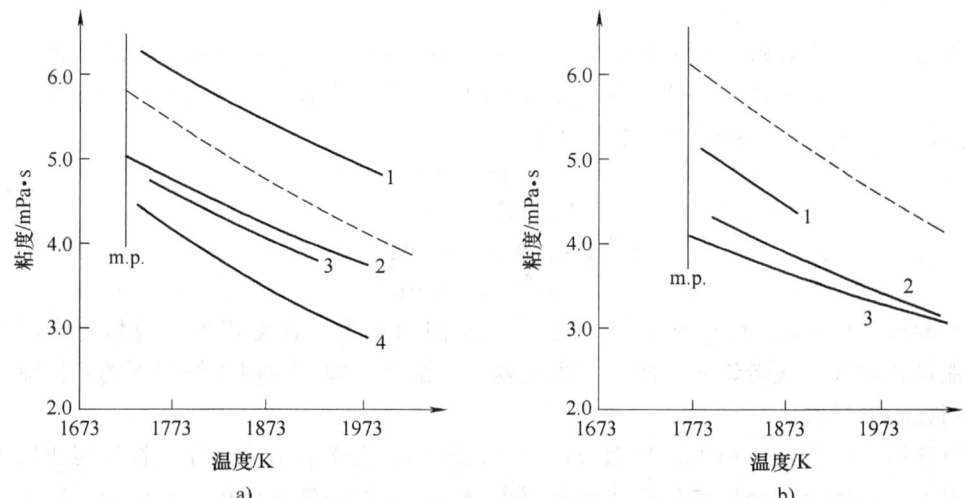

图 1-12　液体的粘度与温度的关系[7]（图中各曲线分别为不同研究者的实验结果，
虚线为计算值，m.p. 为熔点）
a) 液态镍　b) 液态钴

合金组元或微量元素对合金液粘度的影响比较复杂，许多研究者曾尝试描述二元合金液的粘度规律，其中 M-H(Moelwyn-Hughes) 模型为[7]

$$\eta = (X_1\eta_1 + X_2\eta_2)\left(1 - 2\frac{H^m}{RT}\right) \tag{1-9}$$

式中，η_1、η_2、x_1、x_2 分别为纯溶剂和溶质的粘度及其各自在溶液中的摩尔分数；R 为气体常数；H^m 为两组元的混合热。按 M-H 模型，如果混合热 H^m 为负值，合金元素的增加会使合金液的粘度上升。根据热力学原理，H^m 为负值表明异类原子间的结合力大于同类原子，因此摩擦阻力及粘度随之提高。M-H 模型得到了一些实验结果的验证。

如果溶质与溶剂在固态形成金属间化合物，则合金液的粘度将会明显高于纯溶剂金属液的粘度，这归因于在合金液中有异类原子间较强的化学结合键存在。通常，表面活性元素使液体的粘度降低，非表面活性杂质的存在使粘度提高。

2. 粘度在材料成形中的意义

粘度在金属铸造和焊接生产中均具有很重要的意义。为了说明此问题，先引入运动学粘度及雷诺数的概念。

运动学粘度为动力学粘度除以密度，即 $\nu = \eta/\rho$。运动学粘度适用于较大外力作用下的水力学流动，此时由于外力的作用，液体密度对流动的影响可以忽略。当采用了运动学粘度系数 ν 之后，$\nu_{金}$ 和 $\nu_{水}$ 两者近于一致。因此，在进行如铸件浇注系统的设计计算时，完全可以按照水力学原理来考虑。但是在外力作用非常小的情况下，液体金属的动力学粘度 η 将起主要作用，如夹杂的上浮过程和凝固过程中的补缩等均与动力粘度系数 η 有关。

粘度在流体中的影响和流动性质有关，它对层流的影响远比对湍流的影响大。流动性质属于层流或湍流，要取决于雷诺数值的大小。根据流体力学原理：当雷诺数 $Re > 2300$ 时为湍流，$Re < 2300$ 时为层流。以圆形管道为例，当直径为 D、流动速度为 v 时，雷诺数 Re 的表达式为

$$Re = \frac{Dv}{\nu} = \frac{Dv\rho}{\eta} \tag{1-10}$$

在管道直径较小或流速不大的情况下,即当 $Re < 2300$ 时,流动属于层流,此时液体的粘度将充分显示出它的作用。这是由于流动时的阻力在层流状态时受到粘度的影响远比在湍流状态时的大。设 f 为流动阻力系数,则有

$$f_{层} = \frac{32}{Re} = \frac{32\eta}{Dv\rho} \tag{1-11}$$

$$f_{湍} = \frac{0.092}{Re^{0.2}} = \frac{0.092\eta^{0.2}}{(Dv\rho)^{0.2}} \tag{1-12}$$

不难看出,$f_{层} \propto \eta$,而 $f_{湍} \propto \eta^{0.2}$。显然,流动阻力越大,在管道中输送相同体积液体所消耗的能量就越大,或者说所需压力差也就越大。由此可知,在层流情况下的液体流动要比湍流时消耗的能量大。

在薄壁铸件的浇注过程中,流动管道的直径较小,雷诺数值小,流动性质属于层流,在这种情况下,粘度影响金属液的流动性进而影响铸件轮廓的清晰程度。此时为了降低液体的粘度,应适当提高过热度或者加入表面活性物质等。此外,液体金属内部由于密度差引起的自然对流,以及由于凝固收缩形成压力差而造成的自然对流均属于层流性质,此时粘度对流动的影响就会直接影响到铸件的质量,如会影响热裂、缩孔、缩松的形成倾向。在金属液的各种精炼工艺中,希望尽可能彻底地脱去金属液中的非金属夹杂物(如钢铁中的各种氧化物及硫化物等)和气体。在铸件型腔中的金属液中残留的(或二次形成的)夹杂物和气泡都应该在金属完全凝固前排除出去,否则就形成了夹杂或气孔,破坏金属的连续性。而夹杂物和气泡的上浮速度与液体的粘度成反比,即

$$v = \frac{2}{9}\frac{g(\rho_m - \rho_B)r^2}{\eta} \quad (使用条件: Re = \frac{2rv}{\nu} \leq 1) \tag{1-13}$$

这就是流体力学的斯托克斯公式。式中,r 为气泡或夹杂的半径;ρ_m 为液体合金密度;ρ_B 为夹杂或气泡密度;g 为重力加速度。粘度 η 越大,夹杂或气泡上浮的速度越小。

铸件中的某些杂质元素(如钢铁中的硫、氧、磷等)会对凝固组织和产品性能造成极大的危害,因此,各类合金材料对每种有害杂质均有严格的限制。在铸造合金的熔炼过程中,钢铁材料的脱硫、脱磷、扩散脱氧的冶金化学反应均是在金属液与熔渣的界面进行的,金属液中的杂质元素及熔渣中的反应物要不断地向界面扩散,同时界面上的反应产物也需离开界面向熔渣内扩散。这些反应过程的动力学(反应速度和可进行到何种程度)受到反应物及生成物在金属液和熔渣中的扩散速度的影响,而金属液和熔渣中的动力学粘度值低则有利于扩散的进行,从而有利于脱去金属中的杂质元素。

在铸件凝固过程中,由于金属液的体积收缩而容易形成缩孔或缩松,此时依靠冒口中的液体静压头进行补缩,补缩距离的长度与液体合金的动力学粘度系数 η 的平方根成反比,η 数值越大,就会削弱冒口的补缩效果,从而增加铸件内部缩孔或缩松的形成倾向。另外,液体合金的粘度值大时,将使凝固过程中的自然对流或人工对流困难,而对流能够冲断正在长大中的枝晶而使晶粒细化;对流还可以使凝固界面前沿富集起来的低熔点物质加速向最后凝固区域的扩散,从而造成大的区域偏析。

1.3.2 液态金属的表面张力

1. 表面张力的实质及影响表面张力的因素

表面张力是物质表面上平行于表面切线方向且各方向大小相等的张力,它是由于物质表面上的质点受力不均所造成的。由于液体或固体的表面原子受内部的作用力较大,而朝着气体的方向受力较小,这种受力不均引起表面原子的势能比内部原子的势能高。因此,物体倾向于减小其表面积而产生表面张力。

表面能为产生新的单位面积表面时系统自由能的增量。需要注意的是,虽然表面张力与表面自由能是不同的物理概念,但都以 σ(或 γ)表示,其大小完全相同,单位也可以互换,表面能及表面张力从不同角度描述同一表面现象。通常表面张力的单位为力/距离(如 N/m、dyn/cm[⊖]),表面能的单位为能量/面积(如 J/m^2、erg/cm^2[⊖]等)。界面张力与界面自由能的关系相当于表面张力与表面自由能的关系,即界面张力与界面自由能的大小和单位也都相同。表面与界面的差别在于后者泛指两相之间的交界面,而前者特指液体或固体与气体之间的交界面,但更严格地说,应该是指液体或固体与其蒸汽的界面。广义上说,物体(液体或固体)与气相之间的界面能和界面张力为物体的表面能和表面张力。

(1)表面张力(及界面张力)与原子间的结合力　在一定温度下,表面能主要由表面内能 u_b 所决定,而表面内能取决于原子间结合力 u_0 的大小。原子间结合力 u_0 越大,表面内能越大,因此表面自由能越大,表面张力也就越大。通常总的趋势是,原子间结合力大的物质,其粘度、熔点和沸点就高,其固体和液体的表面能和表面张力也大。此外,对晶体而言,表面能还与晶面有关,若晶体表面为密排晶面(低指数晶面),由于密排表面原子配位数与晶体内部的差值较小,表面内能小,故其表面能也就小。若晶体表面为高指数晶面,其表面内能大,表面能亦大。基于上述原因,晶体为了维持其最稳定的状态,其表面往往为低指数(密排)晶面。

需要加以区分的是,当两个相共同组成一个界面时,其界面张力的大小与界面两侧(两相)质点间结合力的大小成反比,其理由不难从表面张力的形成原因及大小进行类似分析。也就是说,两相质点间的结合力越大,界面能越小,界面张力就越小;两相间结合力小,界面张力就大。例如,水银与玻璃间及金属液与 SiO_2 间,由于两者难以结合,所以两相间的界面张力就大。相反,同一金属(或合金)液固之间,由于两者容易结合,其界面张力就小。

界面张力大小也可以润湿角 θ 的大小作为标志。两种物质接触时,润湿或不润湿的关键取决于两种物质间的亲和力,亲和力大就润湿,否则就不润湿,其表现如图 1-13 中的液-固两相间的接触角,接触角为锐角时为润湿,接触角为钝角时为不润湿,通常称此接触角为润湿角。润湿角的大小如上所述,取决于不同物质间质点的作用力,也可以说是取决于接触物质之间的界面张力。在图 1-13 中,就界面张力而言,当达到稳定状态后各界面张力之间的关系为

$$\cos\theta = \frac{\sigma_{GS} - \sigma_{LS}}{\sigma_{GL}} \tag{1-14}$$

⊖ $1\ dyn/cm = 0.001 N/m = 0.001 J/m^2$。

⊖ $1\ erg/cm^2 = 0.001 N/m = 0.001 J/m^2$。

从式(1-14)中可以看出，固-液界面张力 σ_{LS} 越小，$\cos\theta$ 越趋近于1，即 θ 越趋近于0，这种情况是润湿的。总之，不同物质之间的结合力越大，界面张力越小，越容易润湿，其间的接触角（润湿角）越小。图 1-13 所示的液-固界面张力与润湿角的关系也可推广到固-固、液-液两相之间的接触，例如，形核的结晶相与固相衬底之间的润湿关系、固态合金中两种不同相之间的润湿关系、熔渣与液态金属之间的润湿关系等。

（2）表面张力与价电子及原子体积的关系　表面（和界面）张力的影响因素不仅仅只是原子间的结合力，与这种论点相反的例子大量存在。研究发现，有些熔点高的物质其表面张力却比熔点低的物质低。例如镁与锌同样都是二价金属，镁的熔点为 650℃，

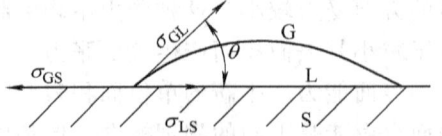

图 1-13　润湿角与界面张力

锌的熔点为 420℃，但在熔点附近，镁液的表面张力为 559mN/m（dyn/cm）；锌液的表面张力却为 782mN/m。此外，还发现金属的表面张力往往比非金属大几十倍，而比盐类大几倍。这说明单靠原子间的结合力是不能解释一切问题的。对于金属来说，还应当从它具有自由电子这一特性去考虑。

表面张力双电层理论认为，金属内运动着的公有自由电子可以穿过正离子边界（表面），但又被正离子吸引而跑不掉，从而在金属表面形成一个双电层，形象地说，是一个电容器。这个双电层构成了一个势垒，它可以阻止金属表面电子向外逃逸，如图 1-14 所示。这种在金属表面分布的电子层与金属正离子之间的作用力构成了对表面的压力，使金属有缩小表面积的倾向。基于该理论得到的表面张力表达式为

$$\sigma = \frac{4\pi(Ze)^2}{\delta^3} \tag{1-15}$$

式中，δ 为原子距离；Z 为金属原子价；e 为电子电荷。按照双电层理论，表面张力与原子体积 $V(\delta^3)$ 成反比，与价电子数 Z 成正比，即金属原子的价电子数越少、体积越大，表面张力越小。式(1-15)只可作为定性分析，并不能进行准确计算。后来有模型修正认为，液态金属的表面张力与 $V^{2/3}$ 成反比，但计算值与实验值仍有差别。

（3）表面张力与温度的关系　液态金属的表面张力通常随温度升高而下降，因为原子间距随温度升高而增大。有若干表达表面张力与温度的定量关系的公式，其中著名的 Eötvös（埃雨特乌斯）定律为[7]

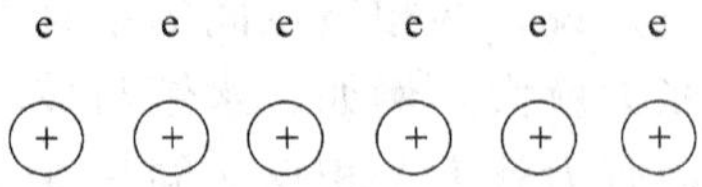

图 1-14　金属表面双电层示意图

$$\sigma = \frac{k_\gamma}{V^{\frac{2}{3}}}(T_c - T) \tag{1-16}$$

式中，V 为摩尔体积；T 为热力学温度；T_c 为液-气临界点温度；k_γ 为温度系数，其值对所有液态金属粗略相同，为 6.4×10^{-8} J·K^{-1}·mol$^{-2/3}$。在 Eötvös 之后，人们对此继续做了很多研究，发现不同液态金属的温度系数还是有所差别，其中具有代表性的 σ-T 关系为：$\sigma = \sigma_0 + K(T - T_0)$。液态金属在熔点 T_0 处的表面张力 σ_0 及其表面张力温度系数 K 的值见表 1-3。注意，K 的意义与 k_γ 不同（K 为负值）。由表 1-3 中的 K 值可知，工业上常采用液态金属（如 Fe、Ni、Al、Mg、Cu）的表面张力随温度上升而下降的趋势。

（4）合金元素及杂质元素对表面张力的影响　合金元素或微量杂质元素对表面张力的影响主要取决于原子间结合力的改变，向系统中加入削弱原子间结合力的组元，会使 u_0 减小，

使表面内能降低，从而使表面张力降低。

表 1-3 　 液态金属在熔点 T_0 处的表面张力 σ_0 及温度系数 K[7]

金属	σ_0 /mN·m^{-1}	K /mN·m^{-1}·K	金属	σ_0 /mN·m^{-1}	K /mN·m^{-1}·K	金属	σ_0 /mN·m^{-1}	K /mN·m^{-1}·K
Be	1390	-0.29	Zn	782	-0.17	Sb	367	-0.05
B	1096		Ga	718	-0.10	Te	180	-0.06
Mg	559	-0.35	Ge	612	-0.26	Ba	277	-0.08
Al	914	-0.35	Se	106	-0.10	La	720	-0.32
Si	865	-0.13	Rb	85	-0.06	Ce	740	-0.33
Ca	361	-0.10	Sr	303	-0.10	Ta	2150	-0.25
Ti	1650	-0.26	Zr	1480	-0.20	W	2500	-0.29
V	1950	-0.31	Nb	1900	-0.24	Ir	2250	-0.31
Cr	1700	-0.32	Mo	2250	-0.30	Pt	1800	-0.17
Mn	1090	-0.2	Ru	2250	-0.31	Au	1169	-0.25
Fe	1872	-0.49	Pd	1500	-0.22	Hg	498	-0.20
Co	1873	-0.49	Ag	966	-0.19	Pb	458	-0.13
Ni	1778	-0.38	In	556	-0.09	Bi	378	-0.07
Cu	1303	-0.23	Sn	560	-0.09	U	1550	-0.14

　　合金元素对表面张力的影响还体现在溶质与溶剂原子的体积之差，但这要从两方面来具体分析。当溶质的原子体积大于溶剂的原子体积时，由于造成原子排布的畸变而使势能增加，所以倾向于被排挤到表面，以降低整个系统的能量。这些富集在表面层的元素，由于其本身的原子体积大，表面张力低，从而使整个系统的表面张力降低。原子体积很小的元素，如 O、S、N 等，在金属中容易进入到熔剂的间隙使势能增加，从而被排挤到金属表面，成为富集在表面的表面活性物质。由于这些元素的金属性很弱，自由电子很少，因此表面张力小，同样使金属的表面张力降低。

　　此外，大凡自由电子数目多的溶质元素，由于其表面双电层的电荷密度大，从而造成对金属表面压力大，而使整个系统的表面张力增加。化合物的表面张力之所以较低，就是由于其自由电子较少的缘故。而铝之所以能提高锡的表面张力，就在于它使溶液的自由电子数目增加。

　　S、O、Te、Se(及 N)等元素均明显降低铁液的表面张力，如图 1-15 所示。铬作为合金元素加入铁液中也使表面张力大大下降，而镍对铁液表面张力的影响较为复杂，随成分范围而不同，如图 1-16 所示。碳和磷对铁液表面张力的影响较小，略有降低作用。图 1-17 描述了合金元素对铝、镁合金熔体表面张力的影响规律。

　　溶质元素如果使溶液的表面张力降低，将被排斥到溶液的表面，这种现象称为表面吸附。一定温度下，可用单位面积上的吸附量 Γ (mol/cm^2) 作为衡量吸附的程度，即 Gibbs 吸附公式

$$\Gamma = -\frac{C}{RT}\left(\frac{d\sigma}{dC}\right)_T \tag{1-17}$$

式中，R 为气体常数，其值为 8.314J/(mol·K)；T 为热力学温度；C 为溶质浓度。从式(1-

17)中可以看出:$d\sigma/dC<0$ 时,元素浓度的增加将引起表面张力的降低,则 $\Gamma>0$,为正吸附,此时为表面活性元素;$d\sigma/dC>0$ 时,元素浓度的增加引起表面张力的上升,则 $\Gamma<0$,为负吸附,此时为非表面活性元素。因此,表面活性元素均降低熔体的表面张力。

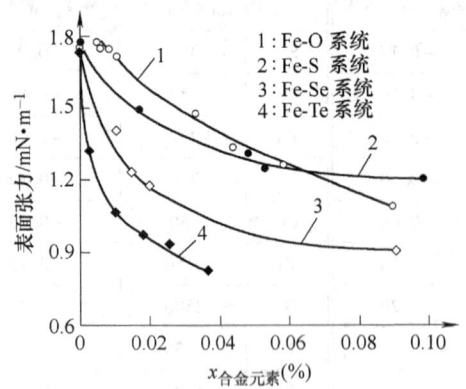 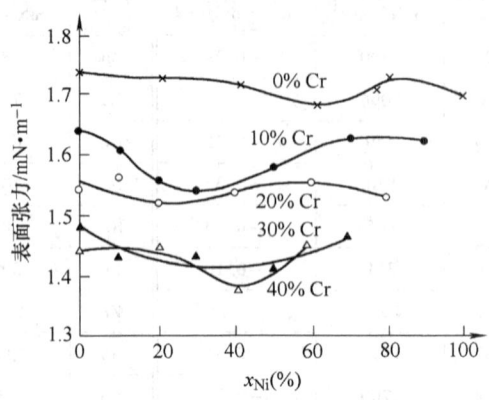

图 1-15　S、O、Te、Se 对铁液表面张力的影响[7]　　图 1-16　Cr 与 Ni 对铁液表面张力的影响[7]

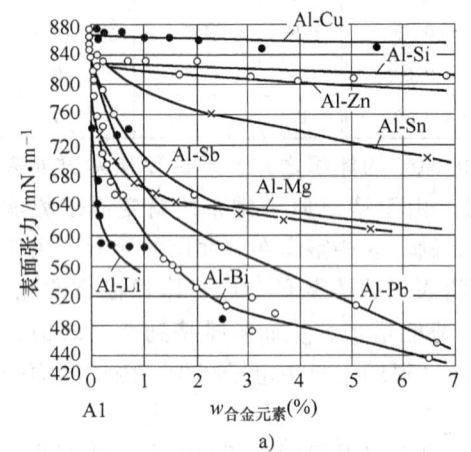 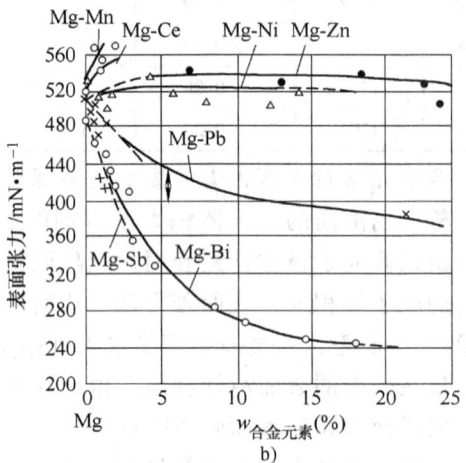

图 1-17　合金元素对铝液、镁液表面张力的影响[24]
a)铝液　b)镁液

2. 表面张力在铸件成形过程中的意义

表面张力通常在大体积系统中显示不出它的作用,但在微小体积系统,特别是在显微体积范围内将会显示很大的作用。表面张力对形核功的影响以及对结晶形态和固态金属中各相的物理化学、力学状态等方面的作用均是十分重要的。在金属凝固的后期,枝晶与枝晶之间存在的液膜厚度甚至会小到 10^{-6}mm,此时凝固收缩是否会引起铸件的开裂与表面张力的大小有很大关系。

(1) 表面张力引起的曲面两侧压力差及其相关作用　表面为平面时(曲率半径为无穷大),其两侧的压力是相等的。但当表面具有一定的曲度时,表面张力将使表面的两侧产生压力差,该压力差值的大小与曲率半径成反比,曲率半径越小,表面张力的作用越显著。例如,一个大容器中的水,由于其表面为平面,表面张力显示不出任何作用;而如果是一个球形液滴,则在液滴内外,由于表面张力的作用产生一个压力差。为了导出压力差和表面张力

σ、曲率半径 r 之间的关系式，设表面为圆柱曲面，如图 1-18 所示。曲面内侧为液体(或固体)，外侧为气体，表面是半径为 r 的圆弧，距离中心线 b 处受到它物的支持(如毛细管的管壁)。考虑到作用于表面上的所有外力处于平衡状态，取垂直于该图纸面方向上的长度为 1（单位长度）、液相内的压力为 p_1、气相中的压力为 p_2、压力差为 Δp ($\Delta p = p_1 - p_2$)。由图 1-18 可知，由压力差所产生的向上的力为 $F_1 = 2b\Delta p$；由表面张力所产生的向下的外力为 $F_2 = 2\sigma\sin\theta$。由几何学原理可知：$b = r\sin\theta$，因此 $F_1 = 2r\sin\theta \cdot \Delta p$，在平衡状态下 $F_1 = F_2$，所以有

$$2r\sin\theta \cdot \Delta p = 2\sigma\sin\theta$$

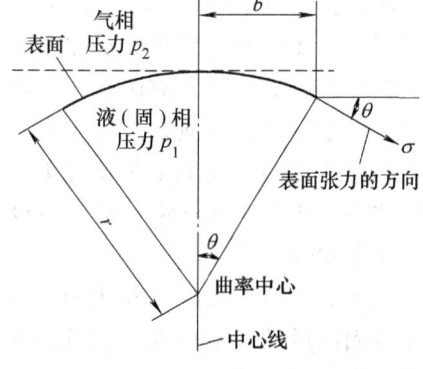

图 1-18 压力差与表面曲率、表面张力的关系[25]

即

$$\Delta p = \frac{\sigma}{r} \tag{1-18}$$

式(1-18)为表面是圆柱面时，由于表面张力 σ 所产生的压力差。根据同样道理，当表面为任一曲面时，如以互相垂直的两平面与该曲面垂直相交，可以得到曲率半径分别为 r_1 和 r_2 的两条相交的弧线。r_1 和 r_2 可为正值，也可为负值(曲率中心位于气相中时)。此时，Δp、σ、r 三者之间的关系通用式为

$$\Delta p = \left(\frac{1}{r_1} + \frac{1}{r_2}\right)\sigma \tag{1-19}$$

对圆柱形表面($r_2 = \infty$)则有

$$\Delta p = \frac{\sigma}{r} \quad (r = r_1) \tag{1-20}$$

对球形表面(如液滴)则有

$$\Delta p = \frac{2\sigma}{r} \quad (r = r_1 = r_2) \tag{1-21}$$

以水滴为例，设其 $r = 10^{-4}$ cm，水的表面张力为 0.7N/cm，则 $\Delta p = 14000$N/cm^2，可见在曲率半径很小时，表面张力会引起很大的压力差。当表面为特殊的马鞍形时，若 $r_1 = -r_2$，则 $\Delta p = 0$；若表面为平面时，$r_1 = r_2 = \infty$，则 $\Delta p = 0$。这两种情况的表面张力均不显示任何作用，表面张力在曲面两侧引起的压力差 Δp 相对于平直界面而言为一附加压力，这种附加压力在铸件成形过程中及许多其他科学和技术领域中均具有重要意义。例如，在铸造过程中金属液是否侵入砂型毛细管而形成粘砂，与表面张力 σ 引起的 Δp 有关。通常金属液与型砂不润湿，这有利于防止金属液侵入砂型毛细管而形成粘砂。毛细管的直径 D 及金属液的静压头 H(考察点以上金属液的高度)越大，越容易产生粘砂。因此，根据表面张力 σ 与金属液静压头 H 之间存在的关系，经过推导，形成粘砂的毛细管临界直径 D_c(与型砂的粗细有关)为

$$D_c = \frac{4\sigma}{\rho g H} \tag{1-22}$$

式中，ρ 为合金液的密度；g 为重力加速度。据此，可根据压头 H 计算获得光洁表面铸件的粘砂毛细管临界直径 D_c，从而科学地选用型砂粒度。

此外，在铸造熔炼过程的高温下溶入到液态金属中的气体（如氮、氢、氧），当温度下降时因过饱和而分别析出，析出的小气泡如能迅速聚集为大气泡，便能够以较快的速度上浮，在液态金属凝固之前逸出，否则，将滞留在金属中成为气孔。假设在液态金属中同时存在两个大小不同的气泡，由表面张力在大、小气泡内产生的附加压力分别为 Δp_1 与 Δp_2，则 $\Delta p_2 > \Delta p_1$。当两个气泡汇集接触时，由于小气泡中的气体压力高于大气泡，因此小气泡中的气体将迅速充入大气泡。两气泡聚合后尺寸增大，由式(1-13)可知，聚合后气泡的上浮速度将显著加快。

（2）液膜拉断临界力及表面张力对凝固热裂的影响

在凝固的后期，不同晶粒之间存在着液膜，由于表面张力的作用，液膜将其两侧的晶体紧紧地吸附在一起，液膜厚度越小，其吸附力量就越大。上述情况在日常生活中也能碰到，如在两块玻璃板之间涂以水膜，然后再将两玻璃板拉开，水膜越薄，则拉开所需的力就越大。

为了求出单位面积的拉断应力 f_{max} 和表面张力 σ、液膜厚度 T 之间的关系，现以图 1-19 所示的模型进行说明。图 1-19a 所示为在两固体晶粒之间存在着厚度为 T_a 的液膜，液膜长度为 H，宽度（垂直于纸面方向）为 1。设此时静态液膜的表面为平面，其曲率半径为 ∞，当由于凝固收缩使液膜两侧的晶体拉开时，如果该液膜与外界的液体隔绝，则如图 1-19b 所示，在液膜厚度由 T_a 变宽至 T_b 的同时，液膜的表面也由平面变为凹面，其曲率半径由 ∞ 变为 r_b。外力继续加大时，液膜的宽度由 T_b 增至 T_c，液膜长度由 H 减至 H'，液膜表面的曲率半径进一步变小为 r_c，如图 1-19c 所示。在外力作用于液膜两侧固体的整个过程中，由于表面张力的作用，始终存在着一个与外力方向相反的应力与之平衡，其大小为 $\Delta p = -\sigma/r$（设液膜为圆柱体的部分凹面），式中的负号表示液膜表面为凹面，其曲率半径 r 为负值。从式中不难看出，随着曲率半径变小，由表面张力产生的 Δp 也就越大。但是，曲率半径 r 不是无限制地变小的，它有一个极限值，该值与液膜厚度有关。当 r 达到 $r^* = T/2$ 时，应力 $f = f_{max} = \Delta p^*$，达到临界值，如果继续将液膜拉开，使 T 增厚，则曲率半径 r 将再度变大（图 1-19d 中虚弧线所示），而应力 Δp 将要变小。在这种情况下，凝固收缩引起的拉应力将大于由表面张力所产生的应力，而使液膜两侧的固体急剧分离。为此，液膜的拉断临界应力 f_{max} 的大小应为

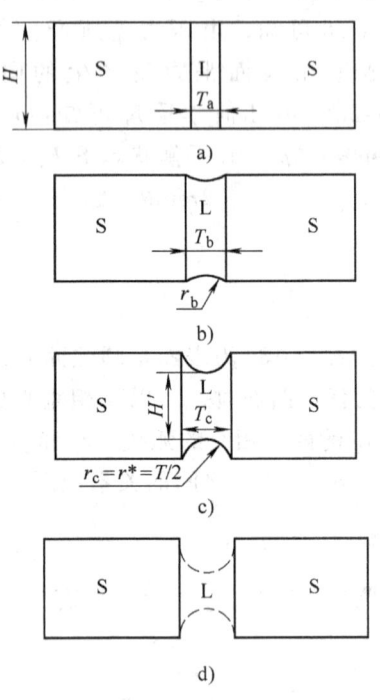

图 1-19 液膜在单位面积拉应力作用下曲率半径及厚度的变化

$$f_{max} = \Delta p^* = \frac{\sigma}{r^*} = \frac{\sigma}{\frac{T}{2}} = \frac{2\sigma}{T} \tag{1-23}$$

对于 $\sigma = 10^{-2} \text{N/cm}$ 的金属，若液膜的厚度为 10^{-6}mm，要将液膜两侧的晶粒拉开，所需应力为 $2 \times 10^3 \text{N/mm}^2$。液膜拉断时若无外界液体补充，那么在晶粒间或枝晶间便形成了凝固热裂纹。可见，液膜表面张力越大，液膜越薄，则液膜的拉断临界应力 f_{max} 越大，裂纹就

越难形成。

在实际生产中,热裂形成的过程是很复杂的,它同时受到凝固速度与拉伸速度(由收缩速度所决定)和其他因素的影响。根据上述分析,可以归纳为以下三种情况:

1) 液膜与大量未凝固的液体相通,此时液膜两侧的固体枝晶拉开多少,液体就补充进去多少,因此不会产生热裂。这种情况发生在凝固的早期,或者靠近液体的两相区内。

2) 液膜已经与液体区隔绝,但是由于低熔点物质的大量存在,使凝固温度区间增大而凝固速度较慢,这样,厚的液膜将会长时间地保持下去。在此期间如果有大的拉伸速度,则往往要产生热裂。如钢铁中的硫化物共晶使液膜增厚、凝固温度区间增大,加之硫会降低 Fe-C 合金熔体的表面张力 σ,结果液膜的最大断裂应力 f_{max} 减小,这就是钢铁中若硫含量高则热裂倾向大的原因。

3) 液膜虽已与液体区隔绝,但由于液膜中低熔点杂质较少,其表面张力较高,熔点也相应较高而凝固速度较快,液膜迅速变薄。此时如果液膜两侧的固体枝晶受到拉力,将会遇到大的 f_{max} 的抗力,这种抗力将使高温固体内部产生蠕变变形,从而避免了热裂的产生。

当然,实际过程中热裂的产生还要复杂得多,具体内容将在第 11 章中详细介绍。

1.4 液态金属的充型能力

液态金属通过浇注系统充填进入铸型型腔,并在其中凝固、冷却而获得铸件。若充型过程不利,则可能产生诸如浇不足、冷隔、铁豆、抬箱、卷入性气孔、砂眼等铸造缺陷,因此,充型过程是铸件成形的一个重要阶段。

1.4.1 液态金属充型能力的基本概念

液态金属的充型能力是铸件在成形过程中的一项重要的工艺性能,它的定义为:在充型过程中,液态金属充满铸型型腔,获得形状完整、尺寸精确、轮廓清晰的铸件的能力,也可简称为充型能力。充型能力涉及充型过程中液态金属在浇注系统中和铸型型腔中的流动规律,是设计浇注系统的重要依据之一,也是与充型相关的铸造缺陷预防措施的重要参考,还关系到铸造方法与铸型类别的选择。

液态金属的充型能力还与可铸出的最小壁厚直接相关。实践证明,同一种金属采用不同的铸型类别,所能铸造的铸件最小壁厚不同;同样的铸型条件,由于金属不同,所能得到的最小壁厚也不同,见表 1-4。所以,液态金属的充型能力首先取决于金属本身的流动能力,同时又受外界条件如铸型性质、浇注条件、铸件结构等因素的影响,是各种因素的综合反映。

表 1-4 不同金属和不同铸型条件的铸件最小壁厚[24]

金属种类	铸件最小壁厚/mm				
	砂型	金属型	熔模铸造	壳型	压铸
灰铸铁	3	>4	0.4~0.8	0.8~1.5	
铸钢	4	8~10	0.5~1.0	2.5	
铝合金	3	3~4			0.6~0.8

与充型过程有关的另一概念称为流动性,即在充型过程中金属液本身的流动能力。流动性也是液态金属的一项重要的工艺性能,与金属的成分、温度、杂质含量及其物理性质有关。金属的流动性不仅影响充型过程,对于排出其中的气体、杂质和凝固后期的补缩、防裂,从而获得优质铸件也至关重要。流动性好的铸造合金其充型能力强,流动性差的合金其充型能力也就较差。金属的流动性好,气体和杂质易于上浮,使金属得到净化,有利于得到没有气孔和夹杂的铸件。若液态金属具有良好的流动性,不仅有利于铸件在凝固期间可能产生的缩孔得到金属液的补缩,还能使铸件在凝固末期因收缩受阻而出现的热裂得到液态金属的弥合,因此,有利于这些凝固缺陷的防止。

需要注意的是,流动性与充型能力密切相关,但二者是不同的概念。可以这样理解流动性与充型能力的关系:流动性是决定充型能力的内在因素,而充型能力还取决于其他外界因素,充型能力是内因和外因的共同结果。由于影响液态金属充型能力的因素有很多,在工程应用及研究中,不能笼统地对各种合金在不同铸造条件下的充型能力进行比较。通常,在相同的条件下(如相同的铸型性质、浇注系统以及浇注时控制合金液具有相同的过热度等)浇注各种合金的流动性试样,以试样的长度表示该合金的流动性,并以所测得的合金流动性表示合金的充型能力。因此可以认为,合金的流动性是确定条件下的充型能力。对于同一种合金,也可以用流动性试样研究各铸造工艺因素对其充型能力的影响。例如,采用某一种结构的流动性试样,改变型砂的水分、煤粉含量、浇注温度、直浇道高度等因素中的一个因素,以判断该变动因素对充型能力的影响。

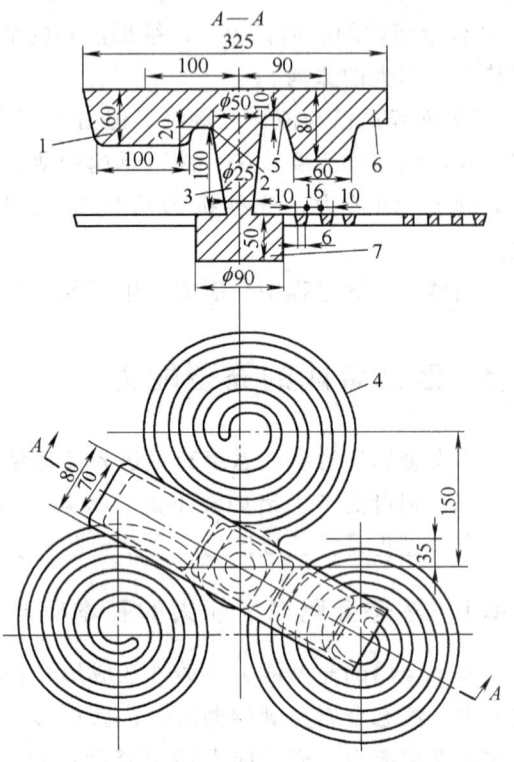

图 1-20 螺旋形流动性试样结构示意图[24]
1—浇口杯 2—低坝 3—直浇道 4—螺旋
5—高坝 6—溢流道 7—全压井

测定液态金属流动性的试样类型有很多,包括螺旋形、球形、U形、楔形、竖琴形、真空试样(即用真空吸铸法)等。在生产和科学研究中应用最多的是螺旋形试样,如图1-20所示。其优点是灵敏度高、对比形象、可供金属液流动相当长的距离(如1.5m),而铸型的轮廓尺寸并不太大;缺点是金属流线弯曲,沿途阻力损失较大,流程越长散热越多,故金属的流动条件和温度条件都在随时改变,这必然影响到所测流动性的准确度,各次试验所用铸型条件也很难精确控制,每做一次试验要造一次铸型。

1.4.2 液态金属的停止流动机理与充型能力

液态金属的充型能力与其在充型过程中的停止流动机理密切相关,按照金属的结晶特性(取决于结晶温度范围)不同,液态金属的停止流动机理可分为两种,如图1-21和图1-22所示。

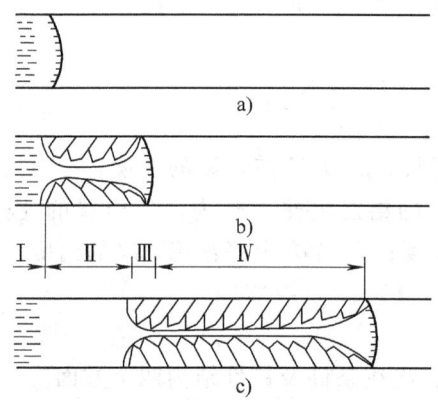

图 1-21 纯金属、共晶成分合金及结晶温度范围
很窄的合金停止流动机理示意图[24]

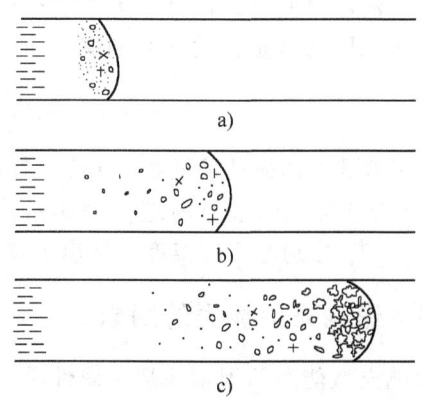

图 1-22 宽结晶温度合金停止流动机理示意图

图 1-21 所示为纯金属、共晶成分合金及结晶温度范围很窄的合金停止流动机理示意图，在金属的过热量未散失尽以前为纯液态流动（图 1-21a），为第Ⅰ区；金属液继续流动，冷的前端在型壁上凝固结壳（图 1-21b），而后金属液是在被加热了的管道中流动，冷却强度下降，由于后续液流通过Ⅰ区终点时尚具有一定的过热度，将已凝固的壳重新熔化，为第Ⅱ区，所以，该区是先形成凝固壳，又被完全熔化；第Ⅲ区是未被完全熔化而保留下来的一部分固相区，在该区的终点金属液耗尽了过热热量；在第Ⅳ区里，液相和固相具有相同的温度——结晶温度，由于在该区的起点处结晶开始较早，断面上结晶完毕也较早，往往在它附近发生堵塞（图 1-21c）。这类金属的流动性与固体层内表面的粗糙度、毛细管阻力以及在结晶温度下的流动能力有关。

图 1-22 所示为结晶温度范围很宽的合金的停止流动机理示意图。在过热量未散失尽以前，金属液也以纯液态流动（图 1-22a）。温度下降到液相线以下时，从液流中析出晶体，顺流前进，并不断长大。液流前端不断与冷的型壁接触，因此冷速最快、所形成的晶粒数量最多，并且金属液的粘度增加、流速减慢（图 1-22b）。

当晶粒数量达到某一临界数量时，便结成一个连续的网络。当液流的压力不能克服此网络的阻力时，即发生堵塞而停止流动（图 1-22c）。试验表明，在液态金属的前端析出 15% ~ 20% 的固相量时，流动就停止。合金的结晶温度范围越宽，枝晶就越发达，从液流前端析出相对较少的固相量时，亦即在相对较短的时间内，液态金属便停止流动。因此，对应相图上结晶温度范围最大处成分的合金，其流动性最小。

液态金属在充型中与铸型之间发生着强烈的热交换，是一个不稳定的传热和流动过程。由于影响的因素很多，从理论上对液态金属的充型能力进行计算很困难。许多学者为了简化计算，对充型过程做了各种假设，得出了许多不同的计算公式，下面仅介绍一种计算方法作为参考。假设以某成分合金浇注一水平棒形试样，在一定的浇注条件下，合金的充型能力以停止流动时的长度 L 表示

$$L = v\tau \tag{1-24}$$

式中，v 为在静压头 H 作用下液态金属在型腔中的平均流速（$v = \mu \sqrt{2gH}$，μ 为流量消耗系

数); τ 为液态金属从进入型腔到停止流动的时间。

关于流动时间 τ 的计算,根据液态金属不同的停止流动机理有不同的计算方法。对于宽结晶温度范围的合金,关于充型能力的经验公式为

$$L = \mu \sqrt{2gH} \frac{A\rho_1}{d\alpha} \frac{k\Delta H + c_1(T_{浇} - T_k)}{T_L - T_型}$$ （1-25）

式中,A 为试样的横截面面积;d 为试样的横截面周长;ρ_1 为液态金属的密度;α 为换热系数;k 为停止流动时液流前端的固相量;ΔH 为合金的结晶潜热;c_1 为液态金属的比热容;$T_{浇}$、$T_{型}$、T_L 分别为浇注温度、铸型温度和液相线温度;T_k 为合金停止流动时的温度。

1.4.3 影响充型能力的因素

影响充型能力的因素包括金属性质、铸型性质、浇注条件及铸件结构四个方面。

1. 金属性质方面的因素

金属性质方面因素包括结晶温度范围、结晶潜热 ΔH、密度 ρ_1、比热容 c_1、热导率 λ_1、粘度 η、表面张力 σ 等。这类因素是充型能力的内在因素,决定了流动性的高低。

(1) 结晶温度范围的影响　合金的化学成分决定了结晶温度范围,因此,在合金成分与流动性之间存在一定的规律。一般而言,在流动性曲线上,对应着纯金属、共晶成分和金属间化合物之处流动性最好,而流动性随着结晶温度范围的增大而下降,在结晶温度范围最大处流动性最差。因为对于纯金属、共晶成分和金属间化合物成分的合金,在固定的凝固温度下,已凝固的固相层由表面逐步向内部推进,固相层内表面比较光滑,对液体的流动阻力小,直至如图 1-21 所示的第Ⅳ区的截面完全凝固,合金才停止流动,这类合金液的流动时间长,所以流动性好。而具有宽结晶温度范围的合金在型腔中流动时,断面上存在着发达的树枝晶与未凝固的液体相混杂的两相区,当液流前端的枝晶数量达到某一临界值时(15% ~ 20%),金属液就停止流动。合金的结晶温度范围越宽,两相区就越宽,枝晶也越发达,金属液就越早地停止流动,所以流动性不好。

图 1-23 所示为 Fe-C 合金流动性与成分的关系,其中图 a 为确定过热度的情况,图 b 为确定浇注温度的情况。图 1-24a 所示的 Al-Cu 合金在共晶成分附近流动性最好;图 c 所示的 Al-Mg 合金从共晶成分点至其右侧一段成分区间(化合物 $Al_{12}Mg_{17}$)均为窄的结晶温度范围,流动性很好。然而,结晶温度范围并非唯一的影响因素,如图 1-24b 所示的 Al-Si 合金的最佳流动性并不对应共晶成分,这是因为有结晶潜热等其他因素的作用。

(2) 结晶潜热等热物理性质的影响　从总体上看,结晶潜热的释放将延缓合金温度的下降速率,合金放出的结晶潜热越多,温度下降越慢,凝固过程进行得越慢,因而流动性越好。如图 1-24b 所示的 Al-Si 合金,由于结晶潜热的影响,其最好的流动性并不在共晶成分处($w_{Si} = 12.6\%$),而是在 $w_{Si} = 16\% \sim 20\%$ 处。这是因为硅晶体的结晶潜热为 180.7×10^4 J/kg,为 α-Al(38.9×10^4 J/kg) 的四倍以上,而且,过共晶成分 Al-Si 合金的初生块状硅强度较低,不容易形成坚固的枝晶网络,结晶潜热的作用得以发挥。与之相似,灰铸铁由于石墨晶体高的结晶潜热(383×10^4 J/kg,是铁的 14 倍),其最佳流动性也在过共晶成分处。不难理解,对于纯金属、共晶和金属间化合物成分的合金,在一般的浇注条件下,停止流动时固相分数通常已经很高,因此,大部分结晶潜热能够对流动性发挥有益作用。而对于宽结晶温度范围的合金,若固相体积分数较小时晶粒就容易连成网络而停止流动,结晶潜热对流动性发

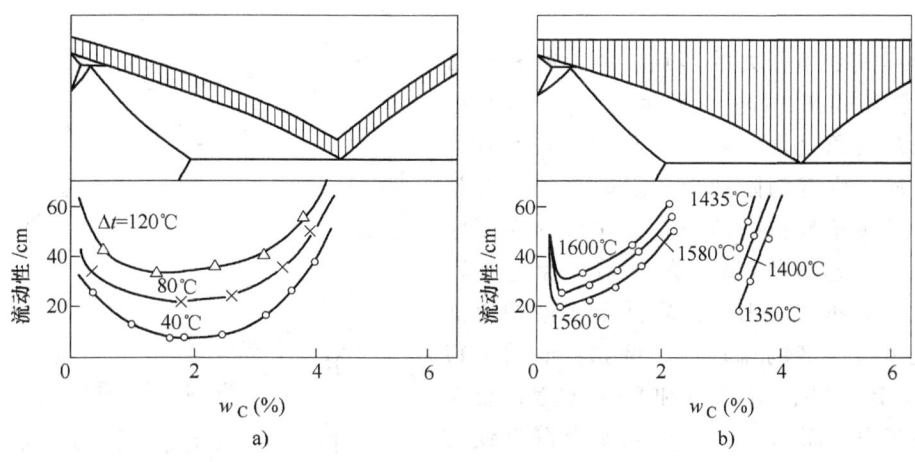

图 1-23　Fe-C 合金流动性与成分的关系[24]

挥的作用则有限。然而，即使对于宽结晶温度范围的合金，若初始结晶相强度较低（如上述例子中的非金属相硅及石墨），固相体积分数小时难以形成坚固的枝晶网络，需要凝固至较高固相率时才会停止流动，结晶潜热对流动性仍然能够发挥显著作用。

合金液的比热容 c_1 及密度 ρ_1 越大（$c_1\rho_1$ 是单位体积合金液每温度降低1℃所释放的热量），热导率 λ_1 越小（向外导出热量越慢），停止流动前的时间越长，故充型能力越好。

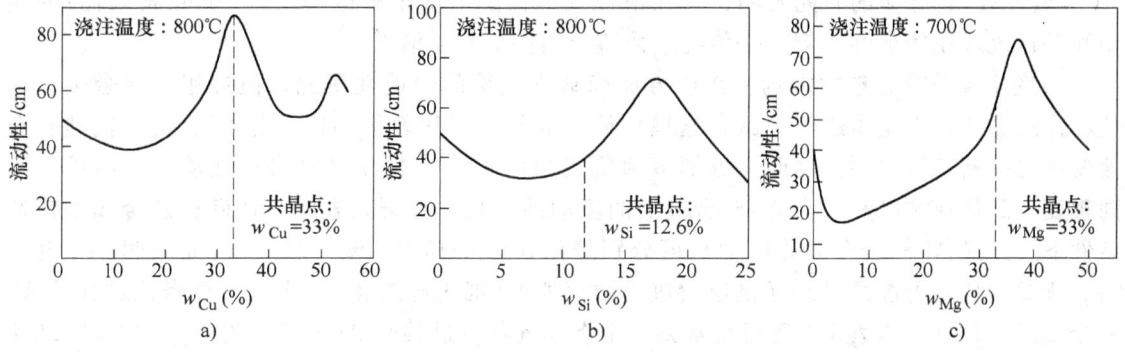

图 1-24　二元合金流动性与成分的关系（金属型，给定浇注温度）[26]
a）Al-Cu 合金　b）Al-Si 合金　c）Al-Mg 合金

（3）金属其他因素的作用

1）金属液粘度的影响。虽然金属液粘度在充型过程前期（属于湍流）对流动性的影响较小，但在充型过程后期（属于层流）对流动性的影响较大。因此，增加合金液粘度的因素都可能在一定程度上降低合金的流动性，反之亦然。

通常，液态金属的粘度与成分、温度、固相微粒的含量等有关。例如，灰铸铁的粘度随含碳量的增高和温度的升高而明显降低，因而其充型能力也随之明显改善，这与图 1-23 所示的 Fe-C 合金流动性与成分的关系相吻合。在金属液中存在的悬浮固相微粒可显著增大金属液粘度，从而降低流动性，如图 1-25 所示。当固相微粒的体积分数 $\phi<0.1$ 时，其表观粘度 μ_e 与纯液体粘度 μ_0 的关系为[26]：$\mu_e = \mu_0(1 + 2.5\phi + 10.25\phi^2)$，可见，液体粘度随固相微粒增多（$\phi$ 增大）而明显上升。研究还表明，固相粒子的尺寸越大、非圆度越高，则固相微粒（相同的 ϕ）提高表观粘度 μ_e 的作用越强，图 1-25 也显示了 SiC 形态对铝合金流动性的

影响。

2）金属液表面张力的影响。铸型材料通常不为金属液所润湿，即润湿角大于90°。在型腔内薄壁处及棱角处合金液形成凸面，表面张力引起指向液体内部的附加力，阻碍金属液对型腔细薄处及棱角部位的填充。金属液的表面张力越大，型腔越细薄（或棱角曲率半径越小），则这种附加力越大。因此，降低金属液的表面张力可提高金属液的流动性。例如，如图1-17所示，Li、Bi、Pb、Mg、Sb和Sn可显著降低铝液的表面张力，而Sb、Bi、Pb可显著降低镁液的表面张力，当铝合金或镁合金包含这些元素时，可借此分析元素及其含量对流动性的作用规律。图1-15则显示，微量的S、O、Se、Te

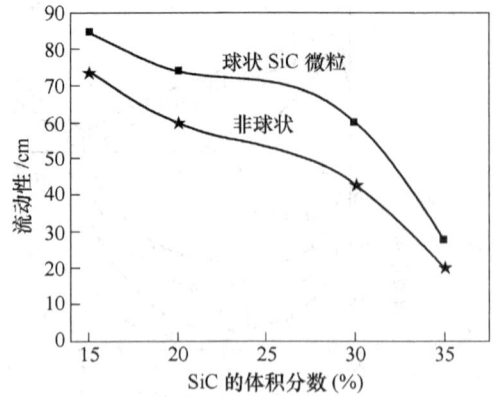

图1-25　SiC含量与形态对A356
铝合金流动性的影响[26]

（注：金属型；A356成分：$w_{Si} = 6.5\% \sim 7.6\%$，
$w_{Mg} = 0.25\% \sim 0.45\%$）

即可显著降低铁液的表面张力。研究表明，表面张力对流动性的作用会因为金属液中氧化膜的存在而弱化甚至消除。因为，通常在浇注温度下为固态的氧化膜可极其显著地升高金属液的表观表面张力，从而降低金属液进入铸型型腔精细结构处的能力。例如，对Al-9%～10% Si（质量分数）合金液的研究表明，其在惰性气体保护下低压铸造（产生较少的氧化膜）的流动性是传统低压铸造的2倍，是传统重力铸造条件下的4倍[26]。

3）变质及孕育处理的影响。在该方面尚缺乏系统的普适性研究，但近年对铝合金流动性的作用在认识上基本趋于一致，这里作简要介绍。以往教科书曾认为[25]，钠对铝硅合金液变质可提高其流动性。然而，近期多项研究却证实[26]，以钠及锶进行变质处理都可在不同程度上降低亚共晶和共晶Al-Si合金液的流动性，其中有研究表明，在砂型及金属型铸造条件下，共晶Al-Si合金液的流动性可分别降低5%～7%和2%～3%。研究表明[27]（表1-5），无论以锶进行变质处理还是以磷进行孕育处理（细化初晶硅），均可明显降低过共晶Al-Si合金的流动性。由表1-5还可观察到一个有趣现象，过共晶Al-Si合金在$w_{Si} = 12\% \sim 20\%$范围内，原本随含硅量的增加而流动性渐次上升的规律，却因磷的处理出现了相反的规律，以至于磷降低流动性的程度随含硅量的增加而越发显著。另有研究表明，Mg、Sb、S的加入可增加Al-Si合金液的流动性，B[28]及Sc[29]的加入也有类似效果。

表1-5　Sr变质或P孕育对不同成分Al-Si合金流动性的影响（螺旋线长度）[27]

（试验条件：30MPa压力挤压铸造，过热度均为100℃）　　　　　　（单位：mm）

$w_{Si}(\%)$	未处理	$w_{Sr} = 0.02\%$的变质处理	$w_P = 0.2\%$的细化初晶硅
12.0	587	540	579
14.0	707	645	526
16.0	818	797	545
18.0	822	797	410
20.0	925	753	390

4）工艺条件对半固态金属浆料流动性的影响。如前所述，具有较宽结晶温度范围的合金，通常在液流前端的固相分数达到15%～20%即停止流动，金属不再具有流动性。然而，

在近年来发展的半固态铸造(亦称流变铸造)先进工艺条件下,这一情况得以改变。研究发现,利用机械搅拌及电磁搅拌等方法,使得处于液固两相温度之间的金属中的晶体破碎且达到一定程度的圆整化后,即使固相分数达到50%左右甚至更多,所获得的半固态浆料仍然具有一定的流动性。当然,设法提高半固态浆料的流动性,对该工艺方法的实际应用具有重要意义。研究表明,随着旋转剪切速率加快,浆料中的晶粒细化与圆整度的效果越好,所获得的浆料表观粘度越小[30],如图1-26所示,从而浆料的流动性越高(图1-27a)。图1-27所示为Al-7.13%Si(质量分数)半固态浆料以不同速率搅拌后浇入砂型中(砂型可静止,也可水平旋转)的流动

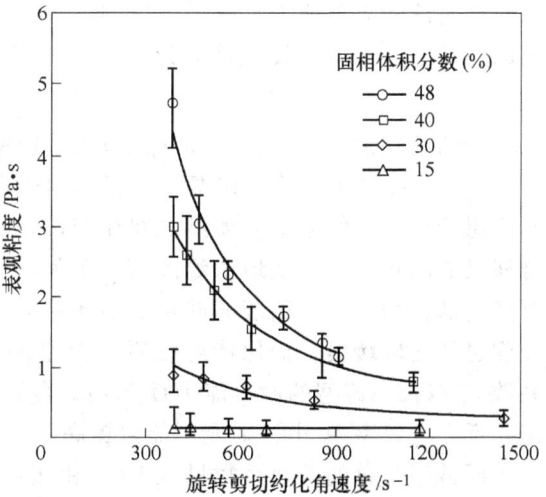

图1-26 旋转剪切速率对浆料粘度的影响[30]
（A357铝合金成分：$w_{Si} = 6.74\% \sim 7.47\%$，
$w_{Mg} = 0.13\% \sim 0.14\%$）

性结果,图中 r 为试样方形截面的边长,M 为砂型旋转速率(r/min)。由图1-27b可以看出,浆料的液相体积分数越高、试样截面越大,越有利于浆料流动性(螺旋线长度)的提高;而且,若砂型以一定速率旋转,其离心力作用对浆料流动性的提高具有十分显著的效果。例如,在图1-27中,半固态浆料经高速旋转(1000r/min)搅拌后,浇注进入 $M = 200$r/min 旋转速率的砂型中,在离心力的作用下,即使浆料的液相体积分数只有25%时,$r = 9$mm 试样的流动长度可达210mm。

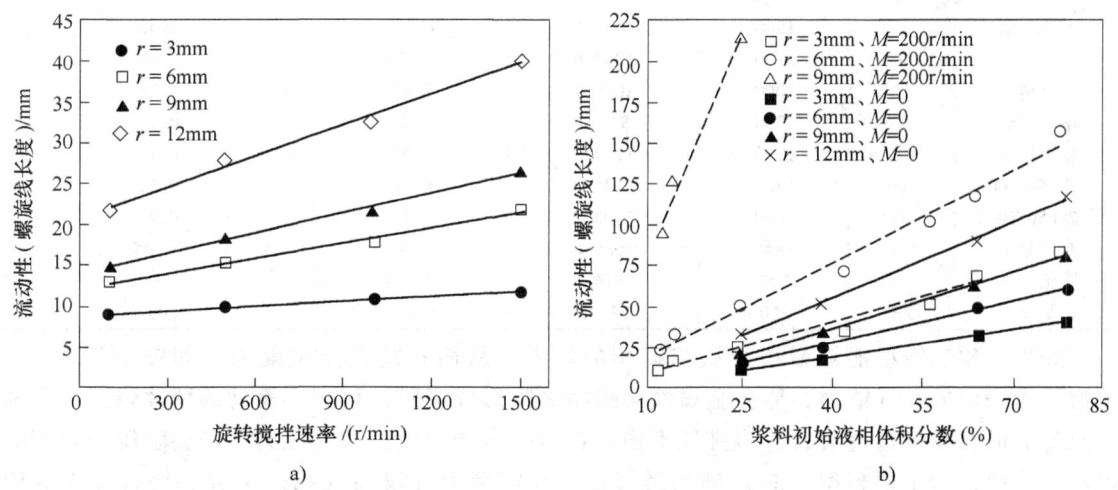

图1-27 半固态浆料(Al-7.13%Si)以不同速率搅拌后浇入砂型中的流动性结果[31]
a) 浆料搅拌速率的作用(砂型静止不旋转,固相体积分数为50%)
b) 液相体积分数及砂型旋转的影响(浆料搅拌速率为1000r/min)

2. 铸型性质方面的因素

铸型性质影响金属液的充型速度、铸型与金属的热交换强度及金属液保持流动的时间,

所以对金属液的充型能力具有重要影响。其影响因素包括铸型的蓄热系数 b_2、铸型的温度、铸型的涂料层、铸型的发气性和透气性。技术上可通过调整铸型性质来改善金属的充型能力。

铸型的蓄热系数 $b_2(b_2 = \sqrt{\lambda_2 c_2 \rho_2})$ 表示铸型从液态金属中吸取并储存在本身中热量的能力。$c_2 \rho_2$ 是单位体积的铸型在温度升高1℃时所吸取的热量。$c_2 \rho_2$ 大，铸型吸取较多的热量而本身温升较小，使金属与铸型之间在较长时间内保持较大温差。铸型的热导率 λ_2 大表示从金属吸取的热量能很快地由温度较高的铸型内表面传导到温度较低的"后方"，使铸型参加蓄热的部分增多，从而能够储存更多的热量，并且由于铸型内表面的热量能迅速传走，温升速度也就比较缓慢，而保持继续吸取热量的能力。所以，铸型的 c_2、ρ_2、λ_2 越大，即蓄热系数 b_2 越大，铸型的激冷能力就越强，金属液于其中保持液态的时间就越短，充型能力下降；反之，铸型 b_2 小，则充型能力提高。

不同铸型材料的蓄热系数见表1-6，由表中可见，金属型（铜、铸铁、铸钢等）的蓄热系数 b_2 比砂型的高10倍以上。为了使金属型浇口和冒口中的金属液缓慢冷却，常在一般涂料中加入 b_2 很小的石棉粉。砂型的 b_2 与其湿度、紧实度、型砂的性质及配比等因素有关，如湿砂型的 b_2 明显大于干砂型，锆砂的 b_2 为石英砂的2倍。为了使冒口中的金属保持液态时间更长，以便铸件在凝固后期熔体有更好的流动性和补缩效果（或减小冒口以提高工艺出品率），近年来开发成功的各类保温冒口及发热冒口取得了良好效果。

表1-6 几种铸型材料的蓄热系数[24]

材料	温度 $t/℃$	密度 $\rho_2/\text{kg} \cdot \text{m}^{-3}$	比热容 $c_2/\text{J} \cdot (\text{kg} \cdot ℃)^{-1}$	热导率 $\lambda_2/\text{W} \cdot (\text{m} \cdot ℃)^{-1}$	蓄热系数 $b_2/10^{-4}\text{J} \cdot (\text{m}^2 \cdot ℃ \cdot \text{s}^{\frac{1}{2}})^{-1}$
铜	20	8930	385.2	392	3.67
铸铁	20	7200	669.9	37.2	1.34
铸钢	20	7850	460.5	46.5	1.3
人造石墨		1560	1356.5	112.8	1.55
镁砂	1000	3100	1088.6	3.5	0.344
铁屑	20	3000	1046.7	2.44	0.28
粘土型砂	20	1700	837.4	0.84	0.11
粘土型砂	900	1500	1172.3	1.63	0.17
干砂（50/100）	900	1700	1256	0.58	0.11
湿砂（50/100）	20	1800	2302.7	1.28	0.23
耐火粘土	500	1845	1088.6	1.05	0.145
锯末	20	300	1674.7	0.174	0.0296
烟黑	500	200	837.4	0.035	0.0076

此外，预热铸型能够减小金属与铸型的温差，从而提高其充型能力，如图1-28所示。铸型具有一定的发气能力，能在金属液与铸型之间形成气膜，可减小流动的摩擦阻力，有利于充型。但若发气量过大，铸型排气不畅，在型腔内产生气体的反压力，则会阻碍金属液的流动。因此，为了提高型（芯）砂的透气性，在铸型上开设通气孔是十分必要且经常应用的工艺措施。

3. 浇注条件方面的因素

（1）浇注温度 浇注温度越高，液态金属的粘度越小，过热度越高，金属液内含热量越多，保持液态的时间越长，充型能力越强。因此，对薄壁铸件或流动性差的合金，适当提高浇注温度，以防浇不足和冷隔缺陷。但过高的浇注温度由于吸气多、氧化严重，充型能力提高幅度减小，铸件容易产生缩孔、缩松、粘砂、气孔、粗晶等缺陷，故在保证充型能力足够的前提下，浇注温度不宜过高。

（2）充型压力 液态金属在流动方向上所受的压力称为充型压力。增加重力铸造的充型静压头［见式（1-25）］可增大充型压力，有利于提高充型能力。在一定范围内提高压力铸造压射过程的压力（亦称为压射比压，从几兆帕到几十兆帕甚至几百兆帕），也有利于提高充型能力。但当合金液压力过大、充型速度过高时，会发生喷射和飞溅，导致金属氧化和产生"铁豆"缺陷。若型腔中的气体来不及排除，反压力增大，压力提高流动性的效果反而有所减弱，如图 1-29 所示。

（3）浇注系统 直浇道、横浇道、内浇道的复杂程度等也会影响液态金属的充型能力，应正确设计浇注系统结构，横浇道及内浇道做到合理布局、各组元截面积选择合适比例，使金属液平稳地充满型腔。

4. 铸件结构方面的因素

即使在铸件材质、铸型性质及浇注条件相同的情况下，同体积但几何形状不同的铸件折算厚度（即"模数"，下章将介绍）越大，由于与铸型接触的表面积小，散热较缓慢，从而使液态金属的充型能力越好。铸件壁厚相同时，垂直壁比水平壁更容易充填（大平面水平铸件不易成形）。

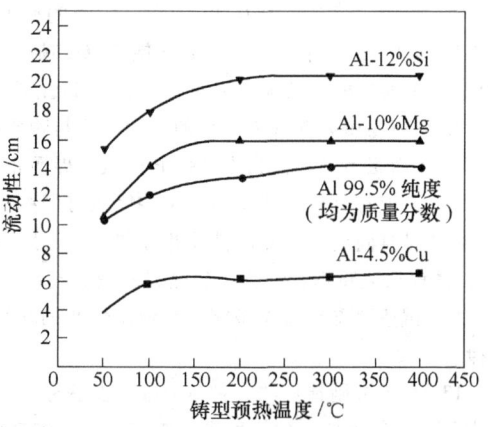

图 1-28 铸型预热温度对铝及其合金充型能力的影响（铸铁型）[26]

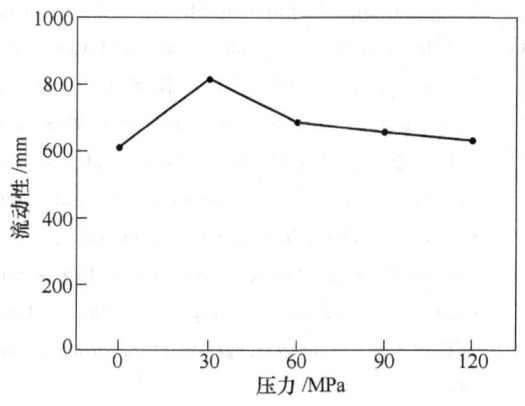

图 1-29 压力对 Al-16%Si（质量分数）合金流动性的影响[27]

（挤压铸造条件下试验，合金液过热度 100℃）

铸件结构越复杂、厚薄过渡面越多，则型腔结构越复杂，流动阻力越大，液态金属的充型能力越差。

思考与练习

1. 液体与固体及气体比较各有哪些异同点？哪些现象说明金属的熔化并不是原子间结合力的全部破坏？

2. 如何理解偶分布函数 $g(r)$ 的物理意义？液体的配位数 N_1、平均原子间距 r_1 各表示什么？

3. 如何认识液态金属结构的"长程无序"和"近程有序"？试举几个实验例证说明液态金属或合金结构的近程有序（包括拓扑短程序和化学短程序）。

4. 如何理解实际液态金属结构及其三种"起伏"特征？

5. 根据图 1-11 及式（1-7）说明动力学粘度 η 的物理意义，并讨论液体粘度 η（内摩擦阻力）与液体原子之间结合力的关系。

6. 总结温度、原子间距（或体积）、合金元素或微量元素对液体粘度 η 的影响。

7. 过共析钢液 $\eta = 0.0049\text{Pa·s}$，钢液的密度为 7000kg/m^3，表面张力为 1500mN/m，加铝脱氧，生成密度为 5400 kg/m^3 的 Al_2O_3，如能使 Al_2O_3 颗粒上浮到钢液表面就能获得质量较好的钢。假如脱氧产物在 1524mm 深处生成，试确定钢液脱氧后 2min 上浮到钢液表面的 Al_2O_3 最小颗粒的尺寸。

8. 分析物质表面张力产生的原因以及与物质原子间结合力的关系。

9. 表面张力与界面张力有何异同点？界面张力与界面两侧（两相）质点间结合力的大小有何关系？

10. 对液态金属表面张力的影响因素有哪些？试总结它们的规律。

11. 设凝固后期枝晶间液体相互隔绝，液膜两侧晶粒的拉应力为 $1.5 \times 10^3 \text{MPa}$，液膜厚度为 1.1×10^{-6} mm，试根据液膜理论计算产生热裂的液态金属临界表面张力。

12. 试述液态金属充型能力与流动性间的联系和区别，并分析合金成分及结晶潜热对充型能力的影响规律。

13. 某飞机制造厂的一种 Al-Mg 合金牌号（成分确定）机翼常因铸造出现"浇不足"缺陷而报废，如果你是该厂工程师，试问可采取哪些工艺措施来提高成品率？

参 考 文 献

[1] Waseda Y. The Structure of Non-Crystalline Materials [M]. New York：McGRAW-HILL, 1980.

[2] Thomas J Hughel. Liquids：Structure, Properties, Solid Interactions [M]. Amsterdam：Elsevier, 1965.

[3] Ubbelohde A R. The Molten State of Matter：Melting and Crystal Structure [M]. New York：WILEY, 1978.

[4] Davies G J. 凝固与铸造[M]. 陈邦迪, 舒震, 译. 北京：机械工业出版社, 1981.

[5] Bernal J D. Geometry of the Structure of Monatomic Liquids [J]. Nature, 1960, 185 (4706)：68-70.

[6] 下地光雄. 液态金属[M]. 郭淦钦, 译. 北京：科学出版社, 1987.

[7] Iida T, Guthrie R I. The properties of Liquid Metals [M]. Clarendon：Oxford, 1993.

[8] Spaepen F. Five-fold symmetry in liquids [J]. Nature, 2000, 408：781-785.

[9] Shimojo F, et al. The ionic structure and the electronic states of liquid Li-Pb alloys obtained from ab initio molecular dynamics simulations [J]. J. Phys.：Condes. Matter, 2000, 12(28)：6161-6168.

[10] Elliott S R. Medium-range structural order in covalent amorphous solids [J]. Nature, 1991, 354(6353)：445-452.

[11] Poole P H, et al. Polymorphic Phase Transitions in Liquids and Glasses [J]. Science, 1997, 275(5298)：322-323.

[12] Kataynma Y, et al. A first-order liquid-liquid phase transition in phosphorus [J]. Nature, 2000, 403 (6766)：170-173.

[13] McMillan P. Phase transitions：Jumping between liquid states [J]. Nature, 2000, 403 (6766)：151-153.

[14] 李培杰, 曾大本, 贾均, 等. 硅合金中的结构遗传及其控制[J]. 铸造, 1999, 48(6)：10-14.

[15] 边秀房, 等. 铸造遗传学[M]. 济南：山东科技出版社, 1998.

[16] Zu F Q, Zhu Z G, et al. Liquid-Liquid Transition in Pb-Sn Melts [J]. Physical Review B, 2001, 64(18)：180203.

[17] Zu F Q, Zhu Z G, et al. Observation of an anomalous discontinuous liquid structural change with temperature [J]. Phys. Rev. Lett., 2002, 89(12)：125505.

[18] Zu F Q, et al. New physical phenomena：temperature-induced liquid-liquid transition in alloys and its effects upon solidification[C]. EPD CONGRESS 2009, PROCEEDINGS 525-533.

[19] Wang L, Bian X F, Liu J T. Discontinuous structural phase transition of liquid metal and alloys (1) [J]. Physics Letters A, 2004, 326 (4-5)：429-435.

[20] Sun C, Geng H R, et al. Viscous and structural behaviors of molten In-Sn alloys[J]. Materials Characterization, 2005, 55：383-387.

[21] Dahlborg U, et al. Structure of molten Al-Si alloys [J]. J. Non-Cryst. Solids, 2007, 353 (32-40): 3005-3011.

[22] Plevachuk Yu. et al. Electronic properties and viscosity of liquid Pb-Sn alloys [J]. J. of Alloys and Compounds, 2005, 394: 63-68.

[23] John A White. Multiple critical points for square-well potential with repulsive shoulder [J]. Physic A, 2005, 346: 347-371.

[24] 安阁英, 陈其善, 曾松岩. 铸件形成理论[M]. 北京: 机械工业出版社, 1989.

[25] 胡汉起. 金属凝固[M]. 北京: 冶金工业出版社, 1985.

[26] Ravi K R, et al. Fluidity of aluminum alloys and composites: A review [J]. Journal of Alloys and Compounds, 2008, 456: 201-208.

[27] Baek J K, Kwon H W. Effect of squeeze cast process parameters on fluidity of hypereutectic Al-Si alloys [J]. J. Mater. Sci. Technol., 2008, 24(1): 7-11.

[28] 董光明, 孙国雄, 廖恒成. 锶及硼对 Al-13%Si-0.3%Mg 合金流动性的影响[J]. 铸造, 2007, 56 (9): 978-980.

[29] Prukkanon W, et al. Influence of Sc modification on the fluidity of an A356 aluminum alloy [J]. Journal of Alloys and Compounds, 2009, 487: 453-457.

[30] Kato A, Figueredo A M, Flemings M C. Structure dependence of the viscosity of semi-solid A357 alloys in the high shear rate regime [C]. New York: TMS, 2001.

[31] Mirzadeh H, Niroumand B. Fluidity of Al-Si semisolid slurries during rheocasting by a novel process [J]. Journal of Materials Processing Technology, 2009, 209: 4977-4982.

第 2 章 凝固温度场

金属从液态转变为固态这一状态变化称为凝固。许多常见的铸造缺陷，如浇不足、缩孔与缩松、热裂、气孔、偏析、非金属夹杂等，都与凝固过程有关。认识铸件的凝固规律，研究对凝固过程的控制途径，对于防止产生铸造缺陷、改善铸件组织、提高铸件性能，有着十分重要的意义。

金属的凝固过程涉及热量的传递、质量的传输和固-液界面动力学等方面问题，而质量传输、固-液界面推进速度等都与热量传递及凝固温度场密切相关。因此，凝固温度场是研究宏观与微观凝固过程的基础。

本章将介绍传热的基本原理和定律，讲解铸件温度场的研究方法，影响铸件温度场的因素，以及铸件凝固方式及与铸件质量的关系，为后续凝固过程和铸件缺陷问题的学习奠定基础。

2.1 传热基本原理

2.1.1 基本概念

1. 温度场

在传热体系内，温度 T 随空间 (x,y,z) 和时间 t 的分布（变化），称为该体系的温度场。若温度在空间的 x 轴、y 轴和 z 轴三个方向上都随时间 t 而变化，则三维温度场可表示为

$$T = f(x,y,z,t) \tag{2-1}$$

三维温度场中的传热过程称为三维传热。

若温度只在两个轴（如 x 轴和 y 轴）方向上或只在一个轴（如 x 轴）方向上变化，则

$$T = f(x,y,t) \tag{2-2}$$

或

$$T = f(x,t) \tag{2-3}$$

相应的传热过程称为二维或一维传热。

式(2-1)、式(2-2)和式(2-3)所表示的温度场随时间而变化，这种温度场称为不稳定温度场，相应的传热过程称为不稳定传热。

不随时间变化的温度场称为稳定温度场，相应的数学表达式可由式(2-1)、式(2-2)和式(2-3)改变得到，即

$$T = f(x,y,z) \tag{2-4}$$

$$T = f(x,y) \tag{2-5}$$

$$T = f(x) \tag{2-6}$$

如锅炉、冲天炉等，在正常工作时，炉内温度分布可近似地看做稳定温度场，此时由炉衬内

壁至炉壳表面之间的传热为稳定传热。

2. 等温面(线)

在同一时刻，温度场中由温度相同的各点所组成的面(或线)称为等温面(或等温线)，它可以是平面(或直线)，也可以是曲面(或曲线)。

在同一等温面(线)上，各处的温度是相同的，所以在同一等温面(线)上没有热量传输，热量只能由温度高的等温面(线)向温度低的等温面(线)传输，其传输方向为等温面(线)的法线方向。

3. 温度梯度

在温度场中，单位长度上最大的温度变化是在等温面的法线方向 n 上，因此把温度场中任意一点温度沿等温面(线)法线 n 方向的增加率称为该点的温度梯度 $\mathrm{grad}T$。温度梯度是热量传输的推动力，其表达式如下

$$\mathrm{grad}T = \lim_{\Delta n \to 0} \frac{\Delta T}{\Delta n} n = \frac{\partial T}{\partial n} n \tag{2-7}$$

式中，n 为单位法向矢量；$\dfrac{\partial T}{\partial n}$ 为温度在 n 方向上的偏导数。

温度梯度是矢量，通常把温度增加的方向作为温度梯度矢量的正方向。如图 2-1 所示，热量传输方向为温度降低的方向，二者方向正好相反。

在温度场中，温度梯度也是空间坐标 (x, y, z) 和时间 t 的函数。在某一时刻，温度梯度在直角坐标系中的表达式为

$$\mathrm{grad}T = i\frac{\partial T}{\partial x} + j\frac{\partial T}{\partial y} + k\frac{\partial T}{\partial z} \tag{2-8}$$

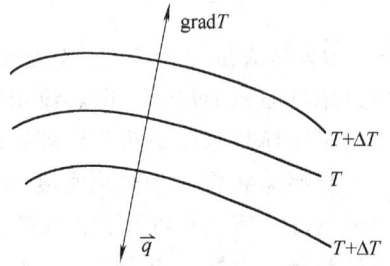

图 2-1 热量传输方向和温度梯度方向

式中，i、j 和 k 分别为 x、y 和 z 轴方向的单位矢量。

对于温度只在 x 轴方向上有变化的一维温度场，温度梯度为

$$\mathrm{grad}T = \frac{\partial T}{\partial x} \tag{2-9}$$

2.1.2 热量的传递形式

热量传递有三种基本方式，即传导传热、对流传热和辐射传热。工程实际中所遇到的热量传输现象，常常是这几种基本热量传输方式的组合。

热量依靠物体中微观粒子(分子、原子或自由电子)的热运动，从物体中温度较高部位向温度较低部位传输，或者从温度较高物体传输到与之接触的温度较低物体，这一过程称为传导传热，简称导热。在固体、液体以及气体中都可以进行传导传热，如金属中有相当多的自由电子可在晶格间运动，故金属具有良好的导热性。

在流体内各部分之间发生相对位移而引起的热量传递称为对流传热。在砂型浇注后，其中气体受热膨胀逸出砂型时带走热量的过程就是一种对流传热现象。对流传热与传导传热的区别在于，对流传热所指的流体各部分间相对位移是流体微团之间的宏观相对运动，而流体的导热是通过流体分子杂乱无章的热运动而实现的，因此对流传热现象只能发生在流体内部或流体流过固体表面的情况下。但在流体中发生对流传热时，总伴有传导传热现象。

物体通过电磁波来传递热量的方式称为辐射传热。辐射传热与导热和对流传热完全不同，它传输热量时不需要物体的相互接触，也不需要介质，而是一种非接触传输能量的方式，即使在真空中，热辐射也同样进行。热辐射的另一个特点是辐射不仅产生能量转移，而且在能量传输过程中可伴随有能量形式的变化。另外，物体在发射辐射能时，也可不断地吸收其他物质发射的辐射能，因此两个物体间通过辐射传输能量时，其中物体上能量的变化实际上是顺向与逆向辐射能传输量之差。如果彼此辐射与吸收的辐射能相等，则两物体温度相同，处于一种动态平衡状态。

2.1.3 导热基本定律

1. 傅里叶导热定律

传热导热时，单位时间内通过给定面积的热量正比于垂直导热方向的截面积及温度变化率(即温度梯度)，这一定律称为傅里叶导热定律，其数学表达式为

$$\vec{Q} = -\lambda A \operatorname{grad} T = -\lambda A \frac{\partial T}{\partial n} \boldsymbol{n} \tag{2-10}$$

或

$$\vec{q} = -\lambda \frac{\partial T}{\partial n} \boldsymbol{n} \tag{2-11}$$

式中，$\vec{Q}$ 为热流量($J \cdot s^{-1}$)；A 为导热面积(m^2)，λ 为热导率($W \cdot m^{-1} \cdot K^{-1}$)；$\vec{q}$ 为单位时间通过单位面积的热量，即热流密度($J \cdot m^{-2} \cdot s^{-1}$)。

傅里叶导热定律是热传导理论的基础，适用于所有热传导过程。

热导率 λ 被定义为热流密度与温度梯度之比，即在单位温度梯度作用下物体内所产生的热流密度。表2-1列出了非铁纯金属及其合金的热物性参数，表2-2列出了铁及几种铁基合金的热物性参数。由表2-1和表2-2可知，物质的热导率主要取决于物质的种类和温度。一般情况下，纯金属的热导率较大，合金的热导率低于纯金属，且由于合金具有不同的结构特点，其各自的热导率相差较大。

表2-1 几种非铁纯金属及合金的热物性参数

材料种类	比热容 $c_p / J \cdot kg^{-1} \cdot K^{-1}$	热导率 $\lambda / W \cdot m^{-1} \cdot K^{-1}$	
	0~100℃	20~100℃	更高温度
Al	900.1	238.6	205.2(550℃)
AlSi5	962.96	163.3	
AlSi12	962.96	155	
AlSi5CuMg		138.2	
AlCu4	962.96	192.6	
Au	125.6	295.6	
Mg	1025.8	159.1	130.7(456℃)
MgAl8Zn		92.1	
Cu	385.2	393.6	353.8(600℃)
CuZn37Pb2.5		108.9	
Ni	452.2	91.7	57.8(350℃)
NiCu29Si1.45Mn0.85Fe0.3	527.5	23.9	

(续)

材料种类	比热容 c_p/J·kg^{-1}·K^{-1}	热导率 λ/W·m^{-1}·K^{-1}	
	0~100℃	20~100℃	更高温度
NiCrFe5	452.2	15.1	
Sn	226.1	64.9	57.8(200℃)
Ti	527.5	15.1	
Zn	389.4	113	94.2(400℃)
ZnAl4Cu1		108.9	
Pb	129.8	34.8	29.7

表 2-2　铁及几种铁基合金的热物性参数

材料种类	比热容 c_p/J·kg^{-1}·K^{-1}	热导率 λ/W·m^{-1}·K^{-1}	
		常温	高温
纯铁	455	81.1	39.4(600℃)
灰铸铁	470	39.2	20.8(600℃)
铜铸铁		46.6(100℃)	42(400℃)
铬镍铸铁		42(100℃)	37.7(400℃)
碳钢(w_C=0.5%)	465	49.8	34(600℃)
铬钢(w_{Cr}=5%)	460	36.1	28(600℃)
铬钢(w_{Cr}=26%)	460	22.6	35.1(600℃)
铬镍钢(w_{Cr}=19%、w_{Ni}=10%)	460	15.2	26.3
镍钢(w_{Ni}=35%)	460	13.8	23.1(400℃)
锰钢(w_{Mn}=12%)	487	13.6	18.3(300℃)

2. 导热微分方程

傅里叶导热定律虽然描述了导热传热过程中热流密度与温度梯度的关系，但在复杂导热的情况下，其应用受到限制。为此，需建立描述各种导热情况下的通用方程，这个方程就是导热微分方程。

假设所讨论的导热体(固体或静止流体)由各向同性的均匀材料组成，其热导率 λ、比热容 c_p 和密度 ρ 都是常数，内部存在热源 $\dot{Q}$（如电热元件发热、合金凝固放出潜热等）。在导热体中取一个微元体 $\Delta x \Delta y \Delta z$，根据傅里叶导热定律和热力学第一定律，可推导出三维非稳定导热微分方程式

$$\frac{\partial T}{\partial t} = a\left(\frac{\partial^2 T}{\partial x^2} + \frac{\partial^2 T}{\partial y^2} + \frac{\partial^2 T}{\partial z^2}\right) + \frac{\dot{Q}}{\rho c_p} = a\nabla^2 T + \frac{\dot{Q}}{\rho c_p} \tag{2-12}$$

式中，$a = \lambda/\rho c_p$ 为热扩散率；∇^2 为二阶拉普拉斯算子，$\nabla^2 = \frac{\partial^2}{\partial x^2} + \frac{\partial^2}{\partial y^2} + \frac{\partial^2}{\partial z^2}$。

当导热体内无内热源且稳定导热时，式(2-12)可简化为

$$\frac{\partial^2 T}{\partial x^2} + \frac{\partial^2 T}{\partial y^2} + \frac{\partial^2 T}{\partial z^2} = 0 \tag{2-13}$$

由于傅里叶导热定律描述了导热物体内部的温度梯度和热流密度之间的关系，而导热微

分方程式描述了导热物体内部温度随时间和空间变化的一般关系,因此,通过导热微分方程式可以得到温度在导热体中的分布,而由傅里叶导热定律可以得到热流密度,即两式在求解导热问题时相互辅助。在简单一维稳定导热时,傅里叶导热定律表达式和导热微分方程式在形式上相同,因导热微分方程式可简化为 $\frac{\partial^2 T}{\partial x^2}=0$,而在傅里叶定律表达式 $\vec{q}=-\lambda\frac{\partial T}{\partial x}$ 中,稳态导热时 $\vec{q}=$ 常数,如对傅里叶定律表达式两边求导一次,同样可以得到 $\frac{\partial^2 T}{\partial x^2}=0$。

在稳定传热时,不论传热方式是哪一种,热流密度总是与物体高温处和低温处的温度差 ΔT 成正比,所以导热传热方程式的形式为

$$\left.\begin{array}{l}\vec{q}=\lambda\Delta T\\ \vec{Q}=\lambda A\Delta T\end{array}\right\} \tag{2-14}$$

式(2-14)还可写成

$$\left.\begin{array}{l}\vec{q}=\dfrac{\Delta T}{\dfrac{1}{\lambda}}=\dfrac{\Delta T}{r_T}\\ \vec{Q}=\dfrac{\Delta T}{\dfrac{1}{\lambda A}}=\dfrac{\Delta T}{R_T}\end{array}\right\} \tag{2-15}$$

式中,r_T、R_T 分别为单位面积热阻和总热阻,其量纲分别为 $m^2 \cdot K \cdot W^{-1}$ 和 $K \cdot W^{-1}$。

式(2-15)的形式与电学中欧姆定律 $I=\dfrac{U}{R}$(I 为电流,U 为电压,R 为电阻)的形式相同,因此式(2-15)的物理意义为:传热中热流量(或热流密度)与温差 ΔT 成正比,与单位面积热阻或总热阻成反比。如同电压是导电过程的驱动力一样,温差是传热过程的驱动力。但电阻与电压无关,而热阻则与传热方式、传热系统的温度或温差等因素有关。

2.2 铸件的传热特点

铸件是将液态金属或合金浇入铸型后,经过冷却凝固而形成的。其中热量的传递是铸件冷却凝固过程的关键环节。因此,了解铸件在凝固过程中的传热特点,对控制铸件冷却凝固过程具有重要意义。

将液态金属注入铸型以后,热交换随之进行,表现为液态金属温度的不断下降和铸型受热温度的上升。尽管铸件在冷却凝固过程中的传热系统是由铸型和形成铸件的金属或合金组成,但实践证明,铸型的内表面温度与其接近的铸件表面温度是不同的,说明在铸件和铸型之间存在着一个中间层。该中间层可能是由于金属收缩使铸件各方向的尺寸缩小和铸型受热后发生膨胀形成的,可能是铸型表面的涂料层,也可能是间隙和涂料兼而有之的中间层。因此,铸件在冷却凝固过程中的传热交换系统是一个由铸件-中间层-铸型构成的不稳定热交换系统。

由于铸型材料通常采用金属或非金属,而由金属和非金属材料构成的铸型具有不同的热物理性能,导致其热交换体系具有不同的传热特点。

(1) 非金属型 非金属型(一般皆指砂型)的热导率比金属铸件的热导率小得多,铸件

在非金属型中凝固冷却时，由于铸型的热导率小，所以铸件冷却缓慢，其断面上的温差很小，即热阻较小。同样，铸型内表面被铸件加热至很高的温度，而其外表面仍处于较低的温度，断面上的温差很大，即热阻较大。在这种情况下，铸件和铸型断面上的温度分布如图2-2所示。由图中可见，铸件中间层断面上的温差与铸型断面的温差相比较是相当小的，可以忽略不计。因此，可以认为，在整个热传导过程中，铸件断面上的温度分布实际上是均匀的，铸型内表面的温度接近铸件的温度。所以，采用砂型铸造时，砂型本身的热物理性质是决定整个系统热交换过程的主要因素，铸件的冷却强度主要取决于铸型的热物理参数，即铸型的热阻是热交换的控制环节。

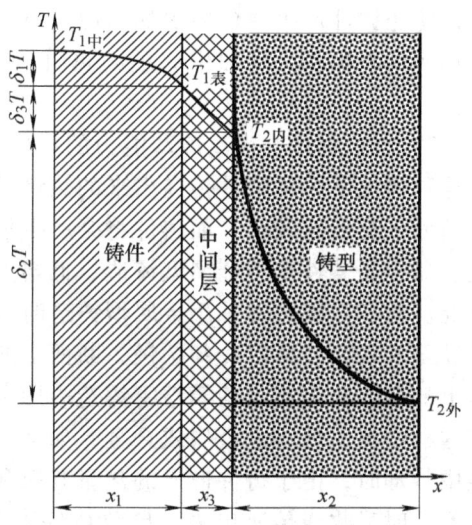

图 2-2　采用非金属型铸造时铸件和铸型断面的温度分布

（2）金属型　采用金属型铸造时，传热可能有以下三种情况：

1）当金属型铸造的铸件冷却和铸型被加热都不十分激烈时，意味着同为金属的铸件和铸型的断面具有相近的温度分布规律，或其热阻相近，在铸件和铸型之间的中间层的热交换性质对整个传热体系具有重要作用。图2-3所示为上述情况下的铸件、中间层和铸型断面上的温度分布图。由图中可见，在铸件-中间层-铸型系统中，大部分温度降在中间层上。当金属型的工作表面涂有较厚的涂料时，就属于这种情况。这种类型的传热特点是，铸件断面上的温差和铸型断面上的温差与中间层的温差相比显得很小，可以忽略不计。所以，可以认为，铸件和铸型断面上的温度分布实际上是均匀的，传热过程主要取决于涂料层的热物理性质，即中间层的热阻是控制热交换的关键环节。

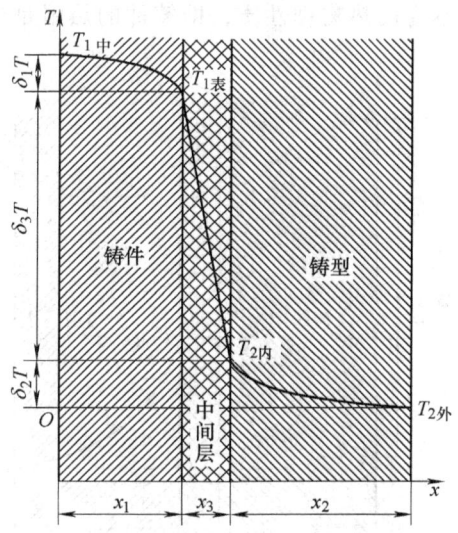

图 2-3　铸件冷却和铸型被加热均不激烈时的金属型铸造铸件和铸型断面上的温度分布

2）当金属型铸造的铸件冷却和铸型被加热均很激烈时，铸件和铸型断面上的温度分布如图2-4所示。在这种情况下，铸件和铸型断面上的温差均较大，且两者相近，而中间层的温差则较小。当金属型的涂料层很薄时，就属于这种传热情况。这种类型的传热特点是，中间层断面的温差与铸件和铸型的温差相比较显得很小，可以忽略不计。因此，可以认为，铸型内表面温度和铸件表面温度相同，传热过程取决于铸件和铸型的热物理性质，即铸件和铸型的热阻是热交换的控制环节。

上述两种情况说明，金属型铸造完全可以通过改变涂料层厚度或其热物理性质来控制铸件的冷却强度。在实际生产中，铸铁件的金属型铸造就是利用涂料或衬料降低铸型的冷却速度，防止铸件产生白口组织的。用金属型铸造铝合金铸件时，经常在冒口用的涂料中加入一定比例的石棉粉，增加中间层的热阻，进一步降低冒口的冷却能力，以提高冒口的补缩效果。

3）当采用具有很高冷却能力的铸型时，其铸件和铸型断面上的温度分布如图2-5所示。在这种情况下，从铸件传递出来的热量可以被铸型很快地散出，整个铸型的温度升高慢，铸型断面的温度差较小，而铸件将会产生较大的温差。采用厚壁金属型或带有水冷系统的金属型、非金属铸件采用金属型铸造、低熔点金属或合金采用非薄壁金属型铸造等，均属于该种情况。当非金属铸件采用金属型铸造时，由于非金属铸件的热导率低，其内部热量不能及时传递至外表面，所以冷却缓慢，断面上的温差很大。相反，由于金属型的热导率很高，其断面上的温差则很小。熔模精密铸造中用金属压型压制蜡模、在金属型中制造塑料制品等就属于这种情况。低熔点金属或合金，如 Al、Mg、Zn 等，在厚壁金属型或带有水冷系统的金属型中冷却时，由于铸件散出的热量有限和铸型具有很高的冷却能力，由铸件传出的热量能被铸型及时吸收或传递出去，导致铸件表面温度下降较大时，在铸件内部还保持有较高的温度，使铸件断面上形成了较大的温度差，相反，铸型断面上的温度差却较小。这种类型的热交换特点是，中间层和金属铸型断面上的温差很小，可以忽略不计，传热过程主要取决于铸件本身的热物理性质，即铸件的热阻是热交换的控制环节。

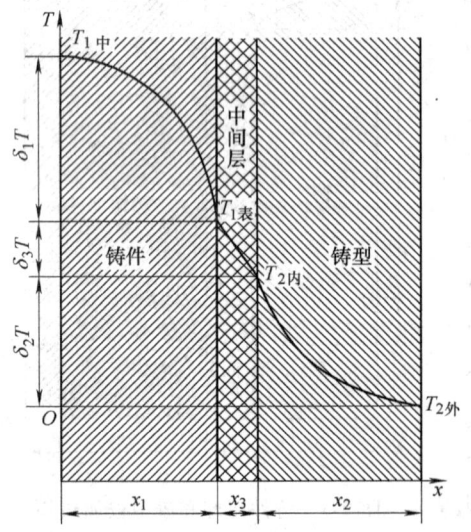

图2-4 铸件冷却和铸型被加热均很激烈时的金属型铸造铸件和铸型断面上的温度分布

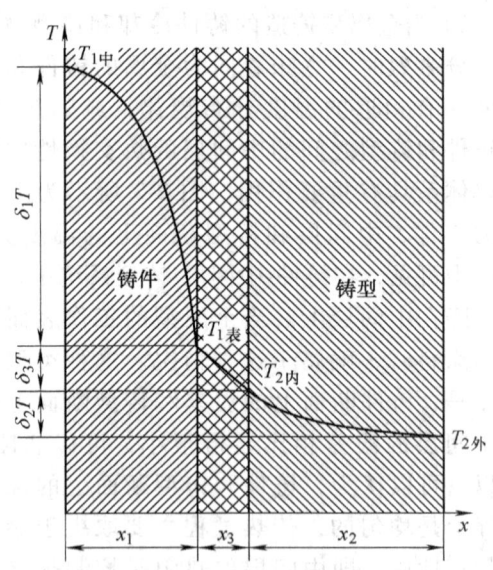

图2-5 采用具有高冷却能力的金属型铸造时铸件和铸型断面的温度分布

通过对以上四种不同类型铸造条件的分析，可以看出，在铸件-中间层-铸型系统中各组元的温度差（热阻）对系统的温度分布影响极大，而温度差（热阻）最大的组元是传热过程的决定性因素。因此，可以利用该因素控制铸件的凝固过程。

2.3 铸件凝固温度场的研究方法

铸件温度场是指铸件在凝固过程中不同时刻和位置的温度分布。研究铸件温度场，可以根据铸件温度随时间和位置的变化特征，预计铸件凝固过程中其断面上各时刻凝固区域的大小及变化、凝固前沿向中心的推进速度、铸件结构上各部分的凝固次序等重要问题，为正确设计浇注系统、设置冒口及冷铁，以及采取其他工艺措施控制凝固过程提供可靠的依据，这对于消除铸造缺陷、获得合格铸件、改善铸件的组织和性能都是非常重要的。

铸件温度场的研究方法有多种，常用的有数学解析法、数值计算法和实测法等。

2.3.1 铸件凝固温度场的数学解析法

铸件凝固温度场的数学解析法是运用数学解析的方法研究铸件和铸型间的热交换规律，建立描述铸件凝固过程传热特征的各种物理量之间关系的微分方程式，然后根据具体问题的单值（几何、物理、初始和边界）条件对方程式进行解析求解，从而获得铸件在不同凝固时间和位置的温度解析表达式。采用数学解析法可以精确地描述铸件温度场的变化规律，进而分析铸件的凝固过程。其缺点是精确建立描述实际铸件温度场的微分方程式和获得解析解很困难，因而实际应用价值极其有限。具体困难主要表现在以下几个方面：

1) 铸件在铸型中凝固和冷却过程中的传热方式是非常复杂的，包括传导、对流、辐射等多种传热方式。

2) 铸件在铸型中凝固和冷却过程中的传热是一个非稳定的传热过程，铸件上各点的温度随时间下降，而铸型温度则随时间上升。

3) 铸件的形状是各种各样的，且是三维的。

4) 铸件在凝固过程中是有热源传热，在凝固过程中结晶潜热不断地释放，且释放位置随凝固进程不断变化，结晶潜热释放也是非线性的。

5) 铸件凝固过程存在多个不同的传热区域和传热界面，包括已凝固的固态外壳、液固态并存的凝固区域和液态区，还存在铸件与铸型之间的非紧密接触的传热界面，以及铸件与大气和铸型与大气之间形成的界面。

6) 铸件的各种热物性参数随温度而变化，而铸型的各种热物性参数不但与铸型的组成及造型工艺有关，且与温度有关，均不是固定的数值。

7) 在数学上，如式(2-12)之类的多元、高阶偏微分方程在多种复杂单值条件下解析求解中的多种问题还远远没有获得满意的解决。

由于上述原因，即使是建立了符合实际情况的铸件凝固过程传热微分方程式，但给出符合实际情况的单值条件并求得解析解也都是非常困难的，甚至是无法做到的，这就是该方法在实际应用中的可操作性极其有限的根本原因。

这里以最简单的半无限大铸件在半无限大铸型中冷却的一维传热问题为例，来说明铸件温度场解析求解的过程。为了问题的顺利解决，必须先对过程进行初步简化，并作一些假设。

首先，虽然铸件凝固过程的传热方式十分复杂，但是导热是其主要的热量传递方式。对流换热在铸件凝固开始前存在，而凝固开始后，对于非厚大铸件它已不是对铸件凝固过程影响较大的传热方式，可以忽略。而辐射多是发生在界面上的换热，当合理地划分传热区域后，辐射换热及其他界面上的换热可以通过边界条件的形式给出。这样，铸件凝固过程的传热就以导热为主。

其次，铸件凝固过程虽然是有热源（结晶潜热的释放）传热过程，且结晶潜热的释放是非线性的，但是结晶潜热的释放位置是在液固界面处，可以建立结晶潜热释放与凝固层厚度的关系，在不考虑固液共存的凝固区前提下，可将结晶潜热的释放作为已凝固层和液态区界面的边界条件进行处理。这样，可将有热源的铸件传热变为无热源传热。

综上所述，在不考虑金属液过热的条件下，描述铸件凝固过程传热特征的各种物理量之间关系的微分方程可以用无热源的不稳定导热微分方程描述，即式(2-12)可以简化为

$$\frac{\partial T}{\partial t} = a\left(\frac{\partial^2 T}{\partial x^2} + \frac{\partial^2 T}{\partial y^2} + \frac{\partial^2 T}{\partial z^2}\right) \tag{2-16}$$

因为导热微分方程描述的是普适的物理法则，给出的是各参数之间的最普遍关系，适合一切类型的热传导，推导时并未考虑过程的任何具体条件，因此，用它来解决某一具体问题时，需要对方程式补充一些附加条件，方可获得方程的定解。这些附加条件就是一般所说的单值性条件，从而把所研究的具体问题从普遍现象中区别出来。不稳定导热($\frac{\partial T}{\partial t} \neq 0$)微分方程解析解的形式非常复杂，目前只能用来解决某些特殊的不稳定传热问题。例如，一些形状最简单的物体如平壁、圆柱、球等的不稳定传热问题，半无限大铸件在半无限大铸型中冷却的一维传热问题等。

如图2-6所示，假设有一个半无限大铸件在半无限大的铸型中冷却，铸件和铸型的材料是均质的且紧密接触，其热扩散率a_1和a_2近似为不随温度变化的定值；液态金属充满铸型后即停止流动，且各处温度均匀，即铸件的初始温度为T_{10}，铸型的初始温度为T_{20}；在凝固过程中铸件与铸型的界面温度相同，且在铸件凝固结束前保持不变。将坐标原点设在铸件与铸型的接触平面处，在这种情况下，整个体系的传热为一维导热问题，铸件和铸型任意一点的温度T与y和z无关，即式(2-16)可以进一步简化成下面的一维导热微分方程

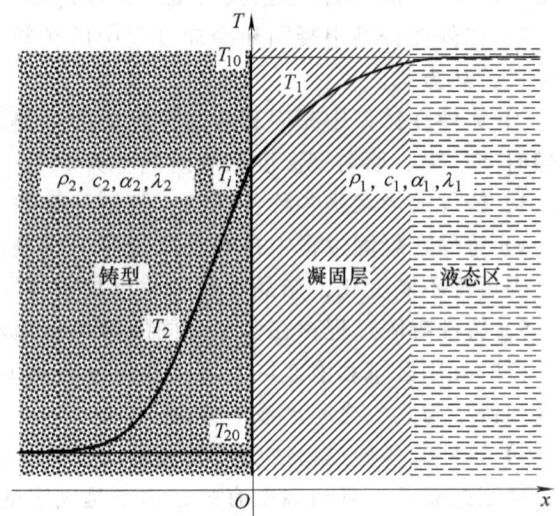

图2-6 半无限大铸件在铸型中冷却系统示意图

$$\frac{\partial T}{\partial t} = a\frac{\partial^2 T}{\partial x^2} \tag{2-17}$$

其通解为

$$T = C + D\,\text{erf}\left(\frac{x}{2\sqrt{at}}\right) \tag{2-18}$$

式中，T为在时间t时物体(铸件或铸型)内距铸件与铸型界面为x处的温度；C、D分别为可利用单值条件求出的积分常数；$\text{erf}\left(\frac{x}{2\sqrt{at}}\right)$称为高斯误差函数，其表达式为

$$\text{erf}\left(\frac{x}{2\sqrt{at}}\right) = \frac{2}{\sqrt{\pi}}\int_0^{\frac{x}{2\sqrt{at}}} e^{-\beta^2}\,d\beta \tag{2-19}$$

该函数的性质为：$\text{erf}(0) = 0$，$\text{erf}(\infty) = 1$，$\text{erf}(-\infty) = -1$，$\text{erf}(x)$值在$-1 \sim 1$之间，可查

表求得。

对于铸件，导热微分方程为

$$\frac{\partial T_1}{\partial t} = a_1 \frac{\partial^2 T_1}{\partial x^2} \tag{2-20}$$

其通解为

$$T_1 = C_1 + D_1 \mathrm{erf}\left(\frac{x}{2\sqrt{a_1 t}}\right) \tag{2-21}$$

现在利用单值性条件求 C_1 和 D_1。当 $x = 0$（$t > 0$）时，$T_1 = T_i$，T_i 为铸件与铸型界面温度；当 $x = \infty$ 时，$T_1 = T_{10}$（或 $t = 0$ 时，$T_1 = T_{10}$），则可得

$$C_1 = T_i$$
$$D_1 = T_{10} - T_i$$

将 C_1 和 D_1 代入式(2-21)得

$$T_1 = T_i + (T_{10} - T_i)\mathrm{erf}\left(\frac{x}{2\sqrt{a_1 t}}\right) \tag{2-22}$$

对于铸型，导热微分方程为

$$\frac{\partial T_2}{\partial t} = a_2 \frac{\partial^2 T_2}{\partial x^2} \tag{2-23}$$

其通解为

$$T_2 = C_2 + D_2 \mathrm{erf}\left(\frac{x}{2\sqrt{a_2 t}}\right) \tag{2-24}$$

同理，可利用单值性条件求出 C_2 和 D_2。当 $x = 0$（$t > 0$）时，$T_2 = T_i$；$x = -\infty$ 时，$T_2 = T_{20}$，则可得

$$C_2 = T_i$$
$$D_2 = T_i - T_{20}$$

将 C_2 和 D_2 代入式(2-24)得

$$T_2 = T_i + (T_i - T_{20})\mathrm{erf}\left(\frac{x}{2\sqrt{a_2 t}}\right) \tag{2-25}$$

式(2-22)和式(2-25)中的界面温度 T_i 可利用边界条件（$x = 0$, $t > 0$）求出，即由铸件通过铸件与铸型界面传出的热量等于铸型从界面传向铸型内的热量，从而保证界面温度不变，则

$$\lambda_1 \left(\frac{\partial T_1}{\partial x}\right)_{x=0} = \lambda_2 \left(\frac{\partial T_2}{\partial x}\right)_{x=0} \tag{2-26}$$

为此，对 T_1 和 T_2 在 $x = 0$ 处求导数

$$\left.\begin{array}{l}\left(\dfrac{\partial T_1}{\partial x}\right)_{x=0} = \dfrac{T_i - T_{10}}{\sqrt{\pi a_1 t}} \\[2mm] \left(\dfrac{\partial T_2}{\partial x}\right)_{x=0} = \dfrac{T_{20} - T_i}{\sqrt{\pi a_2 t}}\end{array}\right\} \tag{2-27}$$

将式(2-27)代入式(2-26)中，整理得

$$T_i = \frac{b_1 T_{10} + b_2 T_{20}}{b_1 + b_2} \tag{2-28}$$

式中，b_1 为铸件的蓄热系数，$b_1 = \sqrt{\lambda_1 c_1 \rho_1}$；$b_2$ 为铸型的蓄热系数，$b_2 = \sqrt{\lambda_2 c_2 \rho_2}$。

将式(2-28)代入式(2-22)和式(2-25)中，可分别得到铸件和铸型温度场的表达式

$$T_1 = \frac{b_1 T_{10} + b_2 T_{20}}{b_1 + b_2} + \frac{b_2(T_{10} - T_{20})}{b_1 + b_2} \text{erf}\left(\frac{x}{2\sqrt{a_1 t}}\right) \tag{2-29}$$

$$T_2 = \frac{b_1 T_{10} + b_2 T_{20}}{b_1 + b_2} + \frac{b_1(T_{10} - T_{20})}{b_1 + b_2} \text{erf}\left(\frac{x}{2\sqrt{a_2 t}}\right) \tag{2-30}$$

如果在推导温度场方程式时，将金属的比热容和结晶潜热分开考虑，并确认液态金属与固态金属的热导率和比热容是不同的，并与温度有关，其解法要复杂得多。

图 2-7 所示为采用上述公式计算求得的铸件和铸型在浇注后的温度场，所用热物理参数见表 2-3。

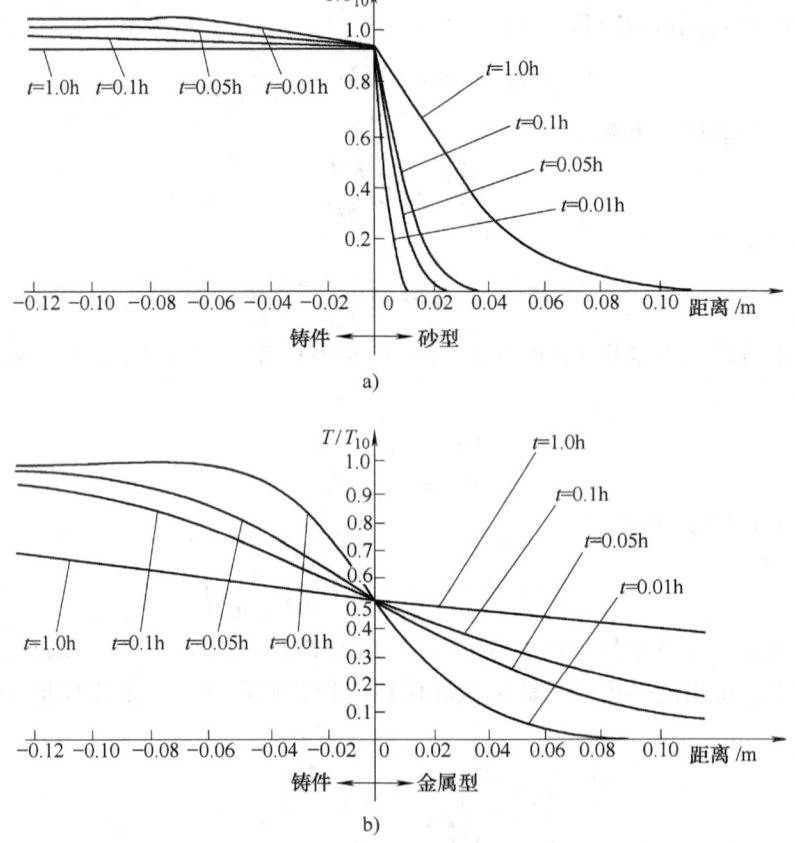

图 2-7 铸铁件在砂型和金属型中的冷却曲线
a) 砂型　b) 金属型

表 2-3 铸铁和铸型的热物理参数

热物理参数	热导率 $\lambda/\text{W} \cdot \text{m}^{-1} \cdot \text{K}^{-1}$	比热容 $c_p/\text{J} \cdot \text{kg}^{-1} \cdot \text{K}^{-1}$	密度 $\rho/\text{kg} \cdot \text{m}^{-3}$	热扩散率 $a/\text{m}^2 \cdot \text{s}^{-1}$
铸铁	46.50	753.6	7000	8.8×10^{-6}
砂型	0.314	963.0	1350	2.4×10^{-7}
金属型	61.64	544.3	7100	1.58×10^{-5}

2.3.2 铸件凝固温度场的数值计算法

由于温度场的解析法即使建立了描述铸件凝固过程传热特征各种物理量之间的关系方程,求解也仅限于简单的传热情况、基于常数的热物性参数和简单的铸件形状,其实际应用受到了极大限制,为此,数值计算法在研究铸件温度场上得到了应用。

数值计算法是数理方程的一种近似求解法,其基本思想是把本来求解物体内温度随空间、时间连续分布的问题转化为在时间领域与空间领域有限个离散点上温度值的问题,用这些离散点上的温度值去逼近连续的温度分布。数值计算法在解决实际问题中显示出很大的适应性,回避了数学解析法中导热微分方程精确求解困难的问题。上面说到的一些比较复杂的情况,如铸件复杂的几何形状、变化的热物性参数等问题,用数值求解方法都能较好地得到解决。

常用的数值计算法包括有限差分法(Finite Different Method,FDM)、有限元法(Finite Element Method,FEM)和边界元法(Boundary Element Method,BEM)等。有限差分法相对简单实用,广泛应用于铸件充型和凝固过程数值模拟等方面,而有限元法则主要应用于铸件凝固中的组织形成、各种凝固缺陷(缩孔、缩松除外)形成以及冷却过程中铸件应力场等数值模拟计算中,及其前期的温度场计算之中。本小节主要介绍铸造过程数值模拟技术中的有限差分法基本原理以及方程的数值解法。

1. 一维导热问题的直接差分法数值计算

直接差分法也称为单元热平衡法、体积单元法,其基本思想是不用导热微分方程,而是直接通过能量守恒定律,根据相邻单元间的能量交换关系导出差分方程。

差分数值计算法首先要对传热系统在空间上进行网格剖分,形成由一系列单元网格构成的传热系统,并在时间上划分计算时间步长。剖分单元网格越小,时间步长越短,计算结果越接近实际。图 2-8 所示为一方形棒体,设热流只在图示的热流方向传递,在其他方向均无导热发生,无内热源,为一维导热。沿热流方向将棒体划分为 N 个长度均为 Δx 的矩形单元网格,各单元网格垂直于热流方向的截面积为单位面积,在棒的两端所划分的单元网格为半个单元。同时将铸件凝固过程中数值计算的总时间设定为由无数个 Δt 计算时间步长组成,计算时以单元网格中心点的温度近似地代替整个单元网格的平均温度。

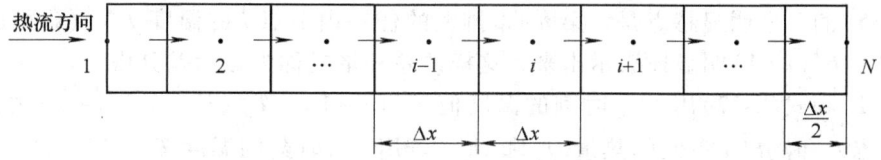

图 2-8 一维均质物体的剖分网格

现在来分析第 i 个单元网格($i=1, 2, 3, \cdots, N$)的热量平衡关系,在 t_n 到 t_{n+1} 时间($n=0, 1, 2, \cdots$)内,单元网格 i 的温度由 $T^n(i)$ 上升到 $T^{n+1}(i)$,这时由 $i-1$ 单元网格流入 i 单元的热量为

$$Q_1 = -\lambda \frac{T^n(i) - T^n(i-1)}{\Delta x} \Delta t \tag{2-31}$$

由 i 单元网格流入 $i+1$ 单元的热量为

$$Q_2 = -\lambda \frac{T^n(i+1) - T^n(i)}{\Delta x} \Delta t \tag{2-32}$$

而在该时间内，单元网格的内能增量为

$$Q_{\text{蓄}} = \Delta x \rho c_p [T^{n+1}(i) - T^n(i)] \tag{2-33}$$

根据能量守恒定律 $Q_1 - Q_2 = Q_{\text{蓄}}$，则有

$$-\lambda \frac{T^n(i) - T^n(i-1)}{\Delta x} \Delta t + \lambda \frac{T^n(i+1) - T^n(i)}{\Delta x} \Delta t = \Delta x \rho c_p [T^{n+1}(i) - T^n(i)] \tag{2-34}$$

或

$$T^{n+1}(i) = \frac{1}{M}[T^n(i+1) + T^n(i-1) + (M-2)T^n(i)] \tag{2-35}$$

式中，$M = \Delta x^2 / a \Delta t$。

有了差分格式(2-35)，就可以结合初始条件[给定初始温度 $T^0(i)$]和边界条件[给定边界温度 $T^n(1)$、$T^n(N)$]计算区域内部各节点随时间 t 变化的温度值 $T^n(i)$ ($i = 2, 3, \cdots, N-1$; $n = 1, 2, 3, \cdots$)。

如图 2-9 所示，横坐标上的 $1, 2, \cdots, N$ 点分别表示图 2-8 中各单元网格的中心点，纵坐标表示时间步长数，如 $n = 0$ 表示计算开始时各单元网格的温度值，$n = 1$ 表示计算完第一个时间步长 Δt 后的温度值，依此类推。由初始条件和边界条件可知，图 2-9 中第 0 排上的温度值为已知，其中 $T^0(1)$ 与 $T^0(N)$ 由边界条件提供，$T^0(2) \sim T^0(N-1)$ 由初始条件提供。用式(2-35)可算出第一排上的温度值 $T^1(i)$ ($i = 2, 3, \cdots, N-1$); 再利用边界条件，得到 $T^1(1)$ 与 $T^1(N)$，由此得到第一排上全部节点的温度。再由式(2-35)和边界条件算得 $T^2(i)$ ($i = 1, 2, 3, \cdots, N$)，依此算得 $T^n(i)$ ($n = 3, 4, \cdots$)。

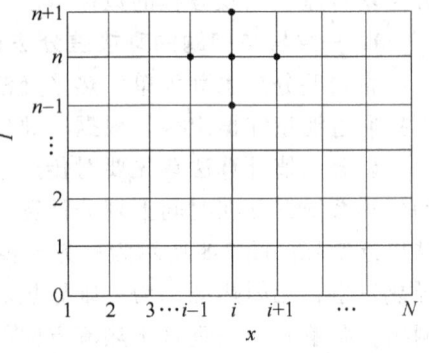

图 2-9 一维温度场显示格式计算过程

式(2-35)的一个明显特点是，第 $n+1$ 排上的任一内节点 i 的温度 $T^{n+1}(i)$ 可由 $T^n(i-1)$、$T^n(i)$、$T^n(i+1)$ 明显地表示出来，这样的差分格式称为显示差分格式。

式(2-31)和式(2-32)用了 t_n 时刻的温度值 $T^n(i-1)$、$T^n(i)$、$T^n(i+1)$ 去计算 t_n 到 t_{n+1} 时间内流入和流出 i 单元的热量 Q_1 和 Q_2。若用 t_{n+1} 时刻的温度 $T^{n+1}(i-1)$、$T^{n+1}(i)$、$T^{n+1}(i+1)$ 去计算 Q_1 和 Q_2，则有

$$Q_1 = -\lambda \frac{T^{n+1}(i) - T^{n+1}(i-1)}{\Delta x} \Delta t \tag{2-36}$$

$$Q_2 = -\lambda \frac{T^{n+1}(i+1) - T^{n+1}(i)}{\Delta x} \Delta t \tag{2-37}$$

再结合式(2-33)，便得到另一种差分格式

$$T^n(i) = -\frac{1}{M}T^{n+1}(i-1) + \left(1 + \frac{2}{M}\right)T^{n+1}(i) - \frac{1}{M}T^{n+1}(i+1) \tag{2-38}$$

式(2-38)只是表示的时间水平不同，实际上与式(2-35)的形式完全一致。式(2-38)即为完全隐式差分格式。

2. 二维非稳态导热差分方程的建立

无内热源二维导热微分方程为

$$\frac{\partial T}{\partial t} = a\left(\frac{\partial^2 T}{\partial x^2} + \frac{\partial^2 T}{\partial y^2}\right) \tag{2-39}$$

首先，对二维传热系统进行网格剖分。为了讨论问题的方便，这里采用一般较简单的网格剖分方法(图 2-10)，各网格都是大小相等的矩形，边长为 Δx、Δy。在进行差分计算时，以单位中心点的温度近似地代表整个单元的平衡温度，用直接差分法导出计算格式。

如图 2-10 所示，设在 t_n 到 t_{n+1} 时间内，由相邻四个单元向 (i, j) 单元传入(或传出)的热量分别为 Q_1、Q_2、Q_3、Q_4，那么

$$\left. \begin{aligned} Q_1 &= -\lambda \frac{T^n(i,j) - T^n(i-1,j)}{\Delta x} \Delta t \Delta y \\ Q_2 &= -\lambda \frac{T^n(i+1,j) - T^n(i,j)}{\Delta x} \Delta t \Delta y \\ Q_3 &= -\lambda \frac{T^n(i,j) - T^n(i,j-1)}{\Delta y} \Delta t \Delta x \\ Q_4 &= -\lambda \frac{T^n(i,j+1) - T^n(i,j)}{\Delta y} \Delta t \Delta x \end{aligned} \right\} \tag{2-40}$$

(i, j) 单元在该时间内的内能增量为

$$Q_{\text{蓄}} = \Delta x \Delta y \rho c_p [T^{(n+1)}(i,j) - T^n(i,j)] \tag{2-41}$$

根据能量守恒定律

$$Q_{\text{蓄}} = Q_1 + Q_3 - Q_2 - Q_4 \tag{2-42}$$

可得二维非稳态导热显式差分方程

$$T^{n+1}(i,j) = \frac{1}{M_1}[T^n(i-1,j) + T^n(i+1,j)] + \frac{1}{M_2}[T^n(i,j-1) + T^n(i,j)]$$

$$+ \left(1 - \frac{2}{M_1} - \frac{2}{M_2}\right) T^n(i,j) \tag{2-43}$$

式中，$M_1 = \Delta x^2 / a\Delta t$；$M_2 = \Delta y^2 / a\Delta t$。

可以利用式(2-43)和给定的初始条件及边界条件对二维非稳态导热问题进行数值计算，计算过程如图 2-11 所示。图中 $x0y$ 面上的任一点 (i, j) 表示图 2-10 所示的网格系统中单元网格的中心。

由初始条件和边界条件可得图 2-11 中第 0 层 $T^0(i,j)(i = 1, 2, \cdots, N; j = 1, 2, \cdots, M)$ 的值，其中 $T^0(1,j)$、$T^0(N,j)$、$T^0(i,M)$ 和 $T^0(i,1)(i = 1, 2, \cdots, N; j = 1, 2, \cdots, M)$ 由边界条件提供，$T^0(i,j)(i = 2, 3, \cdots, N-1; j = 2, 3, \cdots, M-1)$ 由初始条件提供。用式(2-43)可算出第一层上内节点的温度值 $T^1(i,j)(i = 2, 3, \cdots, N-1; j = 2, 3, \cdots, M-1)$；再利用边界条件 $T^1(1,j)$、$T^1(N,j)$、$T^1(i,1)$ 和 $T^1(i,M)(i = 1, 2, \cdots, N; j = 1, 2, \cdots, M)$ 可得到第一层上全部节点的温度。由式(2-43)与边界条件算得 $T^2(i,j)(i = 1, 2, \cdots, N; j = 1, 2, \cdots, M)$。依此类推，算得 $T^n(i,j)(n = 3, 4, \cdots)$ 的值。

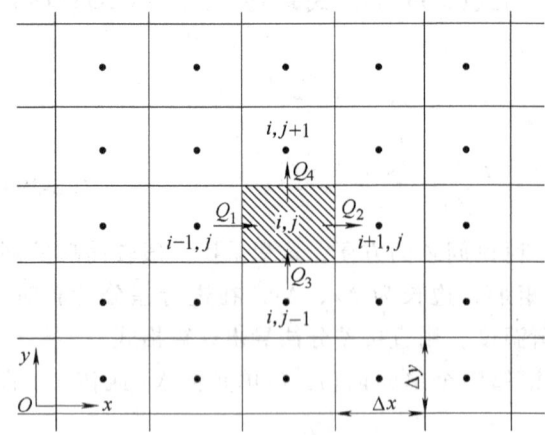 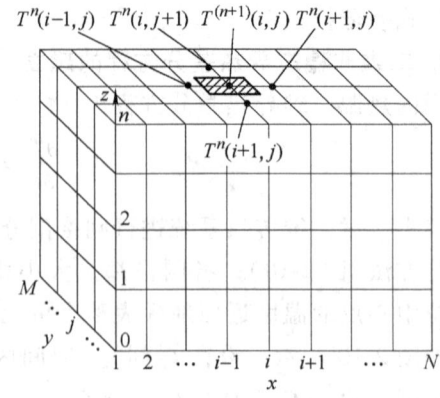

图 2-10　二维系统网格点分布　　图 2-11　二维非稳态温度场显示差分格式计算过程

这种显式差分格式的突出优点是，每个节点方程都可独立求解，整个计算过程十分简单，只要满足稳定性条件，就能获得一定的精度，计算工作量小，占用计算机内存量小，故它已成为目前应用于铸件凝固数值计算中最常用的方法之一。

上述数值计算方法还要考虑潜热问题，目前对结晶潜热的处理方法一般有热焓法、等价比热容法和温度回升法。等价比热容法应用比较广泛，但它在通过相线时存在系统误差，故有的学者提出将后两种方法结合起来使用，同时考虑因温度下降而释放的热量，这样与实际更接近。这里仅介绍一种简单的处理方法，即温度回升法。该方法的基本原理是：将单位体积释放出的潜热换算成引起凝固界面处单元网格中单位体积铸件的温度回升，然后用计算获得的界面处单元网格温度与凝固温度相比较，如果单元网格计算温度低于凝固温度，将潜热引起的温升与计算的单元网格温度相加，相加结果高于凝固温度，就把该单元网格的温度赋值为凝固温度，否则就赋予相加后的温度，每进行一次时间步长的计算均进行上述判断和处理，直至凝固终了。

图 2-12 所示为数值模拟计算的铸铁件 T 形热节处二维温度场的计算结果[1]，图中数字代表某一凝固时刻的等温线温度。

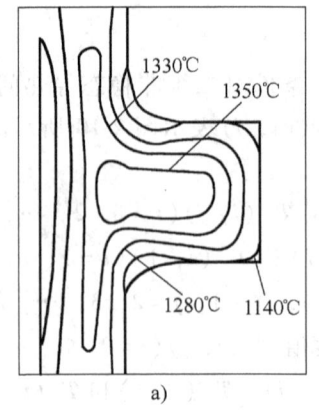 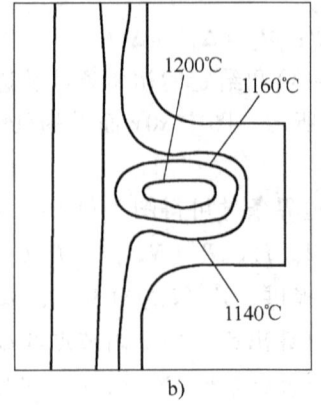

a)　　　　　　　　　　　　b)

图 2-12　铸铁件 T 形热节浇注后 1min 和 4min 时的等温线[1]

a) 1min　b) 4min

有关铸件温度场数值计算法的计算过程及计算结果分析将在后续课程中学习。

2.3.3 铸件凝固温度场的测量法

实测是研究铸件凝固温度场最有效和最直接的方法，通过温度场的测量可以绘制出凝固动态曲线，利用凝固动态曲线可以分析铸件的凝固过程，以及对铸件质量的影响。

1. 铸件凝固温度场的测量方法

测量铸件的凝固温度场实际是测量铸件在凝固过程中不同位置的温度随时间的变化规律。测量方法是将温度传感器（常用的是各类热电偶）预置在铸件或铸型需测量的部位，铸件浇注后记录测量点温度与时间的曲线或数据，该曲线或数据可作为铸件在该位置凝固温度场分析用的实测基本数据；然后，将不同位置的实测曲线或数据进行分析与整理，即可得到铸件各部位温度与时间的关系，以及各位置在某一凝固时间下与温度的关系，即为该铸件的凝固温度场。

图 2-13a 所示为一种铸件温度场测量装置的原理图，该测量装置由热电偶和自动记录装置组成，测量点包括铸件和铸型。值得注意的是，由于预置热电偶数量有限，不可能将铸件和铸型的各个部位均实测得到，在确定热电偶预置位置时一定要考虑测量点的代表性，以及反映局部或全部铸件温度场的数据连续性和相关性，以保证凝固温度场分析时的数据全面性。

图 2-13b 所示为 Al-42.4%Zn 合金利用图 2-13a 温度场测量装置测得的结构对称铸件内不同部位的温度与时间曲线。将铸件凝固开始温度和终了温度标注在温度与时间曲线上，即可看出铸件不同位置开始凝固和凝固终了所需要的时间，以及铸件全部凝固所需要的时间。

2. 铸件凝固温度场曲线的绘制

铸件的温度场实际是凝固时间与铸件温度和位置的关系，用铸件凝固温度场曲线可以更直观地表述铸件凝固温度场。

绘制铸件温度场曲线是以温度为纵坐标，以离开铸件表面向中心的距离为横坐标，将实测的温度与时间曲线上同一凝固时间各测量点的温度分别标注在坐标系中相应的点上。将同一凝固时间的温度各点分别连成曲线，即为该铸件的温度场曲线，也称为温度分布曲线。

图 2-13c 所示为 Al-42.4%Zn 合金利用温度时间曲线（图 2-13b）绘制的铸件凝固温度场曲线。可以看出，铸件的温度随时间而变化，为不稳定传热；铸件的凝固按由表及里的顺序进行，不到 1min 铸件的表面温度已低于凝固温度，即金属液浇入铸型后，在极短的时间内已开始凝固，并形成了固态外壳，大约经过不到 4min 后，温度与位置曲线平台消失（曲线平台表示铸件处于液态），铸件中心已凝固，即铸件凝固结束。此外，金属液浇入铸型后，在凝固开始阶段，由于铸型温度较低，金属液中的热量很快传递出去，靠近铸型的铸件温度快速降低，在铸件内形成了较大的温度梯度，而随着凝固释放出的结晶潜热不断增加和铸型温度的升高，热量传递速度降低，铸件内的温度梯度变小，开始凝固所需的时间也随之延长。

图 2-14 所示为根据相应的温度-时间曲线绘制的亚共晶（w_{Si} = 7.55%）和共晶（w_{Si} = 12.3%）Al-Si 合金的典型温度场。可以看出，亚共晶 Al-Si 合金的温度场曲线在凝固温度区间，即 T_L 和 T_S 温度之间，虽然铸件凝固未结束，但曲线没有明显的平台。这是因为固溶体

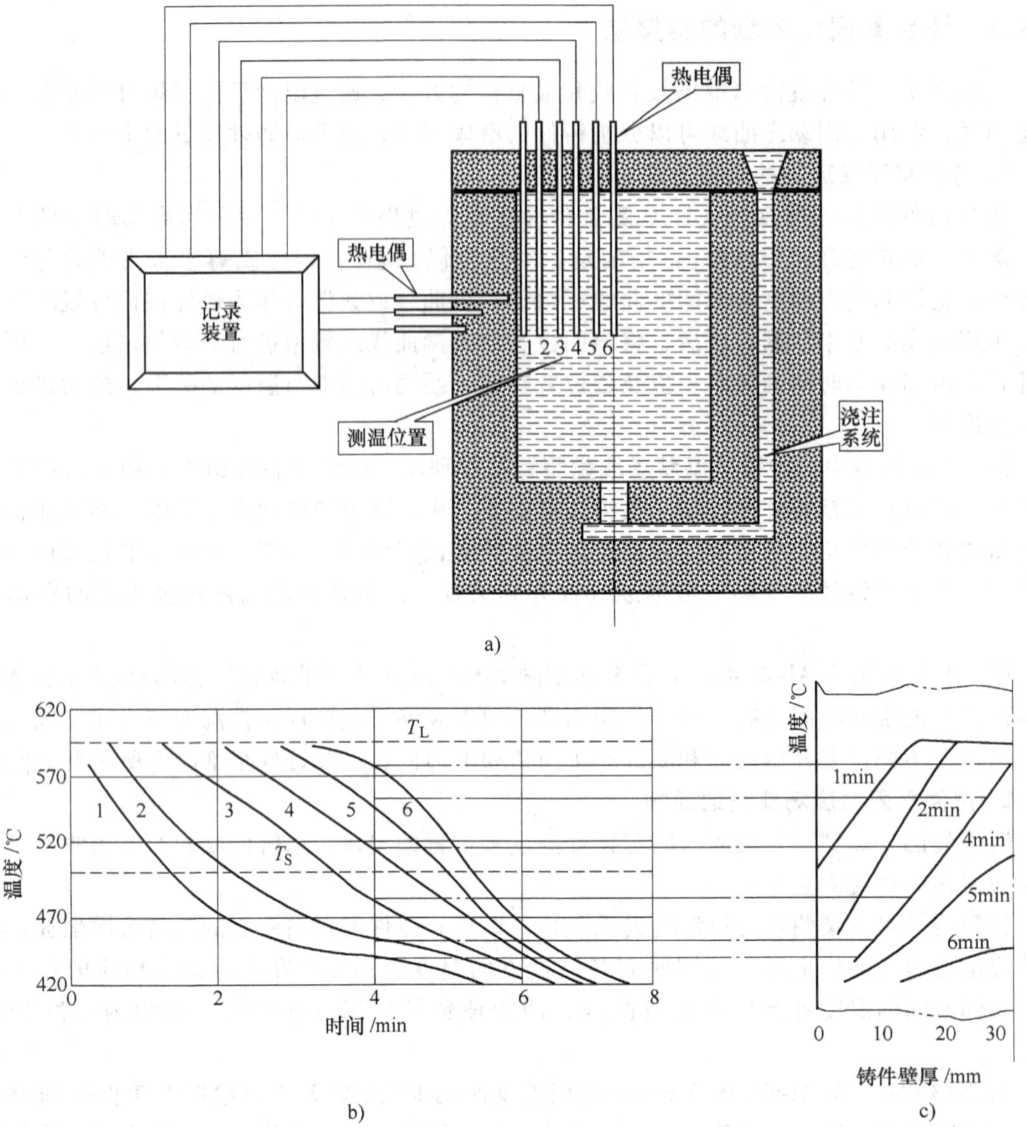

图 2-13 铸件温度场测量方法及 Al-42.4%Zn 合金铸件的测温曲线和温度场
a) 铸件温度场测定方法示意图   b) Al-42.4%Zn 合金铸件上各测温点的温度-时间曲线
c) Al-42.4%Zn 合金铸件断面上的温度场

合金存在液固共存的凝固区，结晶潜热在固相线附近释放很少，不能明显地改变曲线的性质，导致各温度与位置曲线的平台拐点位置不明显，如图 2-14a 所示。对于共晶 Al-Si 合金，由于凝固区域较窄，甚至是某一固定温度，凝固几乎仅是发生在固液界面处，结晶潜热相当于全部释放在固相线附近，因而曲线的平台较明显，如图 2-14b 所示。纯金属的凝固温度曲线与共晶合金的相类似。

铸件内的温度场也可用等温面(或线)表示。对于形状不规则的铸件,其等温面一般要由实际测定或通过数值模拟来确定(图 2-12)。根据铸件中某些特殊的等温面(如液相线温度和固相线温度等温面)的变化进程,可以直观地判断铸件的凝固顺序,找出缩孔的位置,这对铸造工艺设计是很有意义的。

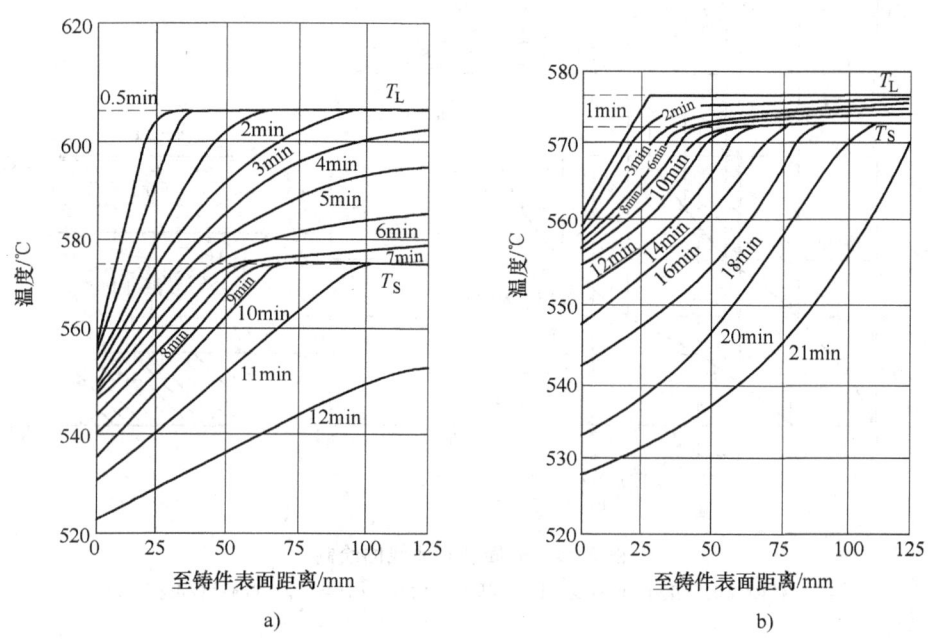

图 2-14 共晶型合金铸件的典型温度场
a) 亚共晶 Al-Si 合金 　b) 过共晶 Al-Si 合金

3. 凝固动态曲线

凝固动态曲线是根据实测的温度-时间曲线绘制的,是反映凝固过程中液相线、固相线位置与凝固时间的关系曲线,该曲线可以更直观地描述凝固过程中凝固区位置随时间的变化,进而反映凝固进程。

凝固动态曲线的绘制是以温度-时间曲线为依据,先将合金的液相线和固相线温度给定到温度场曲线上,以铸件表面至中心的距离 x 与半铸件厚度 R 之比为纵坐标($x/R=1$ 表示铸件中心位置),以时间 t 为横坐标,将温度场曲线与液相和固相温度线的交点分别标注在坐标系中,然后分别将温度场曲线与液相和固相温度线的交点各自连接成曲线,即为凝固动态曲线。

图 2-15 所示为根据温度-时间曲线(图 2-15a)绘制的铸件凝固动态曲线(图 2-15b)。图中液相边界(Ⅰ)和固相边界(Ⅱ)分别是液相和固相温度线,也分别称为液相线边界和固相线边界,两线之间为凝固区,液相边界(Ⅰ)曲线之上为液态区,固相边界(Ⅱ)曲线之下为固相区。利用凝固动态曲线可以直接判断铸件不同部位开始凝固时间和凝固终了时间。因此,也称液相线边界为凝固开始线、固相线边界为凝固终了线。

图 2-15c 是根据图 2-15b 的凝固动态曲线绘制的铸件断面上某一时刻的凝固情况,该图直观反映了凝固区宽度、已凝固层厚、凝固边界位置等信息,使凝固过程分析更加明了。

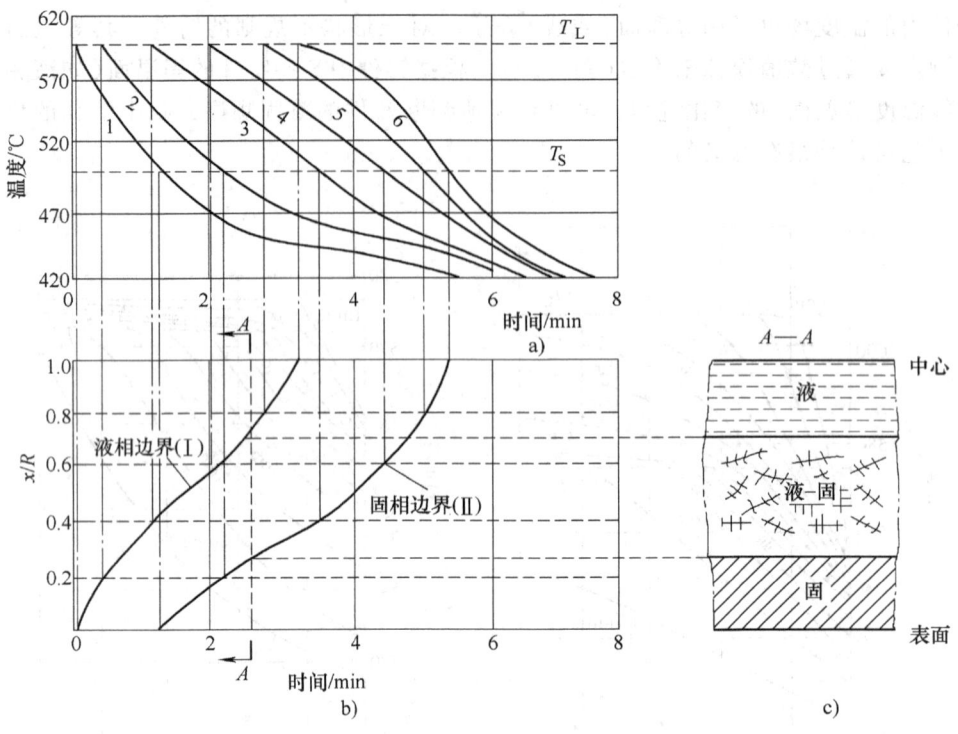

图 2-15 凝固动态曲线的绘制
a) 铸件断面的温度-时间曲线 b) 凝固动态曲线 c) 某一时刻的铸件凝固状况

2.4 铸件的凝固时间

液态金属充满型腔后,随着系统的散热,铸件外部开始凝固。此后,凝固区域逐渐自外向内推进,当凝固区域的固相等温面到达铸件内部最高温度处(或者说当铸件内的最高温度降低到固相等温面的温度 T_S)时,铸件凝固结束。液态金属充满铸型的时刻至凝固结束时刻所需要的时间即为铸件的凝固时间。铸件凝固时间是制订铸造工艺的重要参数,而铸件温度场的变化规律则是确定铸件凝固时间的基础。与前述铸件温度场的各种研究方法相对应,确定铸件凝固时间的方法也很多,包括各种计算法、实验实测法和数值模拟法等。由于铸件传热过程的复杂性,各种纯理论计算的假设太多,其简化模型与实际相差太大,迄今仍未获得具有重大实用意义的成果。实验实测法中的动态凝固曲线绘制法具有很大的实用价值,缺点是每一种铸件都必须进行实验,且其实验代价也过高。近年来,凝固过程数值模拟技术取得了长足的进展,其实用意义与日俱增,有关内容将在后续课程中进行深入的学习。本节重点介绍的是确定铸件凝固时间的一种比较实用的方法,即一种建立在铸件一维传热温度场解析结果并结合实验测定得到的铸件凝固层厚度"平方根定律"基础上,同时考虑到铸件大小、形状对传热过程时间的影响,又能了解铸件的凝固的进程。该方法曾长期应用于铸造生产实践中,也是今后铸件凝固过程数值模拟前期工艺设计的重要工具,具有重要的实用价值。

2.4.1 铸件凝固过程的平方根定律

由铸件一维导热温度场解析式(2-29)可得

$$\text{erf}\left(\frac{x}{2\sqrt{a_1 t}}\right) = \left(T_1 - \frac{b_1 T_{10} + b_2 T_{20}}{b_1 + b_2}\right)\left[\frac{b_1 + b_2}{b_2(T_{20} - T_{10})}\right] \tag{2-44}$$

图 2-16 所示为该铸件在凝固中某一时刻的温度分布曲线。设 δ 为凝固层厚度，T_S 为固相等温面温度，$T_{浇}$ 为浇注温度，铸型外表面温度保持室温 $T_{室}$。在固相等温面处，式(2-44)中的 $x = \delta$，$T_1 = T_S$，$T_{10} = T_{浇}$，$T_{20} = T_{室}$，则式(2-44)变为

$$\text{erf}\left(\frac{\delta}{2\sqrt{a_1 t}}\right) = \left(T_S - \frac{b_1 T_{浇} + b_2 T_{室}}{b_1 + b_2}\right)\left[\frac{b_1 + b_2}{b_2(T_{室} - T_{浇})}\right] \tag{2-45}$$

由于 b_1、b_2、T_S、$T_{浇}$、$T_{室}$ 均为常数，则有

$$\frac{\delta}{2\sqrt{a_1 t}} = 常数 \tag{2-46}$$

$$\frac{\delta}{\sqrt{a_1 t}} = C \tag{2-47}$$

式中，C 为常数。则

$$\delta = C\sqrt{a_1 t} \tag{2-48}$$

$$t = \frac{\delta^2}{K^2} \tag{2-49}$$

式中，$K = C^2/a_1$ 为另一常数，称为铸件的凝固系数，是最初单位时间内的凝固层厚度($t = 1$ 时，$K = \delta$)。

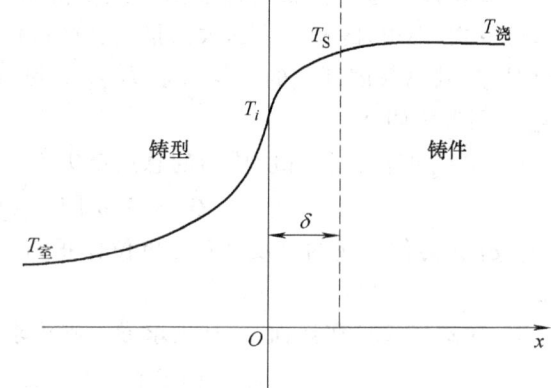

图 2-16 某一时刻铸件和铸型的温度分布曲线

式(2-48)称为"平方根定律"，即凝固层厚度 δ 与凝固时间 t 的平方根成正比。式(2-49)中的 K 值与 a_1、b_1、b_2、T_S、$T_{浇}$、$T_{室}$ 等许多因素有关，其函数关系复杂，精确计算很难，在实际中则用实验方法测得。

通过实验方法测得的几种合金的凝固系数 K 值见表 2-4。

表 2-4 常用合金在砂型和金属型铸造时的凝固系数 K

合　金	铸型种类	$K/\text{cm} \cdot \text{min}^{-\frac{1}{2}}$	合　金	铸型种类	$K/\text{cm} \cdot \text{min}^{-\frac{1}{2}}$
灰铸铁	砂型 金属型	0.72 2.2	铸钢	金属型	2.6
可锻铸铁	砂型 金属型	1.1 2.0	黄铜	砂型 金属型	1.8 3.0
铸钢	砂型	1.3	铸铝	金属型	3.1

用式(2-48)可以计算出在任一时间 t 内铸件的凝固层厚度，即固相等温面在铸件中的近似位置。当固相等温面到达铸件内的最高温度处时，其相应的时间即为所求的铸件凝固时间。

根据式(2-48)可求出铸件的凝固速率。凝固速率是指单位时间凝固层增长的厚度，亦即固相等温面向铸件中心的推进速度(m/s)

$$R = \frac{d\delta}{dt} = \frac{1}{2}\frac{K}{\sqrt{t}} \tag{2-50}$$

平方根定律揭示了铸件凝固进程与时间之间的基本规律，具有很大的应用价值。由于平方根定律是在前述的半无限大铸件温度场解析法的基础上推导出来的，比较适合于大型板类

及结晶温度范围小的合金铸件，其计算情况与实验结果很接近。但是，实际铸件和铸型都是有限体，铸件表面除了大平板外，不能看成无限大平面，而受表面曲度及边缘效应影响很大。同时，铸件与铸型界面的温度不可能恒定，铸型和金属的热物理参数是随温度变化的。所以，平方根定律有很大的近似性，在一般铸件凝固时间计算中需对其作进一步的修正。

2.4.2 铸件凝固时间计算中的折算厚度法

现在研究一个体积为 V_1、表面积为 A_1 的任意形状铸件在铸型中冷却时的凝固时间问题。假设该铸件通过表面处各点向铸型中传热的情况完全相同，且其温度场都可以采用式(2-22)~式(2-30)的相关表达式来描述；当铸件内部最高温度降到固相线温度 T_S 时（即凝固结束时），其已凝固部分的平均温度为 T_{S1}，则此时与其相应的时间即为所求的铸件凝固时间 $t_凝$，其求法如下：

1) 在 $t_凝$ 时间内铸件所放出的总热量 $\vec{Q}_1$ 为

$$\vec{Q}_1 = V_1 \rho_1 [L + c_1(T_浇 - T_{S1})] \tag{2-51}$$

式中，ρ_1 为铸件金属的密度；L 为单位体积铸件释放出的结晶潜热；c_1 为铸件金属的比热容。

2) 对式(2-25)在界面 $x = 0$ 处求导，则可求得界面处铸型一侧的温度梯度为

$$\left[\frac{\partial T_2}{\partial t}\right]_{x=0} = (T_{20} - T_i) \frac{1}{\sqrt{\pi a_2 t}}$$

设铸型通过单位界面面积在 t 时间内吸收的热量为 $\vec{q}_2$，根据傅里叶导热定律，得

$$\frac{\partial \vec{q}_2}{\partial t} = \frac{b_2(T_i - T_{20})}{\sqrt{\pi t}}$$

对上式在 0 到 $t_凝$ 时间内进行积分，得

$$\vec{q}_2 = \frac{2b_2(T_i - T_{20})}{\sqrt{\pi}} \sqrt{t_凝}$$

故此铸型通过界面面积 A_1 在 $t_凝$ 时间内吸收的总热量为

$$\vec{Q}_2 = \frac{2b_2(T_i - T_{20})}{\sqrt{\pi}} A_1 \sqrt{t_凝} \tag{2-52}$$

3) 在界面温度 T_i 保持不变的情况下，$\vec{Q}_1 = \vec{Q}_2$，于是得

$$\frac{V_1}{A_1} = \frac{2b_2(T_i - T_{20})}{\sqrt{\pi}\rho_1[L + c_1(T_浇 - T_{S1})]} \sqrt{t_凝} \tag{2-53}$$

令 $\dfrac{V_1}{A_1} = M_模$，$\dfrac{2b_2(T_i - T_{20})}{\sqrt{\pi}\rho_1[L + c_1(T_浇 - T_{S1})]} = K$，则有

$$M_模 = K\sqrt{t_凝} \tag{2-54}$$

或

$$\sqrt{t_凝} = \frac{M_模}{K} \tag{2-55}$$

式(2-54)和式(2-55)称为计算铸件凝固时间的"折算厚度法"。式中，$M_模$ 称为铸件的折算厚度，又称为铸件的模数；K 为由实验测得的凝固系数。由式(2-54)可知，在体积为 V_1、表

面积为 A_1 的任意形状铸件的凝固过程中，折算厚度 $M_{模}$ 与凝固时间 $t_{凝}$ 的平方根成正比。由于它考虑了铸件的大小和形状对凝固时间的影响，用折算厚度 $M_{模}$ 代替了凝固层厚度 δ，故此更加接近实际，是对平方根定律的发展与修正，而平方根定律则是折算厚度法在铸件形状为大平板时的一个特例，读者不难自行证明。

图 2-17 所示为几种合金的板状铸件在不同铸型条件下的凝固时间[2]。可以看出，不同种合金在不同铸型条件下，其凝固时间均随模数的增大而延长。模数相同而合金种类和铸型条件不同时，凝固时间也不同；同一种合金采用不同的成形方法时，如图 2-17 中的 Al-8%Si 合金挤压和金属型铸造（浇注条件不同），凝固时间也不同。这表明，铸件的凝固时间既与合金性质有关，也与铸型条件有关，还与浇注条件有关，是多种因素共同作用的结果。

在干砂型中浇注不同形状铸钢件的凝固时间实验结果见表 2-5。

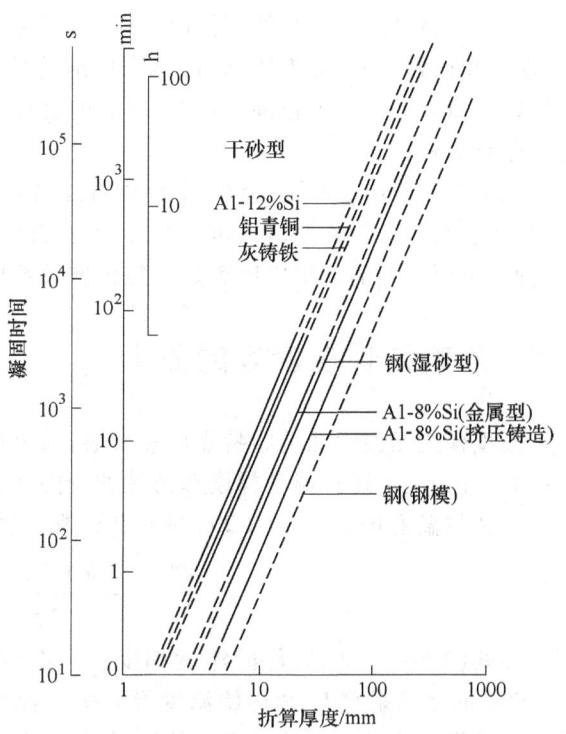

图 2-17　不同合金的板状铸件在不同铸型中的凝固时间[2]

表 2-5　不同形状铸钢件的凝固时间

铸件的外形和大小 /mm	体积 V/cm^3	质量 m/kg	散热表面 S/cm^2	折算厚度 $R=\dfrac{V}{S}/\text{cm}$	最初 1min 内铸钢件的凝固数量		铸件全部凝固时间 /min
					/kg	/cm³	
球　形　$d=152.4$	1852	14.5	729	2.54	2.75	360	7.2
圆　柱　$d=108$ 　　　$h=203$	1852	14.5	872	2.13	3.25	425	4.7
立方柱体　$d=92$ 　　　　$h=219$	1852	14.5	976	1.90	3.65	475	3.6
板　$a=57$ 　　$b=160$ 　　$l=203$	1852	14.5	1063	1.74	4.35	565	2.7
板　$a=35.4$ 　　$b=258$ 　　$l=203$	1852	14.5	1377	1.35	6.00	775	1.5

由表 2-5 中的数据可见，结构形状不同的铸钢件，在体积和质量相同时，由于散热表面积不相等，即折算厚度不等，凝固时间亦不同。在体积相同的条件下，球形铸件的散热表面积最小，折算厚度最大，凝固时间最长。

在应用折算厚度法计算凝固时间时,需要考虑铸件边缘和棱角散热效应对凝固时间的影响,对于短而粗的杆、立方体、圆柱形和球形铸件,其计算结果一般要比实际凝固时间长 10%~15%。而对于被金属包围的型芯,当芯的直径或厚度较小时,型芯接触的铸件表面可不纳入铸件散热面积。

在实际生产中,为了控制铸件的凝固方向,并不需要计算出铸件结构上各部分的凝固时间,只比较它们的折算厚度即可。同样,在设计冒口时,也不需要计算被补缩部位和冒口的凝固时间,只要它们的折算厚度满足一定比例关系即可。

2.5 影响铸件温度场的因素

温度梯度是温度场分布特点的重要表征,温度梯度大,铸件的温度场陡峭,铸件的凝固速度就大。因此,可通过温度梯度和铸件的凝固速度来分析各种因素对铸件温度场的影响。

将铸件温度场表达式(2-29)对 x 求导数,则得到铸件断面上温度场的温度梯度为

$$\frac{\partial T_1}{\partial x} = -\frac{b_1(T_{10} - T_{20})}{b_1 + b_2} \frac{e^{-\frac{x^2}{4a_1 t}}}{\sqrt{\pi a_1 t}} \tag{2-56}$$

由式(2-56)可知,铸件的温度梯度与合金的热扩散率 a_1、铸件的蓄热系数 b_1、浇注温度 T_{10}、铸型的蓄热系数 b_2 和初始温度等有关。此外,在推导铸件温度场表达式时,将铸件结晶潜热释放设定成铸件与铸型界面的边界条件或初始条件,因此在温度场表达式中没有体现,而实际上结晶潜热对铸件温度场影响十分显著。据此,影响铸件温度场的因素可分为铸件金属性质、铸型性质、浇注条件及铸件结构的影响。

1. 铸件金属性质的影响

铸件的金属性质包括热扩散率、结晶潜热和凝固温度。

金属的热扩散率是衡量铸件内部温度均匀化能力的热物性参数。由式(2-56)可知,热扩散率 a_1 越大,铸件内的温度均化能力越强,温度梯度越小,断面上的温度分布曲线越平坦,反之,温度分布曲线越陡峭。液态铝合金的热扩散率比液态铁碳合金的热扩散率高 9~11 倍,而且铝的比热容较小,所以在相同的铸型条件下,铝合金铸件断面上的温度分布曲线平坦得多,具有比较小的温度梯度。相反,高合金钢的热扩散率一般都比普通钢小得多,如高锰钢的热扩散率比普通碳钢小三倍多,所以合金钢在砂型铸造时也有较大的温度梯度。

结晶潜热是金属凝固时释放出的热量,结晶潜热越大,凝固时释放出的热量越多,铸件向铸型传递的热量也就越多,传热所需时间越长,铸型被加热的温度就越高,铸件与铸型之间的界面温差越小,界面向铸型传递的热量越少,导致铸件内各部位的温度逐渐均化,温度场较平坦。对于结晶潜热同样较低的铝和镁合金铸件,尽管它们具有相似的凝固特点,但镁合金铸件的凝固速度仍高于类似尺寸的铝合金铸件,其原因就是镁合金具有比铝合金更低的结晶潜热。

金属开始凝固的温度是铸件由液态开始转变为固态的温度,该温度越高,在铸件表面开始凝固时,铸型内表面被金属加热达到的温度也越高。铸型内温度越陡峭,单位时间内铸型传出的热量越多,铸件内部的温度分布越不均匀,温度场越陡峭。例如,铝硅和铝青铜等非铁金属合金的开始凝固温度远低于灰铸铁,当在干砂型中凝固时,在同一折算厚度条件下,这些合金铸件的凝固时间较灰铸铁的长,其原因就是这些合金铸件的温度场较灰铸铁的平坦。

2. 铸型性质的影响

与凝固温度场有关的铸型性质包括铸型的蓄热系数、铸型初始温度和铸型与铸件形成的界面条件。铸型性质决定着铸件散热的速度，进而决定着铸件的温度场。

铸型的蓄热系数 b_2 是衡量铸型吸收热量导致铸型温度升高的能力。蓄热系数越大，铸型吸热后温度升高越小，对铸件的冷却能力越强，铸件中的温度梯度就比较陡。例如，砂型的蓄热系数低于金属型，砂型吸收铸件热量后，与铸件接触表面的温度迅速升高，导致铸型对铸件的冷却能力降低，使铸件温度场变得较平坦。而采用金属型铸造时，由于其蓄热系数大，吸收铸件热量后，铸型的温度升高较小，可以保持对铸件较高的冷却能力，有利于铸件通过铸型将热量迅速传递出去，使铸件的温度场较为陡峭。同样尺寸和形状的铝合金铸件，在采用干砂型和金属型铸造时，金属型中的铸件具有较陡峭的温度场，其凝固时间远远短于干砂型铸造。图 2-18 所示为黄铜（$w_{Cu}=70\%$）铸件分别在砂型和铜铸型中凝固的铸件和铸型断面温度场。可以看出，铸件在砂型中凝固时，由于砂型的蓄热能力差，砂型内表面的温度较高，砂型的温度场较陡峭，而铸件的温度场却较平坦，如图 2-18a 所示；与砂型铸造相比，铸件在铜铸型中凝固时，由于铜的蓄热能力很强，铸型内表面的温度较低，铸型中的温度场也较平坦，而铸件的温度场却较陡峭，如图 2-18b 所示。同时也可以看出，铜铸件在铜铸型中凝固所需要的时间远远短于在砂型中的时间。在实际生产中，为了提高铸型对铸件的冷却能力，可用金属型代替砂型。通常情况下，金属的热导率越大，其蓄热系数也越大，因此，为了获得更高的对铸件的冷却能力，可以选用热导率大的金属制作铸型。

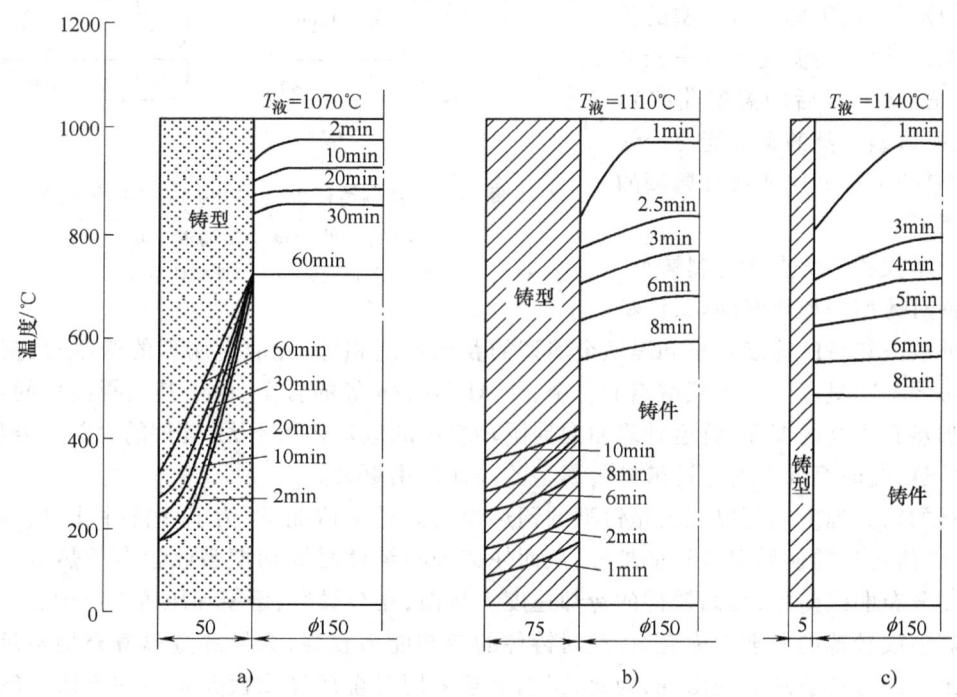

图 2-18 黄铜铸件（$w_{Cu}=70\%$）在不同铸型条件下的铸件和铸型断面温度场
a）砂型 b）铜铸型 c）水冷铜铸型

此外，为了进一步提高铸型对铸件的冷却能力，还采用在铸型内放置水冷系统的方法，利用循环冷却水不断带走铸型中的热量，使铸型保持较低的温度。图 2-18c 所示为黄铜铸件在水冷铜铸型中凝固的温度场，可以看出，由于在铜铸型中采用了水冷系统，使铸型的冷却能力得到了进一步提高,对比凝固1min的温度曲线,加水冷系统的铜铸型(图2-18c)的铸件温度场要比未加的(图2-18b)变得更为陡峭,同时,铸件凝固所需要的时间进一步缩短。连续铸造需要结晶器具有高的冷却能力,在生产中常采用带有水冷系统的纯铜结晶器就是这个原因。

另外,采用金属型铸造时,金属型的壁厚对温度场影响也较大。例如,薄壁金属型虽然在开始时吸热速度很大,但是,由于铸型壁薄,蓄热有限,型壁温度很快升高,铸件的冷却速度会降低,导致铸件断面上的温度梯度很小。图2-19所示为黄铜铸件($w_{Cu}=70\%$)在不同壁厚铸铁型中凝固时的铸件和铸型温度场,可以看出,厚壁铸铁型的内表面温度比薄壁铸铁型低得多,铸型温度场也较平坦;同样,在凝固初期,薄壁和厚壁铸铁型中的铸件温度场均较陡峭(见凝固1min的温度曲线);但随着凝固时间的延长,由于薄壁铸铁型的蓄热能力低,其铸件的温度场变得较平坦(见凝固2min以后的温度曲线)。因此,仅靠铸型本身的蓄热能力冷却铸件时,厚壁金属型比薄壁金属型的冷却作用更大。

对于厚大和高熔点的金属铸件,由于铸件对铸型的加热时间长,铸型

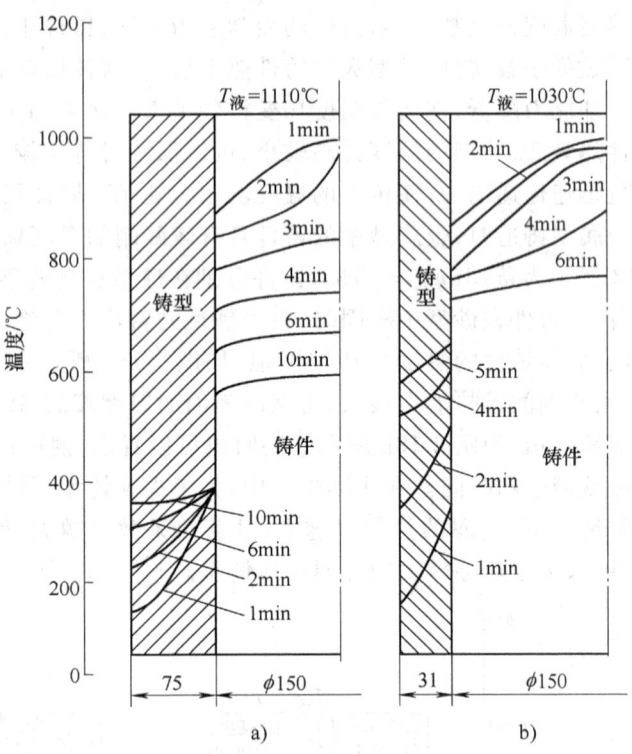

图2-19 黄铜铸件($w_{Cu}=70\%$)在不同铸铁型中的铸件和铸型断面温度场
a) 厚壁铸型 b) 薄壁铸型

表面向外散失热量的速度几乎和厚壁金属型的蓄热速度相等,此时金属型的壁厚对铸件的冷却能力影响不明显。但对于低熔点的合金,如Al、Mg、Zn等的合金,由于其在凝固期间不可能将铸型加热到很高的温度,铸型外表面向周围环境中的散热作用不大,铸件的冷却主要依靠铸型本身蓄热,此时厚壁金属型比薄壁金属型的冷却作用更大。

铸型的初始温度也可以认为是铸型的预热温度。通常情况下,为了使铸件获得较强的冷却能力,希望铸型的初始温度越低越好,从而使铸型在铸件凝固初期吸收较多的热量,形成的铸件温度分布曲线陡峭,提高铸件的冷却速度。然而,在金属型、熔模和压铸生产中,由于采用的是金属型或较薄的非金属模壳,铸型对铸件的冷却能力较强,会导致金属液充型不足,有时还会导致裂纹等铸造缺陷的出现,为此,工艺上常采用对金属型或模壳预热的方法,降低铸型对铸件的冷却能力。这种做法实际上是使铸件在冷却初期的温度分布曲线变得平坦些,从而保证金属液在充型过程中保持较高的流动性和减小铸造应力。例如,在镁合金压铸时,压铸模温度一般要预热到200~300℃,以保证镁合金液充满压铸模;在熔模铸造中,模壳在浇注前也被预热到600~900℃;而在金属型铸造中,铸型的预热温度为200~400℃。因此,铸型初始温度即预热温度越高,冷却作用就越小,铸件断面上的温度分布曲线越平坦。

铸型与铸件形成的界面条件主要是指在凝固过程中铸件与铸型之间界面的接触情况。当铸件表面凝固形成坚固的硬壳后,由于金属的固态收缩使铸件和铸型之间形成一个间隙,铸件通过界面向铸型传递热量的能力降低,铸件内的温度出现均化现象,导致铸件的温度分布曲线变得较为平坦。当铸型表面存在涂料层时,由于涂料层的性质与铸型不同,也会影响铸件的温度场。采用普通砂型铸造时,为了提高铸件表面质量,往往在砂型内表面涂刷比铸型原砂具有更高蓄热能力的涂料层,如镁砂粉、锆英粉、刚玉粉涂料等,这些涂层可以在铸件冷却初期产生较强的冷却作用,使铸件冷却初期的温度分布曲线较陡峭,但随着铸件不断对涂料层的加热作用,这种激冷作用也随之消失。当采用金属型铸造时,铸型内表面也要涂刷涂料,但这种涂层的作用是降低铸型的激冷能力,其效果与"间隙"一样,使铸型的冷却作用降低,有利于使铸件温度分布曲线变得更平坦些。因此,在生产中通过使用涂料或改变涂料层厚度,可以控制铸型对铸件的冷却强度。

3. 浇注条件的影响

浇注条件主要包括液态金属的浇注温度和浇注速度。通常情况下,浇注温度很少超过金属液相线以上100℃,否则气孔和收缩类缺陷容易增多。因此,金属由于过热所得到的热量比结晶潜热要小得多,一般不大于凝固期间放出总热量的5%~6%。在砂型铸造中,铸件的凝固基本上是在金属的过热热量全部散失后才进行。所以,提高浇注温度实际上是延长了铸件在凝固前对铸型的加热,即提高了铸型温度,结果使铸件的温度分布曲线变得较平坦。

浇注速度的快慢直接影响铸件凝固开始前金属液的温度均匀程度,进而影响铸件内各部位温度场的均匀性。浇注速度快,铸型被很快充满,在浇注过程中热量散失少,凝固前型腔内金属液的温度相对较均匀,凝固时铸件各部位的温度分布也相对较均匀。而浇注速度慢时,先浇入型腔内的金属液较后浇入的散热时间长,温度相对低,凝固开始早,导致这部分铸件的温度分布曲线较后浇入部分的陡峭。

4. 铸件结构的影响

影响铸件温度场的铸件结构主要是铸件壁厚和形状。

铸件壁厚对铸件温度场的影响主要体现在厚壁铸件比薄壁铸件含有更多的热量。铸件厚度越大,凝固时间越长,对铸型的加热也越长,铸型的温度越高,铸件温度分布曲线越平坦,这种作用在铸件的凝固后期表现更为突出。

铸件形状对铸件温度场的影响主要表现在散热条件上的差异。具有棱角和弯曲表面的铸件比平板类铸件的散热条件好,相当于在同样表面积的条件下,有更大体积的铸型吸收铸件传递出的热量,铸件的冷却效果好,其分布曲线相对较陡峭。而具有内部凹下表面的铸件,如圆筒铸件的内表面、L形和T形铸件的内角,在相同表面积的情况下,相当于吸收铸件传递出热量的铸型体积小,铸型对铸件的冷却能力弱,铸件的温度分布曲线相对较平坦。图2-20a所示为在实测的砂型铸造条件下L形、T形断面各时刻的等温线位置,可以看出,外角处铸件的温度梯度较内角处大得多,即外角处铸件具有更陡峭的温度场,其冷却速度比内角处更高。因此,当铸件收缩受阻时,在内角处最容易产生热裂。把内直角改成内圆角,由于扩大了散热面积,角上的凝固层加厚,使内直角的不良情况得到改善,如图2-20b所示。因此,生产上经常采用适当加大内圆角半径的方法防止热裂。如果铸件某断面必须做成直角,则一定要采取措施加速此处的凝固,如放置外冷铁等。

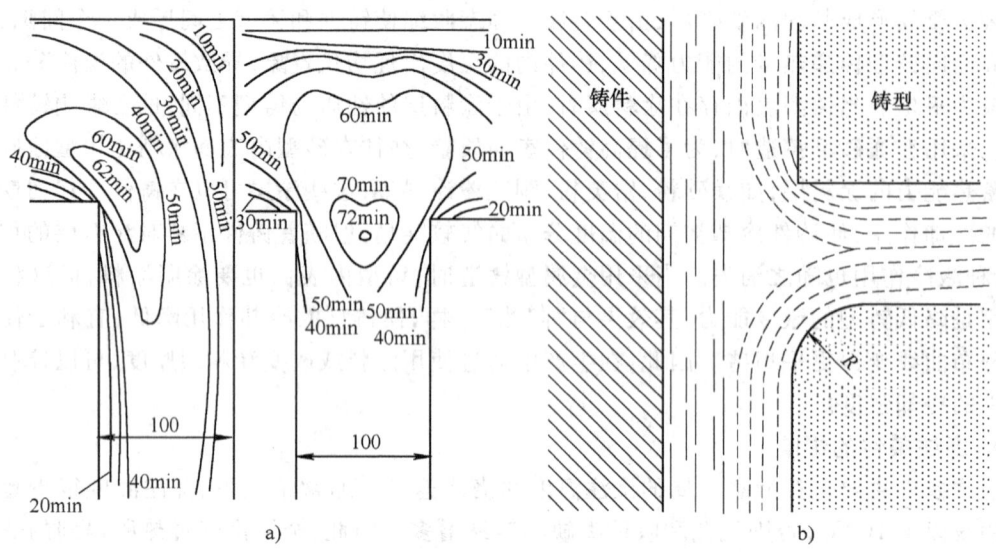

图 2-20 铸件结构对凝固温度场的影响
a) L 形和 T 形铸件在不同时刻的固相等温线 b) 内直角和内圆角的凝固情况

2.6 铸件凝固方式及与铸件质量的关系

铸件的凝固方式是指铸件在凝固过程中固液共存区域的特征,是根据凝固区域的宽窄定义的,主要反映铸件在凝固过程中,固液共存区的收缩与补缩特点。由于凝固过程中固液共存区的收缩和补缩行为决定着铸件收缩类缺陷产生的倾向性,如缩孔、疏松、热裂纹等,因此,凝固方式与铸件的质量密切相关。适当地控制凝固方式,可以消除和减轻铸件收缩类缺陷的产生。

2.6.1 铸件凝固区域结构

铸件凝固时,根据合金成分的不同,凝固可能发生在一个面上,也可能形成凝固区间。纯金属和共晶成分合金的凝固温度为一个固定值,凝固仅发生在凝固温度的等温面上,凝固形成的固液相之间由一个明确界面分开。而凝固发生在某一温度区间的合金,除了已凝固的纯固相和未凝固的纯液相外,在两者之间还存在固液相共存的过渡区,这一过渡区称为凝固区域,即铸件凝固断面上一般都存在三个区域:固相区、凝固区和液相区。

图 2-21 所示为根据铸件断面温度场确定某一瞬间凝固区域的方法,左图是相图的一部分,图中 c_0 成分合金的结晶温度范围为 $T_L \sim T_S$;右图是铸

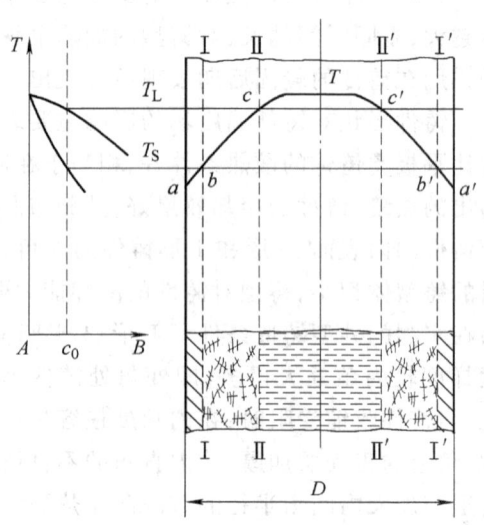

图 2-21 某瞬间的凝固区域

型中正在凝固的铸件断面,壁厚为 D,该瞬间的温度场为 T。在此瞬间,铸件断面上 b 点和 b' 点所在等温面 I—I 和 I′—I′ 已达到固相线温度 T_S,因此,等温面为"固相等温面"。从铸件表面到固相等温面 I 和 I′ 之间的合金温度低于固相线温度 T_S,这个区域内的合金已凝固成固相,为固相区。同时,c 点和 c' 点所在的等温面 II—II 和 II′—II′ 已达到液相线温度 T_L,为"液相等温面",两等温面之间的合金温度高于液相线温度 T_L,为液相区。在等温面 I 和 II 之间及等温面 I′ 和 II′ 之间的合金都处于凝固状态,即液固共存状态,这个液相等温面和固相等温面之间的区域即为凝固区域。

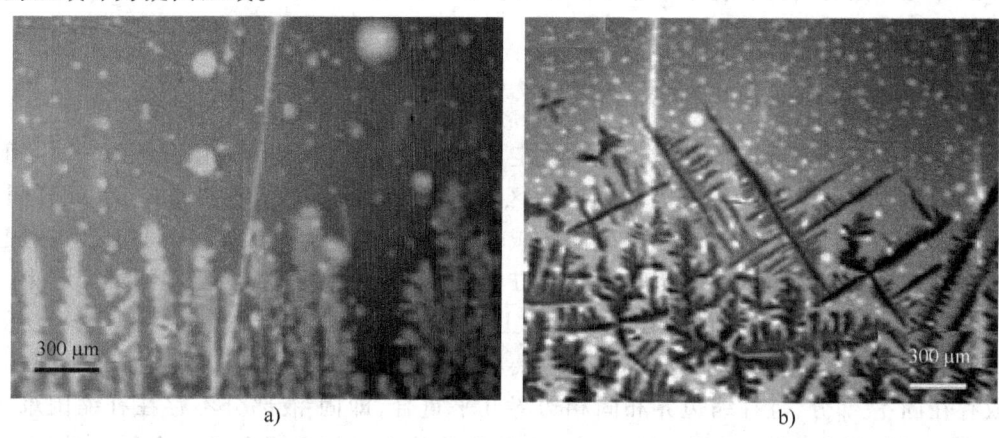

图 2-22　同步辐射 Sn-Bi 合金凝固区域[16]

a) Sn-12% Bi 合金柱状晶生长　b) Sn-50% Pb 合金柱状/等轴晶生长

由于合金成分和凝固条件的不同,凝固区域内的固液相区结构也不同。图 2-22 所示为不同成分的 Sn-Bi 合金在某一时刻以不同方式凝固的凝固区域结构[16]。图 2-22a 所示合金以柱状晶生长方式凝固生长,可以看出,凝固区域中的液态合金是相互联通的,当将液态金属倾出时,液态金属将全部倾出,而已凝固的固态部分不会随液态金属倾出。在图 2-22b 中,合金凝固区域靠近液相部分是以等轴晶方式凝固生长,固相部分有的已连接在一起,有的处于悬浮状态,当将液态金属倾出时,未连接在一起的等轴晶也会随之倾出;同时,与已凝固层连接在一起的等轴晶形成了骨架,并将其中的液态金属封闭在其中,如果倾出液态金属,封闭在等轴晶骨架之间的液态金属将不会随之倾出。由此可见,凝固区域内不同部位的内部结构各具特点,这对凝固过程和凝固后的铸件质量将产生显著的影响。

图 2-23 所示为典型凝固区域结构示意

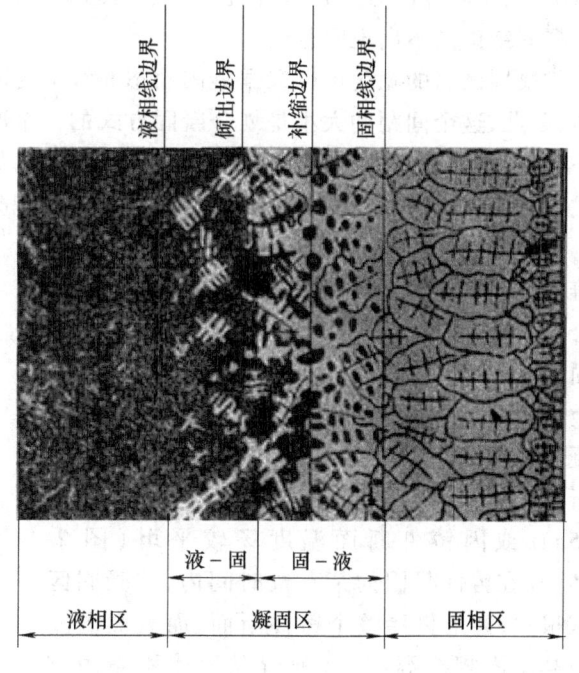

图 2-23　凝固区域结构示意图

图,其中凝固区域又可划分为两个部分:液相占优势的液-固部分和固相占优势的固-液部分。凝固区域与液相和固相的边界分别称为液相线边界和固相线边界。在存在悬浮晶体的凝固区域,液相占优,称为液-固部分;在晶体已相互连接形成骨架的部分,固相占优,称为固-液部分。由于液-固部分的悬浮晶体可以随液态金属倾出,因此,将液-固部分和固-液部分的边界称为倾出边界。固-液部分还可以分成两个区,在靠近固相区且晶体已形成骨架的区域,骨架之间的少量液体被分割成一个个封闭的小"熔池",当这些小熔池进行凝固而发生体积收缩时,得不到液体的补充。因此,将固-液部分中存在的由于晶体骨架形成封闭小熔池的边界称为补缩边界。

2.6.2 铸件凝固方式及影响因素

凝固方式按铸件实际凝固区域由窄到宽定义为三种方式,分别为逐层凝固方式、中间凝固方式和体积凝固方式。当铸件凝固时的凝固区域宽度为零(纯金属或共晶合金)或凝固区域很窄时,称为逐层凝固方式;当铸件的凝固区域较宽,且凝固过程中液相区、固相区和凝固区可以同时出现在凝固断面上时,称为中间凝固方式;而凝固区域很宽,甚至直到凝固结束,液相区、固相区和凝固区不能同时出现在凝固断面上时,称为体积凝固方式。

中间凝固方式与逐层凝固方式的区别主要在于凝固区域的结构存在差异。逐层凝固方式一般仅存在固-液部分,且补缩边界和固相边界几乎重合,即固-液部分不存在补缩困难区,或者说不存在封闭的小熔池,固相区发展而产生的收缩几乎能完全得到液态金属的补缩。而在中间凝固方式的凝固区域,液-固区和固-液区共存,有封闭的小熔池,固相区发展而引起的收缩不能得到充分补缩,易引起疏松缺陷的出现。

中间凝固方式与体积凝固方式的区别主要体现在铸件凝固结束前是否存在固相区。一般情况下,中间凝固方式在铸件凝固结束前同时存在液相区、凝固区和固相区,而体积凝固方式在凝固结束前不出现固相区。

凝固区域的宽度可以根据凝固动态曲线上的液相边界与固相边界之间的水平距离直接判断,因此,这个间距的大小是划分凝固方式的一个准则。如果液相边界线与固相边界线重合在一起,或者其间距很小,则趋向于逐层凝固方式,如果其水平间距很大,则趋向于体积凝固方式;如果其水平间距较小,则介于逐层凝固和体积凝固方式之间,趋于中间凝固方式。

影响凝固方式的因素主要是合金成分和铸件凝固温度场的温度梯度。纯金属或共晶合金不存在凝固区域,其凝固方式是逐层凝固,如图 2-24a 所示。而窄结晶温度区间的合金虽然存在凝固区域,当温度梯度较大时,其凝固区域也很窄,也属于逐层凝固,如图 2-24b 所示。如果合金的结晶温度范围很宽(图 2-25a),或因铸件断面温度场较平坦(图 2-25b),在铸件凝固的某一段时间内,其凝固区域很宽,甚至贯穿整个铸件断面,而表面温度尚高于固相线温度,这种情况为体积凝固方式。如果合金的结晶温度范围较窄(图 2-

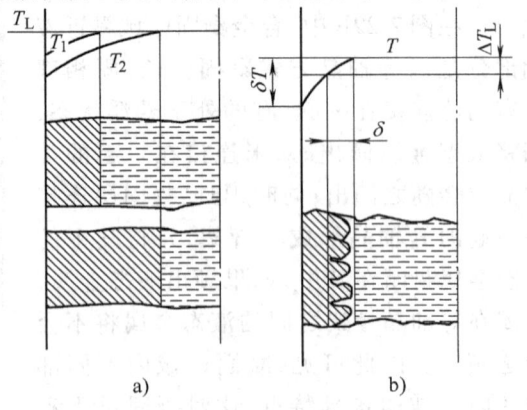

图 2-24 逐层凝固方式示意图
a) 无结晶温度区 b) 窄结晶温度区

26a),或因铸件断面的温度梯度较大(图2-26b),铸件断面上的凝固区域宽度介于前两者之间时,则属于中间凝固方式。由此可见,随着合金凝固温度区间的增大和凝固区域温度梯度的减小,铸件逐渐由逐层凝固方式向体积凝固方式发展。当合金成分一定时,凡是影响凝固温度场的因素均会影响铸件的凝固方式。

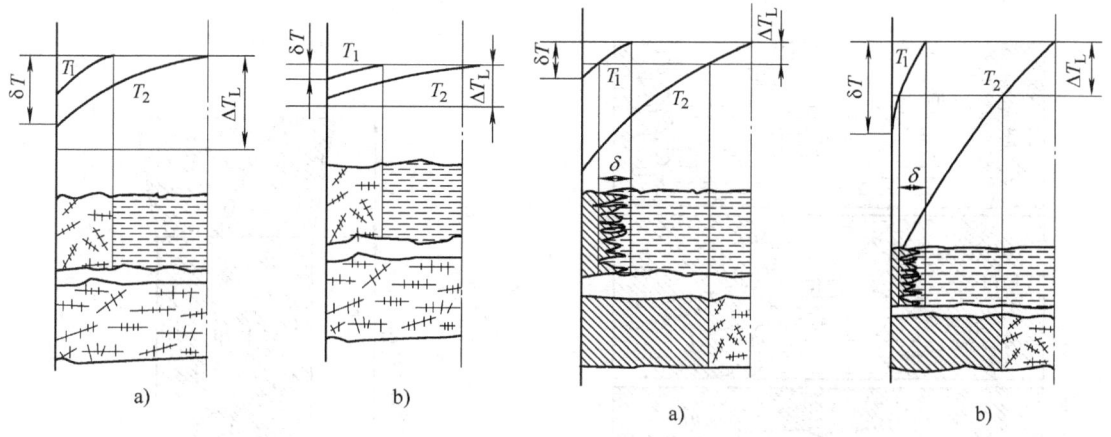

图 2-25 体积凝固方式示意图
a) 结晶温度区较宽　b) 温度场较平坦

图 2-26 中间凝固方式示意图
a) 结晶温度区较窄　b) 温度场较陡峭

2.6.3 铸件凝固方式与内部质量的关系

铸件内部的致密性和裂纹是其重要的质量指标之一,而铸件的凝固方式是决定铸件致密性和裂纹的关键因素之一。由于铸件的凝固方式取决于铸件合金的凝固温度范围和铸件凝固温度场的温度梯度,因此,铸件合金的凝固温度范围和温度梯度决定了铸件内部的质量。

1. 逐层凝固方式与铸件质量的关系

通常情况下,纯金属、共晶合金和窄结晶温度范围的合金是按逐层凝固方式凝固,如工业纯铝、工业纯铜、各种共晶成分合金,以及低碳钢、铝青铜等。

纯金属和共晶成分合金浇入铸型后,首先在型壁处过冷,形成一薄层激冷凝固层,方向有利的晶体沿垂直于型壁的方向生长为紧密排列的柱状晶,铸件断面的固相和液相由固-液界面分开。随着温度下降,平滑的凝固前沿逐步向中心发展。在这种情况下,凝固获得的铸件组织是致密的,铸件内部质量较好。

当窄结晶温度范围的合金凝固时,虽然形成凝固区域,但凝固区域很窄,且在凝固过程中不会形成封闭的小熔池,即不存在补缩边界与固相边界之间的凝固区(图2-24b)。图2-27所示为窄结晶温度范围合金的凝固过程。凝固时在型壁处先凝固形成固相层,由于合金存在结晶温度区间,形成的固相层表面不是平面,而是锯齿形。当凝固继续进行时,液态合金在锯齿形固液界面上凝固,使凝固层不断向铸件中心推进,直至凝固结束。这种凝固方式获得的铸件组织同样是致密的。

由于纯金属、共晶成分合金和窄结晶温度范围合金在凝固时,其凝固前沿直接与液态金属接触,当液相凝固成为固相而发生体积收缩时,可以不断地得到液体的补充,所以产生分散性缩松的倾向性小,而是在铸件最后凝固的部位留下集中的缩孔,如图2-28所示,可以采用冒口消除方式去掉缩孔。同样,这类合金铸件在凝固过程中,凝固区域内的固相彼此间不妨碍收缩,不会因收缩受阻而产生晶间裂纹,即使产生晶间裂纹,也容易得到金属液的充填,使裂纹愈合,所以铸件的热裂倾向性小。但值得注意的是,在铸件的最后凝固部位,特别是凝固层对称生长时,在两凝固层相遇处可能会形成封闭的小熔池,此时补缩很困难,有可能形成缩松(图2-27)。在板状和棒状铸件上出现中心线缩松就是这个原因。

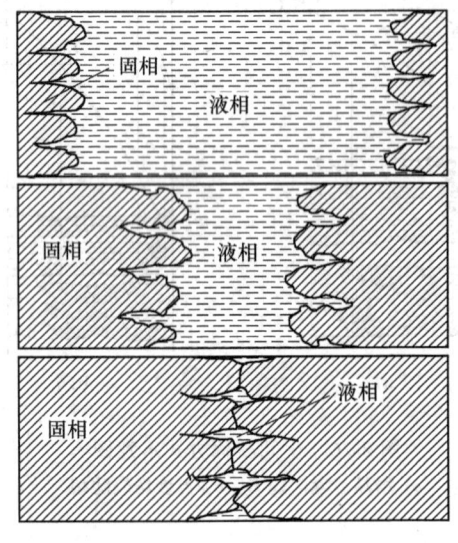

图 2-27 窄结晶温度范围合金凝固过程示意图

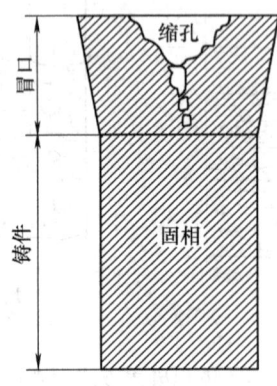

图 2-28 逐层凝固方式形成的集中缩孔

2. 体积凝固方式与铸件质量的关系

以体积凝固方式凝固的合金一般均具有较宽的结晶温度范围,凝固时温度梯度并不大,如远离共晶成分的铝、镁、铜等合金均属于这种情况。图 2-29 所示为等轴晶体积凝固方式的凝固区域形成过程示意图。可以看出,这类合金在凝固时,凝固区域中在靠近固相前沿的地方首先形成一批小晶体,由于固液相溶解合金元素的能力不同,这批小晶体的合金元素含量低于液相(对于合金溶质分配系数 $k_0 < 1$ 的合金而言;当 $k_0 > 1$ 时,则相反),使部分合金元素富集在小晶体周围的液相中,导致这些液相的凝固温度降低,小晶体生长暂时停止;同时,由于温度的继续降低,在其他部位又形成一批小晶体,同样,这批小晶体又被富溶质液层包围而停止生长。如此继续下去,小晶体很快布满整个铸件断面。此后,这些小晶体会发展成为发达的等轴树枝晶,甚至连成骨架;骨架间的液态合金继续凝固时,不能得到外部液体的补缩而形成分散的缩松,即使放置冒口也难以消除。同时,形成的骨架在收缩时会彼此相互阻碍,产生应力,导致热裂纹的产生,且难以借助外来的金属液弥合裂纹。

以体积凝固方式凝固的合金,其铸件内部还受晶体形态的影响。如果凝固的小晶体具有形成发达树枝晶的能力,这些小晶体很快能连成骨架,形成无数封闭的小熔池,既不能得到补缩,还易在骨架上产生收缩应力。亚共晶 Al-Si 合金也属于此种情况,当亚共晶 Al-Si 合金凝固时,先凝固形成的晶体是初生 α-Al 相,该相易长成发达的枝晶,当固相形成不到一半时,晶体就连成了骨架。

当凝固先形成的小晶体不具备形成发达树枝晶能力时,这些晶体很难连成骨架,晶体间的液态合金相互连通,虽然是体积凝固方式,未凝固的液态合金也可对凝固引起的收缩进行一定程度的补缩,晶体的收缩也不相互阻碍,缩松和裂纹倾向相对较轻。过共晶 Al-Si 合金就属于这种情况,当过共晶 Al-Si 合金凝固时,先形成的小晶体是 β-Si 相,而 β-Si 相是彼此孤立的块状或片状,不能连成骨架,对合金的补缩特性和裂纹倾向影响较小。

3. 中间凝固方式与铸件质量的关系

以中间凝固方式凝固的合金,其对铸件质量的影响介于逐层和体积凝固方式之间。这类合金在工业中常用的有中碳钢、高锰钢、一部分特种黄铜和白口铸铁等,其凝固区域为中等宽度。通常情况下,这类合金的凝固区域较完整,近似于形成图 2-26 所示的凝固区域。这类合金凝固区域的封闭小熔池和最后凝固部位形成的晶体骨架间的液态合金,在凝固期间得不到液体的补缩,易形成缩松;同样,晶体骨架收缩也易受阻,从而产生裂纹。但采用中间凝固方式凝固的合金其缩松和裂纹倾向远低于以体积凝固方式凝固的合金。

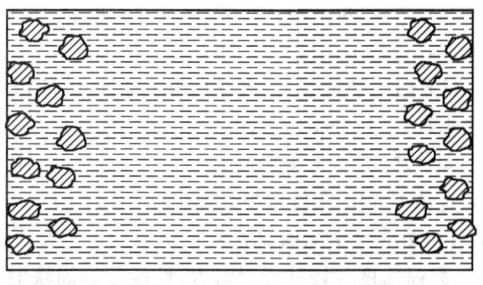
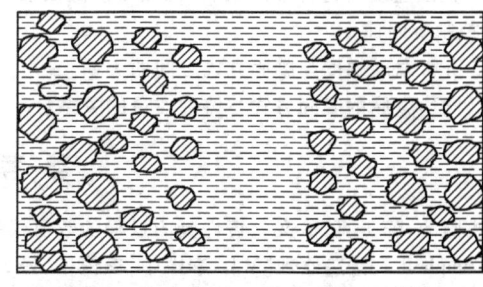
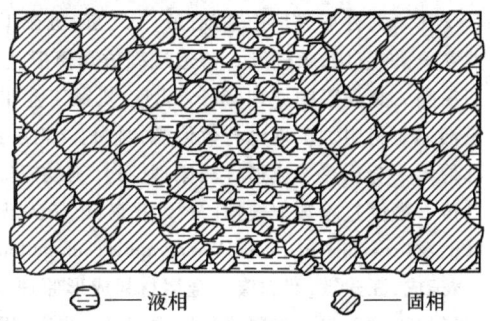

图 2-29 宽结晶温度范围合金的凝固过程

思考与练习

1. 试分析铸件在砂型、金属型及保温铸型中凝固时的传热过程,并讨论上述几种情况影响传热的限制性环节及凝固温度场的特点。

2. 已知某半无限大板状铸钢件的热物性参数为:热导率 $\lambda_1 = 46.5 \mathrm{W \cdot m^{-1} \cdot K^{-1}}$,比热容 $c_1 = 460.5 \mathrm{J \cdot kg^{-1} \cdot K^{-1}}$,密度 $\rho_1 = 7850 \mathrm{kg \cdot m^{-3}}$,取浇注温度为 1570℃,铸型的初始温度为 20℃。用描点作图法绘出该铸件在砂型和金属型铸型(铸型壁均足够厚)中浇注后 0.02h、0.2h 时刻的温度分布状况,并作分析比较。砂型热物性参数为:热导率 $\lambda_2 = 0.314 \mathrm{W \cdot m^{-1} \cdot K^{-1}}$,比热容 $c_2 = 963.0 \mathrm{J \cdot kg^{-1} \cdot K^{-1}}$,密度 $\rho_2 = 1350 \mathrm{kg \cdot m^{-3}}$。

3. 试证明铁在熔点温度浇入铝制铸型中,铝铸型表面不会熔化。

4. 阐述凝固动态曲线的意义及绘制方法。

5. 试绘出 $w_C = 0.1\%$ 的钢和工业纯铝在砂型铸造条件下的温度场及凝固动态曲线,并说明其原因。

6. 试绘出 L 形、T 形铸件的固相等温线随凝固时间而变化的位置示意图,并指出最易出现缩孔和热裂的地方。

7. 采用平方根定律计算凝固时间是否存在误差?分析误差产生的原因。用于半径相同的圆柱体和球体时哪个误差大?大铸件与小铸件哪个误差大?金属型与砂型哪个误差大?

8. 试确定以下两种铝硅共晶合金铸件的凝固时间(均为无过热注入砂型,砂型热物性参数见第 2 题)。

1) 厚为 100mm 的板形铸件。

2）直径为100mm的球形铸件。
3）比较计算结果并讨论之。

9. 在下列三种情况下,求直径为100mm的纯铁球的凝固时间。
1）无过热,在砂型中凝固。
2）无过热,在铁型中凝固。
3）过热100℃,在砂型中凝固。
试分析哪一种情况的误差大？

10. 凝固速度对铸件凝固组织、性能与凝固缺陷的产生具有重要影响,试分析可以通过哪些工艺措施来改变或控制凝固速度。

11. 分析温度梯度与凝固方式之间的关系。

12. 阐述金属的凝固方式与铸件质量的关系。

参 考 文 献

[1] 姚国治,陈玉喜,徐文. 铸件凝固过程的数值模拟[J]. 大连铁道学院学报,1985(3):50-59.
[2] Campbell J,铸造原理[M]. 李殿中,李依依,译. 北京:科学出版社,2011.
[3] 李庆春. 铸件形成理论基础[M]. 北京:机械工业出版社,1982.
[4] 熊守美,许彦庆,康进武. 铸造过程仿真模拟技术[M]. 北京:机械工业出版社,2004.
[5] 胡汉起. 金属凝固原理[M]. 北京:机械工业出版社,2008.
[6] 董湘怀. 材料加工理论与数值模拟[M]. 北京:高等教育出版社,2005.
[7] 林伯年. 金属热态成形传输原理[M]. 哈尔滨:哈尔滨工业大学出版社,2000.
[8] 荆涛. 凝固过程数值模拟[M]. 北京:电子工业出版社,2002.
[9] http://www.cimsnet.com/MonographicTech/automatic/topic/exploiture_1.htm.
[10] 雷玉成,汪建敏,贾志宏. 金属材料成形原理[M]. 北京:化学工业出版社,2006.
[11] 吴树森,柳玉起. 材料成形原理[M]. 北京:机械工业出版社,2008.
[12] 刘全坤,祖方遒. 材料成形基本原理[M]. 北京:机械工业出版社,2005.
[13] 陈金德,张建勋,杨秉俭. 材料成形工程[M]. 西安:西安交通大学出版社,2000.
[14] 林小娉,陈翠新. 材料成形原理[M]. 北京:化学工业出版社,2010.
[15] 饭田孝道,格斯里. 液态金属的物理性能[M]. 冼爱平,王连文,译. 北京:科学出版社,2006.
[16] 王同敏,许菁菁,李军,等. 金属合金枝晶生长同步辐射X射线实时成像观察[J]. 中国科学,2010,40(10):1214-1220.

第 3 章 晶体形核与生长

3.1 引言

凝固是指物质由液体转变为固体的相变过程，凝固过程的现象、规律和基本理论既涉及多学科交叉的基础科学，又涉及应用性极强的众多工程技术和高科技领域，尤其对金属铸件、铸锭、焊接熔池的成形技术，以及各类新材料研究与开发具有重要意义。严格地说，凝固包括由液体向晶态固体转变（结晶），以及向非晶态固体转变（玻璃化转变）两种过程方式。常用工业合金和金属的凝固过程一般只涉及前者。结晶过程是从形核开始的，而后通过晶体生长使得整个系统逐步由液体转变为固体。为此，在讨论形核条件和晶体生长的影响因素及其规律之前，有必要首先了解结晶凝固的一般过程。

图 3-1 所示为单相树枝晶和两相共晶组织的等轴凝固过程[1]。在这两种情况下都是先形成单相的晶核，此后在纯金属或单相合金中，晶核继续生长成球状晶粒，而后很快变得不稳定且形成树枝状形态，如图 3-1a 所示。这些树枝晶在熔体内自由地生长，称为自由树枝晶或等轴树枝晶。当枝晶前端彼此相遇后，凝固以枝晶增粗为主直至最终凝固结束。通常在凝固后的纯金属中，虽然在它们的接触处可以观察到晶界，但却看不到树枝晶内部的自身痕迹。在合金中，由于有局部的成分差异，腐蚀后仍然可以观察到树枝晶形貌。在共晶合金中，第二相迅速地在初始的单相核心上结晶并形成双相的共晶晶粒。共晶晶粒接下来继续以球状形式或其他形貌生长，如图 3-1b 所示。许多合金凝固后常常是单相树枝晶和共晶这两种组织共存。

纯金属及合金的凝固方式和晶体形貌是多种多样的，图 3-1 所示的情况为最简单而又最为常见的。其他凝固方式及其所形成的晶体形貌将在第 4 章及第 5 章中深入讨论。

有多种方法可以观察与研究物质凝固现象，例如，利用透明物质的模拟可适时观察液体充型及晶体凝固过程；通过合金定向凝固实验获得试样可分析其截面的晶体形貌、枝晶间距与成分分布，结合倾液法或液淬法还可观察凝固界面；用热分析法记录凝固过程的温度-时间 (T-t) 曲线可间接地量化研究形核与生长过程等。图 3-2 所示为等轴树枝晶凝固过程热分析实验的量化研究情况。

图 3-2a 所示为 T-t 曲线，是在对图 3-1a 所示的单相合金凝固过程进行热分析测定时所获得的冷却曲线。当熔体过冷度达到 $\Delta T = \Delta T_n$ 时，开始发生结晶形核。在通常情况下，对金属而言实际形核过冷度 ΔT_n 并不大，对应于 T-t 曲线，在此处则有一定程度的偏离，但微小晶粒的最初结晶潜热并不能明显改变由内向外热流所产生的冷却速率（图 3-2a、图 3-2b）。与此同时，固相率 f_S 开始突破零点而上升（图 3-2c、图 3-2d）。随着进一步冷却，形核率 I 很快趋于最大值（图 3-2e 中虚线），此阶段的晶粒数 N 迅速增加。此后，I 迅速降低

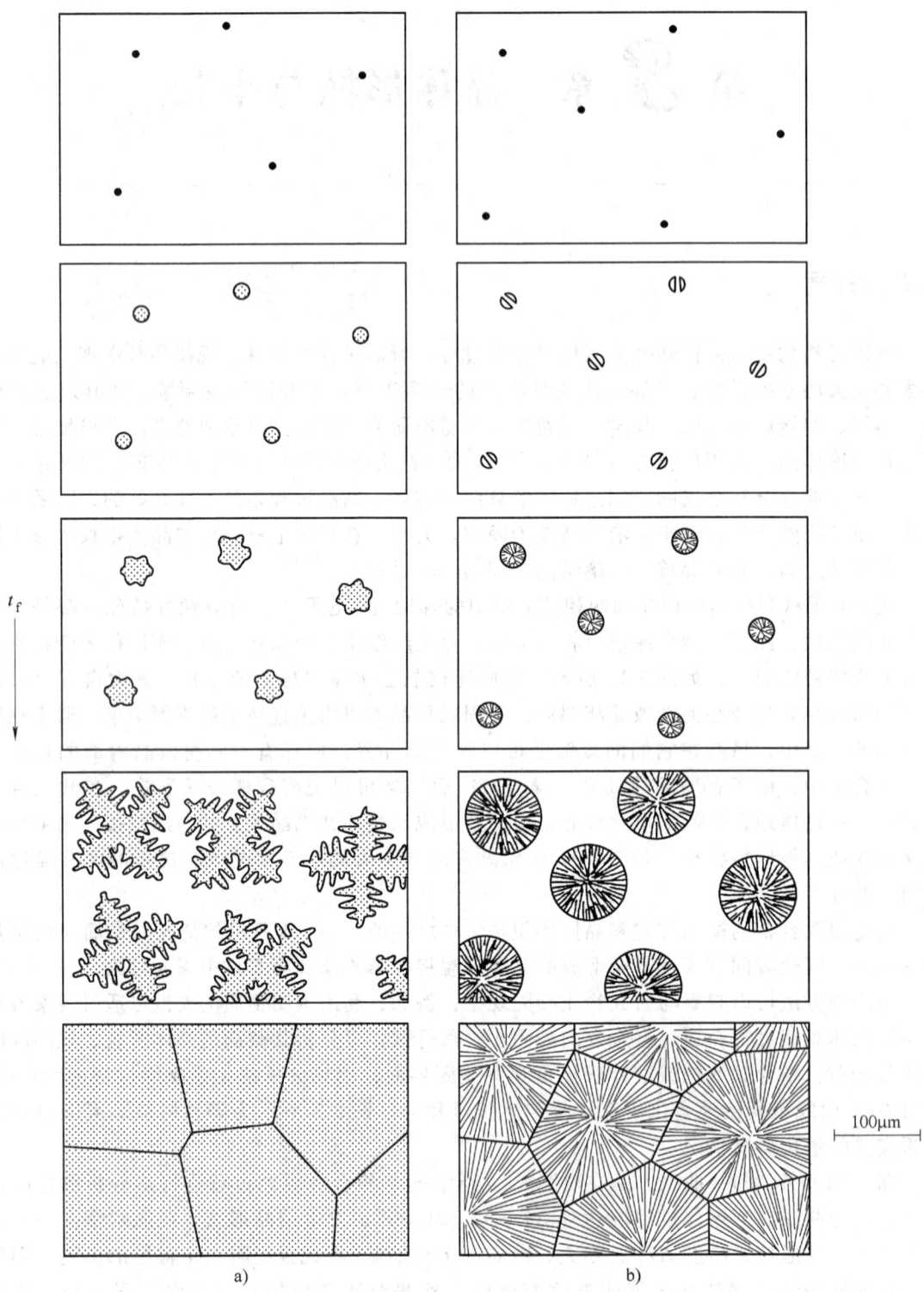

图 3-1 单相树枝晶和两相共晶组织的等轴凝固过程
a) 单相树枝晶　b) 两相共晶组织

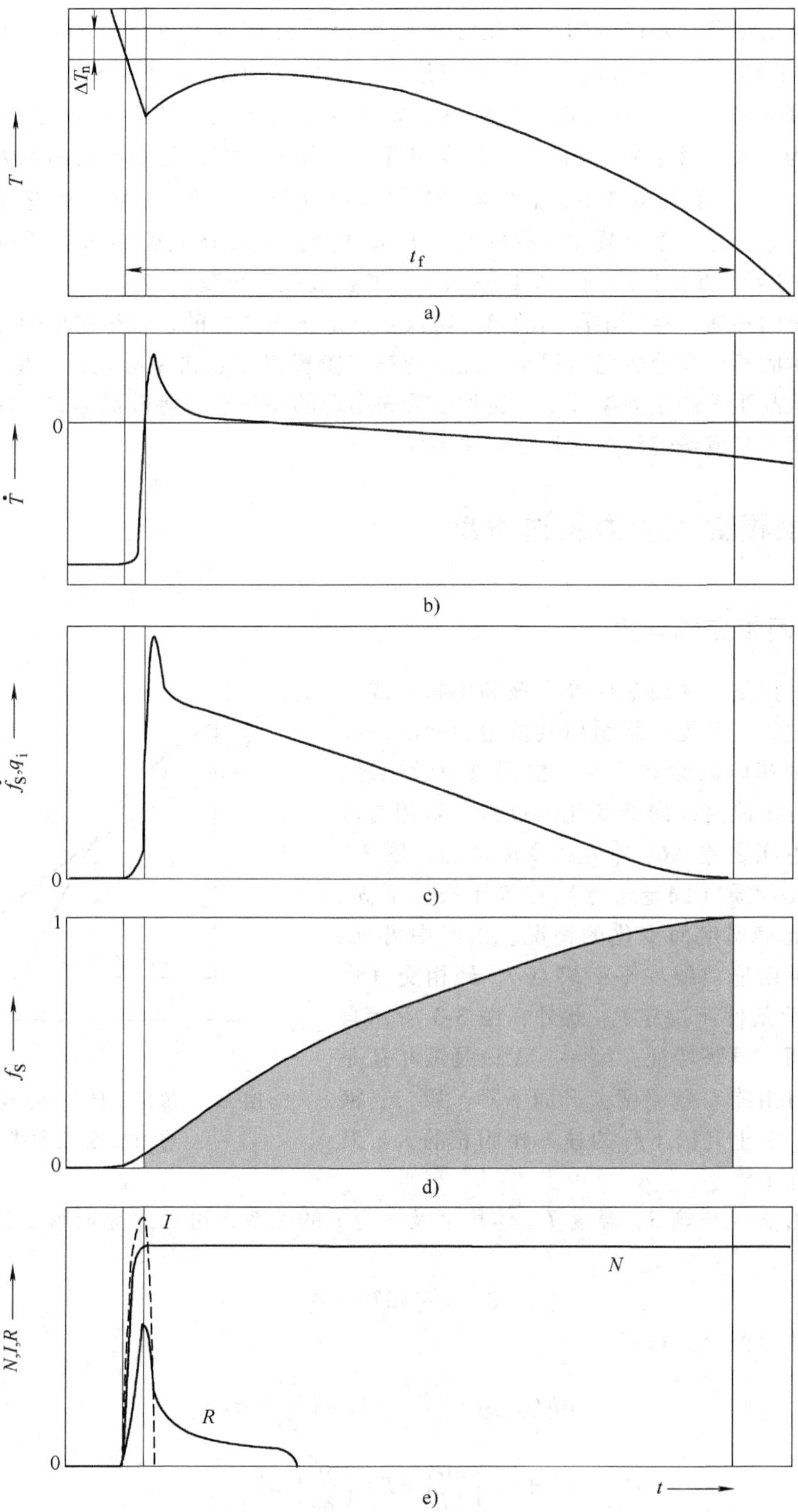

图 3-2 等轴树枝晶凝固过程各参数随时间的变化[1]

而趋于零，晶粒数 N 也就基本维持不变。

凝固时，由结晶潜热产生的内部热流 q_i 随固相增长速率 $\dot{f}_s$（$=df_s/dt$）而上升。当内部热流 q_i 与向外热流 q_e 相等时，凝固速率达到最大值，即在 T-t 曲线的极小值处，对应于图 3-2b 微分曲线 $\dot{T}$-t（$\dot{T}=dT/dt$）的第一个 $\dot{T}=0$ 处，晶粒的生长速率 R（通常指枝晶尖端生长速率）为最大。接下来 T-t 曲线的温度回升（亦称为再辉）是由于结晶潜热释放的作用结果（图 3-2c）。在有些条件下，温度回升的最大值（第二个 $\dot{T}=0$ 处）也有可能大于形核温度。需要注意的是，整个凝固过程的时间 t_f 大部分发生在枝晶前端相遇（即在尖端生长速率 $R=0$）之后，此阶段凝固主要是枝晶臂的增粗过程直至凝固结束。

根据上面的描述，在等轴凝固的第一阶段是以形核为主导的，且很快地确定了最终的晶粒数目，此时固相体积分数仍然很小，此后的第二阶段以生长占主导地位。值得注意的是，即使是在柱状晶生长的凝固条件下，铸件中最先出现的晶粒总是等轴晶形式。因此，形核条件对任一金属铸件或铸锭组织的形成至关重要。

3.2　液-固相变驱动力及过冷度

3.2.1　液-固相变驱动力

要认识并控制上述由液体经形核和生长而成为固体的转变过程，首先必须明白其发生相变的内在本质及其主要影响因素和规律。根据热力学原理，相变是系统自由能由高向低变化的过程，新相与母相的体积自由能之差 ΔG_V 即为相变驱动力。图 3-3 所示为单组元物质（固定熔点）在等压条件下固、液两相自由能随温度而变化的情况。由图中可见，固、液两相自由能曲线在平衡熔点 T_m 处相交（由相平衡热力学条件所决定）。此外，图 3-3 所示自由能曲线有两个显著特征：第一，无论是液相还是固相，物质自由能 G 随温度上升而下降；第二，液相自由能随温度上升而下降的速率比固相的大。其原因可证明如下[2]。

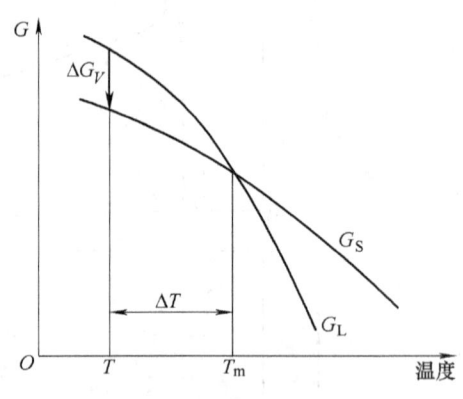

图 3-3　等压条件下固、液两相的
自由能-温度曲线

系统自由能 G 与熵 S、温度 T、体积 V 及压力 p 的关系，可由麦克斯韦尔微分方程表示如下

$$dG = -SdT + Vdp \tag{3-1}$$

根据数学上的全微分关系有

$$dF(x,y) = \left(\frac{\partial F}{\partial x}\right)_y dx + \left(\frac{\partial F}{\partial y}\right)_x dy \tag{3-2}$$

得

$$dG = \left(\frac{\partial G}{\partial T}\right)_p dT + \left(\frac{\partial G}{\partial p}\right)_T dp \tag{3-3}$$

比较式(3-1)及式(3-3)可知

$$\left(\frac{\partial G}{\partial T}\right)_p = -S, \left(\frac{\partial G}{\partial p}\right)_T = V$$

等压时，$dp=0$，于是有

$$dG = -SdT = \left(\frac{\partial G}{\partial T}\right)_p dT$$

由于熵恒为正值，故 $\left(\frac{\partial G}{\partial T}\right)_p < 0$，即物质自由能 G 随温度上升而下降。又因为 $S_L > S_S$（液态熵大于固态熵），所以有

$$\left|\left(\frac{\partial G}{\partial T}\right)_p\right|_L > \left|\left(\frac{\partial G}{\partial T}\right)_p\right|_S \tag{3-4}$$

即液相自由能 G_L 的斜率大于固相自由能 G_S 的斜率，亦即液相自由能随温度上升而下降的速率比固相的大。

由于 G_L 和 G_S 曲线的上述特点，故随着温度的上升两条曲线必然会在某一温度 T_m 处相交，T_m 点即为液-固两相的平衡熔点。此时，$\Delta G = G_S - G_L = 0$，$T > T_m$ 时，$G_L < G_S$，系统以液相为稳定态；而 $T < T_m$ 时，$G_S < G_L$，系统以固相为稳定态。此时，液-固体积自由能之差 $\Delta G_V = G_S - G_L$ 即为相变驱动力，使系统由液体向固体转变。

纯金属系统由液体向固体转变的相变驱动力 ΔG_V 可推导如下：

因为 $G = H - ST$，所以有

$$\Delta G_V = G_S - G_L = (H_S - S_S T) - (H_L - S_L T) = (H_S - H_L) - T(S_S - S_L)$$

即

$$\Delta G_V = \Delta H - T\Delta S \tag{3-5}$$

当系统的温度 T 与平衡凝固点 T_m 相差不大时，$\Delta H \approx -\Delta H_m$（此处 ΔH 为凝固潜热，ΔH_m 为熔化潜热），相应有 $\Delta S \approx -\Delta S_m = -\Delta H_m/T_m$，代入式(3-5)可得

$$\Delta G_V = -\Delta H_m + T\frac{\Delta H_m}{T_m} = -\Delta H_m \left(1 - \frac{T}{T_m}\right)$$

$$\Delta G_V = -\frac{\Delta H_m \Delta T}{T_m} \tag{3-6}$$

T_m 及 ΔH_m 对某一特定金属为定值，所以过冷度 $\Delta T(=T_m - T)$ 是影响相变驱动力的决定因素。过冷度 ΔT 越大，凝固相变驱动力 ΔG_V 越大。当 $\Delta T = 0$ 时，则 $\Delta G_V = 0$，这意味着凝固相变不能发生。

3.2.2 凝固过冷度

上面仅从热力学角度分析了凝固相变驱动力，而热力学仅说明了凝固的进行必须要有过冷，却不能进一步阐明过冷的产生原因及具体内涵。所以，需要进一步理解凝固过冷现象产生的原因及条件。

根据过冷产生的不同原因，通常将过冷分为五种类型，即动力学过冷、曲率过冷、压力过冷、热过冷及成分过冷。下面对这五种过冷现象的起源及相关内容予以介绍。

1. 动力学过冷(Kinetic Undercooling)

晶体生长过程是原子跃迁的双向动力学过程，即在凝固界面(亦称为固-液界面)处，液相原子向固相转移过程和固相原子向液相转移过程。在这两个方向相反的双向过程中，只有 $(dn/dt)_S$（单位时间跃向固相的原子数）> $(dn/dt)_M$（单位时间跃向液相的原子数）时，即液

相中的原子向固相转移的净速度大于零时，晶体才能得以生长，凝固才可以进行；反之则为熔化过程。这两个速度可分别表达为

$$\left(\frac{\mathrm{d}n}{\mathrm{d}t}\right)_\mathrm{S} = P_\mathrm{S} n_\mathrm{L} \nu_\mathrm{L} \exp\left(-\frac{\Delta G_\mathrm{S}}{k_\mathrm{B} T}\right) \tag{3-7a}$$

$$\left(\frac{\mathrm{d}n}{\mathrm{d}t}\right)_\mathrm{M} = P_\mathrm{M} n_\mathrm{S} \nu_\mathrm{S} \exp\left(-\frac{\Delta G_\mathrm{M}}{k_\mathrm{B} T}\right) \tag{3-7b}$$

式中，n_L、n_S 分别为液固界面处单位面积的液相和固相原子数；ν_L、ν_S 分别为液、固相原子的振动频率；ΔG_S、ΔG_M 分别为液→固过程及固→液过程的原子跃过界面所需的激活能；k_B 为玻耳兹曼常数；$P_\mathrm{S} = f_\mathrm{S} A_\mathrm{S}$，$P_\mathrm{M} = f_\mathrm{M} A_\mathrm{M}$，其中 f_S、f_M 分别为两个过程的原子具有足够能量越过界面的几率，而 A_S、A_M 则为它们越过界面后不会因弹性碰撞而返回的几率。

处于平衡时，必然有 $(\mathrm{d}n/\mathrm{d}t)_\mathrm{S} = (\mathrm{d}n/\mathrm{d}t)_\mathrm{M}$。因此，图3-4所示的两条曲线必然在 $T = T_\mathrm{m}$ 处（平衡熔点）相交。因为只有在 $(\mathrm{d}n/\mathrm{d}t)_\mathrm{S} > (\mathrm{d}n/\mathrm{d}t)_\mathrm{M}$ 条件下晶体才能生长，所以凝固进行时界面温度 T^* 必须低于平衡熔点 T_m 一定程度，晶体生长所必需的这种过冷被称为动力学过冷，而此刻凝固界面温度 T^* 低于 T_m 的温度差称为动力学过冷度 ΔT_k。理论计算表明[3]，金属之类晶体生长的动力学过冷度 ΔT_k 一般为 0.01～0.05℃ 量级，而非金属之类晶体生长的动力学过冷度 ΔT_k 一般为 1～2℃ 左右。可见，动力学过冷度的数值并不大。

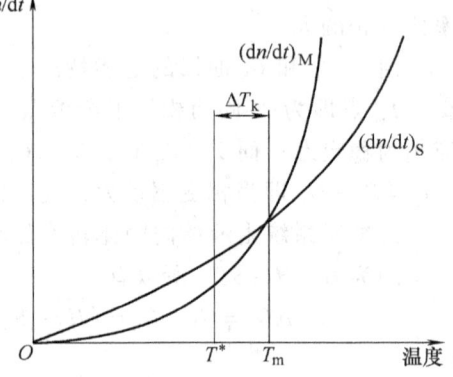

图 3-4 动力学过冷度

2. 曲率过冷（Curvature Undercooling）及压力过冷（Pressure Undercooling）

在液-固平衡温度 T_m 下，对于平直界面（$r = \infty$ 时），原子由固相移向液相的速度与由液相移向固相的速度是相等的。但当晶体尺寸变小时，由于表面曲率变大，曲率半径变小，界面张力产生的附加压力 Δp 以及由此而引起的附加自由能 ΔG_1 也会随之变大，因而液-固界面就会失去平衡。此时，固相原子移向液相比液相原子移向固相更容易，故晶体越小，就越容易熔化。在这种情况下，界面只有通过获得某一过冷度 ΔT_r，并以其体积自由能降低（ΔG_2）为驱动力来抵消这种效应，界面才能恢复平衡。ΔT_r 的表达式可推导如下：从本质上来看，由于固-液界面自由能 σ_SL 的存在，固相任意曲面的曲率 k 引起固相内部的压力增高，这产生了附加自由能

$$\Delta G_1 = V_\mathrm{S} \Delta p = V_\mathrm{S} \sigma_\mathrm{SL} \left(\frac{1}{r_1} + \frac{1}{r_2}\right) = V_\mathrm{S} \sigma_\mathrm{SL} k$$

式中，$k = \left(\frac{1}{r_1} + \frac{1}{r_2}\right)$；$V_\mathrm{S}$ 为固相摩尔体积。而 ΔT_r 导致体积自由能降低

$$\Delta G_2 = -\frac{\Delta H_\mathrm{m} \Delta T_\mathrm{r}}{T_\mathrm{m}}$$

液-固界面恢复平衡时 $\Delta G_1 + \Delta G_2 = 0$，即 $\Delta G_1 + \Delta G_2 = V_\mathrm{S} \sigma k - \frac{\Delta H_\mathrm{m} \Delta T_\mathrm{r}}{T_\mathrm{m}} = 0$，所以得

$$\Delta T_\mathrm{r} = \frac{V_\mathrm{S} \sigma_\mathrm{SL} T_\mathrm{m} k}{\Delta H_\mathrm{m}} \tag{3-8a}$$

球面时有
$$\Delta T_r = \frac{2V_S T_m \sigma_{SL}}{\Delta H_m r} \tag{3-8b}$$

这表明,固相表面曲率($k>0$ 时)引起物质熔点的降低。换言之,由于曲率的影响,物质实际熔点比平衡熔点 T_m($r=\infty$ 时)要低。晶粒的曲率越大(半径越小),物质熔点越低。这种因界面张力 σ_{SL} 作用由曲率所引起的过冷现象称为曲率过冷,ΔT_r 即为曲率过冷度。曲率半径越小,曲率过冷度 ΔT_r 越大。

若将 Gibbs-Thomsom 系数 $\Gamma = \dfrac{V_S \sigma_{SL}}{\Delta S_m} = \dfrac{V_S \sigma_{SL} T_m}{\Delta H_m}$ 代入式(3-8),则有

$$\Delta T_r = \Gamma k \tag{3-9a}$$

球面时有
$$\Delta T_r = \Gamma k = \frac{2\Gamma}{r} \tag{3-9b}$$

Γ 实际上是形成新的单位面积表面或界面(或增加单位面积)所需的能量。对于大多数金属,Γ 约为 10^{-7}℃·m。则对一球状晶体,$r=0.1\mu m$ 时,$\Delta T_r = 2$℃;$r=1\mu m$ 时,$\Delta T_r = 0.2$℃。

与上述类似,压力高低对物质的熔点也有影响。绝大多数物质由于固态时的密度高于液态时的密度,换言之,液态的体积大于固态的体积,因此,当系统的外界压力升高时,物质熔点必然随着升高。当系统的压力高于一个大气压时,则物质熔点将会比其在正常大气压下的熔点要高,所产生的过冷称为压力过冷,压力过冷度 ΔT_p 由 Clausius-Clapeyron 方程计算

$$\Delta T_p = \frac{T_m \Delta V}{\Delta H} \Delta p \tag{3-10}$$

Δp 为高于大气压的数值。通常压力改变时,熔点温度的改变很小,约为 10^{-2}℃/atm⊖。对于像 Sb、Bi、Ga 等少数物质,其固态时的密度低于液态时的密度,压力对熔点的影响与上述情况相反。

总之,曲率过冷及压力过冷均由改变平衡熔点而产生,前者降低熔点(正曲率),而后者通常升高熔点。因此,对于特定的实际温度,曲率过冷使实际过冷度减小,而压力过冷通常使实际过冷度增大。

3. 热过冷(Thermal Undercooling)

只要固体的形核及其之后的生长足够容易,则纯金属固液界面只有动力学过冷及曲率过冷。然而,若冷却速率过快,初始阶段晶体在液体中形核困难,或者固体的生长滞后于液体的热量导出时(如晶体在特定条件下生长困难),将会出现另一种过冷,即界面及其前沿液相的实际温度低于平衡温度,这种过冷称为热过冷,其过冷度表示为 ΔT_T。如图 3-5 所示,若忽略动力学过冷,则纯金属以平整界面凝固(无曲率过冷),界面上的热过冷度即简单地为界面上的液

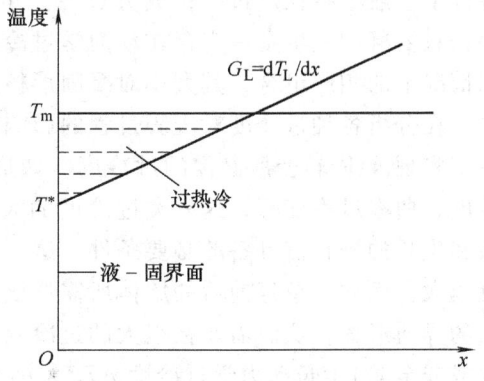

图 3-5 热过冷[3]
(图中未考虑动力学过冷及曲率过冷)

⊖ 1atm = 101325Pa。

体温度 T^* 与其平衡熔点的温度差

$$\Delta T_{\mathrm{T}} = T_{\mathrm{m}} - T^* \tag{3-11}$$

其相应自由能的增量为 $\Delta G_{\mathrm{T}} = \Delta S_{\mathrm{m}}(T_{\mathrm{m}} - T^*)$。有时金属在凝固之前会形成相当大的热过冷，如在一定控制条件下，纯铁的热过冷度可达 300℃ 甚至更大。图 3-5 所示为正的温度梯度条件下的热过冷情况，若凝固界面前沿出现负的温度梯度，则必然出现热过冷（见第 4 章的图 4-14）。

4. 成分过冷（Constitutional Undercooling）

成分过冷是因合金元素或杂质元素在凝固过程中的成分再分配而产生的。在合金凝固过程中，固溶体的成分与其相应液相的成分是不相同的，因此发生成分再分配（第 4 章将详细介绍），并在凝固界面前沿的液相中形成溶质（或杂质元素）富集区或贫乏区，从而使得离开界面不同距离 x' 处的液体成分按一定规律分布，将导致其液体的液相线温度也随 x' 的变化而可能出现如图 3-6 所示的 $T_{\mathrm{L}}(x')$ 曲线分布。当凝固界面及其前沿一定范围内液体的实际温度（图中以虚线表示的线性温度场）低于 $T_{\mathrm{L}}(x')$ 时，便出现了成分过冷现象。界面

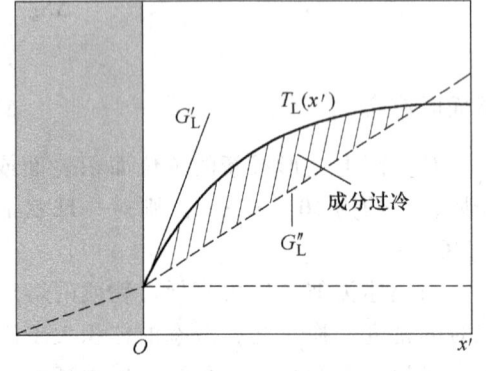

图 3-6　成分过冷

前沿阴影区域即为成分过冷区，且随位置的不同而具有不同的成分过冷度 ΔT_{c}。关于成分过冷的形成条件、判据、影响因素以及对凝固过程的影响将在后面详细讨论。

综上所述，凝固界面及其前沿的过冷度 ΔT 为上述五种过冷度的代数和，即 $\Delta T = \Delta T_{\mathrm{k}} + \Delta T_{\mathrm{r}} + \Delta T_{\mathrm{p}} + \Delta T_{\mathrm{T}} + \Delta T_{\mathrm{c}}$。然而，上述五种过冷现象并不一定在所有凝固过程中同时出现，各种过冷是否存在应依据上面所讨论的各自产生条件而判断。例如，平直的凝固界面不存在曲率过冷；而晶体形核过程及非平面生长过程必然有曲率过冷；除了高压条件下的凝固或超声振动等条件下的凝固，通常的凝固不存在压力过冷；纯金属形核及其生长在足够容易的凝固条件下一般不存在热过冷；成分过冷只可能在合金或不纯单质的凝固中出现且需要特定条件；只要凝固发生则一定存在动力学过冷。因此，凝固过程的实际过冷度为几种过冷度在不同情况下的相应组合，其大小对凝固形核及生长过程至关重要。

在分析各种过冷度对凝固过程的影响时，需要分清两类性质不同的过冷度概念。一类是系统实现液-固转变所必需的过冷度，如形核所需的临界过冷度、晶体生长所需的动力学过冷度、曲率过冷度等，这一类过冷度的大小是由液-固两相本身的性质所决定的，它们是形核和生长的进行需具备的必要条件。这一类过冷度越大，系统实现转变要求具备的驱动力也就越大。例如，孕育前后的熔体所需形核过冷度不同；溶剂净化法抑制了熔体在一般过冷度下的异质形核，从而需要在很大的过冷度下才能发生凝固（深过冷）；不同属性的晶体（如金属或非金属）生长动力学过冷度 ΔT_{k} 大小也不同。另一类是由外界条件与系统综合作用所获得的实际过冷度，如热过冷度、成分过冷度和压力过冷度等，这一类过冷度的大小主要取决于系统的传热、传质（扩散与对流）和压力等方面的条件，属于凝固转变的动力。随系统内在性质及外界条件的不同，凝固实际过冷度的大小则不同。例如，由于传热条件引起冷速的不同，相同铸型中铸件的薄壁部位凝固的实际过冷度比厚壁处要大，相同铸件在金属型中的

实际过冷度比砂型中要大;压力铸造条件下的凝固、熔体超声空化瞬间消失时骤然升高的压力等,均会使实际过冷度增大;深过冷技术借助溶剂的净化作用改变合金系统的内在属性,因初期形核困难最终可获得非常大的热过冷度。由此也可以看出,在一定条件下,前者(必要条件的过冷度)又可起到作用而影响后者(实际过冷度)。总之,关于过冷度对凝固转变的影响,需注意区分上述各种过冷度的概念与性质,辨别其属于凝固需具备的必要条件或所获得的实际过冷度,否则在分析实际问题中容易产生混淆或错误。

3.3 凝固形核

凝固理论将晶体形核分为均质形核和非均质形核(Homogeneous & Heterogeneous Nucleation)两种类型。均质形核是指形核前母相液体中无外来固相质点,而从液相自身发生形核的过程,所以也称为自发形核。在实际生产中,均质形核是不太可能的,即使在区域精炼杂质原子含量为 $1/10^8$ 的情况下,每 $1cm^3$ 液相中也有约 10^6 个边长为 10^3 个原子的立方体的微小杂质颗粒。所以,一般来说凝固是从非均质形核开始的,即依靠外来质点(对钢铁而言,通常为氧化物、氮化物、碳化物等高熔点微小质点)或型壁界面提供的衬底进行形核过程,这种形核亦称为异质形核或非自发形核。但为了讨论方便,这里还是先介绍均质形核。

3.3.1 均质形核

均质形核时,设晶核为半径 r 的球体,系统自由能变化 ΔG 由两部分组成,一是固、液体积自由能之差(由 ΔG_V 引起)的相变驱动力,二是阻碍相变的固-液界面能(由 σ_{SL} 引起),即

$$\Delta G = \frac{V}{V_S}\Delta G_V + A\sigma_{SL} = \frac{4}{3}\pi r^3 \frac{\Delta G_V}{V_S} + 4\pi r^2 \sigma_{SL} \tag{3-12}$$

式中,V 为晶核体积;V_S 为形核晶体的摩尔体积;A 为晶核表面积。因为 $\Delta G_V = -\Delta H_m \Delta T/T_m$ 始终为负值,故第一项体积自由能部分使系统能量降低;而第二项表面自由能则使系统能量升高。图 3-7 所示为形核时系统自由能随 r 的变化,当 $r < r^*$ 时,由于式(3-12)中的第二项上升速度比第一项下降速度快,所以系统总的自由能随 r 的增大而上升,此时系统中由能量起伏及结构起伏引起的微小晶胚处于热力学不稳定状态,尚不能成为晶核;当 $r = r^*$ 时,ΔG 达到最大值 ΔG^*;而当 $r > r^*$ 时,随着 r 继续增大,因体积自由能 ΔG_V 下降速度加快,系统自由能 ΔG 随之开始下降,这时,由能量起伏及结构起伏引起的晶胚就可转变为稳定状态的晶核,晶体则可以发生长大。因此,r^* 被称为临

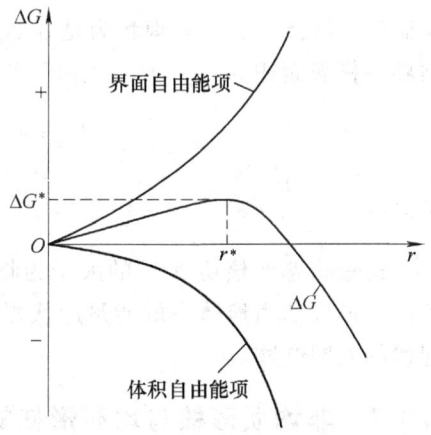

图 3-7 在液相中形成球形晶胚时的自由能变化

界形核半径。对应于 r^* 的 ΔG^*(最大值)称为形核功,它表示形核过程系统需克服的能量障碍,即形核能垒。由式(3-12)求极值点,$\partial \Delta G/\partial r = 4\pi r^2 \Delta G_V/V_S - 8\pi r \sigma_{SL} = 0$,则得 r^* 为

$$r^* = -\frac{2\sigma_{SL}V_S}{\Delta G_V} = \frac{2\sigma_{SL}V_S T_m}{\Delta H_m \Delta T} \tag{3-13}$$

将式(3-13)代入式(3-12),可得到均质形核的形核功为

$$\Delta G^* = \frac{16\pi}{3}\sigma_{SL}^3 \left(\frac{V_S T_m}{\Delta H_m \Delta T}\right)^2 \tag{3-14}$$

由式(3-14)可知,对于特定系统,σ_{SL}、ΔH_m、T_m 及 V_S 均为定值,$\Delta G^* \propto (\Delta T)^{-2}$,过冷度 ΔT 越小,则形核功 ΔG^* 越大,$\Delta T \to 0$ 时,$\Delta G^* \to \infty$,即形核需逾越的能垒无限大,表明过冷度很小时难以形核,这也从数学上证明了为什么物质凝固必须要有一定的过冷度。大小为临界半径 r^* 的晶核处于介稳状态,它们既可消散也可生长,只有 $r > r^*$ 的晶核才可成为稳定晶核。

由式(3-13)可知,临界晶核半径 r^* 与过冷度 ΔT 成反比,即 ΔT 越大(温度越低),则 r^* 越小。另一方面,液体中原子团簇的统计平均尺寸 r° 随温度降低(ΔT 增大)而增大。r° 与 r^* 相交时,相应的过冷度为 ΔT^*,对应图 3-8 所示温度 T_N。过冷度达到 ΔT^* 之后,原子团簇平均半径 r° 已达到临界尺寸,开始大量形核。温度进一步降低到 T_1(ΔT 更大)时,r° 更大,r^* 更小,形核数也就更多。

应该指出,由于能量起伏的作用,液体中存在结构起伏的原子团簇,它们的尺寸有大有小,其中最大原子团簇尺寸为图 3-8 所示的 r_{max},在 $\Delta T < \Delta T^*$ 之前便已达到临界晶核半径 r^* 成为稳定晶核而生长,因此,在 $\Delta T < \Delta T^*$ 之前的一定温度范围内就

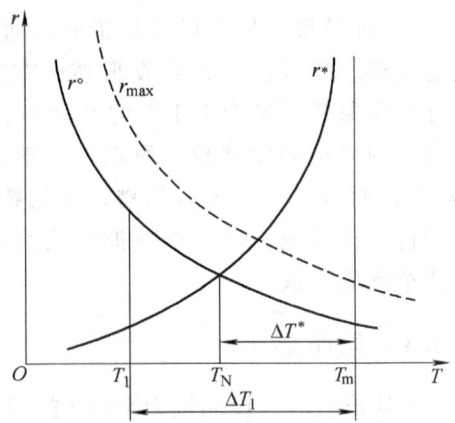

图 3-8 液态金属 r°、r^* 与 T 的关系及临界过冷度 ΔT^*

已有晶核存在,不应理解为过冷度达到 ΔT^* 才可以形核,只是在 $\Delta T < \Delta T^*$ 之前晶核数量很少而已。因此,ΔT^* 应理解为是开始大量形核时的过冷度。现在来考虑形核功 ΔG^* 的大小。临界晶核表面积为

$$A^* = 4\pi(r^*)^2 = 16\pi\sigma_{SL}^2\left(\frac{V_S T_m}{\Delta H_m \Delta T}\right)^2$$

所以有
$$\Delta G^* = \frac{1}{3}A^*\sigma_{SL} \tag{3-15}$$

这意味着形核功 ΔG^* 的大小为临界晶核界面能的 1/3,它是均质形核所必须克服的能量障碍。形核功由熔体中的能量起伏提供。因此,在过冷熔体中形成的晶核是结构起伏与能量起伏的共同产物。

3.3.2 非均质形核与均质形核的比较

1. 非均质形核临界半径及形核功

在金属熔体中存在着大量高熔点的固相杂质微粒,可作为非均质形核的基底。图 3-9 所示为非均质形核示意图,熔体(L)中的结晶相(S)依附于原有的杂质基底(C)的界面上发生非均质形核,此时不需要形成类似于球体的晶核,新生固相只需在界面上形成具有一定体积

的球缺便可形核。图 3-9 中的三种界面能分别为 σ_{LS}、σ_{LC} 及 σ_{CS}，σ_{LS} 与 σ_{CS} 的夹角为接触角 θ。当界面处于平衡状态时，存在关系 $\sigma_{LC} = \sigma_{CS} + \sigma_{LS}\cos\theta$。为了求出形核功，需求出界面能变化 $\Delta G(S)$ 和体积自由能变化 $\Delta G(V)$。

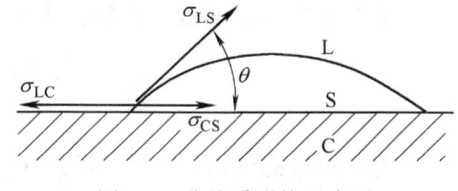

图 3-9 非均质形核示意图

先求出晶核与夹杂的接触面积 A_1、晶核与液体的接触面积 A_2 及半径为 r 的球缺体积 V，即

$$A_1 = \pi(r\sin\theta)^2 = \pi r^2(1-\cos^2\theta)$$

$$A_2 = \int_0^\theta 2\pi(r\sin\theta)(rd\theta) = 2\pi r^2 \int_0^\theta \sin\theta d\theta = 2\pi r^2(1-\cos\theta)$$

$$V = \int_0^\theta [\pi(r\sin\theta)^2] d(r-r\cos\theta)$$

$$= \int_0^\theta \pi r^3 \sin^3\theta d\theta = \pi r^3 \left(\frac{2-3\cos\theta+\cos^3\theta}{3}\right)$$

非均质形核后的界面能为 $\sigma_{CS}A_1 + \sigma_{LS}A_2 = \pi r^2 \sin^2\theta \sigma_{CS} + 2\pi r^2(1-\cos\theta)\sigma_{LS}$，将 $\sigma_{LC} = \sigma_{CS} + \sigma_{LS}\cos\theta$ 代入，且考虑非均质形核前 A_1 的界面能 $\pi r^2 \sin^2\theta \sigma_{LC}$，非均质形核前后界面能的变化为 $\Delta G(S)$，其表达式为

$$\Delta G(S) = \pi r^2 \sin^2\theta \sigma_{CS} + 2\pi r^2(1-\cos\theta)\sigma_{LS} - \pi r^2 \sin^2\theta \sigma_{LC}$$

$$= \pi r^2 \sigma_{LS}(2-3\cos\theta+\cos^3\theta)$$

为了便于比较，这里以 ΔG_{he} 表示非均质形核前后系统自由能的变化，其相应形核功为 ΔG_{he}^*，而以 ΔG_{ho}^* 表示均质形核的形核功[即式(3-14)的 ΔG^*]。非均质形核前后体积自由能的变化为

$$\Delta G(V) = \frac{V}{V_S}\Delta G_V = \pi r^3 \left(\frac{2-3\cos\theta+\cos^3\theta}{3}\right) \cdot \frac{\Delta G_V}{V_S}$$

非均质形核后，系统总的自由能变化为 $\Delta G_{he} = \Delta G(V) + \Delta G(S)$。

由 $\dfrac{d\Delta G_{he}}{dr} = 3\pi r^2 \left(\dfrac{2-3\cos\theta+\cos^3\theta}{3}\right)\dfrac{\Delta G_V}{V_S} + 2\pi r \sigma_{LS}(2-3\cos\theta+\cos^3\theta) = 0$，得

$$r^* = -\frac{2\sigma_{SL}V_S}{\Delta G_V} = \frac{2\sigma_{SL}V_S T_m}{\Delta H_m \Delta T} \tag{3-16}$$

式(3-16)为非均质形核临界半径 r^* 的表达式，可见其与式(3-13)完全相同。由此可得出一个重要结论，即非均质形核与均质形核的临界半径大小相同。然而，必须指出，虽然两者的临界形核半径 r^* 相同，但因非均质形核在异质基底上的新相晶核只需形成一个球缺，比相同半径的整个球体的体积小得多，所以，非均质形核的临界体积要比均质形核的临界体积小得多，即体积很小时便可达到临界晶核半径。

下面讨论非均质形核的形核功 ΔG_{he}^* 的大小。将 r^* 代入 ΔG_{he}，则可得到 ΔG_{he}^* 为

$$\Delta G_{he}^* = \pi \sigma_{SL}(2-3\cos\theta+\cos^3\theta)\left(-\frac{2\sigma_{SL}V_S}{\Delta G_V}\right)^2 + \pi \frac{\Delta G_V}{V_S}\left(\frac{2-3\cos\theta+\cos^3\theta}{3}\right)\left(-\frac{2\sigma_{SL}V_S}{\Delta G_V}\right)^3$$

$$= \pi \sigma_{SL}^3 \left(\frac{V_S}{\Delta G_V}\right)^2 \frac{4}{3}(2-3\cos\theta+\cos^3\theta)$$

为了方便与均质形核相比较，将非均质形核功 ΔG_{he}^* 表达为

$$\Delta G_{he}^* = \frac{16\pi \sigma_{LS}^3}{3} \left(\frac{T_m V_S}{\Delta T \Delta H_m}\right)^2 \frac{2 - 3\cos\theta + \cos^3\theta}{4} \tag{3-17}$$

与均质形核的形核功 $\Delta G_{ho}^* = \frac{16\pi}{3}\sigma_{LS}^3 \left(\frac{V_S T_m}{\Delta H_m \Delta T}\right)^2$ 比较，非均质形核功 ΔG_{he}^* 为

$$\Delta G_{he}^* = \frac{1}{4}(2 - 3\cos\theta + \cos^3\theta)\Delta G_{ho}^* = f(\theta)\Delta G_{ho}^* \tag{3-18}$$

式中，$f(\theta) = \frac{2 - 3\cos\theta + \cos^3\theta}{4}$，其数值在 0~1 之间变化。

由式(3-17)及式(3-18)可知，接触角大小（晶体与杂质基底相互润湿程度）影响非均质形核的难易程度：$\theta = 0°$，即晶体与杂质基底相互完全润湿，非均质形核功 $\Delta G_{he}^* = 0$，此时结晶相无需通过形核而直接在衬底上生长；$\theta = 180°$，晶体与杂质完全不润湿，$\Delta G_{he}^* = \Delta G_{ho}^*$，此时非均质形核不可能发生。

通常情况下，接触角 θ 远小于 180°，所以，非均质形核功 ΔG_{he}^* 远小于均质形核功 ΔG_{ho}^*。而且，新生晶体与杂质基底之间相互润湿程度越好，θ 越小，函数 $f(\theta)$ 值越小，见表 3-1。可知，在结晶相与熔体中外来衬底间良好的固-固润湿条件下（小的 θ 值），ΔG_{he}^* 的值将大幅降低，这非常有利于结晶相的形核。工业生产中常常采用孕育处理技术，即将孕育剂（形核剂）加入到熔体中，直接或间接产生作为结晶相异质形核基底的质点，从而促进形核达到细化晶粒的目的。

表 3-1 润湿角 θ 与函数 $f(\theta)$ 的值

$\theta/(°)$	形核类型	$f(\theta)$
0 完全润湿	无形核能垒	0
10	异质形核	0.00017
20		0.0027
30		0.013
40		0.038
50		0.084
70		0.25
90		0.5
110		0.75
130		0.92
150		0.99
170		0.9998
180 不润湿	均质形核	1

2. 形核率

形核率是指单位体积单位时间内形成的晶核数目。研究指出，形核率 I 可表示为

$$I = C\exp\left(\frac{-\Delta G_d}{k_B T}\right)\exp\left(\frac{-\Delta G^*}{k_B T}\right) = I_0 \exp\left(\frac{-\Delta G_d}{k_B T}\right)\exp\left[-\frac{16\pi\sigma_{SL}^3}{3k_B T}\left(\frac{T_m V_S}{\Delta T \Delta H_m}\right)^2\right] \tag{3-19}$$

式中，k_B 为玻耳兹曼常数；ΔG_d 为扩散激活能；ΔG^* 为形核功。这个重要公式包含了与

ΔG^* 相关和与 ΔG_d 相关的两个指数幂项，图 3-10a 所示的两条虚线分别描述了它们随温度的变化情况，而实线则为形核率 I 随温度的变化关系。在小的过冷度下，因形核的能垒很高而形核速率非常低，$\Delta T \to 0$ 时，形核功 $\Delta G^* \to \infty$，此时形核率 $I \to 0$。随着 ΔT 的增大，I 先快速增加而后又减小。从数学角度来看，前期形核率 I 随温度 T 的降低而上升，是由于式 (3-19) 指数幂项的分子 ΔG^* 随 ΔT 增大迅速减小的缘故；而后期 I 随 T 的降低而降低，是由于两个指数幂项的分母的 T 大幅度减小。从物理角度来看，ΔT 的增大使达到临界尺寸的微小晶核数迅速增多；但 ΔT 的增大伴随着 T 的大幅度降低，由于原子扩散迁移速率显著减小，形核率也大幅度降低。这两个相反的趋势使得在一临界温度 T_c 处出现形核率最大值 I_m。T_c 处于熔点 $T_f(\Delta T = 0)$ 和无任何热运

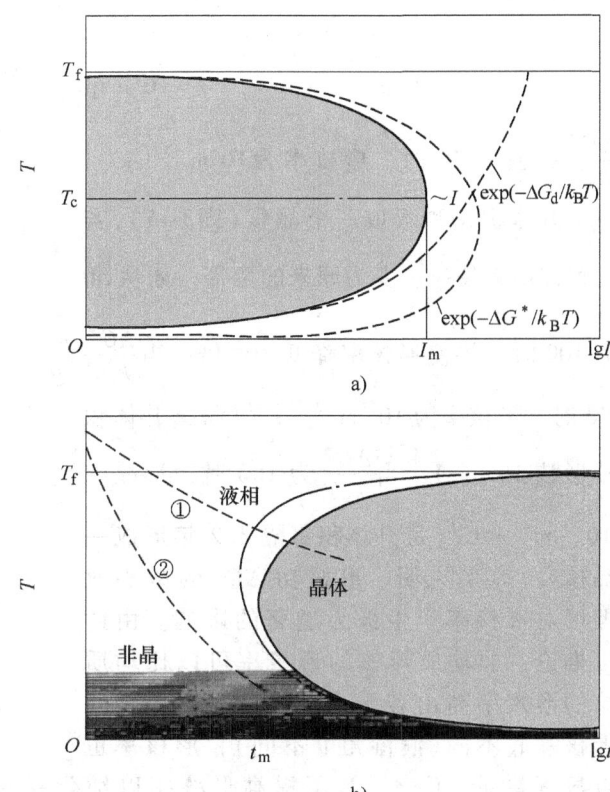

图 3-10 形核率和形核时间与热力学温度的函数关系[1]

动的零点 ($T = 0\text{K}$) 之间。需要注意，即使没有扩散项 ΔG_d，I 也会出现一个最大值（参见图 3-10a 中虚线的凸出点），ΔG_d 项的存在使得 I 值变小 [$\exp(-\Delta G_d/k_B T)$ 项通常远小于 1]，且临界温度升高到 T_c。另需指出，在通常凝固过冷度条件下，凝固温度远高于 T_c，所以，通常形核率随 ΔT 增大而迅速上升。

对于单位体积熔体，形核率与形核时间互为倒数关系，所以，图 3-10a 所示的 I-T 图可反向转变为一个 TTT 图（"时间-温度-相变"曲线），如图 3-10b 所示。TTT 图上的点代表不同温度下液相转变为固相的开始时间点，当液态金属以正常的方式冷却时，冷却曲线①将穿过 TTT 图的结晶区域。由图 3-10b 可知，有一个最小的开始结晶时间 t_m（正比于 $1/I_m$）。在非均质形核的情况下，减小润湿角可使形核临界过冷度 ΔT^* 降低，使得开始结晶的温度离熔点更近（见图 3-10b 中的点画线），同时，开始结晶时间更短。

在非常高的冷速下，如在快速凝固工艺中，因时间不够充裕，晶核来不及形成，从而完全错过 TTT 图的结晶区域（图 3-10b 中的冷却曲线②），继而粘度连续增加并将形成玻璃态（非晶）固体。注意，图 3-10b 只与形核（相变的开始）有关，描述结晶结束的 TTT 曲线并没有在图中表示出来。

对于非均质形核，由 $f(\theta)$ 变化而引起的 ΔG^* 轻微变化即可对形核率有显著影响，这由式 (3-18) 及式 (3-19) 容易理解。下面通过计算，从具体数据来认识一下其影响的显著程度。

在 ΔT 值很小时，$\exp(-\Delta G_d/k_B T)$ 项近似为 0.01，I_0 近似为 $10^{41} \text{m}^{-3} \text{s}^{-1}$，因此 I 可表达

为

$$I = 10^{39} \exp\left(-\frac{\Delta G^*}{k_B T}\right) \quad (3\text{-}20)$$

当 $\frac{\Delta G^*}{k_B T}$ 的值为 76 时，形核率为 $10^6 \mathrm{m}^{-3} \cdot \mathrm{s}^{-1}$，即每毫升体积每秒形成一个晶核（图3-11）；若 ΔG^* 稍许增大使 $\frac{\Delta G^*}{k_B T}$ 变为原来的两倍，如从 50 增为 100 时，将使形核率降低 10^{22} 倍：当 $\frac{\Delta G^*}{k_B T}$ 为 50 时，形核率为 $10^{17} \mathrm{m}^{-3} \cdot \mathrm{s}^{-1}$（每毫升体积每秒形核 10^{11} 个）；当 $\frac{\Delta G^*}{k_B T}$ 为 100 时，形核率为 $10^{-5} \mathrm{m}^{-3} \cdot \mathrm{s}^{-1}$（每升体积每隔 3.2 年形成一个晶核）。该例说明，形核功 ΔG^* 的微小改变即可对形核率产生极为显著的影响。由此也可推论，非均质形核的形核率可以比均质形核的形核率高出若干个数量级。此外，异质形核基底不同（润湿角 θ 不同），形核率也会有显著差别。总之，为了提高形核率以细化晶粒，技术上可通过两方面措施以降低 ΔG^* 值而实现，如借助快冷来增大过冷度，或在熔体中加入与结晶相润湿性好的大量形核质点。

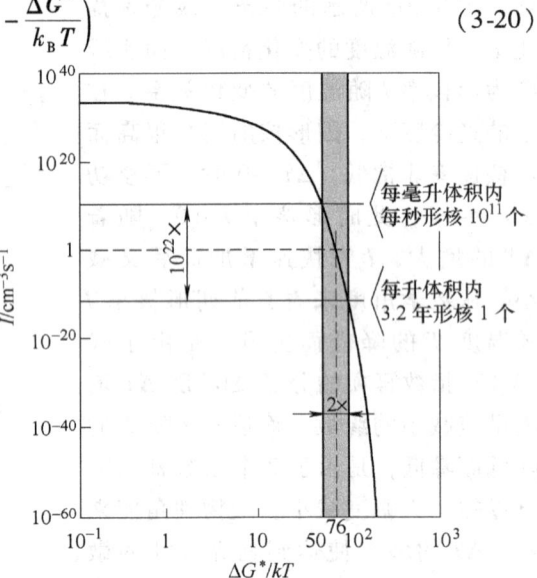

图 3-11 形核速率与形核功 ΔG^* 的函数关系[1]

3. 均质与非均质形核的临界过冷度

对于均质形核，当过冷度达到某一临界值后，形核率迅速上升，这一临界值 ΔT_{ho}^* 被视为开始大量均质形核的临界过冷度，简称为形核过冷度。而在此之前很大的过冷度范围内，形核率几乎始终为零。计算及实验表明，纯金属大量均质形核的临界过冷度为熔点温度 T_f 的 20% 左右，即 $\Delta T^* \approx 0.2 T_f$。几种纯金属均质形核过冷度的试验值见表 3-2，其 ΔT^* 的数值分别在 $(0.13 \sim 0.25) T_f$ 的范围内。可见，均质形核需要很大的过冷度。通常情况下，金属的过冷度不可能越过图 3-10a 中 I_m 的温度范围而达到足以抑制形核的程度，因此看不到 I 下降的趋势，如图 3-12 中的实线所示。对于粘性液体，当 ΔT 增到一定值后，由于温度降低使粘度迅速增大而扩散发生困难，所以 I 又开始下降，如图 3-12 中的虚线所示。

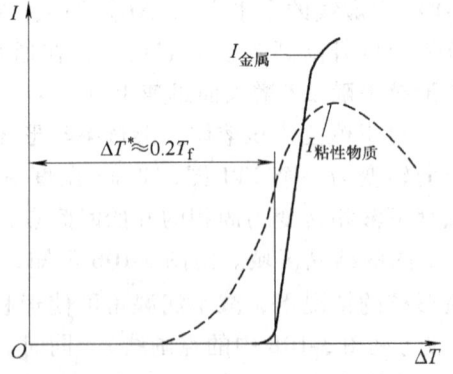

图 3-12 均质形核的形核率与过冷度的关系

非均质形核的临界过冷度通常比均质形核的要小得多（参见图 3-10b）。若假设形核率大致为 $1 \mathrm{cm}^{-3} \cdot \mathrm{s}^{-1}$ 所对应的临界过冷度为 ΔT^*，且设 $T_f = 1500 \mathrm{K}$，理论计算获得的 ΔT^* 与润湿角 θ 的对应关系见表 3-3。可见，润湿角 θ 越小，非均质形核的临界过冷度越小。若熔体中现存的异质基底与结晶相完全润湿($\theta=0°$)，则非均质形核的临界过冷度为零，即无需过冷度就可形核。在表 3-3 中，$\theta=180°$（相当于均质形核的情况）对应的 ΔT^* 为 $0.33T_f$，该理论值与表 3-2 中的试验值略有偏差（这与 I 为 $1\text{cm}^{-3}\cdot\text{s}^{-1}$ 的粗略取值有关）。

表 3-2 几种金属均质形核的临界过冷度及固-液界面能[3]

金属	$\sigma_{SL}/\text{J}\cdot\text{m}^{-2}$	$\Delta T^*/\text{K}$	T_f/K	$\Delta T^*/T_f$
Ga	0.056	76	303	0.25
Al	0.121	195	934	0.21
Sn	0.054	118	505	0.23
Bi	0.054	90	544	0.17
Pb	0.033	80	600	0.13
Sb	0.101	135	904	0.15
Cu	0.177	236	1357	0.17
Mn	0.206	308	1519	0.20
Ni	0.255	319	1728	0.18
Co	0.234	330	1767	0.19
Fe	0.204	295	1811	0.16

表 3-3 非均质形核过冷度与润湿角的关系[1]

$\theta/(°)$	$\Delta T^*/T_f$	$\Delta T^*(T_f=1500\text{K})$
180	0.33	495
90	0.23	345
60	0.13	195
40	0.064	96
20	0.017	25.5
10	0.004	6.5
5	0.001	1
0	0	0

为了直观起见，以图 3-13 表达均质形核、非均质形核的临界过冷度及其与润湿角 θ 的关系。需要强调的是，无论是均质形核还是非均质形核，临界过冷度 ΔT^* 只是表达大量形核的起始点，此后在一定范围内，形核率 I 仍随过冷度迅速上升（参见图 3-10），这在图 3-12 及图 3-13 中均有清楚的表达。因此，形核率 I 随 ΔT 的上升阶段并非像以往一些教科书中所表达的一条垂直线。此外，润湿角 θ 越小，形核功 ΔG^* 越小，异质形核率 I 越高（图 3-13 中的 I'_{he} 与 I''_{he} 曲线）。在图 3-13 中，非均质形核率 I_{he} 随过冷度上升到最大值后开始下降，这是因为晶核在杂质基底面上形成，逐渐使那些有利于新晶核形成的表面减少的缘故，这与均质形核率 I_{ho} 随 ΔT 的变化规律是不同的。

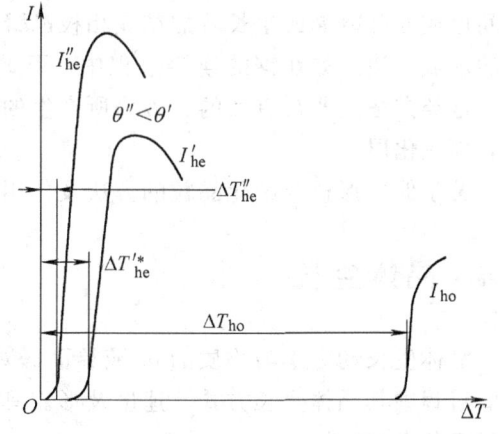

图 3-13 非均质形核、均质形核过冷度与形核率

3.3.3 非均质形核的形核条件

1. 基底与结晶相的晶格错配度的影响

在实际生产中,晶粒尺寸与晶核密度成反比。当需要细小晶粒时,可将孕育剂添加到熔体中形成高度弥散的质点作为结晶相的形核基底。作为形核基底的质点应该具备哪些性质才能够有效地起到异质形核的作用,这关系到选择什么样的物质作为孕育剂的主要组分。

由前面的讨论可知,固相杂质与结晶相的界面张力 σ_{SC} 越小,相互润湿越好(接触角 θ 越小),越有利于形核。由界面能产生的原因可知,晶面结构越近似,点阵间隔越接近,它们之间的界面张力就越小。在晶面结构相近的情况下,以错配度 δ 表示结晶相的晶格与杂质基底晶格的共格情况,即

$$\delta = \frac{a_C - a_N}{a_N} \times 100\% \tag{3-21}$$

式中, a_N 为结晶相处于界面的点阵间隔; a_C 为杂质处于界面的点阵间隔。错配度 δ 越小,共格情况越好,界面张力 σ_{SC} 就越小,越容易进行非均质形核。一般认为, $\delta \leqslant 5\%$ 为完全共格,非均质形核能力强; $5\% < \delta < 25\%$ 为部分共格,杂质基底有一定的非均质形核能力; $\delta > 25\%$ 为不共格,杂质基本上无非均质形核能力。但影响形核的因素是多方面的, δ 作为选择形核剂的标准也有不符合实际的情况。例如,Ag 与 Sn 的 δ 值比 Pt 与 Sn 的 δ 值小,可是 Pt 可以作为 Sn 的形核剂,Ag 却不能。所以错配度不能作为唯一的标准。目前,形核剂的选用往往还要通过实验研究来确定相应孕育剂的组元及成分配比。

2. 冷却速度的影响

在金属液体中往往存在着形核能力不同的多种物质,其形核行为与冷速有关。对特定性质的金属熔体而言,冷速越大则过冷度越大,能促使非均匀形核的外来质点的种类和数量越多,非均质形核能力越强。说明具有一定形核能力的杂质颗粒,其形核行为与冷速有关。

3. 结晶相枝晶熔断和游离的作用

在许多铸造条件下,与异质基底形核的情况类似,熔体对流或某些外场作用可使在浇注期间形成的激冷晶或生长着的结晶相枝晶臂熔断或折断,它们游离到熔体中,可作为新生晶粒的现成晶核。如在钢的连铸过程中,可通过电磁搅拌等措施来获得枝晶臂折断或熔断效应。这类方法是非常有效的,因为所产生的晶核为同相晶体因而完全共格,也没有阻碍润湿的表面氧化层。

关于促进形核及细化晶粒的方法及作用机制,将在第 6 章中详细讨论。

3.4 晶体生长

晶体生长动力学与物质的固-液界面微观结构类型相关,不同物质因界面结构的差异在凝固过程中其晶体生长方式、速度及形貌具有显著差别。因此,这里有必要首先了解晶体生长界面的微观结构。

3.4.1 固-液界面的微观结构

1. 粗糙界面与光滑界面

晶体生长是通过单个原子逐个地或以原子团簇形式撞击到已有晶体表面（固-液界面的固相一侧），并且，附着于晶体表面的原子按照结晶相晶格点阵规律排布起来，成为晶体新的部分。但是，在晶体表面上并不是任意位置都可以同样容易地接纳这些原子，其接纳原子的难易程度与固-液界面晶体表面的结构类型及位置有关。在晶体表面上有原子空缺位置，或存在台阶的位置，容易接纳新的原子，而完全被占满的晶体表面则难以接纳新的原子。

根据Jackson理论，固-液界面处的微观（原子尺度）结构可分为以下两类：

（1）粗糙界面　固-液界面固相一侧的点阵位置有一半左右被固相原子所占据，形成坑坑洼洼、凹凸不平的界面结构，如图3-14a所示。粗糙界面也称为"非小晶面"或"非小平面"。

（2）光滑界面　固-液界面固相一侧的点阵位置几乎全部被固相原子所占满，只留下少数空位或台阶，从而形成整体上平整光滑的界面结构，如图3-14b所示。光滑界面也称为"小晶面"或"小平面"。

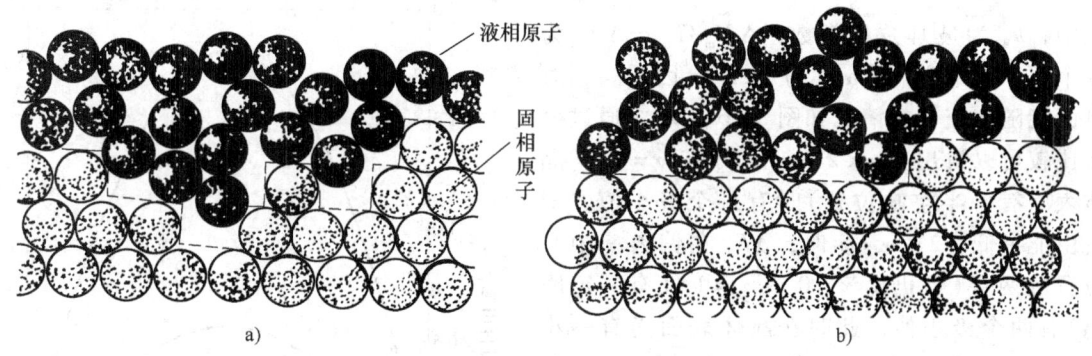

图3-14　晶体生长两种微观界面结构类型
a) 粗糙界面(Nonfaceted Interfaces)　b) 光滑界面(Faceted Interfaces)

注意，原子尺度的粗糙与光滑界面在微米尺度下显微观察时，生长的晶体界面显微形貌却往往相反。如图3-15所示的定向凝固（向上生长，底部冷，上端热）界面，原子尺度光滑界面（图3-15a下图）在微米尺度下观察其生长界面却是无规则的，呈锯齿状高低不平（图3-15a上图）；而原子尺度的粗糙界面（图3-15b下图）在一定条件下（如无成分过冷情况下，第4章将详细讨论），微米尺度下观察其生长界面却是平整的（可能有一些小的凹陷，图3-15b上图）。原子尺度的粗糙界面为来自于液体的原子的着落提供了很多有利位置，这样的界面生长过程倾向于保持粗糙特征且表现出低的动力学过冷度。光滑界面的局部可能在一个相对大的过冷度下生长。

2. 界面结构类型的本质与判据

固-液界面结构主要取决于物质的热

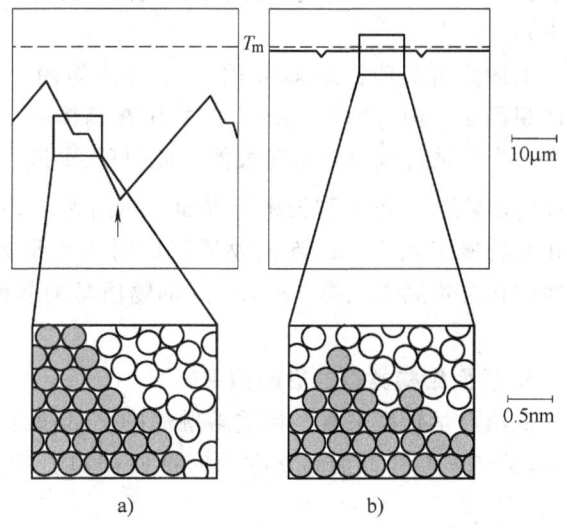

图3-15　原子尺度及微米尺度固-液界面情况
a) 光滑界面　b) 粗糙界面

力学性质,以及晶体生长时的晶面取向(是否密排面)等因素。

设晶体内部的原子配位数为 ν,界面上的配位数为 η,晶体表面上的 N 个原子位置只有 N_A 个固相原子占据的比率为 $x = \dfrac{N_A}{N}$,则处于熔点 T_m 时,单个原子由液相向固-液界面的固相上沉积的相对自由能的变化为[4,5]

$$\frac{\Delta F_S}{Nk_B T_m} = \frac{\Delta \tilde{H}_m}{k_B T_m}\left(\frac{\eta}{\nu}\right)x(1-x) + x\ln x + (1-x)\ln(1-x)$$
$$= \alpha x(1-x) + x\ln x + (1-x)\ln(1-x) \tag{3-22}$$

$$\alpha = \frac{\Delta \tilde{H}_m}{k_B T_m}\left(\frac{\eta}{\nu}\right) \tag{3-23}$$

式中,k_B 为玻耳兹曼常数;$\Delta \tilde{H}_m / T_m = \Delta \tilde{S}_m$ 为单个原子的熔融熵;α 称为 Jackson 因子。相对自由能随 x 变化的情况如图 3-16 所示,通过分析比较可以看出:$\alpha < 2$ 时,ΔF_S 在 $x = 0.5$(晶体表面有一半空缺位置)时有一个极小值,即自由能最低;$2 \le \alpha < 5$ 时,ΔF_S 在偏离 x 中心位置的两旁(但仍离 $x = 0$ 或 $x = 1$ 处有一定距离)有两个极小值,此时在晶体表面尚有一小部分位置空缺或大部分位置空缺;$\alpha \ge 5$ 时,ΔF_S 在靠近 $x = 0$ 或 $x = 1$ 处有两个极小值,此时在晶体表面位置几乎全被占满或仅有极少数位置被占据;α 非常大时,ΔF_S 的两个最小值出现在 $x \to 0$ 和 $x \to 1$ 的地方(晶体表面位置已被占满)。

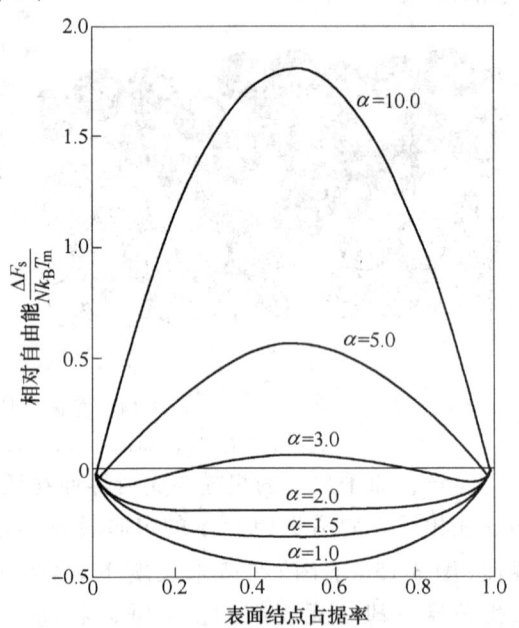

图 3-16 不同 α 值时相对自由能与界面原子占据率

上述分析表明,Jackson 因子 α 可作为固-液微观界面结构的判据。$\alpha \le 2$ 的物质在晶体表面有一半空缺位置时自由能最低,此时的固-液界面(晶体表面)形态称为粗糙界面,如图 3-14a 所示,通常的金属及其固溶体以及某些金属间化合物属于此类;$\alpha \ge 5$ 的物质凝固时为光滑界面,如图 3-14b 所示,非金属物质及有些金属间化合物属于此类;$\alpha = 2 \sim 5$ 的物质常为多种方式的混合,Bi、Sb 等半金属元素属于此类。

3. 界面结构类型的影响因素

从热力学角度来看,物质熔融熵的高低决定了其凝固界面的结构类型。若设 $\alpha = 2$,将 $\eta/\nu = 6/12 = 0.5$[如面心立方的密排面(111)]代入式(3-23)整理,则单个原子的熔融熵为

$$\Delta \tilde{S}_m = \frac{\Delta \tilde{H}_m}{T_m} = \frac{\alpha k_B}{\dfrac{\eta}{\nu}} = 2k_B \times \frac{1}{0.5} = 4k_B。对于 1 \mathrm{mol} 而言,熔融熵 \Delta S_m = 4k_B N_A = 4R(此处 N_A 为$$

阿伏加德罗常数，其近似值为 $6.02 \times 10^{23} \text{mol}^{-1}$；$R$ 为气体常数，约为 $8.31 \text{J} \cdot \text{mol}^{-1} \cdot \text{K}^{-1}$）。由式(3-23)可知，熔融熵 ΔS_m 上升，则 α 增大，所以当 $\Delta S_m < 4R$ 时，界面以粗糙面为最稳定，此时晶体表面容易接纳液相中的原子而生长。熔融熵越小，越容易成为粗糙界面。因此，固-液微观界面结构究竟是粗糙面还是光滑面主要取决于物质的热力学性质。正因为如此，在不考虑晶面的情况下（或忽略 η/ν），可直接以物质的熔融熵 ΔS_m 的数值来粗略判断其凝固过程的固-液界面结构[1]：$\Delta S_m < 2R$ 的物质为粗糙界面，$\Delta S_m = 2R \sim 3R$ 的物质根据其他条件可能为光滑或粗糙界面，ΔS_m 更高的物质为光滑界面。

另一方面，对于热力学性质一定的同种物质，η/ν 值取决于界面是哪个晶面族。对于密排晶面（低指数晶面），η/ν 值是高的；对于非密排晶面（高指数晶面），η/ν 值是低的。根据式(3-23)，η/ν 值越低，α 值越小。这说明非密排晶面作为晶体表面（固-液界面）时，微观界面结构更容易成为粗糙界面。晶体生长表面的晶面族（晶面指数）对界面微观结构差异的影响对 $\Delta S_m = 2R \sim 3R$ 的物质具有一定意义，对金属类固溶体而言，晶体在熔体中生长时不同晶面作为表面一般均为粗糙界面。

需要指出的是，晶体生长的界面结构不仅与热力学因素及晶面属性有关（熔融熵 ΔS_m 大小及晶面指数高低），还会受到其他动力学因素的影响，如凝固过冷度及结晶物质在液体中的浓度等。过冷度大时生长速度快，界面的原子层数较多，容易形成粗糙面结构，而过冷度小时界面的原子层数较少，粗糙度减小。例如，白磷在低生长速度时（小过冷度 ΔT）为小平面界面，在生长速度增大到一定值时却转变为非小平面。过冷度对不同物质存在不同的临界值，α 越大的物质其临界过冷度也就越大。

合金的浓度有时也影响固-液界面的性质，浓度小的物质在结晶时，其界面生长易按台阶的侧面扩展方式进行（固-液界面原子层厚度小），从而即使 $\alpha < 2$ 时，其固-液界面也可能有光滑界面的结构特征。

值得注意的是，小平面与非小平面也取决于结晶条件，例如，在熔体中生长表现为非小平面的晶体，当从气相中生长时可能为小平面晶体。

3.4.2 晶体生长方式

上述物质界面结构类型的意义在于，它影响到凝固过程晶体生长方式及其形态，如图 3-17 所示。

晶体的形状主要由毛细作用（与界面能有关）、热扩散和溶质扩散的相互作用而确定。粗糙界面的物质在通常的凝固条件下按图 3-17a 所示的典型树枝晶形态生长，不管它们的晶体结构如何，一般都不会出现有棱的小平面凝固界面。对于金属固溶体，无论其密排面还是非密排面均为粗糙界面，在凝固过程中原子可以很容易地迁移着落到界面上，与涉及的晶面（指数）无关。然而，该类晶体的生长方向仍

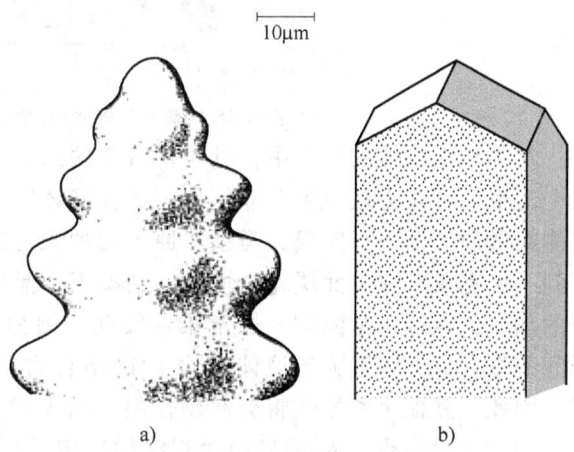

图 3-17 粗糙界面和光滑界面的生长形态[1,6]
a) 粗糙界面 b) 光滑界面

具有轻微的各向异性趋势，使树枝晶臂沿特定的晶向生长，一般由低指数晶向确定树枝晶主干和分枝臂的生长方向，如体心及面心立方晶体的 <100> 方向，这种趋势是由于界面能的差别及原子结合动力学的各向异性（原子为晶体接纳的难易程度的差别）所致。但是，这类晶体若仅在动力学过冷度条件下以平整凝固界面向前推进时，其生长方向逆热流方向与之平行，与晶体学取向无关。

非金属和一些金属间化合物之类的物质属于光滑界面，则多以图 3-17b 所示的形态生长，形成有棱的小平面界面，其晶体生长过程具有强烈的各向异性。此类物质的高指数晶面本身相对粗糙，有利于接收原子而生长较为迅速，其结果是这些晶面消失且晶体仍由生长较慢的平面（低指数晶面）包围。此类晶体的生长方向性很强，晶体通常按特定晶体学取向生长，如立方晶体的 <100> 方向、钻石立方的 <112> 方向、体心正方的 <110> 方向和密排六方的 $<10\bar{1}0>$ 方向等。

为了理解图 3-17 所示两种类型的生长方式，就必须考虑固-液界面处原子被吸附的各种方式。晶体的生长方式是由原子到达界面且被吸附直到其完全合并到晶体中的几率决定的，即取决于所考察的晶面上非饱和键的数目，也即原子尺度上的粗糙度。

为了方便理解，首先考察原子（假设为简单立方体）为晶体平界面的不同位置所接纳的情况，如图 3-18 所示。图中没有表示出液态的原子，此时晶体内部的原子（位置 6）有六个最近邻的原子，分别以立方体的六个面来表示。在界面处有五种不同的位置，以最近邻原子的数目 1~5 来表示。在过冷系统中，晶体具有较低的自由能，很明显，在位置 5 处的原子比位置 1 处的原子更容易被晶体所接纳。

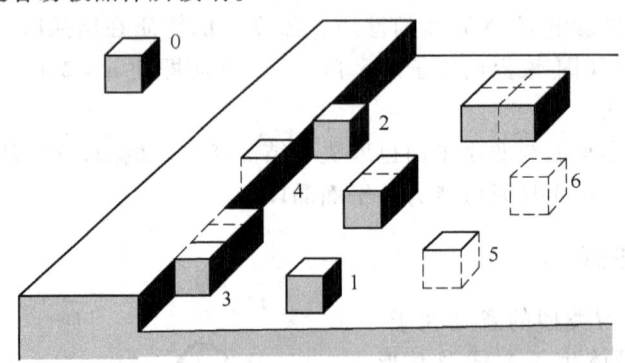

图 3-18　原子在固-液界面处约束数目的变化[1]

在小平面晶体的生长中，处于位置 3 的原子类型起到一种特殊的作用。因为类型 3 具有三个约束，可认为是一半在固体中一半在液体中。一种可能的生长顺序为：类型 3 的原子一直侧向增加直至一行完成，类型 2 原子的加入可以开始新的一行，且按这种方式进行下去一直到一层完成。在表面层完全填满的情况下，晶体生长要开始新的一层就必须通过类型 1 原子的加入，但这非常困难，通常难以实现。因为要接纳位置 1 处的原子到晶体中，晶体-原子间的结合力必须远大于液体-原子间的结合力。为了获得这一差值，需要有非常大的过冷度，因此，其他生长方式将会起到作用，图 3-19 所示为几种生长方式。

归纳上述内容，固-液界面微观结构决定了原子被接纳的难易程度，从而决定了晶体生长方式，因此也决定了其生长速度及其与过冷度的关系。总体来说，晶体生长方式可分为连续生长及侧向生长两种类型。

1. 粗糙界面的连续生长方式

粗糙界面结构有许多位置可供原子着落，由液相扩散来的原子很容易被接纳并与晶体结合起来。由于前面讨论的热力学因素，在生长过程中仍可维持粗糙界面结构，只要原子沉积供应不成问题，即可以连续不断地进行。粗糙界面晶体的这种生长方式称为连续生长，其生长方向为界面的法线方向，即垂直于界面进行生长。粗糙界面晶体的连续生长不需要很大的过冷度即可进行。

连续生长方式的速度为（由 Turnbull 在 1949 年运用经典速度理论推出，至今仍为主导公式）

$$R_1 = \mu_0 \Delta T_k \quad (3\text{-}24)$$

式中，μ_0 为常数，$\mu_0 = \dfrac{\beta D_L \Delta H_m}{a k_B T_m^2}$，其中修正系数 $\beta = \left(\dfrac{a}{\lambda}\right)^2 \dfrac{6\nu_{LS}}{\nu_L}$，$a$ 为当一个原子进入到晶体时固-液界面向前推进的距离（结晶方向的晶格常数），λ 为原子在液体中跃迁的距离，ν_{LS} 为原子越过界面的频率，ν_L 为原子在液体中的跃迁频率，D_L 为原子在液体中的扩散系数，k_B 为玻耳兹曼常数。μ_0 值为 $10^{-2} \sim 10^0 \text{m}/(\text{s} \cdot \text{K})$，通常铸锭的凝固生长速度为 10^{-4}m/s 量级，可见，连续生长所需的动力学过冷度 ΔT_k 很小，以致难以精确地通过实验测量。

需要指出的是，近年对 Turnbull 经典速度公式（$R_1 = \mu_0 \Delta T_k$）中的过冷度在认识上有新的改变。例如，Stefanescu 指出，与其他过冷度相比，动力学过冷度非常小，因此，金属的凝固速度并不仅限于动力学过冷度的作用[3]。也就是说，当存在其他过冷度从而使实际凝固过冷度大于 ΔT_k 时，式（3-24）中的 ΔT_k 应以实际过冷度 ΔT 替代；而 Kurz 在专著[1]中速度公式的过冷度索性以实际过冷度 ΔT 表达。由式（3-24）可见，连续方式的生长速度 R_1 与实际过冷度 ΔT 呈线性关系。

2. 光滑界面的侧向生长方式

原子尺度的光滑界面其单个原子与晶面的结合较弱，容易脱离界面，因此，只有依靠在界面上出现台阶，从液相扩散来的原子沉积在台阶边缘，从而使晶体平行于凝固界面沿侧向延伸而生长，故称为侧向生长。在侧向生长凝固过程中，固-液界面的向前推进是依赖于横向逐层铺展而获得的。

光滑界面台阶形成的方式有三种机制，即二维晶核、螺旋位错及孪晶面，如图 3-19 所示。

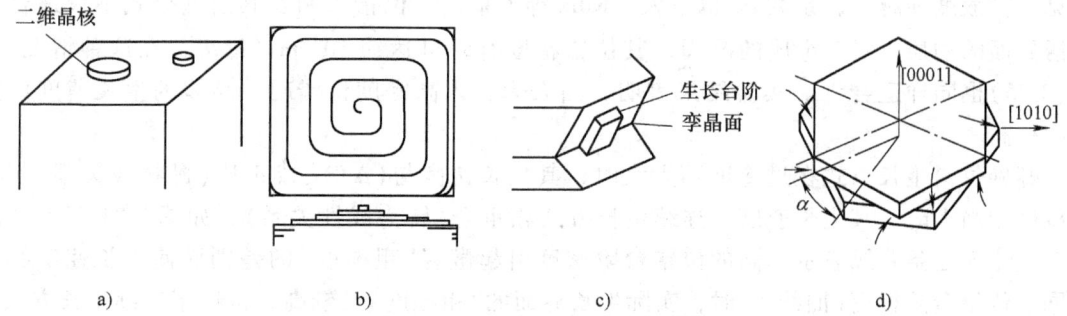

图 3-19 光滑界面晶体侧向生长的几种机制

a) 二维晶核　b) 螺旋位错　c) 凹角孪晶　d) 旋转孪晶

（1）螺旋位错机制　在凝固过程中由于各种原因会形成位错，例如，快速凝固时由于晶体中过饱和空位的聚合及随之发生空位团的崩塌而产生位错；夹杂诱发位错；生长晶体树枝晶臂之间的会合交界处由于界面两侧不完全吻合（角度不同或点阵错位）而集中形成位错；由于成分或温度不均匀使相邻晶体部分的膨胀收缩不同从而造成位错。受热冲击而局部热应力剧增还会促发位错的增殖，其中螺旋位错提供晶体侧向生长的台阶，如图 3-19b 所示。

由于螺旋位错台阶容易捕捉到原子，原子不断落到台阶边缘上，台阶就不断地扫过晶面。由于台阶上任意一点捕获原子的机会是一样的，台阶上每一点的线速度是相等的，所以，在位错中心处

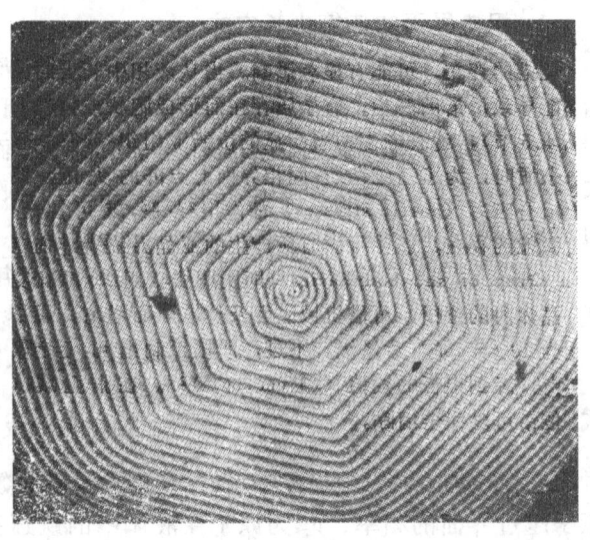

图 3-20 SiC 晶体按位错机制生长形成的螺旋线

台阶扫过晶面的角速度比远离中心处的地方要大，结果是在连续扫过晶面过程中形成螺旋塔尖状，这种螺旋位错台阶在生长过程中不会消失。图 3-20 所示为 SiC 晶体按位错机制生长形成的螺旋线，但以螺旋位错方式生长的界面毕竟不像粗糙界面那样处处都可供原子着落，所以其生长速度比上述连续生长要慢。

对于一个以螺旋位错扫过界面而产生的固-液界面，其生长速度（向前推进）与过冷度为抛物线关系，即

$$R = \mu_1 \Delta T_k^2 \tag{3-25}$$

$$\mu_1 = \frac{(1 + 2g^{1/2})}{g} \frac{\beta D_L \Delta H_m^2}{4\pi \sigma_{SL} T_m^3 k_B V_m}$$

式中，V_m 为摩尔体积；g 为扩散度系数，对于光滑界面 $g = 1$，但对于具有较大扩散度的界面，$g \ll 1$。所谓扩散度，定义为固相到液相界面上的原子层数 n，则扩散度系数可表达为

$$g = \frac{\pi^4}{8} n^3 \exp\left(-\frac{\pi^2 n}{2}\right)$$

可见，扩散度 n 越大，系数 μ_1 也越大。Kurz 等人指出，位错机制及其速度公式不仅适合于光滑界面的物质，对于金属的凝固，其位错密度有时可达约 $10^8 \mathrm{cm}^{-2}$ 量级，在这种情况下，式（3-25）也同样适合[1]。实验结果表明，当人为引入高密度位错时，晶体的生长速度可大幅度提高。

螺旋位错生长方式在过冷度不太大时，其生长速度与 $(\Delta T)^2$ 成正比（抛物线关系）。在过冷度相当大时，其生长速度与连续生长方式相重合（转为线性关系），如图 3-21 所示。图中 1、2、3 三条曲线表示不同的位错台阶密度引起微观"粗糙度"的差别而使生长速度有所不同。位错台阶很密（曲线 1）时，实际生长界面的"粗糙度"已较高，接近于连续生长方式。

（2）二维晶核机制 在大的过冷度下，获得 $(dn/dt)_S \gg (dn/dt)_M$ [见式（3-7）及式（3-8）]的动力学条件，跃迁到光滑界面上的原子有可能集体形成图 3-19a 所示的二维晶核，而后晶体借此所形成的台阶进行侧向生长。但其台阶在整个界面铺满后即消失，要进一步生长

仍需要有新的二维晶核形成，借以侧向铺满新的一层。如此重复形核和侧向生长的过程，晶体才能得以长大，其生长速度为

$$R = \mu_3 \exp\left(\frac{\mu_2}{3\Delta T_k}\right) \qquad (3\text{-}26)$$

式中，$\mu_2 = \mu_0 \dfrac{\pi g B^2 a T_m^2}{\beta D_L}$，$\mu_3 = \mu_0 \left(\dfrac{\Delta H_m}{k_B T_m^2}\right)^{1/6} (\Delta T_k)^{7/6} (2 + g^{-1/2})$，其中 B 表达 σ_{SL} 与 ΔH_m 之间的 Turnbull 经验关系，即 $B = V_m \sigma_{SL}/(a \Delta H_m)$，对于非金属，$B$ 通常约为 0.35。其他参数见前面介绍。

如图 3-22 所示，对于二维晶核生长公式，在 ΔT 不大时其生长速度 R 几乎为零，当达到一定 ΔT 时 R 突然增加很快，其生长曲线 $R \sim \Delta T$ 与连续生长曲线相遇，继续增大 ΔT 时则完全按连续方式进行。这是因为当 ΔT 很大时，二维形核速度很大，在界面上形成许多二维晶核，此时界面结构实际已成为粗糙界面，在这种情况下，生长速度与连续方式一致，其生长方式也即与粗糙面一样。

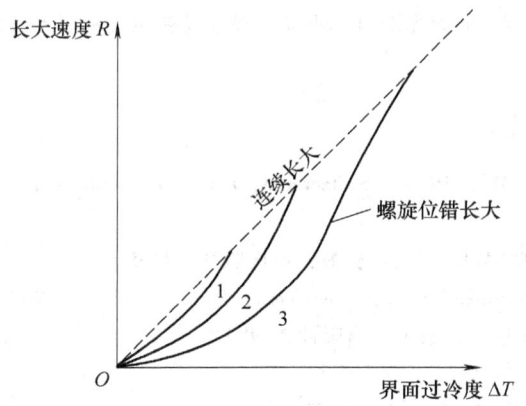

图 3-21　位错生长与连续生长的速度比较　　图 3-22　二维生长与连续生长的速度比较

比较图 3-21 和图 3-22 可以看出，在小的过冷度下，具有光滑界面结构的物质，其生长方式易按螺旋位错方式进行，而以二维晶核方式进行生长是不可能的；当过冷度很大时，又易于按连续方式生长，这时二维晶核生长方式也是不可能的。所以，晶体实际生长一般很少按二维晶核机制进行。此外，熔融熵高的物质，其固-液界面为光滑界面，由于其生长方向强烈的各向异性，在较小过冷度下长大的晶体往往为粗大板条状或多角形的特定形态，这些形态会恶化材料的力学性能。为此，人们可以利用快冷方法人为地增大过冷度，使其凝固界面的"扩散度"增大（原子层增多），从而按连续生长方式进行，使晶体获得细小球状或粒状形态，以改善材料的力学性能。

（3）孪晶机制　在图 3-19c 所示的凹角孪晶面交叉处形成沟槽，原子可沉积在沟槽根部孪晶面两侧的晶面上形成台阶，使之侧向铺开，在生长过程中沟槽仍可保持下去，使生长不断地进行。图 3-19d 所示的旋转孪晶形成的台阶也可起到类似的作用。在生产实际及科研实验中，非金属物质的凝固不乏孪晶机制生长的例证。而且发现，晶体按孪晶机制生长时，容易发生方向改变及分支现象。孪晶机制的生长速度至今尚无较为统一的结论，这里不作介绍。

思考与练习

1. 试述等压时物质自由能 G 随温度上升而下降，以及液相自由能 G_L 随温度上升而下降的斜率大于固相 G_S 的斜率的理由。

2. 结合图 3-3 及式 (3-6) 说明过冷度 ΔT 是影响凝固相变驱动力 ΔG 的决定因素。

3. 若金属固溶体以初生相按树枝晶单向生长，且生长释放的潜热与热量导出相平衡，试分析其枝晶端部可能具有哪些类型的过冷？若金属固溶体以初生相按等轴树枝晶在熔体中生长会怎样？

4. 结合图 3-7 解释临界晶核半径 r^* 和形核功 ΔG^* 的意义。为什么形核要有一定的过冷度？

5. 比较式 (3-14) 与式 (3-18)、式 (3-15) 与式 (3-19)，说明为什么异质形核比均质形核容易？影响异质形核的基本因素和其他条件是什么？

6. 如何理解图 3-10a 中的反 "C" 形曲线？

7. 结合图 3-11 讨论异质形核与均质形核之间形核率的差别。

8. 讨论两类固-液界面结构（粗糙面和光滑面）形成的本质及其判据。

9. 比较铸铁中初生奥氏体及初生石墨生长过程中各向异性的倾向，以及仅在动力学过冷条件下的各自生长方向。

10. 固-液界面结构如何影响晶体生长方式和生长速度？同为光滑固-液界面，螺旋位错生长机制和二维晶核生长机制的生长速度与过冷度的关系有何不同？

参 考 文 献

[1] Kurz W, Fisher D J. Fundamentals of solidification [M]. 4th ed. Switzerland, Trans tech publication ltd, 1998.

[2] 刘全坤，祖方道，李萌盛，等. 材料成形基本原理[M]. 北京：机械工业出版社，2005.

[3] Stefanescu D M. Science and engineering of casting solidifcation[M]. New York：Kluwer Academic, 2002.

[4] 安阁英，陈其善，曾岩松. 铸件形成理论[M]. 北京：机械工业出版社，1989.

[5] 胡汉起. 金属凝固[M]. 北京：冶金工业出版社，1985.

[6] Flemings M C. Solidifcation processing[M]. New York：McGraw-Hill, 1974.

第 4 章 单相合金凝固

第 3 章所讨论的液-固相变及其形核与生长的内容多以纯金属为对象,但在金属铸造生产及材料凝固研究中,涉及对象大多为合金。对于合金凝固而言,液-固转变的平衡温度不再是固定温度 T_m(除了二元合金的特殊成分点,如共晶点、包晶点的情况仍为固定温度外),而是发生在平衡相图上由液相线及固相线所确定的某一温度区间。合金开始结晶的平衡温度则为对应成分的液相线温度 T_L,且随着凝固的进行由于液相成分的变化,T_L 也在发生改变。另一方面,合金凝固大多为多相组织(除了组元间无限互溶的匀晶合金以及端际固溶体合金以外),这比纯金属的单相组织凝固要复杂。当然,多相合金的凝固通常是从单相固溶体开始的,故单相固溶体凝固的内容对多相合金也十分重要。本章将介绍单相固溶体凝固,共晶以及包晶多相合金的凝固内容将在第 5 章介绍。

合金开始凝固时,由于析出的晶体成分与液相的原始成分不同,在凝固界面前沿发生溶质富集($K_0<1$)或贫乏($K_0>1$)。随着温度的下降,界面处液、固两相的平衡成分也随之不断发生改变,从而导致固、液两相在界面处及其内部不同位置形成浓度梯度。在合金凝固过程中,溶质在液、固两相中发生的重新分布现象称为溶质再分配。溶质再分配一方面受扩散性质的制约,另一方面受液相中的对流强弱等多种因素的影响。溶质再分配不仅影响宏观及微观成分的分布及偏析现象,更为重要的是影响晶体生长的形态、微观尺寸、不同相之间的分布特征,还会影响到气孔、夹杂、裂纹、缩松及缩孔等缺陷的形成以及应力状态等多方面,最终影响到合金材料的各种性能及产品的优劣。所以,溶质再分配不仅是本章讨论单相组织凝固过程的出发点,也是后面多相合金凝固以及很多其他内容的基础。

4.1 凝固过程中的溶质再分配

4.1.1 溶质平衡分配系数

1. K_0 的定义及其意义

合金溶质平衡分配系数 K_0 的定义为,在恒压及任一特定凝固温度 T^* 的条件下,平衡的固相溶质浓度 C_S^* 与液相溶质浓度 C_L^* 之比值,即

$$K_0 = \left(\frac{C_S^*}{C_L^*}\right)_{T,p} \tag{4-1}$$

将图 4-1a 所示的相图左上角部分(图的上方)进行放大(图的下方),且假定固相线和液相线为直线,则相应的斜率 m_S 及 m_L 均为常数。所定义的 m 应使 $(K_0-1)m$ 的结果为正值,即当 $K_0>1$ 时 m 为正值,当 $K_0<1$ 时 m 为负值。式(4-1)中的参数含义如图 4-1b 和图 4-1c 所示。因 m_L 及 m_S 设为常数,故有

$$K_0 = \frac{C_S^*}{C_L^*} = \frac{(T^* - T_0)/m_S}{(T^* - T_0)/m_L} = \frac{m_L}{m_S} = 常数 \quad (4-2)$$

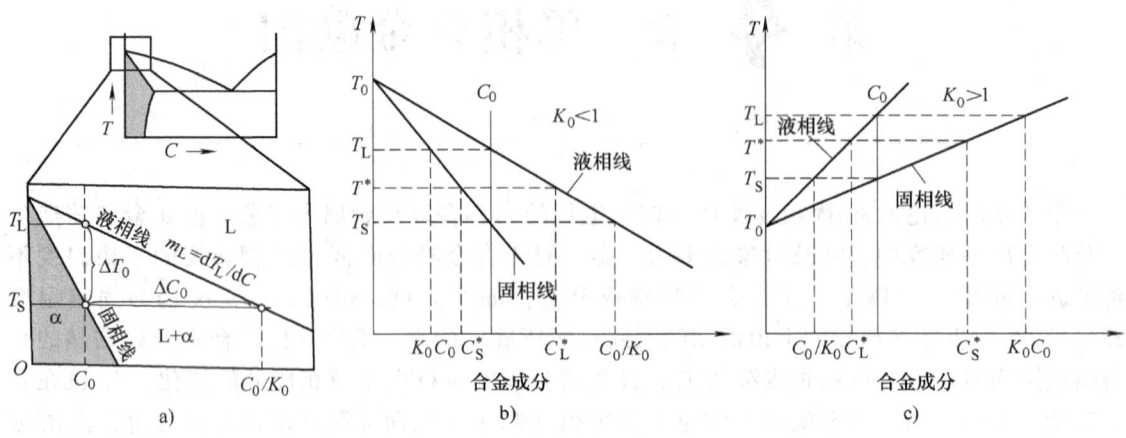

图 4-1 平衡分配系数 K_0

显然，此时 K_0 与温度及浓度无关，故不同温度和浓度下的 K_0 均为定值（可对照图 4-1b 改变温度或 C_0 进行分析）。当 $K_0 < 1$ 时，K_0 越小，C_L^* 与 C_S^* 相差越大，固相线、液相线张开程度越大，开始结晶时与结晶终了时的固相成分差别越大，实际凝固组织的成分偏析越严重。这一点很容易予以证明：如图 4-1b 所示 $K_0 < 1$ 的情况，若选合金原始成分为 C_0，实际凝固时固相中溶质原子扩散很困难，开始析出的固相成分为 $K_0 C_0$，凝固结束时的液相成分为 C_0/K_0（将变为固相），于是，最终固相与开始凝固的固相在成分上的比值为 $\frac{C_0/K_0}{C_0 K_0} = \frac{1}{K_0^2}$，该比值随 K_0 减小而增大。因此，$K_0 < 1$ 时 K_0 越小，则成分偏析越严重。若 $K_0 > 1$，则 K_0 越大，成分偏析越严重。总之，K_0 与 1 的差值越大，成分偏析就越严重，故常将 $|1-K_0|$ 称为偏析系数。

两相平衡时，固-液界面两侧的浓度差是由相平衡热力学条件所决定的。实际合金的 K_0 大小受压力、合金类别及成分、微量元素存在的影响。此外，由于实际液相线及固相线大多不是直线，所以在凝固中随温度和成分的改变而有所变化。另外，注意图 4-1a 中成分为 C_0 合金的两个重要系统参数（后面讨论中常用），一个是合金对应 C_0 的液-固相温度间隔 ΔT_0

$$\Delta T_0 = (T_L - T_S) = -m_L \Delta C_0 \quad (4-3)$$

另一个是固相温度 T_S 处液相和固相溶质含量的差值 ΔC_0

$$\Delta C_0 = \frac{C_0(1-K_0)}{K_0} \quad (4-4)$$

2. 液-固界面局部平衡假设

在实际凝固过程中，溶质原子在固、液两相中的扩散速度有限，在界面两侧两相大范围内的成分不可能达到均匀。因此，随着温度下降，C_S^* 及 C_L^* 也不可能按平衡相图的液相线及固相线变化，故凝固过程的实际溶质分配系数与 K_0 有较大差别。而且，凝固速度随着冷却速率的增大而增大，这种差别也会随之更显著。尽管如此，凝固理论认为，在通常凝固条件下（在冷却速率处于 10^3 ℃/s 范围内的非"快速凝固"情况[1]），界面处液、固两相的成分始终处于局部平衡状态，也就是说，对于给定合金，无论界面前沿溶质富集的程度如何，两侧的 C_S^* 及 C_L^* 值仍符合相应平衡相图，且 C_S^* 与 C_L^* 的比值在任一瞬时仍等于溶质平衡分配系数 K_0，此即凝固界面的"局部平衡假设"。这一假设是本节讨论溶质再分配的前提，也是以后一系列常规凝固过程研究工作及其理论计算的基础。

下面将由浅入深分别讨论四种不同假设条件下的溶质再分配[2-4]。

4.1.2 平衡凝固条件下的溶质再分配

所谓平衡凝固，是指在凝固过程中液相及固相溶质成分完全达到平衡相图对应温度的平衡成分。假设固相及液相中的成分均能够及时充分地扩散均匀，如图 4-2 所示，设试样从一端开始凝固，起始时 $T = T_L$，$C_S = C_0 K_0$，$C_L = C_0$。在凝固过程中 $T = T^*$，固-液界面上的成分为 $C_S^* = \overline{C}_S$，$C_L^* = \overline{C}_L$，固相及液相的质量分数分别为 f_S 及 f_L，由于凝固过程中物质守恒，于是有 $\overline{C}_S f_S + \overline{C}_L f_L = C_0$（注：$f_S + f_L = 1$）

即

$$C_S^* f_S + \frac{C_S^*}{K_0}(1 - f_S) = C_0$$

$$C_S^* \left[f_S + \frac{1}{K_0}(1 - f_S) \right] = C_0$$

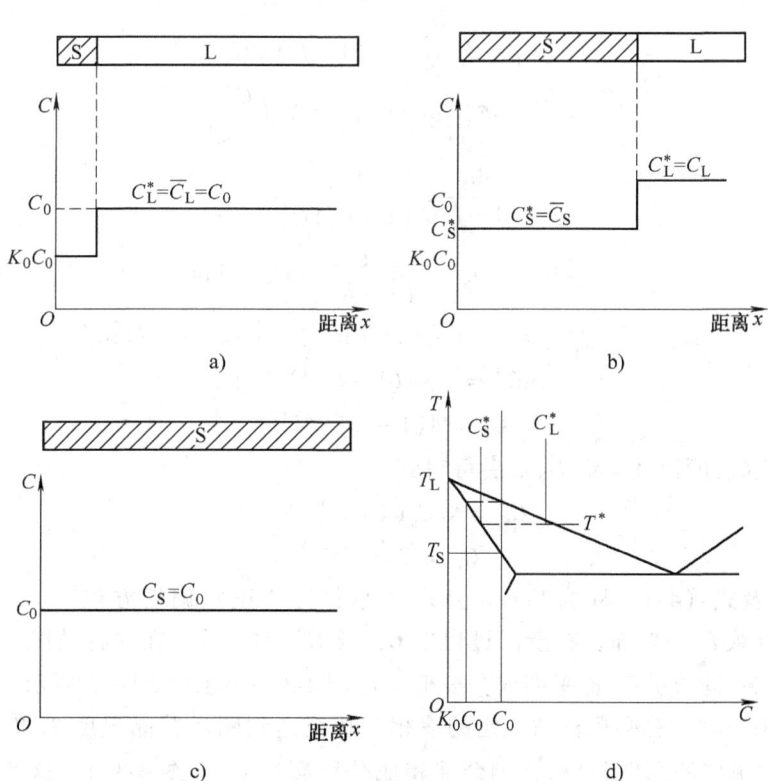

图 4-2 平衡凝固条件下的溶质再分配

a) 开始凝固 b) 温度 T^* 时的凝固 c) 凝固完毕 d) 相图

$$C_S^* \left[\frac{f_S K_0 + (1-f_S)}{K_0} \right] = C_S^* \frac{1 - f_S(1-K_0)}{K_0} = C_0$$

因此有

$$C_S^* = \frac{K_0 C_0}{1-(1-K_0)f_S} \qquad (4-5)$$

$$C_L^* = \frac{C_0}{1-(1-K_0)f_S} \qquad (4-6)$$

凝固终了时 $f_S = 1$，固相成分均匀地为 $C_S = C_0$。

平衡凝固只是一种理想状态，在实际凝固中一般不可能完全达到，特别是固相中的原子扩散不足以使固相成分均匀。对于含 C、N 等半径较小的间隙溶质原子的合金，由于这类溶质原子在固、液相中的扩散系数大，在通常凝固条件下，可近似地认为按平衡情况凝固。

4.1.3 固相无扩散而液相充分混合均匀的溶质再分配

假设溶质在固相中没有扩散，而在液相中能充分混合均匀，如图 4-3 所示，设试样从一端开始凝固，起始时 $T = T_L$，$C_S = K_0 C_0$，$C_L = C_0$（图 4-3a）。当温度降至 T^* 时，固-液界面上的固相成分 C_S^* 与液相成分 C_L^* 平衡，由于固相中无扩散，成分沿斜线由 $K_0 C_0$ 逐渐上升（固相先后凝固的各部分成分不同），而液相因完全混合，平均成分 $\overline{C}_L = C_L^*$（图 4-3b）。在这种情况下

$$(\overline{C}_L - C_S^*) \mathrm{d} f_S = (1 - f_S) \mathrm{d} \overline{C}_L$$

即

$$\left(\frac{C_S^*}{K_0} - C_S^* \right) \mathrm{d} f_S = (1 - f_S) \mathrm{d} \left(\frac{C_S^*}{K_0} \right)$$

于是有

$$\frac{\mathrm{d} f_S}{1 - f_S} = \frac{\mathrm{d} C_S^*}{(1 - K_0) C_S^*}$$

积分得

$$-\ln(1 - f_S) = \frac{1}{(1 - K_0)} \ln C_S^* + \ln A$$

$$\ln[A(1 - f_S)] = -(1 - K_0)^{-1} \ln C_S^* = (K_0 - 1)^{-1} \ln C_S^*$$

$$\ln C_S^* = \ln[A(1 - f_S)^{(K_0 - 1)}]$$

即

$$C_S^* = A(1 - f_S)^{(K_0 - 1)}$$

$f_S = 0$ 时 $C_S^* = K_0 C_0$，所以 $A = K_0 C_0$，最后可得到

$$C_S^* = K_0 C_0 (1 - f_S)^{(K_0 - 1)} \qquad (4-7)$$

$$C_L^* = C_0 f_L^{(K_0 - 1)} \qquad (4-8)$$

式（4-7）及式（4-8）称为 Scheil 公式（亦称为"正常偏析方程"）。由此可以看出，随着固相质量分数 f_S 的增加，在凝固过程中 C_S^* 及 C_L^* 均上升。在这种情况下，随着温度下降，对应的固相平均成分 $\overline{C}_S$ 比平衡成分要低，如图 4-3d 中的虚线 1—2 所示。因此，当温度达到平衡的固相线时，势必仍保留一定的液相，甚至达到图示共晶温度 T_E 时仍有液相存在（根据 $\overline{C}_S < C_0$ 利用杠杆原理分析），剩余液相成分可高达 C_E（图 4-3c），这些保留下来的液相在共晶温度下将凝固形成部分共晶组织。因为在实际凝固过程中固相的扩散总是达不到平衡状态（$K_0 < 1$ 时低于平衡成分），因而上述分析情况意味着，合金实际凝固组织的相组成总是偏离平衡相图（对比图 4-3d 中的虚线与实线），这在分析合金凝固组织的相组成时是必

须注意的。

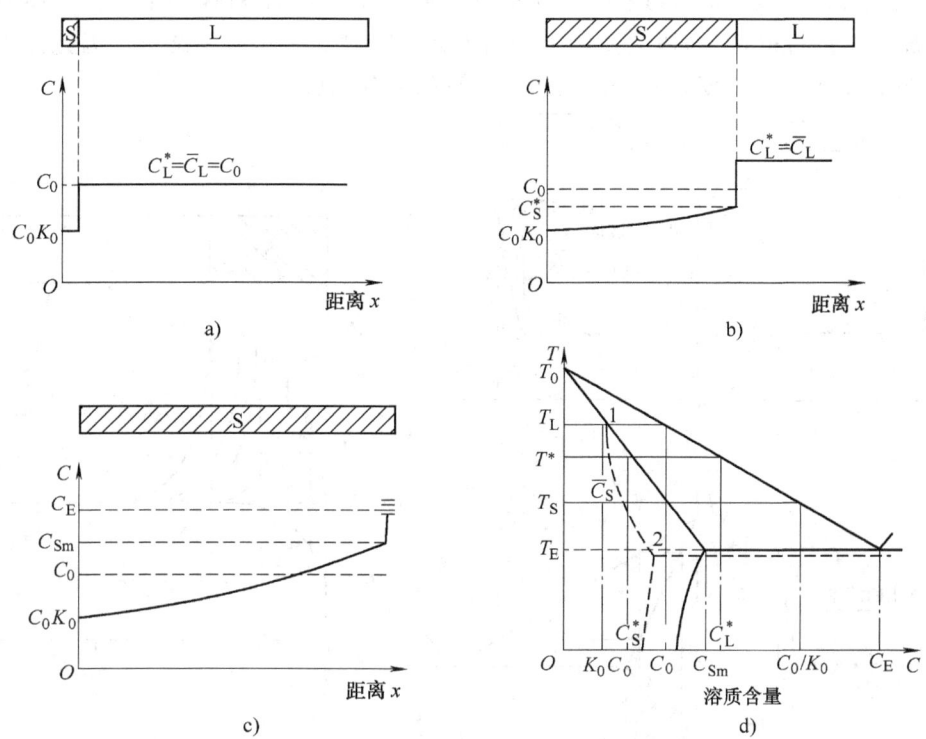

图 4-3 液相充分混合均匀凝固条件下的溶质再分配
a) 开始凝固 b) 温度 T^* 时的凝固 c) 凝固完毕 d) 相图

4.1.4 固相中无扩散而液相中只有有限扩散的溶质再分配

假设溶质在固相中没有扩散，而在液相中只有有限扩散（D_L 为液相中的溶质扩散系数），从固相中排出的溶质难以在液相中迅速散开达到均匀，而在固-液界面前沿形成溶质富集边界层。如图 4-4 所示，根据固-液界面前沿液相溶质富集层成分的分布及变化情况，可将凝固过程分为以下三个阶段（图 4-4b）：

(1) 最初过渡区 根据图 4-4d 所示，$T = T_L$ 时，析出固相成分为 $C_S^* = K_0 C_0$，多余溶质排向液相。由于扩散（无对流）不足以使之完全排向远方，因此在界面前沿溶质出现富集（开始积累）。随着凝固的进行，C_S 逐渐上升，C_L^* 也逐渐上升，由 C_0 直至 $C_L^* = C_0/K_0$，如图 4-5 所示。

(2) 稳定状态区 当固相凝固排出的溶质原子等于液相中扩散离开界面的原子数量时，即进入稳定状态。在稳定状态，设离开固-液界面（O' 点）伸向液相的距离为 x'，液相各点的成分保持不变，即 $\dfrac{\partial C_L(x')}{\partial t} = 0$，而边界层以外的液相将保持原始成分 C_0，即界面前方远处的成分为 $C_L(x')|_{x'=\infty} = C_0$，则界面处的熔体成分为

$$C_L(x')|_{x'=0} = C_L^* = \frac{C_0}{K_0}, \ C_S^* = C_L^* K_0 = C_0$$

（3）最后过渡区 到了凝固后期剩下液体的体积有限，界面上溶质原子向液体扩散受到限制，于是界面处及其前方液相的溶质浓度又再上升，C_L^* 不再保持不变，而逐渐变得比 C_0/K_0 要高得多，固相 C_S^* 也随之急剧上升而大大高于 C_0，直至凝固结束。因此往往在最后凝固的区域，由于溶质浓度急剧升高而造成严重的成分偏析。

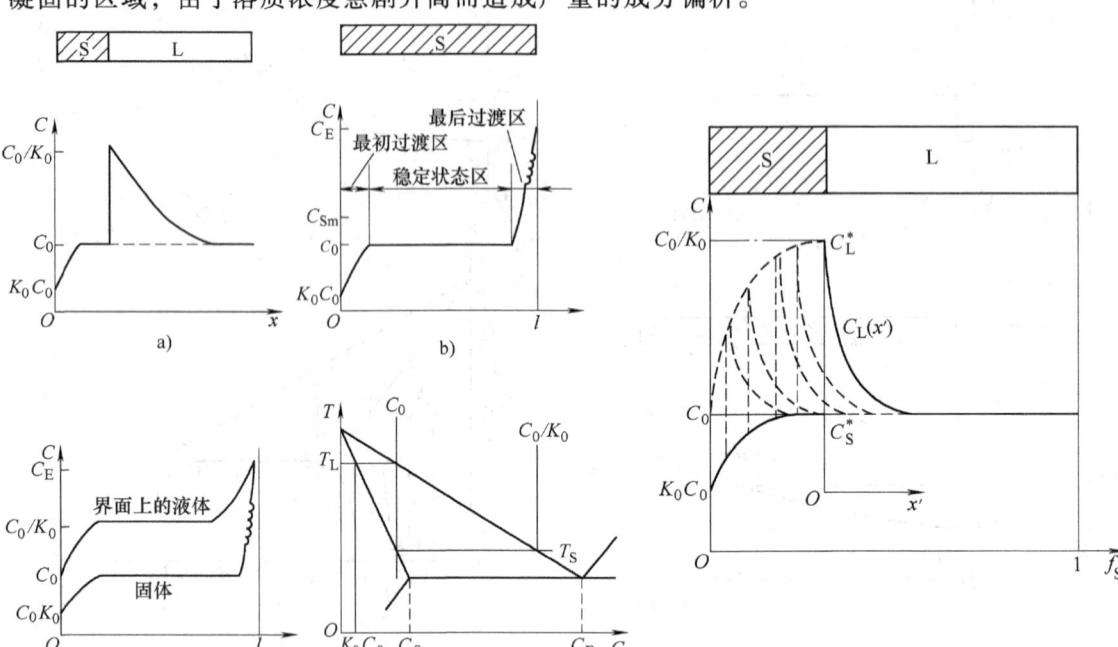

图 4-4 液相只有有限扩散凝固条件下的溶质再分配
a) 稳定阶段 b) 凝固的三个阶段 c) 凝固过程中的固相及液相成分 d) 相图

图 4-5 最初过渡区阶段 C_L^* 及 C_S^* 变化示意图

这里主要讨论稳定凝固状态时的溶质再分配情况，首先推导界面前方液相成分的分布关系式。$C_L(x')$ 取决于两方面因素的作用：一方面是由菲克扩散第二定律确定的 $q_1 = D_L \dfrac{\partial^2 C_L(x')}{\partial x'^2}$，它是由于溶质扩散所引起 x' 处单位时间内成分的降低；另一方面是固-液界面以凝固速度 R 向前推进所引起 x' 处单位时间内成分的升高 $q_2 = R \dfrac{\partial C_L(x')}{\partial x'}$。综合结果为 $\dfrac{\partial C_L(x')}{\partial t} = D_L \dfrac{\partial^2 C_L(x')}{\partial x'^2} + R \dfrac{\partial C_L(x')}{\partial x'}$，因稳定态时 $q_1 + q_2 = \dfrac{\partial C_L(x')}{\partial t} = 0$，即

$$D_L \dfrac{\partial^2 C_L(x')}{\partial x'^2} + R \dfrac{\partial C_L(x')}{\partial x'} = 0$$

此偏微分方程的特征方程为 $\lambda^2 + \dfrac{R}{D_L}\lambda = 0$，所以有 $\lambda_1 = 0$、$\lambda_2 = -\dfrac{R}{D_L}$。特征方程的通解为

$$y = C_1 e^{\lambda_1 x'} + C_2 e^{\lambda_2 x'}$$

所以有

$$C_L(x') = A + B e^{-\dfrac{R}{D_L}x'}$$

由边界条件 $C_L(x')\big|_{x'=\infty} = C_0$，可得 $A = C_0$。

此外，考虑稳定阶段凝固界面 $x' = 0$ 处，因单位时间内单位面积凝固排出的溶质量

$R(C_L^* - C_S^*)$ 与液相中扩散离开界面的溶质量相等，即 $RC_L^*(1-K_0) = -D_L \dfrac{dC_L(x')}{dx'}\bigg|_{x'=0}$，结合 $C_L(x') = A + Be^{-\frac{R}{D_L}x'}$ 通过数学演绎可求得 $B = C_L^*(1-K_0)$，$C_L^* = C_0/K_0$（前面所提及，这里得以证明），合并则得 $B = C_L^*(1-K_0) = \dfrac{C_0}{K_0} - C_0$，将所求得的 A 及 B 代入 $C_L(x') = A + Be^{-\frac{R}{D_L}x'}$，则得到

$$C_L(x') = C_0 + C_0\left(\frac{1}{K_0} - 1\right)e^{-\frac{R}{D_L}x'}$$

即
$$C_L(x') = C_0\left(1 + \frac{1-K_0}{K_0}e^{-\frac{R}{D_L}x'}\right) \tag{4-9}$$

式(4-9)即为在固相无扩散、液相只有有限扩散（而无对流）的条件下，稳定阶段界面前方溶质富集层浓度 $C_L(x')$ 随 x' 的分布规律，它是一条指数衰减曲线。将 x' 的特征位置点带入，则可看出式(4-9)的正确性：在远离界面的前方（$x' = \infty$），可求得 $C_L(x') = C_0$；若令 $x' = 0$，则可求得界面处液相的平衡成分为 $C_L^* = C_0/K_0$，相应的固相平衡成分 $C_S^* = K_0 C_L^* = C_0$。由此可见，在稳定凝固阶段，界面两侧的固相及液相以不变的成分 $C_S^* = C_0$、$C_L^* = C_0/K_0$

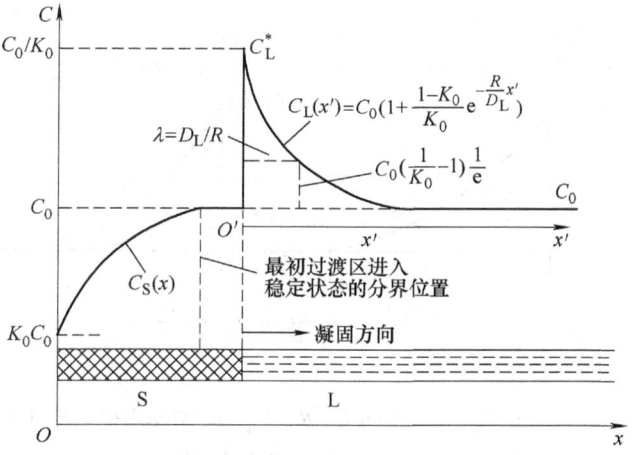

图 4-6 稳定状态时固相及液相的溶质再分配

向前推进，一直到最后过渡区为止。稳定生长的结果是固相成分始终为 C_0，这些正是图 4-6 所描述的稳定状态区的情形。

此外，在界面前方，$[C_L(x') - C_0]$ 为富集层内某点 x' 的液相成分对远离富集层（$x' = \infty$）的液相成分 C_0 的偏差，它表示溶质的富集程度。当 $x' = 0$ 时溶质富集程度最大，$[C_L(x') - C_0] = C_0\left(\dfrac{1}{K_0} - 1\right)$，即图 4-1a 及式(4-4)中的 ΔC_0。离开界面时，随着 x' 增大，$C_L(x')$ 以指数规律衰减。当 $x' = \lambda = D_L/R$ 时，$[C_L(x') - C_0]$ 值降到 $C_0\left(\dfrac{1}{K_0} - 1\right)\dfrac{1}{e}$（图 4-6），即 ΔC_0 的 (1/e)。通常将 $\lambda = D_L/R$ 称为溶质富集层的"特征距离"。不难证明[可由式(4-9)求导]，富集层成分 $C_L(x')$ 在 $x' = 0$ 处的切线正好在

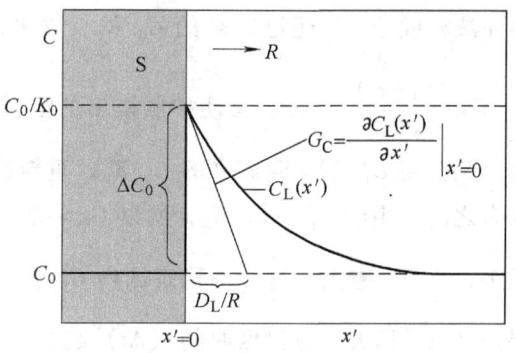

图 4-7 稳定凝固阶段界面前沿的特征距离与溶质分布参数[4]

$x' = D_L/R$ 处与 $C = C_0$ 的水平线相交,如图 4-7 所示,即 $C_L(x')$ 在 $x' = 0$ 处切线的斜率 G_C($x' = 0$ 处的浓度梯度)为

$$G_C = \left(\frac{\partial C_L(x')}{\partial x'}\right)_{x'=0} = -\frac{\Delta C_0}{D_L/R} \tag{4-10}$$

需要指出的是,最初过渡区的长度也取决于 K_0、R、D_L 的值,K_0 越大、R 越大、D_L 越小,则最初过渡区越短。最后过渡区的长度比最初过渡区的要小得多,它的长度与溶质富集层的特征距离 D_L/R 的数量级相同。由式(4-9)可见,在同样的原始成分 C_0 时,$C_L(x')$-x' 曲线的形状受凝固速度 R、溶质在液相中的扩散系数 D_L 及平衡分配系数 K_0 影响。R 越大、D_L 越小,则在固-液界面前沿溶质富集越严重,曲线越陡峭,如图 4-8 所示。C_0 越大、K_0 越小,则溶质富集越严重,富集层高度($C_L^* = C_0/K_0$)也就越大。

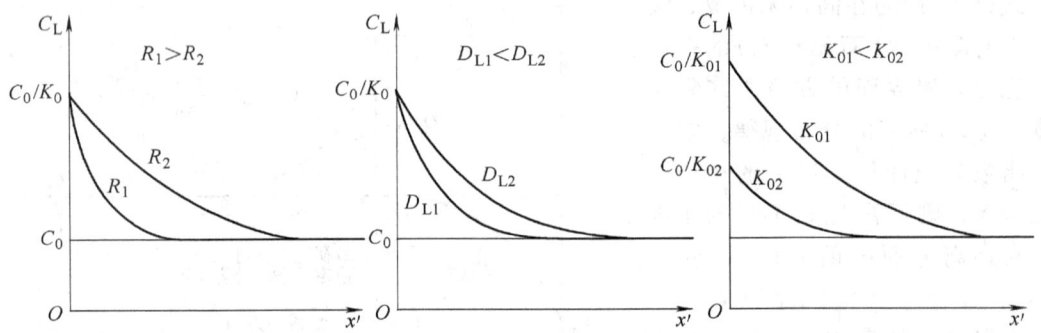

图 4-8 R、D_L、K_0 对稳定生长阶段 $C_L(x')$-x' 曲线的影响

以上讨论的是假设凝固速度 R 保持不变的情况,如果凝固速度 R 发生变化,则液、固相的成分均会发生波动。设 R_1 突变为 R_2,且 $R_2 > R_1$,在开始时,由于凝固加快,使进入溶质富集层的溶质流量增加,但此时扩散排出的溶质量 $\left[D_L \frac{\partial C_L(x')}{\partial x'}\big|_{x'=0}\right]$ 仍未及时变化,这时界面液相成分 C_L^* 超过原来的 C_0/K_0,原来的稳定态变为不稳定态。随后,由于 $\frac{\partial C_L(x')}{\partial t} \neq 0$,且 $\left|\frac{\partial C_L(x')}{\partial x'}\right|$ 上升,又使扩散排出的溶质量 $\left[D_L \frac{\partial C_L(x')}{\partial x'}\big|_{x'=0}\right]$ 增加,结果经过一定时间后,又会使 C_L^* 下降到原来的 C_0/K_0,重新恢复到稳定状态,如图 4-9b 所示。在新、旧稳定状态之间,由于 $C_L^* > C_0/K_0$,所以 $C_S > C_0$。重新恢复到稳定状态时,C_S 又回到 C_0。R_2 上升越多,R_2/R_1 越大,这一不稳定区内 C_S 越高,C_S/C_0 增大;R_2 越大,$\left|\frac{\partial C_L(x')}{\partial x'}\right|$ 越大,富集层高度 ΔC 越大,过渡区时间(Δt)越长,过渡区间也就越宽。但在新的稳定状态下,虽然溶质富集层高度与原先相同,由于 $R_2 > R_1$,$\left|\frac{\partial C_L(x')}{\partial x'}\right|$ 变大,从而使富集区的面积减小。反之,R 变小时($R_2 < R_1$),在不稳定区内,固相溶质量将减少,只有重新恢复到稳定状态时,C_S 又上升到 C_0,如图 4-9a 所示。

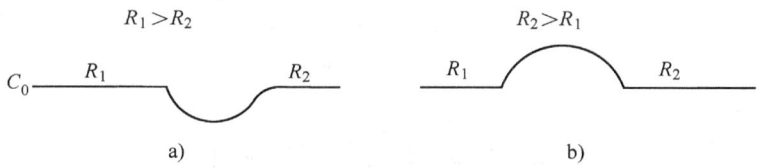

图 4-9 凝固速度 R 发生变化时固相成分的改变

4.1.5 液相中部分混合(有对流作用)的溶质再分配

前面已经提到,在实际凝固中不存在完全按平衡方式进行的凝固。溶质在液相完全均匀混合的情况也很难达到,除非人为地以某种方式(通常为机械或电磁力)进行强烈搅拌。另一方面,实际凝固过程中的液相一般也不会只有扩散。液态金属在充型过程中产生的液相对流不会在充型结束后立即停止,温度和溶质分布的不均匀性会引起密度的不均匀性,这将可能导致宏观及微观区域的液相对流,凝固收缩力也会引起枝晶间的液相对流。因此,实际凝固过程的液相往往既有扩散也有对流,从而造成溶质部分混合。在这种情况下,固-液界面处的液相中存在一个扩散边界层,如图 4-10 所示。在边界层内只靠扩散传质(静止无对流),在边界层以外的液相因有对流作用其成分得以保持均一。如果液相容积很

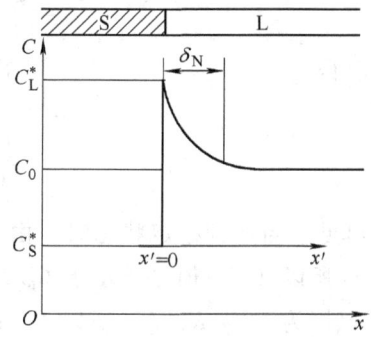

图 4-10 液相有对流的溶质再分配

大,边界层以外液相将不受已凝固相的影响,而保持原始成分 C_0。在凝固速度 R 及边界层宽度 δ_N 一定的情况下,固相成分 C_S^* 也将保持不变,只是这时 C_S^* 值不是 C_0 而是小于 C_0(因为与液相只有扩散的条件相比可知,液相有对流时 $C_L^* < C_0/K_0$)。达到稳定态时在 $x'=0$ 处,$C_L(x') = C_L^* \neq \dfrac{C_0}{K_0}, C_L^* < \dfrac{C_0}{K_0}$。稳态时 $\dfrac{\partial C_L(x')}{\partial t} = 0$,故类似于液相只有有限扩散的情况

$$\frac{\partial C_L(x')}{\partial t} = D_L \frac{\partial^2 C_L(x')}{\partial x'^2} + R\frac{\partial C_L(x')}{\partial x'} = 0$$

其边界条件为:$x'=0$ 时,$C_L(x') = C_L^*$;$x' \geq \delta_N$ 时,$C_L(x') = C_0$。解此微分方程得(液相充分大的情况)

$$\frac{C_L(x') - C_0}{C_L^* - C_0} = 1 - \frac{1 - e^{-\frac{R}{D_L}x'}}{1 - e^{-\frac{R}{D_L}\delta_N}} \tag{4-11a}$$

式中,$C_L(x')$ 为边界层宽度 δ_N 内任意一点 x' 的液相成分。如果液相不是充分大,则 δ_N 以外的 $C_L(x')$ 将不再固定于 C_0 不变,而是逐渐提高。设其平均成分为 $\overline{C}_L$,以 $\overline{C}_L$ 代替 C_0,则式(4-11a)可改为

$$\frac{C_L(x') - \overline{C}_L}{C_L^* - \overline{C}_L} = 1 - \frac{1 - e^{-\frac{R}{D_L}x'}}{1 - e^{-\frac{R}{D_L}\delta_N}} \tag{4-11b}$$

式(4-11b)也适应液相只有扩散的情况,以及液相完全混合的情况。例如,在液相只有有限扩散的情况下,$\delta_N = \infty$,$\overline{C}_L = C_0$,$C_L^* = \dfrac{C_0}{K_0}$,代入式(4-11b)得

$$C_L(x') - C_0 = C_0\left(\frac{1}{K_0} - 1\right)e^{-\frac{R}{D_L}x'}$$

即式(4-9)的形式

$$C_L(x') = C_0\left(1 + \frac{1-K_0}{K_0}e^{-\frac{R}{D_L}x'}\right)$$

下面考虑液相部分混合稳态时的 C_L^* 及 C_S^* 值。因在稳定态凝固时排出的溶质量等于扩散走的溶质量,所以有 $R(C_L^* - C_S^*) = -D_L\left[\frac{\partial C_L(x')}{\partial x'}\right]_{x'=0}$,而对式(4-11a)求导得

$$D_L\left[\frac{\partial C_L(x')}{\partial x'}\right]_{x'=0} = -R\frac{C_L^* - C_0}{1 - e^{\frac{-R\delta_N}{D_L}}}$$

联列解得

$$C_L^* = \frac{C_0}{K_0 + (1-K_0)e^{-\frac{R}{D_L}\delta_N}} \tag{4-12a}$$

或

$$\frac{C_S^*}{C_0} = \frac{K_0}{K_0 + (1-K_0)e^{-\frac{R}{D_L}\delta_N}} \tag{4-12b}$$

可见,当达到稳定状态时,由于 C_L^* 表达式(4-12a)右端的分母必然大于平衡分配系数 K_0,所以其 C_L^* 值必然小于 C_0/K_0,即在稳定状态时,其 C_L^* 值小于液相只有有限扩散的 C_L^*;又因为 $C_S^* = K_0 C_L^*$,所以 C_S^* 也小于 C_0(液相只有有限扩散稳定状态的 C_S^* 为 C_0)。此外,由式(4-12b)可见:特定合金的 C_0、K_0、D_L 为定值,在液相部分混合的定向凝固中,当液相容积很大时,达到稳定态时的固相成分 C_S^* 仅取决于 R 与 δ_N,而 δ_N 取决于液相混合程度。R 越大,C_S^* 越趋近于 C_0;R 越小,C_S^* 越低,并远离 C_0。δ_N 越小,C_S^* 越低,即搅拌越强、对流越强时,固相稳定态成分越低(虽然是均一的)。δ_N 越大,C_S^* 越高,在对流及搅拌非常微弱时,$\delta_N = \infty$,此时,$C_S^* = C_0$,相当于液相只有有限扩散的情况。所以,式(4-12)具有普遍意义。

如果把有效分配系数 $K_E = \frac{C_S^*}{C_0}$ 代入式(4-12b),则有

$$K_E = \frac{C_S^*}{C_0} = \frac{K_0}{K_0 + (1-K_0)e^{-\frac{R}{D_L}\delta_N}} \tag{4-13a}$$

式(4-13a)表达了有效分配系数 K_E 和平衡分配系数 K_0 之间的关系。在有限长度的情况下,液相容积不是充分大,则扩散层以外的液相不能保持为 C_0 不变,而是随固相分数增加逐渐高于 C_0($\overline{C_L} > C_0$)。这时,只要 δ_N、K_0 及 R 不变,则 K_E 不变,从而固相成分 C_S^* 也会升高,但 $C_S^*/\overline{C_L} = K_E$ 的比值是不变的(虽然两者的值均在上升),这种情况称为动态平衡或动态稳定态。

当在稳定态(包括动态稳定态)时以 K_E 代替 K_0,由式(4-7)及式(4-8)即可得出任何情况下的 Scheil 公式(修正的正常偏析方程)

$$\begin{cases} C_S^* = K_E C_0 (1-f_S)^{(K_E-1)} \\ \overline{C_L} = C_0 f_L^{(K_E-1)} \end{cases} \tag{4-13b}$$

必须指出,修正的正常偏析方程只适用于单相生长的稳定区,它不包括最初过渡区,也不包括最终过渡区,此外,它只适用于固-液界面为平面的情况。式(4-13b)中的 $\overline{C_L}$ 为液

相整体平均成分，$\overline{C}_L = C_S^*/K_E$。式（4-13a）可适用于以下不同情况：

（1）$K_E = K_0$（K_E 最小）　发生在 $\dfrac{R\delta_N}{D_L} \ll 1$ 时［见式（4-13a）］，即慢生长速度和最大的搅动或对流，这时 δ_N 很小，相当于前面讨论的液相充分混合均匀的情况。

（2）$K_E = 1$（K_E 最大）　发生在 $\dfrac{R\delta_N}{D_L} \gg 1$ 时，即快生长速度凝固或没有任何对流、δ_N 很大的情况，这相当于液相只有有限扩散的情况。

（3）$K_0 < K_E < 1$　相当于液相部分混合（对流）的情况，实际工程中常在这一范围。

4.2　合金凝固界面前沿的成分过冷

金属凝固界面前沿的过冷条件关系到凝固界面的宏观形态，过冷度达到一定程度甚至会引起"内生生长"（后面讨论）。凝固过程的溶质再分配引起固-液界面前沿的溶质富集，导致界面前沿熔体液相线温度的改变而可能产生所谓的成分过冷。本节主要介绍成分过冷的形成条件、判据、影响因素及规律。

4.2.1　成分过冷的形成及其条件

这里以图 4-11 所示的液相只有有限扩散情况为例，来说明成分过冷形成的情形及其一般条件。设 $K_0 < 1$，且液相线及固相线均为直线，如图 4-11b 所示。在界面前沿形成一个溶质富集层，如图 4-11a 所示，其液相成分 $C_L(x')$ 按式（4-9）分布，界面上的液相成分为 $C_L^* = C_0/K_0$，对应界面的固相成分为 $C_S^* = C_0$，富集层以外的液相成分 $C_L(x')$ 也为 C_0。图 4-11c 中的 T_i 为相图上与固相成分为 C_0、液相成分为 C_0/K_0 相对应的固-液界面温度（未考虑 ΔT_k）；对应于图4-11a 的 $C_L(x')$，图 4-11c 中不同 x' 处液体的液相线温度为 $T_L(x')$。在离开界面处，由于液相浓度 $C_L(x')$ 随距离 x' 按指数规律逐渐降低，则相应液相线温度 $T_L(x')$ 相反地（因 $m_L < 0$）逐渐上升

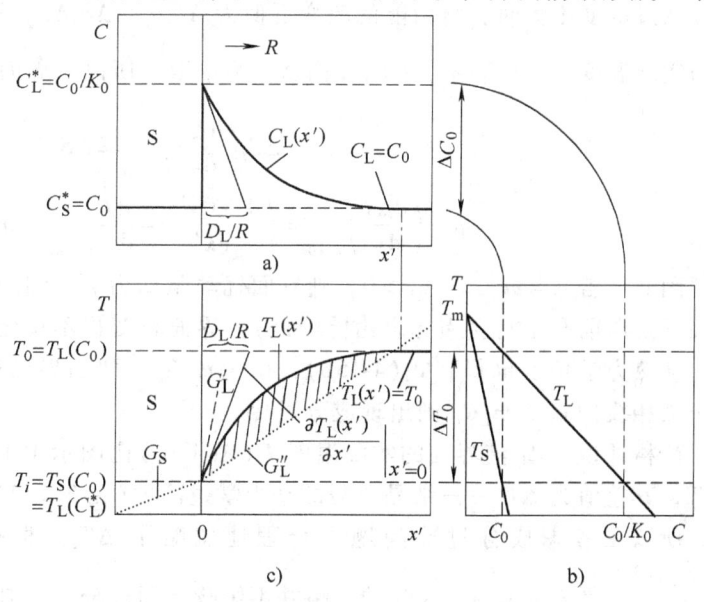

图 4-11　成分过冷的形成条件[5]

$$T_L(x') = T_i + m_L[C_L(x') - C_L^*] \tag{4-14a}$$

将式（4-9）代入整理得
$$T_L(x') = T_i - \dfrac{m_L C_0 (1-K_0)}{K_0}\left(1 - e^{-\frac{R}{D_L}x'}\right) \tag{4-14b}$$

可见，$T_L(x')$ 在 $x'=0$ 处为 T_i，而后 $T_L(x')$ 随距离 x' 按指数规律逐渐上升，直至液相成分下降至 $C_L(x')=C_0$ 时，所对应合金液的液相线温度 $T_L(x')$ 为 T_0（图 4-11b 及图 4-11 c）。

因此，当界面前沿液相实际温度场的梯度 G_L 等于或大于（图 4-11c 中的 G'_L）界面处液相线 $T_L(x')$ 的斜率时，界面前沿不出现成分过冷；而当 G_L（图 4-11c 中 G''_L）小于液相线的斜率 $\left.\dfrac{\partial T_L(x')}{\partial x'}\right|_{x'=0}$ 时，界面前温度场在某一区域的实际温度必然低于液相线温度 $T_L(x')$（图 4-11c），即满足下式时则出现成分过冷

$$G_L < \left.\frac{\partial T_L(x')}{\partial x'}\right|_{x'=0} \tag{4-15a}$$

或将式（4-14a）求偏导改写为

$$G_L < m_L\left(\frac{\partial C_L(x')}{\partial x'}\right)_{x'=0} = m_L G_C \tag{4-15b}$$

虽然图 4-11 所示为液相只有有限扩散的例子，但式（4-15）则为成分过冷形成的一般条件。

由于晶体生长速度随过冷度的增大而提高，后面将会看到，一旦凝固界面前沿出现成分过冷，原来平整的液-固界面即变得不稳定，或者说，界面的平整形态受到扰动。从热力学出发，自由能的改变 ΔG 对距离 x' 的一阶导数为负值时界面出现扰动。所以，界面的扰动驱动力 f'（正值则发生扰动）可表达为[5]

$$f' = -\frac{\mathrm{d}\Delta G}{\mathrm{d}x'} \tag{4-16}$$

在过冷度不大时，自由能的改变近似为 $\Delta G = -\Delta S_f \Delta T$，过冷度 ΔT 为界面前沿液相线温度与实际温度之差 $[T_L(x')-T]$，而 ΔS_f 为常数。所以，界面处 $f'=-\dfrac{\mathrm{d}\Delta G}{\mathrm{d}x'}$ 可改写为

$$f' = \Delta S_f\left(\frac{\mathrm{d}\Delta T}{\mathrm{d}x'}\right)_{x'=0} = \Delta S_f \phi \tag{4-17}$$

$$\phi = \left(\frac{\mathrm{d}\Delta T}{\mathrm{d}x'}\right)_{x'=0} = \left(\frac{\mathrm{d}T_L(x')}{\mathrm{d}x'} - \frac{\mathrm{d}T}{\mathrm{d}x'}\right)_{x'=0} = m_L G_C - G_L \tag{4-18}$$

因此，若 $\phi = m_L G_C - G_L > 0$，则界面扰动驱动力 f' 为正值（可理解为任何干扰因素导致界面某处向前凸出将会引起自由能降低），界面将变得不稳定，不再能够维持平整形态。因而，从热力学角度也得到式（4-15b）：$G_L < m_L G_C$，即当界面前沿液相实际温度场的梯度 G_L 小于液相线的斜率 $m_L G_C$ 则出现成分过冷。

严格地说，固-液界面的实际温度 T_i（图 4-11）比图示中 C_0/K_0 所对应的平衡液相线温度要低，其差值为 ΔT_k——结晶所需的动力学过冷度（见 3.2.2）。但由于 ΔT_k 在界面上处处相等，所以在考虑成分过冷问题中合理地忽略了 ΔT_k。根据成分过冷的产生条件 $G_L < \left.\dfrac{\partial T_L(x')}{\partial x'}\right|_{x'=0}$（$=m_L G_C$），$\Delta T_k$ 的忽略并不影响下面成分过冷判据的推导。

上面以 $K_0<1$ 的合金为例导出了成分过冷概念及产生条件，对于 $K_0>1$ 的合金，溶质再分配则会导致界面前沿产生一个溶质贫乏的边界层。边界层中的溶质浓度是随着 x' 的增大而增加的。但由于这类合金的液相线温度也随着溶质浓度的增大而增加，故在溶质贫乏边界层内，熔体的液相线温度的分布形式与 $K_0<1$ 的合金的情况是完全相同的，其形成成分过冷的过程也完全相同。因此，有关成分过冷的所有结论同样也适用于 $K_0>1$ 的合金。

4.2.2 成分过冷形成的判据

1. 液相只有有限扩散条件下的成分过冷判据

在液相只有有限扩散条件下的稳态过程（注意，$K_0 < 1$ 时 $m_L < 0$）中，将式（4-10）代入式（4-15b）中，得 $G_L < -m_L \dfrac{\Delta C_0}{D_L/R}$。而 $\Delta C_0 (= C_0/K_0 - C_0) = \dfrac{C_0(1-K_0)}{K_0}$，则有

$$\frac{G_L}{R} < -\frac{m_L C_0}{D_L}\frac{(1-K_0)}{K_0} \tag{4-19a}$$

式（4-19a）即为液相只有有限扩散溶质再分配条件下出现成分过冷的判别式。注意，有些教科书中[3,4]成分过冷判别式的右端缺少式（4-19a）中的负号，这是因为这些教科书以 m_L 的绝对值来考虑，两者其实是一致的。根据图 4-11 所示几何关系：$\left.\dfrac{\partial T_L(x')}{\partial x'}\right|_{x'=0} = \dfrac{\Delta T_0}{D_L/R}$，判别式（4-19a）也可以表达为

$$\frac{G_L}{R} < \frac{T_0 - T_i}{D_L} \tag{4-19b}$$

式（4-19）的两种形式也可根据 $G_L < \left.\dfrac{\partial T_L(x')}{\partial x'}\right|_{x'=0}$ 对式（4-14b）求导整理获得，读者可自行予以证明。

2. 液相部分混合（有对流）条件下的成分过冷判据

当 $G_L < m_L G_C = m_L \left.\dfrac{\partial C_L(x')}{\partial x'}\right|_{x'=0}$ 时出现成分过冷，将式（4-11b）微分得

$$\left.\frac{\partial C_L(x')}{\partial x'}\right|_{x'=0} = -\frac{R}{D_L}\frac{C_L^* - \overline{C_L}}{1 - e^{-\frac{R}{D_L}\delta_N}}$$

而 $C_L^* = \dfrac{\overline{C_L}}{K_0 + (1-K_0)e^{-\frac{R}{D_L}\delta_N}}$，代入上式整理后由 $G_L < m_L G_C = m_L \left.\dfrac{\partial C_L(x')}{\partial x'}\right|_{x'=0}$ 可得

$$\frac{G_L}{R} < -\frac{m_L \overline{C_L}}{D_L}\frac{1}{\dfrac{K_0}{1-K_0} + e^{-\frac{R}{D_L}\delta_N}} \tag{4-20}$$

式（4-20）为液相部分混合情况下出现成分过冷判别式，此为成分过冷判别的通式。例如，在液相只有有限扩散时，$\delta_N = \infty$，$\overline{C_L} = C_0$，代入式（4-20）后则得式（4-19a）。可见，式（4-19a）只是式（4-20）的一个特解。不难看出，在下列条件下易于形成成分过冷：①液相中的温度梯度 G_L 小；②晶体生长速度快（R 大）；③液相线的斜率 m_L 绝对值大；④合金原始成分浓度 C_0 高；⑤液相中的溶质扩散系数 D_L 低；⑥$K_0 < 1$ 时 K_0 小 $K_0 > 1$ 时 K_0 大，或偏析系数 $|1-K_0|$ 大。对于这些因素影响成分过冷的原因，读者应从成分过冷形成的物理图像上加以分析与理解。

4.2.3 成分过冷的程度

后面将会看到,成分过冷的过冷度大小对于液-固界面前沿的凝固方式有很大影响。为此,需掌握成分过冷度的计算,以及它的影响因素。这里以液相只有扩散的情况为例进行推导。由式(4-14b)可知,界面前沿的实际温度场温度分布为 $T(x') = T_i + G_L x'$,由图 4-11c 可以看出,界面前沿过冷度大小随 x' 的函数数为 $\Delta T(x') = T_L(x') - T(x')$,即

$$\Delta T(x') = -\frac{m_L C_0 (1-K_0)}{K_0}\left(1 - e^{-\frac{Rx'}{D_L}}\right) - G_L x'$$

对 $\Delta T(x')$ 求导,求最大过冷度,即求导 $\dfrac{\mathrm{d}\Delta T(x')}{\mathrm{d}x'} = 0$,最大过冷度对应的 x' 为

$$x'_m = \frac{D_L}{R}\ln\frac{-Rm_L C_0 (1-K_0)}{G_L D_L K_0}$$

代入 ΔT 式得

$$\Delta T_{\max} = -\frac{m_L C_0 (1-K_0)}{K_0} - \frac{G_L D_L}{R}\left[1 + \ln\frac{-Rm_L C_0 (1-K_0)}{G_L D_L K_0}\right] \tag{4-21}$$

式(4-21)运用于液相只有扩散情况(见推导过程)成分过冷的最大过冷度。出现成分过冷的区域宽度为 ΔX,可设 $\Delta T = 0$,按 $\Delta T \sim x'$ 的函数关系求得

$$\Delta X = \frac{2D_L}{R} + \frac{2K_0 G_L D_L^2}{m_L C_0 (1-K_0) R^2} \tag{4-22}$$

成分过冷的最大过冷度 $\Delta T_{\max}$ 及成分过冷的区域宽度 ΔX 是描述成分过冷程度的两个指标,它们对凝固方式及晶体形态具有重要影响。

4.3 成分过冷对合金单相固溶体结晶形态的影响

合金单相固溶体的凝固情况不仅适合于完全互溶的单相合金,以及部分互溶的端际固溶体合金,也适合于具有共晶及包晶反应合金的先期固溶体的凝固。合金的结晶长大的形态主要与传热及传质有关,而纯金属则仅与热流有关(无溶质传输)。为了更好地理解成分过冷对金属或合金单相固溶体凝固的影响,首先需了解"热过冷"对纯物质凝固界面形态的影响。

4.3.1 热过冷对纯物质液-固界面形态的影响

当纯物质凝固界面的液相一侧为正温度梯度 $\left(G_L = \dfrac{\mathrm{d}T}{\mathrm{d}x} > 0\right)$ 时(图 4-12),界面通常为平直形态,且为等温面(动力学结晶温度)。此时,界面温度 T_i 低于平衡熔点 T_m 的实际过冷度仅为动力学过冷度 ΔT_k,这种过冷正好提供晶体生长而使界面向前推进所必须的动力学驱动力。在此情况下,界面上任何干扰因素所引起晶体的局部不稳定形态,当凸起部位凸出至实际过冷度低于 ΔT_k 的区域,因生长困难很快被其周围正常生长的晶体赶上,甚至因曲率引起熔点下降而发生局部重熔,所以重新恢复为宏观上的平面界面(图 4-13)。

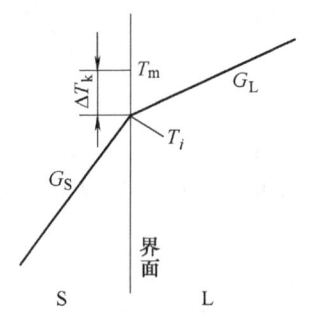

图 4-12 纯物质液相正温度梯度

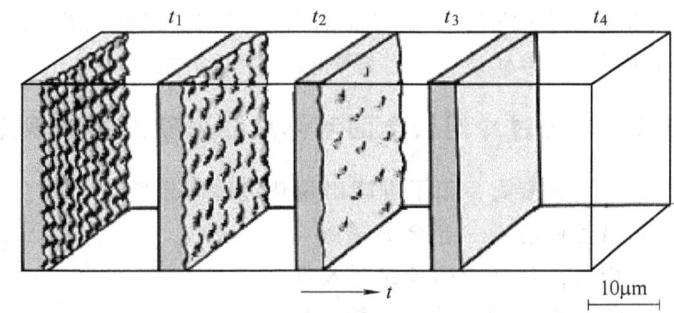

图 4-13 纯物质在正温度梯度下维持平面生长

若在界面液相一侧形成负温度梯度（$G_L = \dfrac{dT_L}{dx} < 0$），如图 4-14 所示，在纯金属界面前方获得大于 ΔT_k 的过冷度，熔体则出现热过冷。此时，凝固界面形成的不稳定形态将会发展。因为任何干扰因素所形成的界面畸变，其局部凸出部分将会深入到比动力学结晶温度更低的温度区域而获得更大的生长驱动力，凸出的晶体将不会重熔，并会进一步发展长大，成为胞状晶组织，如图 4-15a 所示。此外，如果突出的晶体侧向也不稳定，从而长出侧向分枝，则界面畸变将进一步发展而呈柱状树枝晶方式进行凝固，图 4-15b 所示为高纯度体心立方琥珀腈（SCN）及面心立方三甲基酸酐（PVA）生长中的实际形貌[6]。

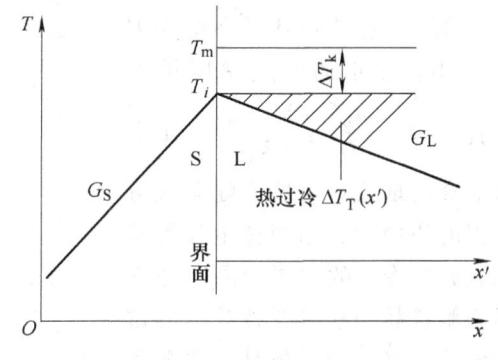

图 4-14 纯物质液相负温度梯度

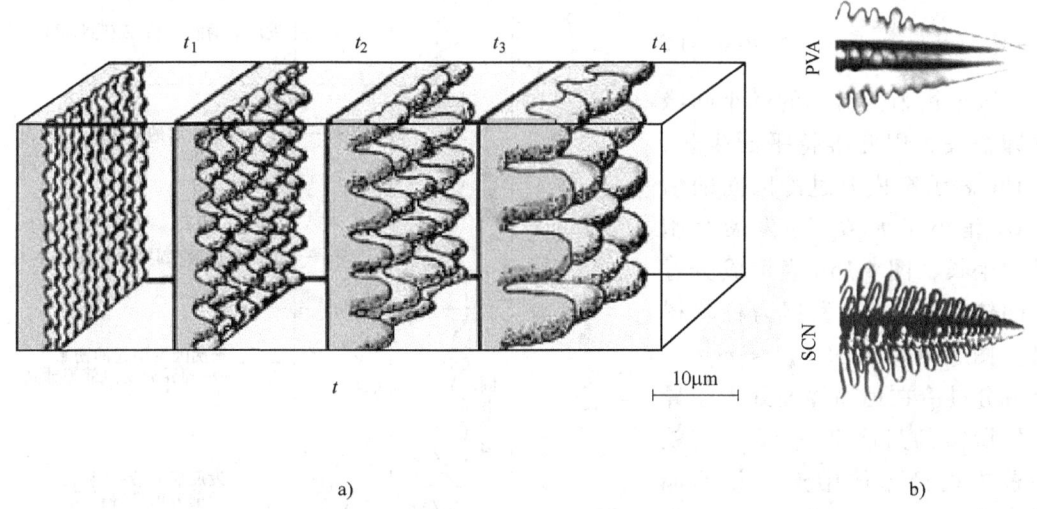

图 4-15 纯物质在负温度梯度下凝固界面变得不稳定
a）胞状晶发展（示意图） b）侧向分枝（实际树枝晶形貌）

出现负温度梯度有不同的情况。在上述界面单向推进的情况下，由于液相本来在内部因形核困难等原因具有较大的热过冷度，在界面向前推移时发出结晶潜热，使界面处的液相温度升高，从而在界面前沿形成负的温度梯度。此外，等轴晶在过冷熔体内部发生形核与生长,其周围各方向的液-固界面前沿也因结晶潜热而出现负的温度梯度。正因为如此,熔体内部的金属固溶体通常为等轴树枝晶生长方式。

4.3.2 成分过冷对合金固溶体晶体形貌的影响规律

对于合金凝固,除了可能出现热过冷的影响外,很多情况下还可能受成分过冷的影响。在负的温度梯度下,合金的情况与纯物质相似,合金固溶体结晶易于出现胞状晶或柱状树枝晶形貌。但即使液相一侧不出现负的温度梯度,由于溶质再分配引起界面前沿的溶质富集,也会导致平衡结晶温度的变化。在正的温度梯度情况下,若 $\frac{G_L}{R} < -\frac{m_L C_0 (1-K_0)}{D_L K_0}$,则界面前沿会出现成分过冷。随着成分过冷程度的增大,固溶体生长方式由无成分过冷时的"平面晶"依次发展为胞状晶→柱状树枝晶→内部等轴树枝晶(自由树枝晶)等各种不同的生长方式。

图 4-16a 表示不同的成分过冷情况;图 4-16b 表示无成分过冷 $\left(G_L = G_1 > \left.\frac{\partial T_L(x')}{\partial x'}\right|_{x'=0} = m_L G_C\right)$ 的情况,因干扰因素引起的微小凸缘会立即消失,因此维持平面生长;图 4-16c 表示窄成分过冷区间的情况(G_2 稍小于 $m_L G_C$),发展为胞状晶的生长;图 4-16d 表示成分过冷区间较宽(G_3),发展为柱状树枝晶;图 4-16e 表示 $G_4 \ll m_L G_C$,一旦成分过冷在远离界面处大于异质形核所需的过冷度($\Delta T_异$),就会在前方内部熔体中产生新的晶核,造成"内生生长",自由树枝晶在固-液界面前方的熔体中出现。上述胞状晶及树枝晶自型壁沿与热流相反方向生长的晶体生长方式均称为柱状生长,这类胞状晶及柱状

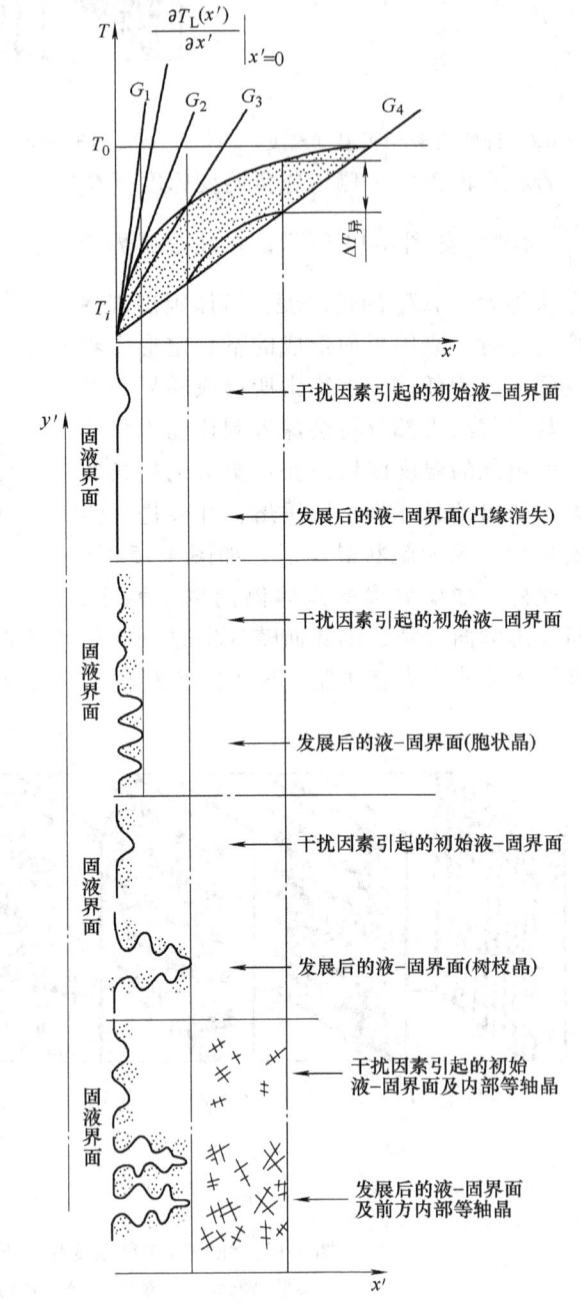

图 4-16 过冷度与晶体形貌
a) 不同过冷度情况 b) 平面生长
c) 胞状生长 d) 树枝状生长 e) 内生生长

树状晶称为柱状晶。

由成分过冷的判别式可知，单相固溶体的生长方式受两方面因素控制，即工艺因素（R、G_L）和合金的性质（C_0、m_L、K_0、D_L）。C_0、R 和 m_L 的绝对值越小，D_L 与 G_L 越大，K_0 越小（$K_0<1$），则界面越趋于平面生长，其中 C_0、R、G_L 为影响成分过冷程度的三个主要因素。C_0 一定时，G_L/R 随 G_L 的减小或 R 的增大而降低（图 4-16a），成分过冷程度增加，而且最大成分过冷 ΔT_{max} 在远离固-液界面处，而界面处过冷度最小。一方面，一旦界面上某一位置形成晶体突出，则处于更大的过冷度条件下，极易快速向前长大，并容易沿晶体侧向发展成为树枝晶；另一方面，内生生长阻碍原有固-液界面的整体推进。C_0、R、G_L 对晶体形貌的综合影响如图 4-17 所示。

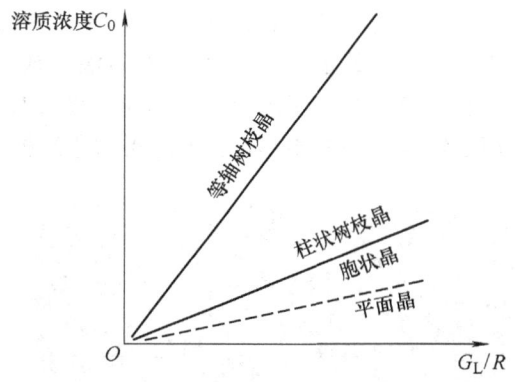

图 4-17　C_0、R、G_L 对晶体形貌的综合影响示意图

图 4-18 所示的结果揭示了不同程度成分过冷对定向凝固组织的影响[7]。该研究以 $G_L=5℃/mm$ 相同的温度梯度，通过改变凝固速度 R 来改变镍基超合金 CMSX4 液-固界面前沿的成分过冷度，当定向凝固进入到稳定阶段时，将试样快速液淬。结果表明，成分过冷程度随 R 的提高而增大，图 4-18a 所示为胞状晶组织，图 4-18b 所示为已具有二次分枝的树枝晶，图 4-18c 所示为二次分枝及三次分枝已充分发达。

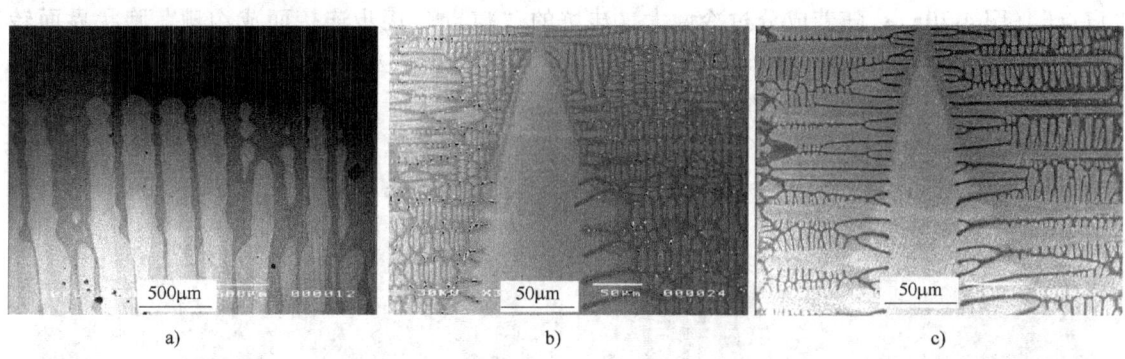

图 4-18　R 变化引起不同成分过冷条件下的镍基超合金 CMSX4 定向凝固组织形貌（$G_L=5℃/mm$）
a）$R=5mm/h$　b）$R=50mm/h$　c）$R=180mm/h$

（注：高温镍基超合金 CMSX4 的成分为：$w_{Ni}61.7\%$，$w_{Co}=9.0\%$，$w_{Ta}=6.5\%$，$w_{Cr}=6.5\%$，$w_{W}=6.0\%$，$w_{Al}=5.6\%$，$w_{Re}=3.0\%$，$w_{Ti}=1.0\%$，$w_{Mo}=0.6\%$）

4.3.3　窄成分过冷作用下胞状组织的形成及其形貌

成分过冷一旦使晶体生长的平面界面破坏，在宏观组织上就会出现胞状晶，如图 4-19a 所示。在干扰的作用下界面上首先产生微小凸起，如前方有成分过冷存在，凸起部位即向前方长大，同时侧向也在生长。$K_0<1$ 时，相邻凸起间沟槽内的溶质增加比凸起端部更为迅速，而沟槽内溶质扩散到前方熔体的速度比端部的小，于是沟槽内溶质富集，进而使熔点降

低，抑制着凸起的横向生长速度并形成一些由降低固溶体熔点的溶质汇集区所构成的网络状沟槽。而凸起前端的生长则由于受成分过冷区宽度较窄的限制，不能自由地向熔体前方伸展。当由于溶质的富集使界面各处的液相成分达到相应温度下的平衡浓度时（严格地说，相应温度比液相成分所确定的平衡温度低 ΔT_k 时），界面形态趋于稳定。发展良好的规则胞状界面通常具有如图 4-19b 所示的正六边形槽沟结构。

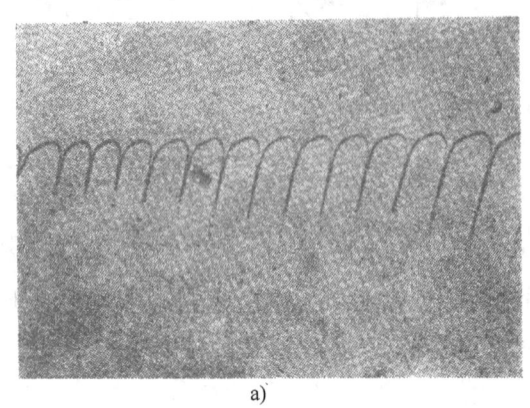
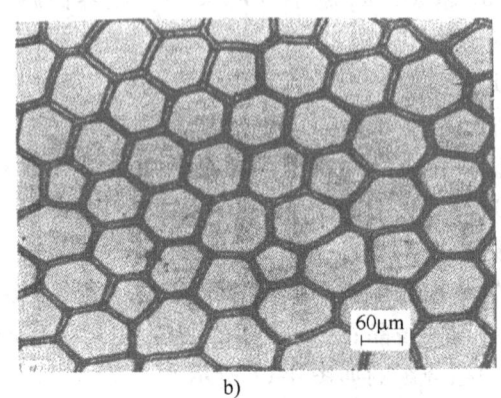

图 4-19 胞状晶组织形态
a) 四溴化碳胞状晶的纵截面 b) 规则胞状晶的横截面

由平面形态到规则的胞状界面之间，随着成分过冷的不同，界面形态呈现出若干过渡形式，如图 4-20 所示。当成分过冷刚形成时，界面首先变得凹凸不平而出现若干溶质富集的"痘点"（图 4-20a）；随着成分过冷增大，洼坑的"痘点"逐步连接而成沟槽，胞状界面转变为狭长的胞状界面（图 4-20b）；成分过冷进一步增大时，构成不规则的胞状界面（图 4-20c）；最后，在更大的成分过冷下形成规则的胞状界面（图 4-20d）。必须指出，胞状晶往往不是彼此分离的晶粒，在一个晶粒的界面上可形成许多胞状晶，这些胞状晶源于一个晶粒，因此，胞状晶可认为是一种亚结构。

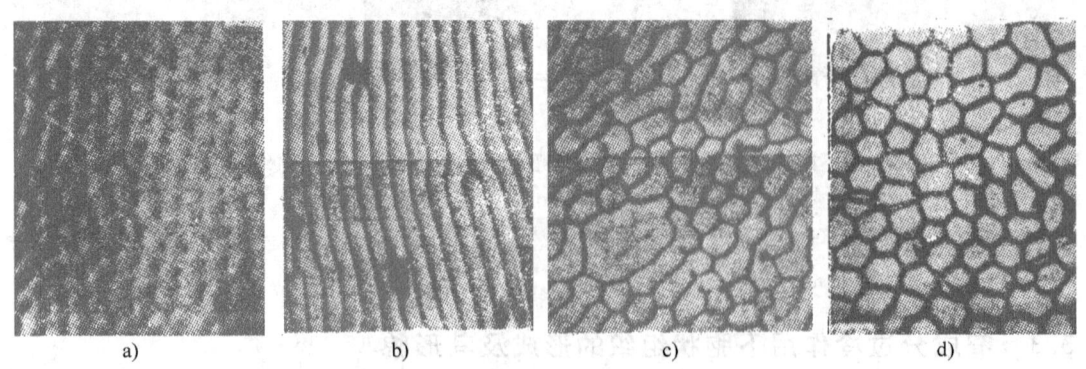

图 4-20 $w_{Pb} = 0.006\%$ 的锡合金不同成分过冷（由小变大）胞状晶界面的演变
a)"痘点"状界面 b) 狭长的胞状晶界面 c) 不规则胞状晶界面 d) 规则胞状晶界面
（倾液法实验观察，G/R 由 2000℃·cm^{-2}·s 到 350℃·cm^{-2}·s）

4.3.4 较宽成分过冷作用下的枝晶生长

非小晶面相的胞状晶生长方向垂直于固-液界面，平行于热流逆方向，而与晶体学取向无关，如图 4-21a 所示，但随后向柱状树枝晶发展，其生长方向的轻微各向异性开始显现。随着 G_L/R 的减小（G_L 变小或 R 增加），界面前方成分过冷区逐渐加宽，胞状晶凸起伸向熔体的更远处，胞状晶生长方向开始转向优先的结晶生长方向（如立方晶体为 $<100>$，六方晶体为 $<10\bar{1}0>$），如图 4-21b 所示。随后，胞状晶的横断面也将受晶体学因素的影响而出现凸缘，如图 4-21c 所示。当成分过冷区进一步加宽时，凸起前端所面临的新的成分过冷也进一步加强，凸缘上开始形成短小的锯齿状二次分枝，形成柱状树枝晶雏形，如图 4-21d 所示。

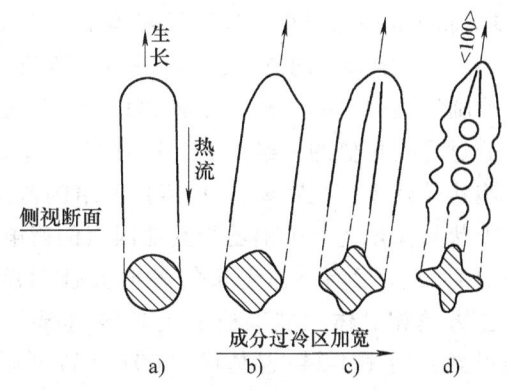

图 4-21 胞状晶向柱状树枝晶生长的转变
（图示 $<100>$ 为立方晶体的择优生长方向）

对于溶质量少的或凝固温度范围很宽的合金，其晶体生长形貌为在主干（一次臂）上长出短而密的二次分枝，如图 4-22 所示的不纯铅合金胞状晶分枝。而大多数合金在成分过冷区足够大时，却具有高密度的分枝形态，即在二次分枝上还会出现三次分枝，与此同时，继续伸向熔体的主干前端又会有新的二次分枝形成。这样不断分枝的结果是在成分过冷区内迅速形成了柱状树枝晶的骨架，如图 4-23 所示的 Al-20% Cu 树枝晶[8]。

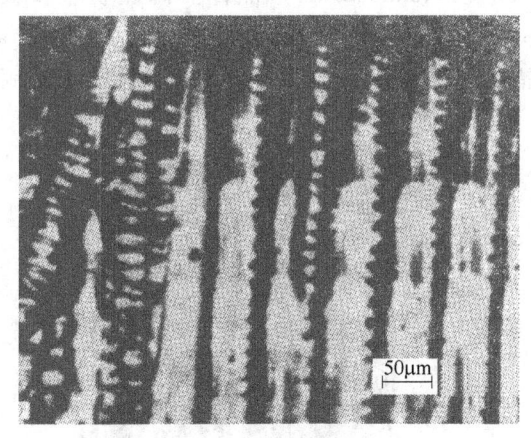

图 4-22 不纯铅合金胞状晶分枝

图 4-23 Al-20% Cu 树枝晶
（$G_L = 48\text{K/mm}$，$R = 25\text{m/s}$）

关于如何确定由胞状晶向柱状树枝晶转变的临界点，或胞状晶发展的范围，虽然目前尚未获得具有普遍意义的定论，但下面几个标志性的研究结果有助于直观认识与理解其影响因素与规律。

早期曾认为，形成胞状界面的成分过冷区的宽度在 0.01~0.10cm 之间[2,3]。然而，这一范围在一些情况下并不一定符合，例如，图 4-18a 所示部位的镍基超合金胞状晶即已大大超过了这一范围。

Laxmanan 曾通过理论推导及实验结果指出，胞状晶转为柱状树枝晶的条件是[9] $G_L/R < \Delta T_0/2D_L$。特定合金的 ΔT_0 及 D_L 基本为定值，按照这一关系，若 G_L 不变，当 R 大于产生成分过冷临界凝固速率（R_c）的两倍以上，则胞状晶将转变为树枝晶；若 R 不变，则 G_L 为产生成分过冷临界值的一半以下，这时有 $G_L < \Delta T_0/2(D_L/R)$。根据图 4-11c 所示成分过冷的条件，胞状晶处于特征距离（D_L/R）两倍的范围内。其实，除了合金性质、R 及 G_L 的影响之外，胞状晶稳定生长范围还受其他因素的影响。

图 4-24 所示为晶体生长的各向异性对胞状晶/树枝晶的作用[10]，图中为非小晶面的面心立方单相晶体在玻璃板上生长的情况，试样宽 10mm、厚 15μm。通过对籽晶方向的精巧设置，使图 4-24a 晶体的 [001] 晶向垂直指向玻璃板，图 4-24b 晶体的 [111] 晶向垂直指向玻璃板。结果表明，在图 4-24a 的生长界面具有两重各向异性的情况下，当生长速率大于临界凝固速率 R_c（≈1.9μm/s）20 倍时，胞状晶稳定生长开始消失，一次臂稍稍偏离热流的逆方向按理想的[001]方向生长，其两侧出现短小的二次臂；而图 4-24b 的生长界面难以察觉出各向异性，在 $R = (5~50)R_c$ 的范围内均不再为胞状生长，却出现了海藻状生长模式，其显著特征是以局域非对称且多方向随机分枝，晶体也不再按照理想方向生长。

这一研究结果不仅表明了晶体生长各向异性对胞状晶稳定性（维持胞状晶生长的成分过冷范围）的作用，还同时引出了另一方面意义：在凝固界面变得不稳定后，还可能存在与通常树枝状晶体对称且按级（主干→二次臂→三次臂）分枝生长方式不同的另一种模式，这种海藻状晶体在凝固领域被称为非树枝状（Nondendritic）晶体。海藻状生长被认为在 Al、Mg 等合金中呈"羽毛状"奇特晶体的生长过程中起重要作用[11,12]。图 4-25a 及图 4-25b 分别为相场模拟 Al-Mg 合金的等轴晶以海藻状生长，以及 AZ91D 的实际凝固组织。

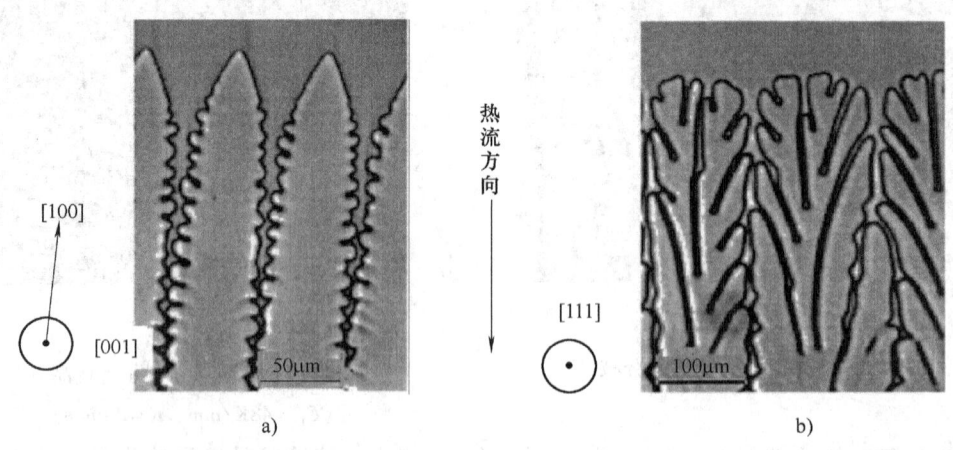

图 4-24　各向异性对晶体生长方式的作用 [CBr_4-8% C_2Cl_6（摩尔分数）合金]
a) $R > 20R_c$, (001) 面与玻璃板平行　b) $R = (5~50)R_c$, (111) 面与玻璃板平行

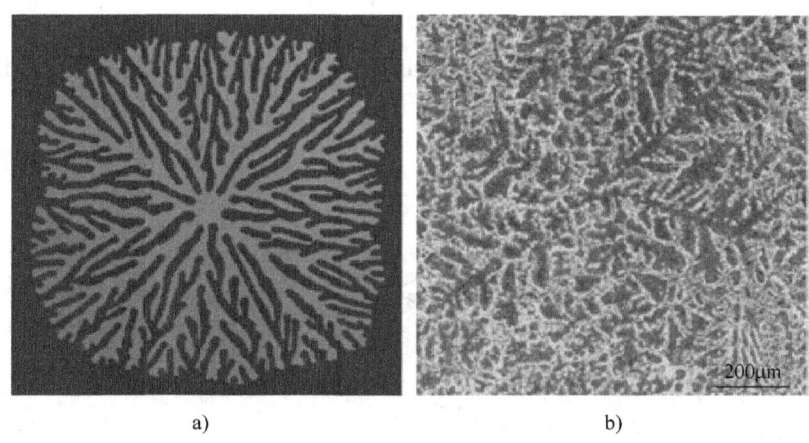

图 4-25 Al-Mg 合金等轴晶的海藻状生长[12]
a) 相场模拟的生长方式 b) AZ91D 的实际凝固组织

4.3.5 等轴晶的形成与内生生长

上述胞状晶、柱状树枝晶或海藻状晶体的生长，其枝晶间的液体最终均将成为固体。在单向生长时，它们与无成分过冷条件下的平面生长结果一样，形成自外向内的柱状晶。柱状晶的组织方向性很强，使材料的性能具有明显的各向异性。而且，在柱状晶的晶界及亚晶界处通常溶质及微量杂质富集十分严重，往往是合金材料最为薄弱的地方。这里特别指出，如果成分过冷程度进一步增大，将会出现另一种宏观结晶状态，即在熔体内部自由生长的等轴晶。

如图 4-16e 所示，当固-液界面前方成分过冷的最大值 ΔT_{max} 大于熔体中非均质形核最有效衬底大量形核所需的过冷度 $\Delta T_{异}$ 时，在柱状树枝晶由外向内生长的同时，界面前方这部分熔体将大量形核，导致许多独立的晶体在过冷熔体中的自由生长，形成方向各异但各生长方向尺度相近的等轴晶，即等轴树枝晶或称为自由树枝晶。等轴晶的存在阻止了柱状晶区的继续单向延伸，此后的结晶过程便是等轴晶区不断向液体内部推进的过程。在晶体由外向内单向生长时，如果在固-液界面前沿的整个内部液体中出现宽大的成分过冷，且均达到形核所需的过冷度 $\Delta T_{异}$ 时，则会出现大范围的等轴晶生长。

等轴晶在液体内部形成，从自由能的角度看应该是球体，因为相同体积以球体的表面积为最小。而什么却成为等轴树枝晶或其他形态呢？这是因为晶体的表面总是由界面能较小的晶面所组成，所以，在一个多面体的晶体中，那些宽而平的面是界面能小的晶面，而棱与角的狭面为界面能大的晶面。因此，等轴晶的平衡结晶形态并不是球形，而是多面体。但在实际凝固中，由于各向异性的强弱不同，非小平面及小平面等轴晶的形态有较大差别，且因凝固条件的差异，即使相同属性晶体的等轴晶形貌也可能完全不同。

各向异性较弱的非小平面晶体（如金属固溶体），其等轴晶多呈现树枝晶形貌。这是由于多面体的棱角前沿液相溶质的浓度梯度较大，其扩散速度较大；而大平面前沿液相溶质的浓度梯度较小，其扩散速度也小，这样，晶体在棱角处的长大速度大，平面处的长大速度小，因而多面体便逐渐长成图 4-26a 所示的星形，而后从星形再次分枝而发展成为树枝状。即使同为等轴树枝晶，也可能因晶体自身的生长方向差异及对流等条件的不同而形态各异。例如，图 4-26b 所示为相场模拟结果，在流场中迎着对流方向生长的部位比其他方向发展得更快；图 4-26c 所示为亚共晶 Sn-Bi 合金初生相（锡固溶体）等轴树枝晶的实际形貌。

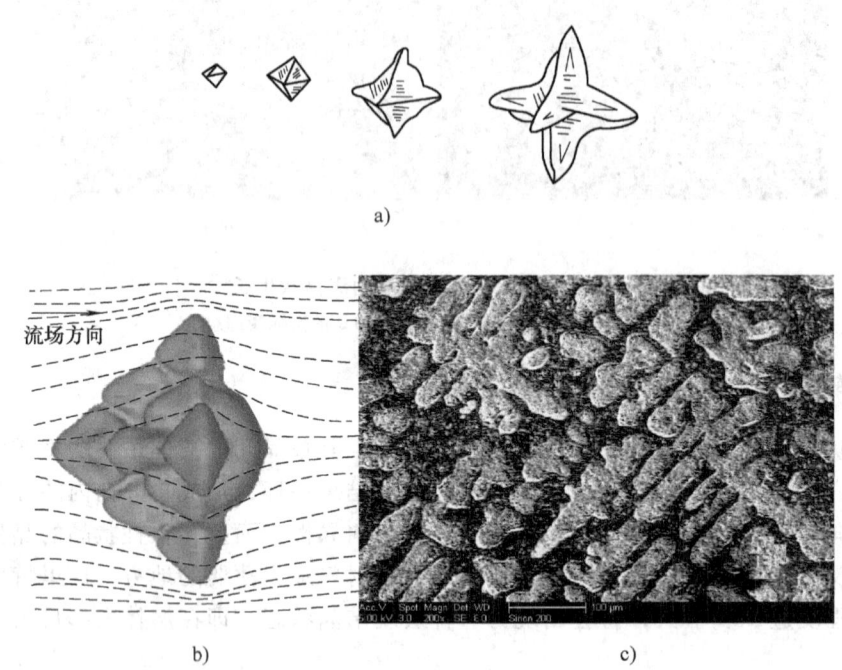

图 4-26 非小平面晶体的等轴树枝晶

a）八面体微晶发展为树枝晶干的过程示意图   b）流场对等轴晶形貌的影响[10]
c）亚共晶 Sn-Bi 合金初生相等轴树枝晶实际形貌

小平面晶体（如非金属）的各向异性强，熔体中自由生长的等轴晶通常具有清晰的多面体形貌，而不容易长成树枝晶。这是由于棱角处向前推进势必为其相邻的密排晶面侧向扩展提供了原子附着台阶，而晶体始终由界面能小的密排晶面所包封，符合系统自由能最低原理。所以，生长最慢的晶面（通常为低指数面）总是决定着晶体生长模式及其形貌。如图 4-27a 所示，当（100）面生长比（111）面快时，最初只以（100）面为表面的立方晶体（左图）在生长中将会逐渐变为以（111）面为表面的八面体形态。若（110）面生长最慢时，将会逐渐形成斜方十二面体形态，如图 4-27b 所示。此外，溶质偏聚、凝固速度以及各种晶体缺陷的存在等因素的影响常常会使某些晶面的生长模式发生改变，这会导致同种晶体呈现不同的形貌，有时甚至形成有棱角的树枝晶。图 4-27c 所示为过共晶 Sn-Bi 合金的实际凝固组织，作为初生相的铋晶体呈现多种形态棱角分明的多面体（注意：金相截面为棱角分明的多边形。当然，即使相同的多面体由于所截位置和方位的差异也会呈现出不同的多边形）。

就合金的宏观结晶状态而言，平面生长、胞状生长和柱状树枝晶生长皆属于一种晶体自型壁形核，然后由外向内单向延伸的生长方式，这种方式称为外生生长。等轴晶在熔体内

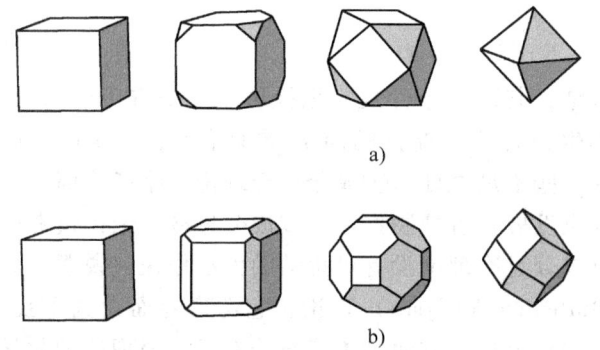
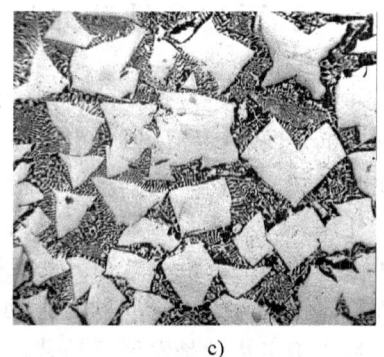

图 4-27 小平面晶体等轴晶生长形貌

a)、b) 形貌发展过程示意图　c) 过共晶 Sn-Bi 合金凝固组织中铋晶体（此时为小平面相）的实际形貌

部形核且自由生长的方式则称为内生生长。可见，成分过冷区的进一步加大促使了外生生长向内生生长的转变。显然，这个转变是由成分过冷的大小和外来质点非均质形核的能力这两个因素所决定的，大的成分过冷和强形核能力的外来质点都有利于内生生长，并促进内部等轴晶的形成。

不同生长条件下可出现的界面形貌情况见表 4-1，不同原始成分及分配系数情况下维持界面稳定（不出现成分过冷）的最小温度梯度值见表 4-2。显然，对于给定的条件，即使在较低的原始成分情况下（如 $C_0 = 1.0\%$，质量分数），为了维持界面稳定，抑制胞状晶及柱状树枝晶的出现，必须要求很高的温度梯度。应该注意到，为了获得单晶体或其他定向生长过程，对于 $C_0 = 1.0\%$、$K_0 = 0.5$ 的合金需要大于 20K/mm 的温度梯度，而 $K_0 = 0.1$ 的合金需要高达 180K/mm 以上的温度梯度。

表 4-1　不同生长条件下纯金属及合金的界面形貌总结

温度梯度	生长条件		
	$G_L < 0$	$G_L > 0$	
纯 金 属	界面失稳	柱状树枝晶	界面稳定	平面晶
		等轴树枝晶		
合 金	界面失稳	柱状树枝晶	界面稳定（$G_L > m_L G_C$）	平面晶
		等轴树枝晶	界面失稳（$G_L < m_L G_C$）	胞状晶（柱状）
				柱状树枝晶
				等轴树枝晶

表 4-2　界面稳定的最小温度梯度 G_L^{min} 与原始成分 C_0 及分配系数 K_0 的关系

（计算参数：$D_L = 0.005 \text{mm}^2/\text{s}$，$R = 0.01\text{mm/s}$，$m = -10\text{K}/\%$）

平衡分配系数 K_0	C_0（质量分数,%）		
	10	1	0.01
0.5	$G_L^{min} = 200\text{K/mm}$	$G_L^{min} = 20\text{K/mm}$	$G_L^{min} = 0.2\text{K/mm}$
0.1	$G_L^{min} = 1800\text{K/mm}$	$G_L^{min} = 180\text{K/mm}$	$G_L^{min} = 1.8\text{K/mm}$

4.4 界面稳定性动力学分析[一]

上述成分过冷理论的物理图像简单而清晰，其形成条件及判据提供了一个有用的途径，来判断定向凝固晶体以及由外向内单向外生生长铸件（锭）的固-液界面形态，乃至晶体的生长形貌。然而，成分过冷理论有其固有的一些不足之处：①成分过冷理论忽略了界面张力的作用，而界面张力无疑对界面扰动的形成及发展具有抑制作用；②成分过冷理论仅仅考虑了液体的温度梯度；③当界面变得不稳定时成分过冷理论没有对扰动的大小作任何说明。界面稳定性动力学理论亦称为扰动分析（Perturbation Analyses）理论，它考虑界面受到干扰，然后去确定扰动是发展还是衰减或者消失，并对上述三方面给予了充分考虑。该理论的数学处理过程复杂且冗长，这里着重介绍其基本物理思路，尤其是有助于理解与控制凝固界面形貌的主要内容和结论。

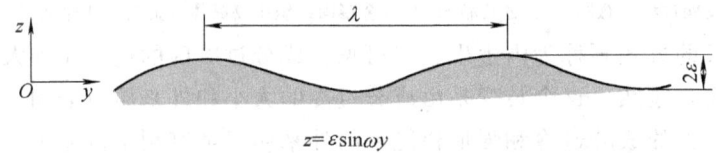

图 4-28 干扰因素作用下的固-液界面扰动

实验观察表明，由于干扰而出现界面扰动的初始二维形态接近于正弦曲线。假设在干扰因素的作用下，且假定对温度场和溶质扩散没有影响，凝固界面形成一个非常小的振幅 ε 且与时间有关的正弦函数形式的扰动 $z = \varepsilon\sin\omega y$，如图 4-28 所示。干扰波长为 λ，$\omega = 2\pi/\lambda$，振幅 ε 随时间的变化率表示为 $\dot{\varepsilon}$（$= d\varepsilon/dt$），扰动界面的局部生长速率为 $R + \dot{\varepsilon}\sin\omega y$。为了考虑固相及液相的热传导系数 κ_S 及 κ_L 对固相及液相温度梯度 G_S 和 G_L 的综合影响，以相对热传导系数进行数学处理，即 $\bar{\kappa}_S = \kappa_S/(\kappa_S + \kappa_L)$，$\bar{\kappa}_L = \kappa_L/(\kappa_S + \kappa_L)$。在特定凝固条件下，以 $\dot{\varepsilon}/\varepsilon$ 描述界面扰动振幅发展的相对速率。当 $\dot{\varepsilon}/\varepsilon < 0$ 时，干扰振幅 ε 随时间衰减而不会发展甚至消失，界面处于相对稳定状态；当 $\dot{\varepsilon}/\varepsilon = 0$ 时，界面处于相对稳定临界点处；当 $\dot{\varepsilon}/\varepsilon > 0$ 时，ε 随时间而增长，即扰动加剧而界面变得不稳定。临界点 $\dot{\varepsilon}/\varepsilon = 0$ 时有如下关系

$$\dot{\varepsilon}/\varepsilon = -\Gamma\omega^2 - (\bar{\kappa}_L G_L \xi_L + \bar{\kappa}_S G_S \xi_S) + m_L G_C \xi_C = 0 \tag{4-23}$$

式中，Γ 为 Gibbs-Thomsom 系数（$\Gamma = V_S\sigma_{SL}/\Delta S_m$）；系数 ξ_L、ξ_S、ξ_C 与生长速度 R 及干扰角频率 ω 相关，并分别与液相及固相的热扩散系数 α_L、α_S 以及溶质扩散系数 D_L 相关。因此，式（4-23）的第一项（$-\Gamma\omega^2$）表达界面张力的作用（$\omega = 2\pi/\lambda$ 与曲率有关），此项有利于界面稳定，这在成分过冷理论中未予考虑；第二项对应于成分过冷判别式式（4-19a）左边的 G_L/R 项，但这里表达了液相及固相温度梯度等因素的综合作用，其综合绝对值越大，则界面越稳定；第三项则对应于式（4-19a）的右边项，表达了由于溶质富集所引起的界面处液相线斜率与干扰等因素的交互作用。

扰动分析理论重点考虑界面稳定性与干扰波长 λ 的关系。若以平均温度梯度 $G = (G_L\kappa_L$

[一] 若教学课时安排有限，本节可不作为课堂教学内容。在此情况下，学有余力的同学可自行研读。

$+G_S\kappa_S)/(\kappa_L+\kappa_S)$ 代替 G_L 及 G_S, 根据式 (4-23) 及 $\omega=2\pi/\lambda$, 界面扰动振幅发展的相对速率与干扰波长的关系 $\dot{\varepsilon}/\varepsilon-\lambda$ 可表达为图4-29所示的曲线。图中, 在界面干扰波长 λ 很小的情况下, 由于曲率对扰动的抑制作用, $\dot{\varepsilon}/\varepsilon$ 为负值, 界面扰动衰减甚至趋于消失, 即界面处于稳定。当 λ 超过 λ_i 时, 扰动加剧而界面失稳, 且扰动发展最快的波长 λ_{max} 可能占主导地位。在干扰波长 λ 很大时, $\dot{\varepsilon}/\varepsilon$ 再次降低为负值, 界面又趋于稳定。在界面处平均温度梯度 G 很大时 (如 G_2), 界面始终处于相对稳定状态, 即 $\dot{\varepsilon}/\varepsilon<0$。

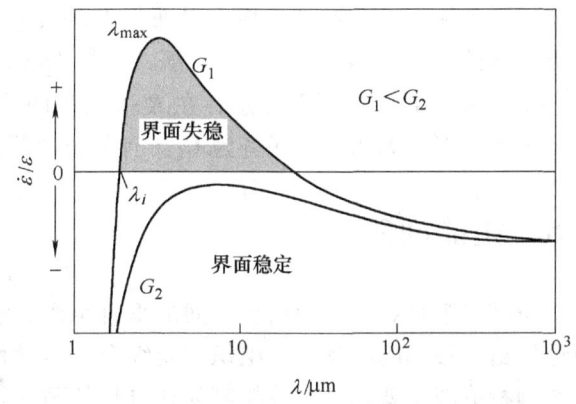

图4-29 界面稳定性与干扰波长的关系[1]

下面进一步讨论界面失稳的最小干扰波长 λ_i。

若忽略 κ_S 与 κ_L、G_S 与 G_L 的差别, 同样取平均温度梯度 G, 且 $\xi_L=\xi_S=1$ ($\omega\gg R/D_{S,L}$ 时), $\xi_C=1$ ($\omega\gg R/\alpha$), 则表达界面处于相对稳定临界点的式 (4-23) 可改写为

$$\dot{\varepsilon}/\varepsilon=-\Gamma\omega^2-G+m_LG_C=0 \tag{4-24}$$

与成分过冷理论相比, 式 (4-24) 只是多了界面张力作用项 ($-\Gamma\omega^2$)。由式 (4-24) 可求得

$$\lambda_i=2\pi\sqrt{\frac{\Gamma}{mG_C-G}}=2\pi\sqrt{\frac{\Gamma}{\phi}} \tag{4-25}$$

式中, 以 λ_i 代替 $\omega=2\pi/\lambda$ 中的 λ。Γ/ϕ 项为界面张力产生的毛细作用力 (Γ——稳定界面作用) 与界面扰动驱动力 ϕ 的比值。如果 ϕ 趋于 0 [$mG_C-G\to0$, 即成分过冷临界点, 见式 (4-18)], 界面失稳的最小波长 λ_i 趋于无穷大, 即为平界面。另一方面, 若 ϕ 远远超越成分过冷界限, 即 $G\ll mG_C=-m\Delta C_0R/D_L=\Delta T_0R/D_L$ [参见式 (4-10) 及图4-11], 则式 (4-25) 可近似表达为

$$\lambda_i=2\pi\sqrt{\frac{D_L\Gamma}{R\Delta T_0}} \tag{4-26}$$

式 (4-26) 表明, 界面不稳定形貌的最小波长 (临界值 λ_i) 正比于扩散长度 (D_L/R, 相当于4.1.4节中的特征距离) 与毛细长度 ($\Gamma/\Delta T_0$) 的几何平均数。可见, 在合金性质方面, 高的 D_L 和 Γ 值、低的 ΔT_0 值, 以及工艺因素降低生长速度 R 均将会使界面失稳的最小波长 λ_i 增大, 这意味着界面相对稳定性增加。相反, 若快速凝固中的生长速度 R 提高到一定程度, 当扩散长度 D_L/R 缩短至与毛细长度 $\Gamma/\Delta T_0$ 相当时, 由于界面前溶质富集层尺度趋近于几个原子尺度, 在界面张力的作用下, 界面则再度趋于稳定, 称为界面的绝对稳定。由 $D_L/R=\Gamma/\Delta T_0$, Huntley 和 Davis (1993年) 考虑加入速度相应分配系数 K_R (有些专著[5]中则采用平衡分配系数 K_0), 将绝对稳定临界速度 R_a 表达为[1,13]

$$R_a=\frac{D_L\Delta T_0}{K_R\Gamma} \tag{4-27}$$

当 $R\geqslant R_a$ 时, 界面处于绝对稳定状态, 又恢复到平整界面形态。从总体上看, 在通常的单向凝固条件下, 随着 R 的增大凝固界面形态的变化趋势为平面→胞状→树枝状; 而在

快速凝固条件下，随着 R 的增大界面形态的变化趋势又反过来为树枝状→胞状→平面，此规律可参见图 4-33 及图 4-34 的示意。计算表明，合金的绝对稳定临界凝固速度 R_a 通常在 $10^2 \sim 10^3 \mathrm{mm/s}$ 范围。需要注意，在 R 值很高的快速凝固中，当 $R \geqslant R_a$ 时，若 $K_R \to 1$，则发生无扩散凝固，固相成分保持为 C_0。有关快速凝固的内容将在第 7 章予以介绍。

4.5 枝晶间距[⊖]

枝晶间距是指相邻同次枝晶间的垂直距离，它是树枝晶组织细化程度的表征。材料强度理论指出，枝晶间距越小，组织就越细密，力学性能越高。此外，组织越细，分布于其间的元素偏析范围也就越小，故越容易通过热处理而均匀化。另一方面，组织越细，显微缩松和非金属夹杂物也更加细小分散，与成分偏析相关的各类缺陷（如铸件及焊缝的热裂）也会减少，因而也就越有利于材料性能的提高。

枝晶间距可采用金相法测得统计平均值，通常考察的有一次枝晶（柱状晶主干）间距 λ_1 和二次枝晶间距 λ_2 两种。λ_1 是胞状晶和柱状树枝晶的重要参数，λ_2 对柱状树枝晶和等轴树枝晶均有重要意义。等轴晶无一次间距可言，相应于一次枝晶间距的参数为晶核间的距离或晶粒尺寸。图 4-30 及图 4-31 分别表示了柱状晶的一次、二次枝晶间距及等轴树枝晶的二次枝晶间距的情况。

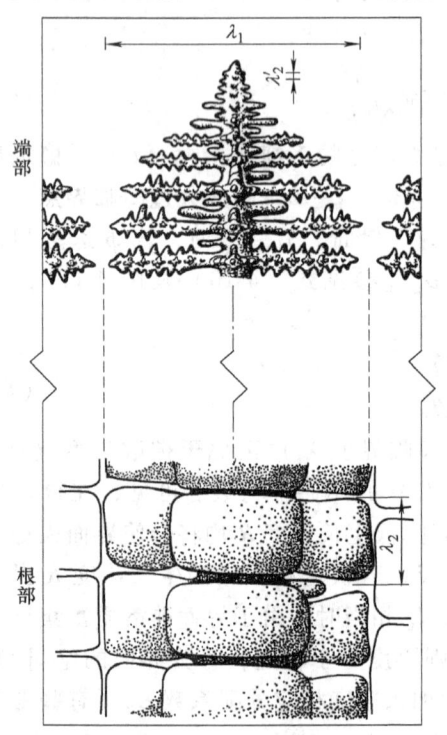

图 4-30 柱状树枝晶 λ_1 与根部及端部的 λ_2

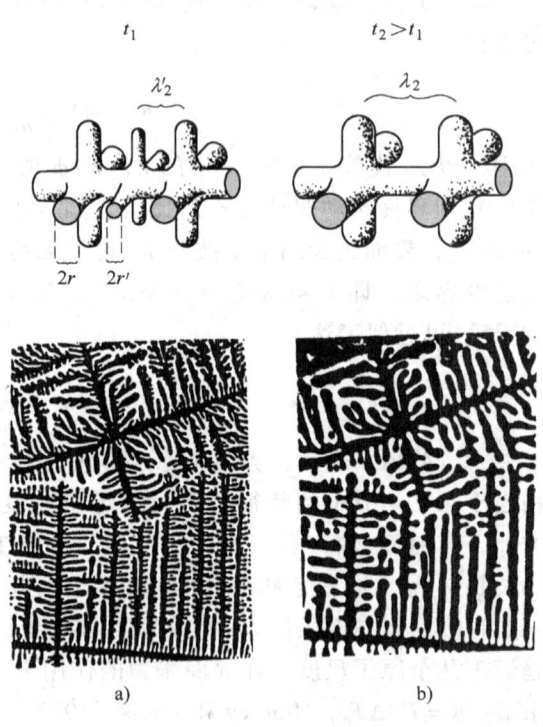

图 4-31 环己烷等轴树枝晶不同时刻的二次枝晶间距
a) 初始凝固 t_1 的状态　b) 比 t_1 晚 20min 的 t_2 的状态

⊖ 若教学课时安排有限，授课教师可只介绍本节的主要内容和结论。学有余力的同学可自行研读其物理过程及相关机制。

纯金属的枝晶间距决定于晶面处结晶潜热的散失条件，而单相合金的枝晶间距则还受控于溶质在枝晶间的扩散和偏聚行为。近年来，研究人员采取不同的物理模型和数学方法预测枝晶间距，并探讨其影响因素和规律，下面对该方面内容作简要介绍。

4.5.1 胞状晶及柱状树枝晶的一次间距

1. 一次间距 λ_1 与枝晶端部半径 r 的关系

一次间距 λ_1 与枝晶端部半径 r 密切相关。依据图 4-32 表达的胞状晶各参数，Kurz 等人对胞状晶及柱状树枝晶的一次间距进行了推导。设合金成分为 C_0，温度梯度为 G，其一次枝晶在未发生二次分枝前（胞状晶），端部曲面轮廓近似为部分椭圆回转体。端部半径 $r = b^2/a$，这里 b 为椭圆短半轴，与

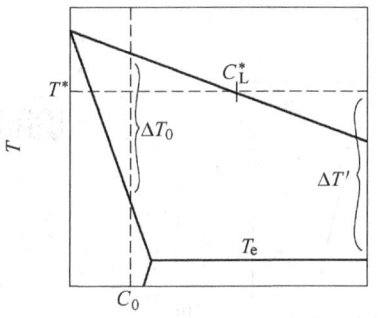
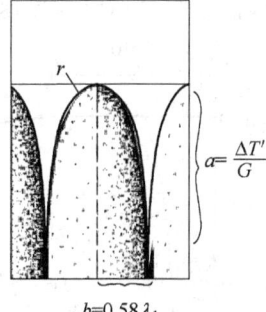

图 4-32 定向凝固过程的一次间距

一次间距 λ_1 的关系为 $\lambda_1 = \sqrt{3}b$（即 $b = 0.58\lambda_1$——假设三个枝晶的根部中心呈等边三角形并以六方紧密排列）；a 为椭圆的长半轴（$=\Delta T'/G$），表示伸入熔体的胞状晶的长度，$\Delta T'$ 为枝晶端部温度 T^* 与枝晶间最后部位液体的固相线温度 T_s'（溶质偏析引起的）之差。若存在共晶反应，则 T_s' 通常为共晶温度 T_e。于是，一次间距 λ_1 与枝晶端部半径 r 的关系表达式为

$$\lambda_1 = \left(\frac{3\Delta T' r}{G}\right)^{1/2} \tag{4-28}$$

柱状树枝晶的生长通常由胞状晶发展而形成，一旦一次枝晶间距确立，在凝固过程中将不会发生改变（图 4-30）。所以，式（4-28）被认为适合于胞状晶和柱状树枝晶。

2. 生长速度 R 及温度梯度 G 对 λ_1 的影响

实验研究表明，在较低的生长速度下，一次枝晶端部半径 r 近似为界面失稳的最小波长 λ_i [λ_i 的含义见图 4-29 及式（4-26）]。根据式（4-26）并考虑端部的溶质传输影响（引入溶质分配系数 K_0），枝晶端部半径 r 可表达为

$$r = 2\pi \left(\frac{D_L \Gamma}{\Delta T_0 K_0 R}\right)^{1/2} \tag{4-29}$$

在适度生长条件下，$\Delta T' \approx \Delta T_0$，将式（4-29）代入式（4-28）中，可得到目前被广泛接受的 λ_1 关系式

$$\lambda_1 = 4.3 \left(\frac{\Delta T_0 D_L \Gamma}{K_0}\right)^{1/4} R^{-1/4} G^{-1/2} \tag{4-30}$$

式（4-30）表明，生长速度 R 的变化对 λ_1 的影响要比温度梯度 G 变化的影响小。$\Delta T'$ 主要取决于端部温度 T^*，在低速和高速 R 的凝固情况下，T^* 随 R 发生急剧变化（图 4-33），也会使 λ_1 产生显著变化（图 4-34）。图 4-33、图 4-34 中的 R_c 为成分过冷的最低生长速度，R_a 为界面绝对稳定临界生长速度。

图 4-34 清晰描述了树枝晶端部半径 r 及一次间距 λ_1 与生长速度 R 的关系。r 从成分过冷临界速度 R_c 处非常大的值，降低到高速生长时的很小值。在树枝状生长速度范围内，一次间距 λ_1 近似地随 r 的减小按平方根关系减小 [见式（4-28）]。相对应的凝固界面形貌也在图 4-34 中表示出来，从生长速率小于 R_c 时的平面，到胞状再到树枝状变化，其 λ_1 变得越来越小，直到 R 接近于绝对稳定临界速度 R_a 时，再次产生胞状组织。当 $R > R_a$ 时，胞状凝固组织消失且再次出现平界面。必须指出，在通常的铸造条件下，铸件柱状晶的生长速度远远低于绝对稳定临界速度 R_a。

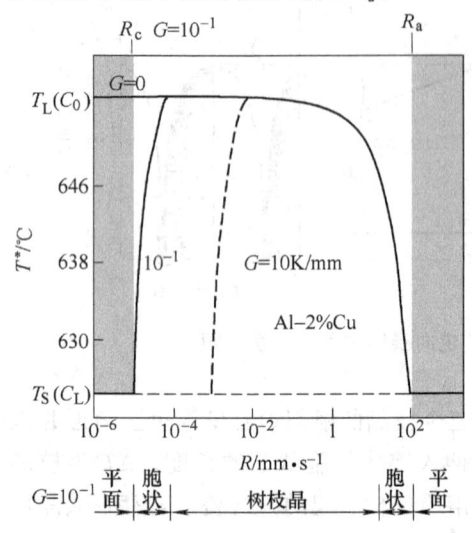

图 4-33　界面温度 T^* 及形态与凝固速率的关系[5]

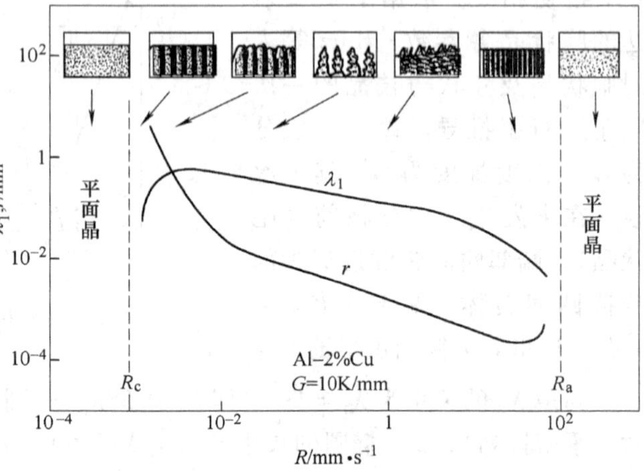

图 4-34　定向生长中枝晶端部半径 r 及一次间距 λ_1 与凝固速率的关系[5]

Kurz 强调，尽管式（4-30）只是定性描述了 λ_1 的影响因素，但却明确表达了 R 及 G 对于 λ_1 的不同作用关系，并且指出，在定向生长中，冷却速率 $\dot{T}$ 可由 $\dot{T} = -GR$ 给出。可见，对于树枝晶的 λ_1 来说，并不像一些文献中常提及的那样遵循一些简单关系式，如 $\lambda_1 = K|\dot{T}|^n$ 等。类似的公式也在国内以往的专著和教科书中被广为引用，读者在阅读中应注意对于 λ_1 的观点差异及相关发展。必须指出，所有预测 λ_1 的模型均不能完全真实地描述枝晶凝固复杂的实际情况，这些模型所推导的公式对 λ_1 的定性分析和粗略估算十分有用，但不宜运用这些公式进行精确的计算预测。

作为例证，图 4-35 直观地表明了 Al-1%Ti 合金在定向凝固条件下，随着 R 及 G 的增大，枝晶间距 λ_1 明显变小[14]。图 4-35 左边 a、c、e 为纵截面的组织情况，其右边 b、d、f 为横截面的组织情况。图中组织为凝固达到稳定生长状态的过程中快速液淬的结果，枝晶前方细小晶粒部位及枝晶间的黑色组织在液淬前为液体。

3. 一次枝晶间距的调整方式

前面曾经提及，在 R、G 等工艺因素不变的情况下，一旦合金一次枝晶间距确立，凝固过程中 λ_1 将不会发生改变。然而，在凝固初始的非稳态阶段，λ_1 会发生改变；此外，即使进入稳态阶段，若当合金凝固的工艺因素 R、G 发生改变，λ_1 也将发生调整。例如，当 R 或 G 增大时，λ_1 将会变小（新树枝晶形成）。马德新曾采取精确控制 R 以及不同的 G，对琥珀腈-丙酮合金（透明，可实时观察和拍照）进行定向凝固[15]，直观揭示了减小一次枝晶间距 λ_1 具有两种方式。如图 4-36 所示，在 G 较低的条件下，新树枝晶可由二次臂上长出的三次分枝发展而成（图 4-36a）；而在 G 较高的条件下，新树枝晶由二次臂通过改变生长方向直接形成（图 4-36c）；在 G 适中的情况下，两种方式兼而有之（图 4-36b）。该研究结果还揭示了热流强度对凝固过程二次枝晶生长方向的作用。在热流强度较弱（G 小则热流导出慢）的条件下，晶体生长的各向异性占主导地位，此时二次臂与枝晶主干大致垂直，即按照与主干相同的 <001> 晶向生长（立方晶体理想生长方向），三次分枝同样以 <001> 晶向生长且与主干方向一致。随着 G 的增大，热流的作用显现出来，二次臂倾斜于主干，偏离理想的 <001> 晶向生长，且此时难以形成三次分枝。G 的这种作用由图 4-35a 及图 4-35c 也

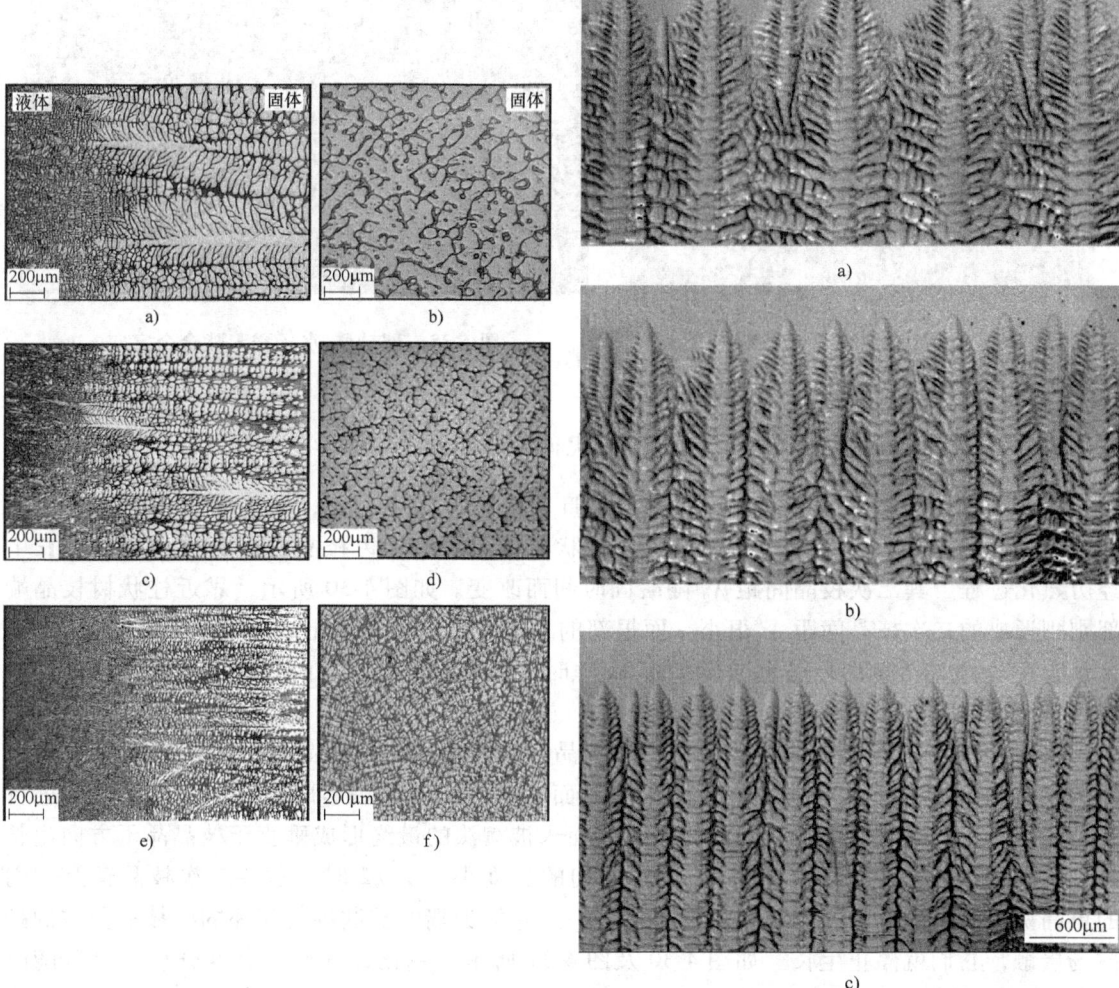

图 4-35　凝固速率及温度梯度对
Al-1%Ti 合金定向凝固组织的作用
a)、b) $R = 8.30$ mm/s、$G = 2.20$ K/mm
c)、d) $R = 8.30$ mm/s、$G = 5.28$ K/mm
e)、f) $R = 498.6$ mm/s、$G = 5.28$ K/mm

图 4-36　不同 G 时琥珀腈-丙酮
合金新树枝晶的产生
（枝晶主干以 <001> 晶向与热流平行）
a) $G = 1.06$ K/mm　b) $G = 1.81$ K/mm
c) $G = 3.25$ K/mm

可看出。正因为如此，在 G 高低不同时，λ_1 调整过程中新树枝晶按不同的方式而产生。

当 G 或 R 变小时，λ_1 将会逐渐变大，在这一过程中某些树枝晶被淘汰，生长方向偏离宏观生长方向（热流逆方向）的那些枝晶容易为其他枝晶所超越。如图 4-37 所示，A 枝晶的 [001] 方向与热流逆方向平行，而 B 枝晶却不与之平行，其中一个树枝晶在图示生长阶段已被淘汰（λ_1 变大）。即使生长方向与热流平行的枝晶，以及本来生长相对滞后且较小的一些枝晶，也会因被相邻的超前发达枝晶二次臂的发展所抑制而最终被淘汰，如图 4-38 所示。晶体生长过程中这种互相竞争淘汰的机制称为择优生长。铸件柱状晶通常也存在择优生长，因此，在柱状晶由型壁向铸件内部发展过程中，也存在树枝晶被淘汰（λ_1 变大）的情形。

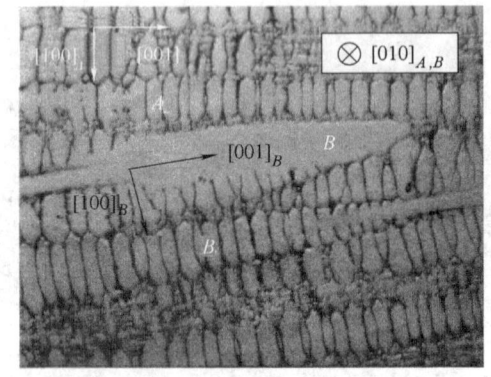 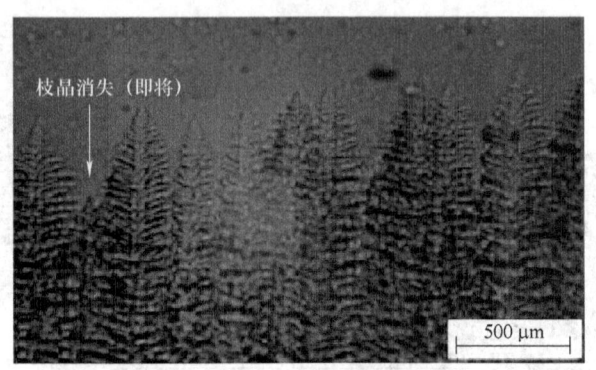

图 4-37　镍基超合金 CMSX4　　　　图 4-38　琥珀腈-水杨酸苯酯合金定向
枝晶的择优生长[16]　　　　　　　凝固过程中 λ_1 的调整[17]

4.5.2　柱状树枝晶及等轴树枝晶的二次间距

胞状晶及柱状树枝晶在生长过程中，一旦一次枝晶间距确立，只要生长条件不变，则 λ_1 在凝固过程中将不会发生改变。但是，柱状树枝晶及等轴树枝晶的二次枝晶则在生长中经历熟化过程，其二次枝晶间距 λ_2 随凝固时间而改变。如图 4-30 所示，靠近柱状树枝晶端部刚刚形成的二次枝晶间距 λ_2' 很小，而根部的二次枝晶经历了熟化过程其间距 λ_2 已变得很大；图 4-31 中的等轴树枝晶也同样存在 λ_2 随时间改变的情况。下面介绍枝晶熟化过程如何使 λ_2 发生改变。

在图 4-30 中，在离端部很近的一些二次晶臂初始生成时，枝晶主干侧面表现为抛物线形的正弦函数扰动，类似失稳的平整固-液界面，这些扰动导致形成胞状。在凝固继续进行中，这些二次晶臂有的被相邻的晶臂淘汰，而未被淘汰的最终形成垂直于枝晶晶干方向生长的真正的二次晶臂（对于立方晶体）。当它们的长度小于 $\lambda_1/2$ 时，这些二次枝晶臂及它们的更高次分枝发生生长，且继续相互淘汰。一旦它们尖端的扩散场与相邻的树枝晶分枝的扩散场接触，它们就停止生长。如图 4-30 及图 4-31 所示，熟化过程使得高度分枝的晶臂随时间变得更粗，晶臂数更少，二次间距 λ_2 更大。

图 4-31 下图所示为环己烷等轴树枝晶在不同凝固时刻的照片，黑色为已凝固的晶体，白色为尚未凝固的液体。仔细观察图 4-31a 和图 4-31b 照片的差异，可发现熟化过程一种可能的机制，即较细的二次晶臂因曲率半径小而熔点降低，从而发生熔化而消失，同时较粗的分枝进一步增粗，图 4-31 上图描述了这一机制。此过程每发生一次，局部二次间距 λ_2 则将

翻倍。熟化过程的驱动力为不同曲率由界面能引起的化学势差值。在熟化过程中，枝晶间距 λ_2 与所处位置的局部凝固时间 t_f（定义为枝晶臂与液相接触的时间）的立方根成正比。根据 Kattamis & Flemings (1965) 和 Feurer & Wunderlin (1977) 的推导，有如下关系[1]

$$\lambda_2 = 5.5\left(\frac{\Gamma D_L \ln(C_L^m/C_0)}{m_L(1-K_0)(C_0-C_L^m)}t_f\right)^{1/3} = 5.5(Mt_f)^{1/3} \quad (4\text{-}31\text{a})$$

式中，M 为常数。对具有共晶反应的系统，通常将 C_L^m 视为与共晶成分 C_e 相等。图 4-39 所示为合金 Al-4.5% Cu 在很宽范围凝固条件下的实验结果，其实验点的拟合曲线表明，二次间距 λ_2 近似随 t_f 的立方根成正比关系而变化。在定向凝固或其他凝固情况下，检测二次间距 λ_2 能够获知其局部凝固条件，这在无法获得凝固冷却曲线情况下将十分有助于对凝固条件进行分析。

局部凝固时间与其冷却速度存在

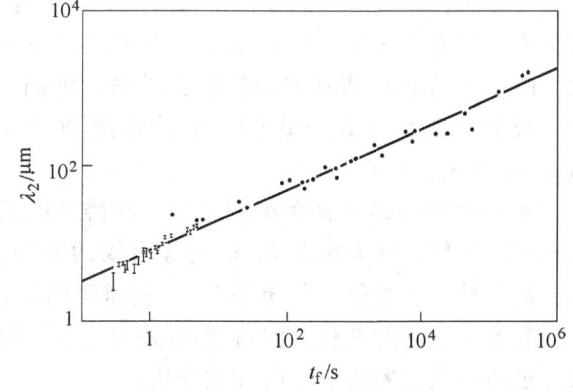

图 4-39 二次间距与局部凝固时间 t_f 的关系[1]

的关系为 $t_f = \Delta T'/|\dot{T}|$，即 $t_f = \Delta T'/|GR|$，$\Delta T'$ 为其端部温度与共晶温度之差，在无共晶反应时取 $\Delta T' \approx \Delta T_0$。由式（4-31a）可得

$$\lambda_2 = A\left(\frac{\Delta T'}{|\dot{T}|}\right)^{1/3} = A\left(\frac{\Delta T'}{RG}\right)^{1/3} \quad (4\text{-}31\text{b})$$

可见，冷却速度 $|\dot{T}|$ 越大（G 及 R 越大），二次臂枝晶间距 λ_2 越小。对铸件而言，由于表面处 $|\dot{T}|$ 大，故表面激冷晶二次臂细密。而铸件由外向内不同部位的开始凝固时间逐步推后（见第 2 章的动态凝固曲线），铸件 G 随时间而变小（见第 2 章的铸件温度场）且 R 减慢（$|\dot{T}|$ 降低，t_f 变长），铸件由外向内二次臂 λ_2 逐渐增大。另一方面，t_f 也会随铸件大小或铸型性质而不同，从而影响 λ_2。λ_2 与 λ_1 一起决定了偏析距离以及缩松率，且 λ_1 及 λ_2 越小，合金的力学性能越高。

作为本章小结，图 4-40 利用一种 $\Delta T_0 = 38\text{K}$ 的特定合金，总结了在温度梯度 G 变化或者生长速率 R 变化时，所得到的各种不同凝固组

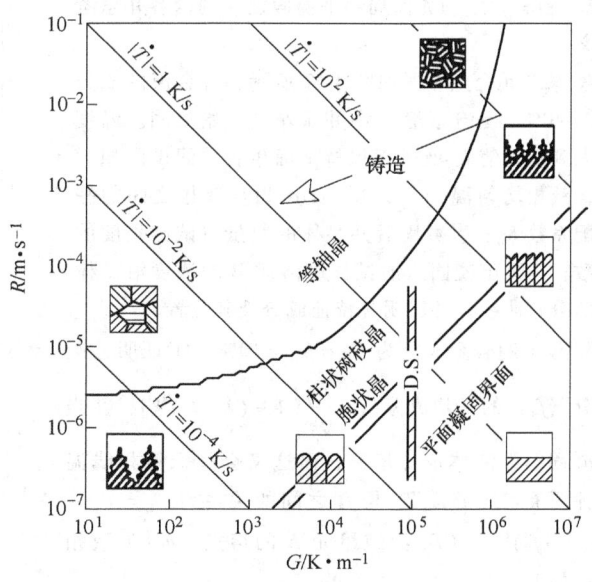

图 4-40 单相合金凝固形貌及其工艺条件（$\Delta T_0 = 38\text{K}$）
（图中 D.S. 表达定向凝固）

织尺寸和形貌的变化趋势。

假定在单向热流条件下，则乘积 GR 就等于冷却速率 $|\dot{T}|$，正是 $|\dot{T}|$ 控制着所形成的微观组织尺寸。沿着 45°方向从左下端向右上端移动（不同 $\dot{T}$ 值），即冷却速率 $\dot{T}$ 增大，则相应的组织越来越细化，图 4-40 中的胞状晶、柱状树枝晶及等轴树枝晶均遵从这一规律。

另一方面，G/R 的比值在很大程度上决定了晶体的生长形态，当沿着 45°方向从图 4-40 的右下方向左上方变化（G/R 逐步变小）时，晶体形态从平面晶到胞状晶再到树枝晶发生变化。图 4-40 中曲线表达的是从柱状晶向等轴晶发生转变的位置，这条曲线获得的具体条件是：合金分配系数 $K_0 = 0.64$、形核密度 $N_0 = 4 \times 10^{13}\ \mathrm{m}^{-3}$ 以及形核过冷度 $\Delta T_n = 1.5\mathrm{K}$ （Gaumann 等人，1997）。

图 4-40 中还显示了两种凝固工艺，即铸造以及定向凝固（D.S.）的典型条件。产生单晶汽轮机叶片的条件为标着 D.S. 的竖直线的上端。在平界面生长情况下生产优质（均质）单晶，例如半导体器件（如单晶硅），所需要的工艺就在同一竖条的下端。在传统铸造条件下，随着凝固时间的延长，固-液界面处的生长条件近似地按照从右向左且轻微下倾的方向箭头经过的不同位置所表示的方式变化。

思考与练习

1. 在图 4-41 中，液态合金的成分为 C_0。假设在冷却过程中按平衡方式凝固（液相及固相成分均按相图变化），在图上分别标出 T_1、T_2 及任意特定温度 T^* 与液相线、固相线的交点的成分，以及两个空白的（　　）中的 L（液）或/和 S（固）相区。

2. 何谓结晶过程中的溶质再分配？它是否仅由平衡分配系数 K_0 所决定？当相图上的液相线和固相线皆为直线时，试证明 K_0 为一常数。

3. 理解"液-固界面局部平衡假设"的内容并思考其意义。

4. 某二元合金相图如图 4-42 所示，合金液的成分为 $C_B = 40\%$，置于长瓷舟中并从左端开始凝固。温度梯度大到足以使固-液界面保持平面生长。假设固相无扩散，液相均匀混合。试求：①α 相与液相之间的平衡分配系数 K_0；②凝固后共晶体的数量占试棒长度的百分数；③画出凝固后的试棒中溶质 B 的浓度沿试棒长度的分布曲线，并注明各特征成分及其位置。

5. 设上题合金成分为 $C_0 = C_B = 10\%$：①证明已凝固部分（f_S）的平均成分 $\overline{C}_S = \dfrac{C_0}{f_S}[1 - (1 - f_S)^{K_0}]$；②当试棒凝固时，液体成分增高，而这又会降低液相线温度。证明液相线温度 T_L 与 f_S 之间的关系为 $T_L = T_m - m_L C_0 (1 - f_S)^{K_0 - 1}$（$T_m$ 为纯组元 A 的熔点，m_L 为液相线斜率的值）。

6. 图 4-43 所示为液相只有有限扩散凝固条件下的溶质再分配，试在图上完成以下 1）~ 4）内容（做题

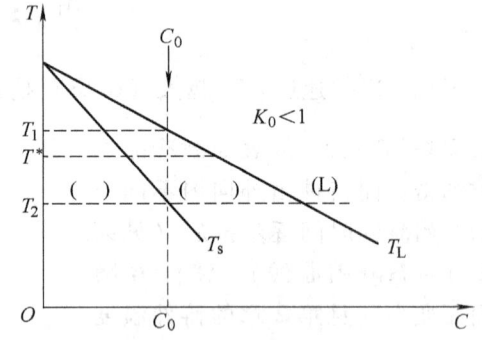

图 4-41 二元合金相图

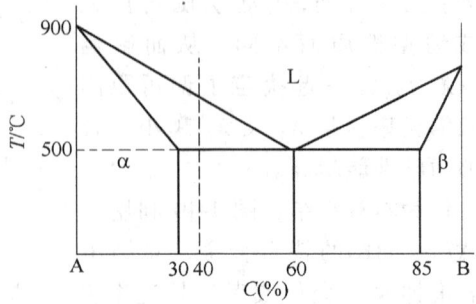

图 4-42 二元合金相图

中最好不查看教材）：

1）在三条虚线与纵坐标相交处标出其对应成分。

2）以纵虚线标出最初过渡区进入稳定状态的分界位置。

3）写出稳定阶段界面前方富集层溶质浓度 $C_L(x')$ 与 x' 的关系式。

4）标出"特征距离"$\lambda = \dfrac{D_L}{R}$ 及其对应 x' 处 $[C_L(\lambda) - C_0]$ 的高度，并写出其表达式。

5）以数学解析法证明式（4-10）：$G_C = \left(\dfrac{\partial C_L(x')}{\partial x'}\right)_{x'=0} = -\dfrac{\Delta C_0}{D_L/R}$。

6）在图 4-43 上标出 G_C 及 ΔC_0，并说明式（4-10）的几何意义。

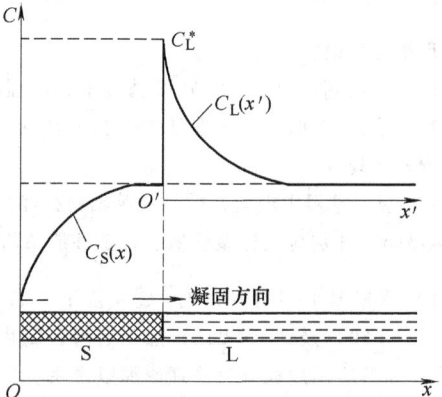

图 4-43　液相只有有限扩散凝固条件下的溶质再分配

7. 在固相无扩散而液相仅有扩散凝固的条件下，分析凝固速度变大（$R_1 \to R_2$，且 $R_2 > R_1$）时，固相成分的变化情况，以及溶质富集层的变化情况。

8. 根据式（4-12a）有 $C_L^* = \dfrac{C_0}{K_0 + (1-K_0)\mathrm{e}^{-\frac{R}{D_L}\delta_N}}$，试分析比较在稳定凝固阶段，"液相部分混合"与"液相仅有有限扩散"两种情况下 C_L^* 与 C_S^* 的高低。

9. 设某二元铝合金的液相线及固相线均为线性，液相线斜率为 $m_L = -1.5\mathrm{K}/\%$（浓度每增加 1%，液相线温度下降 1.5K），其 $K_0 = 0.25$，合金原始成分 $C_0 = 1\%$，纯铝熔点约取为 $T_\mathrm{m} = 660\,^\circ\mathrm{C}$。在"液相只有有限扩散"溶质再分配条件下，稳定状态的凝固速度 $R = 100\,\mathrm{\mu m/s}$ 时，溶质扩散系数 $D_L = 5000\,\mathrm{\mu m^2/s}$。

1）画出具有液相线及固相线的部分相图（温度坐标从 653℃ 到 661℃，成分坐标从 0 到 5%），分别计算固-液界面前沿各 x' 处的 $C_L(x')$（保留四位小数）及对应的 $T_L(x')$（保留一位小数），将计算值填入下表。

$x'/\mathrm{\mu m}$	0	20	40	60	80	100	300	600
$C_L(x')$(%)								
$T_L(x')/℃$								

2）根据计算结果作图描点，以光滑曲线表达 $C_L(x') - x'$ 及 $T_L(x') - x'$ 的关系，并对 $T_L(x')$ 相对 $C_L(x')$ 的关系作简要讨论。若考虑凝固需要的动力学过冷度 $\Delta T_k = 3\mathrm{K}$（这里有意夸大），在 $T_L(x') - x'$ 图中以虚线作另一条实际的 $T_L(x') - x'$ 曲线。

3）以界面前沿液体的实际温度梯度 $G_{L1} = 80\mathrm{K/mm}$ 及 $G_{L2} = 25\mathrm{K/mm}$ 在 $T_L(x') - x'$ 图上分别作直线，并指出是否产生成分过冷。

10. 设某合金的 $K_0 = 0.6$，液相线斜率绝对值 $m_L = -3\mathrm{K}/C\%$，溶质扩散系数 $D_L = 5000\,\mathrm{\mu m^2/s}$。

1）当在"液相只有有限扩散"溶质再分配条件下，稳定状态的凝固速度 $R = 25\,\mathrm{\mu m/s}$，界面前沿液体温度梯度 $G_L = 10\mathrm{K/mm}$ 时，判断在合金原始成分分别为 $C_0 = 1\%$ 及 2% 两种情况下成分过冷的可能性。

2）在上述合金原始成分为 $C_0 = 1\%$ 的条件下，若分别使 R 变大或 G_L 变小，会发生何种情况？

11. 成分过冷的大小受哪些因素的影响？如何影响？

12. 结合作图以数学演绎法证明：判别式（4-19a）可表达为 $\dfrac{G_L}{R} < \dfrac{T_0 - T_i}{D_L}$，其中 $T_0 = T(C_0)$，$T_i = T_L(x' = 0)$。

13. 在同一幅图中表示 4.1 节描述的四种方式的凝固过程中，溶质再分配条件下固相成分的分布曲线。

14. 根据式（4-13a）分析讨论有效分配系数 K_E 的三种情况。

15. 讨论成分过冷对单相固溶体凝固组织形貌的影响，其中需注重说明界面由平面→胞状的条件、胞状晶→树枝状晶的趋势与因素、外生生长→内生生长的前提。

16. "界面稳定性动力学"理论克服了"成分过冷理论"的哪些不足之处？

17. 根据界面稳定性动力学理论所获得的式（4-25），即 $\lambda_i = 2\pi\sqrt{\dfrac{\Gamma}{mG_C - G}} = 2\pi\sqrt{\dfrac{\Gamma}{\phi}}$，并依据 λ_i 的意义，理解并讨论：

1）当界面扰动驱动力 $\phi \to 0$ 情况下，该理论与成分过冷理论的相似性及微小区别之处。

2）当 $\phi \gg 0$ 时，且 R 非常大以至于 D_L/R 与 $\Gamma/\Delta T_0$ 相等时，再次出现界面稳定（绝对稳定 $R \geq R_a$）的物理内涵及现象。

18. 凝固过程中定向树枝晶及等轴树枝晶的 λ_2 随局部凝固时间 t_f 延长而变大，试简述其机制，并依据式（4-31b）分别讨论铸型性质、合金性质 ΔT_0 对二次枝晶间距的影响。

19. 根据图4-40分别讨论：①由左下→右上变化（冷却速率 $|\dot{T}| = GR$ 趋高）情况下对组织的影响，并以式（4-30）及式（4-31b）加以解释；②由右下→左上变化（G/R 趋小）情况下对组织的影响，并以 G_L 替代 G 然后运用成分过冷理论加以说明。

参 考 文 献

[1] Stefanescu D M. Science and engineering of casting solidification [M]. New York：Kluwer Academic，2002.

[2] 安阁英，陈其善，曾松岩. 铸件形成理论 [M]. 北京：机械工业出版社，1989.

[3] 胡汉起. 金属凝固 [M]. 北京：冶金工业出版社，1985.

[4] 刘全坤，祖方遒，李萌盛，等. 材料成形基本原理 [M]. 2版. 北京：机械工业出版社，2010.

[5] Kurz W，Fisher D J. Fundamentals of solidification [M]. Switzerland：Trans tech publication ltd，1998.

[6] Glicksman M E，Lupulescu A O. Dendritic crystal growth in pure materials [J]. J of Crystal Growth，2004，264：541-549.

[7] Wagner A，Shollock B A，McLean M. Grain structure development in directional solidification of nickel-base superalloys [J]. Materials Science and Engineering A，2004，374：270-279.

[8] Mathiesen R H，Arnberg L. Stray crystal formation in Al-20 wt% Cu studied by synchrotron X-ray video microscopy [J]. Materials Science and Engineering A，2005，413-414：283-287.

[9] Laxmanan V. Dendritic solidification in a binary alloy melt：comparison of theory and experiment [J]. Journal of Crystal Growth，1987，83（3）：391-402.

[10] Akamatsu S. Faivre G，Ihle T. Symmetry broken double fingers and seaweed patterns in thin film directional solidification of a nonfaceted cubic crystal [J]. Physical Review E，1995，51（5）：4751-4773.

[11] Boettinger W J, et al. Solidification Microstructures：Recent Developments，Future Directions [J]. Acta Materialia，2000，48：43-70.

[12] Wang M Y. Jing T，Liu B C. Phase-field simulations of dendrite morphologies and selected evolution of primary a-Mg phases during the solidification of Mg-rich Mg-Al-based alloys [J]. Scripta Materialia. 2009，61：777-780.

[13] Huntley D A，Davis S H. Thermal effects in rapid directional solidification：linear theory [J]. Acta Metallurgica et Materialia，1993，41（7）：2025-2043.

[14] Kaya H，CcadirhE, et al. Investigation of directional solidified Al-Ti alloy [J]. Journal of Non-Crystalline Solids，2009，355：1231-1239.

[15] Dexin Ma. Development of dendrite array growth during alternately changing solidification condition [J].

Journal of Crystal Growth, 2004, 260: 580-589.
[16] Souza, N D et al. Morphological aspects of competitive grain growth during directional solidification of a nickel-base superalloy CMSX4 [J]. Journal of materials science, 2002, 37: 481-487.
[17] Cadirh E, et al. Effect of growth rate and composition on the primary spacing, the dendrite tip radius and mushy zone depth in the directionally solidified succinonitrile-salol alloys [J]. Journal of Crystal Growth, 2003, 255: 190-203.
[18] Gaeumann M, Trivedi R, Kurz. W. Nucleation ahead of the advancing interface in directional solidification [J]. Materials Science & Engineering A, 1997, 226: 763-769.

第 5 章 多相合金凝固

大部分合金在凝固过程中存在着两个或两个以上的固相,其凝固过程称为多相合金的凝固,它比单相固溶体的凝固情况复杂。除了初生单相固溶体的结晶以外,多相合金还可能会出现其他结晶反应,如共晶、包晶及偏晶反应等。本章以讨论共晶合金凝固为主,适当介绍包晶合金凝固。

5.1 共晶组织的分类及特点

共晶系合金在生产与应用中占有很大的比重。共晶体由两相或多相组成,可看做是由凝固自然形成的"复合材料"。而且,共晶凝固组织往往比单相凝固组织要细小得多,所以具有更为优异的力学性能。共晶合金的铸造工艺性能优越,即使合金为亚共晶或过共晶成分,在通常凝固条件下也必然经历共晶反应。因此,从技术角度而言,对共晶凝固及其规律的掌握和组织控制显得特别重要。

共晶组织的形态是多种多样的,这与合金的化学成分、组成相的晶体学特性以及共晶生长条件等因素有关。Hunt & Jackson 根据组成相的 Jackson 因子 α [见式 (3-23)] 来进行分类,将二元共晶组织分为以下三类:

(1) 第一类共晶 由粗糙-粗糙界面(非小平面-非小平面)两相组成的共晶为第一类共晶,通常的金属-金属及一些金属-金属间化合物共晶系统(如 $Al-Al_2Cu$ 及 $Al-Al_3Ni$)属于此类。此类共晶的两相按耦合方式进行共生生长(将在本章的 5.2.2 中详细描述,且在 5.3.2 中最终给出定义),其典型显微形态为规则层片状(图 5-1 及图 5-3),或其中有一相为平行排列的棒状或纤维状(图 5-2)。因此,此类共晶组织又称为规则共晶(Regular Eutectics)。非共晶成分的合金在共晶反应前,其初生相呈树枝状长大,共晶反应后的组织由初晶相及共晶体所组成,图 5-4 所示的黑色组织为初晶 α-Cu 相。

(2) 第二类共晶 由粗糙-光滑界面(非小平面-小平面)两相组成的共晶为第二类共晶,金属-非金属共晶及某些金属-金属间化合物共晶系统(图 5-5 所示的 $Mg-Mg_2Sn$)属于此类。其长大过程中的两相往往仍是相互耦合的共生生长,但由于小平面相各向异性强,易按自身特定的晶体学取向生长,且对凝固条件(如杂质元素或变质元素)十分敏感,容易发生弯曲和分枝,所得到的组织较为无规则,如图 5-5 所示的黑色 Mg_2Sn 相呈非规则分布。在共晶两相耦合生长时,这种小平面相常为领先相向前凸出,如图 5-30 所示的共晶团生长中石墨凸出的尖端,同时其周围为另一相所围绕。本章 5.5 及 5.6 两节重点讨论的 Fe-G(石墨)和 Al-Si 两大类合金属于工业中应用最为广泛的合金系,均归于这一类。

(3) 第三类共晶 由光滑-光滑界面(小平面-小平面)两相组成的共晶为第三类共晶,非金属-非金属(两共晶组成物都具有光滑界面)共晶系统属于此类。其长大过程中两相不再是耦合生长，所得到的组织为两相的不规则混合物，如图 5-6 所示。不过，情况并非总是如此，正如海纳威尔等人所指出的，一些无机共晶体也可按第一类方式进行共生生长形成规则共晶，如图 5-7 所示。

绝大多数第二类及第三类共晶由于形态不规则，称为非规则共晶（Irregular Eutectics）。第一类及第二类共晶合金在工业中具有广泛的实用价值，研究得较多，人类对其生长规律的认识也相对较成熟。

图 5-1　Pb-Sn 层片状规则共晶

图 5-2　Al-Al$_3$Ni 棒状规则共晶

（上图为纵截面，下图为横截面）

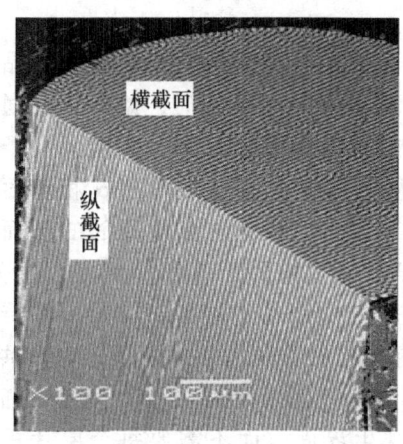

图 5-3　Al-Al$_2$Cu 层片状规则共晶

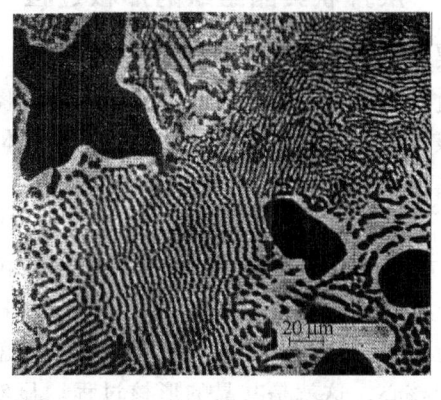

图 5-4　初晶及共晶体（亚共晶 Cu-Ag 合金）

图 5-5　Mg-Mg$_2$Sn 非规则共晶

a)   b)

图 5-6 两相非耦合生长形成不规则共晶
a）琥珀腈-茨醇共晶 b）偶氮苯-苯偶酰共晶

图 5-7 四溴化碳-六氯乙烷
（规则共晶体）

5.2 规则共晶的凝固

5.2.1 层片状共晶组织的形核过程

层片状共晶组织是最常见的一类非小平面-非小平面共生共晶组织，现以球状共晶团为例，讨论层片状共晶组织的形成过程。如图 5-8 所示，设共晶转变开始时，熔体首先通过独立形核而析出富 A 组元的领先相 α 固溶体小球。α 相的析出促使界面前沿 B 组元原子的不断富集，且为新相（β相）的析出提供了有效衬底，从而导致 β 相固溶体在 α 相球面上的析出。在 β 相析出过程中，向前方的熔体中排出 A 组元原子，也向与小球相邻的侧面方向（球面方向）排出 A 原子。由于两相性质相近，从而促使 α 相依附于 β 相的侧面长出分枝。α 相分枝生长又反过来促使 β 相沿着 α 相的球面与分枝的侧面迅速铺展，并进一步导致 α 相产生更多的分枝。如此交替进行，很快就形成了具有两相沿着径向并排生长的球形共生界面双相核心，这就是共晶的形核过程。显然，在领先相表面一旦出现第二相，则也可通过图 5-9 所示的"搭桥"方式产生新的层片来构成所需的共生界面，而不需要每个层片重新形核。事实证明，这也是一般非小平面-非小平面共晶所共有的形核方式。

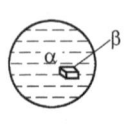 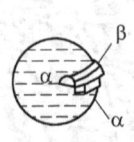 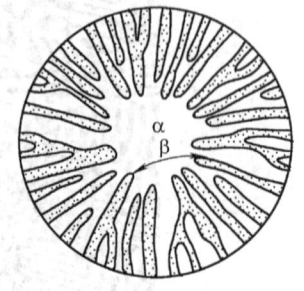

图 5-8 球形共晶的形核与长大[1,2]

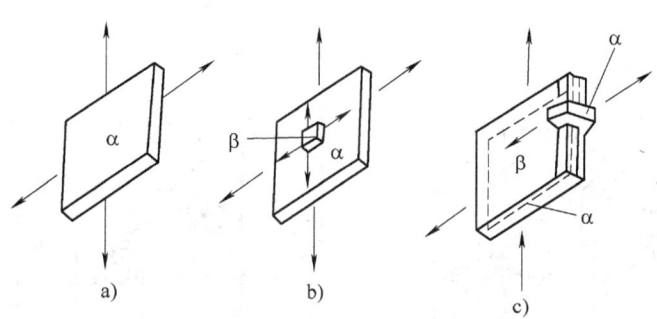

图 5-9 层片状共晶搭桥式形核方式[1,2]

5.2.2 层片状共晶组织的扩散耦合生长

非小平面-非小平面层片状规则共晶向前生长与晶体学方向无关联，只取决于热流方向及原子扩散，两相并排地向前生长，其长大方向垂直于共同的固-液界面，并借助于 A、B 组元横向的扩散耦合而协同生长。为了方便理解，首先假想共晶两相在相互隔离的两个容器中从共晶成分的熔体中生长出来，如图 5-10a 所示，α 相向熔体中析出 B 原子，而 β 相向熔体中析出 A 原子。在生长方向必然发生溶质传输的长程扩散，且在稳态下的溶质分布可以按第 4 章中讨论的指数衰减方式来描述，从而产生如图 4-8 所示的富集程度及范围均很大的溶质边界层，其厚度约为 $2D_L/R$。如果两相前都具有成分过冷，它们的固-液界面将会失稳而产生树枝晶，使得溶质析出更加容易。此处值得注意的是，当浓度以分数表示时 $C_B = (1-C_A)$，此长程扩散场将涉及大范围的溶质聚集和相应低的生长界面温度（远低于共晶温度 T_e）。

现在设想将两相并列放在一起，且两相固-液界面在同一平面上，如图 5-10b 所示，这相当于层片状规则共晶生长的实际情况，且非常有利于两相的生长，因为由其中一相析出的溶质恰恰满足另一相的生长需求。因此，沿固-液界面的横向扩散（图 5-10b 中粗箭头所示方向的 J_t）将起支配性作用，从而使两相前的溶质富集程度大为降低，并建立起周期性的扩散场（图 5-10b 及图 5-12a 和图 5-12b），扩散边界层浓度在共晶组分 C_e 上下小范围波动。根据图 5-10b 对应的相图，按照局部平衡的方式以与 α 相平衡的液相成分 C_L^α 及与 β 相平衡的液相成分 C_L^β 标注在固-液界面处。可见，固-液界面处的液相浓度仅按很小的振幅（$\Delta C = C_L^\alpha - C_L^\beta$）而波动，界面处最大溶质富集程度 $\Delta C/2$ 大大低于图 5-10a 中所示单相生长时的情况。对应于溶质 ΔC，界面过冷最大值为 ΔT_e^{max}（在图 5-10 中没有考虑界面处的曲率效应）。此外，横向扩散耦合的结果使界面前的溶质富集边界层厚度大大缩小，由图 5-10a 中的约 $2D_L/R$（实际中通常为数百微米以上）降到仅为片层间距的一半左右（$\lambda/2$，通常仅为微米量级）。因为在界面处的最大浓度差（相对于 C_e）远小于单相生长条件下溶质富集层的最大浓度差值，所以正在生长的界面温度接近于平衡共晶温度 T_e。换言之，其界面的过冷度通常很小，这是规则共晶生长的另一重要特征。

当然，α 及 β 相片层所共有的液-固界面通常并非平面（图 5-11），由 α、β 与熔体三相交处的界面张力平衡产生的曲率（毛细作用）使共晶生长条件稍许偏离相图中的平衡状态。图 5-12 中同时考虑了扩散与毛细作用对界面过冷度的影响，首先，图 5-12a 显示了界面处 B 原子的扩散路径（流线），注意，A 原子与之相似按相反方向的路径扩散（图中未表示

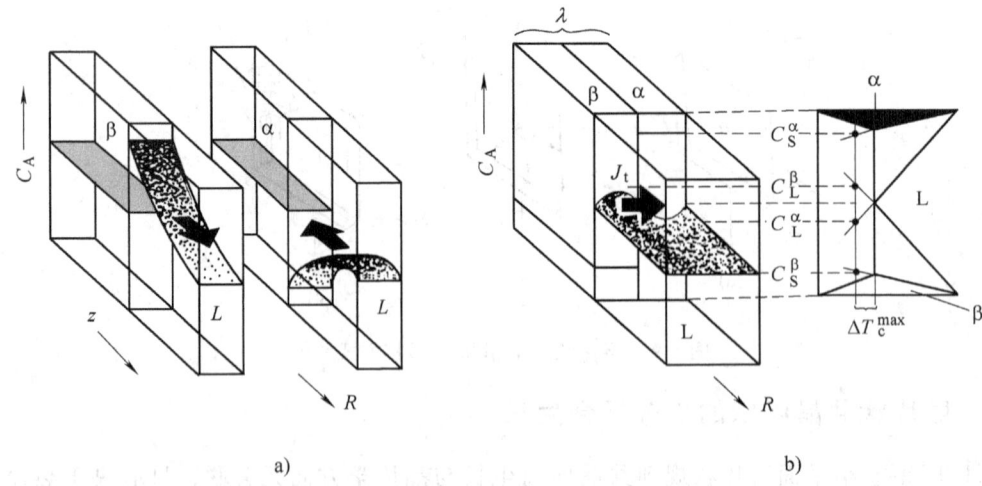

图 5-10 层片状共晶生长时固-液界面前沿成分分布及扩散场示意图[3]

出来)。接近界面处的流线更粗,表示扩散流量更高,随着离开界面距离 z 的增加,因横向扩散使界面前溶质浓度衰减非常快,扩散流量也迅速变小。当 $z \approx \lambda/2$ 时(横向扩散的特征衰减距离),液相浓度 $C_L \to C_e$,即溶质富集波动的振幅 $\Delta C \to 0$。当 $z > \lambda/2$ 后,则不存在溶质富集(图 5-10b),也就不再有横向扩散。

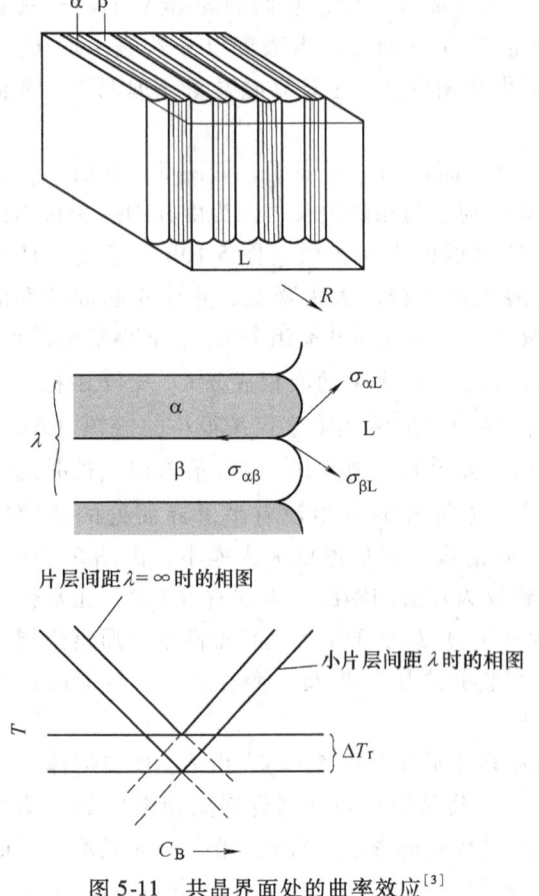

图 5-11 共晶界面处的曲率效应[3]

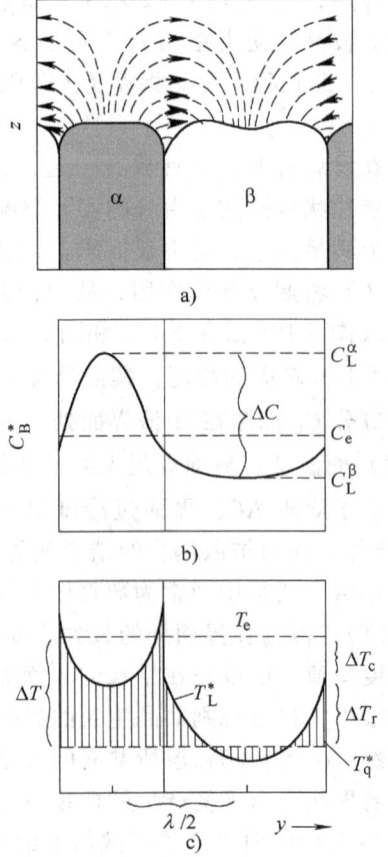

图 5-12 共晶界面浓度与温度[3]

5.2.3 层片状共晶组织生长的界面过冷度

1. 扩散场成分引起的过冷度 ΔT_c

由相图可知，浓度的变化（图 5-12b）导致了界面处熔体液相线温度 T_L^* 的变化（图 5-12c 中两条凹陷的曲线），这里将 T_L^* 对共晶温度 T_e 之差（$T_e - T_L^*$）表达为过冷度 ΔT_c。下面首先定性地讨论共晶液-固界面不同位置（y）的 ΔT_c，然后定量地推导 ΔT_c 的平均值与生长速率 R 及片层间距 λ 的关系。

在液相成分为 $C_L^* = C_e$ 位置的 T_L^* 精确地为共晶温度 T_e，而那些靠近 α-β 界面处 α 相的点则因为横向扩散而使这些区域的液体有更低的 B 含量，其浓度甚至低于 C_e（注意：α-β 界面处的成分并非像过去教科书标注的那样必然为 C_e），其液相线温度 T_L^* 为最高值，甚至高于 T_e。另一方面，β 相前的熔体成分低于 C_e，即 $C_B^* < C_e$。因此，其液相线温度 T_L^* 与 T_e 相比要低，且 T_L^* 随 C_A 的不断增加而降低（提示：β 相前对应成分的 T_L^* 根据相图上 β 相液相线的延长线来分析）。图 5-12c 中的 T_q^* 为界面实际温度，最右侧的 ΔT_c 为该位置（α-β 交界处）紧靠 β 相的熔体成分引起的过冷度，即 T_L^* 与 T_e 之差。由于各处成分不同，图 5-12c 中对应位置的 ΔT_c 也不同；而且，由于 α 及 β 相前的 T_L^* 分别依据相图上各自的液相线延长线确定，所以 ΔT_c 的分布规律也不同。毛细作用引起的过冷度也在图 5-12c 中表示出来（后面将予以讨论）。

精确计算界面前 α 及 β 相前不同位置的 ΔT_c（需深入了解可参见文献 [3] 中的附录 10），其公式推导及表达非常繁杂。为了简化起见及分析方便，通常确定共晶界面前的平均 ΔT_c，为此需要建立溶质流量平衡关系。在速度为 R 的稳定生长情况下，先考虑单位时间内因 α 相生长而排出到界面前液体中 B 原子的流量 J_r（下标 r 表示 rejection）。对此，假定界面液相浓度波动仅稍微偏离共晶成分（如 ΔC 近似为 1%），且 C_e 成分为 50% 左右，则 α 片层前沿的液相浓度近似为 $C_L^* \approx C_e$。那么，对于 α 片层一半宽度而厚度为 h 的固-液界面的微小面积 $h\lambda/4$，其流量为 $J_r = RC_L^*(1-K_0)h\lambda/4 \approx RC_e(1-K_0)h\lambda/4$。再考虑与之相等的横向扩散流量，暂假定界面为平面，且图 5-12 中的界面前相同距离（z）处浓度波动近似用锯齿波来描述，即浓度梯度为常量。因此，$z=0$ 处液相浓度梯度为 $(dC/dy)_{z=0} = -\Delta C/(\lambda/2)$，而在 $z = \lambda/2$ 处，$(dC/dy)_{z=\lambda/2} \to 0$，则在 $z = \lambda/2$ 的液相带范围内，平均浓度梯度为 $\overline{dC/dy} = -\Delta C/\lambda$。因此，单位时间通过微小面积（$h\lambda/2$）且垂直于 α-β 交界面的液相溶质横向（Transverse Diffusion）扩散流量为 $J_t = D_L(\Delta C/\lambda)h\lambda/2$。因稳态生长过程的物质守恒，必然有 $J_r = J_t$，整理得到

$$\frac{\Delta C}{C_e(1-K_0)} = \frac{\lambda R}{2D_L} \tag{5-1}$$

也可将式（5-1）中的 ΔC 理解为扩散所需的驱动浓度差，它由两部分构成，即 $\Delta C = \Delta C_\alpha + \Delta C_\beta$。根据相图液相线斜率可得 $\Delta C_\alpha = \Delta T_c/(-m_\alpha)$、$\Delta C_\beta = \Delta T_c/m_\beta$，则 $\Delta C = \Delta T_c[1/(-m_\alpha) + 1/m_\beta]$，将此带入式（5-1），可推导出由成分引起的 ΔT_c 关系式

$$\Delta T_c = \frac{C_e(1-K_0)}{2D_L\left(\dfrac{1}{-m_\alpha} + \dfrac{1}{m_\beta}\right)}\lambda R = K_c\lambda R \tag{5-2}$$

从式（5-1）及式（5-2）的推导过程可见，式（5-2）表达的只是一个近似关系，式中

过冷度 ΔT_c 为共晶界面处熔体液相线温度的平均值对 T_e 之差,如图 5-13a 所示,即成分引起的平均过冷度。此处有两点需要特别指出:第一,这里讨论的 ΔT_c (共晶温度 T_e 与界面处液相线温度 T_L^* 之差)并非属于成分过冷(成分过冷为液相线温度 T_L 与实际温度之差);第二,根据前面的分析,共晶界面前沿的成分富集程度及扩散边界层距离比之单相固溶体凝固的均要小得多,所以界面前 T_L 的变化及其作用距离不足以引起共晶生长界面产生胞状或柱状树枝晶组织。

到此为止,问题并没有得到彻底解决,因为尚没有考虑一定片层间距情况下的曲率效应对温度的影响。

2. 层片状共晶界面曲率效应

下面重新回到固-液界面前沿的周期性浓度变化。由图 5-12 可见,对应于共晶生长界面的液相线温度 T_L^*,从 α 相的某些区域的高于 T_e 值,变化到 α 及 β 相中心区域的低于 T_e 值,甚至低于界面实际温度 T_q^* 的值。而由于热导率高及片层尺度小这两方面的原因,T_q^* 为常值,即规则共晶液-固界面为等温面。因此,过冷度的差值(图 5-12c 中的阴影部分)必然由曲率过冷 ΔT_r 来补偿以维持界面处的局部平衡,即

$$\Delta T = \Delta T_\text{c} + \Delta T_\text{r} = T_\text{e} - T_\text{q}^* = 常量 \tag{5-3}$$

例如,在某相(图 5-12 中的 β 相)片层较宽的中心区域可能会出现一负的曲率(凹陷),此处曲率过冷 ΔT_r 为负值,以便对界面过冷度进行补偿(该处 $\Delta T_\text{c} > \Delta T = T_\text{e} - T_\text{q}^*$)。

在图 5-11 所示的 α-β 界面与生长界面的交界处,必须强调另外一种情况,即在三相结合处,界面张力 $\sigma_{\alpha\beta}$ 必须与 $\sigma_{\alpha L}$ 和 $\sigma_{\beta L}$ 维持力学平衡,而与力学平衡相关的 $\sigma_{\alpha L}$ 和 $\sigma_{\beta L}$ 的高低及其方向(角度)决定了 α 及 β 片层的曲率。显然,生长界面不同位置的曲率有所差别(图 5-12a),但为了处理问题的方便,这里假设各处曲率处处相等,即计算中取平均曲率 k。根据式(3-9b),$\Delta T_\text{r} = \Gamma k$,因为曲率 k 与 $1/\lambda$ 成正比,即 $k = K'/\lambda$,则有 $\Delta T_\text{r} = \Gamma K'/\lambda$。对于特定物相其 Gibbs-Thomsom 系数 Γ 为常数[见式(3-9)相关的 Γ 定义式],于是得

$$\Delta T_\text{r} = \frac{K_\text{r}}{\lambda} \tag{5-4}$$

式中,K_r 为一个常量。由式(5-2)及式(5-4)确定的 ΔT_c 及 ΔT_r 分别表示在图 5-13a 中。注意,图 5-13a 中的各个过冷度为确定凝固速度 R 及特定的层片间距 λ' 条件下的情况,且均为平均值。

5.2.4　确定共晶片层间距的最小过冷度准则

由式(5-2)及式(5-4)可得到层片状共晶生长界面处总的过冷度($\Delta T = T_\text{e} - T_\text{q}^*$)

$$\Delta T = K_\text{c} \lambda R + \frac{K_\text{r}}{\lambda} \tag{5-5}$$

式中,第一项为 ΔT_c;第二项为 ΔT_r。由式(5-5)可知,当片层间距 λ 变化时,两种过冷度以相反的方式变化。如图 5-13b 所示,ΔT_c 随 λ 的增大而线性增大(液相线温度 T_L^* 下降,注意,$\Delta T_\text{c} = T_\text{e} - T_\text{L}^* = K_\text{c} \lambda R$),而 ΔT_r 则按反比例函数随片层间距 λ 的增大而减小,两项之和 ΔT 对 λ 的关系为图 5-13b 中阴影区域的上缘曲线(图 5-13a 对应的是图 5-13b 中任意片层间距 λ' 的情况)。显然,从纯数学角度来看,对于 ΔT-λ 关系,式(5-5)不具有唯一解,而具有很多组 ΔT-λ 数据可满足该式。即使当 ΔT 确定后,也同时存在两个 λ 值(图 5-13b

中的曲线），且它们可能相差很大。

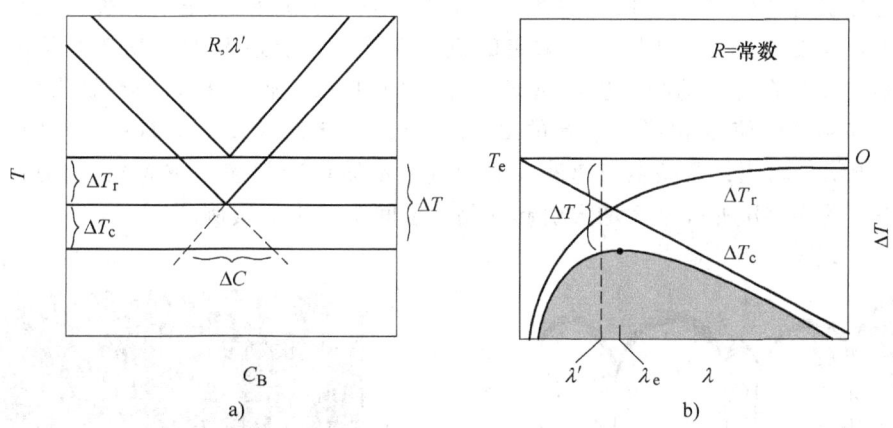

图 5-13 层片状规则共晶生长中的界面过冷度[3]

分析图 5-13b 可知，当 λ 较小时，共晶的生长受毛细作用的控制，即曲率过冷 ΔT_r 的作用大于 ΔT_c；而当 λ 较大时，则扩散成为关键因素，ΔT_c 作用占主导。在 ΔT-λ 关系曲线上存在一个极值点，在 $\lambda = \lambda_e$ 时共晶生长界面的温度最高，换言之，此时界面过冷度 ΔT 为最小值。一般认为，对于规则共晶，共晶生长最可能发生在过冷度最小值处，此即共晶凝固理论中著名的最小过冷度准则，亦称为极值准则（Extremum Criterion）。根据这一准则，极值点对应的共晶片层间距趋于确定值 λ_e。

科研及生产中的大量实例也表明，对于特定合金在确定的凝固冷却条件下，规则共晶片层间距虽然具有一定的分散度，但分散度并不大，共晶片层间距 λ 基本接近，其平均间距略高于 λ_e。Seetharaman 及 Trivedi 在大量研究的基础上于 1988 年总结指出，共晶片层间距处于一定范围[4]，其下限的确为 λ_e，而其上限却高于 λ_e 约 20%。当然，极值准则所确定的 λ_e 除了由合金性质因素决定的 K_c、K_r 之外，还受到凝固条件的影响，如生长速率 R。因此，即使确定成分的合金，由于铸件大小或凝固先后差别，生长速率也不同，壁厚不同或同一铸件不同部位观察到的片层间距也会有较大差别。下面介绍 λ_e 与 R 及 K_c、K_r 的关系。

图 5-13b 所描述的为确定共晶生长速率 R 下的情况，若 R 增大，将会使图中 ΔT_c-λ 线性关系的斜率绝对值增大，而 R 对 ΔT_r-λ 曲线没有影响。因此，R 增大将使 ΔT-λ 曲线的极值点位置 λ_e 左移，从而获得更小的共晶片层间距。对式（5-5）求导并令 $d(\Delta T)/d\lambda = 0$，即可求出片层间距 λ_e 与 R 的关系

$$\lambda_e^2 R = \frac{K_r}{K_c} \quad \text{或} \quad \lambda_e = \sqrt{\frac{K_r}{K_c}} R^{-1/2} = K_\lambda R^{-1/2} \tag{5-6}$$

同时，由式（5-5）及式（5-6）整理可得到极值点过冷度 ΔT_e 与共晶生长速度（ΔT_e-R）的关系

$$\frac{\Delta T_e}{R^{1/2}} = 2(K_r K_c)^{1/2} \quad \text{或} \quad \Delta T_e = K_R R^{1/2} \tag{5-7}$$

式（5-6）表明，λ_e 与 $R^{1/2}$ 成反比。从共晶凝固的物理过程不难理解式（5-6）表达的 λ_e-R 关系。同一相界面前沿横向的溶质浓度分布并非均匀，例如，α 相片层前沿的中心处 B

原子扩散的距离比在 α-β 交界处要远，所以在 α 片层中部 B 原子的扩散比 α-β 交界处要困难得多，容易引起此处 B 原子聚集而使浓度升高，而且片层间距越厚这种情况越严重。另一方面，生长速度 R 越快，B 原子扩散走的机会就越少，上述 B 原子聚集的情况就更加严重，这会影响 α 相在此处的继续生长速度，从而形成凹坑，使得 B 原子扩散越发困难。当 B 原子浓度升高到足以使 β 相形核，新的 β 相片层则在此处形成，从而片层间距得以调整，如图 5-14a 所示。因此，共晶生长速度 R 越快（共晶阶段冷却速率越大），相应的片层间距 λ 就会越小。图 5-14b 所示为 R 增大引起共晶片层间距减小的实例。

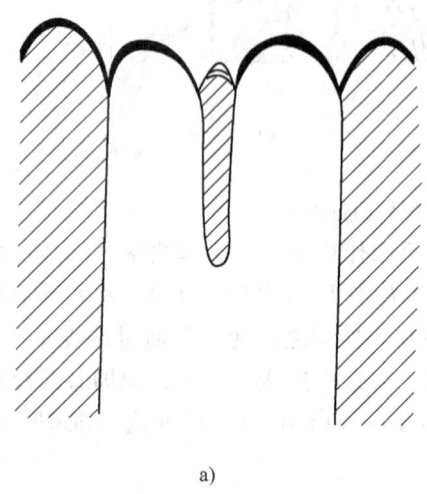
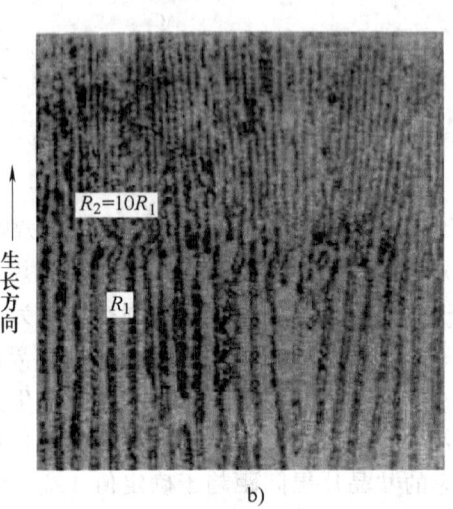

图 5-14 R 增大对共晶片层间距的调整

a）片层间距的调整示意图　b）R 增大引起 Pb-Sn 合金片层间距减小的实际凝固组织照片[5]

此外，一些实验研究结果也证实了式（5-7）的正确性，即 $\Delta T/R^{1/2}$ 的比值为一个常数，如图 5-15 所示。对于式（5-2）及式（5-4）～式（5-7）中的相关参数，表 5-1 给出了一些常用合金的参考值。

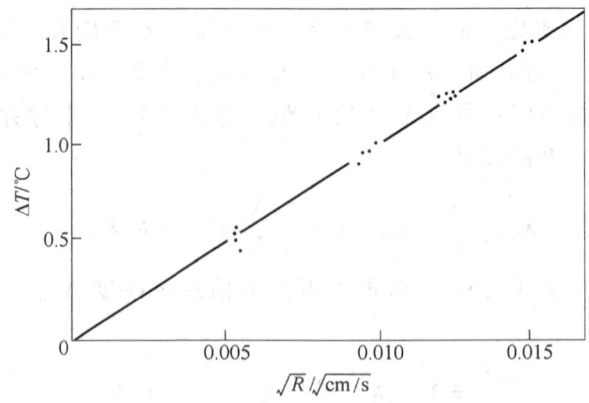

图 5-15 铅锡共晶界面过冷度与生长速度的关系[5]

表 5-1　不同合金共晶反应相关参数的参考值

参　数	合金系				
	Pb-Sn	Al-Cu	Al-Si	(γ-Fe)-C	(γ-Fe)-Fe$_3$C
共晶温度 T_e/℃	183	548.2	577.2	1154.5	1147.1
共晶成分 C_e（质量分数,%）	61.9	32.7	12.6	4.26	4.30
β 相体积分数 $f_β$	0.37	0.46	0.127	0.074	0.485
K_c/K·s·m^{-2}	5.93×10^9	4.62×10^9	8.3×10^9	151×10^9	6.03×10^9
K_r/m·K	0.207×10^{-6}	0.47×10^{-6}	0.94×10^{-6}	2.36×10^{-6}	0.752×10^{-6}

注：1. 表中数据来源于 D. M. Stefanescu 的专著[6]，由其附录 B 的表 1-4 整理而得。
　　2. 原作者未给出各数据的来源及具体应用条件，但据其"熔点附近"的说明，只适合过冷不大的一般条件。

5.2.5　棒状共晶生长

规则共晶除了层片状共晶外，另一种类型是棒状共晶，该组织中一个组成相以棒状或纤维状形态沿着生长方向规则地分布在另一相的连续基体中（图 5-2）。究竟出现棒状还是层片结构，取决于共晶中 α 相与 β 相的体积分数和第三组元的影响。在 α 相与 β 相两固相间界面张力各方向相同的情况下，当某一相的体积分数远小于另一相时，则该相以棒状方式生长。当两相的体积分数相近时，则倾向于层片状生长。更确切地说，如果一相的体积分数小于 $1/\pi$ 时，该相将以棒状结构出现；如果体积分数在 $1/\pi \sim 1/2$ 之间时，两相则均以片状结构出现。上述结论很容易证明，如图 5-16 所示，设 α、β 两相的共晶体积为 $1 \times 1 \times 1$ 的立方体单元，若 α 相为棒状，所占体积为 $V_r = \pi r^2 \times 1 = \pi r^2$，其与 β 相接触的面积为 $S_r = 2\pi r1 = 2\pi r$；若 α 相为片状，所占体积为 $V_b = 1 \times 1 \times b$，其与 β 相接触的面积为 $S_b = 2 \times 1 \times 1 = 2$。考虑临界状态 $S_r = S_b$ 时 $2\pi r = 2$，得 $r = 1/\pi$，这时 $V_r = \pi r^2 = \pi (1/\pi)^2 = 1/\pi$。当 $V_r > 1/\pi$（$r > 1/\pi$）时有 $S_r = 2\pi r > 2 = S_b$，也就是说，棒状 α 相与 β 相接触的面积大于片状 α 相与 β 相接触的面积。因此，考虑界面能对系统能量的贡献，当 α 相体积大于 $1/\pi$ 时，取片状 α 相的系统能量更低，这时片状共晶结构系统更稳定。

但必须指出，晶体之间的界面张力不可能是各向同性的。片状共晶中两相间的位向关系要比棒状共晶中两相间的位相关系强，在片状共晶中，相间界面更可能是低界面能的界面，而棒状共晶两相间的界面不可能都是低能界面（注意晶体几何因素）。因此在实际中，即使共晶体中一相的体积分数小于 $1/\pi$，也可能出现片状共晶；但共晶体中一相的体积分数大于 $1/\pi$ 时，不会出现棒状共晶。

此外，如果第三组元在两相中的平衡分配系数相差较大，则可能出现第三组元仅引起一个组成相产生成分过冷。在这种情况下，如图 5-17a~d 所示，产生成分过冷相的层片在生长过程中将会越过另一相层片的界面而伸入液相中，通过搭桥作用，落后的一相将被生长快的一相割成筛网状，并最终发展成棒状组织。

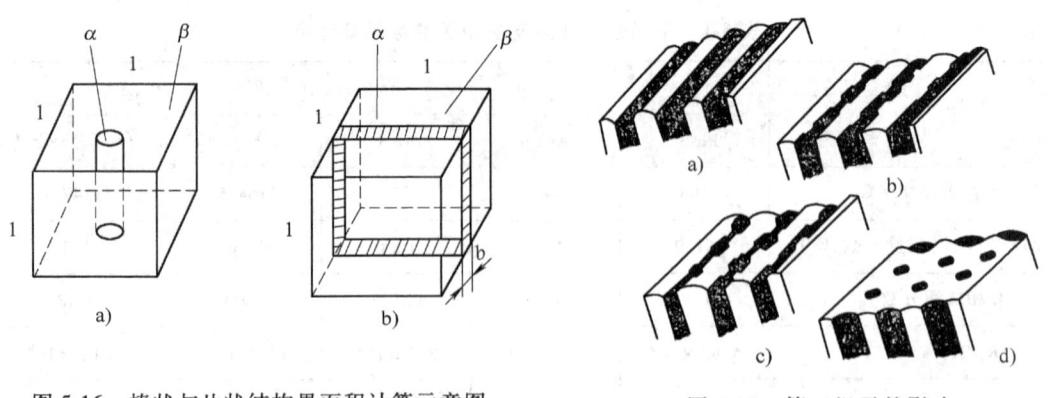

图 5-16 棒状与片状结构界面积计算示意图

图 5-17 第三组元的影响

5.3 共晶与枝晶相的竞争生长

5.2 节以共晶成分点的合金为对象,主要介绍了标准层片状及棒状规则共晶的生长过程及其规律。然而,实际应用的共晶系合金,即使为非小平面-非小平面的合金类型,无论是共晶成分还是非共晶成分,还可能出现各种各样与上述标准规则共晶完全不同的共晶生长方式及相应的组织形态。

5.3.1 共晶生长界面的失稳

如前所述,在共晶成分的纯二元合金结晶时,由于溶质横向扩散的主导作用,固-液界面前沿的成分富集程度很低,且 A、B 两组元在界面前的富集层仅相当于层片厚度数量级(如前分析为 $\lambda/2$),因此不会引起共晶生长界面前沿的成分过冷,易得到类似单相结晶中宏观平坦的共生界面。然而,如图 5-18 所示,在一些条件下,二元共晶可发生单相或两相两种类型的界面形态失稳。

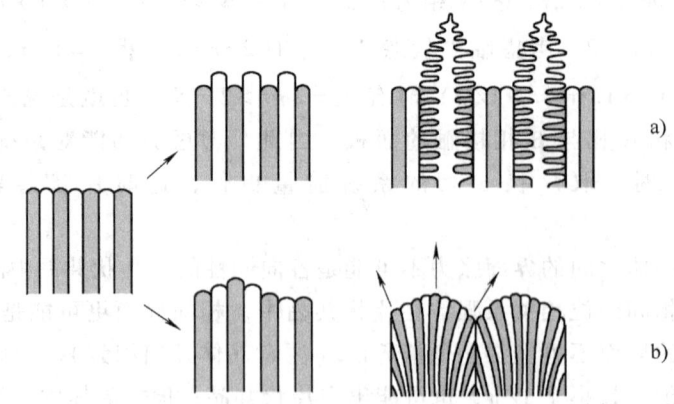

图 5-18 共晶生长界面失稳类型所导致的两种结果[3]
a) 仅一相失稳 b) 两相同时失稳

1. 单相及两相两种类型的界面失稳

图 5-18a 所示的单相界面失稳通常发生在纯二元合金的非共晶成分,且在 G_L/R 较低条件下(很小的温度梯度及较高的生长速度)更易出现,结果形成一种混合组织,即单相树

枝晶以及它们之间的两相层片状（或纤维状）共晶体。需要指出的是，此处的单相树枝晶并非在共晶转变前形成的初生相。设想偏离共晶成分的合金液体过冷到共晶温度以下发生共晶凝固，此合金的液相线总是高于共晶温度，对应于初生相的共晶中一相处于更高的过冷状态，因此趋于比共晶体更快的生长速度。而且，由于此相一旦在一些位置突破共晶生长界面伸到前方的液体中，则其固液界面前方易形成长距离的溶质富集边界层（将远大于 $\lambda/2$），于是此单相将会发生严重的成分过冷，必然形成单相的树枝晶。若其他位置仍保持正常的共晶生长，其结果即为图 5-18a 右侧所示的组织形态。

当合金中存在对 α 及 β 两相均为 $K_0 \ll 1$ 的第三组元时（$K_0 \gg 1$ 情况类似），每个相在生长中都要排出这种第三组元的原子，并在共晶凝固界面前沿形成溶质富集层，此富集层无法依靠界面上的横向扩散来消除，只能依靠向液体内部的纵向扩散来平衡。因此，类似单相固溶体的结晶过程，这个富集层厚度将很大，可能达到几百个层片数量级。在适当的工艺条件下（如 G_L 较小、R 较大时），界面前方液体将形成成分过冷，从而界面失稳导致界面形态的改变，宏观平坦的共生界面将转变为类似于单相固溶体结晶时的胞状界面（图 5-18b）。在界面突出的胞状生长中，共晶两相仍以垂直于界面（图 5-18b 右侧箭头）的方式进行耦合生长，故两相的层片将会发生弯曲而形成扇形结构。图 5-19 所示为不纯 Pb-Cd 共晶两相失稳发生胞状生长的实际组织照片，当第三组元浓度较大或在更大的凝固速度下，成分过冷进一步扩大，胞状共晶将发展为树枝状共晶组织，如图 5-20 所示，甚至会导致共晶合金由外生生长转变为内生生长，从而形成等轴（粒状）共晶，如图 5-21 所示[7]。如果第三组元仅引起单相的成分过冷，则会形成前述的单相界面失稳的组织形态。

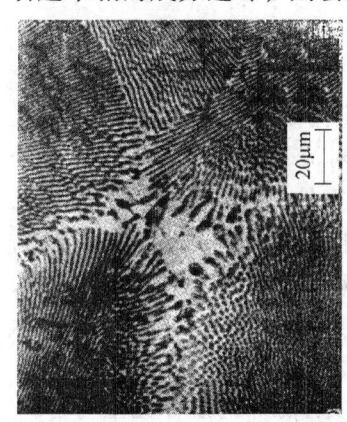
图 5-19　不纯 Pb-Cd 胞状
共晶组织

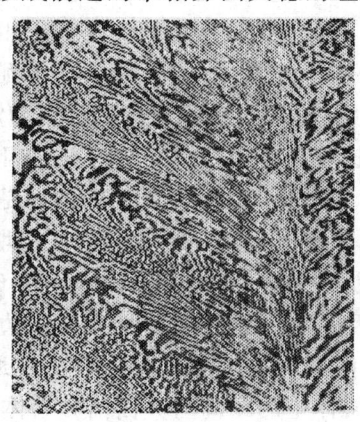
图 5-20　Al-CuAl$_2$ 树枝
状共晶团

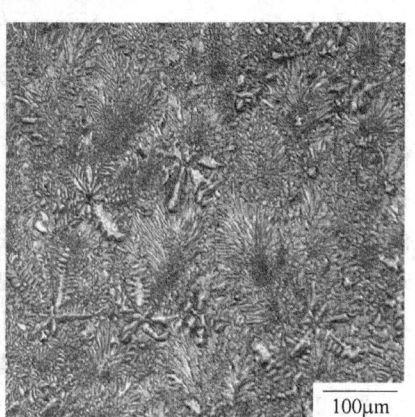
图 5-21　NiAl-Cr 等轴共晶
（$R = 28\mu m/s$）

2. 工艺因素 G_L/R 和熔体对流对共晶界面失稳的影响

由上述可知，成分、第三组元（或杂质）的性质（K_0）及浓度等合金因素均会影响到共晶界面是否失稳及其程度，此外，凝固条件也会产生影响。图 5-22 表达了在相同杂质情况下工艺因素 G_L/R 对共晶界面失稳的影响，当 NiAl-Mo 共晶合金的定向凝固速度由 $2.2\mu m/s$ 突然增大到 $28\mu m/s$ 以上时，纤维状规则排列共晶间距由 $3.0\mu m$ 迅速减小到 $1.0\mu m$（其原因与图 5-14 所示的片状共晶相同，即 λ 与 $R^{1/2}$ 成反比），且共晶界面很快失稳而发展为胞状共晶。在图 5-22 中，白亮色组织为 α-Mo 相，而黑色组织为金属间化合物 NiAl 相。

另一方面，熔体对流也会对共晶生长界面的稳定性产生显著影响，这主要是通过在界面

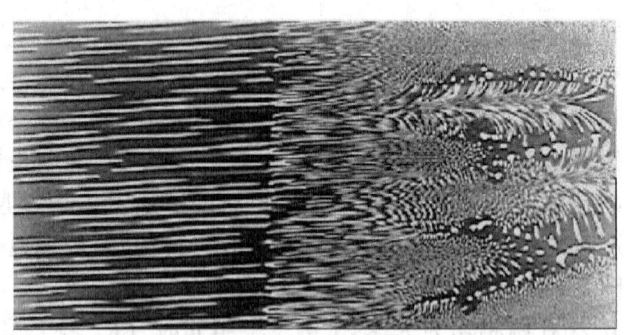

图 5-22　NiAl-Mo 共晶组织因凝固速度加快失稳转为胞状共晶[8]

前沿形成的溶质长程边界层而起作用的。而且，对流的影响往往与凝固速度、合金成分及其组元的密度差异以及温度分布等因素密切相关。通常认为，对流对偏离共晶成分的合金生长界面的单相失稳有促进作用，而对高纯度共晶成分的合金则无明显影响（溶质边界层厚度远小于对流引起的动量边界层）。

图 5-23 所示为高纯度 Al-22%Cu 合金（共晶点 $w_{Cu}=33\%$）在不同定向凝固速度下的对流效应对凝固界面（通过快速液淬显示的效果）及其组织的作用[9]。图 5-23a 及图 5-23b 的中心部位是处于内径为 0.8mm 的预置微管（两个黑色竖条为管壁的截面）中的组织，由于微管阻断了整个系统（5.5mm 内径的试样）熔体对流对管内熔体的作用，且因微管直径很小，管内熔体对流可以忽略，其凝固界面上部的熔体成分均为原始成分，始终保持着纤维状规则共晶（Al-Al$_2$Cu）生长。而微管外部空间足够大，不同位置由温度差及凝固排出的组元密度差等因素引起熔体一定程度的自然对流。实验研究表明，由于对流作用，管外熔体成分沿径向呈梯度分布，即远离微管的熔体富集 Cu 组元（高于原始成分），而靠近微管外壁处熔体富集 Al 组元（Cu 组元低于原始成分），且所产生的对流随定向凝固速度的增大而变强。检测表明，对于图 5-23a 所示凝固速度 $R=0.4\mu m/s$ 的情况，因对流作用较小，其熔体成分径向由外向里为 $w_{Cu}=22.8\% \rightarrow w_{Cu}=16\%$。此时，无论管内还是管外，凝固界面仍为平面且保持着纤维状规则共晶生长。而图 5-23b 所示当凝固速度 R 仅增大到 $0.5\mu m/s$ 的微小变化，却明显加剧了对流的作用，熔体成分径向由外向里从 $w_{Cu}\approx 25\%$ 降低到 $w_{Cu}\approx 12\%$，此时，靠近微管外壁富集 Al 组元的位置因界面前沿形成了长程溶质边界层，导致如图 5-18a 所示类型的界面单相失稳，在规则共晶间出现了树枝状 α-Al，且远远突入到界面前方的熔体中。在图 5-23 中，树枝状 α-Al 伸入到熔体中的距离与界面前方熔体成分分布的规律完全吻合。

5.3.2　偏离平衡相图的共晶共生区

根据平衡相图，共晶成分的合金凝固后为 100% 的共晶组织，而任何偏离共晶成分的合金凝固后都不能获得 100% 的共晶组织，应为 α 或 β 初生相加共晶组织。然而，在实际共晶凝固过程中，由于生长动力学因素，合金不可能完全遵循平衡相图获得相应组织，在不同条件下通常出现以下三种情况：①共晶成分的合金在冷速较快时不一定能得到 100% 的共晶组织，而可能得到亚共晶或过共晶组织；②有些非共晶成分的合金反而得到 100% 的共晶组织，如图 5-23a 所示的亚共晶 Al-Cu 合金形成完全的 Al-Al$_2$Cu 共晶组织即为这种情况；③有些非共晶成分的合金在一定的冷速下既不出现 100% 的共晶组织，也不出现初晶+共晶的情况，而是出现两相相对独立的"离异共晶"。

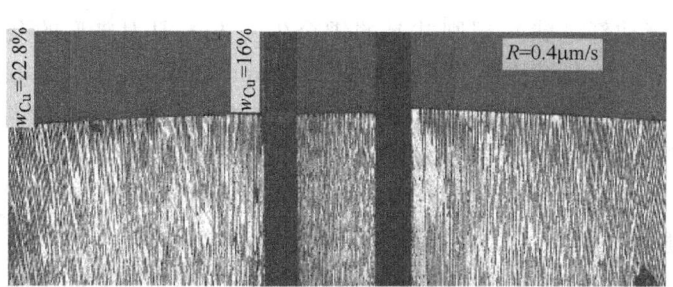

a)

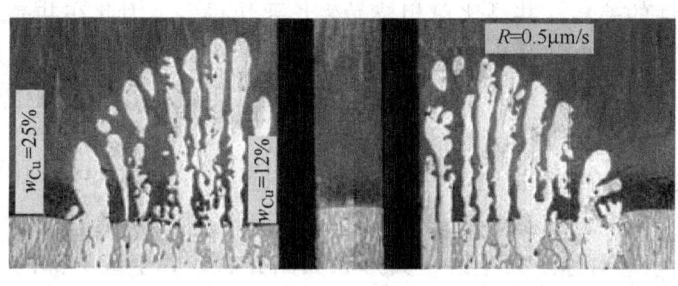

b)

图 5-23　不同凝固速度下熔体对流效应对 Al-22% Cu 合金界面稳定性及组织的影响[9]

为了解释非共晶成分可以获得完全共晶组织的现象，早期有人提出"伪共晶区"概念。依据热力学分析认为，非共晶成分的合金液过冷到如图 5-24 所示的两条液相线的延长线所包括的范围内时，它们都可以产生完全的共晶组织。因为这时对 α 相及 β 相都具有过冷度，它们可以同时结晶出来耦合生长成为共晶组织。这样的共晶组织为非共晶成分，称为伪共晶，两条液相线的延长线所包括的区域称为伪共晶区。

然而，伪共晶区概念却不能解释共晶成分合金有时得不到 100% 共晶组织的现象。为此，后来有人进一步提出共生区概念。该理论认为，一定成分的合金液只有过冷到如图 5-24 所示的阴影区域，α 及 β 两相才可能发生共晶共生生长。可见，这一区域只是两条液相线的延长区内的一部分。所谓共生生长（Cooperative Growth），是指在共晶生长过程中，两相彼此交替相邻且具有共同的生长界面，通过界面前方液相中溶质的横向耦合扩散，互相不断地为相邻的另一相提供生长所需的组元，彼此协同向前生长。上一节中所讨

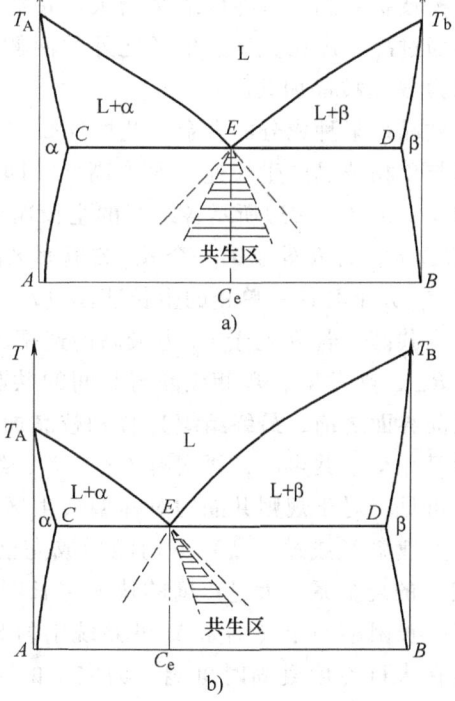

图 5-24　伪共晶区及共晶共生区
a) 对称型共生区　b) 非对称型共生区

论的层片状及棒状（或纤维状）规则共晶的耦合生长方式即为典型的共生生长。对应于相图上发生共晶共生生长的区域称为共晶共生区（Couple Zone）。其中，图 5-24a 所示的情况为对称型共生区，发生在两个组元熔点相近、两条液相线基本对称、两相长大速度基本相同的非小平面-非小平面合金中；图 5-24b 所示为非对称型共生区，发生在两个组元熔点相差较大、两条液相线不相对称、共晶两相性质相差较大的非小平面-小平面合金中。由此不难理解，在图 5-24b 所示的情况下，共晶成分的合金在一定过冷度下首先析出初生 α 相，当液相成分进入共生区后才可能发生共生生长，因此得不到 100% 的共晶组织。

随着凝固技术及理论的发展，人们对共晶共生区有了更深入的认识。实际上，由于共晶和单相枝晶生长特性的差异，共晶比单相枝晶生长要快得多，因此在共晶成分点附近，在一定范围的生长条件下，发生共晶生长比单相枝晶生长的可能性要大得多。从本质上说，当合金成分和过冷界面的温度相交于共生区域时，因共晶共生生长要比单相生长要容易而出现完全共晶组织，而无对应于初生相的单相枝晶。

图 5-24 所示共生区的情形被认为一般发生在接近 $G_L = 0$ 的情况下[3]，而在 $G_L > 0$ 的情况下，则共生区更为复杂，如图 5-25a 和图 5-25b 所示的情形。通常，图 5-25a 所示为非小平面-非小平面合金系的对称型共生区，其形状如砧斧状。共生区上部的宽区域发生在低速生长和较高的正温度梯度条件下，而下部区域对应于大过冷度的高速生长。在共生区中，低过冷度下为平面共生共晶。随着过冷度增大生长速率加快，加之杂质的作用而出现成分过冷，共晶凝固界面将变得不稳定，这首先导致胞状共晶的形成（图 5-18b 所示方式），继而产生树枝状共晶，过冷度继续增大（R 亦大）则出现等轴共晶。在图 5-25 中，当合金成分及界面过冷温度相交于共生区之外的两侧时，左侧最终组织为 α 相枝晶加共晶，右侧最终组织为 β 相枝晶加共晶。

共晶系某种成分的合金究竟按什么方式凝固以及最终组织形态如何，取决于特定条件下共晶与单相枝晶的生长速率 R 的高低，即取决于共晶与单相枝晶的竞争，这可通过图 5-25a 和图 5-25b 以及右边所示各组织的生长速率曲线 T-R 来分析。以图 5-25a 为例，原始成分为 C_0 的合金，若 R 处于第一个 R_{eut} 的速率区间，成分与界面温度相交于平面共生区，共晶生长速率 R_{eut} 大于其任一单相的生长速率（R_α 及 R_β），此时只发生平面共生生长而得到完全的平面共生共晶。若 R 处于 R_β 为最高的速率区间时，成分与界面温度相交于共生区右侧，由于 $R_\beta > R_{eut}$，则发生 β 单相枝晶与其间的共晶伴随生长（图 5-18a 所示方式），且 β 枝晶突出于共晶界面之前，最终组织为 β 相枝晶加共晶。若 R 处于第二个 R_{eut} 速率区间，成分与界面温度又相交于共生区，再次有 $R_{eut} > R_\beta$，组织为完全的等轴共生共晶，如图 5-21 所示情况。

可见，对于规则共晶的对称型共生区（图 5-25a），共晶成分及其附近成分的合金在任何生长速率（或过冷度）下均能形成完全的共晶组织。然而，对于不规则共晶（具有小平面相）的合金系，大过冷度的快速生长时出现非对称型共生区（图 5-25b），共生区往往偏向于生长困难的相（例如 Al-Si 系统中的 Si）的一侧。其最重要的实际影响是，共晶成分的合金在大过冷度凝固时可能不为完全的共晶组织，甚至当成分 C_0 处于共晶点的 β 相一侧时，也可能形成 α 相树枝晶，这很容易从图 5-25b 中分析看出。关于不规则共晶的生长机制及其相关特征，将在 5.4 节详细讨论。

需要特别交代的是，图 5-25 表达的是当前凝固的情形，即实时情况下熔体成分和界面过冷温度所处条件下的凝固规律，在图中 "α 树枝晶 + 共晶" 及 "β 树枝晶 + 共晶" 的区域内，α 或 β 并非初生相，而是由于界面失稳单相枝晶与其间的共晶伴随生长，即图 5-18a 所描述的方式。但是，不要因图 5-25 所示及上面的讨论就误认为共晶反应前不可能发生初生相的结晶，特定成分的合金液在不同条件下，可以通过直接过冷而进入共晶线以下的区域，也可能通过初生相的生长，而后根据成分及过冷温度的变化结果进入共晶线以下的共生区或其两侧的某个区域。另需指出的是，图 5-25a 所示共生区内随过冷度增大而共晶形态的变化是基于定向凝固条件下规律的总结。其实，对于非定向凝固的普通铸件或铸锭，即使在过冷度（或生长速率）不大的情况下，共晶生长方式也可能存在类似的变化规律。其特定条件下的共晶生长方式以及组织形态如何，本质上取决于共晶生长界面是否出现失稳，即是否出现成分过冷及其程度，这缘于第三组元的存在及其性质与浓度，以及工艺条件（G_L/R）。例如，只要存在对 α 及 β 两相均为 $K_0 \ll 1$ 的第三组元，在铸件的厚大断面处，凝固后期往往 G_L 很小，即使生长速率 R 很小，也会因界面失稳而出现非平面共生生长，甚至有等轴共晶团的内生生长。

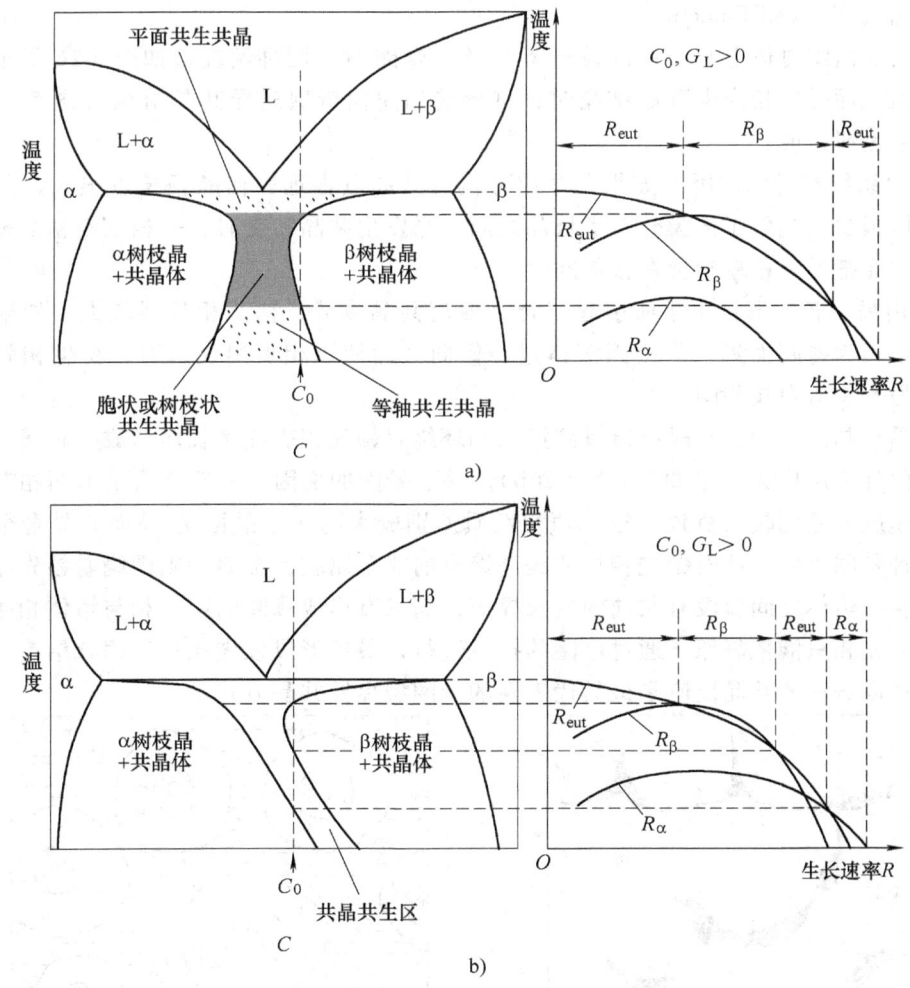

图 5-25　$G_L > 0$ 情况下的共晶共生区[3,6]

a）对称型共生区（非小平面-非小平面）　b）非对称型共生区（非小平面-小平面）

共晶共生区的概念是现代共生共晶结晶理论的一个重要组成部分，它把建立在纯粹热力学基础上的平衡相图概念和不平衡共晶结晶动力学过程联系起来,从而加深了对共晶结晶过程的认识。通过共生区概念,可以满意地解释共晶结晶组织的一系列偏离平衡相图的现象。共生区的概念与平衡图并不矛盾,在无限缓慢的冷却条件下,共生区退缩到共晶点,合金液即按平衡相图所示的规律进行结晶。

5.3.3 离异生长及离异共晶

合金液一旦进入共生区,两相就能借助于共生生长的方式进行共晶结晶,从而形成共生共晶组织。然而,在共晶转变不能进入共生区的情况下,除了上面所描述的枝晶相与其间共晶伴随生长的情况(图 5-18a 及图 5-23b)之外,还会出现另一种情况,即离异生长(Divorced Growth)。在此情况下,共晶两相没有共同的生长界面,它们各自以不同的速度而独立地生长。也就是说,两相的析出与生长在时间上和空间上都是彼此分离的,因而所形成的组织中没有共生共晶的特征。这种非共生生长的共晶结晶方式称为离异生长,所形成的组织称为离异共晶(Divorced Eutectics)。

离异共晶组织总体上有"晶间偏析型"及"晕圈型"两种情况,如图 5-26 所示。当一相大量析出,而另一相尚未开始结晶时,将形成晶间偏析型离异共晶组织(图 5-26a),它可由两种原因所造成:

(1)由系统本身的原因 如果合金成分偏离共晶点很远,初晶相长得很大,共晶成分的残留液体很少,类似于薄膜分布于枝晶之间。当发生共晶转变时,一相依附初晶相的枝晶继续长出,而把另一相单独留在枝晶间。

(2)由另一相的形核困难所引起 合金偏离共晶成分,初晶相长得较大。如果另一相不能以初生相为衬底而形核,或因液体过冷倾向大而使该相析出受阻时,初生相就继续长大,而把另一相留在枝晶间。

在共晶结晶过程中,有时可以看到第二相环绕着领先相表面生长而形成一种镶边外围层的情况,此外围层称为"晕圈"(图 4-26b)。关于晕圈的成因,一般认为是由两相在形核能力和生长速度上差别较大所致,故在两相性质差别较大的非小晶面-小晶面共晶合金中经常能见到这种晕圈组织。此时领先相往往是高熔点的非金属相,金属相则围绕着领先相而形成晕圈,两相与熔体之间就没有共同的生长界面,而只有形成晕圈的第二相与熔体相接触,所以原先的领先相只能依靠原子通过晕圈的扩散进行,最后形成领先相呈球团状结构的离异共晶组织。球墨铸铁的共晶反应是最具代表性的晕圈型离异共晶方式。

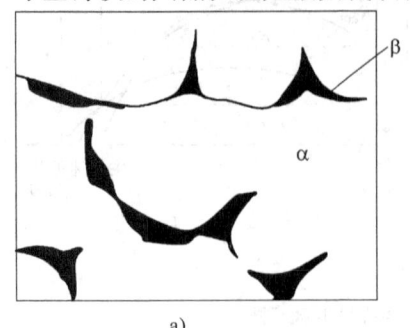
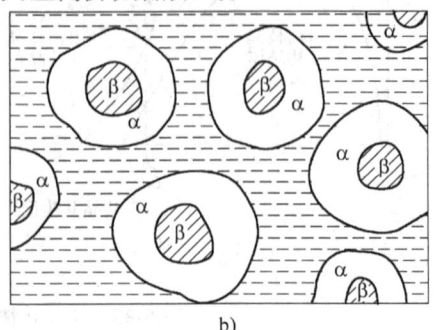

图 5-26 两种离异共晶
a)晶间偏析型离异共晶   b)晕圈型离异共晶

小平面领先相的固-液界面是各向异性的，若第二相只能将其慢生长面包围住，而其快生长面仍能突破晕圈的包围并与熔体相接触，则晕圈是不完整的，称为非封闭晕圈。此时，实际上两相仍具有共同的生长界面而以共生方式进行耦合结晶。灰铸铁片状石墨与奥氏体共晶团的生长属于此类，如图5-27所示。

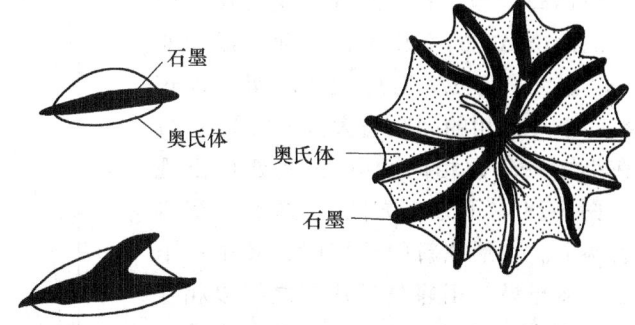

图 5-27　灰铸铁石墨-奥氏体共晶团生长示意图

5.4　非小平面-小平面非规则共晶的一般特征及形成机制

虽然在离异共晶一节的内容中已涉及到非小平面-小平面非规则共晶，但到此为止，还没有深入了解非小平面-小平面非规则共晶的具体结晶机制及一般特征。随着合金系统的性质、成分、微量元素以及凝固条件的不同，这类共晶形貌的差异很大，比前述规则共晶要复杂得多，对其生长机制的研究比规则共晶要困难得多，定量研究方面迄今尚不成熟。然而，从 20 世纪 80 年代以来，在定性认知这类共晶一般生长特征及其机制方面有了新的进展，也逐步形成较为统一的认识。由于小平面相强烈的各向异性，这类共晶结晶方式与规则共晶不同的主要特征概述如下：

1）共晶生长的液固界面不再为等温面，界面形态则成为参差不齐的非平面（如灰铸铁共晶团）。

2）共晶体中小平面相不规则分布，呈现出共晶间距的不均匀性，而且其平均间距远大于规则共晶中极值准则所对应的间距 λ_e。

3）生长界面过冷度比规则共晶的大。

4）由于生长过冷度大，在生长界面前的液相中可能形成新的共晶晶核。

5）共晶生长方式及最终形态会随着生长动力学条件而发生显著改变，如冷却条件、微量第三组元的存在等因素。微量元素对生长方式的显著影响，恰恰是这类共晶合金可通过变质处理借以改变其组织形态的基础。

下面以图 5-28 及图 5-29 所示的情形对其生长机制予以分析。

图 5-28 下方所示的三个小方图表明，不规则共晶在稳定生长过程中，体积分数小的小平面相的两个相邻片层以偏离和汇聚的方式交替进行，从而造成共晶两相的生长界面以凸起（正曲率）和凹陷（负曲率）形态而动态变化，所形成的片层间距在极值间距 λ_e 与分枝间距 λ_b（Branching Space）之间波动。该类共晶中的小平面相以高度各向异性的方式生长，由于小平面相按侧向生长机制以特定晶体学取向生长（与非小平面相按界面法线方向的连续生长方式不同），其中一些相邻片层在生长中将会相互偏离（λ 渐增），如图 5-28 及图 5-29 所示。当两相邻片层"偏离"生长时，由于其间较大体积分数相（α 相）的界面中间部位溶质越来越多的聚集，从而出现凹陷。由图 5-28 所示的 T-λ 曲线可知，界面过冷度 ΔT 随 λ

的增大而提高，当 ΔT 增大到一定程度，曲率不再能抵偿 ΔT 的变化时，界面将成为非等温面。最终，在 ΔT 对应的 ΔT_b 处，即正在偏离的小平面相的间距增大到分枝间距 λ_b 时，在小体积分数相的固-液界面处也出现凹陷（图 5-28 右下方小方图），单个片层将分叉为两个。当形成新的片层时，其中一个片层通常会与另一相邻分叉片层之间以相互靠拢的"汇聚"方式向前推进，从而由偏离生长转为汇聚生长。

随着两相邻片层的汇聚生长（λ 渐小），溶质聚集程度逐渐降低，其间大体积相的界面凹陷的程度也渐次减小，直至曲率由负值转为正值且逐渐增大。在这一过程中，随着

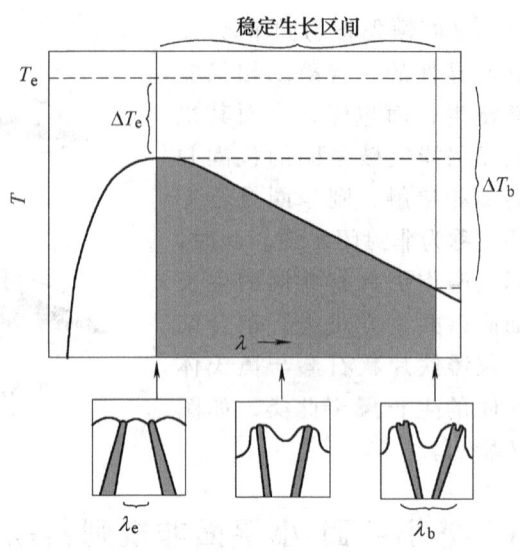

图 5-28 不规则共晶中小平面相间距的调整[3]

λ 的减小而界面过冷度降低，因不断减弱的溶质聚集，当 λ 降至 λ_e 时，过冷度最终达到最小值 ΔT_e（温度的最大值）。由于小平面相不能轻易地改变其生长方向，假如两片层继续变小，将会使局部间距降低到比 λ_e 更小的数值。然而，在低于 λ_e 区域的 T-λ 曲线斜率很大时，λ 的稍许降低即会引起温度大幅度降低（溶质扩散受限），结果是任何小于极值 λ_e 的间距将会因其中一个片层生长的停止（图 5-29 左下位置所示）而增加。图 5-30 所示为三种非规则共晶类合金在定向凝固条件下小平面相的形貌[10]，与上述生长机制均有较好的吻合。

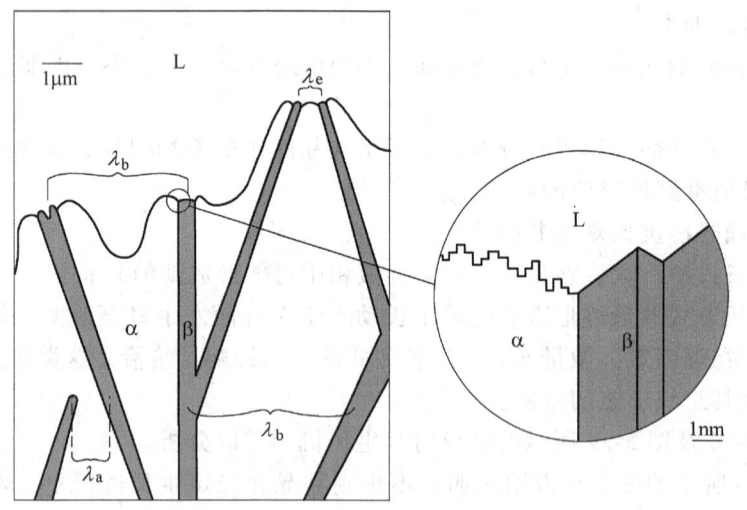

图 5-29 不规则共晶的生长机制[3]

上述小平面相的相邻片层相互偏离及汇聚交替生长的次序，在整个共晶生长界面的各处是不一致的。因此，生长界面总体上形成凹凸不同、高低不平的形态，界面温度在各处也不同（非等温面）。此外，该共晶生长机制合理地解释了小平面相的片层间距 λ 在极值点 λ_e 与分枝间距 λ_b 之间的离散分布特征，也阐明了片层间不平行分布的非规则特征，同时也不难理解其大的平均间距以及高的平均过冷度。

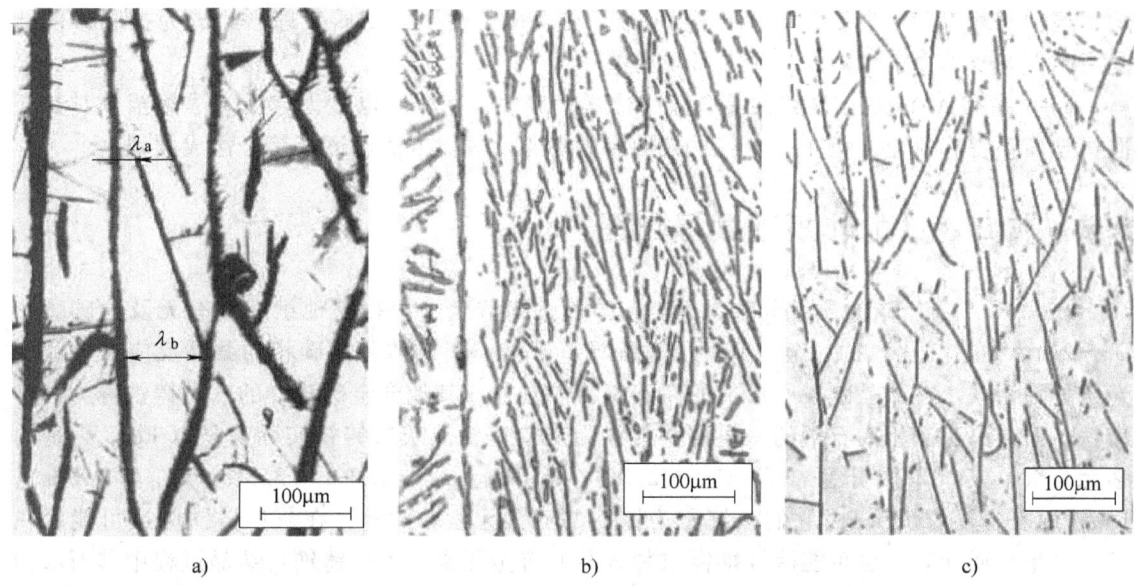

图 5-30 定向凝固条件下共晶生长过程中小平面相的实际形貌[10]
a) 灰铸铁的共晶石墨（$R=0.138\mu m/s$） b) Al-Si 合金中的共晶 Si（$R=0.278\mu m/s$）
c) Al-Fe 合金中的共晶 Al_3Fe（$R=0.278\mu m/s$）

若定量考虑非小平面-小平面非规则共晶的平均片层间距 λ_a，设 $\phi=\lambda_a/\lambda_e$，则有

$$\lambda_a=\frac{\lambda_e+\lambda_b}{2}=\phi\lambda_e$$

根据式（5-6）及式（5-7），整理后可分别得到平均片层间距 λ_a 与凝固速度 R 以及过冷度 ΔT_e 的关系

$$\lambda_a^2 R=\phi^2\frac{K_r}{K_c} \tag{5-8}$$

$$\lambda_a=\frac{2\phi K_r}{\Delta T_e} \quad 或 \quad \lambda_e=\frac{2K_r}{\Delta T_e} \tag{5-9}$$

可见，R 越快，ΔT_e 越大，则非规则共晶的 λ_a 越小。此外，近年来有人将界面温度梯度 G_{SL} 对非规则共晶 λ_a 的影响也加以考虑，例如，Gündüz 等人以 Kurz 及 Fisher 模型为基础，得出 λ_a 与 R、G_{SL} 的关系[11]

$$\lambda_a=K_c R^{-a} G_{SL}^{-b} \tag{5-10}$$

式中，a 及 b 分别为速度常数及梯度常数，且均为正值。因此，随着 R、ΔT_e、G_{SL} 的增大，片层间距均会随之变小，系数 ϕ 为远大于 1 的数。例如，实验研究表明，对于 Al-Si 共晶系而言，通常 ϕ 在 2~3 之间[11]，即平均片层间距为 λ_e 的两倍以上。该实例也直观地表明，由于非小平面-小平面非规则共晶的偏离及汇聚交替生长机制，所形成的平均片层间距比规则共晶的（理论上 $\phi=1$）要大得多。

必须指出，由于不同的小平面相本身的生长机制存在差异，特别是对生长条件的变化高度敏感，这类共晶合金的组织形态变化往往比上述一般机制更为复杂。一种合金即使主要成分不变，微量元素及冷却等条件的改变也可导致形态各异的共晶组织。在工业中，通过向金属液中加入某些微量物质以影响晶体的生长机制，从而达到改变组织形态、提高性能的目的，这种处理工艺称为变质（Modification）。在现代工业中，变质处理已经成为控制铸件结晶组织形态及其力学性能的一种非常重要的手段。

Fe-C 系和 Al-Si 系在这类共晶合金中最具代表性，其应用也最为广泛。尽管至今对其变质机理尚存在着争论，但在一些有意义的相关现象及规律方面已逐渐趋于达成共识。

5.5 灰口铸铁的非规则共晶结晶[○]

在 Fe-C 相图上碳的质量分数大于奥氏体最大固溶度（根据其他组元的有无及含碳量在 $w_C = 2.1\%$ 左右变化）的合金，其凝固过程具有铁液→奥氏体+高碳相的共晶反应，这些合金统称为铸铁。在共晶阶段所形成的高碳相为渗碳体或其他合金碳化物的一类铸铁称为白口铸铁，而共晶高碳相为石墨的一类铸铁则称为灰口铸铁。灰口铸铁实际上是以 Fe-C 为基的多元合金，其基本成分通常为：$w_C = 2.5\% \sim 4.0\%$、$w_{Si} = 1.0\% \sim 3.8\%$、$w_{Mn} = 0.1\% \sim 1.6\%$ 以及少量的 S 和 P，它们被统称为铸铁的五大元素。此外，在灰口铸铁中还可能存在其他微量杂质元素，也可能因性能需求加入某些合金元素。该类铸铁在结晶过程中其石墨为典型的小平面相，石墨生长方式及形态随铸铁成分的微量变化、冷却条件等因素而有显著差异。

5.5.1 奥氏体-石墨（γ-G）共晶的多种方式

图 5-31 所示为在定向凝固条件下，从右到左随微量元素的改变灰口铸铁共晶方式及其石墨形态的变化。图 5-31 的最右侧为不含 Mg 或 Ce 的共晶凝固情形，其片状石墨符合图 5-29 所示的典型不规则共晶小平面相生长机制。随着合金中微量元素 Mg 或 Ce 的加入和增加，具有片状石墨的共晶组织开始转化为以胞状方式定向结晶，而后以内生生长方式形成等轴共晶，继而等轴共晶团内的石墨逐渐由片状演变为蠕虫状、团块状，直至球状石墨。柳百成等人以定向凝固实验证实[12]，随着镁含量的增加或凝固速度的加快（G_L/R 的降低也会引起成分过冷增大），γ-G 共晶生长界面及石墨形态的变化规律与图 5-31 所示的一致，该结果对阐明铸铁共晶生长方式及其规律的贡献在国际上获得了广泛认同。

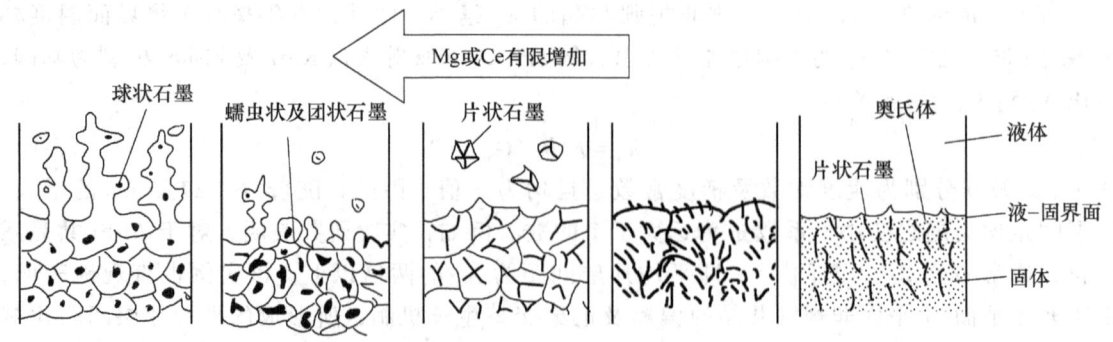

图 5-31 微量元素改变对灰口铸铁共晶生长方式及石墨形态的影响[13]

[○] 若教学课时安排有限，授课教师可灵活处理本节课堂教学内容。在此情况下，学有余力的同学可自行仔细研读。

与上述规律相似，在非定向凝固的通常铸造条件下，随着铸铁中微量元素的改变，因共晶凝固方式的不同，石墨形成如图 5-32 所示的三种典型形态，从而产生了现代工业中最常用的三类灰口铸铁，即灰铸铁（石墨呈片状）、球墨铸铁以及在它们中间状态的蠕墨铸铁。其中，图 5-32a 所示为三类铸铁在光学显微镜下的典型金相组织；图 5-32b 所示为扫描电镜（SEM）所揭示的对应石墨的空间形貌特征。读者需注意区分灰铸铁及灰口铸铁的概念。下面主要对灰铸铁及球墨铸铁的共晶生长条件及其石墨形成机制作简要介绍。

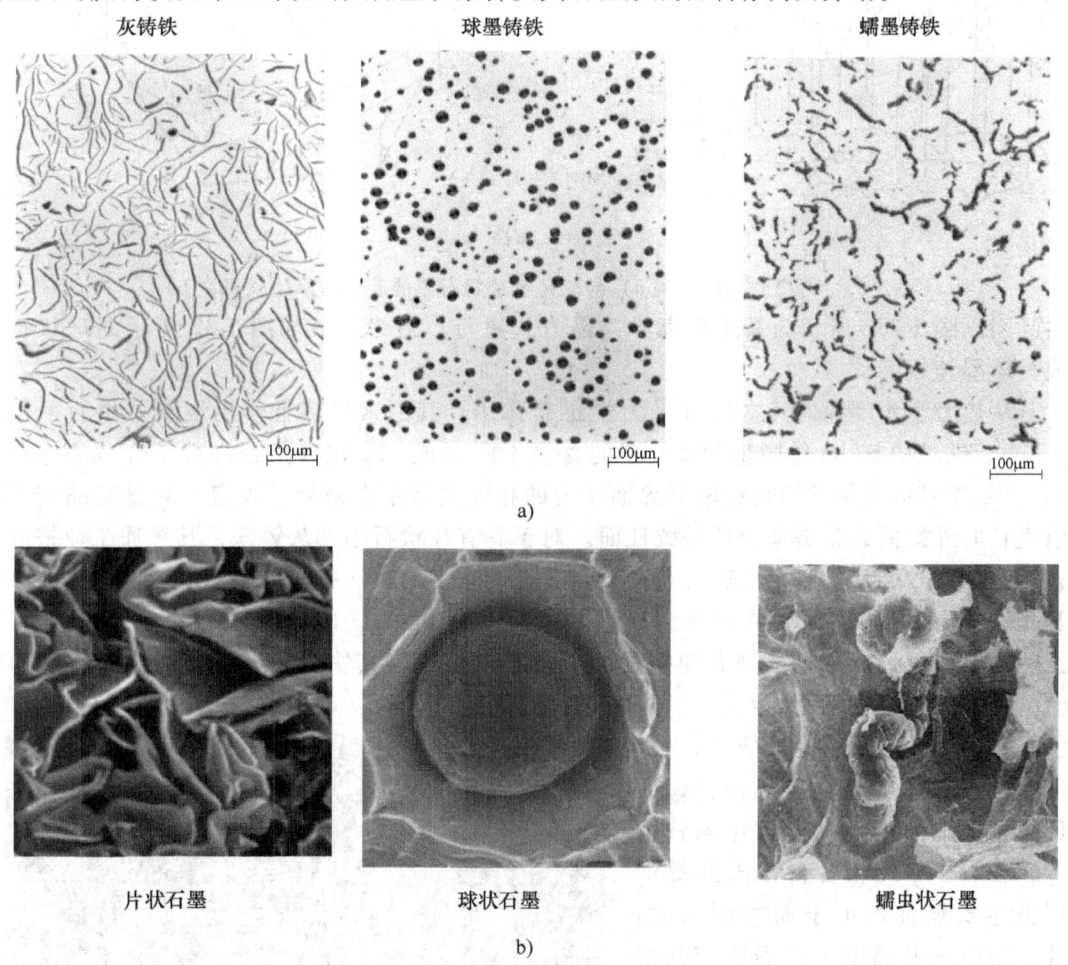

图 5-32 不同共晶生长方式所形成的三类铸铁的典型金相组织及石墨形态
a) 三类铸铁的典型金相组织（光学照片） b) 三种石墨的空间形貌特征（SEM 照片）

5.5.2 灰铸铁的共晶（片状石墨＋奥氏体）结晶

石墨的晶体结构如图 5-33a 所示，属于六方晶系。石墨的棱柱面 $(10\bar{1}0)$ 为快生长面，以其法线方向 $[10\bar{1}0]$ 向前推进，石墨的基面 (0001) 为慢生长面，以其法线方向 $[0001]$ 向前推进。

一般认为，从表现形式上看，若石墨以快生长特性的棱柱面 $(10\bar{1}0)$ 为固液生长界面，则共晶体中的 γ-G 两相以图 5-27 所示的非规则共生耦合的生长方式进行共晶结晶，最终形成如图 5-32 所示的片状石墨而成为灰铸铁；若石墨以慢生长特性的基面 (0001) 生长，则

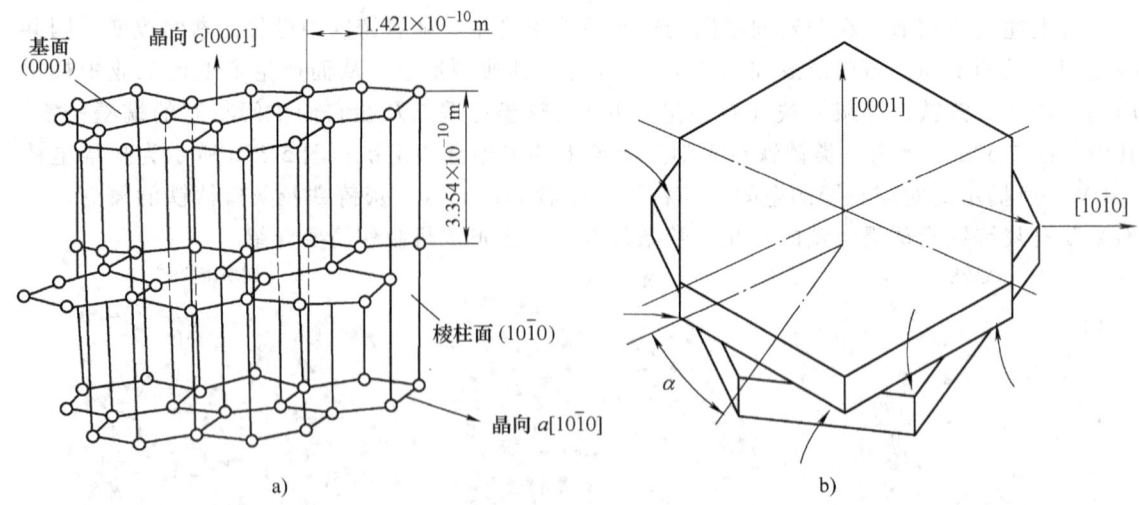

图 5-33 石墨的晶体结构 a) 与灰铸铁片状石墨的旋转孪晶生长机制 b)

其共晶团以图 5-26b 所示的晕圈型离异共晶方式进行，最终形成如图 5-32 所示的球状石墨而成为球墨铸铁。

若从热力学角度探讨其本质（动力学也起作用，其因素繁多且作用复杂这里暂不作讨论），由于铁液中 S、O 等微量杂质元素的含量不同（或工业铁液是否进行了合适的球化处理），其石墨基面及棱柱面与铁液间界面张力的相对高低存在差异，决定了共晶结晶中石墨得以生长的外露面究竟是基面还是棱柱面。对于具有片状石墨的灰铸铁，其普通工业铁液含有较高的 S、O 等有害杂质元素（表面及界面活性）。此时，石墨与铁液的界面张力较低，尤其是铁液与石墨棱柱面的界面张力低于与基面的界面张力，即 $\sigma_{G-L}(10\bar{1}0) < \sigma_{G-L}(0001)$。根据热力学能量最低原理，则石墨棱柱面暴露于铁液中，其快生长特性得以发挥，从而按 $[10\bar{1}0]$ 方向推进，呈片状生长。

在灰铸铁共晶团的生长的过程中，在固-液界面处石墨领先于奥氏体，而奥氏体则以非封闭晕圈形式包围着石墨片基面，G-γ 两相各自排出并提供给对方生长所需的原子而协同长大。因此，灰铸铁共晶团生长仍属于共生生长。此外，共晶团中石墨片的生长由于主要依赖于碳原子在固相奥氏体中的扩散而进行，其增厚速度受到严重制约，又因石墨基面本身生长较慢的特性，所以石墨在 [0001] 方向增厚的速度远低于凸入液体的石墨在 $[10\bar{1}0]$ 方向的推进速度，这正是灰铸铁共晶团石墨呈片状的主要原因。

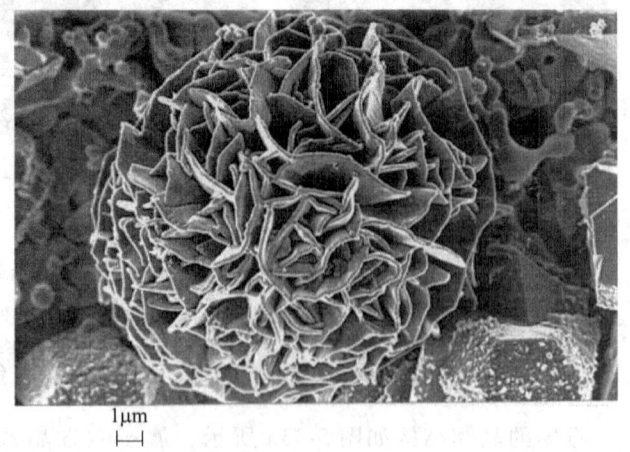

图 5-34 灰铸铁共晶团的片状石墨空间形貌[14]

另一方面，X 射线研究表明，石墨基面常形成旋转孪晶，如图 5-33b 所示。这些孪晶为伸入液相的石墨片前端改变生长方向创造了条件，从而使石墨不断分枝且发生弯曲。最终所形成的共晶团内片状石墨的空间形貌如图 5-34 所示，其试样经深腐蚀处理去除了共晶团内奥氏体的转变组织。由此可知，灰铸铁的共晶凝固组织是在连续奥氏体基体中分布着多束因分枝及弯曲而高度紊乱的石墨片的两相混合体，其金相试样截面在显微镜下看似相互孤立的许多石墨片，而只要同属一个共晶团，实际则为起源于同一核心而空间互连的亚结构。

5.5.3 球墨铸铁的共晶（球状石墨+奥氏体）结晶

1. 球墨铸铁凝固

球墨铸铁的共晶反应是最具代表性也是最受关注的晕圈型离异共晶方式。如图5-35所示，石墨球（黑色球状及近球状）被奥氏体（白色区域，为γ的后期固态相变组织）所包围而进行共晶生长，图中大片黑色区域是尚未凝固的铁液快淬后的组织。在共晶阶段，如图5-36所示，伴随着奥氏体外壳的增厚，石墨球借助碳原子通过奥氏体外壳由外向内的扩散而长大，这种共晶生长模式直至凝固结束。

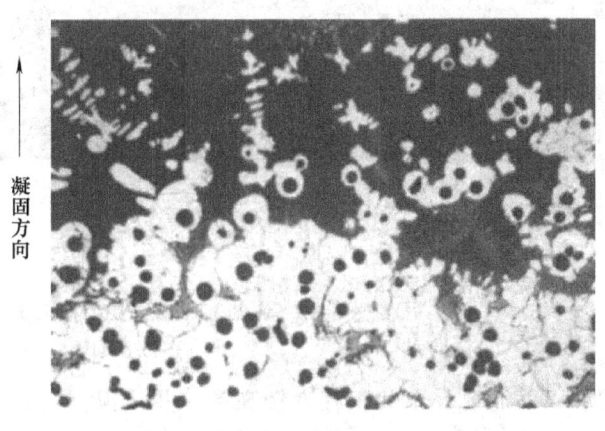

图5-35 石墨球-奥氏体共晶（亚共晶球墨铸铁）[12]

需要指出的是，图5-36主要示意说明石墨球及奥氏体如何通过原子扩散进行离异共晶生长，而球墨铸铁实际凝固中的奥氏体常常以树枝晶的形式出现。对于亚共晶球墨铸铁，在温度低于液相线时即开始析出初生奥氏体树枝晶，其长大形貌如图5-37a所示，而石墨球也独自在铁液中析出（因球化及孕育处理造成的局域热力学及动力学条件）。因熔体对流及密度差等作用石墨球易在熔体中漂移，且一旦与初生奥氏体枝晶相

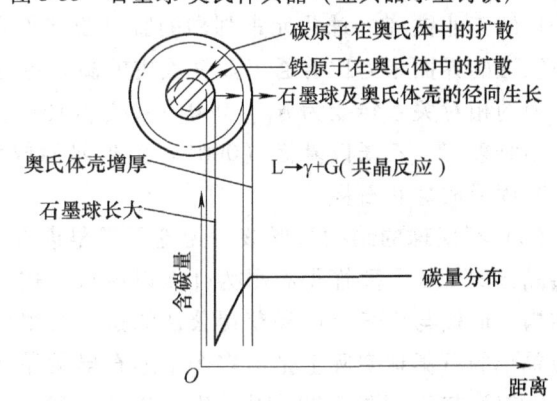

图5-36 球墨铸铁的石墨球-奥氏体共晶团生长示意图

遇即与之连为一体，并很快被其包围，而独立于初生奥氏体的石墨球在共晶阶段当然也很快被共晶奥氏体所包围。因此，在亚共晶球墨铸铁中往往可形成如图5-37b所示的共晶团形貌，其中若干相互靠近的石墨球分别被类球状奥氏体壳所包围，而这些奥氏体壳实际上同属初生奥氏体的某个树枝晶，该图是借助球墨铸铁试样的显微缩孔周围区域利用SEM获得的。对于过共晶球墨铸铁，所不同的是在液相线以下首先析出石墨球，在共晶反应前无初生奥氏体形成。研究证实，即使是过共晶球墨铸铁，其共晶奥氏体也可能存在树枝状形态[15]。

2. 石墨球化机理要点

自球墨铸铁问世半个多世纪以来，人们对石墨成球的原因进行了大量实验及理论研究，并就石墨球化机理提出了很多种学说，如碳化物分解说、过冷说、气泡说、核心说、界面吸附说、螺旋位错说、表面张力说、界面张力说等。虽然石墨球化理论迄今尚未达到最终统一，但许多研究所证实的一些客观实际及其理论分析从不同角度揭示了石墨球化的相对本

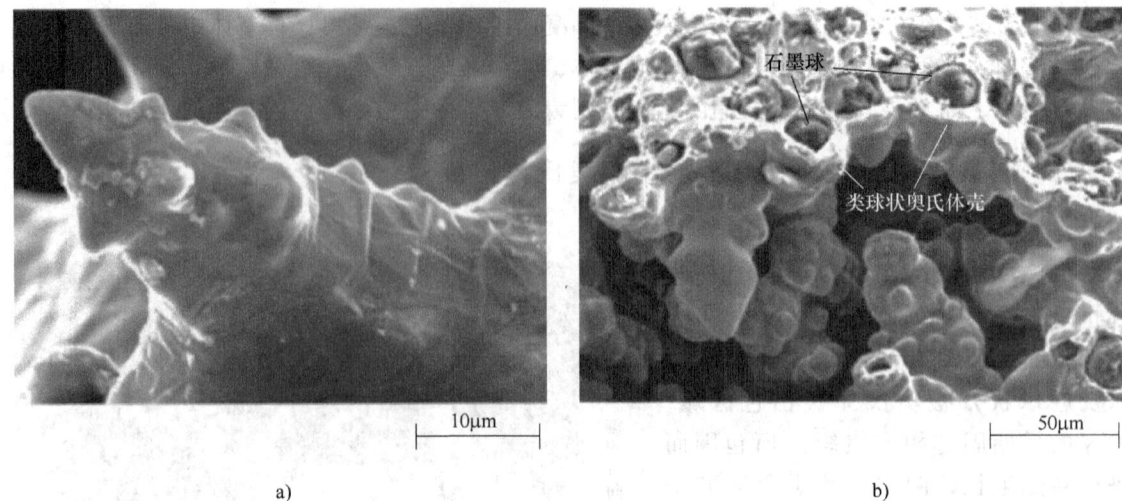

图 5-37　亚共晶球墨铸铁中初生奥氏体及共晶团的形貌[16]
a) 初生奥氏体　b) 共晶团

质。下面简要介绍共识程度较高的一些认识。

（1）石墨球化的热力学条件　对于高纯度铁液，或以 Mg、Ce 等球化元素进行过合适球化处理的工业铁液（球化元素强烈的脱氧脱硫作用），铁液中 S、O 的含量很低。此时，石墨与铁液的界面张力比普通工业铁液中的高。更为有意义的是，石墨基面及棱柱面与铁液界面张力的相对关系转变为 $\sigma_{G-L}(0001) < \sigma_{G-L}(10\bar{1}0)$，此即石墨球化的热力学条件。在此条件下，不难理解，石墨以基面（0001）为外露面成为生长界面，而棱柱面（$10\bar{1}0$）却隐匿起来，凝固形成球状石墨。

（2）石墨球的结构与形核　无论石墨早期在铁液中独立生长还是后期在奥氏体中按离异共晶方式生长，要懂得石墨为什么以球状方式长大，即石墨球化机理，还需了解球状石墨的结构、形核与生长。已经获得公认的是，石墨球是独立从铁液中析出的。多项研究表明，看似单个的石墨球实际上是由多个锥形石墨微晶呈辐射状组合而成的多晶体，各锥晶的外端为（0001）基面，图 5-38a 所示为其半球的结构。按照这种组合，石墨球的外表面均为基面，而棱柱面则相互贴合而湮没起来。如此，石墨只能以基面按［0001］方向（c 轴）长大，若各方向的锥形石墨微晶沿 c 轴推进速率大致相等，则必然形成总体为球状的组合体。通常认为，石墨球的异质形核基底是由硫化物（如 MgS）、含 Mg 或 Ce 等氧化物的硅酸盐（如 $MgO \cdot SiO_2$），或伴随有其他金属氧化物形成的硅酸盐所构成的复合固体微粒。图 5-38b 所示为其结构示意图，图中 Me 为某金属元素，如孕育剂中含有的 Ba、Sr、Ca 等。

（3）石墨球的生长方式　石墨为典型的小平面相，关于石墨球基面的微观生长方式主要有两种观点的假设，即图 5-38c 所示的螺旋位错台阶生长方式，以及台阶侧向生长方式（［$10\bar{1}0$］方向铺展），凭借基面一层层的铺满而获得沿［0001］方向的长大。这两种假设各自均有其实验依据，无论石墨球在铁液中还是离异共晶阶段在奥氏体中的生长，其上述结构及生长特性并没有区别。所不同的是，依赖碳原子在固体中扩散而获得的生长速率无疑会降低；同时，被奥氏体包围的石墨球生长过程受熔体中有害元素干扰的几率也将大大降低。

（4）石墨畸变成为非球状的原因　石墨球形态若发生畸变，一般起始于共晶之前在熔

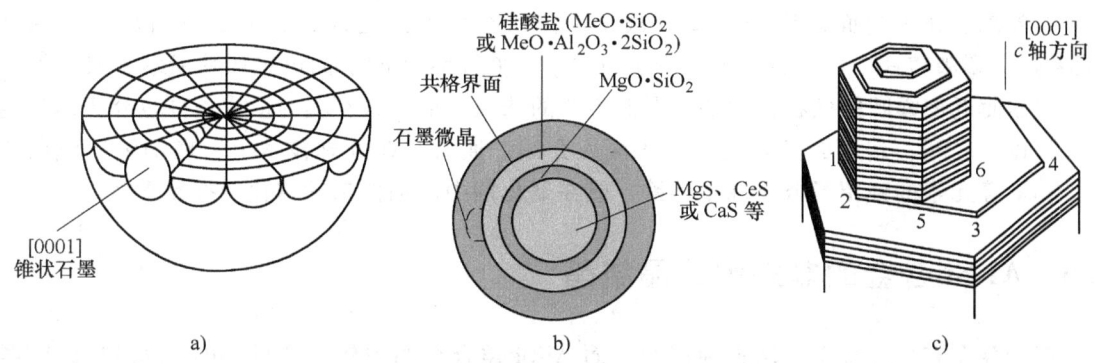

图 5-38 石墨球的形核、内部结构及生长

a) 石墨球结构（由多个锥状石墨微晶构成） b) 石墨球形核基底[17] c) 螺旋位错生长方式

体中的生长阶段。例如，因球化元素 Mg、Ce 等含量不足或球化处理一定时间后铁液出现回硫现象（含硫量回升），导致 S、O 等活性元素的负面作用得以发挥，或铁液中的球化干扰元素（Ti、As、Pb、Sn 等）含量超过临界值，将造成石墨正常的球状生长受到干扰，表面某些部位生长受阻而另一些部位却凸出于前方，出现如图 5-39 所示的变态石墨球。此时，石墨棱柱面部分暴露于铁液中，其生长特性得以发挥，石墨继续生长将发生 $[10\bar{1}0]$ 方向的延伸，这将导致石墨形态的进一步恶化。若畸变发生在早期，将发展为完全非球形态。若铁液中畸变严重的石墨在共晶阶段难以形成全封闭奥氏体外壳，则共晶生长阶段的石墨畸变将继续发展。

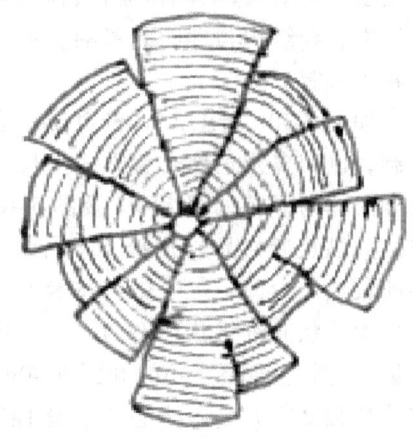

图 5-39 受干扰发生畸变的石墨球

3. 球墨铸铁技术实践的相关重要现象和规律

基于上述分析，不难理解涉及球墨铸铁生产技术实践中的一些重要现象和规律。例如，存在干扰元素的球墨铸铁铁液，或浇注前球墨铸铁铁液放置时间过长而回硫（亦称为球化衰退），凝固后容易出现不同形貌的变态石墨，即球化不良或球化率降低。再如，良好的孕育处理可以促进球墨铸铁的球化率及球化级别的提高，这是因为促进了石墨球异质形核，球数增多最终球径也相应减小，则生长过程中受干扰而发生畸变的几率降低。

同样道理，由于凝固冷却速度的差别，在其他条件相同的情况下，厚壁球墨铸铁铸件（或部位）的球化级别总是低于薄壁球墨铸铁铸件（或部位），这意味着快速冷却的凝固条件有益于球状石墨的形成。

另一方面，由于球墨铸铁共晶反应受原子在固体中扩散的制约，加之球化元素提高凝固过冷度的作用（温度降低则固态扩散更慢），共晶反应时间长成为球墨铸铁凝固的显著特征之一。而且，也因共晶凝固缓慢而铸件断面上固液两相区范围宽，球墨铸铁倾向于体积凝固特征。

此外，由于球化处理及孕育处理为球墨形核提供了大量现成的异质固相质点（图 5-38b），也因为球化元素提高凝固过冷度，球墨铸铁的共晶团数比灰铸铁的共晶团数显著增多，其差别可高达数十倍甚至上百倍。

蠕墨铸铁介于前面讨论的球墨铸铁及灰铸铁石墨形态之间，其大部分石墨呈蠕虫状（通常规定蠕墨铸铁中球状石墨数量少于20%），如图5-32所示的电镜照片所示，其中间部位为弯曲而近似浑圆的条状，而端部形似不全的球冠。蠕虫状石墨的形成条件也介于球墨铸铁及灰铸铁之间，其形成机制这里不作深入介绍。通常，在处理技术上，蠕墨铸铁铁液中Mg或Ce等元素的残留量低于球墨铸铁，或在蠕化剂中添加微量的球化干扰元素钛。

5.6 Al-Si 合金的非规则共晶结晶[⊖]

铝合金在有色合金中应用最为广泛，而 Al-Si 类合金约占铝合金的80%。虽然 Al-Si 类合金大多为多元合金（形成 Mg_2Si、$CuAl_2$ 等强化相），且含硅量多属于亚共晶范畴，但该类合金组织中 Al-Si 共晶体通常占总体积的50%~90%，因此，掌握 Al-Si 共晶凝固规律是控制该类合金组织与性能的基础。本节主要讨论变质元素对 Al-Si 共晶结晶的作用效果、规律及相关机制。

如图5-30b所示，Al-Si 共晶符合非小平面-小平面非规则共晶组织的一般特征及其形成机制，以偏离及汇聚交替方式生长。在普通生产条件下，未经变质处理的 Al-Si 合金液凝固后硅晶体的形貌如图5-40a及图5-40c所示。其共晶硅为粗大板片状，呈无方向性非规则分布，共晶及近共晶成分的 Al-Si 合金还常有少量初晶硅，这样的组织致使 Al-Si 合金的力学性能较低。为此，工业生产技术上通常以 Na 及 Sr 对 Al-Si 合金液进行变质处理，以实现共晶硅由片状向纤维状形态的转变，且消除初晶硅，凝固后共晶硅转变为细小的纤维状或伴有少量细片状，如图5-40b和图5-40d所示。这一组织改变对铝硅合金性能的提高极具意义，其抗拉强度可升高50%左右，塑性甚至可升高三倍左右。

自 Al-Si 合金变质工艺发明以来，人们基于实践与实验研究提出了种种学说来解释变质元素对共晶硅的作用机理，这些学说总体可归结为"影响共晶硅生长"和"抑制硅晶体形核"两大方面。下面首先了解未变质 Al-Si 合金的共晶生长规律和机制。

5.6.1 未变质 Al-Si 合金的共晶生长

在 Al-Si 合金的共晶生长中，硅晶体作为领先相，而 α-Al 依附共晶硅进行形核与生长，且在其发展过程中 α-Al 会随着共晶硅的生长而不断形成[20]。因此，了解共晶硅的生长对掌握 Al-Si 共晶结晶规律至关重要。硅晶体为由若干四面体构成的钻石面心立方结构，如图5-41a所示。

对于未变质的 Al-Si 合金的共晶生长，硅晶体以（111）特定晶面构成其外表面，并因其小平面属性而以唯一的<112>晶向生长。这种各向异性特性决定了生长过程难以改变其特征方向，分枝成为共晶阶段维持其片层间距 λ_a 大致恒定的基本方式。此外，硅晶体的（111）面可出现凹角孪晶，如图5-41b所示，孪晶面在生长界面前沿形成角度为141°的沟槽，在此处易形成二维生长台阶，为硅原子着落提供了便利，维持其生长及一定程度的分枝，此即"孪晶面凹角台阶机制"（The Twin Plane Re-entrant Edge Mechanism，TPRE）[21]。然而，未变质共晶硅的孪晶密度低，因而分枝相对有限，加之特定的生长取向共同确定了其平直、粗大的板片状形貌特征。

⊖ 若教学课时安排有限，授课教师可灵活处理本节课堂教学内容。在此情况下，学有余力的同学可自行仔细研读。

图 5-40 Al-Si 共晶合金未变质与变质后的共晶硅形貌
a)、c) 未经变质处理的光学显微镜及电镜照片[18]　b)、d) 变质处理后的光学显微镜及电镜照片[19]

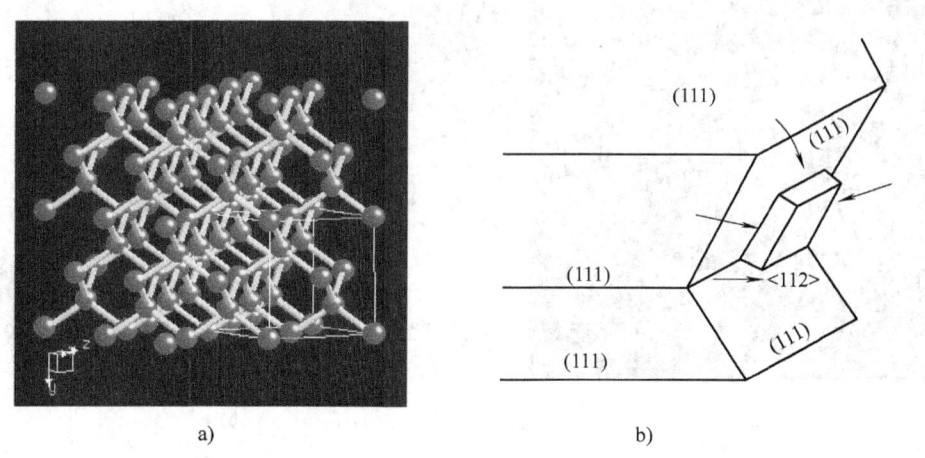

图 5-41 硅的晶体结构 a) 及其生长界面的凹角孪晶 b)

共晶团以松散的共生模式呈辐射状生长，这样既可以自型壁向内发展，也可以按内生方式形成，如图5-42所示。因不规则共晶生长，固-液界面参差不齐且为非等温面，各个硅片端部领先于α-Al相深入到液体中。最终形成的共晶团是α-Al和板片状硅紊乱排列的两相混合体，其中α-Al为多晶体，而共晶硅则源自相同核心经有限分枝所形成。这与灰铸铁共晶团的情形很相似，只是因为石墨及硅分别形成旋转孪晶及凹角孪晶，片状共晶硅的分枝比片状石墨的分枝要少得多且不易发生弯曲。在金相磨面上看似互为独立的针状共晶硅（图5-40a），在共晶团内实际为相互连接在一起的粗片硅（图5-40c）。

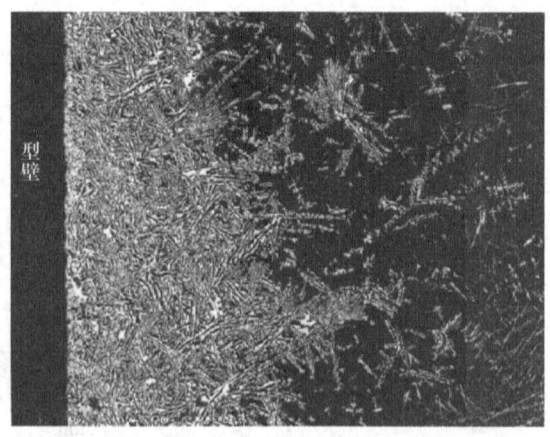

图 5-42 Al-Si 共晶团自型壁生长及内生生长[22]
（未变质 Al-12.6%Si 凝固中液淬，放大 21 倍）

5.6.2 变质元素对共晶硅生长方式的作用——IIT机制

以 Sr、Na 等元素对 Al-Si 熔体进行变质处理后，共晶硅的生长方式发生了显著变化。目前最为普遍接受的观点认为，变质元素吸附并聚集在硅的生长界面前沿，在共晶生长中不断封锁共晶硅的原有孪晶台阶，而又不断促发大量新的凹角孪晶，使共晶硅分枝比未变质的要频繁得多。而且，孪晶密度的显著增大使得共晶硅的生长特性由原先的各向异性转变为各向同性。于是，共晶硅由变质前分枝有限且粗片状发展的模式锐变为大量频繁分枝的纤维状生长，最终使共晶硅的形貌及尺寸均有了质的改变。该学说是基于 TPRE 机制发展而来的，被称为"杂质促发孪晶机制"（Impurity-induced Twinning Mechanism，IIT）[23,24]。图 5-43a 中分枝频繁的纤维共晶硅构成的珊瑚状生长形态清晰地印证了上述机制。

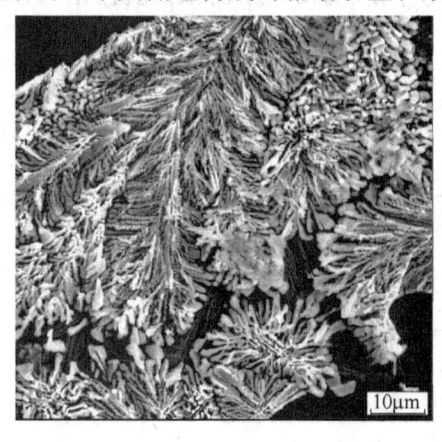

a)

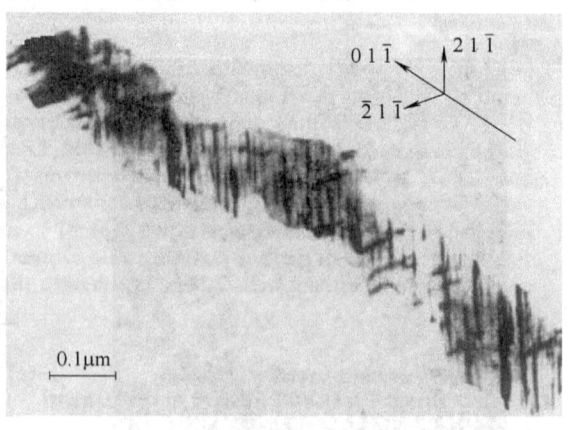

b)

图 5-43 变质后频繁分枝的纤维共晶硅 a)[25] 及其上高密度孪晶 b)[26]

研究表明，未变质共晶硅的孪晶密度非常低，其典型硅断面上孪晶间距为 0.4~1.0mm，而变质后硅断面的孪晶密度大幅提高，孪晶间距在 0.005~0.1μm 之间[26]，图 5-

43b 所示为变质后纤维共晶硅上孪晶密度的实际情形。变质处理大幅促发共晶硅孪晶这一现象为 IIT 机制提供了重要依据。此外，μ-XRF 技术（Micro X-ray Fluorescence）对变质亚共晶 Al-Si 合金检测表明，变质元素几乎全部分布在共晶硅中且相对均匀，而在初生及共晶 α-Al 相中却可以忽略，这一现象也被视为 IIT 机制的重要依据[27,28]，但逻辑上并不具有排他性。研究还发现，变质后的纤维共晶硅虽然仍存在 <211> 生长方向，但 <110> 生长方向却占多数[29,30]，也发现有 <001> 生长方向的现象[31]。尽管不同研究者观察结果并非完全一致，但改变了原先特定的生长取向（单一 <211>），必然为频繁分枝和改变生长方向创造了条件。变质后共晶硅 <001> 生长方向尤其有意义，因为这表明了与"面内生长"（In-plane Growth, <211> 及 <110> 方向均在 (111) 面之内) 不同的"面外生长"（Out-of-plane Growth) 模式。

根据 Al-Si 合金变质的 IIT 机制，从晶体几何的角度推算出变质元素对硅的理想原子半径之比（r/r_{Si}）为 1.646。据此，人们采用接近这一理想比值的其他元素对 Al-Si 合金的变质效果进行了广泛探索，包括 Ca、Ba、Sb 等，以及 Y、Eu、Yb 等一些稀土元素。结果显示，这些元素的确具有不同的变质效果，其中 Na、Sr、Ba、Ca、Eu 等变质元素将共晶硅转变为纤维状，而 Y、Sb、Yb 等元素可将共晶硅转变为短小片状或块状，如图 5-44 所示[28]。但受多方面其他因素制约，目前国内外实际应用的仍然以 Sr 和 Na 为主。鉴于工艺稳定性及环境因素，Na 变质在一些国家也已逐步被淘汰。

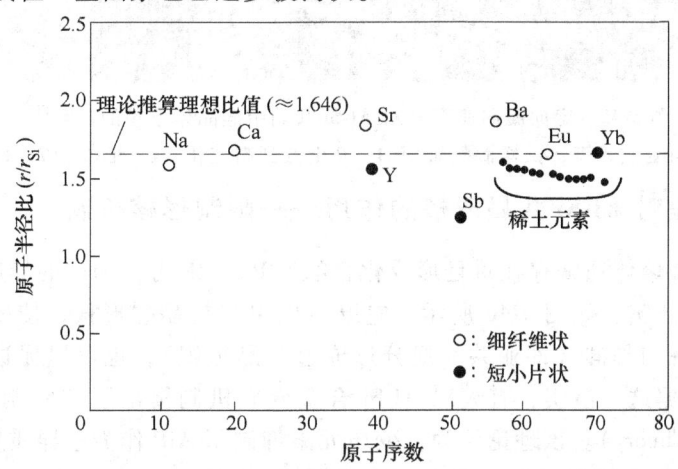

图 5-44　若干元素的原子半径比（r/r_{Si}）及其对硅的变质效果

虽然杂质促发孪晶机制获得了广泛认同，但其对有些现象却不能解释。例如，在高速凝固情况下，不加任何变质元素的 Al-Si 合金也可以得到细小纤维状共晶硅。图 5-45 不仅显示了共晶硅尺寸随凝固速率的提高而显著减小，更有意义的是，该研究结果揭示了在未加变质元素的情况下，通过加快凝固速率可获得理想的纤维状共晶硅形貌[18]。分析认为，随着凝固速率的增大，Al-Si 共晶的硅晶体形貌发生片状到纤维状的转变。该片状到纤维状转变开始于 135μm/s 凝固速率，而结束于 880μm/s，最终发展为完全的纤维状共晶硅。结果还表明，当凝固速率增大到 500~950μm/s 范围时，由低速下 (111) 面的面内生长逐步转化为以面外生长为主导。

此外，极高纯度的 Al-Si 合金即使在未变质、非快速冷却的条件下，也可以形成变质效果的纤维状共晶组织；而且，观察发现未变质的纤维状共晶硅的孪晶密度并不高。这些现象虽然并不能否定工业纯度下变质元素促发共晶硅高密度孪晶的作用，但至少可以说明，高密度孪晶不是形成细小纤维状共晶硅的唯一条件。

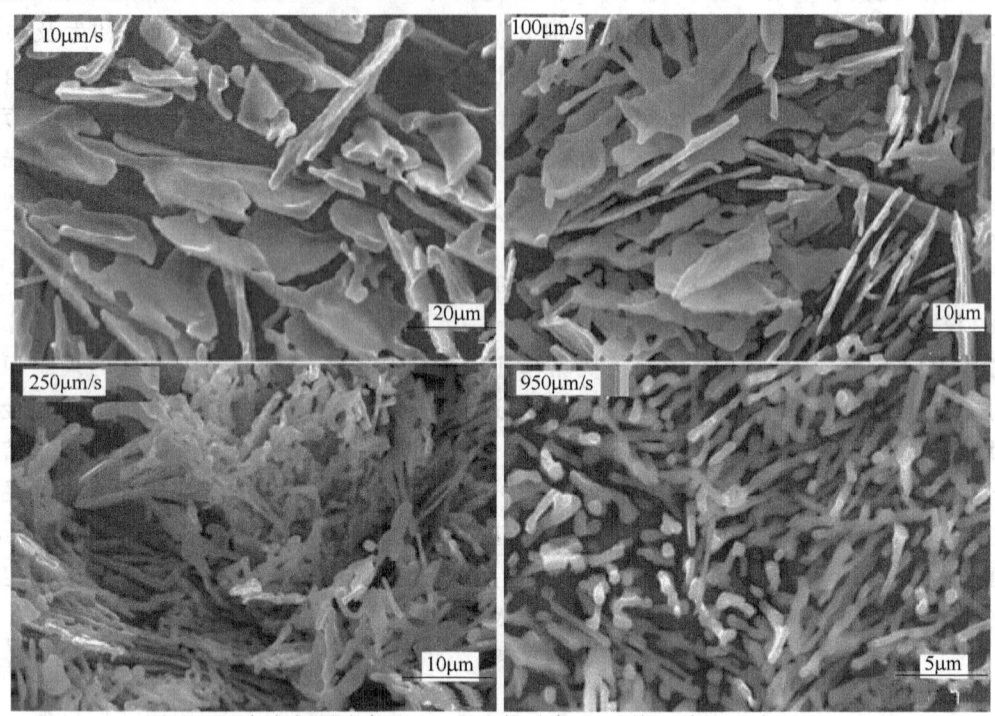

图 5-45　定向凝固速率 R 对 Al-Si 共晶中硅晶体形貌的影响[18]
（未加任何变质元素，试样横截面 SEM，R 由低到高变化，G_{SL} 维持在 7~14K/mm）

5.6.3　变质处理对 Al-Si 共晶形核的作用——限制形核机制

工业 Al-Si 合金熔体通常存在磷且形成化合物 AlP。AlP 可作为硅的异质形核基底，这一点已被许多研究者证实，如图 5-46 所示。它既可以引起初晶硅形核，使得近共晶成分的亚共晶 Al-Si 合金出现初晶硅（即亚共晶成分形成过共晶组织），也可以促进共晶体中领先相共晶硅的形核。根据这一事实，有人对 Al-Si 合金变质机制提出了"限制形核理论"（Restricted Nucleation Theory）。该理论认为，变质元素抑制了 AlP 作为硅异质形核的作用，且降低了硅原子在熔体中的扩散系数，因此，变质后的 Al-Si 合金共晶生长过冷度通常显著增大，共晶组织得以细化而起到变质效果。

图 5-47 显示了 P 及 Sr 对 Al-Si 共晶生长过冷度的影响。为了理解图 5-47 所示的现象，首先由图 5-48 引入 Al-Si 共晶结晶的几个参数并对其意义加以说明，其右图为左图虚线方框的放大，图中 T_c 为试样中心的冷却曲线（T-t），其一次微分 dT/dt 表达对应时间 t 的瞬时冷却速率。可以看出，在共晶结晶之前冷却速率 dT/dt 几乎以 -0.6℃/s 维持不变；当 T_c 下降至 570℃ 以下时 dT/dt 开始上升（T_c 下降变缓），这是因为 Al-Si 共晶反应开始放出结晶潜热，对应的 T_N 即为共晶形核温度。随着共晶晶粒的形成与生长释放出更多潜热，直至 T_c 降至最小值 T_{min}（$dT/dt=0$），温度停止下降。然后，出现 $dT/dt>0$，温度发生回升（再辉），直至共晶稳定生长温度 T_G。在共晶稳定生长阶段，随着条件的不同（共晶所占比例、生长速率快慢等）可出现不同长度的生长平台温度。现在再次观察图 5-47，可发现 Sr 变质对冷

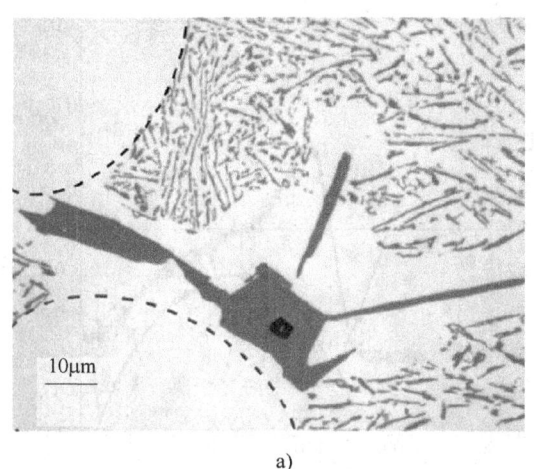 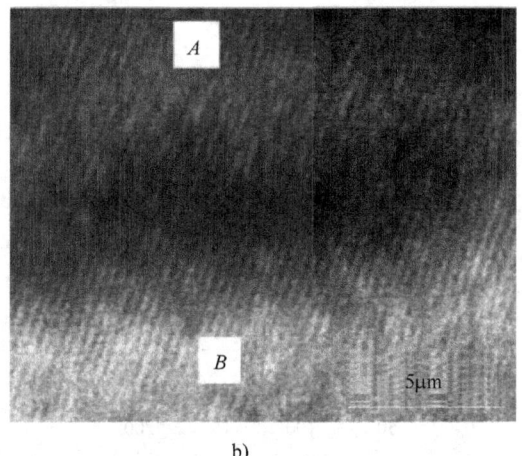

a)   b)

图 5-46 AlP 作为硅晶体的异质形核基底

a) Al-10%Si 由半固态液淬的组织[32]：AlP（深黑色）作为初晶硅（浅黑色）的基底，片状共晶体是在液淬过程中形成的，虚线为共晶反应前初生铝枝晶的轮廓

b) 硅晶体（A 区）与 AlP（B 区）的良好共格关系[33]：它们的（111）面几乎无晶格失配

却曲线的影响：①共晶形核温度 T_N 降低，且再辉程度显著增大；②因共晶平台温度 T_G 降低而共晶生长过冷度 ΔT_G（T_G 与平衡共晶温度之差）增大；③共晶凝固时间缩短。而添加 P 却产生与 Sr 完全相反的影响。

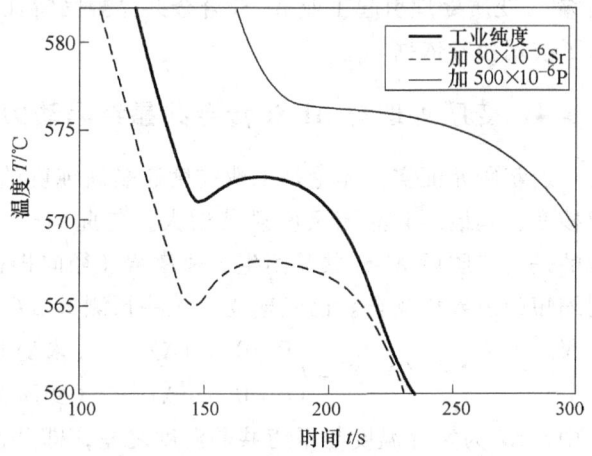

图 5-47 P 及 Sr 对 Al-Si 共晶凝固过冷度的影响[32]

在工业生产中，Na 及 Sr 引起 Al-Si 合金共晶生长过冷度 ΔT_G 增大，这是公认的普遍现象，但对如何改变共晶硅形态的认识并不明确。特别值得关注的是，近年的一项研究表明[34]，变质共晶硅由粗片状转变为纤维状及其细化效果，并非因限制形核引起共晶生长过冷度增大的作用结果。该研究采用工业纯度及高纯度的 Al-10%Si 合金，以未变质及 Sr 变质进行凝固试验，通过精确测取凝固曲线并检验其相应组织，得出的结论为：对于工业纯度 Al-Si 合金，是否进行 Sr 变质的组织及热分析结果与上述规律相同。未变质高纯度合金与未变质工业纯度合金相比，其共晶 T_N、T_{min} 也有明显降低，但共晶生长温度 T_G 只是稍稍降低，即 ΔT_G 的增大并不明显。然而，未变质高纯度合金的初晶硅消失，共晶硅也出现了由粗片状向纤维状的转变。Sr 变质的高纯度合金与未变质工业纯度合金相比，虽然其共晶 T_{min} 温度的降低及再辉程度更加明显，但共晶生长过冷度 ΔT_G 却无明显不同，然而，变质后的高纯度合金的共晶硅全部为非常细小的纤维状。由此可见，共晶硅的变质效果从本质上并非是由共晶生长过冷度 ΔT_G 的增大所引起的。

虽然限制形核理论并不十分完善，但限制磷含量以及如何根据磷含量添加变质元素，在 Al-Si 合金工业生产中却公认是十分重要的。例如，通常认为，在 A356 合金（$w_{Si}=7\%$）中添加 $w_{Sr}=0.012\%$ 可获得满意的变质效果。在磷的质量分数不大于 0.001%并不含其他有害

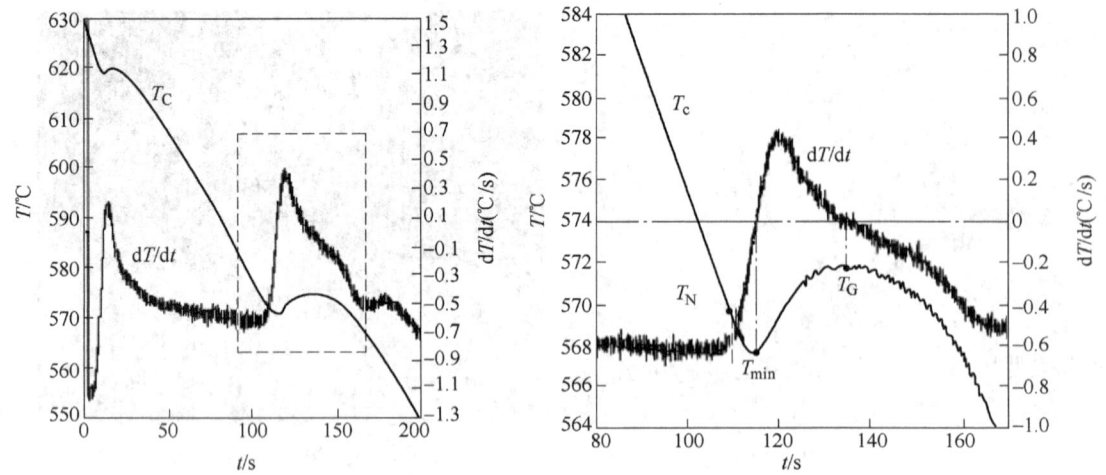

图 5-48　Al-7%Si 合金共晶结晶的热分析及其特征参数[32]

元素（如锑对锶的效果有"毒害"作用）的情况下，$w_{Sr} = 0.006\% \sim 0.007\%$ 即可取得完全变质的作用，而合金的磷每增加 0.001%，则必须增加 0.003% 的锶以抵消磷的"毒害"作用[34]。变质处理引起工业 Al-Si 合金共晶凝固特征参数变化的规律，为生产过程质量控制提供了技术参考依据。

5.6.4　变质处理与 Al-Si 合金共晶结晶动力学

近年研究证实，无论是工业纯度还是高纯度的 Al-Si 合金，变质处理均降低它们的共晶形核率，其最终共晶团尺度显著增大，与此同时，变质共晶团数目呈数量级减少[34-36]。有趣的是，变质后 Al-Si 共晶团生长速率 R（径向推进速度）显著增大，这与前述共晶凝固时间缩短的现象相吻合。已经建立了一些预测 R-ΔT 的关系式，代表性的有[36]

$$R = \mu (\Delta T)^n \begin{cases} R = 0.041 \Delta T^4 & \text{（未变质铝硅合金）} \quad (5\text{-}11a) \\ R = 0.330 \Delta T^2 & \text{（变质铝硅合金）} \quad (5\text{-}11b) \end{cases}$$

式中，ΔT 为实际温度与平衡共晶温度之差，即共晶生长过冷度。可见，虽然指数项 n 分别为 4 及 2，但因变质通常引起 ΔT 显著增大，且系数 μ 几乎大了一个量级，所以整体上变质后共晶生长速率 R 要高得多。此外，由图 5-47 所示的热分析曲线可知，共晶阶段的过冷度随时间发生变化，所以共晶团生长过程的 R 也有起伏变化。

Dahle 等人在 Al-10%Si 合金凝固中实时测取过冷度 ΔT，然后利用式（5-11）计算未变质及变质两种情况下从共晶开始 t_N 到结束 t_E 各时刻的生长速率 R，结果如图 5-49 所示。由变质前后的图 5-49a 及图 5-49b 可以看出生长速率随时间变化的起伏趋势，未变质的共晶团尺度仅为几十微米，而锶变质的共晶团则可达毫米尺度。图 5-49 对应的共晶晶粒半径是以 $r = \int \mu (\Delta T)^n \mathrm{d}t$ 从 t_N 到 t_E 对 t 积分获得的，其计算结果与对应金相观察的共晶团尺寸基本一致。图 5-49b 中的水平虚线表达获得完全变质效果的临界生长速率 $R = 7\mu m/s$。

另一方面，由于生长速率随时间的起伏，即使在同一共晶团晶粒之内，不同凝固部位的变质效果（共晶硅的形态）也可能随凝固时间及位置的不同而有明显区别，图 5-50 及图 5-51 清晰地反映了这一重要现象。图 5-50 中的①②③为同一共晶团由内向外的不同位置，图

5-51 的 a、b、c 为对应于图 5-50①②③位置的组织放大图，左侧为试样经深腐蚀部分去除共晶 α-Al 后的扫描电镜照片，其右侧为光学显微照片。可见，区域①的共晶硅获得了良好纤维状变质效果，虽然在深腐蚀试样上看似不连续，实际空间是相连的；区域②的共晶硅变质效果不佳，仍为粗片状，这缘于该区的生长速度低于临界值；区域③的共晶硅再次获得了很好的变质效果，且纤维状硅显得比区域①的更加连续细小。

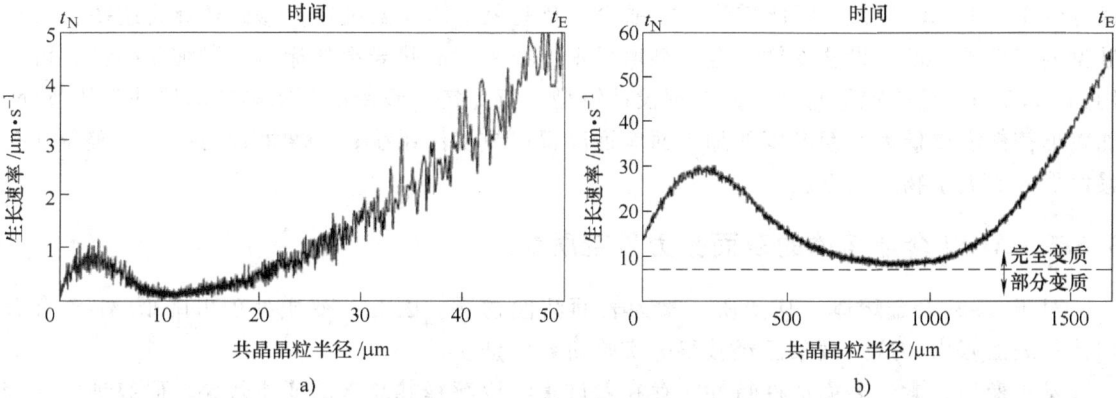

图 5-49　变质处理对 Al-10%Si 合金共晶团尺寸及晶粒生长速度随时间变化的影响[36]
a）未变质　b）$w_{Sr}=0.01\%$

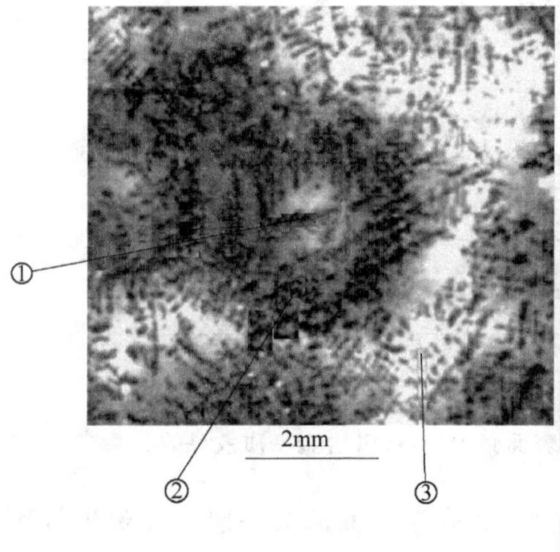

图 5-50　Al-10%Si 合金同一共晶团不同区域的变质效果

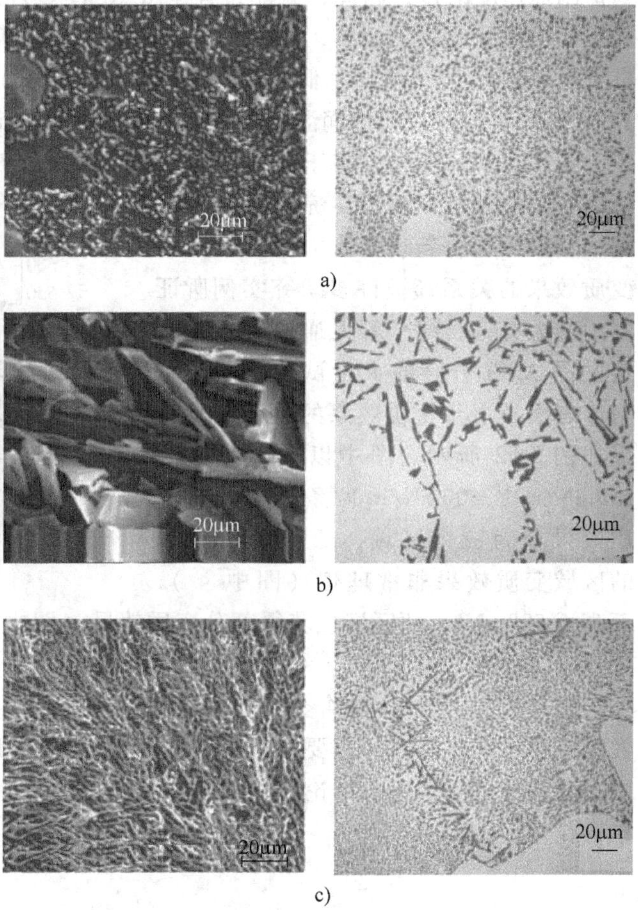

图 5-51　对应于图 5-50 共晶团位置的组织

由此可知，变质效果与共晶生长速率密切相关。工业生产实践也反复证实，铸件冷却速率越快，越有利于共晶硅的变质效果，这一规律特别在锶变质的情况下更加明显。

另需指出，变质引起共晶团晶粒的显著增大，也负面地促进了铸件缩松及气孔的形成倾向，从而增大了铸件的孔隙率[32,37]。在采用变质技术的生产中，除了限制必要的锶加入量以外，需注意在以下五个方面采取工艺措施：①尽量减少熔体中的含气量，合金熔体含气量最好低于 0.13mL/100g，因此需注意加强除气及避免熔体高温过热；②提高凝固速率，可在砂型的铸件重要部位设置冷铁，金属型增强水冷或采用高热导率的涂料；③细化晶粒，可采用如 Al-5Ti-1B 等晶粒细化剂；④合理设计铸型，避免铸件致密度要求高的部位处于热节处，如轮形铸件需要低表面粗糙度的加工面应远离冒口或浇注系统；⑤增加过滤措施，避免气孔赖以形核的夹杂物进入型腔。

5.6.5 Al-Si 合金熔体的表面张力与变质效果

对于 Al-Si 合金熔体，其变质元素为表面活性物质。因此，变质处理可降低 Al-Si 合金熔体的表面张力，这一现象已经被很多实验研究所证实。

基于变质元素的表面活性特性，存在着许多学说解释共晶硅的变质效果。研究证实，变质元素吸附在硅晶体生长的固液界面上。早期认为，因变质元素的界面吸附，硅晶体生长受到抑制而速度减慢，因此，共晶过程中 α-Al 转变为共晶领先相，从而将共晶硅限制在其间生长而成为纤维状。显然，这种学说不符合最近证实的变质共晶硅快速生长的动力学特征。也有观点认为[26]，变质降低表面张力的同时也降低硅与 α-Al 之间的界面张力，因此使凝固界面处硅与 α-Al 之间的润湿角改变，从而改变共晶硅的形貌。

随着认识的深入，基于表面张力的诸多变质学说被发现不尽完善。尽管如此，变质元素引起表面张力下降及其与变质效果的关系却被许多研究实例所证实。李大勇、石德全等人通过钠盐变质近共晶 Al-Si 合金的大量试验，探讨了熔体表面张力与变质效果的关系，其结果如图 5-52 所示。图中以表面张力为 530mN/m 及 400mN/m 两条水平线将变质效果分为三个区域，低于 400mN/m 的区域变质效果非常理想（图中 ○），

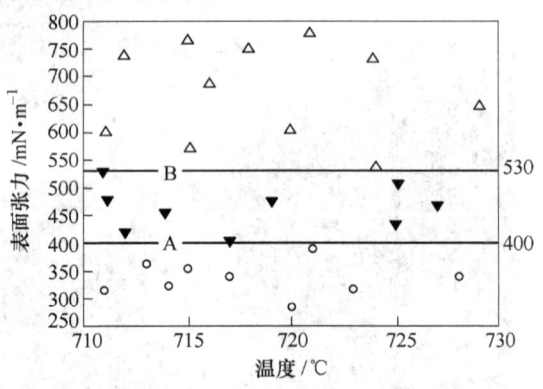

图 5-52 表面张力与 Al-Si 合金变质效果的关系[38]

而高于 530mN/m 的区域仅获得部分变质效果（图中 △），介于其间的为一般变质效果（图中 ▼）。

迄今为止，对 Al-Si 合金变质机制的认识尚不完善。最近的观点指出，变质理论的完善发展既要考虑生长过程也要考虑形核过程[39]。值得欣慰的是，经过多年努力所揭示和证实的上述一些重要现象、结论和规律，在 Al-Si 合金的生产技术及质量控制中已起到了重要的指导作用。

5.7 包晶凝固

包晶凝固是一个十分重要的相变过程，工业中常用的铸钢、铸铜合金（包括用于型材和锻材的铸锭合金）等传统材料的凝固过程都包含包晶反应，现代高技术领域的 Fe-Cr-Ni 高温合金、Ti-Al 轻质合金、Co-Sm-Cu 及 Nd-Fe-B 稀土永磁材料，以及 Y-Ba-Cu-O 高温超导材料等新型合金的凝固也都具有包晶反应。由于包晶凝固行为及组织形成的复杂性，对其认识一直远不如对单相和共晶凝固那样深入。本节概略介绍包晶凝固的一般特性，以及近年来在包晶凝固领域获得的一些主要规律与认识。

5.7.1 包晶凝固过程

1. 包晶合金的平衡凝固

包晶反应是一种由固相和液相相互作用生成另一个固相的过程，典型包晶相图及包晶凝固过程如图 5-53 所示[40]。现以具有包晶凝固特征的亚包晶 C_0 成分合金作为考察对象，来分析包晶合金的平衡凝固过程。当温度降至 T_L 时首先析出初生 α 相，在 α 相枝晶生长过程中组元 B 在液相中富集，导致液相成分沿相图的液相线变化，而 α 相的成分则沿固相线变化，包晶反应前初生相析出如图 5-53d 所示的 a—a 初始阶段。当温度下降到包晶转变温度 T_p 时，α 相与液相浓度分别为 C_α 和 C_L，开始发生包晶反应：α(C_α) + L(C_L)→β(C_p)，包晶相 β 在 α 相表面发生异质形核，并很快将 α 相包裹在中间（非定向凝固条件下 α 相可能被 β 相完全包裹），此即图 5-53d 所示的 b—b 中间阶段。此后，β 相向 α 相及液相两侧生长，组元 B 自 β-L 界面向 α-β 界面扩散，导致 α-β 界面向 α 相一侧扩展，而组元 A 则自 α-

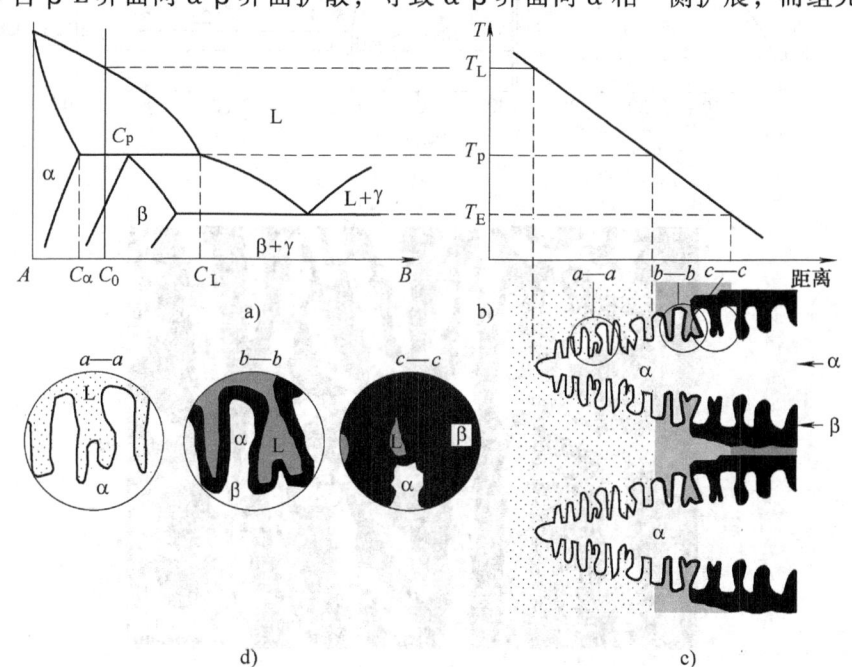

图 5-53 定向凝固条件下的包晶转变[40]

a）具有包晶反应的相图　b）凝固界面前沿的温度分布　c）枝晶排列示意图　d）三个截面放大图

β 界面向 β-L 界面扩散并导致该界面向液相扩展，此即图 5-53d 所示的 c—c 最后阶段。因此，随着包晶转变的进行，β 相不断增多，而 α 相及液相不断减少，直至液相完全消失，转变结束时平衡组织为 β 相及剩余初生 α 相。对于包晶成分的合金，包晶反应结束时平衡组织为单一 β 相；对于过包晶成分的合金，相应平衡组织为 β 相和剩余液相。

2. 非完全包晶转变

需要指出的是在上述过程中，随着时间的延续，包晶相不断增厚，扩散距离越来越远，转变也越来越困难，因此，遵循相图完成平衡包晶转变往往相当费时。在实际铸件的凝固过程中，在有限时间内包晶转变很难充分进行，凝固完成后在包晶相中心通常存在着非平衡的初生相。例如，图 5-54b 所示为 Cu-80%Sn 合金的空冷凝固组织，其黑色基底为包晶反应后

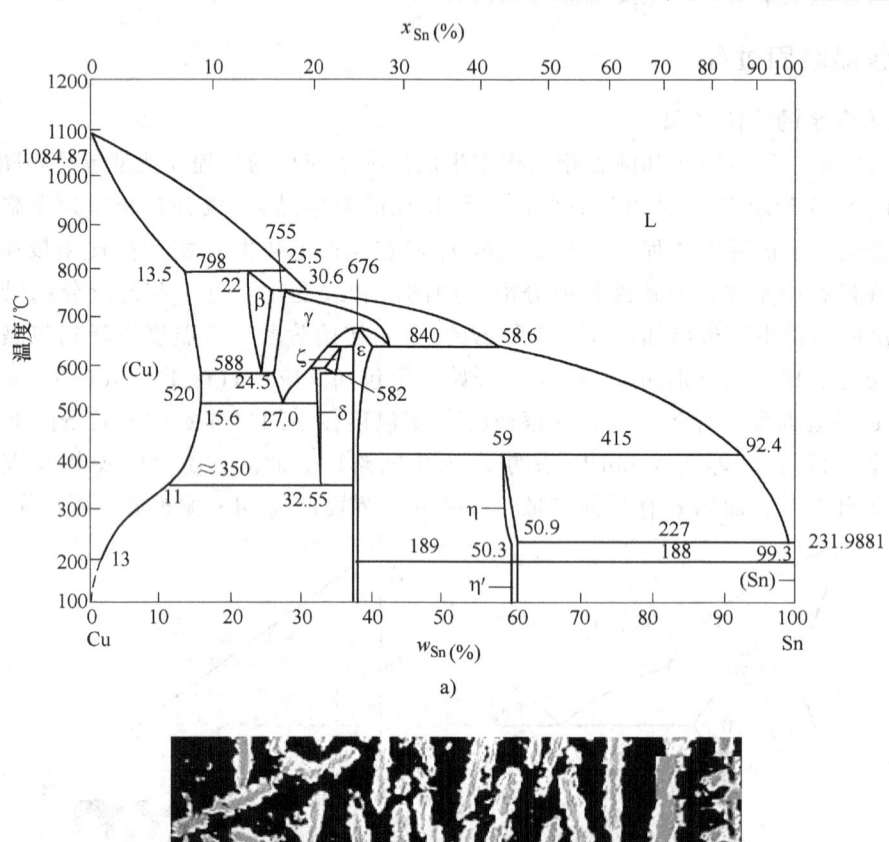

a)

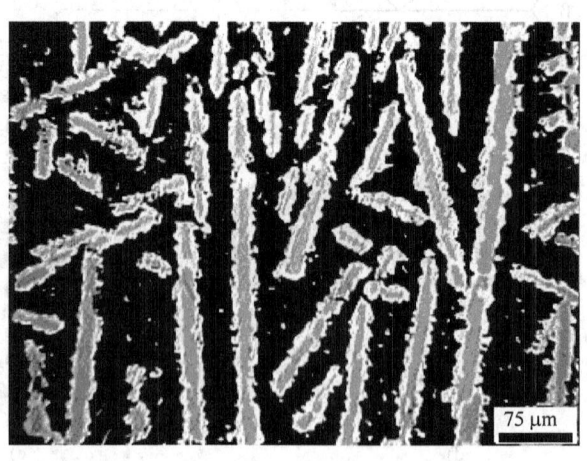

b)

图 5-54　Cu-Sn 相图 a) 及 Cu-80%Sn 合金空冷条件下的凝固组织 b)[41]

的剩余液相转变而成的（η+Sn）共晶体；在长条状组织中，白色的外围包裹层是包晶相 η，被包裹的灰色区域是初生相 ε。根据 Cu-Sn 合金相图（图 5-54a），平衡凝固组织应为（η+Sn）共晶体和 η 相（后期发生固态转变 η→η′）。但图 5-54b 表明，其凝固组织中仍残留较多的初生相 ε，说明包晶转变远未完全进行。生产及研究均表明，在通常凝固条件下，许多合金系的包晶转变很难充分完成。当然，对于溶质原子小而扩散相对容易的系统，包晶反应可充分进行，如碳在 Fe-C 合金中容易扩散，因此碳钢的组织中通常无初生 δ-Fe 相。

3. 包晶相的直接凝固

实际凝固过程中初生 α 相析出会出现成分偏析，固相线向左下方偏移。这样，当合金冷至包晶温度线时，剩余液相将会增加；当冷经包晶线时，包晶转变也将难以充分完成。其结果是，不但过包晶成分的合金，甚至亚包晶成分的合金，在包晶温度线以下都可能剩有部分尚未发生包晶转变的液相。这部分液相将在温度下降过程中直接结晶为包晶相，即 L→β，这种方式称为包晶相的直接凝固，它包括两种情况：一是依附于已形成的包晶相直接向液相中生长；二是包晶相也可能在液体中单独形核且独立生长。此外，当冷却速度很高时，液相有可能完全过冷至包晶线以下，尤其是过包晶成分的合金更易如此。这样，合金可以不发生包晶转变，而由液体直接凝固成为包晶相。

5.7.2 包晶转变中的相竞争 ⊖

1. 包晶转变组织的复杂性

与共晶合金不同，包晶合金在转变完成后，通常条件下从凝固组织中看不出任何包晶转变过程的特征，只有在亚包晶成分合金（转变后剩有初生相）或非完全包晶转变（见前面的分析）的组织中，才可以看到其特征。另一方面，经典理论认为，包晶转变不可能出现类似共晶的两相共生。但有趣的是，近年来对包晶合金的多项定向凝固研究结果表明，由于初生相与包晶相在生长过程中的竞争，随着体系、成分及凝固条件的改变，可呈现不同的组织形态。例如，类似共晶转变出现层片状或纤维状的共生现象，其两相平行于凝固方向排列；也有的以耦合交替分层的方式生长，其两相垂直于或近似垂直于凝固方向呈现交替的带状组织形貌，或呈非连续带状（其中一相呈岛状分层）组织形态。下面以典型的示例予以说明。

图 5-55 及图 5-56 所示分别为 $w_{Ni}=4.3\%$ 及 $w_{Ni}=4.4\%$ 的 Fe-Ni 合

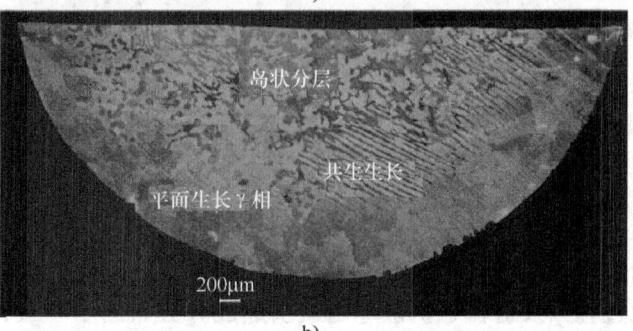

图 5-55 Fe-Ni 合金的试样（$w_{Ni}=4.3\%$）定向凝固组织
a）纵向截面 b）横向截面

⊖ 若教学课时安排有限，这部分内容可不作为课堂教学内容。在此情况下，学有余力的同学可自行研读。

金（包晶点 $w_{Ni} = 4.33\%$）两个试样在定向凝固条件（$G = 18K/mm$，$R = 10\mu m/s$）下的组织[42]。由图 5-55 可见，$w_{Ni} = 4.3\%$ 的试样从中心部位到边缘，其组织分别为岛状分层（Island Banding）生长、片状及少量纤维状两相耦合共生生长（Coupled Growth）、单相（包晶 γ 相，图中深色部分）的平面生长。而当成分稍稍越过包晶点时，如图 5-56 所示，相同条件下的试样中心部位却完全为片状共生组织，而位置向外越过片层间距波动处则逐步以纤维状共生组织为主。

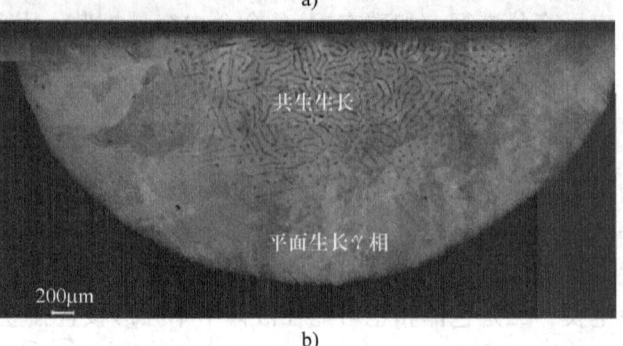

图 5-56　Fe-Ni 合金的试样（$w_{Ni} = 4.4\%$）定向凝固组织
a) 纵向截面　b) 横向截面

图 5-57 及图 5-58 所示为 $w_{Bi} = 33\%$ 的 Pb-Bi 过包晶合金（包晶点 $w_{Bi} = 29\%$）的定向凝固组织[43]，其温度梯度均为 $G = 27K/mm$，而随着凝固速度的改变则出现不同生长方式的组织。在较高凝固速度（$R = 1.40\mu m/s$）下，如图 5-57a 所示，以初生 α 相（黑色）为领先相，包晶 β 相（白色）则处于 α 相之间，两相共生向前推进。在 $R = 0.83\mu m/s$ 的速度下，如图 5-57b 所示，凝固进程中在两相共生阶段之间出现过渡带状组织。在 $R = 0.563\mu m/s$ 及更低的速度下，可形成相对稳定的两相交替带状组织，如图 5-58 所示。然而，在较低的温度梯度（$G = 15K/mm$）下，在上述凝固速度范围内却难以形成带状组织。

2. 包晶转变组织的形成规律及认识

包晶转变的两相竞争所出现的带状组织、共生组织在许多合金体系中得以观察而证实，且往往还可能出现其间过渡形式的岛状分层。目前对包晶合金凝固中的共生生长与低速带状组织的形成规律及两种组织之间的关系尚未达成共识，然而，通过大量的实验研究现象，在认识上已经获得了一些重要规律，其中合金成分、温度梯度与凝固速度的比值 G/R 往往在总体上起着关键作用。

（1）成分的作用　当合金成分越过包晶转变的初生相成分 C_α（即包晶线左端成分）一定范围后，则在一定条件下可能出现两相带状组织；随着合金成分增高到某个范围，则会发生两相共生生长；当成分继续升高到一定程度（特别是越过包晶成分 C_β 或之后一定值），则会出现单纯包晶相的直接凝固。根据这一规律，即使特定成分的合金凝固，由于成分再分配过程以及对流、扩散等因素引起成分分布的不一致，同一合金的不同部位也会出现包晶凝固方式及组织的差别，且符合上述合金成分差异而出现的规律。例如，仔细分析图 5-55 可知，越靠近试样边缘的部位，由于对流、扩散的减弱而其成分镍含量越高（能谱检测证实），Fe-4.3%Ni 的组织分布也完全符合上述规律。有人根据共晶共生生长理论并经发展后提出，在特定条件下两相带状生长及共生生长之间存在着一个处于 C_α 及 C_β 之间的临界值 C_{crit}[44]。以理论计算得出若干合金体系的 C_{crit} 与相应的实验结果进行比较，其规律基本吻

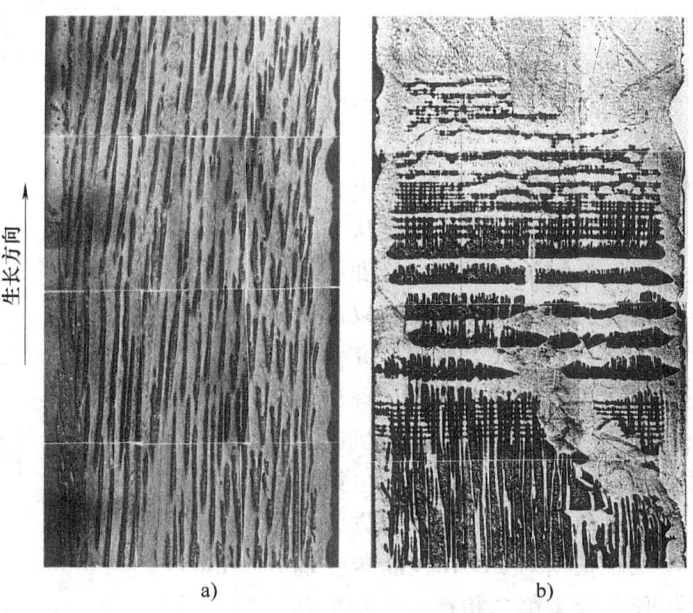

图 5-57 Pb-33%Bi 包晶合金的定向凝固组织 ($G = 27K/mm$)
a) $R = 1.40 \mu m/s$ b) $R = 0.83 \mu m/s$

图 5-58 Pb-33%Bi 包晶合金的低速带状组织 ($R = 0.563 \mu m/s$, $G = 27K/mm$)

合。例如，Ni-Al 相图上 C_α 及 C_β 分别为 $w_{Al} = 11.1\%$ 及 $w_{Al} = 12.4\%$，其理论计算临界值 $C_{crit} = 12.0\%$，相应实验观察结果为，两相带状生长成分范围为 $w_{Al} = 11.7\% \sim 11.9\%$，共生生长范围为 $w_{Al} = 11.9\% \sim 12.4\%$。

（2）比值 G/R 的作用　若合金成分合适，当 G/R 高于某临界值时，包晶转变会出现带状或共生组织。一些研究表明[43-45]，在此范围内，较低的 G/R 情况下包晶转变容易出现两相共生组织，而较高 G/R 倾向于形成连续带状或非连续带状（岛状分层）组织，Ni-Al、Pb-Bi、Cd-Sn 等包晶系统的组织均符合这一规律。因此，温度梯度 G 不变时，低速下易出现带状组织，而高速下却为两相共生组织，这可从图 5-57 及图 5-58 所示的 Pb-33%Bi 合金的结果很明显地看出。另一方面，研究表明，包晶转变存在等温共生及非等温共生的不同情况，如图 5-59 所示[42]。前者的共生两相凝固界面为等温平面，因此亦称为"平面共生"；而后者共生两相中的一相为胞状且凸出于另一相，因此两相凝固界面为非等温面，亦称为"胞状共生"及"弱共生"。Flemings 曾指出[5]，高的温度梯度 G 是出现包晶共生的必要条件，以抑制初生相的树枝状生长。Kurz 等人基于成分过冷理论进一步研究指出[42]，包晶转变出现"胞状共生"所需条件为 G/R 接近或稍高于保持单相平面生长的成分过冷临界值，而且，平面共生比胞状共生需要更高的 G/R。在图 5-59 所示 Fe-Ni 合金的组织-成分-G/R 图中，所反映情况比上述 G/R 与组织之间的关系更为复杂。在较低成分亚包晶范围内，随着 G/R 变高，组织变化规律为胞状共生→非连续带状→波动组织（$1-\lambda$）→平面共生。

（3）由初始初生相过渡形成不同包晶转变组织机制　包晶转变方式及其组织类型总体被认为与两相的形核与生长竞争行为相关，而它们受到多种因素的制约，如合金系统、成分、界面能，以及对流、温度场、过冷度等动力学条件。然而，究竟为什么由初生相发展为不同的两相组织形态，理论上尚未形成统一认识。目前，带状组织的形成机制被解释为由初生相平面生长的初始过渡阶段发生第二相形核并横向生长，此后两相往复交替以对方为基底发生形核与横向生长。根据对 Fe-Ni 包晶转变现象的观察，其共生生长起源于第二相在初生相上多处形核，被认为由初生相过渡到两相共生的机制之一。Trivedi 强调，两相形态选择主要受对流、形核过冷度及其形核率以及两相生长竞争所控制，并根据 Sn-Cd 包晶合金实验观察提出了如图 5-60 所示的模型[46]，即包晶两相形态受生长竞争影响的同时，主要取决于第二相形核距离或形核率，也即依赖于形核过冷度。

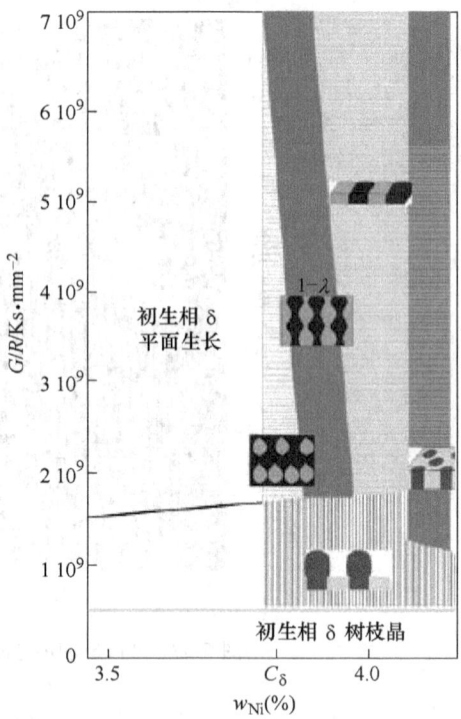

图 5-59　Fe-Ni 合金组织与成分及 G/R 关系
（图中各小插图为所处区域的组织示意图）

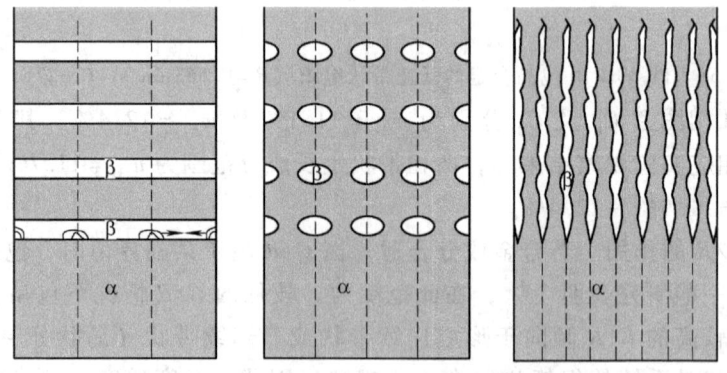

图 5-60　第二相形核率对包晶转变组织选择的作用

思考与练习

1. 根据共晶体两组成相的 Jackson 因子，共晶组织可分为哪三类？它们各有何生长特性及组织特点？

2. 以某合金生产厚大平板铸件，凝固首先析出 α 初生相，其生长速度 $R=8\mu m/s$，溶质 B 原子在液相中的扩散系数 $D_L=5600\mu m^2/s$，到共晶阶段形成 α-β 层片状规则共晶，其片层间距为 $5.6\mu m$。

　　1）分别估算初生相及共晶生长阶段 α 相在固-液界面前沿的溶质富集边界层厚度。

　　2）比较两阶段边界层厚度的差别，并对此现象给予理论解释。

3. 图 5-12b 中所表达的界面上成分分布为连续的周期性曲线（C_B^*），为什么图 5-12c 所表达的液相线

温度 T_L^* 却为两条不连续的凹陷曲线（结合共晶点附近 α、β 两相的液相线及其延长线予以考虑）？

4. 根据共晶片层间距的最小过冷度准则并参考相关参数 K_c、K_r 的推导过程，讨论合金性质 K_0、D_L 及液-固界面张力 σ_{SL} 对规则共晶 λ_e 的影响（凝固速率 R 不变）。

5. 理解共晶结晶的两种界面失稳的条件、组织形态、影响因素及其规律。

6. 如图 5-25b 所示，其三条横虚线将共晶温度以下分成四个不同的过冷区域。若通过改变凝固条件分别使 C_0 成分的合金液体直接过冷到四个不同区域（从上到下将它们分别称为①、②、③、④四个过冷区），根据共晶与单相枝晶因 R 的高低而竞争的情况，试讨论这四个过冷区所对应的组织类型及形貌。

7. 根据偏离→汇聚→…交替生长机制，参考图 5-28 中的 ΔT-λ 曲线，解释以下问题：①非小平面-小平面非规则共晶的共晶平均过冷度大于规则共晶；②其液-固界面为非等温面。

8. 根据表 5-1 数据，完成以下计算及分析：

1）凝固速率 R 分别为 $9\mu m/s$ 及 $64\mu m/s$ 条件下 Al-Cu 合金共晶体（Al-Al$_2$Cu）的最小间距 λ_e 及最小过冷度 ΔT_e，并对其结果进行简要讨论。

2）若取 Fe-C（片状石墨）非规则共晶的 $\phi = \lambda_a/\lambda_e$ 的比值为 3.0，计算灰铸铁在 $R = 0.138\mu m/s$ 凝固条件下共晶体中石墨片的平均间距 λ_a，并将计算结果与图 5-30a 所示的实际组织进行比较。

9. 基于片状石墨-奥氏体共晶生长的微观机制：①解释灰铸铁石墨成为片状的根本原因；②描述灰铸铁共晶团内石墨的空间形态。

10. 参考图 5-33、图 5-26b 及图 5-37 所示的相关内容，描述亚共晶球墨铸铁的石墨球从形核到凝固结束的结晶过程。

11. 从热力学本质和具体生长条件描述球状石墨发生畸变的原因及过程。为了防止球墨铸铁中的石墨球发生畸变，在生产实践中应考虑哪些方面？

12. 基于未变质 Al-Si 合金共晶硅的 TPRE 生长机制，阐述变质共晶硅的 IIT 机制。哪些现象可作为 IIT 机制的依据？

13. 根据图 5-47 所示，阐述 P 及 Sr 对工业 Al-Si 合金共晶凝固特征参数的影响，进而阐述 P 及 Sr 对亚共晶 Al-Si 合金凝固组织的实际作用效果。

14. 从图 5-49 你能够看出哪些结论？针对图 5-50 及图 5-51 所示的情况，图 5-49b 的 R 曲线应如何分布？

15. 虽然对 Al-Si 合金变质机制尚未获得最终认识，但在生产实际及研究中却已证实了一些重要的现象和规律，简要综述锶变质对亚共晶 Al-Si 工业合金各方面的作用现象和规律。

参考文献

［1］ 安阁英，陈其善，等．铸件形成理论［M］．北京：机械工业出版社，1989．

［2］ 胡汉起．金属凝固［M］．北京：冶金工业出版社，1985．

［3］ Kurz W, Fisher D J. Fundamentals of solidification［M］. Switzerland：Trans tech publication ltd, 1998.

［4］ Seetharaman V, Trivedi R. Eutectic growth：selection of interlamellar spacings［J］. Metallurgical transactions A, 1988, 19（12）：2955-2964.

［5］ Flemings M C. Solidification processing［M］. New York：McGraw-Hill, 1974.

［6］ Stefanescu D M. Science and engineering of casting solidification［M］. New York：Kluwer Academic, 2002.

［7］ Hagihara K, et al. The effect of Ti-addition on plastic deformation and fracture behavior of directionally solidified NiAl/Cr（Mo）eutectic alloys［J］. Intermetallics, 2006, 14：1326-1331.

［8］ Ferrandini P, et al. Influence of growth rate on the microstructure and mechanical behaviour of a NiAl-Mo eutectic alloy［J］. Journal of Alloys and Compounds, 2004, 381：91-98.

［9］ LEE J H, SHAN LIU, TRIVEDI R. The Effect of Fluid Flow on Eutectic Growth［J］. Metallurgical and matirials transactions A, 2005, 36: 3111-3125.

[10] Guzik E, et al. Modeling Structure Parameters of Irregular Eutectic Growth: Modification of Magnin-Kurz Theory [J]. Metallurgical and materials transactions A, 2006, 37: 3057-3067.

[11] Gündüz M, et al. Interflake spacings and undercoolings in Al-Si irregular eutectic alloy [J]. Materials science and engineering A, 2004, 369: 215-229.

[12] Liu B C and Li Y. X. Physical Metallurgy of Cast Iron IV [G]. New York: Materials Research Society, 1990, 35-42.

[13] Stefanescu D M. Modeling of Cast Iron Solidification-The Defining Moments [J]. Metallurgical and materials transactions B, 2007, 38: 1433-1447.

[14] Campbell J. A Hypothesis for Cast Iron Microstructures [J]. Metallurgical and materials transactions B, 2009, 40: 786-801.

[15] Rivera G, et al. Examination of the solidification macrostructure of spheroidal and flake graphite cast irons using DAAS and ESBD [J]. Materials Characterization, 2008, 59 (9): 1342-1348.

[16] Ruxanda R, Beltran-Sanchez L, Massone J, et al. Proc. Cast Iron Division, AFS 105th Casting Congress [C]. American Foundry Society, 2001.

[17] Stefanescu D M. Solidification and modeling of cast iron-A short history of the defining moments [J]. Materials Science and Engineering A, 2005, 413-414: 322-333.

[18] Hosch T, England L G, Napolitano R E. Analysis of the high growth-rate transition in Al-Si eutectic solidification [J]. J Mater Sci, 2009, 44: 4892-4899.

[19] Milenkovic S. Selective matrix dissolution in an Al-Si eutectic [J]. Corrosion Science, 2009, 51: 1490-1495.

[20] Shankar S, Riddle Y, Makhlouf M M. Eutectic Solidification of Aluminum-Silicon Alloys [J]. Metallurgical and materials transactions A, 2004, 35: 3038-3043.

[21] Hellawell A. The growth and structure of eutectics with silicon and germanium [J]. Progress in Materials Science, 1970, 15 (1): 3-78.

[22] HANNA M D, LU S Z, HELLAWELL A. Modification in the Aluminum Silicon System [J]. Metallurgical transactions A, 1984, 15: 459-469.

[23] Lu S Z, Hellawell A. The mechanism of silicon modification in aluminum-silicon alloys: impurity induced twinning [J]. Metallurgical and Materials Transactions A, 1987, 18A: 1721-1733.

[24] Lu S Z, Hellawell A. Modification of Al-Si alloys: microstructure, thermal analysis, and mechanisms [J]. JOM, 1995, 47 (2): 38-40.

[25] Shankar S, Riddle Y, Makhlouf M. M. Eutectic Solidification of Aluminum-Silicon Alloys [J]. Metallurgical and materials transactions A, 2004, 35: 3038-3043.

[26] Hegde S, Prabhu K N. Modification of eutectic silicon in Al-Si alloys [J]. J Mater Sci, 2008, 43: 3009-3027.

[27] Nogita K, et al. Determination of strontium segregation in modified hypoeutectic Al-Si alloy by micro X-ray fluorescence analysis [J]. Scripta Materialia, 2006, 55: 787-790.

[28] Nogita K, et al. The role of trace element segregation in the eutectic modification of hypoeutectic Al-Si alloys [J]. Journal of Alloys and Compounds, 2010, 489: 415-420.

[29] Steen H A H, Hellawell A. Structure and properties of aluminium-silicon eutectic alloys [J]. Acta Metall, 1972, 20 (3): 363-370.

[30] Jenkinson D C, et al. Modification Of Aluminium-Silicon Alloys with Strontium [J]. J Cryst Growth, 1975, 28 (2): 171-187.

[31] Heiberg G, Arnberg L. Investigation of the microstructure of the Al-Si eutectic in binary aluminium 7 wt% silicon alloys by EBSD [J]. Journal of Light Metals, 2001, 1: 43-49.

[32] Sigworth G K. The Modification of Al-Si Casting Alloys: Important Practical and Theoretical Aspects [J]. International Journal of Metalcasting, 2008, 2 (2): 19-40.

[33] Dahle A K, et al. Eutectic modification and microstructure development in Al-Si Alloys [J]. Materials Science and Engineering A, 2005, 413-414: 243-248.

[34] Nogita K, Dahle A K. Eutectic Growth Mode in Sr, Sb and P Modified Hypoeutectic Al-Si Foundry Alloys [J]. Materials Trans, 2001, 42 (3): 393-396.

[35] McDonald S D, Nogita K, Dahle A K. Eutectic nucleation in Al-Si alloys [J]. Acta Materialia, 2004, 52: 4273-4280.

[36] McDonald S D, Dahle A K, Taylor J A, et al. Eutectic Grains in Unmodified and Strontium-Modified Hypoeutectic Aluminum-Silicon Alloys [J]. Metallurgical and materials transactions A, 2004, 35: 1829-1837.

[37] Lu L, Nogita K, McDonald S D, et al. Eutectic solidification and its role in casting porosity formation [J]. JOM, 2004, 56 (11): 52-58.

[38] Shi D Q, Li D Y, Gao G L. The Rapid Prediction of the Modification Level of Al-Si Alloys by Surface Tension [J]. JOM, 2008, 60 (11): 25-28.

[39] Makhlouf M. On the mechanism of modification of the aluminum-silicon eutectic by strontium: the role of nucleation [J]. International Journal of Metalcasting, 2010, 4 (1): 47-50.

[40] Ma D, Xu W, Ng S C. On secondary dendrite arm coarsening in peritectic solidification [J]. Mater. Sci. Eng. A, 2005, 390: 52-62.

[41] 祖方遒等. 基于液液结构转变探索合金熔体结构对凝固组织生长行为作用 [R]. 国家自然科学基金（50571033）结题报告（内部资料），2009-3.

[42] Dobler S, Lo T S, Plapp M, et al. Peritectic coupled growth [J]. Acta Materialia, 2004, 52: 2795-28.

[43] Tokieda K, Yasuda H, Ohnaka I. Formation of banded structure in Pb-Bi peritectic alloys [J]. Materials Science and Engineering A, 1999, 262: 238-245.

[44] Ma D, Li Y, Ng S C. Evaluation of composition region for peritectic coupled growth [J]. Journal of Crystal Growth, 2000, 219: 300-306.

[45] Yasuda H, Notake N, Tokieda K, et al. Periodic structure during unidirectional solidification for peritectic Cd-Sn alloys [J]. Journal of Crystal Growth, 2000, 210: 637-645.

[46] Trivedi R, Park J S. Dynamics of microstructure formation in the two-phase region of peritectic systems [J]. Journal of Crystal Growth, 2002, 235: 572-588.

第 6 章 铸件凝固组织的控制

铸件的凝固组织分为微观和宏观两种状态，铸件凝固组织由合金的化学成分和铸造条件等决定。一般而言，微观组织体现晶粒内部的结构形态，如树枝晶、胞状晶等亚结构形态与取向，共晶团内部的两相结构形态、分布，以及这些结构形态细化程度等信息；而宏观组织表征铸件断面上的组织分布、取向、形态及尺寸等状况。本章在前面五章内容的基础上，着重探讨铸件的宏观凝固组织的特征、形成机理、基本规律及控制的有效方法。同时，由于宏观组织的形成与微观组织的形核、生长行为方式等密切相关，无论是着眼于宏观组织还是一般意义的凝固组织，也必然涉及微观组织的控制方法。

6.1 铸件宏观组织特征

液态金属凝固时，由于金属熔体的化学成分、浇注条件、铸型条件及铸件结构等不同，铸件宏观组织及其分布的情形也可能完全不同，如图 6-1 所示。典型的宏观组织由表面激冷晶区、柱状晶区和内部等轴晶区组成，如图 6-1a 所示，随着条件不同也可能出现图 6-1b~d 等其他宏观组织分布情况。

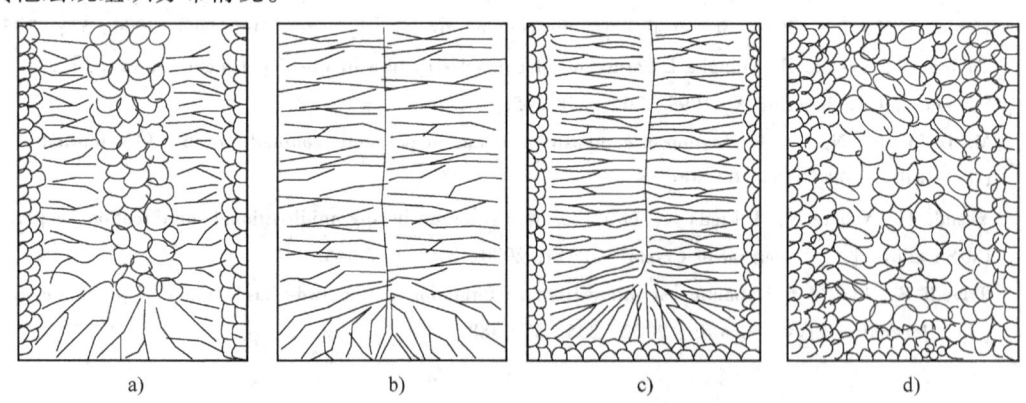

图 6-1 铸件截面的宏观组织示意图
a) 含有三个晶区的典型凝固组织　b) 全部柱状晶的凝固组织
c) 柱状晶加表面激冷晶组织　d) 全部等轴晶的凝固组织

表面激冷晶区是依附于型壁的铸件外壳层，其范围很窄，只有几个晶粒的厚度，由紊乱排列的细小等轴晶组成。柱状晶区由大致垂直于型壁方向且彼此平行排列的柱状晶构成，柱状晶区的晶粒长大方向平行于热流逆方向。内部等轴晶区由粗大等轴晶粒组成。相对激冷晶区而言，柱状晶区和内部等轴晶区的范围较大。在实际铸件的宏观组织中，柱状晶区和内部等轴晶区所占的比例因金属熔体的化学成分、铸造条件及工艺措施的差异而发生变化。

铸件宏观组织对铸件质量和性能均有显著影响。表面激冷晶区比较薄，通常对铸件的质量和性能影响较弱；而柱状晶区和等轴晶区较厚，其比例和晶粒大小对铸件的质量和性能起到决定性作用。晶界是由于各晶粒长大相遇而形成的，在晶界处特别容易发生溶质、有害杂质元素及非金属夹杂物的聚积，而使得晶界处往往是性能最为薄弱的环节。就断裂而论，裂纹最容易沿晶界扩展，特别是存在着溶质及杂质偏析时，晶界处对热裂很敏感。不难理解，柱状晶晶界及最后相遇地带的溶质及杂质聚积严重，造成强度、塑性、韧性在柱状晶的横向方向大幅度下降；在腐蚀性介质中，粗大柱状晶晶界也易成为集中的腐蚀通道。所以，在一般的工业应用条件下希望获得细小等轴晶组织，因为它具有良好的各向同性的综合性能，通常创造条件促使细小等轴晶形成而抑制晶体的柱状生长。但是，由于形成等轴晶的合金熔体糊状凝固方式原因，等轴晶组织中的显微缩松较多，导致凝固组织不够致密[1]。然而，在磁性材料、发动机和螺旋桨叶片等强调要求单方向性能的应用场合，柱状晶各向异性的性能则更具独特的魅力。因此，控制铸件宏观组织，探究铸件宏观组织中各类晶区的形成机理非常重要。

6.2 表面激冷晶区的形成机理

有关表面激冷晶区的形成机理具有不同的见解。传统理论认为，将液体金属浇注到铸型时，温度较低的型壁对金属熔体具有激冷作用，在型壁附近的熔体中产生较大的过冷度而导致大量非均质形核，存在的晶核在过冷熔体中也以枝晶方式生长，但由于结晶潜热可从型壁及过冷熔体中同时散失，因而迅速长大的晶核相互接触，形成无方向性的表面细小等轴晶区。根据传统理论，型壁附近熔体的非均质形核能力直接影响表面激冷晶区的厚度及晶粒尺寸的大小，形核能力越强，形核数量越多，表面激冷晶区厚度越大，等轴晶粒尺寸越小。因此，金属熔体中杂质颗粒的数量、型壁激冷能力、熔体的过热度等与非均质形核能力有关的因素都对表面激冷晶区的形成产生影响。

实验研究表明，除了过冷熔体中的大量非均质形核外，其他各种形式的晶粒游离，包括型壁晶粒脱落、枝晶熔断与增殖等（详见6.4节），也可能是形成表面激冷晶区晶核的来源之一。这些运动晶粒一部分沉积在型壁附近区域形成表面激冷晶区，具体哪种晶粒的形成方式更显著，要根据具体凝固条件而定。根据实验研究，表面激冷晶区的形成与熔体的运动状态有关，若浇注过程中的液流冲刷作用及凝固过程对流较强，则有利于晶粒游离，可能产生等轴晶，相反易形成柱状晶[2]。

需要明确指出的是，获得表面激冷晶区的关键因素是促使大量晶核形成，增加游离晶粒的数量。铸型的激冷能力对表面激冷晶区的影响具有双重性[3,4]。增加铸型的激冷能力一方面可以提高型壁附近熔体的非均质形核能力，由传统理论可知这种状况促使形成表面细小的等轴晶；另一方面，型壁附近非均质形核数量快速增加，在较大的激冷能力下这些晶核没有能力进行游离而是迅速长大连接形成稳定的凝固壳层，抑制表面激冷晶区的扩展，促进了表面激冷晶区向柱状晶区的转变。大野笃美将750℃的Al-0.1%Ti合金分别浇注到室温状态和冰水激冷状态的两个不锈钢杯中，室温空冷状态铸件的宏观组织是细小的等轴晶，而水冷状态的宏观组织由外部柱状晶区和内部等轴晶区组成，从而证实了铸型激冷能力的双重性作用[2]。

6.3 柱状晶区的形成机理

柱状晶区通常是由表面激冷晶区发展而来的，但也有可能直接从型壁处长出。表面激冷晶区一旦形成稳定的凝固壳层，激冷晶形成阶段的各向同性生长条件即被破坏，在垂直于型壁的单向热流作用下，处于凝固界面前沿的晶粒开始转而以总体沿热流反方向由外向熔体内生长。在柱状晶生长过程中，各枝晶生长的主干方向互不相同，那些主干方向与热流逆方向平行的枝晶较相邻的非平行的枝晶生长速度更为迅速，它们优先向熔体内部伸展并阻碍相邻其他方向枝晶的生长。在淘汰掉取向不利枝晶的过程中逐渐发展形成柱状晶区，如图 6-2 所示（实例可见图 4-37）。柱状晶这种互相竞争淘汰的晶体生长过程，为第 4 章所介绍的择优生长机制在铸件凝固中的典型实例。在柱状晶体的择优生长过程中，距离型壁越远，取向不利的枝晶被淘汰得越多，柱状晶的伸展方向越趋于同热流的逆方向一致，柱状晶主干的平均间距也越大。

对于理论上的纯金属熔体，其凝固前沿基本上按平面方式生长，故其择优生长状态并不明显。纯金属凝固前沿以平面生长方式沿着热流的反方向向熔体内部伸展，形成柱状晶组织。对于合金熔体而言，当溶质元素在固-液界面前沿富集并不断增加时，柱状晶区的亚组织能体现从平面生长方式、胞状生长方式到树枝状生长方式的结构形态转变，因而合金熔体以相应不同程度的择优生长趋势形成柱状晶区。此外，当熔体中有少量游离晶粒偶尔被界面前沿"捕获"时，则柱状晶区中将有少量孤立的等轴晶粒存在[1]。

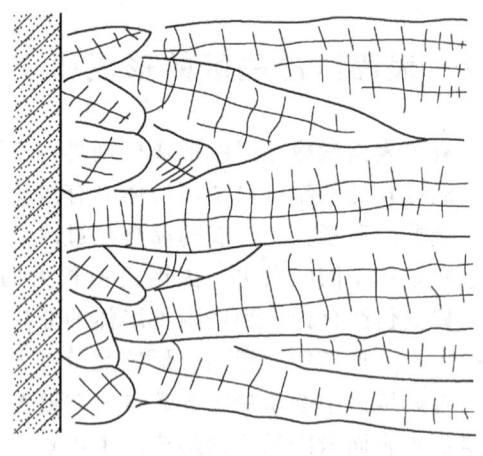

图 6-2 柱状晶区形成示意图

从总体上看，铸件宏观断面上柱状晶区范围的大小或有无，关键取决于内部等轴晶区的形成条件及时间，内部等轴晶区出现越早，柱状晶区厚度越小。在界面前方熔体存在始终不利于等轴晶区产生与生长的条件下，如熔体温度较高且单向散热时，则柱状晶可以一直延伸到铸件中心，直到与相对生长的柱状晶相遇为止，如图 6-1b 及图 6-1c 所示，形成穿晶组织，柱状区的厚度最大。在界面前方熔体存在有利于等轴晶形成与发展的条件下，如当浇注条件一定时，随着合金元素含量增加，游离的晶核数量增加，则内生生长形成内部等轴晶区，因而阻碍柱状晶的进一步向内扩展，柱状晶区的厚度变小。如果在柱状晶区还没有来得及形成时，熔体内部已经开始大范围形成等轴晶粒，则柱状晶区不存在，整个铸件将完全是等轴晶组织。

6.4 内部等轴晶区的形成机理

内部等轴晶区的形成是熔体内部晶核自由生长的结果。但是，关于熔体内部等轴晶区的晶核来源和等轴晶区的形成过程，仍然存在不同的理论观点和见解。

6.4.1 成分过冷理论

成分过冷理论认为,随着凝固层向熔体内部推移,固相散热能力逐渐削弱,熔体内部温度梯度趋于平缓,液相中溶质原子越来越富集,界面前方成分过冷逐渐增大。当成分过冷产生的过冷度超过非均质形核所需的临界过冷度时,就会在成分过冷熔体中产生晶核并长大,形成内部等轴晶区。根据成分过冷理论,成分过冷所导致的非均质形核是内部等轴晶晶核的重要来源,非均质晶核长大形成等轴晶区。但是,由于以下三方面的原因,此理论受到人们广泛置疑:第一,凝固时热分析结果往往与成分过冷理论不符合[5,6];第二,很难理解非均质形核所需要的微小过冷度为什么会推迟到柱状晶已经充分长大后才能形成;第三,无法解释有关内部等轴晶形成的实验现象,例如,将 Al-0.3% Be 合金放入石墨坩埚中熔化,在750℃时将熔体与坩埚一起淬入水中,在淬入水中的同时在熔体表面施加轻微振动,所得到的铸锭组织含有等轴晶,位于坩埚下部并夹在上下两柱状晶区之间,但如果把不锈钢筛网水平放置在坩埚中,采用相同的合金熔体、相同的淬入方式,实验结果为筛网下部的铸锭组织没有等轴晶,只有柱状晶,即等轴晶被不锈钢筛网阻隔,而网上部的铸锭组织与没放置筛网时相同[2,7]。这一实验结果说明,在柱状晶所包围的残余熔体中,依靠成分过冷重新形核产生等轴晶的观点是不确切的,否则,在相同的冷却条件下,不锈钢筛网下部也应该有等轴晶存在。但是,上述实验并不能否认非均质形核质点的作用,只能说明在普通铸造条件下,等轴晶的晶核在熔体凝固开始时就可能已经存在了。必须明确指出,虽然成分过冷理论的可靠性令人怀疑,但是在大量有效形核质点的条件下,成分过冷所导致的非均质形核仍然可能是内部等轴晶晶核的有效来源之一。例如,孕育处理所加入的孕育剂(又称为形核剂),在成分过冷的作用下,作为熔体中非均质形核核心并长大,促进细小等轴晶的形成。

6.4.2 激冷等轴晶型壁脱落与游离理论

激冷等轴晶型壁脱落与游离理论强调激冷晶自型壁向内部游离的作用。在浇注过程中,由于浇注系统和铸型型壁的激冷作用而使其附近熔体过冷,通过非均质形核方式在型壁上形成大量游离状态的激冷晶体。这些小激冷晶体从型壁脱落并随着浇注液流运动遍布于整个铸件,如图 6-3 所示。如果激冷晶体经历的熔体区域温度不高,这些小等轴晶不会全部熔化掉,保留下来的晶体可以作为内部等轴晶现成的生长基底不断长大,促使内部等轴晶区的形成。

除了在浇注过程中能够产生游离的激冷等轴晶外,在浇注结束凝固的开始阶段,也可以产生游离的激冷等轴晶。在铸型型壁处形成的晶体借助自然对流作用可使型壁处形成的晶体脱落且游离到铸件内部,晶体不断长大而形成内部等轴晶区。自然对流形式可分为以下三类:①由于激冷晶体密度大于熔体母液密度或小于熔体母液密度而产生对流,如图 6-4 所示的对流示意图;

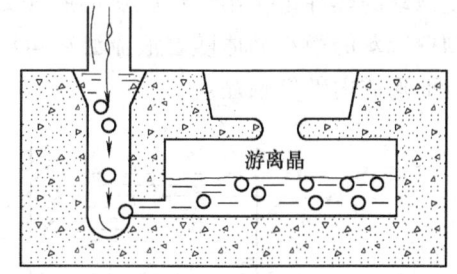

图 6-3 浇注过程中激冷晶游离示意图

②型壁处和铸件中心部位的熔体温度差造成的热对流,此外,金属表面的空气冷却也会使表面的熔体因温度降低密度增大而下沉,或铸件中心处熔体因温度较高密度较小而上升引起的

热对流；③合金结晶过程中的溶质再分配引起界面前沿熔体成分和密度变化而导致的对流。

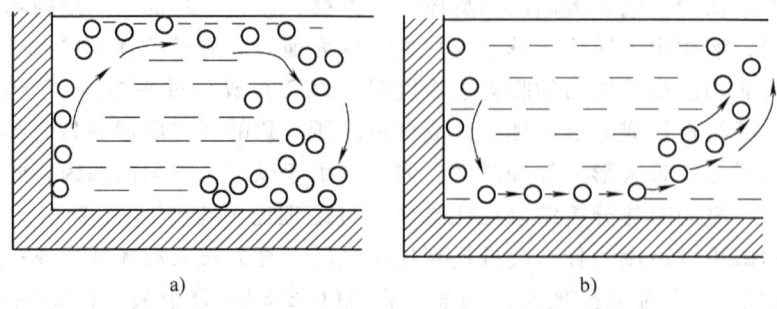

图 6-4 凝固初期的激冷等轴晶游离示意图
a) 晶体密度比熔体的小 　b) 晶体密度比熔体的大

虽然在型壁处发生晶体脱落和游离是形成内部等轴晶区的原因，但是在相同的铸造条件下，由于结晶体脱落和游离难易程度不同所得到的宏观组织不同。对纯金属熔体而言，在型壁处产生晶体脱落和游离困难而得到柱状晶。由于型壁处熔体的过冷度最大，垂直于型壁方向的长大速度最快，晶体与晶体之间迅速连接形成凝固壳层。当整体凝固壳层形成之后，结晶体再从型壁处脱落和游离出去就很困难了。对于合金熔体来说，在型壁处产生晶体脱落和游离相对容易而得到等轴晶。由于依附型壁形核的合金晶粒生长时引起固-液界面前沿熔体的溶质再分配，使得界面前沿液态金属凝固温度降低，从而导致界面区域实际过冷度减小。界面溶质偏析程度越大，实际过冷就越小，晶体的生长速度就越缓慢。在紧靠型壁的晶体根部溶质在熔体中扩散均化的条件最差，型壁附近熔体中溶质偏析最为严重，因而其根部生长受到显著抑制。与此同时，远离晶体根部的其他部位由于固-液界面前方溶质易于扩散和对流而均化，且获得较大的实际过冷度，其生长速度较快。因此，在合金晶体生长过程中产生型壁晶体根部的"脖颈"现象，即在型壁处形成头大根小的晶体。具有脖颈现象的晶体更易导致晶体的脱落和游离发生。一方面，具有脖颈形状的相邻晶体之间不易连接形成凝固壳层；另一方面，在浇注过程中由于液流冲刷或凝固初期的熔体对流等机械力作用下，加之温度波动的热冲击作用，最脆弱的脖颈处极易折断或熔断而导致晶粒脱落，如图 6-5 所示。自型壁脱落的微小晶体随着液流游离运动到型腔内部区域并在熔体中分布开来，随着凝固的进行而形成内部等轴晶。

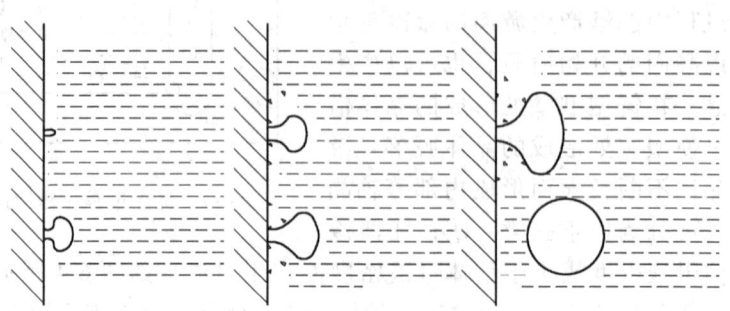

图 6-5 型壁晶粒脱落示意图

需要特别说明的是，处于游离状态的晶体一般具有树枝晶结构。由于受到熔体温度起伏的影响，从型壁脱落的晶体在游离遇到低温区域时将会生长，而漂移到高温区域将会发生局部熔化。在熔体内部，温度起伏是完全不均匀的，故脱落晶体在游离过程中发生着反复生长或局部熔化。这种游离晶体的增长或局部熔化对于固-液界面前沿溶质偏析严重而易于产生脖颈的树枝晶体而言，在某些区域可能出现脖颈根部被熔断而使一个晶体分成几个晶体，结果造成游离晶体的增殖，如图 6-6 所示。

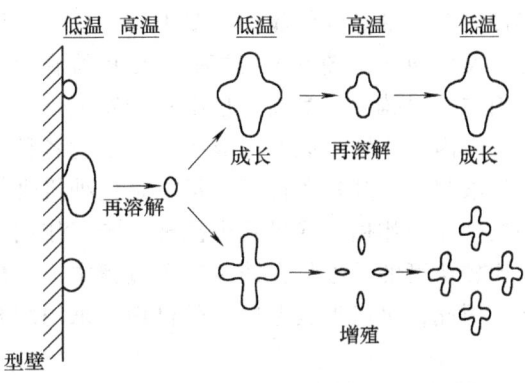

图 6-6 游离晶体的生长、局部熔化与增殖示意图

6.4.3 枝晶熔断及结晶雨理论

在实际金属熔体的凝固过程中，脖颈现象不仅存在于型壁晶体的根部，而且也存在于树枝晶各次分枝的根部[8]。在树枝晶的生长过程中，其侧面形成的溶质偏析抑制了侧面分枝的生长。当偶然产生的凸出部分突破偏析层后，便进入较大的成分过冷区，生长出较粗大的柱状分枝，从而在分枝根部留下脖颈。对铸铁奥氏体树枝晶扫描电镜观察证实了柱状枝晶脖颈现象的存在，如图 6-7 所示。与型壁晶体脱落游离过程相似，在已凝固层上生长着树枝晶的各次分枝在熔体对流的作用下，其凝固温度最低且最脆弱的根部脖颈处极易熔断，并被液流卷入熔体中产生游离。这种生长的柱状枝晶在凝固界面前方的熔断、游离和增殖导致内部等轴晶核的形成，这种理论称为枝晶熔断理论。通过柱状枝晶熔断脱落的晶体生长、局部熔化及增殖如图 6-6 所示。

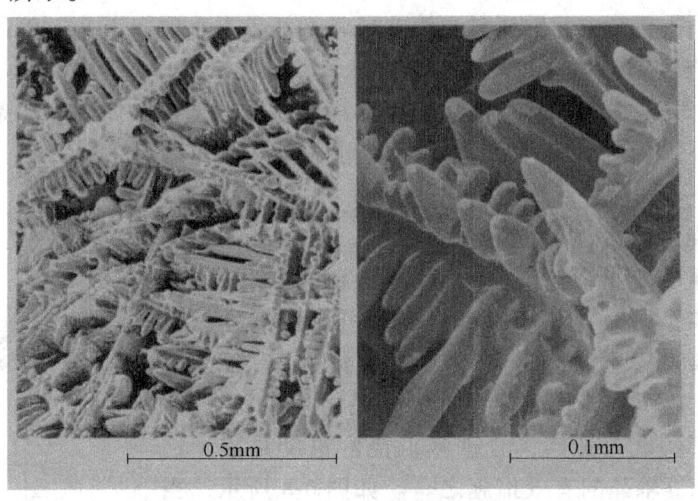

图 6-7 铸铁奥氏体枝晶及其脖颈现象[3,9]

此外，在铸件凝固初期，型壁上表面附近过冷熔体中生成晶核并长大成小晶体，或者铸型顶部凝固晶体脖颈部位脱落成小晶体。由于这些小晶体密度比液态熔体密度大，而像雨滴似地沉积到柱状晶区的前方熔体中并长大，在下落的过程中同时发生晶体的熔断和增殖，成

为铸锭内部等轴晶区的晶核主要来源，这种理论称为结晶雨理论。通过结晶雨方式下落晶体的熔断及增殖详见图 6-6。这种晶粒像雨滴似的游离现象大多发生在大型铸锭的凝固过程中，而在一般铸件的凝固过程中较少发生。

关于内部等轴晶区的形成机理，上述各种理论均有实验依据，但是也受到各自实验条件的具体限制。在某种条件下，可能是这种机理起主导作用，而在另外一种条件下，可能是另一种机理在起作用，或者几种机理共同起作用，而各自作用的大小由具体凝固条件决定。目前，比较认可的看法是在铸件凝固过程中，内部等轴晶区的形成可能是多种机理综合作用的结果。因此，可以根据上述三种机理，采用综合措施有效地控制铸件的宏观结晶组织。

6.5 铸件宏观凝固组织控制

控制铸件的宏观结晶组织，通常主要是控制铸件中柱状晶区和等轴晶区的相对比例。根据上述三个晶区的形成机理可知，铸件中各晶区的形成和相对比例是相互联系、彼此制约的。稳定凝固壳层一旦形成，则将发生由表面激冷晶向柱状晶生长的过渡，而内部等轴晶区的形成则抑制柱状晶区的发展。因此，晶区的形成和转变是过冷熔体独立形核能力和各种形式的晶粒游离、增殖或重熔程度这两个基本条件综合作用的结果，铸件中各晶区的相对比例和晶粒大小也取决于这两个条件的综合作用结果。凡是能强化熔体独立形核、促进晶粒游离，以及有助于游离晶的残留与增殖的各种因素，都将抑制柱状晶区的形成和发展，从而促进等轴晶区的形成和扩大等轴晶区范围，并细化等轴晶组织。这些因素归纳起来有三个方面：一是金属性质；二是浇注条件；三是铸型方面。在金属性质方面，影响铸件宏观组织形成的因素有形核能力、化学成分和偏析特性等；在浇注条件方面，影响铸件宏观组织的因素有浇注温度、金属熔体在浇注和凝固过程中的运动等；在铸型方面，影响宏观组织的因素有铸件的热物理性质（如热导率、蓄热系数等）、铸型温度及铸型结构等。总之，为了抑制柱状晶形成，促进等轴晶形成并细化其组织，通常在技术上采取以下几方面的措施。

1. 合理控制浇注工艺和冷却条件

合理控制浇注工艺主要体现为浇注温度和浇注方式的选择，控制冷却条件的目的是形成宽的凝固区域和获得大的过冷度，从而促使熔体中形核和晶粒游离，更有利于等轴晶的形成和细化。

（1）较低的浇注温度 从前面讨论可知，降低浇注温度导致熔体的过热温度变小，在浇注过程中及凝固初期易使较多激冷晶发生游离；同时，较低的浇注温度可避免激冷晶粒在向铸型内部游离过程中完全重熔，从而熔体内具有较大游离晶粒的数量。上述两方面状况均促进等轴晶的形成和细化。大量的实验及生产实践也证实，合理降低浇注温度是减少柱状晶、获得及细化等轴晶的有效措施之一。如图 6-8 所示，当通过水流冷却的斜板浇注时，使 Al-0.2%Cu 合金熔体的浇注温度降低，而获得了细小的全部等轴晶组织。但是，过低的浇注温度将降低液态熔体的流动性，导致浇不足、冷隔及夹杂等铸造缺陷产生，特别是对复杂的异形铸件和薄壁件，其

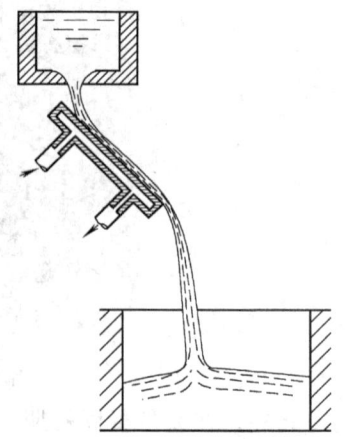

图 6-8 金属液通过水冷斜板低温浇注示意图

危害性更大。因此，降低浇注温度措施需要把握合适的温度或过热度，并要根据合金类别、铸件和铸型进行综合考虑。

（2）合理的浇注工艺　通过合理设计浇注系统和浇注方式，增加金属液对型壁的冲刷作用，强化铸型中金属熔体的对流，同时避免引起大量气体和夹杂卷入而导致铸件产生相应的缺陷，可以促进游离晶粒的产生和晶粒游离，有利于等轴晶的形成和细化。在铸件浇注过程中，液态金属在型壁激冷作用下产生大量细小等轴晶，被液流冲击带入铸型内部，并产生大量增殖，成为后续熔体凝固的结晶核心。如图 6-9 所示的对比实验，在石墨型中研究了几种浇注方式对 Al-0.2%Cu 合金铸件宏观凝固组织的影响。当采用图 6-9a 所示铸型中间单孔浇注方式时，液体流动对型壁无冲刷作用，凝固组织大多为柱状晶。当采用图 6-9b 所示沿型壁单孔浇注时，液流对型壁有冲刷作用，所得铸件组织中的柱状晶区缩小，内部等轴晶区扩大且晶粒细化。为了进一步证实熔体流动对晶粒游离的影响，采用图 6-9c 所示沿型壁均布六孔浇注，获得了全部细小等轴晶。可见，不同浇注方式引起型壁冲刷作用的差异，可显著影响铸件宏观组织的形成。

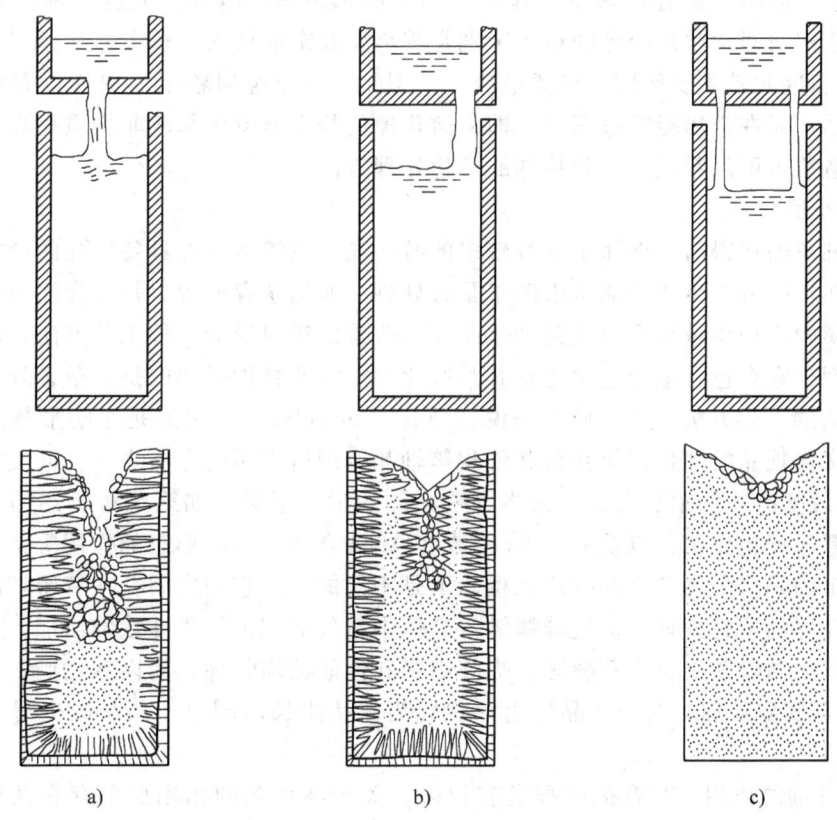

图 6-9　不同浇注方式（上）所对应的铸件宏观组织（下）示意图
a）单孔中心浇注　b）单孔沿型壁浇注　c）六孔均匀沿型壁浇注

（3）冷却条件的控制　合理控制铸型的冷却条件，若能够获得小的温度梯度和高的冷却速率，则可以形成宽的凝固区域，获得大的过冷度，从而促进熔体的内部形核和晶粒游离。但是，高的冷却速率不仅使凝固过程中的温度梯度变大，而且还会促进稳定凝固壳层的过早形成。所以,就铸型的冷却能力而言,除了薄壁铸件以外,这两个条件不可兼得。对于薄壁铸件,铸型激冷可以使熔体产生较大的过冷,增加熔体的形核能力,有利于获得细小等轴晶,故采用蓄热系数大、热传导能力强的铸型来细化晶粒;对于厚壁铸件,只有型壁附近的金属熔体才会受到激冷作用,等轴晶的形成主要依靠各种形式的游离晶粒来实现。如果采用蓄热系数小的铸型,熔体内部的温度梯度变小,延缓铸件凝固层的形成,促进激冷晶的游离。但由于熔体热量散失缓慢,小蓄热系数铸型在一定程度上又不利于游离晶的存留和增殖,故厚壁铸件一般采用冷却能力小的铸型,以确保厚壁铸件熔体内部等轴晶的形成,再辅以其他措施细化晶粒。若采用冷却能力强的金属型,通常条件下会得到柱状晶,因此,需配合强有力的晶粒游离措施,如促进枝晶脖颈形成及强烈的熔体对流等,才能得到细小等轴晶。

在合理控制冷却条件方面的理想方案之一是使铸型不具有较大的冷却作用以降低温度梯度,同时熔体能够快速冷却。悬浮铸造法能满足这一非常规要求。所谓悬浮铸造法,就是在浇注过程中向液态金属中加入一定数量的金属粉末,这些金属粉末相当于极多的小冷铁均匀地分布于液态熔体中,起着显微激冷作用,加速液态熔体的冷却,促进等轴晶的形成和细化。悬浮铸造法与通常孕育处理的最大区别是其金属粉末的加入量较大,约相当于通常孕育剂量的10倍,因此其主要作用是显微激冷[1]。但是,由于金属粉末的选择也需要遵循界面共格对应原则,而在金属凝固过程中,即将熔化掉的粉末微粒也起着非均质核心的作用。所以,悬浮铸造法也可以看成是一种特殊的孕育处理方法。

2. 孕育处理

细小等轴晶的获得需要熔体中具有较多的游离晶,或熔体内部具备较强的形核能力,而后者的实现在实际铸造生产中通常借助于孕育处理。所谓孕育处理,是在浇注前或浇注过程中向液态金属中添加少量物质以达到细化晶粒、改善宏观组织的一种工艺方法,所添加的物质称为孕育剂,在有色合金行业中也称其为细化剂。需要特别强调的是,孕育处理与变质处理是两种不同的工艺方法。从本质上来说,孕育(Inoculation)主要是影响形核过程,通过增加晶核数来实现晶粒细化,是获得和细化等轴晶组织所采用的方法之一;而变质(Modification)则是改变晶体的生长方式,最终影响晶体的生长形貌,如第5章所述的Mg、RE等对铸铁中石墨的球化作用,以及Sr、Na等改变Al-Si合金共晶硅形态的作用等都属于变质处理。需要指出的是,虽然孕育和变质在概念上是不同的,但它们之间存在着密切的联系和影响。例如,良好的孕育处理可促进球墨铸铁熔体中单位面积上石墨球数的增加,形成理想的球状石墨形态,同时还细化了石墨球,提高组织和性能的均匀性;而以Na盐或Sr变质剂对Al-Si合金进行变质处理,在使共晶硅由片状转为棒状生长的同时,共晶硅也得到了明显细化。

(1) 孕育剂的作用 孕育剂的种类有很多,关于孕育剂的作用机理存在两种观点:第一种观点认为,孕育剂主要起非均质形核的作用;第二种观点则认为,孕育剂含有易偏析元素,可增加晶核数量并细化晶粒。大野笃美是第二种观点的倡导者,他强调孕育剂引起偏析而"促进枝晶熔断和游离"。

根据第一种观点非均质形核质点的作用过程,可将孕育剂的作用分为以下三类:

1) 孕育剂直接作为非均质形核物质。这种孕育剂是和欲细化相具有界面共格对应关系的高熔点物质或同类金属的微小颗粒,它们在熔体中直接作为欲细化相的有效衬底而促进非均质形核。例如，在高锰钢中加入的锰铁或高铬钢中加入的铬铁都可直接作为欲细化相的非均质晶核而细化晶粒并消除柱状晶组织；而在 Al-Cu、Al-Mg 或 Al-Zn-Mg 合金中加入的 Al-Ti、Al-Ti-B 及 Al-Ti-C 中间合金晶粒细化剂中均含有直接作为非均质形核的物质，如 $TiAl_3$、TiB_2 及 TiC 等高熔点微粒的晶格常数与 α-Al 相近，可以作为 α-Al 的形核核心[10]，使得 α-Al 晶粒变得细小。但也有研究表明，最广泛应用的 Al-Ti-B 晶粒细化剂的作用对于不同成分的铝合金是不同的，这主要与钛存在的两种状态有关，即溶解和非溶解状态有关，而且指出硼起到主要的孕育作用，如图 6-10 所示。在 Al-Si、Al-Si-Mg 和 Al-Mg 合金中，最佳效果的晶粒细化剂为硼的质量分数为 0.001%~0.002% 以固体形式加入的 Al-5Ti-1B 或 Al-3Ti-1B 棒体，钛以不溶解状态的 TiB_2 形式存在。在 Al-Cu 和 Al-Zn-Mg 合金中，除了以上述形式加入相同含量的硼之外，还要加入质量分数小于 0.05% 的可溶解钛才能获得最好的细化效果。但在 Al-Si-Cu 合金中除了加入相同含量的硼之外，还需加入质量分数大于 0.1% 的可溶解钛才可能获得最佳孕育效果[11]。图 6-11 所示为铝合金晶粒细化前后的形貌对比，经过细化处理后羽毛状长晶粒变成了细小晶粒。

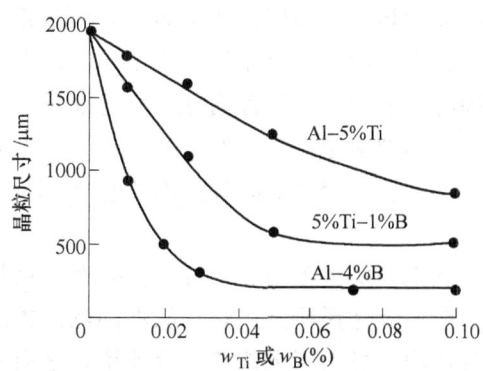

图 6-10 Al-Si 合金中不同硼含量的孕育效果[11]

2）孕育剂能与熔体中某些元素反应，生成较稳定的化合物而产生非均质形核，所产生的化合物也和欲细化相具有界面共格对应关系而促进非均质形核。例如，在含铜的过共晶 Al-Si 合金中加入 Cu-P 孕育剂，通过反应生成难熔的 AlP 化合物，AlP 小颗粒的晶体结构与硅相似从而细化初晶硅[12]。

3）孕育剂在熔体中造成很大的微区富集，迫使结晶相提前弥散析出而促进形核，结晶相的提前弥散析出增加了欲细化晶核的数量。例如，将硅铁加入到铁液中瞬间形成很多富硅区，造成局部过共晶成分而迫使石墨提前析出，使石墨由枝晶状的 D 型、E 型分布变成细小均匀的 A 型分布[13]。

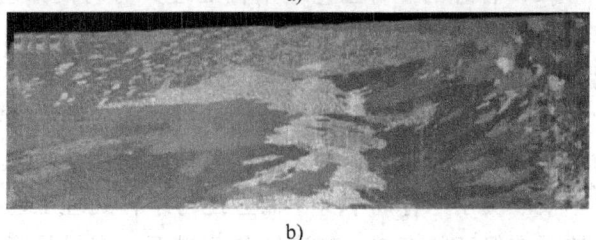

图 6-11 铝合金孕育效果对比[11]
a) Al-5Ti-1B 细化 b) 未细化

根据第二种观点，含有易偏析元素的孕育剂促进等轴晶增加和细化，孕育剂使晶粒和枝晶产生更细的脖颈，导致结晶易于熔断和游离而细化晶粒。孕育剂中含有易偏析元素，这类元素在生长的固-液界面前沿富集，在凝固过程中由于溶质在枝晶和晶粒侧向偏析严重，使晶体侧向的过冷度降低，从而使晶体生长受到抑制而产生细的脖颈，在熔体的流动冲击下发

生晶体的熔断和游离而细化晶粒。对于溶质分配系数 $K_0 < 1$ 的合金来说，K_0 越小，凝固时偏析越大，孕育剂对晶粒的细化作用越大。对于溶质分配系数 $K_0 > 1$ 的合金来说，K_0 越大，凝固时偏析越大，孕育剂对晶粒的细化作用越大。也可以使用偏析系数 $|1 - K_0|$ 来衡量孕育剂对晶粒细化作用的大小，无论 $K_0 < 1$ 或 $K_0 > 1$，偏析系数大的合金，在凝固时引起溶质偏析越大，孕育剂对晶粒的细化作用越大。所以，$|1 - K_0|$ 的数值也成了孕育剂作用强弱的标志。

从上面所述不同观点可知，孕育作用机理至今尚未统一，但各自分别在生产实践中得到成功应用。这说明上述观点从不同侧面揭示了孕育作用机理。实践证明，若多元复合孕育剂联合使用，可得到更佳的孕育效果，这启发了人们继续深入探索孕育极其复杂的物理化学过程。在现代铸造生产技术中，孕育处理是改善铸件凝固组织最常用的有效工艺方法。合金常用孕育剂的主要元素见表 6-1。

表 6-1 合金常用孕育剂的主要元素

合金种类	孕育剂主要元素	加入量（质量分数,%）	加入方法
碳钢及合金钢	Ti	0.1 ~ 0.2	铁合金
	V	0.06 ~ 0.30	
	B	0.005 ~ 0.010	
铸铁	Si-Fe, Ca, Ba, Sr	0.1 ~ 1.0，与 Si-Fe 复合	铁合金
铝合金	Ti, Zr, Ti + B, Ti + C	0.15Ti；0.2Zr；复合：0.01Ti，0.05B 或 C	Al-Ti, Al-Zr, Al-Ti-B, Al-Ti-C 中间合金
过共晶 Al-Si 合金	P	≥0.02	Al-P, Cu-P, Fe-P 中间合金
铜合金	Zr, Zr + B, Zr + Mg, Zr + Mg + Fe + P	0.02 ~ 0.04	纯金属或中间合金
镍基高温合金	WC, NbC		碳化物粉末

（2）合理的孕育工艺　孕育处理具有时间效应，孕育剂加入熔体中会经历其作用的孕育期和衰退期。在孕育期内，孕育剂的某些组分完全熔化，或与熔体组分反应生成化合物，起细化作用的异质固相颗粒均匀分布并与合金熔体充分润湿，逐渐达到最佳的细化效果，通常在一定的保温时间内进行浇注可获得理想的孕育效果。在衰退期内，孕育效果逐渐减弱，随着熔体放置时间的延长，形核效果减弱甚至消失，这种现象称为孕育衰退。因此，孕育效果不仅取决于孕育剂本身，而且还与孕育处理工艺有关。通常孕育处理温度越高，孕育衰退越快。在保证孕育剂均匀溶解的前提下，应尽量降低孕育处理温度。孕育剂的粒度也要根据处理温度、被处理合金熔体的量和具体的处理方法来选择。为了减弱孕育衰退的影响，近年来发展了一系列的瞬时孕育方法，其中包括各种形式的随流孕育法和型内孕育法。随流孕育是借助一定方法使孕育剂在浇注期间随着液流一起均匀地进入铸型的方法。型内孕育通过在浇注系统内撒上孕育剂粉末或安放孕育块来实现。在特殊条件下，将含有特定孕育剂的涂料直接涂在型腔或砂芯表面，可使铸件表层局部细化。同时，研究人员还在不断开发适用于不同合金的衰退缓慢的长效孕育剂。

3. 动力学细化

在铸件凝固过程中，采用动力学细化方法也能够有效细化等轴晶组织。动力学细化方法主要是采用机械力或电磁力引起固相和液相的相对运动，导致枝晶破碎、游离或与铸型分离，从而在液相中形成大量结晶核心，达到细化晶粒的目的。动力学细化非常适用于单相合金和固溶体型初生相合金的凝固过程，而对于共晶合金而言，有时会增加共晶相间的片层间距，使得共晶组织粗化。常用的动力学细化方法如下：

（1）铸型振动 铸型振动使金属熔体与凝固层之间产生一定的相对运动，促进晶体脱落和游离。振动还可引起熔体局部温度起伏，有利于枝晶熔断发生。同时，铸型振动迫使表面凝固的金属壳层中枝晶破碎下落，形成结晶雨，从而进一步增加结晶核心而细化等轴晶粒。图 6-12 所示为 Al-Si 合金经过铸型振动前后的显微组织特征，证明了铸型振动对晶粒细化的显著作用。

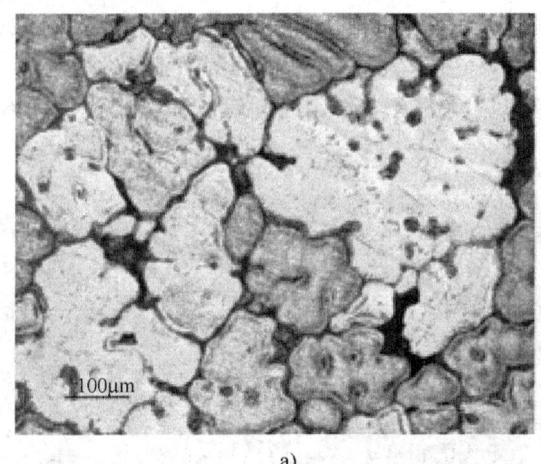

图 6-12 不同凝固方式下 Al-Si 铸件的凝固组织[14]
a）铸型未振动 b）铸型振动

铸型振动促使晶粒细化，但细化程度与振幅、振动位置及振动时间等参数有关。振幅对晶粒尺寸有明显影响，振幅增加，晶粒细化程度增大。对铸型上部施加振动比在铸型底部施加或使整体铸型振动具有更显著的细化效果。最佳振动开始时间是在凝固初期，当稳定的凝固壳层未形成之前振动可有效地抑制柱状晶区的形成，促进等轴晶的形成和细化。但有研究指出，振动频率对晶粒细化也有显著影响。在低于 100Hz 的振动条件下，振动铸型对 Al-Si 熔体的冷却速率影响较小；在中等频率 500Hz 的振动条件下，振动导致熔体的冷却速率增加而使显微组织得到一定程度细化；而当使用高频 2000Hz 振动铸型时，由于获得很高的冷却速率，合金显微组织得到显著细化[15]。

（2）超声振动 在金属凝固过程中引入超声振动，声空化和声流起着主要作用。超声振动可以在液相中产生空化作用，形成声空化空隙。超声振动时，声空化空隙在长大过程中导致其附近金属液温度降低而造成局部过冷，促使晶核数量增加。当所形成的声空化空隙崩溃时，金属熔体会迅速补充，熔体流动的动量很大而产生很高的压力。由克劳修斯-克莱普隆（Clausius-Clapeyron）方程 $\Delta T = \dfrac{T_m \Delta V}{\Delta H} \Delta p$（$\Delta T$ 为压力引起熔点温度的变化，T_m 为大气压下的熔点，Δp 为压力变化，ΔV 为凝固时体积的变化，ΔH 为凝固潜热）可知，当压力增大时凝固，合金熔点温度会增加，从而提高了合金的过冷度，促进形核率增加。此外，在声空化空隙崩溃过程中产生的强烈冲击波也可以击碎长大的晶体，使之成为新的晶体质点。另一方面，在声流搅拌作用下，弥散的晶体质点分布于熔体中，可以使金属凝固组织显著细化并均匀分布[16]。有应用研究表明，超声振动细化凝固组织与超声波输入能量、合金成分和铸件厚度有关[17]。超声波输入能量与熔体的冷却速率成正比，例如，当超声波输入能量从 0 增加到 700W 时，AZ91 合金显微组织从粗大的树枝晶变成细小的等轴晶[18]。超声振动对 Pb-0.5%Sb 合金的作用并不明显，而对于 Pb-3%Sb 合金的细化效果非常显著。但是，如果将 Pb-3%Sb 合金的铸件厚度从 4mm 增加到 10mm，整个铸件的细化程度变差，甚至在远离振动源处，树枝晶仍然存在[17]。图 6-13 所示为 Al-Si 合金经过超声处理后，共晶硅细化效果非常明显，而且有玫瑰花形的共晶硅形成（图 6-13b 中的箭头所指）[19]。

需要指出，目前在运用超声波振动改善凝固组织方法中，对于诸多技术层面并不十分明确，比如，对于特定合金及其相应铸件条件（大小、壁厚及复杂程度等）如何选取超声功率，能量高低对于不同合金的有效作用范围，超声振动的有效作用时间等方面，其规律均有待于系统且深入的探索。

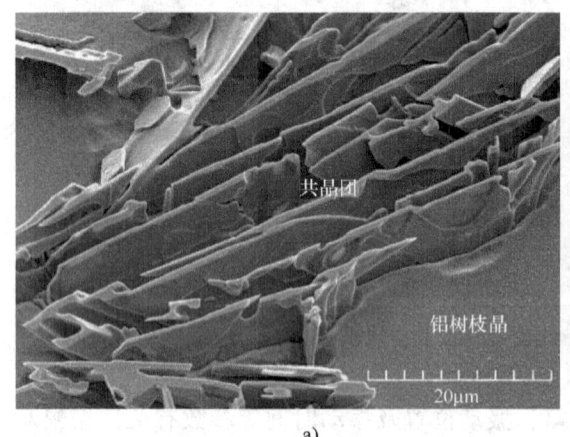 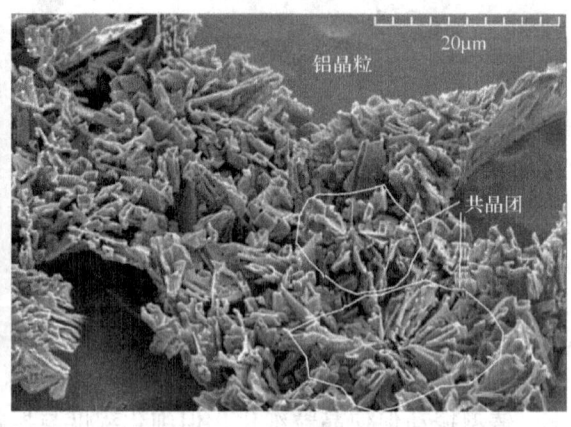

a) b)

图 6-13 不同凝固方式下 Al-Si 铸件的凝固组织[19]
a) 未经超声振动 b) 超声振动

（3）电磁搅拌 在凝固初期，在熔体周围进行机械搅拌、电磁搅拌可造成液相与固相的相对运动，导致枝晶的熔断、破碎及增殖，可以得到与铸型振动、超声振动相同的细化晶粒效果。在实际生产中，对一般铸件采用机械搅拌难以实现。电磁搅拌则是一种适用范围较广的方法，它可以施加于凝固过程的任何阶段，从而使铸件的不同部位获得不同的组织。电磁搅拌是借助电磁力（$F=IB$，I 为电流密度，B 为磁感应强度）促使铸型内未凝固金属熔体运动，从而改变凝固过程中熔体的动量、传质和传热，达到细化晶粒的目的[20]。在旋转磁场的作用下，铸型中的液态金属不断切割磁力线，像转子一样旋转[16]。旋转的液态金属不断冲刷着型壁和随后凝固的固相层，液体的冲刷作用会打断初生树枝晶臂而形成更多的细小晶粒，搅拌同样促使晶粒间相互摩擦、剪切而使其更加趋向于球形。因此，电磁搅拌具有良好的晶粒细化作用且使晶粒变得更加圆整。电流密度越大，磁场强度越大，所形成的电磁力就越大，则被打碎的枝晶数量越多，等轴晶越易形成并细化。但是超过一定极限后，过大的磁场强度反而增加晶粒的平均尺寸。图 6-14 所示为磁场强度对 12Cr18Ni9 奥氏体钢晶粒尺寸的影响。电磁搅拌细化晶粒的另一方面原因是，随着磁感应强度增加，熔体的强烈流动可大大加速其过热度散失，熔体中的温度变得平缓，温度梯度变小也有利于等轴晶的形成[16,21]。此外，熔体的加速流动强化传质过程，使凝固前沿扩散边界层变薄，溶质浓度梯度增大，从而促使成分过冷增加，这个条件同样有助于细小等轴晶的形成。这种阐述在脉动磁场下 AZ91D 合金的显微组织形成中得到证实，即在脉动磁场作用下获得细小等轴晶，而且因镁合金熔体的凝固点有所升高而获得一定的过冷度[22]。

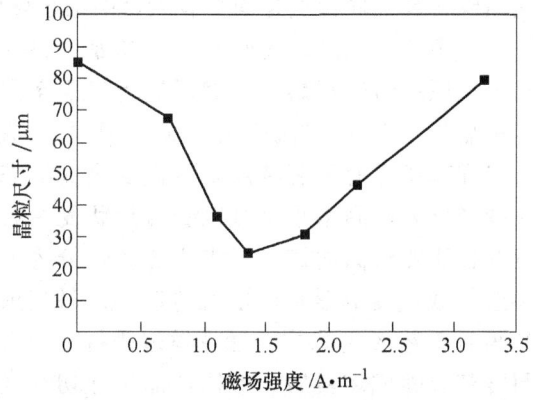

图 6-14 在电磁力作用下 12Cr18Ni9 奥氏体钢晶粒尺寸的变化[23]

（4）半固态铸造 半固态铸造是由美国麻省理工学院 Flemings 教授等人发明的。在金属凝固过程中，液固共存的状态称为半固态。半固态金属具有流变学特征，其流动能力不仅与固相体积分数有关，而且与其旋转搅拌速率相关。随着旋转剪切速率增大，半固态浆料中晶粒细化且粘度减小（图 1-26），半固态浆料流动性提高（图 1-27a）。半固态浆料中的固相体积分数越低，其流动性越高（图 1-27b）。半固态铸造以半固态金属流变学特性研究为基础，通过各种方法使半固态金属中的固相球化，在较大的固相体积分数下表现出很好的流动性，从而进行半固态浆料凝固成形的铸造过程。半固态金属微观组织的显著特点是，细小球状晶粒组织悬浮于液相之中。图 6-15 所示为几种典型合金经施加半固态浆料制备工艺后的

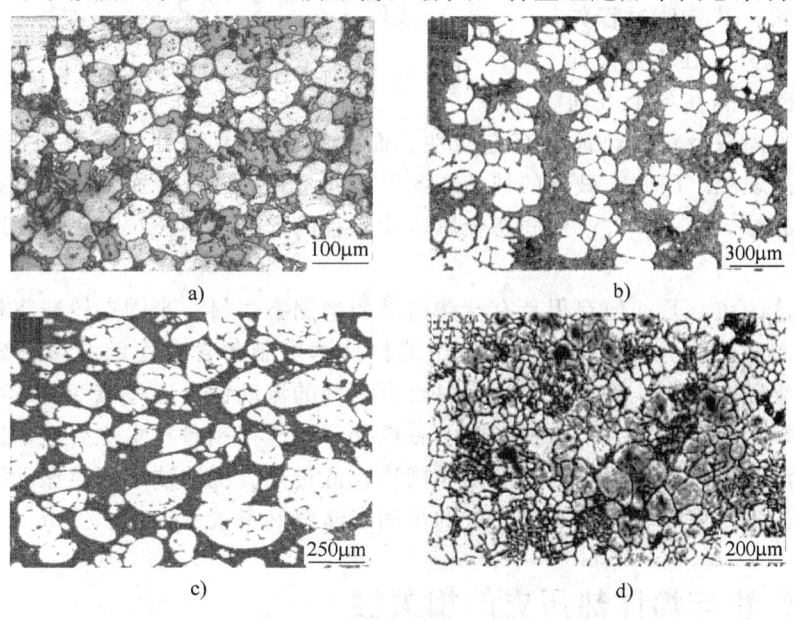

图 6-15 几种典型合金的半固态淬火组织[24-27]
a) Al-20% Si 合金 b) AZ91D c) 905 铜合金 d) 12Cr18Ni9

淬火组织，其共同特点是均具有大量的细小球状晶粒[24-27]。

半固态铸造工艺过程如图 6-16 所示，首先是将金属原材料进行熔炼，然后制备半固态浆料，最后采取触变或流变的方式在压力下成形。半固态铸造的显著特点是凝固温度比液态低，变形抗力比固态小，可以获得形状复杂且精度和性能要求高的铸件。半固态铸造分为流变铸造（或流变成形）和触变铸造（或触变成形）两种工艺形式[20,28]。触变铸造是将半固态浆料冷却凝固成坯料后，根据产品尺寸切开坯料，再重新将其加热到液固两相区，使坯料具有一定的流动性而挤压成形。虽然通过触变铸造也可以获得细小的等轴晶组织，但是触变铸

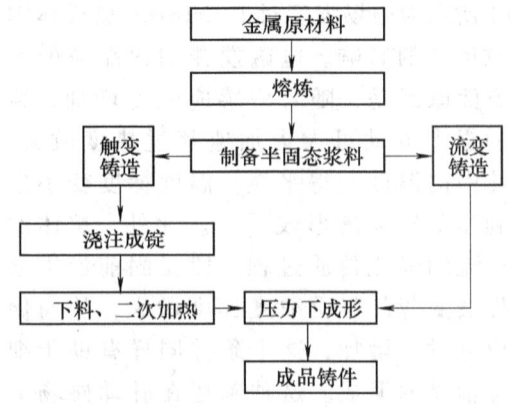

图 6-16　半固态铸造工艺流程图

造工艺流程长且能耗较大，其产品制备成本高，所以在一定程度上限制了触变铸造的发展。流变铸造是对凝固达 50% ~ 60% 的金属液体进行高速搅拌，获得近球状晶的半固态浆料，然后在保持其处于固液两相区温度时，将半固态浆料在一定的压力下充型而凝固成形。图 6-15b 所示为 AZ91D 合金经高速搅拌后含有大量球状晶粒的淬火组织。

对球状晶粒形成过程的研究认为，在高速搅拌半固态浆料过程中，固态枝晶之间、固态枝晶和金属液体之间均发生碰撞、摩擦和冲刷作用，固态枝晶发生破碎和游离，且破碎和游离枝晶重新开始以枝晶方式生长。随着时间的延长并在切应力的作用下，树枝晶趋向菊花状进而逐渐形成球状，其具体过程如图 6-17 所示。此外，在高速搅拌力作用下，破碎枝晶在各个方向

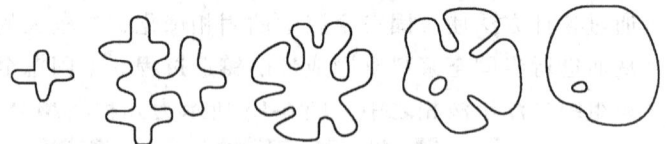

图 6-17　搅拌条件下球状晶粒形成过程示意图[29]

上温度均匀，半固态浆料中热流没有方向性，而且在固-液界面处没有溶质富集现象发生，不存在成分过冷现象。因此，破碎的枝晶在各个方向上长大速度慢而均匀，也有利于形成细小的球状等轴晶粒。目前，关于半固态金属球状晶粒的形成机制还没有定论，还有待深入研究。

半固态铸造的核心是如何获得具有球状初晶的半固态浆料。半固态铸造浆料制备工艺主要分为搅拌法和非搅拌法两大类[30-33]。使用搅拌技术可制备含有稳定的均匀细小的近球状非枝晶组织的半固态浆料，确保半固态浆料具有良好的流动性，通过流变铸造可获得细小的等轴晶组织。常用搅拌技术为机械搅拌和电磁搅拌。非搅拌制备技术主要包括应变诱导熔体活化法、喷射沉积法、粉末冶金法、冷却斜槽法、低过热度浇注法、超声振动法等。随着半固态铸造技术的不断发展，将会有更先进的半固态浆料制备技术出现。

6.6　凝固组织与熔体热历史的相关性

在上节讨论中，着重强调了宏观组织的控制方法。其实，宏观组织与微观组织通常紧密

相关。无论是孕育处理还是动力学细化的各种方法，正是因为影响到微观组织的形核、生长行为方式，从而改变了宏观组织分布。而前两章中的单相及多相合金凝固内容虽然多从微观角度探讨基本原理，但无论是胞状晶、柱状树枝晶还是等轴晶的凝固，也均与宏观组织的分布密不可分。本节将从一般意义上探讨凝固组织与熔体热历史的相关性。

6.6.1 熔体热历史与凝固相关性

早在 20 世纪 20 年代，人们就发现在化学成分及铸造条件完全相同的情况下，铸铁的力学性能有很大差异，法国学者 Levi 首次提出了铸铁存在遗传性[34]的观点。大量研究证实，母相合金熔体的热历史对凝固形成的固体材料结构和性能有重要影响，同时发展了一些改变熔体热历史的工艺方法以控制凝固组织，如熔体过热、热速处理和熔体热处理（亦称为熔体混熔）。而且，随着近年对熔体结构、性质状态及其与温度关系的深入研究，人们对熔体热历史作用的规律及机制有了越来越清晰的认知。

熔体过热（Melt Overheating）为控制熔体热历史的方法之一，是将合金熔体加热到大大高于合金液相线以上某一温度保温一定时间，其温度通常远高于通常工业生产中的熔炼温度范围，过热后熔体的凝固组织与非过热熔体的往往有明显区别。如图 6-18 所示，镍基高温合金 DD3 在定向凝固下，随着过热温度的提高（其他条件不变），凝固界面稳定性渐次降低，界面形态由平界面→浅胞状→胞状→树枝状演化。图 6-19 则显示了不同过热温度对初晶硅的细化作用。

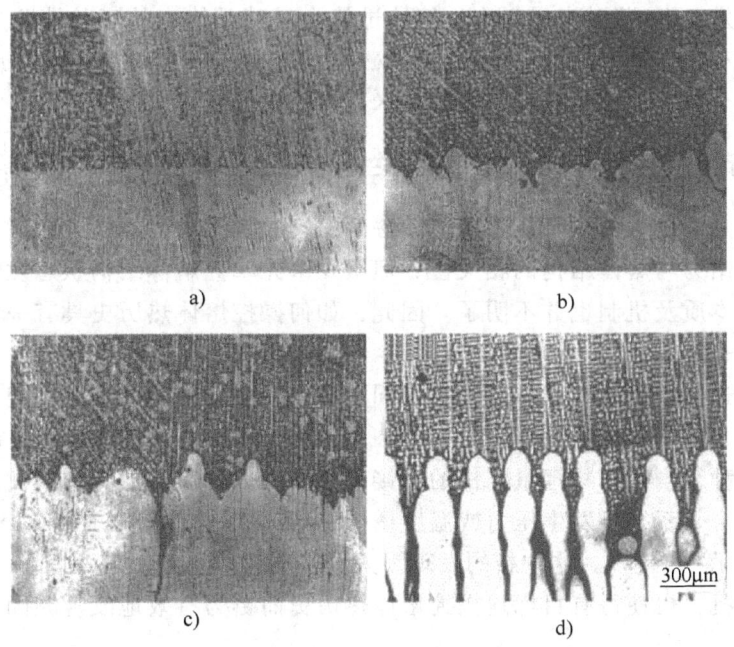

图 6-18 熔体过热温度对镍基单晶高温合金 DD3 单向
凝固界面形态的影响[35]（保温时间均为 30min）
a) 1400℃ b) 1500℃ c) 1600℃ d) 1700℃

以熔体过热为基础，还发展了另一种被称为"热速处理"（Thermal-rate Treatment）的工艺[37]，它是将熔体从某一过热温度迅速降到浇注温度进行浇注的工艺。此外还发展有

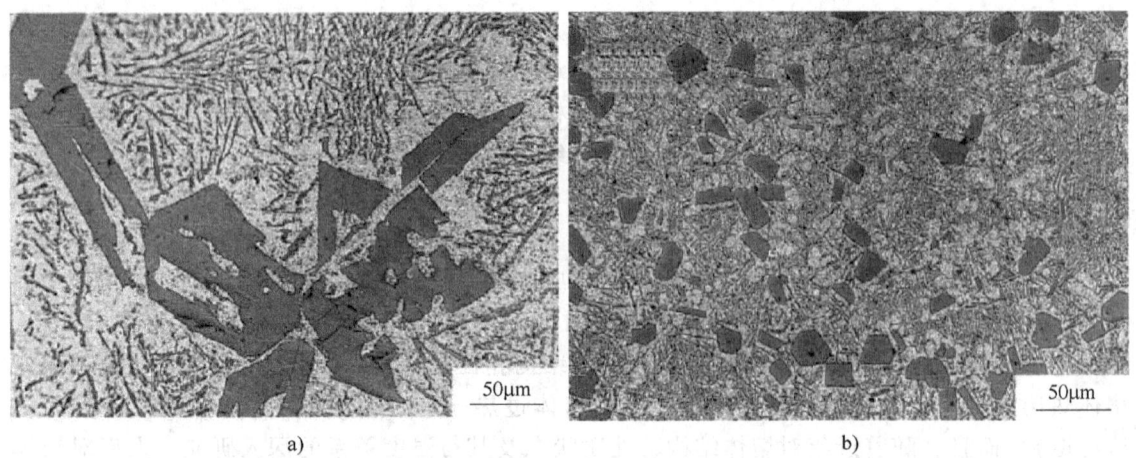

图 6-19 熔体过热温度对 Al-16%Si 过共晶合金初晶硅的作用[36]
（砂型凝固组织，浇注温度均为 720℃）
a) 720℃熔炼　b) 1050℃熔炼

"熔体热处理"（Melt Thermal Treatment）工艺，它是将过热熔体与非过热熔体混合后进行浇注，亦称为高低温"熔体混溶"[38]。

在诸多研究中[39-42]，对于 Al-Cu、Al-Fe、Cu-Ag 等多种合金恰当地操控其熔体热历史，已被证实具有类似的细化凝固组织的效果，且可以显著改善相应材料的力学及耐磨等性能。除此之外，在开发 ZnSe 基激光材料中，熔体过热史对其晶体中的孪晶缺陷形成及二极管的蓝光发光效率具有决定性作用[43]。通过控制磁性材料 Nd-Fe-B 的熔体过热历史，在快冷条件下能够获得完全非晶、部分非晶、全部纳米晶体的不同结构[44]。

6.6.2 凝固行为及组织与熔体状态相关性的认识

早期，在上述熔体热历史及相关工艺方法的探索和实践中，虽然人们凭直觉意识到凝固行为及组织可归结为与熔体结构的相关性，但很少事先掌握熔体结构状态发生变化的信息及规律，对其内在本质及机制也并不明了。因此，如何操控熔体热历史具有一定的盲目性，往往需要通过试探来摸索。

液态物理新进展表明，与固态系统存在同素异构现象相似，在液态系统中也存在结构多型性（Polyamorphism）现象[45]及临界现象[46]。更为具体的是，通过各种结构衍射分析的直接手段，以及多种结构敏感物理量测试的间接手段，国内外大量研究结果发现并证实，一些单质和多元液态合金系统可发生压力或温度诱导的液-液结构转变（见 1.2.5 节"液-液结构转变新发现及启示"内容）。这些新的发现为人们认知熔体热历史与凝固相关性的本质和规律带来了新的契机，也使得有目标地操控熔体热历史而更为有效地改善凝固行为和组织成为可能。

对于发生不可逆液-液结构转变的合金熔体，由于温度诱导液-液转变之后的熔体结构和性质状态与此前的明显不同，从而引起凝固行为和组织的显著改变。其影响及作用规律包括：①凝固过冷度明显增加，形核率提高、组织明显细化；②晶体生长行为发生改变并导致晶体形貌的变化；③溶质再分配过程发生改变，且使有效分配系数 K_E 明显改变（合金系统不同减小或增大）。

图 6-20 ~ 图 6-22 表明了温度诱导液-液结构转变对 Bi-10%Sb 合金凝固行为及组织的作用。图 6-20 所示为其电阻率-温度行为，升温过程出现的驼峰揭示了熔体在该温度区间发生了液-液结构转变，而降温过程的平滑曲线则表明了其结构转变的不可逆性。据此，以转变前、后的熔体进行对比凝固试验：前者取转变开始点 T_s 之前的温度 700℃ 熔炼，保温 60min 后直接凝固；后者取转变结束点 T_e 之后的温度 1100℃ 熔炼，保温 60min 后快冷至 700℃ 保温 20min 之后凝固，以保证凝固冷却条件的一致性。根据实测凝固

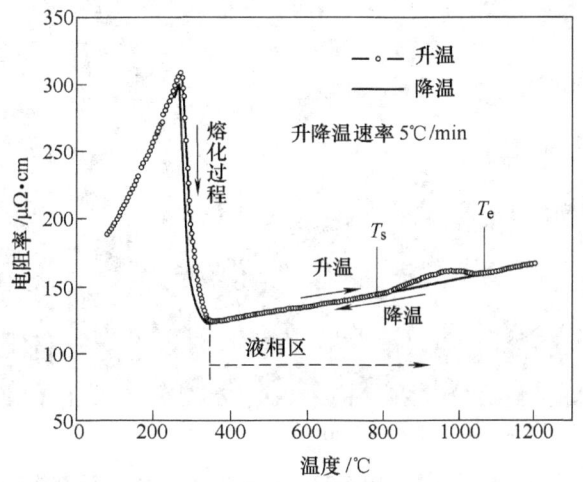

图 6-20　Bi-10%Sb 合金升降温过程的电阻率-温度曲线

冷却曲线，运用 Newton 热分析法处理获得的固相增长率 $\dot{f}_s(=df_s/dt)$ 随时间的变化曲线如图 6-21 所示，可见转变后熔体凝固行为发生了显著改变，如形核过冷度增大，因固相增长率 $\dot{f}_s$ 加快而凝固时间缩短。此外，由于 $\dot{f}_s$ 第一峰对应凝固形核阶段（参见3.1），转变后熔体凝固的 $\dot{f}_s$ 峰值（0.0141s^{-1}）大大高于转变前的对应值（0.0065s^{-1}），反映其形核率大为提高，预示着晶粒显著细化。这从实际凝固组织的金相检测结果中得到了验证，见图 6-22b 与图 6-22a 的组织对比。注意，Bi-Sb 为匀晶合金，因此图 6-22 所示的组织实际为单相固溶体组织，图中黑白衬度的不同并非表示存在两种不同的相，而是由于晶粒内外因溶质含量不同而造成的（试样经腐蚀剂处理）。由图 6-22 可见，温度诱导液-液结构转变后熔体的凝固组织得以显著细化。

与上述情况类似，Sn-40%Bi 合金（亚共晶）熔体在第一轮升温过程中发生不可逆结构转变，其转变前后熔体的凝固组织如图 6-23 所示，图中为试样经深腐蚀后的金相照片。很明显，液-液结构转变后熔

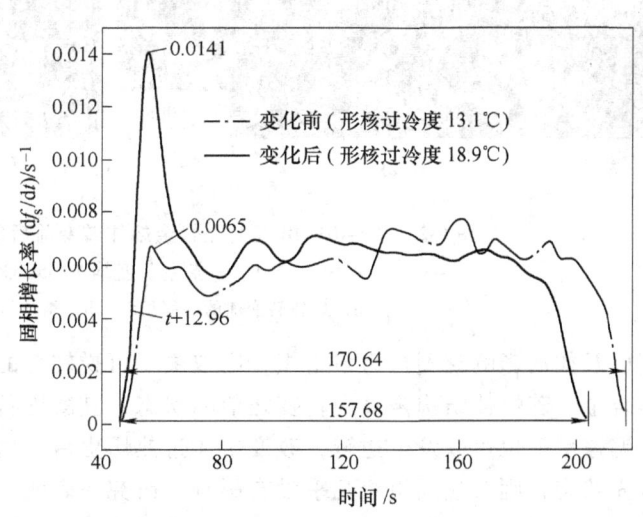

图 6-21　液-液结构转变前后 Bi-10%Sb 凝固过程的固相增长率

体的凝固组织中初生 β-Sn 相的晶粒明显增多。尤其值得注意的是，转变前熔体凝固的初生相 β-Sn 为发达的树枝晶，其生长过程呈现出较强的结晶学各向异性，而转变后熔体 β-Sn 的凝固生长过程结晶学各向异性明显减弱，枝晶按特定方向择优生长的倾向得以抑制。

值得注意的是，研究表明，对于熔体结构变化具有可逆特征的合金，熔体热历史能否改

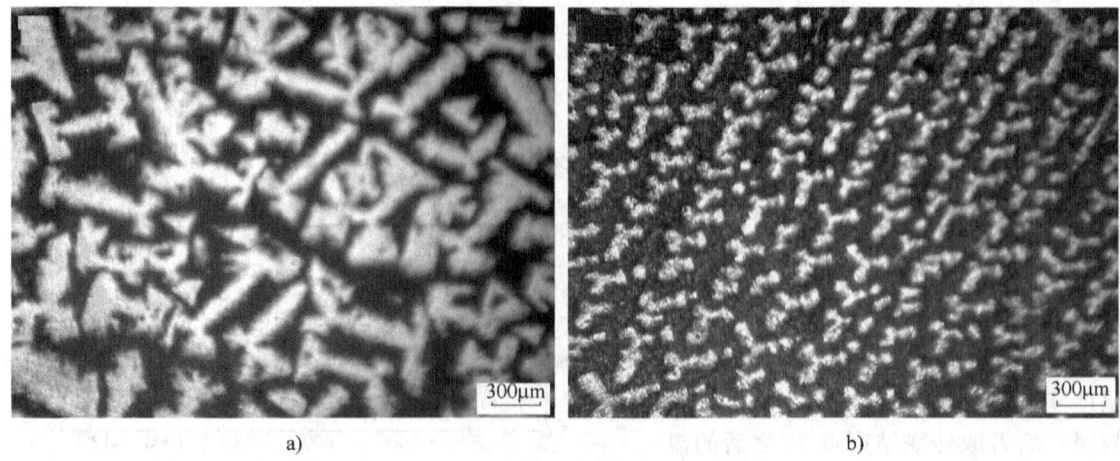

图 6-22 Bi-10%Sb 合金液-液结构转变前后熔体凝固组织对比
a）转变前 b）转变后

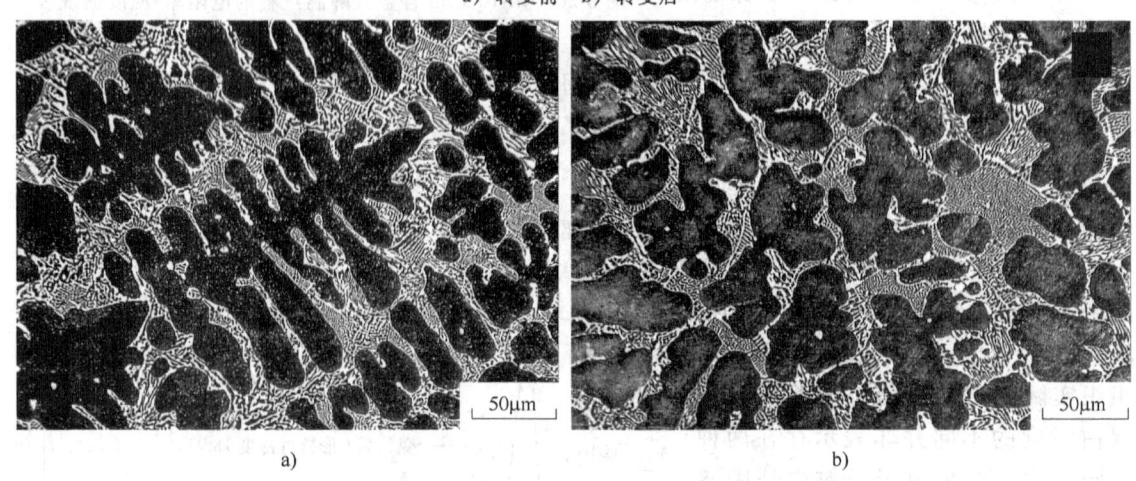

图 6-23 Sn-40%Bi 亚共晶合金熔体转变前后的凝固组织中初生 β-Sn 相
（浇注温度均为 650℃）
a）熔体转变前的凝固组织 b）熔体转变后的凝固组织

变以及如何影响凝固行为与组织，则取决于可逆转变的动力学特性以及热历史过程。对于此类合金，若熔体结构恢复到转变之前的状态，其凝固行为及组织无明显改变，即使在很快的变温速率下也可以发生逆转，改变熔体过热历史后，由于在降温过程中很容易恢复到熔体的原先状态，则对凝固组织几乎没有影响。研究还表明，对于不发生温度诱导合金熔体结构变化的合金（如已经探明的 Zn-Bi、Zn-Sn 等合金），即使熔体过热温度有很大差别，其凝固行为及组织也无明显改变，这是因为两种完全不同的熔体热历史并未改变熔体的结构与性质状态。

总之，以熔体热历史来操控凝固行为与组织能否奏效，关键取决于能否改变熔体的结构与性质状态[47,48]，并非熔体过热及类似工艺均可对所有合金有效。若预先掌握熔体结构与性质状态及其随温度发生变化的信息，如是否发生转变、转变温度范围、转变是否可逆及其动力学性质等，则运用熔体热历史的操控来改善凝固组织才会更加胸有成竹。

思考与练习

1. 铸件的典型宏观组织由哪几部分构成，它们的组织特征如何？
2. 简述表面激冷晶区的形成机理。
3. 简述柱状晶区的形成机理。
4. 如何理解激冷等轴晶型壁脱落与游离促使内部等轴晶形成？
5. 分析溶质再分配对晶粒游离的影响。
6. 如何理解枝晶熔断及结晶雨产生促使内部等轴晶形成？
7. 分析影响铸件宏观组织的因素。
8. 列举获得细小等轴晶的常用方法。
9. 有关孕育剂的作用机理有几种观点？

参 考 文 献

[1] 安阁英，陈其善，曾岩松. 铸件形成理论 [M]. 北京：机械工业出版社，1990.

[2] 大野笃美. 金属的凝固理论、实践及应用 [M]. 北京：机械工业出版社，1990.

[3] 吴树森，柳玉起. 材料成形原理 [M]. 北京：机械工业出版社，2008.

[4] 李言祥，吴爱萍. 材料加工原理 [M]. 北京：清华大学出版社，2005.

[5] Chalmers B. The structure of ingots [J]. J. Aust Inst. Metals, 1963, 8：225-263.

[6] Hogan M L, Sunthin R T. The grain structure of ingots [J]. Cast Metals, Res. 1968, 4：1-4.

[7] 刘全坤，祖方道，李萌盛. 材料成形基本原理 [M]. 2 版. 北京：机械工业出版社，2010.

[8] Jackson K A. On the origin of the equiaxed zone in casting [J]. Trans. Met. Soc. AIME, 1966, 236：149-158.

[9] 陈平昌，朱六妹，李赞. 材料成形原理 [M]. 北京：机械工业出版社，2001.

[10] 司乃潮，傅明喜. 有色金属材料及制备 [M]. 北京：化学工业出版社，2006.

[11] Geoffrey K S, Timothy A K. Grain refinement of aluminum casting alloys [J]. Internationl Journal of Metalcasting, 2007, 1：31-49.

[12] 唐靖林，曾大本. 铸造非铁合金及其熔炼 [M]. 北京：中国水利水电出版社，2007.

[13] 于尔元，王德祖，杨雅杰. 铸铁件生产指南 [M]. 北京：化学工业出版社，2008.

[14] 傅恒志，柳百成，魏炳波. 凝固科学技术与材料发展 [M]. 北京：国防工业出版社，2005.

[15] Numan A D. Metallurgical and numerical correlation of mold vibration with the refinement of Al-Si alloy [J]. Advanced Materials Research, 2010, 83-86：601-610.

[16] 李庆春. 铸件形成理论基础 [M]. 北京：机械工业出版社，1982.

[17] 高守雷，翟启杰，戚飞鹏，等. 超声波技术在金属凝固中的应用与发展. http：//www.newmaker.com.

[18] Deming G, Zhijun L, et al. Effect of ultrasonic power on microstructure and mechanical properties of AZ91 alloy [J]. Materials Sicence and Engineering A, 2009, 502：2-5.

[19] Jian X, Meek T T, Han Q. Refinement of eutectic silicon phase of aluminum A356 alloy using high-intensity ultrasonic vibrtation [J]. Scripta Materialia, 2006, 54：893-896.

[20] 谢水生，黄声宏. 半固态金属加工技术及其应用 [M]. 北京：冶金工业出版社，1999.

[21] 周尧和，胡壮麒，介万奇. 凝固技术 [M]. 北京：机械工业出版社，1998.

[22] Wang B, Yang Y, et al. Microstructure refinement of AZ91D alloy solidified with pulsed magnetic field [J]. Transactions of Nonferrous Metals Society of China, 2008, 18：536-540.

[23] Qiushu L, Changjiang S, et al. Effect of pulsed magnetic field on microstructure of 1Cr18Ni9Ti austenitic

stainless steel [J]. Materials Sicence and Engineering A, 2007, 466: 101-105.

[24] 王旭. 斜坡法制备半固态过共晶铝硅合金组织性能的研究 [D]. 沈阳: 沈阳工业大学, 2012.

[25] 陈洪涛. 电磁搅拌对半固态 AZ91D 镁合金组织的影响 [D]. 北京: 北京科技大学, 2003.

[26] Riek R G, Vrachnos A, Young K P, et al. Machine casting of a partially solidified high copper content alloy [J]. AFS Transactions, 1975, 83: 25-30.

[27] Weimin M, Aimin Z, Dong Y, et al. Semi-solid slurry preparation and rolling of 1Cr18Ni8Ti stainless steel [J]. Journal of University of SCi Tech Bejing, 2003, 10 (6): 35-39.

[28] 路贵民, 赵大志, 崔建中. 半固态金属成型过程的数值模拟技术概况 [J]. 铸造, 2006, 55 (12): 1221-1226.

[29] 康永林, 毛卫平, 胡壮麒. 金属材料半固态加工理论与技术 [M]. 北京: 科学出版社, 2004.

[30] 刘尧, 李风, 胡永俊. 金属半固态成形技术的应用现状及发展前景 [J]. 材料研究与应用, 2008, 2 (4): 204-308.

[31] 孙国强. 半固态加工技术及其应用 [J]. 稀有金属, 2003, 27(3): 382-384.

[32] 汪之清. 半固态金属成形技术的发展与应用 [J]. 兵器材料科学与工程, 1999, 22 (3): 62-67.

[33] 林善灿, 符寒光. 半固态铸造技术研究现状与展望 [J]. 轻金属加工技术, 2003, 31 (5): 11-15.

[34] Levi Andre. Heredity in cast iron [J]. The Iron Age, 1927 (6): 960-967.

[35] 陈光, 俞建威, 谢发勤, 等. 熔体过热历史对 Ni 基高温合金定向凝固界面形态的影响 [J]. 金属学报, 2001, 37 (5): 487-492.

[36] Li P J, Nikitin V I, et al. Effect of melt overheating, cooling and solidification rates on Al-16wt% Si alloy structure [J]. Materials Science and Engineering A, 2002, 332: 371.

[37] Bian X F, Wang W M. Thermal-rate treatment and structure transformation of Al-13wt% Si alloy melt [J]. Mater. Lett., 2000, 44: 54-58.

[38] Wang J, He S, Sun B, et al. Grain refinement of Al-Si alloy (A356) by melt thermal treatment [J]. Journal of Materials Processing Technology, 2003, 141: 29-34.

[39] 常芳娥, 高玉社, 坚增运, 等. 熔体过热处理对亚共晶 Al-Si 合金凝固特性和组织的影响 [J]. 西安工业大学学报, 2009 (2): 148-151.

[40] 关绍康. 熔体热历史对快凝铝铁基合金显微结构影响的研究 [D]. 北京: 北京科技大学, 1995.

[41] 张蓉, 沈淑娟, 刘林. 过热处理对 Al-Si 过共晶合金耐磨性能的影响 [J]. 摩擦学学报, 2000, 20 (5): 344-347.

[42] 桂满昌, 贾均, 李庆春. 液态过热对高硅 Al-Si 合金组织和性能的影响 [J]. 航空材料学报, 1996, 16 (1): 26-31.

[43] Rudolph P, Schaefer N, Fukuda T. Crystal growth of ZnSe from the melt [J]. Materials Science and Engineering R-Report, 1995, 15: 85-133.

[44] Tang Y L, Kramer M J, et al. On the control of microstructure in rapidly solidified Nd-Fe-B alloys through melt treatment [J]. Journal of Magnetism and Magnetic Materials, 2003, 267: 307-315.

[45] Yarger J L, Wolf G H, Polymorphism in Liquids [J]. Science, 2004, 306: 220-221.

[46] John A White. Multiple critical points for square-well potential with repulsive shoulder [J]. Physica A, 2005, 346: 347-371.

[47] 祖方遒, 等. 合金熔体结构及性质随温度发生非连续变化的普适性探索 [R]. 国家自然科学基本 (50371024) 结题报告, 2007, 1.

[48] 祖方遒, 等. 基于液液结构转变探索合金熔体结构对凝固组织生长行为作用 [R]. 国家自然科学基本 (50571033) 结题报告, 2009, 1.

第 7 章 特殊条件下的凝固

凝固是金属材料制备的重要环节，也是获得优良组织和性能的关键，因此，对凝固过程的控制十分重要。传统凝固技术对一些特殊材料不能有效地控制由于溶质再分配、形核长大等造成的组织与性能的恶化问题，使这些材料几乎不具备使用价值；同时，由于不能有效地控制凝固组织，也使一些金属材料的性能潜力得不到充分发挥。例如：将铁元素加入到铝合金中可以提高合金的耐热性，然而由于在常规凝固条件下铁与铝形成平衡相 Al_3Fe，这种相十分粗大而且脆性高，使合金的力学性能严重恶化，并且 Al_3Fe 相的热稳定性差，对提高合金耐热性的作用有限，因此，铁通常只能作为有害元素在铝合金中严格控制。但是，如果铁加入后能形成亚稳相 Al_6Fe，这种相呈粒状形态，且很细小，则可以对合金起强化作用，同时这种相的热稳定性高，可有效地提高合金的耐热性。再如：铅铝合金是一种减振耐磨材料，但由于这两种合金元素形成的相密度相差较大，在常规凝固条件下会产生严重的偏析现象，无法获得成分和组织均匀的合金，使其性能潜力得不到发挥，也不具备使用价值。然而，如果在凝固过程中抑制偏析问题，该合金不但具备使用价值，而且其减振和耐磨特性还将得到充分发挥。正是由于这些问题的存在，使一批新的凝固技术不断涌现，如快速凝固技术、定向凝固技术、非晶合金制备、各种力场作用下的凝固技术等。这些凝固技术在改善材料的组织及物理性能，提高力学性能等方面发挥了有效作用。本章将介绍几种主要凝固新技术和特殊条件下的凝固。

7.1 快速凝固

快速凝固的定义是相对传统铸锭冶金凝固而言的，其特征是凝固时具有较高的凝固速率。快速凝固的定义有多种，比较科学的定义为：液态金属在凝固过程中，凝固速率非常快，从而获得传统铸件或铸锭无法获得的成分、相结构和显微结构的过程。利用快速凝固原理进行的材料制备统称为快速凝固技术。

7.1.1 快速凝固原理

凝固过程中的过冷度大小决定着凝固速率的快与慢，过冷度越大，凝固速率越快。因此，如何实现在大过冷度条件下的凝固，是快速凝固技术的核心问题。

实现大过冷度条件下的凝固有两种途径：一是通过增加凝固过程中的传热速度，迅速将液态金属内的热量传出，获得过冷度较大的液态金属，从而提高凝固速率，这种方式的快速凝固称为激冷法；另一条途径是设法使熔体尽可能在接近均质形核的条件下凝固，使其在凝固前已将熔体中的大量热量散出，而形成大的过冷度，且不发生凝固，当少量的热量进一步散出时达到均质形核条件，凝固开始进行，此时的凝固是在大过冷熔体内进行，整个熔体几乎同时进行凝固，可获得非常快的凝固速率，这种方式的快速凝固称为深过冷法。

1. 激冷法快速凝固原理

凝固速率是由凝固潜热及物理热的导出速率控制的，通过提高铸型的导热能力，增大热流的导出速度可使凝固界面快速推进，实现快速凝固。在忽略液相过热度的条件下，单向凝固速率 R 取决于固相中的温度梯度 G_S

$$R = \frac{\lambda_S G_S}{\rho_S \Delta H_m} \tag{7-1}$$

式中，ΔH_m 为凝固潜热；ρ_S 为固相密度；G_S 为固相温度梯度。G_S 是由凝固层的厚度 δ 和铸件的界面温度 T_i 决定的。

如图 7-1 所示，对凝固层内的温度分布作线性近似，得出

$$R = \frac{\lambda_S}{\Delta H_m \rho_S}\left(\frac{T_m - T_i}{\delta}\right) \tag{7-2}$$

式（7-2）表明，选用热导率大的铸型材料或对铸型强制冷却以降低铸型与铸件的界面温度 T_i，可提高凝固速率。

由于凝固层内部热阻随凝固层厚度的增大而迅速提高，导致凝固速率下降，因而快速凝固只能在小尺寸试件中实现。

在试件尺寸足够小，以至于内部热阻可以忽略（即温度均匀）的条件下，界面散热成为控制环节。通过增大散热强度，使液态金属以极快的速率降温，可实现凝固面的快速散热。对于薄膜试件（双面散热），在不发生凝固的冷却过程中的热平衡条件为

$$\rho_L c_1 y dT = 2\alpha \Delta T dt \tag{7-3}$$

式中，y 为液膜厚度；ΔT 为金属液与冷却介质的温度差；ρ_L 为金属液密度；α 为界面传热系数。

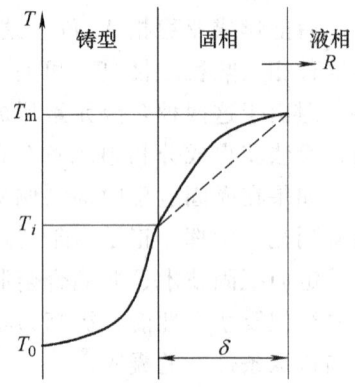

图 7-1 单向凝固速率与导热条件的关系

由式（7-3）推出的冷却速率 R 估算公式为

$$R = \frac{dT}{dt} = \frac{2\alpha \Delta T}{\rho_L c_1 y} \tag{7-4}$$

式（7-4）反映了冷却速率 ε 与界面传热系数 α、金属热物理参数（比热容 c_1）、冷却条件 ΔT 及试件厚度 y 的关系。α 与 ΔT 反映了金属与铸型之间相互作用的传热性质，而 ρ_L、c_1 反映了金属本身性质。当金属材料和铸型条件一定时，上述因素也就一定了，而冷却速率 ε 随试件厚度的增加而减小。因此，试样厚度的大小对冷却速率起决定性作用，这是激冷快速凝固技术采用雾化或薄带工艺的主要原因。

2. 深过冷快速凝固法

由于试样内部热阻的限制，通过提高冷却速率实现快速凝固无法在大尺寸试件中实现，因此，在凝固前熔体即获得大的过冷度是实现快速凝固的另一途径。其原理是通过抑制凝固过程的非均质形核，使液态金属获得很大的过冷度，以实现均质形核方式的凝固，而凝固时，过冷熔体只要吸收少量凝固释放的结晶潜热，即可保证凝固的快速进行，同样可以获得很大的凝固速率。过冷度为 ΔT 的熔体在凝固过程中需要导出的实际潜热 $\Delta H'$ 可表示为

$$\Delta H' = \Delta H_m - c_1 \Delta T \qquad (7\text{-}5)$$

式中，$c_1 = c_p \rho$。

当 $\Delta H' \to 0$，即

$$\Delta T = \Delta T^* = \frac{\Delta H_m}{c_1} \qquad (7\text{-}6)$$

此时，凝固潜热完全被过冷熔体所吸收，凝固过程中释放的热量无需通过铸型导出，试件的热阻对凝固过程不会产生关键的影响。由式（7-6）定义的过冷度 ΔT^* 称为单位过冷度。

为了使释放的潜热被过冷熔体吸收，必须保证熔体在产生足够大的过冷度前不发生凝固。因此，消除熔体内的外来形核基底，防止熔体在较小的过冷度下形核，是保证熔体获得较大过冷度，从而实现快速凝固的关键。

深过冷快速凝固主要用于液相微粒的雾化法快速凝固，以及经过特殊净化处理的大体积液态金属的快速凝固。液相微粒雾化法是将液相分散成体积尽可能小的液滴，使液滴内的异质形核基底数尽可能少，从而避免异质形核，而获得较大的过冷度后达到均质形核条件，使凝固核心在整个液滴内各处同时形成，大量凝固核心出现后，每个结晶核心只要有少量的生长，瞬间即可在整个液滴内完成凝固。而对于大体积的液态金属，则采取净化金属液的方法，使液态金属内不存在或只含有非常少的异质形核基地，抑制异质形核凝固，而实现均质形核，这样也可以使液态金属获得大的过冷度。由于过冷液态金属达到均质形核条件后，大量结晶核心可以在整个过冷液态金属内同时形成，每个结晶核心生长时只要消耗很少的液态金属，即可完成试件的全部凝固，因而凝固速率很快。

7.1.2 快速凝固工艺

由于实现快速凝固与材料的尺寸有关，不同尺寸的材料采用的工艺方法不同，包括粉末材料、低维材料和体材料等几种工艺方法。

1. 粉末材料快速凝固工艺

粉末材料属于零维材料，其快速凝固技术的关键是使液态金属克服界面张力而分散成微小的颗粒（即雾化技术），其次是通过控制环境条件，保证材料在尽可能不发生氧化、污染的条件下获得尽可能大的冷却速率。因此，粉末的尺寸和凝固速率是标志粉末材料快速凝固技术水平的主要指标。已经实现工程化的雾化法快速凝固技术有流体雾化法和离心雾化法两类。

流体雾化法主要是指气体雾化法，气体雾化法又分为亚声速、声速及超声速气体雾化法三种。典型的气体雾化设备工作原理如图 7-2 所示。将熔化的金属液浇入漏包中，经过喷嘴雾化并在雾化室中进一步破碎、凝固，最后在收集室中收集。

离心雾化法是采用一定的工艺方法使金属液旋转，并使其在离心力的作用下以液滴的形式被高速抛

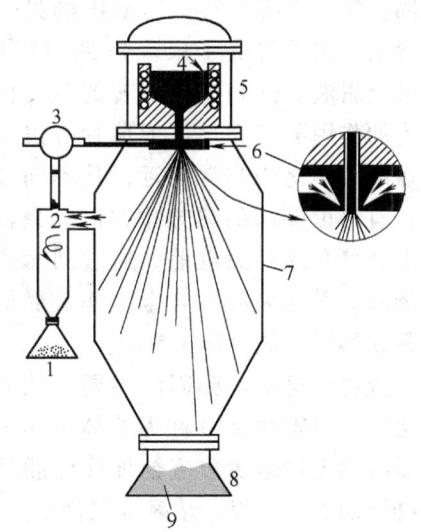

图 7-2 气体雾化设备工作原理图
1—细粉 2—气体 3—气源 4—金属液
5—真空感应加热器 6—喷嘴 7—雾化室
8—收集室 9—粉末

出。液滴与环境气体摩擦,在切应力的作用下进一步破碎,并快速凝固形成粉末。使金属液做离心运动并雾化的方法有很多,常见的有旋转电极法、旋转圆盘法、旋转圆杯法及飞轮带出法等。

离心雾化时金属液的破碎过程如图 7-3 所示,金属液首先在旋转盘上形成液膜 1,液膜在切应力及界面张力的综合作用下,在旋转盘的边缘形成碎片而甩出 2,进而在飞行过程中球化并凝固成微小的近似球形颗粒 3。旋转盘材质应采用具有较低热导率的材料,以保证液膜不在旋转盘上发生凝固。低的熔化速率(旋转电极法)、高的旋转速率及大的旋转盘直径均有利于获得细的金属粉末。旋转电极法的原理与旋转盘的类似,所不同的是液滴由旋转电极端部熔化而产生。

2. 低维材料快速凝固工艺

快速凝固追求高的冷却速度,然而由于合金内部热阻的存在,高的冷却速度只有通过减小尺寸才能实现。因此,除了将金属雾化成微滴以增大散热比表面积的粉末材料(零维材料)

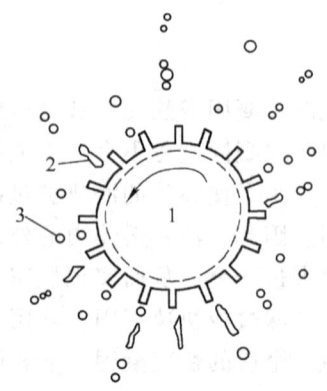

图 7-3 离心雾化时金属液粉碎过程示意图

快速凝固技术外,其他低维材料,如薄膜材料(二维材料)和线材(一维材料),成为快速凝固技术发展最快的分支。低维材料快速凝固过程可以采用各种冷却技术获得更高的冷却速率,是目前最成熟的制备非晶态金属材料的途径。同时,薄膜材料可以不经过热加工而直接应用,使快速凝固组织和性能的优势能得到充分发挥。

最原始的低维材料激冷法是制备薄片,其快速凝固原理如图 7-4 所示。它是在液态金属下落的过程中采用高速气流加速,打在基板(激冷板)上而被快速冷却,实现快速凝固。实现薄膜材料快速凝固的另一种方法是电子束喷溅激冷法,它是将电子束聚焦到原料棒的末端,使其熔化,熔融金属液跌落到高速旋转的激冷圆盘上,在切应力和离心力的作用下变为长条形薄片并发生快速凝固。该方法与圆盘离心雾化法非常接近,其不同之处仅在于旋转的圆盘应具有尽可能高的热导率,对金属液有激冷能力,以保证液态金属在离开圆盘前,通过圆盘表面的激冷以很大的速率凝固。通常采用铜合金制作旋转圆盘,利用其大的蓄热系数获得很高的冷却速率。

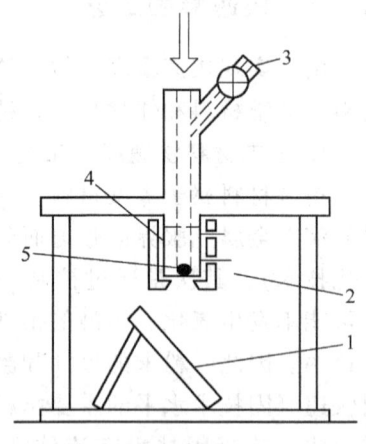

图 7-4 薄片法快速凝固的原理图
1—基板 2—加热源 3—试样入口
4—坩埚 5—样品

金属带材快速凝固的主要方法有单辊法、双辊法和溢流法等。单辊法又可称为熔体甩出法,它是采用高速旋转的激冷圆辊将金属液流铺展成液膜并在激冷作用下实现快速凝固的方法。根据熔融金属液引入方式的不同,可分为自由喷射甩出法(FJMS 法)和平面流铸法(PFC 法),其原理如图 7-5 所示。两者的区别在于前者熔体的喷嘴离单辊距离较远,金属液通过喷枪喷射到高速旋转的激冷单辊上,形成薄膜并发生快速凝固。而后者金属液的出口离单辊距离很近,在单辊与喷嘴之间形成一个熔池。以上两种方法均为金属液被拉成膜后,随单辊旋转一定的角度进一步冷却并凝固,最后与其分离进入收集器或缠绕成卷,获得一定宽度的带材。

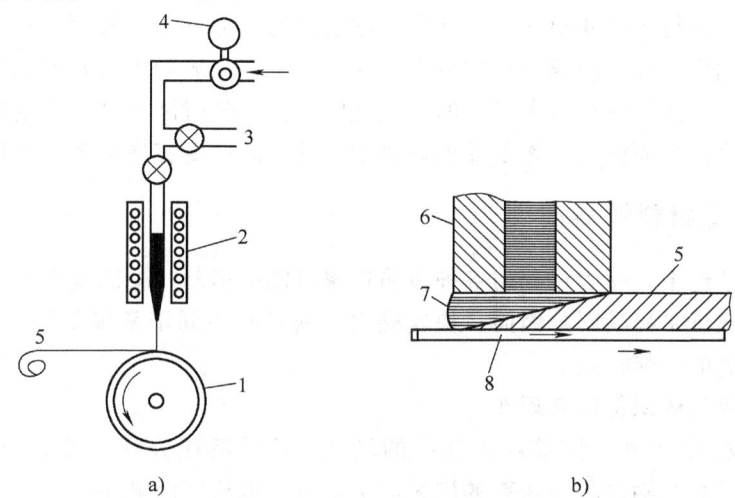

图 7-5　单辊法和平面流铸快速凝固原理
a) 单辊法　b) 平面流铸法
1—激冷辊　2—感应加热炉　3—排气阀　4—压力表　5—带材　6—喷嘴
7—金属液　8—激冷基底

3. 体材料快速凝固工艺

深过冷快速凝固技术是制备体材料的有效方法，其核心是抑制异质形核，实现均质形核。均质形核是通过在液态金属内形成达到临界晶核尺寸原子集团而实现的形核，是由金属液本身的性质决定的，难以控制，但可以通过控制金属液内的外来结晶核心基底，增加达到临界晶核的原子集团数量，增大形核前的过冷度。如果抑制了异质形核，金属液可在获得很大的过冷度后才能以均质形核的方式开始凝固。因此，抑制大体积液态金属异质形核并获得大过冷度是实现体材料快速凝固的主要途径，具体工艺有熔融玻璃净化法和悬浮熔炼法等。

熔融玻璃净化法是将具有一定体积的金属包覆在熔融玻璃中熔化，并缓慢冷却以获得大过冷度的技术。该方法实现金属液深过冷的机理是：使熔化的金属液中的异质结晶核心通过物理或化学作用与熔融玻璃反应而被除去；熔融玻璃可使合金液与环境气体隔离，防止因表面氧化形成的氧化膜起异质形核的作用，而熔融玻璃本身为玻璃态，不可能成为异质形核的基底；粘性的玻璃作为一种高阻尼隔离层，可以消除外界随机振动的干扰，而这些振动可能是促进均质形核的因素。

悬浮熔炼法是在大体积金属液中获得深过冷的又一有效方法。该方法依靠高频电磁场或其他悬浮力场，使金属液自由悬浮在真空或惰性气体中。其实现深过冷的主要机理是：金属液不与坩埚接触，防止了坩埚表面的异质形核作用；利用高频感应、红外或激光等高能加热措施使金属熔化并过热，金属中的某些异质结晶核心被

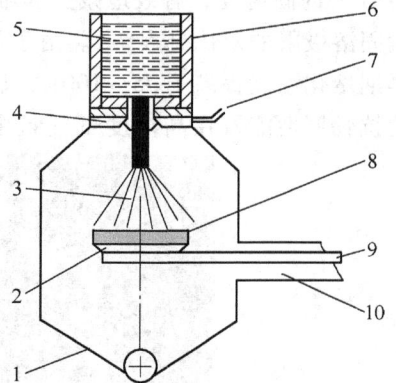

图 7-6　喷射沉积技术原理图
1—沉积室　2—基板　3—喷射粒子流
4—气体雾化室　5—金属液　6—坩埚
7—雾化气体　8—沉积体　9—运动机构　10—排气及取料室

熔化,不再起异质形核作用。

喷射沉积法是获得大尺寸快速凝固材料或制品的另一种方法,其原理如图 7-6 所示。金属液经过喷射雾化后,形成高速飞行的液滴,这些液滴在完成凝固之前沉积在激冷的基板上快速凝固。通过连续沉积可获得大尺寸的快速凝固制件。喷射沉积可以根据制件的需要设计基板的形状和尺寸,从而获得最终制件或近终形制件,因此更容易实现工业化生产。

7.1.3 快速凝固材料的特点

在快速凝固条件下,凝固过程的各种传输现象可能被抑制,凝固偏离平衡,获得的凝固组织不同于平衡或近平衡凝固。因而,快速凝固材料具有不同于常规凝固材料的组织特征,进而赋予材料特殊的性能特点。

快速凝固材料的组织特征表现在:

1)偏析形成倾向减小。随着凝固速率的增大,不管溶质分配系数 $K_0 > 1$ 还是 $K_0 < 1$,实际溶质分配系数总是随着凝固速率的增大向 1 趋近,偏析倾向减小。

2)形成新的非平衡相。由于过冷度大和凝固速率高,在凝固过程中形成的亚稳相可以保留到室温,从而获得不同于平衡凝固的新相。

3)细化凝固组织。随着冷却速率的增大,晶粒尺寸减小,可以获得微晶乃至纳米晶。

4)形成非晶。由于非晶形成一般需要较高的冷却速度,而快速凝固技术可以满足多种非晶材料的制备对冷却条件的要求。

由于在快速凝固的晶态合金中具有上述组织及结构特征,赋予这些合金一系列极其可贵的优异性能。例如,由于快速凝固合金具有扩大的固溶度、超细的晶粒度以及超细和高分散度的析出相,因而在力学性能方面表现出高强度及高韧性的特点,许多快速凝固合金还具有超塑性。由于固溶极限的扩大,可以避免某些严重危害使用性能的第二相析出,如在镍基高温合金中可遏制碳化物的析出;在铬不锈钢中,快速凝固条件下可提高含铬量而不致引起 θ 相的析出,因而显著改善了合金的耐蚀性;在铝硅合金中,快速凝固条件提高了硅元素在 α-Al 中的固溶度,有效地减少和细化了 β-Si 相,如图 7-7 所示。铝基合金快凝前后合金元素固溶极限的对比见表 7-1。由于消除了偏析,疲劳裂纹的开始得以推迟,在高温合金中使早期熔化温度提高了 75~100K,显著地提高了蠕变抗力。快速凝固还可使不锈钢具有良好的抗辐照性能及在高浓度氢气氛中不易膨胀(氢原子进入快凝合金中大量存在的位错芯、

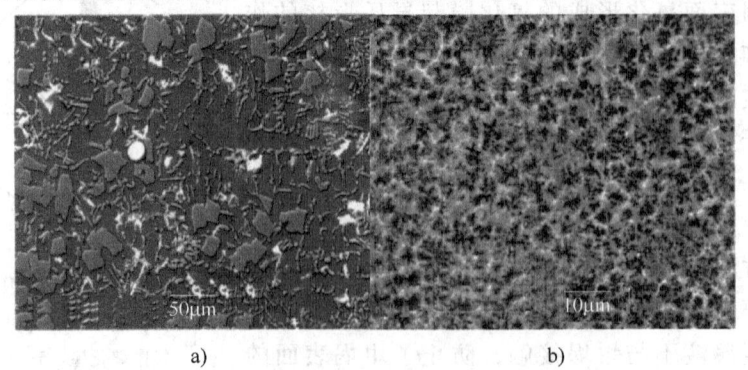

图 7-7 普通铸态和快速凝固 Al-12%Si 的合金组织[6]
a)普通铸态 b)快速凝固

晶界及基体-析出相界面，而不进入基体点阵原子之间）的特性，因而可成为较理想的核反应堆内壁结构材料。快速凝固可以使亚稳相保留到室温状态，例如，Al-Fe 合金中的 Al_6Fe 亚稳相经快速凝固后取代了原来的平衡相 Al_3Fe 相，从而使 Al-Fe 合金具有优异的耐热性。

表 7-1 部分铝基合金平衡和快速凝固的固溶极限对比

合金系	平衡最大固溶极限（%）	快速凝固固溶极限（%）	合金系	平衡最大固溶极限（%）	快速凝固固溶极限（%）
Al-Cu	2.53	18	Al-Cr	<1.2	6
Al-Si	1.78	16	Al-Mn	<2	9
Al-Mg	18.9	40	Al-Fe	<1	6
Al-Ni	<1	8	Al-Co	微量	5

快速凝固不仅可以大大提高现有合金的使用性能，并且可以发展一系列新型的合金材料，因而成为当前金属材料科学及工程方面一个极其活跃的新领域。快凝 Al-Fe 耐热合金是利用快速凝固技术开发的典型新材料。快凝耐热铝合金的力学性能见表 7-2。自从合金的快速凝固技术问世以来，各国的研究工作者已对众多快凝合金的显微结构特征及性能特点进行过研究，所涉及的合金几乎覆盖了元素周期表上从铍至钨、铀的多数元素，其中最具应用价值或已进入工业应用的快凝晶态合金包括铝基、镁基、钛基以及铁基、镍基等合金。

表 7-2 快凝耐热铝合金的力学性能

合金	化学成分（质量分数,%）	密度 g/cm³	室温性能			高温（315℃）性能		
			R_{eL}/MPa	R_m/MPa	A（%）	R_{eL}/MPa	R_m/MPa	A（%）
	Al-8Fe	2.90	504	572	5.0	148①	172①	12.3①
Cu78	Al-8Fe-4Ce	2.95	460	589	2.4	132①	163①	5.5①
CZ42	Al-7Fe-6Ce	2.96	491	565	9.0	168	212	8.0
	Al-8Fe-7Ce	3.00	457	564	8.0	225	271	7.3
P&W	Al-8Fe-2Mo-1V	2.92	393	512	3.0	208	237	9.7
Alcoa	Al-4.5Cr-1.5Zr-1.2Mn	2.86	486	536	7.7	214	235	—
FVS0611	Al-5.5Fe-0.5V-1.0Si	2.83	310	352	16.7	172	193	17.3
FVS0812	Al-8.5Fe-1.3V-1.7Si	2.92	414	462	12.9	255	276	11.9
FVS1212	Al-11.7Fe-1.15V-2.4Si	3.02	531	559	7.2	297	303	6.8

① 此数据为在 343℃时的测量结果。

当冷却速率极高时，结晶过程将被完全抑制，获得非晶态的固体。非晶合金是快速凝固技术应用的成功实例，它不仅具有特殊的力学性能，同时也可获得特殊的物理性能。

7.2 块体非晶合金

非晶合金又称为"冻结"的液态金属，具有短程有序、长程无序结构和金属键特征，因此又称为金属玻璃。液体金属在熔点以下时，结晶驱动力随过冷度增大而增大，与此同时，合金的粘度也在增大，因此原子的运动减缓。当冷却速度或过冷度足够大时，可避免结晶过程的发生。在过冷度较小时，结构弛豫时间较短，可保持内平衡。当过冷度较大时，由于原子运动变得更加迟缓，可以排除结构弛豫。此时，熔体达不到内平衡，就由内平衡转变为温度区间很窄的非平衡区域,在这一区域,弛豫时间可达到100s的量级。熔体的体积和混合焓发生急剧的变化,如图7-8所示。因此,将过冷熔体停止保持内平衡状态的温度定义为玻璃转变温度(T_g)。玻璃转变温度与冷却速度有关,冷却速度越慢,就能获得越多的时间使过冷熔体达到内平衡,因此其玻璃转变温度就越低。

最初获得非晶合金的冷却速率高达$10^5 \sim 10^6$K/s以上,而样品厚度不足10μm。但是,通过合金成分设计,在较低的冷却速率下,即可获得较大尺寸的非晶合金。如果以圆柱样品为参照对象,一般将直径超过1mm的非晶合金称为块体非晶合金,图7-9所示为大块非晶实物。通过凝固制备最大非晶尺寸的能力称为非晶形成能力。通过差分扫描量热计(DSC)可以确定非晶合金的玻璃转变温度T_g、晶化温度T_x、液相线温度T_L和固相线温度T_m。T_x与T_g之间的差值称为过冷液相区ΔT_x。而T_g与液相线温度T_L的比值T_{rg}称为约化玻璃转变温度。Turnbull根据连续形核理论证明,当$T_{rg} \geq 2/3$时,熔体只能在一个窄的温度范围内缓慢晶化,因此它们很容易被过冷到玻璃态。

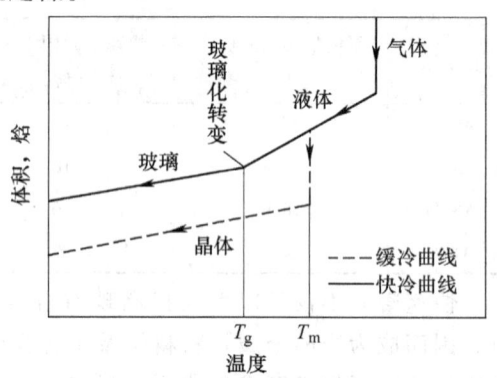

图7-8 等压条件下合金熔体的焓与体积随温度的变化关系

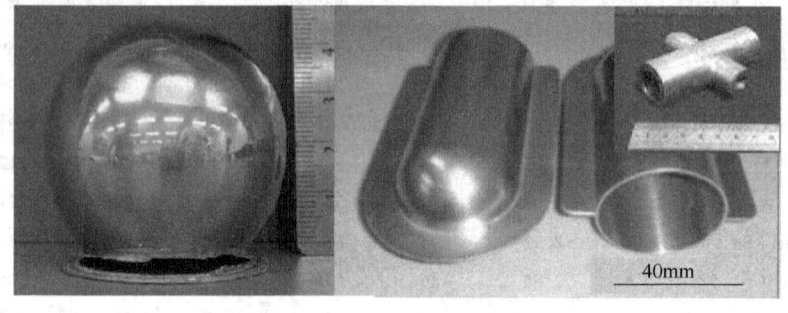

图7-9 部分块体金属玻璃的实物照片[7,8]

7.2.1 块体非晶合金形成的理论基础

目前,通过合金组分的设计,使得制备非晶合金的临界冷却速率可以达到1~100K/s,这意味着非晶合金的制备尺寸不再限于低维材料。因此对于新型非晶合金,合金本征因素(如合金元素种类、数量、纯度、成分、原子之间的结合力等)而不是外部因素(如冷却速率)对非晶形成起主导作用。一般情况下,合金的非晶形成能力随合金组元的增加而增加,这种现象称为非晶合金形成的"混乱原则"(Confusion Principle)[9],多组元非晶合金通过使液相稳定化而阻碍结晶相的形成。Inoue[10]通过多组元非晶合金的成分设计总结出三条经验规律:①合金由三种以上组元组成;②各组元原子尺寸差别较大,一般大于12%;③三个组元具有负的混合热。Inoue提出,满足这三条经验规律的合金组分在液态下具有不同于相应晶态相的特殊原子构型,这种构型在热力学、动力学和组织演变上有利于非晶的形成。

从过冷液体熔体形成非晶的能力等同于在过冷液相区抑制晶化的能力,如果假定是稳态

形核，则形核率的热力学和动力学影响因素可表示为

$$I = AD\exp\left(-\frac{\Delta G^*}{k_B T}\right) \tag{7-7}$$

式中，A 为常数；k_B 为玻耳兹曼常数；T 为热力学温度；D 为有效扩散系数；ΔG^* 为形成稳态晶核所必须克服的激活能。

按照经典形核理论，ΔG^* 可表示为 $\Delta G^* = 16\pi\sigma^3/3(\Delta G_{L-S})^2$，其中 σ 为晶核与液相间的界面能，$\Delta G_{L-S} = G_L - G_S$ 为液相自由能 G_L 与固相（晶核）自由能 G_S 的差值，因此 ΔG_{L-S} 为结晶的驱动力。基于上述考虑，驱动力（热力学因素）、扩散率或粘度（动力学因素）和原子构型（结构因素）是了解多组元合金非晶形成能力的主要因素。下面分别讨论这些因素的影响。

1. 非晶形成热力学

在热力学上，块体非晶合金在过冷液相区具有较低的晶化或形核驱动力，即低的形核速率，从而导致非晶形成能力的改善。热力学分析可以确定过冷液态和晶态固相间的自由能差 ΔG_{L-S}，目前已经发现，非晶形成能力越高的合金，ΔG_{L-S} 就越小。ΔG_{L-S} 可以表示为

$$\Delta G_{L-S}(T) = \Delta H_f - \Delta S_f T_0 - \int_T^{T_0} \Delta C_p^{L-S}(T)\mathrm{d}T + \int_T^{T_0} \frac{\Delta C_p^{L-S}}{T}\mathrm{d}T \tag{7-8}$$

式中，ΔH_f 和 ΔS_f 为温度 T_0 时的熔化焓和熔化熵；T_0 为液固相自由能相等时的温度。小的 ΔG_{L-S} 意味着小的熔化焓 ΔH_f 和大的熔化熵 ΔS_f，而大的熔化熵与多组元的微观状态数量是相联系的[11]。在较低的化学势条件下，低焓、高的约化玻璃转变温度 T_{rg} 和大的固-液界面能也会导致恒定温度下自由能的降低。因此，合金组元数的增加会导致 ΔS_f 的增加以及液体内原子密积堆程度的增加，这有利于降低 ΔH_f 和液-固界面能。

基于热力学数据，Busch 等人[12,13]系统地研究了典型非晶合金的过冷液相区的热力学函数，图 7-10 所示为几种非晶合金比热容 C_p 的变化，图 7-11 所示为 Vit1 非晶合金（$Zr_{41.2}Ti_{13.8}Cu_{12.5}Ni_{10.0}Be_{22.5}$）过冷熔体熵（计算值）的变化曲线。过冷熔体的熵值随过冷度的增加而降低，与晶态熵相交的温度点 T_K 称为 Kauzmann 温度。相对于晶态相，几种不同非晶合金在过冷液相区自由能的变化如图 7-12 所示，这些合金形成非晶态时具有不同的临界冷却速

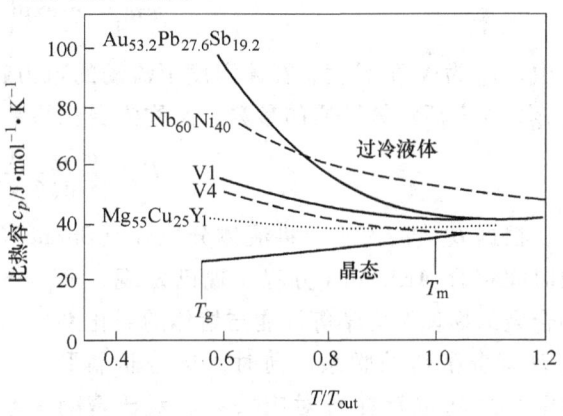

图 7-10 几种非晶合金比热容的变化

率，从临界冷却速率为 1K/s 的 Vit1 合金到临界冷却速率为 10^4 K/s 的 $Zr_{62}Ni_{38}$ 合金，临界冷却速率的高低表明合金非晶形成能力的大小，可见，具有较大非晶形成能力的合金对应较小的自由能变化。晶态与非晶态之间较小的自由能差值表明非晶态具有较大的组态熵，即非晶态或其熔体在接近熔点时存在大量的化学短程有序，因此熔体在熔点和处于过冷态时是非常粘稠的。从成分上看，这些具有较强非晶形成能力的合金一般处于共晶点，并具有较低的共晶温度，这种具有较低温度的液体是相对稳定的。因此，参数 T_{rg} 的大小就成为了判断非晶形成能力的关键参数。因为非晶形成能力强的合金一般处于共晶温度点或其附近，在共晶温

度点，约化玻璃转化温度 T_{rg} 达到最大值。

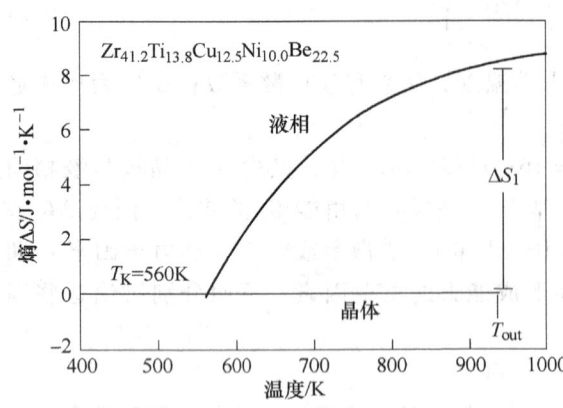

图 7-11 Vit1 非晶合金过冷熔体熵的变化

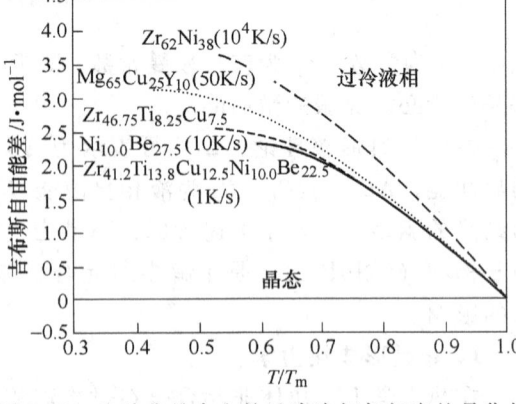

图 7-12 几种非晶合金的过冷液相与相应的晶化相之间的吉布斯自由能差[13]

2. 非晶形成动力学

尽管在非晶转变过程中比热容出现间断，但是熔体凝固成非晶态不能定义为热力学相变，玻璃转变温度取决于加热或冷却的速率。从动力学的角度来看，熔体的粘度对合金体系的非晶形成能力具有较大的影响。

图 7-13 所示为 Vit4（$Zr_{46.75}Ti_{8.25}Cu_{7.5}Ni_{10.0}Be_{27.5}$）块体非晶合金的粘度[14,15]，可以看出，这些粘度的变化范围达到 15 个数量级，粘度与温度的关系可用 Vogel-Fulcher-Tammann (VFT) 方程描述[16]

$$\eta = \eta_0 \exp\left(\frac{DT_0}{T - T_0}\right) \tag{7-9}$$

式中，T_0 为 VFT 温度，在该温度下流动的阻力趋近无限大，因此 T_0 又称为理想玻璃转变温度；D 为表征液体性质的参数，又称为弱化系数，其定义为

$$D = \frac{d\log[\eta(T)]}{d(T_g/T)}\bigg|_{T=T_g} \tag{7-10}$$

根据 D 值的大小，将液体分成强（Strong）和弱（Fragile）两种[17]。前者的粘度和弛豫时间符合 Arrhenius 方程。现已发现，非晶合金的物理及力学等性能与熔体的弱化系数 D 有着密切的联系，同时，D 与非晶形成能力之间也存在着对应关系。对于 Vit4 块体非晶合金，理想玻璃转变温度 T_0 远低于采用热分析方法测量的实际玻璃转变温度 T_g，这表明，具有较大块体非晶形成能力的合金，其熔体在动力学上更接近硅酸盐熔体。由于过冷熔体的粘度是衡量原子运动能力的参数，因此过冷度与熔体粘度的函数变化关系可以表征和分类不同性质的液体。图 7-14 比较了几种典型非晶合金过冷液相区

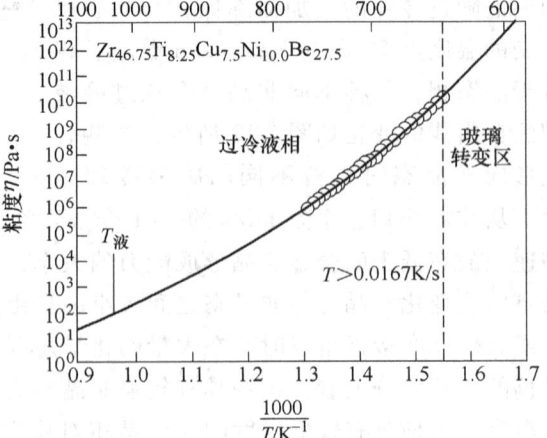

图 7-13 Vit4 非晶合金粘度变化

的粘度[13]，其中 SiO_2 的玻璃形成能力最强，其 D 值达到 100，表现出最高的粘度和最小的 VFT 温度；另一方面，O—三联苯是典型的脆性玻璃，其弱化系数 D 值只有 5[18]。在接近玻璃转变温度时，液体的粘度变化很陡，已有的块体非晶合金粘度数据表明，这些合金的弱化系数达到 20，更接近于强玻璃（Strong Glasses）。块体非晶合金的熔体粘度为 $2\sim6Pa\cdot s$，比纯金属的粘度高三个数量级。强的液体行为表明过冷液相区高的粘度和钝化的动力学行为，从而阻碍了稳定晶核的形成。在热力学上有利于生长的晶态相由于原子运动的受阻而被抑制。过冷液相区形核和生长的困难使得非晶转变成为可能，而且这种抑制作用越强，合金的非晶形成能力越强。图 7-15 所示为过冷液体相变的等温转变示意图，可以看到，在曲线的"鼻尖"处，传统非晶合金过冷液体区晶化的开始时间为 $10^{-4}\sim10^{-3}s$，对于块体非晶合金体系，曲线的鼻尖处的时间为 $100\sim1000s$。形成非晶合金的临界冷却速率 R_c 可以估算为

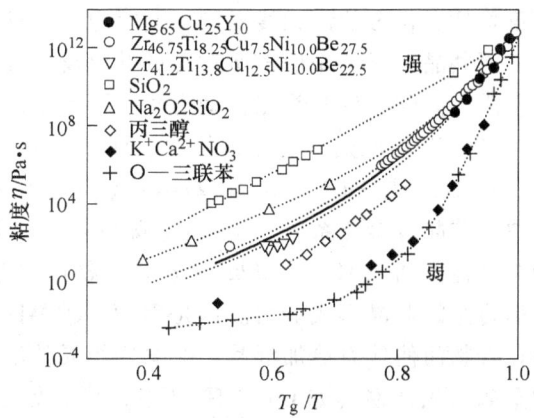

图 7-14 不同非晶材料在过冷液相区内的粘度比较

$$R_c = \frac{T_m - T_n}{t_n} \quad (7-11)$$

式中，T_m 为合金的熔点；T_n、t_n 分别为等温转变图鼻尖对应的温度和时间。

Barandiaran 等人[19]基于 Johnson-Mehl-Avrami（J-M-A）方程，提出了非晶转变临界冷却速率 R_c 的计算方法

$$\ln R_t = \ln R_c - \frac{b}{(T_L - T_m)^2} \quad (7-12)$$

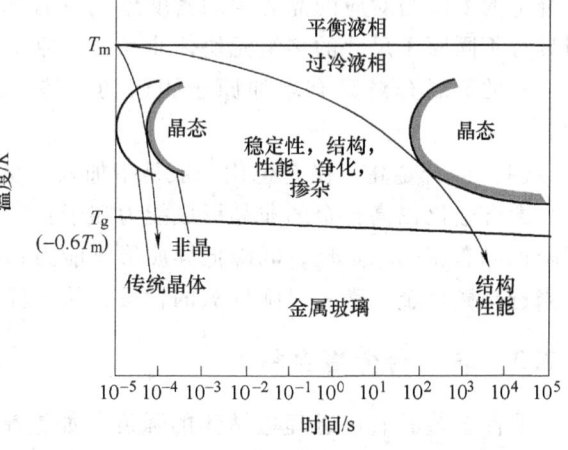

图 7-15 过冷液体相变 TTT 曲线示意图

式中，T_L 和 T_m 分别为合金凝固开始温度和凝固结束温度；b 为常数，与合金成分和热分析过程有关；R_t 为加热或冷却设定速率。可见，对于某一非晶合金，通过 DSC 设定不同的加热速率 R_t，可获得不同大小的 T_L 和 T_m 数值。对纵坐标 $\ln R_t$ 和横坐标 $1/(T_L - T_m)^2$ 进行作图，其直线与横坐标的截距便为 $\ln R_c$。

7.2.2 多组元块体的非晶合金设计

块体非晶合金合成的关键在于多组元合金的成分设计，因此各种合金成分设计原则不断提出，最有代表性的是 Inoue 三条经验规律[10]，为非晶合金的成分设计提供了依据。但是，所提出的设计原则缺少对合金成分的确定方法，因此，发展块体非晶合金主要还是依靠"试错法"，使非晶合金的研发工作变得枯燥无趣。Fan 等人[20]根据形核和液态金属的稳定性提出了四步骤合金化方法，即深共晶点、互溶原则、原子尺寸和热力学效应、微合金化。

（1）深共晶点 所有二元和三元非晶形成合金在相图上均表现为深共晶点，深共晶点

不仅降低了合金的液相线温度，同时也使玻璃转变温度降低，因此约化玻璃温度会提高。另外，深共晶点晶态相形核所对应的共晶反应要求成分的再分配和原子的互换，涉及原子的长程扩散，因此，深共晶点在动力学上不利于晶体的析出。

（2）互溶原则　与深共晶点一样，互溶原则被证明是有效改善非晶形成能力的有效手段。例如，在 Pd-Ni-Cu-P、Zr-Al-Ni-Cu、Mg-Ni-Cu-Y、Nd-Fe-Co-Al、Y-Sc-TM、Fe-Mn-TM 等块体非晶合金体系中，Ni-Cu（或 Pd-Cu）、Fe-Co、Y-Sc 和 Fe-Mn 等在二元相图上均表现为互溶性。加入10% ~ 20%（质量分数）与基体金属具有互溶性的其他金属被证明能有效提高合金的非晶形成能力。这是因为：①第四组元的加入由于与基体的互溶性不能产生金属间化合物而使体系更加混乱；②第四组元的溶解度（如 Pd-Ni-Cu-P 中的 Cu 组元）在已存在的金属间化合物（如 Cu 在 Ni_2P 中）中，处于溶解度边缘，同时液态金属容纳第四组元使金属间化合物的析出受到阻碍，从而提高了非晶形成能力；③第四组元降低液相线温度，提高约化玻璃转变温度；④当晶体中的固溶度增加到某一临界值时，由于局域原子应变的增加，在热力学上，非晶态变得更加稳定。

（3）原子尺寸和热力学效应　多组元变化的原子尺寸有利于原子的堆积密度提高，导致熔体粘度提高和强的熔体行为，其结果是合金晶化的动力学行为变得迟钝。多组元块体非晶合金的密度与对应的晶态相的密度差别只有0.4%，远低于二元非晶合金2%的差别，说明具有不同原子尺寸的多组元块体非晶合金原子间存在高的原子堆积密度。从热力学观点上看，大的负混合焓具有增加原子团簇的趋势，从而导致原子扩散困难，提高液体的稳定性。

（4）微合金化　微合金化一般是指加入质量分数小于2%的其他组元所进行的合金化方法。微合金化提高合金的非晶形成能力在于：①提高原子的堆积密度，提高液体的稳定性；②降低晶态相的稳定性；③降低异质形核能力；④对于锆基等易与氧反应的合金体系，通过适当选择微合金元素，可降低氧的含量，从而提高非晶形成能力。

7.2.3　非晶合金复合材料

非晶合金具有接近理想晶体的强度，如锆基合金的强度在2000MPa以上，镁基非晶合金的强度大于800MPa。但是，非晶合金的断后伸长率几乎为零，这使得非晶合金的应用受到限制。非晶基体中的第二相能够阻碍单一剪切带的过渡发展，诱发多重剪切带的产生，可以提高材料的塑性应变。同时，非晶合金具有较低的熔点和很强的抗异质形核能力，是良好的金属基复合材料的基体合金。这类复合材料采用将第二相引入非晶合金基体中，或熔融合金在凝固时原位析出纳米晶、准晶、枝状晶等[21]的方式，形成非晶复合材料，它们都能与块体金属玻璃基体较好地结合，从而获得所需提高的性能。

目前，非晶复合材料按照增强（韧）相的引入方式分为内生相（原位合成）非晶复合材料和外加相（异位合成）非晶复合材料。原位合成方法包括非晶晶化法、急冷铸造法、原位反应法和液相分离法；异位合成法主要是外加法[22]。

（1）非晶晶化法　非晶合金是一种亚稳态结构，在加热过程中有向晶态转化的趋势。利用这种特性，选择合理的退火工艺可获得尺度为几十纳米的颗粒均匀分布于非晶基体的复合结构。这种复合结构在载荷作用下，由于纳米粒子与基体间力学性能的差异以及其界面结合的良好性，有利于多重剪切带的产生，从而使材料具有一定的塑性。

（2）急冷铸造法　通过合理的成分设计和凝固控制，合金熔体在凝固过程中首先析出初生相，剩下的熔体具有高的玻璃形成能力，可以在随后的冷却过程中冻结成非晶态结构，从而形成初生相分布于非晶基体的复合结构。这类初生相通常为颗粒状和枝晶状，尺度从几十纳米到上百微米。例如，$Zr_{62}Cu_{15.4}Ni_{12.6}Al_{10}$铸态纳米晶非晶复合合金，其非晶基体上镶嵌着尺寸为2~10nm的纳米晶。

（3）原位反应法　陶瓷颗粒一直都是复合材料增强相的最佳选择之一，为了在非晶基体中引入陶瓷颗粒，通常可以选择原位反应法。在合金中加入非金属元素或化合物，如B、C和SiC等，利用这些非金属元素与合金中金属元素的强亲和作用，生成高熔点的陶瓷颗粒，可以获得均匀的颗粒增强型复合材料。

（4）液相分离法　在晶态材料中，通过合成两相或多相复合的结构，利用不同相间性能的差异可以有效地改变裂纹的扩展方式，以改善材料的力学性能。同样的方法也适用于非晶合金。如果组成的非晶相力学性能有一定差异，其中一相为软相，另外一相为硬相，那么在受力过程中，剪切带通常在软相中先萌生，而硬相将阻碍剪切带的扩展，从而使合金具有优异的力学性能。两相非晶或多相非晶复合结构的制备对合金熔体有特定的要求，即合金熔体在高温下具有难混溶间隙。具有难混溶间隙的合金熔体在高温下具有相分离的特性，在快速凝固条件下熔体结构被快速冻结，从而获得两相非晶或多相非晶复合结构。为了获得具有难混溶间隙的合金熔体，通常在非晶合金中引入一种与主要组元相比具有大的正混合熔的组元。具有正混合熔的组元之间相互排斥，使熔体出现两相分离。在Ni-Nb合金中引入Y，在Zr-Ni-Cu-Al合金中引入稀土元素La、Gd和Y等，均可获得纳米或微米尺度的两相非晶结构。

（5）外加相法　外加相法又称为异位合成非晶复合材料法，主要通过液相浸渗法和粉末冶金工艺实现。液相浸渗法是在液相线以上温度保温，使熔体和外加相充分混合后快速冷却。例如，可以将第二相W、Nb、Mo等韧性金属粉末，耐高温的WC、SiC陶瓷颗粒以及碳纤维、钨丝等直接引入金属非晶中，获得颗粒或纤维强化的金属非晶复合材料，可显著改善单一玻璃态组织的金属非晶各项性能，特别是可有效地提高金属非晶的韧性和塑性，使其综合性能指标更加优异。粉末冶金工艺要求先通过雾化或机械合金化制备非晶粉，然后将非晶粉和第二相颗粒均匀混合后在过冷液相区进行热挤压获以得块体材料，如铜增韧镍基非晶复合材料。热挤压非晶基复合材料存在一定的空隙率，其密度较低，强度也低于从熔体快速冷却所获得的材料。目前，通常采用的是将粉末冶金工艺和液相工艺相结合的方法，即先将金属（W、Nb、Ta、Mo等）颗粒或陶瓷颗粒（SiC、ZrC、TiC、TiB、WC及金属氧化物等）和基体合金制备成预制坯，然后将预制坯感应加热至熔化再进行铜模浇注，制备颗粒增强非晶基复合材料。

连接基体和增强相的界面是复合材料能否获得优异性能的决定因素之一。复合相的选择和制备过程的控制对于设计合适的界面结构尤为重要。对于非晶基复合材料而言，复合相的化学稳定性和与基体材料的相容性非常重要，因为这将严重影响基体的非晶形成能力。通过大量的合金熔体与不同基片之间的润湿实验，可为选择增强相、基体以及合理的制备工艺制订提供理论基础。

图7-16所示为几种外加相非晶合金复合材料的组织及增强相与基体的界面[8,23,24]。

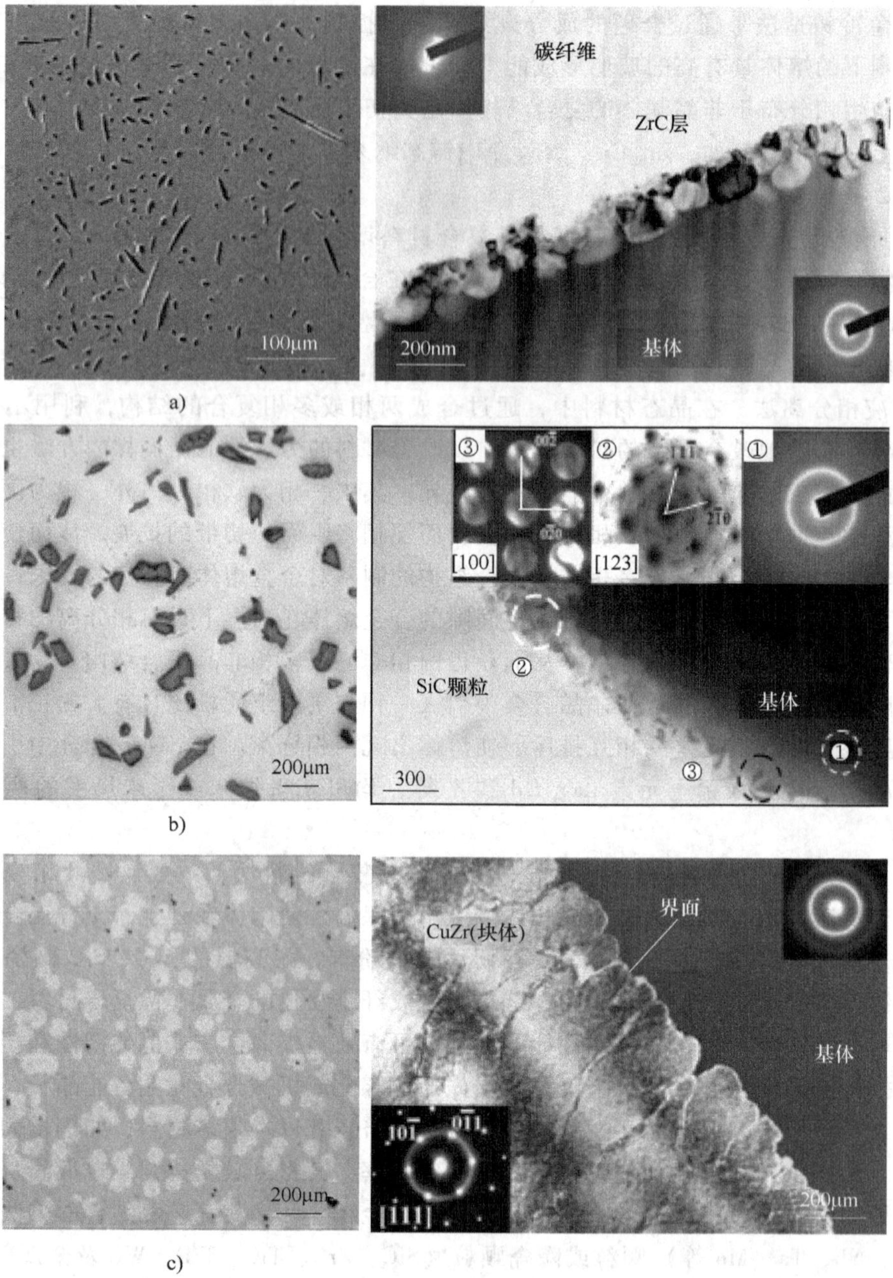

图 7-16 非晶合金复合材料组织及界面微观形态[8-23,24]

a) 碳短纤维　b) SiC 颗粒（右图中的序号代表斑点及对应的检测位置）　c) 原位 CuZr 相块体

7.2.4 块体非晶合金的性能及应用

大块非晶合金与晶态合金相比具有更为优异的性能，主要体现在力学性能、化学性能以及磁学性能等方面。

块体非晶合金是通过抑制合金熔体的形核和长大，保持液态的长程无序结构，从而获得具有类似玻璃结构的合金材料。因而，块体非晶是兼有液体和固体、金属和玻璃特征的材料。由于具有"冻结"的液态结构，没有晶态材料的长程有序，因而不存在影响合金性能的空位、位错、层错、晶界、第二相等缺陷，也就不会因为位错的运动而产生滑移，加上非晶合金中原子间的键合比一般晶态合金强很多，因此某些材料具有极高的强度等优异的力学性能，如高的硬度、抗弯强度、良好的耐磨性和断裂韧度等。图 7-17 所示为几种典型大块非晶和晶态合金的力学性能对比。可以看出，大块非晶合金具有比晶态合金更高的抗拉强度和弹性模量。

由于块体非晶合金不存在晶界、沉淀相相界、位错等容易引起局部腐蚀的部位，同时也不存在晶态合金容易出现的成分偏析，所以非晶合金在结构和成分上都比晶态合金更均匀，因而具有更高的耐蚀性。锆基非晶合金的耐蚀性是不锈钢的 100 倍，有"超不锈钢"的美誉。锆基铸态非晶合金在水中也具有良好的耐蚀性，但随着水温的升高，其耐蚀性有所下降，这主要是由于在室温时，非晶合金表面形成一层致密的保护膜，而随着水温的升高保护膜越来越厚并形成多孔结构[26]。

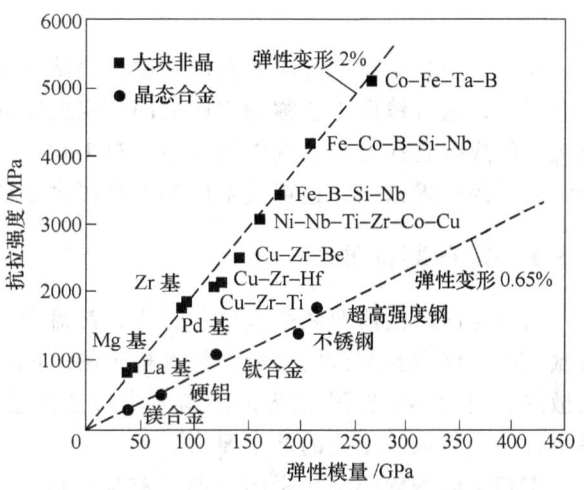

图 7-17 典型大块非晶和晶态合金的力学性能[25]

块体非晶还具有优异的磁学性能，因为块体非晶中不存在磁晶粒各向异性，通常也没有沉淀相粒子等对磁畴壁的钉扎作用，所以具有优异的软磁性能，对其进行一定的热处理可在非晶基体中获得弥散纳米晶微粒，进一步改善其软磁性能。块体非晶合金晶化后获得的纳米晶软磁材料 Fe-M-B（M = Zr、Hf、Nb）具有高的磁感应强度和磁导率，这是以往的软磁材料所难以企及的。近年来开发出的 Nd-Fe-Al 块体金属玻璃在室温下呈现出高的硬磁性，其矫顽力最高可达到约 330kA/m[27]，并且在晶化前没有出现明显的玻璃转变和过冷液相区。例如，$Nd_{70}Al_{10}Fe_{20}$ 的铁磁性居里温度大约为 600K，比二元 Nd-Fe 非晶合金薄膜的 480K 高了许多，$Nd_{70}Al_{10}Fe_{20}$ 块体金属玻璃的剩磁和矫顽力分别为 0.122T 和 277kA/m。Nd-Fe-B 非晶合金经部分晶化处理后（14~50nm 尺寸晶粒）达到目前永磁合金的最高磁能积值，是重要的永磁材料。

非晶因其独特的组织结构和优异的性能具有广阔的应用前景，目前，非晶主要用作模具材料、切削工具材料、电极材料、耐蚀材料、储氢材料、运动器材材料、软磁材料等。

锆基非晶合金材料有着广泛的实际应用[26]，用锆钨非晶/晶体复合材料做成的穿甲弹头可以达到很高的密度、强度和模量，弹头有白锐效应，环境相容性好，是制造穿甲弹的绿色材料。美国宇航局在 2001 年发射的"起源号"宇宙飞船上安装了用 ZrCuAlNi 块体非晶合金制成的太阳风搜集器。由于锆基块体非晶合金在过冷温度区间内具有良好的超塑性流变特性，可以直接做出高精度形状复杂的微小部件。在日本，锆基块体非晶合金已用于制备高精密齿轮和轴承。

非晶合金还是性能优异的功能材料，具有代表性的是稀土基非晶合金[26]。最早得到应用的是非晶态稀土（过渡族金属），它们具有高的记录密度以及成本比常用的石榴石单晶薄

213

膜低等优点，可以用于磁光盘记录材料。例如，非晶态 TbFeCo 薄膜作为红外线磁光记录材料已得到商业应用。在磁致冷方面，非晶态 GdNiAl 合金在低温下也有大的磁热效应，表明稀土基非晶态合金可以作为潜在的磁致冷材料得以应用。此外，非晶态（$Tb_{0.27}Dy_{0.73}$）Fe_1Co_2 薄膜具有大的磁致伸缩特性，在微系统制动器上具有潜在的应用价值。

7.3 定向凝固

在型壳中建立特定方向的温度梯度，使熔融金属沿着与热流相反的方向按照要求的结晶取向凝固，这种铸造工艺称为定向凝固。定向凝固技术主要用于制备定向柱状晶和单晶，其最突出的成就是在航空工业中的应用。自 1965 年美国普拉特·惠特尼航空公司采用高温合金定向凝固技术以来，这项技术已经在许多国家得到应用。

7.3.1 定向凝固原理

实现定向凝固需要两个条件：首先，热流向单一方向流动并垂直于生长中的固-液界面；其次，在晶体生长前方的熔液中没有稳定的结晶核心。为此，在工艺上必须采取措施避免侧向散热，同时在靠近固-液界面的熔液中应造成较大的温度梯度，这是保证非定向柱晶和单晶生长停止、取向正确的基本要素。

实现定向凝固应满足凝固界面具有稳定的定向生长要求，抑制固-液界面前方可能出现的较大成分过冷区，而导致自由晶粒的产生。根据成分过冷理论（见第 4 章），固-液界面要以单向的平面生长方式进行长大时，需要保证 G_L/R 足够大（G_L 为晶体生长前沿液相的温度梯度，R 为界面的生长速度），这就需要通过以下几个基本工艺措施来保证：①严格的单向散热，要使凝固系统始终处于柱状晶生长方向的正温度梯度作用之下，并且要绝对阻止侧向散热，以避免界面前方型壁及其附近的形核和长大；②要减小熔体的异质形核能力以避免界面前方的形核现象，即要提高熔体的纯净度；③要避免液态金属的对流、搅动和振动，以阻止界面前方的晶粒游离。对于晶粒密度大于液态金属的合金，避免自然对流的最好方法就是自下而上地进行单向结晶。

7.3.2 定向凝固工艺

根据成分过冷理论，要使合金定向凝固后得到平面凝固组织，主要取决于合金的性质和工艺参数的选择。前者包括溶质浓度、液相线斜率和溶质在液相中的扩散参数；后者包括温度梯度、凝固速率。如果在合金成分确定的前提下，则靠工艺参数的选择来控制凝固组织，其中固-液界面液相一侧的温度梯度是关键，所以，提高温度梯度是发展定向凝固工艺的核心问题。可以说，定向凝固技术的发展历史是不断提高设备温度梯度的历史。大的温度梯度一方面可以得到理想的合金组织和性能，另一方面又可以允许加快凝固速率，提高设备的产出率。

定向凝固的工艺方法主要有两大类：一类是炉外结晶法；另一类是炉内单相凝固法。

图 7-18 所示为炉外单向凝固方法示意图。将铸型加热到高温后迅速取出放置在激冷板上（水冷铜板），立即进行浇注，在冒口上方盖以发热剂，以便在金属液和已凝固金属中建立起一个温度单向由高至低的温度场，使铸件自下而上进行结晶，实现单向凝固。这种方法

由于所能获得的温度梯度不大,并且很难控制,致使凝固组织粗大、铸件性能差,因此,该法不适于大型及优质铸件的生产,但其工艺简单、成本低,可用于制造小批量零件。

炉内单向凝固方法包括功率降低法(PD 法)、高速凝固法(HRS 法)和液态金属冷却法(LMC 法)。该类方法是使铸件在加热器内浇注和冷却,可以调节炉内温度梯度并对结晶过程加以程度不同的控制,因此可以获得较高质量的复杂铸件。

图 7-19 所示为功率降低法装置示意图,其工艺过程为:将保温炉的加热器分成几组,保温炉是分段加热的,将熔融的金属液置于保温炉后,在从底部对铸件冷却的同时,自下而上顺序关闭加热器,金属则自下而上逐渐凝固,从而在铸件中实现定向凝固。通过选择合适的加热器件,可以获得较大的冷却速度,但是在凝固过程中温度梯度是逐渐减小的,致使所能允许获得的柱状晶区较短,且组织也不够理想,加之设备相对复杂,且能耗大,限制了该方法的应用。

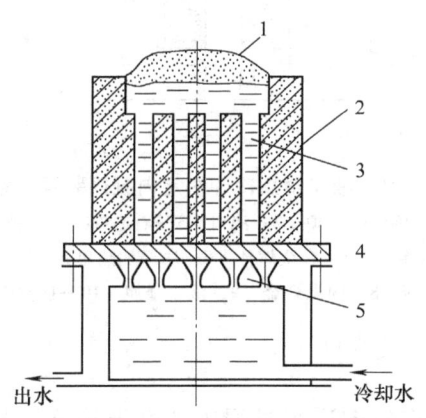

图 7-18 炉外单向凝固方法示意图
1—发热剂 2—铸型 3—金属熔体
4—铜板 5—铸件

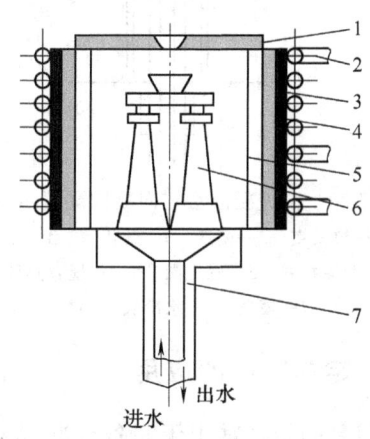

图 7-19 功率降低法装置示意图
1—保温盖 2—感应线圈 3—玻璃布 4—保温层
5—石墨套 6—模壳 7—结晶器

高速凝固法是在功率降低法的基础上发展起来,如图 7-20 所示,它与功率降低法的主要区别是:铸型加热器始终加热,凝固时铸件与加热器之间产生相对移动,另外,在热区底部使用辐射挡板和水冷套,在挡板附近产生较大的温度梯度。这种方法可以大大缩小凝固前沿的两相区,使局部冷却速度增大,有利于细化组织、提高力学性能。由于这种方法避免了炉膛的影响且有利于空气冷却,因而所获得的柱状晶间距变小,组织较均匀,提高了铸件的性能,在生产中有一定的应用。

为了获得更高的温度梯度和生长速度,在高速凝固法的基础上,将抽拉出的铸件部分浸入具有高热导率的高沸点、低熔点、热容量大的液态金属中,形成了一种新的定向凝固技术,即液态金属冷却法(LMC 法)。这种方法提高了铸件的冷却速度和固液界面的温度梯度,而且在较大的生长速度范围内可使界面前沿的温度保持稳定,结晶在相对稳态下进行,能得到比较长的单向柱晶。液态金属冷却法的装置如图 7-21 所示,常用的液态金属有 Ga-In 合金和 Ga-In-Sn 合金,以及锡液。前两者的熔点低,但价格昂贵,因此只适于在实验室条件下使用;锡液的熔点稍高(232℃),但由于价格相对比较便宜,冷却效果也比较好,因而适于工业应用。该方法已用于航空发动机叶片的生产。

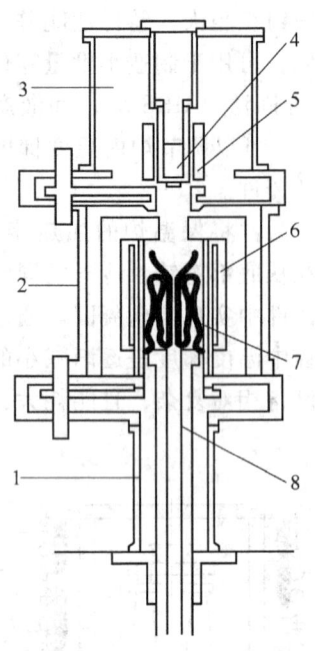 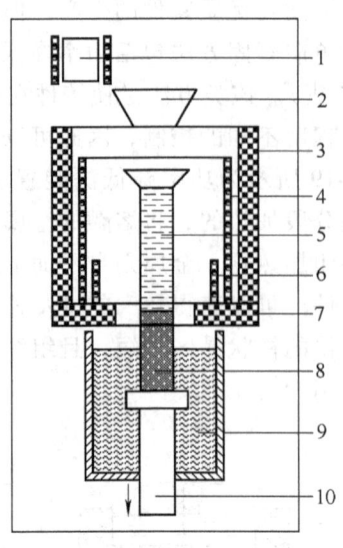

图 7-20　高速凝固法定向凝固装置示意图
1—拉模室　2—模室　3—熔化室　4—坩埚和原材料　5—感应圈　6—石墨发热体　7—模壳　8—水冷底座和杆

图 7-21　液态金属冷却法定向凝固装置示意图
1—感应熔化炉　2—浇口　3—隔热罩　4—顶部加热单元　5—合金熔体　6—底部加热单元　7—隔热板　8—固态合金　9—液态金属　10—抽拉机构

7.3.3　定向凝固的应用

定向凝固技术常用于制备柱状晶和单晶。合金在定向凝固过程中，由于晶粒的竞争生长，形成了平行于抽拉方向的结构。最初产生的晶体其取向呈任意分布，其中取向平行于凝固方向的晶体凝固较快，而其他取向的晶体最后都消失，如图 7-22 所示。因此，存在一个凝固的初始阶段，在这个阶段柱状晶密度大，随着晶体的生长，柱状晶密度趋于稳定。因此，任何定向凝固铸件都有必要设置可以切去的结晶起始区，以便在零件本体开始凝固前就建立起所需的晶体取向结构。若在铸型中设置晶粒选择器，当凝固进入到铸件后，仅在铸件上部选择了一个单晶体继续凝固，就可以制得单晶零件，如涡轮叶片等。

1. 柱状晶的制备

柱状晶包括柱状树枝晶和胞状柱状晶。通常采用定向凝固工艺，使晶体有控制地向着与热流方向相反的方向生长，以减少偏析、疏松等，形成取向平行于主应力轴的晶粒。通过此工艺基本上消除了垂直应力轴的横向晶界，使合金的高温强度、蠕变强度和热疲劳性能均有大幅度的改善。

获得定向凝固柱状晶的基本条件是合金凝固时热流方向必须是定向的。在固-液界面前沿应有足够高的温度梯度，避免在凝固界面前沿出现成分过冷或外来核心，使柱状晶横向生长受到限制。另外，还应该保证定向散热，绝对避免在侧面型壁上形核与长大，长出横向新晶体。因此，要尽量抑制液态合金的形核能力。提高液态合金的纯洁度，减少氧化、吸气所形成的杂质污染是抑制形核能力的有效措施。另外，还可以通过添加适当的其他元素或添加物，使形核剂失效。

2. 单晶制备

定向凝固是制备单晶体最有效的方法。为了得到高质量的单晶体，首先要在金属熔体中形成一个单晶核，而后在晶核和熔体界面上不断生长出单晶体。20 世纪 60 年代初，美国普拉特·惠特尼公司用定向凝固高温合金制造航空发动机单晶涡轮叶片，与定向柱状晶相比，在使用温度、耐热疲劳强度、蠕变强度和耐热腐蚀性等方面都具有更为良好的性能。图 7-23 所示为定向凝固单晶高温合金叶片。

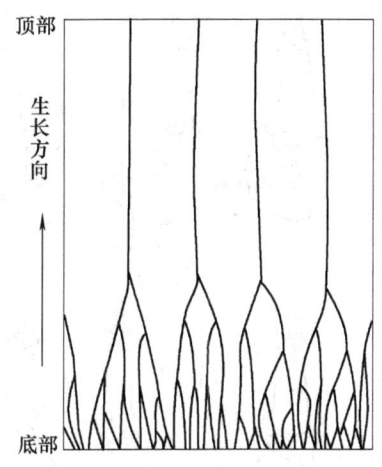

图 7-22　定向凝固晶粒组织沿长度方向的变化示意图

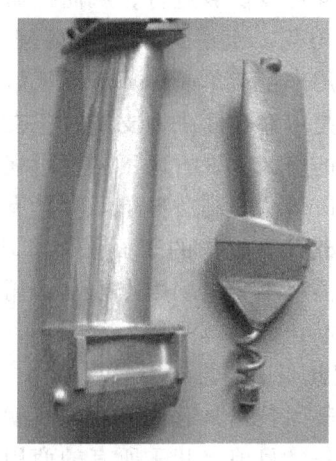

图 7-23　定向凝固单晶高温合金叶片

制备单晶时，获得单个晶粒的方法有籽晶法及应用选晶器法。图 7-24 所示为籽晶法及应用选晶器单晶铸件制备工艺过程示意图。除了保证获得一个单晶核外，单晶生长过程的控制也十分关键。根据熔区的特点，单晶生长的方法可以分为正常凝固法和区熔法。

（1）正常凝固法　正常凝固法制备单晶最常用的有坩埚移动、炉体移动及晶体提拉等定向凝固方法。

坩埚移动或炉体移动定向凝固法的凝固过程都是由坩埚的一端开始，坩埚可以垂直放置在炉内，熔体自下而上凝固或自上而下凝固，也可以水平放置。最常用的是将尖底坩埚垂直沿炉体逐渐下降，单晶体从尖底部位缓慢向上生长；也可以将籽晶放在坩埚底部，当坩埚向下移动时，籽晶处开始结晶，随着固液界面移动，单晶不断长大。这类方法的主要缺点是晶体和坩埚壁接触，容易产生应力或寄生成核，因此，在生产高完整性的单晶时很少采用。

晶体提拉是一种常用的晶体生长方法，它能在较短时间里生长出大而无错位的晶体。将欲生长的材料放在坩埚里熔化，然后将籽晶插入熔体中，在适当的温度下，籽晶既不熔掉，也不长大，然后缓慢向上提拉和转动晶杆，旋转一方面是为了获得好的晶体热对称性，另一方面也搅拌熔体。采用这种方法生长高质量的晶体，要求提拉和旋转速度平稳，熔体温度控制精确。单晶体的直径取决于熔体温度和拉速，减少功率和降低拉速，晶体直径增大，反之直径减小。提拉法的主要优点是：①在生长过程中可以方便地观察晶体的生长状况；②晶体在熔体的自由表面处生长，而不与坩埚接触，可显著减少晶体的应力，并防止坩埚壁上的寄生成核；③能以较快的速度生长，可以获得具有低位错密度和高完整性的单晶，而且单晶直径可以控制。

(2) 区熔法 区熔法可分为水平区熔法和悬浮区熔法。水平区熔法制备单晶是将材料置于水平舟内，通过加热器加热，首先在舟端放置的籽晶和多晶材料间产生熔区，然后以一定的速度移动熔区，使熔区从一端移至另一端，将多晶材料变为单晶体。该法的优点是减少了坩埚对熔体的污染，降低了加热功率；另外区熔过程可以反复进行，从而提高了晶体的纯度或使掺杂均匀化。水平区熔法主要用于材料的物理提纯，也可用来生产单晶体。悬浮区熔法是一种垂直区熔法，它是依靠表面张力支持着正在生长的单晶和多相棒之间的熔区，该方法不需要坩埚，避免了坩埚污染。悬浮区熔法在制备硅单晶时具有很大优势，这是由于熔融硅具有较大的表面张力和小的密度。此外，由于加热温度不受坩埚熔点限制，用该方法可制备熔点高的单晶，如钨单晶等。

3. 定向凝固高温合金

定向凝固技术具有代表性的成就是燃气轮机叶片材料的制备。目前，几乎所有的商用和军用先进发动机均使用定向凝固法单晶涡轮和导向叶片。为了保证发挥材料的性能潜力，要求叶片材料的凝固组织具有择优生长的<001>晶向与轴向热流方向一致，同时具有细化的凝固组织及低的枝晶偏析，并尽可能不出现凝固缺陷和有害相。提高定向凝固过程中固-液界

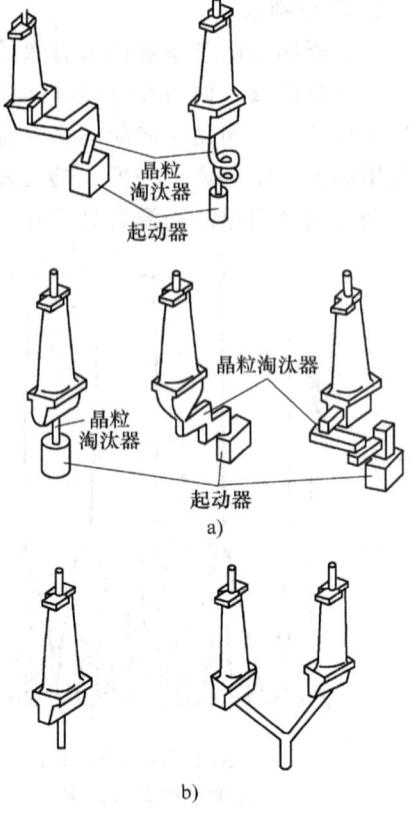

图 7-24 单晶体铸件制备工艺示意图
a) 各种选晶法示意图 b) 籽晶法示意图

面前沿的温度梯度并很好地控制界面位置，是实现上述两个目标的重要途径。高温度梯度定向凝固可以允许在更高的生长速率下实现定向凝固，因而还极大地提高了叶片制备的效率。目前，制备叶片主要采用传统的高速凝固法（HRS），它具有设备结构简单、工艺稳定等优点，特别适合制备航空发动机叶片等小型铸件。

图 7-25 所示为采用选晶法制备的[001]取向单晶镍基合金横、纵截面的枝晶形貌。可以看出，在横截面处呈现整齐的+字花样，+字花样生长的二次枝晶方向分别为[100]和[010][28]。

定向凝固组织尺度的变化主要依赖于定向凝固的温度梯度和凝固速率，当温度梯度一定时，单晶制备过程中施加的抽拉速度（生长速度）对单晶组织影响十分突出。图 7-26 所示为利用双区电阻加热（LMC）定向凝固方法，在温度梯度为 238K/cm 的条件下，采用不同抽拉速度获得的一种含 Re 的实验单晶高温合金的凝固组织[29]。从图 7-26 中可以看出，在 2～500μm/s 的抽拉速度范围内，随着抽拉速度的增加，分别得到了平界面、胞状、粗枝晶、细枝晶的凝固组织；同时，随着抽拉速度的增加，枝晶也越来越细小。

定向凝固单晶高温合金在不同组织尺度下表现出的性能有很大差异，通过提高温度梯度可以大幅度提高单晶高温合金的性能。图 7-27 所示为在低温度梯度和高温度梯度下定向凝固的 Mar-M246 单晶高温合金的蠕变曲线[29]，从图中可以看出，高温度梯度下定向凝固的单

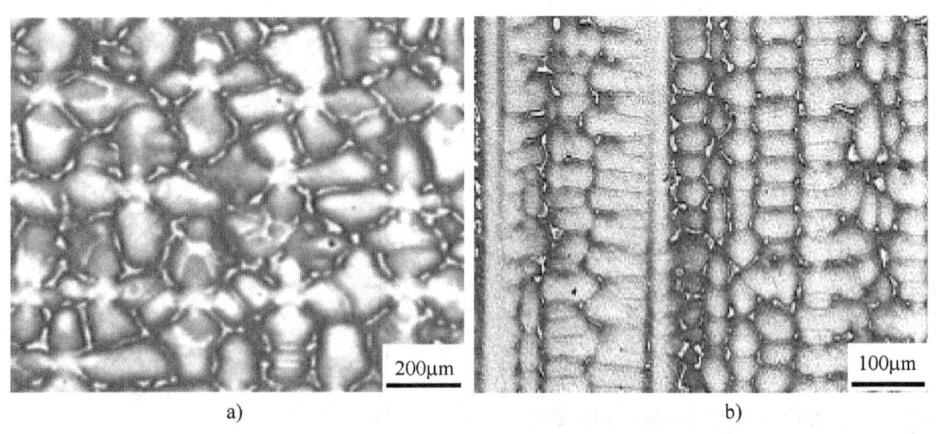

图 7-25　铸态单晶高温合金的枝晶形貌[28]
a）横截面　b）纵截面

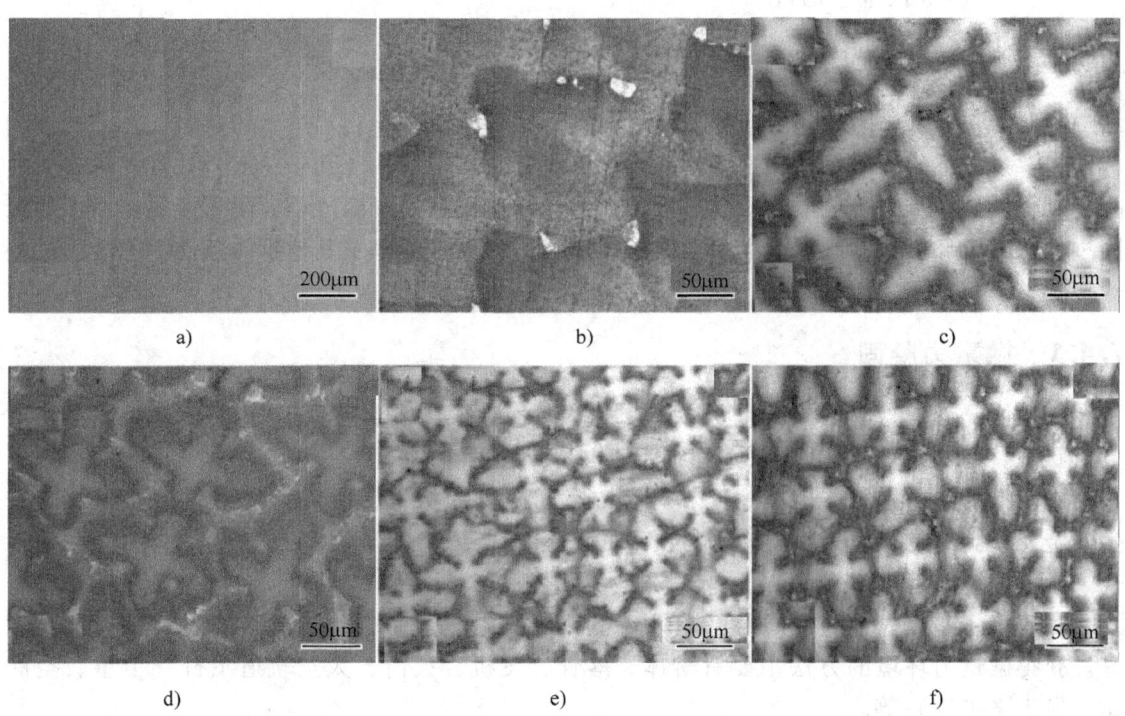

图 7-26　含 Re 单晶高温合金在不同抽拉速度下的凝固组织横截面枝晶形貌
（温度梯度约为 238K/cm）[29]
a）2μm/s　b）10μm/s　c）50μm/s　d）100μm/s　e）200μm/s　f）500μm/s

晶高温合金的蠕变性能得到明显提高。当温度梯度提高约三倍时，持久寿命从约 800h 提高到约 1400h。图 7-28 所示为在不同温度梯度下定向凝固的 CMSX-2 单晶高温合金的疲劳特性[29]，可以看出，高温度梯度下合金的疲劳性能更加优异。

虽然高温度梯度定向凝固可以显著提高合金的持久性能和疲劳寿命，但过快的凝固速率导致柱状晶生长偏离 <001> 取向，由此引起持久强度的下降。因此，根据温度梯度的大小，控制适当的凝固速率，才能获得最佳的力学性能。

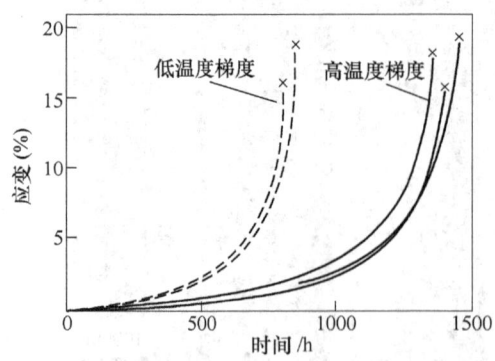

图 7-27 低温度梯度（40℃/cm）和高温度梯度（130℃/cm）定向凝固 Mar-M246 合金的蠕变曲线（150MN/m², 850℃）[29]

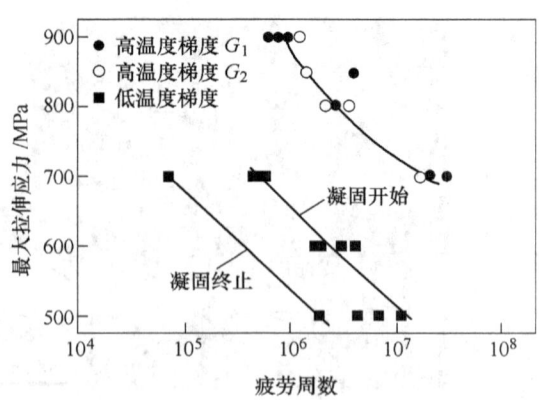

图 7-28 在不同温度梯度下定向凝固的 CMSX-2 合金的疲劳特性[29]

7.4 超常条件下的凝固

超常条件下的凝固是指在某些特殊条件下或特殊环境下，区别于一般公认常规条件下的凝固过程，如微重力环境下的凝固过程、强电脉冲作用下的凝固过程、超重力场作用下的凝固过程、高压环境下的凝固过程、电磁场作用下的凝固过程以及其他特殊条件下的凝固过程等。

7.4.1 微重力凝固

一般情况下，当物体的加速度与重力加速度之比小于1甚至等于零时，物体处于微重或失重状态。在这种条件下，金属发生凝固时，其凝固特性将不同于普通重力条件下的凝固，进而影响凝固后的组织与性能。随着对宇宙空间研究的深入，微重力（或失重）条件下产生的金属凝固新特征也为凝固理论与技术的发展提供了新的领域。

1. 微重力环境的获得

利用落体系统人为制造局部微重力环境，对研究微重力条件下材料的凝固具有重要意义。获得微重力环境的方法主要有落体、落管、飞机、火箭、太空轨道飞行（卫星、空间站、航天飞机等）等。

落塔是地球上使用的落体系统，落体为多种舱体，在下落过程中舱内产生微重力环境，其特点是参数可调、舱体大、可多次重复试验并有相对低的试验成本。

用竖立的管道代替落塔塔体的装置称为落管。试验样品经管道下落，试验结束后设施可以回收，其特点是不用笨重舱体、可实现无容器加工、样品小、能产生并维持真空而使样品不受污染和氧化以及能屏蔽光干扰等。落管一般可以实现几秒钟量级的自由落体时间，可以每天反复进行多次试验。美国国家航天局 Lewis 研究中心的落管高达 145m，自由落体时间为 5.15s。

飞机取得尽可能大的上升角度的初速度后，保持水平速度为常数，竖直速度为零，即可飞出抛物线径迹，这时机舱内可获得微重力场。一般单次可以提供 15~60s 的自由下落时间，短时内获得 10^{-3}g 的重力加速度。此方法的优点是研究人员可以亲自参加试验。

探空火箭在 90km 以上高空飞行，空气阻力足够小，残余重力加速度小于 10^{-4}g，并能获得几分钟量级的自由落体时间，如美国空间加工应用火箭（SPAR）的自由下落时间为 760s，德国 TEXUS 火箭的为 360s。

绕地球作轨道飞行的航天器，如空间实验室是研究微重力的重要工具，可获得长时间的失重环境。

2. 微重力条件下合金的凝固特点

在微重力场下液态金属具有以下特点：①液态金属由于重力引起的对流几乎消失；②液态金属中由于不同物质密度差引起的下沉、上浮以及成分偏析现象几乎消失；③液体表面张力和润湿作用变得突出；④可在高真空条件下凝固，在距地球表面 500km 的太空轨道飞行器上，真空度可达到 133.32×10^{-8}Pa，在如此高的真空度下可排除金属材料中的气体，制取高纯材料；⑤可在液态急冷条件下凝固；⑥在地球上熔化活性金属和高熔点金属时，坩埚材料和周围空气一直是很难解决的问题，而在微重力场中，熔体能够被浮起，不需要使用坩埚，就不用担心坩埚材料问题，也不必担心杂质由坩埚混入。在太空形成的微重力场中，高真空使得空气的影响不复存在，即使活性再大、熔点再高的金属也容易熔化。

在微重力环境下，由重力引起的对流被抑制，扩散及界面张力的作用突出，这些作用对金属的凝固过程及组织势必产生影响。在重力为零的条件下，自然对流理应全部消失，但由于表面张力在液体界面的作用，引起表面张力梯度，在表面张力梯度超过粘滞力时，液体仍然要产生热毛细管对流，这一对流现象称为 Marangoni 对流，是一种与重力无关的自然对流。在具有自由表面的液体中，沿液体表面存在表面张力梯度，就会发生 Marangoni 对流，不需要克服激活势垒，很小的温度梯度就足以使之开始流动。

图 7-29 所示为在重力场和微重力场下，Al-Cu 合金定向凝固的实验结果。实验结果表明，在微重力条件下，基本可以获得纯扩散凝固条件，较好地抑制了沿凝固方向的成分偏析。

在微重力条件下可以容易地实现无容器熔炼，只要很小的功率输入就可悬浮一个大试样，能够更好地控制熔化和过冷过程，消除容器壁造成的异质形核，创造大的过冷度环境，实现大块材料的快速凝固。

3. 微重力凝固在材料制备中的应用

利用微重力凝固特点不但可以开发材料制备的新技术，而且能使一些在地面条件下的材料制备技术得到更有效的发挥。

（1）非晶微晶材料　在微重力条件下，可以实现无容器的悬浮熔炼，消除坩埚壁对金属的污染，避免非均质形核，实现深过冷，获得非晶、微晶材料。

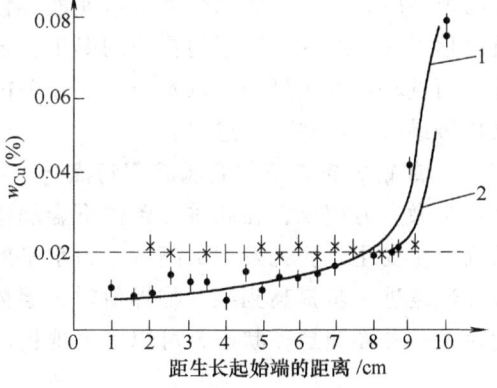

图 7-29　Al-Cu 合金中铜的轴向偏析分布曲线
1—地面条件下凝固（重力场）
2—空间条件下凝固（微重力场）

（2）金属基复合材料　在微重力条件下，可以使金属基体和加入的金属氧化物颗粒或短纤维混合均匀。例如，TiC 与镍复合，其硬度可比地面制作的高两倍，强度由 1.3GPa 提高到 4GPa。

(3) 偏晶合金材料　Pb-Al 合金在液态 658°C 以上时形成两个相，这是由于密度相差太大所致。但是在微重力条件下，Pb-Al 合金凝固则可以获得混合均匀的组织。美国宇航局已在微重力条件下制出 Pb-Al 合金，用于发动机防振轴承。

(4) 多孔泡沫材料　在微重力条件下，在液态金属中引入气体或发泡物质，使其在凝固过程中不易上浮，从而均匀地分布在凝固后的金属中。例如，在地面上向铝合金液体中通入 0.3~0.5Pa 的氢气，使其快速凝固，然后在微重力场下重熔并缓慢冷却，结果在铝合金中形成均匀的气泡，这种合金的密度只有原来铝合金的 1/3。

(5) 磁性材料　磁性材料通过空间悬浮熔炼和定向凝固，由于纯净度提高，材料的磁性得到明显改善。例如，在空间实验室制作的 Bi-MnBi 共晶磁性合金，其固有的矫顽力接近其理论值的 97%。

(6) 新型金属成形工艺　利用液态金属在微重力下的特殊性质，可以开发新型金属成形工艺，制作新产品，如扩展铸造工艺、皮壳铸造工艺、空间拉拔成形工艺和空间钎焊工艺等。

7.4.2　超重力凝固

一般只要物体加速度与重力加速度的比值超过 1，就可以认为该物体处于超重力状态。达到超重力条件时，能改变固-液界面前沿的对流，并且往往可以获得组织均匀和性能良好的晶体。

1. 超重力场的获得及产生原理

在实现超重力的手段中，应用最多的是离心机，其投入成本低，试验参数便于控制和测试。虽然超重力技术的实质是离心力场的作用，但该技术与以往的传统复相分离或密度差分离有质的区别，它的核心在于对传递过程的极大强化。理论分析表明，离心加速度（g'）越大，两相接触过程的动力因素即浮力因子 $\Delta(\rho g')$ 越大，流体相对滑动速度就越大。巨大的剪切应力克服了表面张力，可使液体伸展出巨大的相际接触界面，从而极大地强化了传质过程，这一结论导致了超重力的诞生。显然，由于重力加速度的大幅度提高，不仅质量传递，而且动量及热量传递以及与传递相关的过程都会得到强化。因此，超重力技术被认为是强化传递的一项突破性进展。

2. 超重力条件下的金属凝固特点

与微重力相反，在超重力条件下金属熔体中的浮力对流得到大大加强，液流状态随对流强度发生变化。研究发现，随着重力水平的提高，金属熔体的流态由层流转变为湍流；当离心加速度进一步提高到某一临界值时，熔体又由湍流转化为层流，即所谓重新层流化显现。此时是一种高速层流状态，可以极大地提高凝固界面的热稳定性，实现无偏析凝固。

7.4.3　超高压凝固

为了控制金属凝固过程，传统的方法是通过调节温度参数来改变凝固组织，而对于影响凝固过程的另一个热力学参数——压力，通常忽略它的作用。其实，压力作为凝固过程参数空间中的一维，往往对凝固过程的发生及进程产生重大影响，甚至可以改变常规条件下的相变顺序，从而有利于一些新相或新材料结构的生成。与常规挤压铸造研究不同的是，超高压作用下的金属凝固过程突破了常规挤压铸造的压力范围,其压力可高达 10~100GPa,在如此高的压力作用下,凝固过程的热力学参数及动力学参数都随压力而改变,从而影响了凝固过程。与快速凝固、微重力、电场及磁场作用下的凝固相同,超高压作用下的凝固也属于特殊条件下的凝固研究范围。

1. 超高压下金属的凝固机理

在常压作用下的金属凝固过程中,起主导作用的参数是熔体温度,此时压力对凝固动力学和热力学参数产生的影响可以不计。但在超高压条件下,由于压力与温度变得同等重要,压力变成一个不可忽略的因素。压力通过影响凝固动力学参数及热力学参数,最终改变微观组织的演变机制。超高压下的合金凝固机理体现在以下几个方面[31]:

1) 合金在凝固过程中,超高压力作用会对熔体中原子的运动产生重要影响,从而改变熔体的粘度。随着压力的增加,合金的粘度也增加,使得金属原子的自由行程受到限制,从而影响合金凝固过程中的溶质再分配,进而影响成分过冷,导致合金凝固组织的变化。

2) 物质熔点随压力的变化受固液相变体积变化的影响,当熔化过程为膨胀反应时,熔点随压力增加而升高;当熔化过程为压缩反应时,熔点随压力增加而降低。合金熔点的改变将导致合金在凝固过程中固-液界面成分过冷度的大小发生改变,导致合金形核和生长方式的改变,从而影响凝固组织。

3) 在金属凝固过程中,溶质扩散起到重要作用,析出的溶质将富集在固-液界面附近,随之引起界面出现成分过冷现象。由于超高压抑制溶质扩散,将导致凝固界面的溶质富集程度加剧,增大凝固过程的过冷度,从而对晶粒形核与长大都产生重要影响,改变凝固过程的微观组织演变机制。但从另一个角度来看,由于超高压作用导致凝固过程的深过冷,溶质来不及析出,也可能使得偏析现象得到改善,获得溶质分布均匀的凝固组织。

4) 由于压力使结构趋于有序化,当合金凝固过程中的相对过冷度较小 (<2/5) 时,合金的形核率随压力增加而迅速增大,合金组织具有细化趋势;而当相对过冷度较大 (>2/5) 时,形核率随压力增加比较复杂,其变化趋势与合金的特点及凝固条件有关,既可能出现增加也可能出现降低。压力同样会影响合金晶粒的生长方式和生长速率,当熔化为膨胀反应的合金凝固时,一方面增加压力导致原子间距减小,另一方面压力增加抑制扩散。一般情况下,原子扩散在晶粒生长过程中起主导作用,若扩散被抑制,晶粒长大也就受到了抑制。对于熔化时为压缩反应的合金凝固,压力总是抑制晶粒长大。

2. 超高压下凝固的应用

根据超高压下合金的凝固机理,超高压凝固技术主要利用其细化组织和影响相变过程的特点,通过改变组织特征,提高传统材料的性能,或获得具有特殊性能的新材料。其主要应用体现在以下两个方面:

(1) 细化合金组织　由于压力对激活能和熔体温度有影响,通过在一定压力范围内使其形核率提高、生长速率下降,从而可细化组织,甚至可以获得纳米晶材料[32]。图 7-30 所示为在超高压作用下 ZA27 合金的凝固组织[33],可以看出,与常规压力下的凝固相比,合金的组织得到了明显细化,而且压力越高细化越明显,力学性能越高。

(2) 制备非晶　物质总是从亚稳定相向稳定相转变,在超高压相变中,则从低致密相向高致密相转变。然而,研究中发现在超高压作用下,可以将一个固体从晶态转变成非晶态,称为压制固态非晶化。同样,在超高压作用下,通过熔体激冷技术,可以在比常压下低

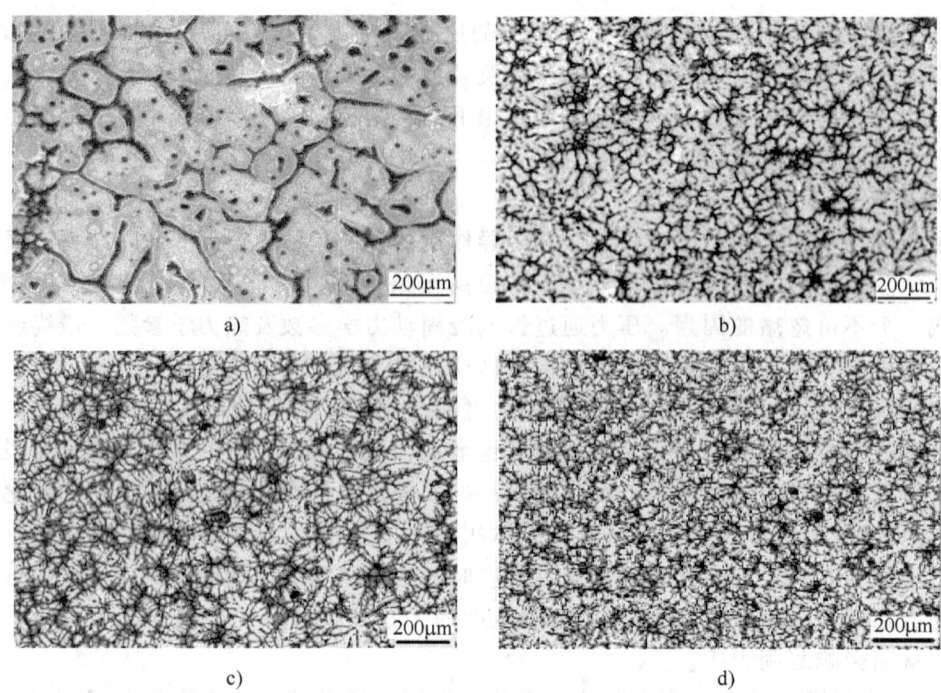

图 7-30 ZA27 合金凝固组织在不同压力下的形貌[33]
a) 常压 b) 2GPa c) 3GPa d) 4GPa

得多的冷却速度时获得块状非晶,成为制备非晶的有效方法,如在 4GPa 下,可以合成块状 Mg-Zn 非晶[34]。一般认为,超高压抑制了扩散,降低了冷却速率,从而导致在低冷却速率下形成非晶。

思考与练习

1. 何谓快速凝固?快速凝固的基本原理有哪些?
2. 激冷快速凝固的工艺有哪些?有何特点?
3. 深过冷快速凝固有哪几种主要工艺方法?主要控制的工艺环节是什么?
4. 喷射沉积为何能实现快速凝固?
5. 如何理解快速凝固技术可以扩大合金的最大极限固溶度?
6. 快速凝固为何能获得亚稳相?
7. 块体非晶合金成分设计一般要遵循哪几条原则?
8. 块体非晶合金组织结构有何特点?与晶态合金相比有何异同?
9. 从热力学和动力学角度分析,为何能形成块体非晶合金?
10. 非晶合金复合材料具有哪几种制备方法?
11. 块体非晶合金的主要性能特点有哪些?
12. 实现定向凝固的条件是什么?应主要控制哪些工艺参数?
13. 定向凝固合金组织的尺度与哪些工艺参数有关?如何减小凝固组织尺寸?
14. 定向凝固工艺主要有哪几种?各有何特点?
15. 如何获得定向凝固单晶?要想获得定向凝固单晶应注意哪些问题?
16. 定向凝固高温合金有哪些主要性能特点?
17. 微重力对凝固组织有何影响?

18. 微重力场下凝固对材料制备有何意义？
19. 超重力条件对凝固组织有何影响？
20. 高压条件对凝固组织影响的机理是什么？其凝固组织有何特点？

参考文献

[1] 李月珠. 快速凝固技术和材料 [M]. 北京：国防工业出版社，1993.

[2] 周尧和，胡壮麒，介万奇. 凝固技术 [M]. 北京：机械工业出版社，1998.

[3] 马幼平，许运华. 金属凝固原理与技术 [M]. 北京：冶金工业出版社，2008.

[4] 陈振华，陈鼎. 快速凝固粉末铝合金 [M]. 北京：冶金工业出版社，2009.

[5] 胡汉起. 金属凝固原理 [M]. 北京：机械工业出版社，2008.

[6] 李继文，王爱琴，谢敬佩，等. 快速凝固过共晶铝硅合金的微观组织特征及耐磨性研究 [J]. 摩擦学报，2010，30（2）：111-117.

[7] Schroers J, Pham Q, Peker A, et al. Blow molding of bulk metallic glass [J]. Scripta Mater, 2007, 57 (4): 341-344.

[8] Inoue A, Wang X M, Zhang W. Developments and applications of bulk metallic glasses [J]. Rev. Adv. Mater. Sci, 2008, 18: 1-9.

[9] Greer A L. Confusion by Design [J]. Nature, 1993, 366: 303-304.

[10] Inoue A. Stabilization of metallic supercooled liquid and bulk amorphous alloys [J]. Acta Mater., 2000, 48: 279-285.

[11] Inoue A. High Strength Bulk Amorphous Alloys with Low Critical Cooling Rates [J]. Mater. Trans. JIM, 1995, 36: 866-875.

[12] Busch R, Kim Y J, Johnson W L. Thermodynamics and kinetics of the undercooled liquid and the glass transition of the $Zr_{41.2}Ti_{13.8}Cu_{12.5}Ni_{10.0}Be_{22.5}$ alloy [J]. J. Appl. Phys., 1995, 77: 4039-4043.

[13] Busch R, Liu W, Johnson W L. Thermodynamics and kinetics of the $Mg_{65}Cu_{25}Y_{10}$ bulk metallic glass forming liquid [J]. J. Appl. Phys, 1998, 83: 4134-4141.

[14] Busch R, Bakke E, Johnson W L. Viscosity of the supercooled liquid and relaxation at the glass transition of the $Zr_{46.75}Ti_{8.25}Cu_{7.5}Ni_{10}Be_{27.5}$ bulk metallic glass forming alloy [J]. Acta Mater, 1998, 46: 4725-4732.

[15] Bakke E, Busch R, Johnson W L. The viscosity of the $Zr_{46.75}Ti_{8.25}Cu_{7.5}Ni_{10}Be_{27.5}$ bulk metallic glass forming alloy in the supercooled liquid [J]. Appl. Phys. Lett., 1995, 67: 3260-3262.

[16] 惠希东，陈国良. 块体非晶合金 [M]. 北京：化学工业出版社，2007.

[17] Angell C A. Spectroscopy simulation and scattering and the medium range order problem in glass [J]. J. Non-Cryst. Solids, 1985, 73: 1-17.

[18] Tanaka H. Relation between thermodynamics and kinetics of glass-forming liquids [J]. Phys. Rev. Lett., 2003, 90: 055701-055704.

[19] Barandiaran J M, Colmenero J. Continuous cooling approximation for the formation of a glass [J]. J. Noncryst. Solids, 1981, 46: 277-287.

[20] Fan G J, Zhao J C, Liaw P K. A four-step approach to the multicomponent bulk-metallic glass formation [J]. Journal of Alloys and Compounds, 2010, 497: 24-27.

[21] Eckert J, Das J, Pauly S. Mechanical properties of bulk metallic glasses and composites [J]. J. Mater. Res., 2007, 22 (2): 285-301.

[22] 胡壮麒，张海峰. 块状非晶合金及其复合材料研究进展 [J]. 金属学报，2010，46 (11): 1391-1421.

[23] Liu J M, Zhang H F, Yuan X G, et al. Synthesis and properties of short carbon fiber reinforced ZrCuNiAl metallic glass matrix composite [J]. Mater. Trans., 2011, 52 (3): 412-415.

[24] Liu J M, Zhang H F, Yuan X G, et al. In situ spherical B2 CuZr phase reinforced ZrCuNiAlNb bulk metallic glass matrix composite [J]. J. Mater. Res., 2010, 25 (6): 1159-1163.

[25] 藤田和孝. 金属ガラスの機械的性質 [J]. 金属, 2005, 75 (1): 34-40.

[26] 李工, 王永永. 块体非晶合金的研究进展 [J]. 燕山大学学报, 2012, 36 (1): 1-7.

[27] Das B, Tripathy L K, Pati K C, et al. Satake superdiagrams and Iwasawa decomposition of some hyperbolic Kac-Moody superalgebras [J]. Journal of Physics A, 2003, 36 (3): 775-784.

[28] 水丽. 晶体取向及结构对SRR99镍基单晶合金蠕变行为的影响 [D]. 沈阳: 沈阳工业大学, 2006.

[29] 刘林, 张军, 沈军, 等. 高温合金定向凝固技术研究进展 [J]. 中国材料进展, 2010, 29 (7): 1-10.

[30] 陈平昌, 朱六妹, 李赞. 材料成形原理 [M]. 北京: 机械工业出版社, 2001.

[31] 曲迎东, 李荣德, 袁晓光, 等. 高压作用下合金凝固的研究进展 [J]. 铸造, 2005, 54 (6): 539-541.

[32] 张国志, 辛启斌, 王向阳. 超高压变熔点过冷大体积近快速凝固 [J]. 东北大学学报: 自然科学版, 1998, 19 (5): 479-481.

[33] 李荣德, 曹修生, 曲迎东, 等. 超高压力对ZA27合金晶体结构及微观组织的影响 [J]. 中国有色金属学报, 2009, 19 (9): 1670-1574.

[34] 刘建军, 王爱民, 张海峰, 等. 高压原位合成块状纳米Mg-Zn合金 [J]. 材料研究学报, 2001, 15 (3): 299-302.

下篇 铸件成形过程缺陷形成与控制

第 8 章 液态金属与气相和渣相的相互作用

铸件在浇注前的金属冶炼过程、液态充型过程以及此后的凝固阶段中,液态金属与气相介质、液相熔渣和铸型材料之间均可能发生复杂的物理冶金及化学冶金反应。简言之,在铸造生产中金属液与气相、渣相之间存在着相互作用,这些相互作用直接影响到液态金属的冶金质量,例如,有害气体及杂质含量、氧化程度、合金实际成分与设计成分的偏差等,进而影响到相关凝固缺陷的形成倾向,如气孔、夹杂、有害元素的偏聚、热裂纹等,最终影响到凝固后铸件断面有效组织的连续性乃至其加工成零件后的使用性能及寿命,如脆化、强度、塑性不足等问题。因此,本章着重介绍液态金属与气相和渣相之间相互作用的相关概念、过程机制、影响因素、作用规律与控制原则,阐述液态金属的脱氧、脱硫、脱磷等重要冶金反应及其工艺原理,以便在实际工作中从原理上懂得如何有效控制液态金属的冶金质量、抑制相关凝固缺陷的形成,从而获得优质铸件,同时为理解后续章节的相关内容奠定基础。

8.1 铸件成形过程中气体的来源与产生

8.1.1 气体的来源

铸造过程中的气体主要来自于熔炼过程、浇注过程和铸型三个方面[1-3]。

1. 熔炼过程

在熔炼过程中,气体主要来自于各种炉料、炉气、炉衬、工具、熔剂及周围气氛中的水分、氮、氧、氢、CO_2、CO、SO_2 和有机物燃烧产生的碳氢化合物等,见表 8-1。

需要指出的是,无论是对铸铁、铸钢,还是对铝、铜、镁、钛等有色合金而言,熔炼过程中氢的来源主要是在一定的高温下(如铝在 400℃以上即可发生)金属与水汽的反应而产生的

$$m\text{Me} + n\text{H}_2\text{O} \rightarrow \text{Me}_m\text{O}_n + n\text{H}_2 \tag{8-1}$$

式中,Me 为液态金属中的元素,如 Fe、Al、Mg、Cu、Ti 等。式(8-1)的反应称为金属的水汽反应,在其反应瞬间产生高的氢分压而使氢溶入合金液中,也可吸附于金属氧化物并随之进入合金液中。

表 8-1 熔炼过程和铸型中气体的来源[3]

气体种类	熔炼过程中的气体来源	铸型中的气体来源
氢	1) 炉料中的水分、氢氧化合物及有机物 2) 炉气中的水分、氢气 3) 炉前附加物（孕育剂等）含有氢、水分及有机物等 4) 炉衬及炉前工具中或表面吸附的水分 5) 出炉时周围气氛中的水分	1) 混砂时加入的水分 2) 各种有机粘结剂及附加剂的分解 3) 粘土砂中的结晶水 4) 铸型返潮
氧	1) 炉料中的氧化物 2) 炉炼时使用的氧化剂 3) 炉气及出炉时周围气氛中的氧和水汽 4) 炉衬及熔炼用具的吸附水分	1) 粘土砂中加入的碳酸盐等的分解 2) 各种有机粘结剂及附加剂的分解 3) 型砂空隙中的氧气 4) 型砂中的水分
氮	1) 炉料中的氮 2) 炉气及出炉时周围气氛中的氮气	含氮的各种树脂粘结剂

2. 浇注过程

浇包未烘干、浇注系统设计不当、铸型透气性差、排气措施不足、浇注速度不当等，都会在浇注时发生喷射、飞溅和涡流而使空气吸入，增加金属中的气体含量。

3. 铸型

液态金属与铸型的相互作用是金属吸收气体的又一途径，型砂中的水分、粘土中的结晶水和有机物在金属液体的热作用下都能产生大量气体。此外，有机物（粘结剂等）的燃烧也会产生大量气体。来自铸型中的气体见表 8-1。

8.1.2 铸型内的气体

随着条件的不同，进入铸型的液态金属与铸型界面可能发生多种化学反应，从而产生大量气体[1-4]。

1. 氧化-分解反应

（1）水蒸气与合金元素反应 在液态金属的热作用下，铸型中的水分被蒸发，粘土中的结晶水发生分解，此时产生大量的水蒸气。高温水蒸气难以完全从铸型排气系统中及时排除，在界面处会与液态金属发生式（8-1）的化学反应，反应的结果是生成了金属氧化物和氢气。若实际生产中不能避免或有效减弱水汽反应的发生，一方面使铸件的表面形成氧化膜或产生夹杂物，另一方面使型腔内及铸型与液态金属界面处的氢分压迅速升高，造成氢气向液态金属一定程度的溶入，铸件凝固后其表面会出现气孔或亚表层存在皮下气孔。

（2）固体碳分解 界面处及砂粒间的自由氧使合金氧化，同时使造型材料中的碳及有机物燃烧，产生 CO_2 和 CO 气体，即

$$C + O_2 \rightarrow 2CO, \quad CO + \frac{1}{2}O_2 \rightarrow CO_2 \tag{8-2}$$

（3）型砂组分分解 高温下砂型组分也会发生分解反应，释放出气体，如石灰石的分解反应为

$$CaCO_3 \rightarrow CaO + CO_2 \tag{8-3}$$

在 960~1010℃时，每千克 $CaCO_3$ 可产生 0.44kg 的 CaO 或 2.24m^3 的 CO_2 气体，且在高温下 CO_2 气体还会膨胀。

树脂砂中的尿素、乌洛托品 [$(CH_2)_6N_4$] 等在高温下首先分解生成氨（NH_3），氨再继续分解

$$2NH_3 \rightarrow N_2 + 3H_2 \tag{8-4}$$
$$CH_4 \rightarrow C + 2H_2$$

此外，还有烷烃的分解

$$C_nH_{2n+2} \rightarrow nC + (n+1)H_2 \tag{8-5}$$

在铸造条件下水难以分解，在界面处的水蒸气部分被排入铸型或液态金属内，其余的则与金属发生上述 [式（8-1）] 化学反应。

2. 气相的平衡

经氧化-分解反应后，在液态金属与铸型界面处形成的气相成分主要有 CO、CO_2、H_2O、H_2，还有少量的 N_2 和 NH_3 等。在铸型表面残留的固体碳会继续与气相发生相互作用

$$\begin{aligned} &C + O_2 \rightarrow 2CO \\ &C + 2H_2O \rightarrow CO + H_2 \\ &C + 2H_2O \rightarrow CO_2 + 2H_2 \\ &CO_2 + H_2 \rightarrow CO + H_2O \end{aligned} \tag{8-6}$$

在一定温度下，H_2-CO-CO_2-H_2O 气相中各成分应达到平衡浓度，其关系可从式（8-6）得出

$$K = \frac{p_{CO} p_{H_2O}}{p_{CO_2} p_{H_2}} = f(T) \tag{8-7}$$

式中，K 为平衡常数，它是温度 T 的函数；p_{CO}、p_{CO_2}、p_{H_2O}、p_{H_2} 是界面上各气相的分压。

同样可得出其余反应式的平衡常数，它们与温度之间的关系见表 8-2。由表 8-2 可以看出，在高温平衡状态下，液态金属与铸型界面气相成分中 H_2 和 CO 含量较高，CO_2 含量较低。

表 8-2 平衡常数与温度的关系[1]

温度 $T/℃$	800	1000	1200	1400	1600
$K = p_{CO} p_{H_2O}/p_{CO_2} p_{H_2}$	0.98	1.99	2.92	4.52	5.44
$K = p_{CO}^2/p_{O_2}$	7	135	1150	6026	22390
$K = p_{CO} p_{H_2}/p_{H_2O}$	9	86	557	2150	6150
$K = p_{CO_2} p_{H_2}/p_{H_2O}$	8	48	179	550	1250

3. 铸型内的气体成分

铸型在液体金属的热作用下会产生大量气体，其气体来源有：①型腔和型砂孔隙中原有的空气受热膨胀，通常在铸铁浇注温度下体积要增加四~五倍；②铸型内尤其是湿型内存在较多水分，在金属液的热作用下水分汽化和迁移，水由液态转变成 1360℃ 的蒸汽时体积膨胀达 7000 多倍；③粘结剂、附加物和杂质中的有机物受热、分解与燃烧，产生大量气体；④无机物受热分解也会产生许多气体。此外，随着金属-铸型界面作用的进行，还会有由化学反应产生的气体，金属凝固时也将放出气体。

浇注期间铸型中的气氛由下述某些气体或全部气体组成：N_2、H_2、CO、CO_2、H_2O、NH_3、HCN、甲醛、硫化物及各种有机化合物，其组成大致在下列范围内（体积分数）：

40%～60% H_2、1%～3% O_2、10%～20% N_2、15%～30% CO、3%～10% CO_2 及部分含量的烃。从实际检测结果得知：无论是采用有机粘结剂还是无机粘结剂的砂型，在浇注金属以后，铸型中的气氛在组成成分和含量方面虽然会有差别，但其主要成分仍是 H_2 和 CO，以及一定量的 CO_2、烷烃（主要是甲烷）、氮、氧等。几种铸型浇注后界面气氛的主要成分见表 8-3，其中湿型在浇注后所产生的气氛中除了水蒸气外，其他气体成分之间的比例在浇注开始约 30s 以后便大致趋于稳定。

表 8-3 几种铸型浇注后界面气氛主要成分的平均值[3]

砂型（芯）的种类	浇注后铸型气氛中的气体组成（体积分数,%）					
	H_2	CO	CO_2	碳氢化合物总量	O_2	N_2
湿型（水蒸气除外）	55	20	10	3	2	10
呋喃树脂砂-甲苯磺酸	56	31.8	1.7	5.27	6.9	3.4
呋喃树脂砂-磷酸	49	35	2.4	1.67	2.1	8.5
壳型	52	15.7	1.3	20.6	2.8	13.2
钠水玻璃-脂	30	18	25	—	1	2
油砂芯（浇注铁）	43	25	5	12	0.9	6
	55	28	5	1	1.3	3
油砂芯（浇注钢）	45	40	2.4	8	0.9	2.6

气氛中的 CO、CO_2 以及残留挥发性有机化合物的量取决于若干因素，其中最重要的两个因素是树脂的不饱和度（碳-碳双键和三键）及存在的氧量。含氧量高、不饱和度低，则产生 CO_2 的量就低。

有关铸型气氛成分对铸件质量的影响，大体上是气氛呈中性和还原性时有利于防止金属渗透，而氧化性气氛则易于引起金属渗入砂型内，使铸件产生粘砂，有机物铸型的热分解速度较快，分解产生的碳往往造成铸件表面增碳，而在另一些情况下，铸型气氛又导致铸件表面脱碳；此外，铸件中出现的反应性气孔大都与界面反应产生的 H_2、N_2 及 CO 有关。因此，为了保证铸件质量，往往要注意控制铸型内的气氛。

发气量、发气速率、发气时间对气体缺陷的产生也有重要影响。若增加铸型中的粘结剂含量，发气量会增大；浇注温度高，产生的气体量多。发气量最大的粘结剂也常具有最快的发气速率，发气量大，发气速率高，会在金属铸型界面造成较大背压，往往会引起气体缺陷，如会导致气体侵入铸件内形成侵入性气孔。不过，铸型的透气性稍有变化就可能改变所有结果，两种或两种以上气体的综合影响也可能增大气体的缺陷。

在不同的铸型内浇注铁液后，铸型内气体成分与浇注后停留时间的关系如图 8-1 所示[1]。可见，铸型内气相的成分主要是 H_2、CO 和 CO_2，在含氮的树脂砂型中还含有一定量的 N_2。有机物铸型因热分解速度比无机物铸型快得多，所以浇注后 O_2 含量迅速降低，H_2 含量迅速上升；无机物铸型则由含 O_2、CO_2 较高的氧化性气氛转变为以 H_2 和 CO 为主的还原性气氛。此外，浇注温度越高，铸型内的自由碳越多，越有利于还原气氛的形成；反之，N_2 及氧化性气体 O_2、CO_2 含量较高，而 H_2、CO 含量较低。

总之，铸型内的气相组成和含量是随温度、造型材料种类、浇注后停留时间等因素的变化而变化的。

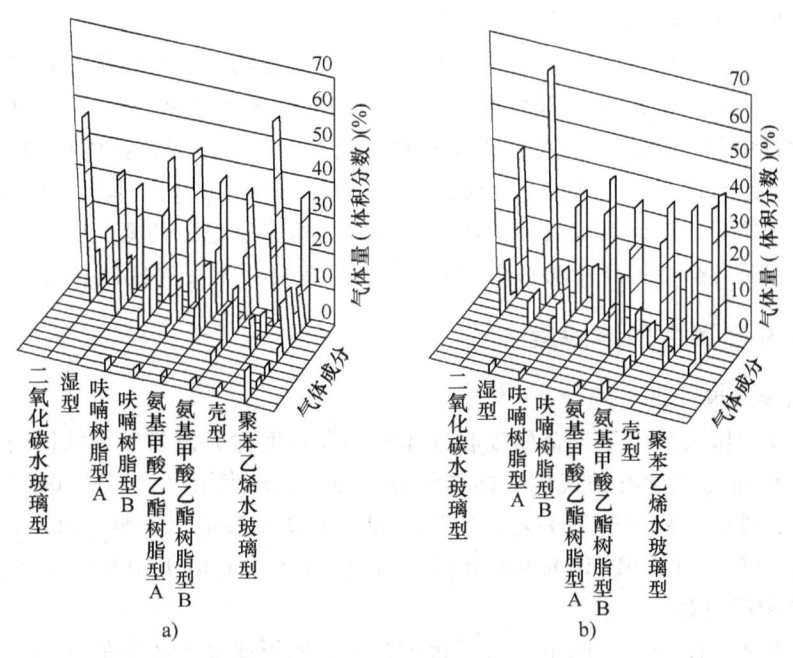

图 8-1 铸型内的气体成分与浇注后停留时间的关系
a) 浇注后 2min（CO_2 型、湿型）；浇注后 1.5min（其他铸型）　b) 浇注后 5~7min

8.2 气体在金属中的溶解

金属在高温加工过程中，即使采取了一定的保护措施，也总是难免要和一些气体相接触。这些气体主要来自周围大气或加热炉的炉气，以及被加工金属表面与加工工具表面的氧化膜、吸附水、油污及一些有机物等在加热过程中分解放出的气体。此外，加工中所使用的辅助材料（如炉料中的矿石、溶剂和各种涂料等）也能放出气体。其中，能引起金属中气体杂质（N、H、O）含量增加的气体有 N_2、H_2、O_2、水蒸气 SO_2、CO_2 等。但这些分子状态的气体都不能直接溶入金属，只有分解成氮、氢、氧的原子或离子后才能溶入金属，而金属在高温加工时刚好为它们的分解和溶入创造了有利条件。在大多数情况下，气体对金属及合金的性能和零部件的质量均有不良影响。例如，溶解于钢及铜合金中的氢易使合金形成细小的裂纹而变脆，产生所谓的"氢病"；溶解在合金中的氧、氮等气体通常也都使合金的强度特别是塑性大大降低。在铸造合金的凝固过程中，氢或其他气体的析出则是导致铸件产生气孔、针孔及疏松等缺陷的重要原因。此外，液态金属-气体间的反应是在熔融状态下金属精炼时重要的基本反应之一。因此，研究气体在液态金属和合金中的溶解和析出规律，从而制订减少合金熔体的吸气以及对合金熔体脱气的措施，对于进一步提高合金质量，保证得到合格产品，具有十分重要的意义。

8.2.1 气体在金属中的存在形式

铸件中的气体主要有三种存在形式，即固溶体、化合物和气孔。若气体元素以原子状态固溶于金属基体中，则形成固溶体；若气体与合金中的某元素化合则形成化合物；若气体以分子状态聚集在金属基体内部就形成了气孔。

存在于铸造合金中的气体主要是氢、氧、氮及其化合物。氢的原子半径很小，几乎能溶解到各种合金中，不仅能形成一般气孔，还会形成细小的裂缝式气孔，例如，铜铸件中的"氢病"、钢铸件中的"白点"等都是由于氢在低温下析出，造成铸件内部的小裂缝式气孔。氧是活泼元素，能与许多元素形成化合物，如 FeO、MnO、SiO_2、Al_2O_3 等。氮原子在铸钢及铸铁中有一定的溶解度，其危害比氢小，这是因为氮多以稳定的氮化物形式存在，但在使用含氮树脂砂型时常会在铸件中形成氮气孔[1,5]。氮在铝合金及铜合金中几乎不溶解。

8.2.2 气体在金属中的溶解度

1. 气体的溶解度

在一定温度和压力条件下，金属吸收气体的饱和程度称为该条件下气体的溶解度。气体溶解度常用每100g金属含有的气体在标准状态下的体积来表示（即 mL/100g），有时也用溶解气体对金属的质量分数（％）表示，它们之间的换算关系是[6]：氢（H）：1.0mL/100g = 0.00009％；氮（N）：1.0mL/100g = 0.00125％；氧（O）：1.0mL/100g = 0.00143％。

2. 气体的溶解过程

气体在高温下可以分子、原子或离子状态存在，原子或离子状态的气体可直接溶入液态金属中，而分子状态的气体必须分解为原子或离子才能溶解到液态金属中。在熔注过程中，与液态金属接触的气体可分为简单气体和复杂气体两大类，前者如 H_2、N_2、O_2 等，后者如 CO_2、H_2O、CO 等。双原子气体（也称为单质气体）溶解于液态金属一般有两种方式，其动力学过程如图8-2所示。通常情况下，氮在高温多呈分子状态，其溶解过程以图8-2a所示方式为主，该过程可分为以下四个阶段：

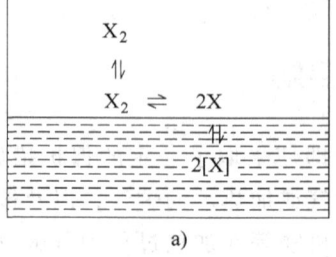
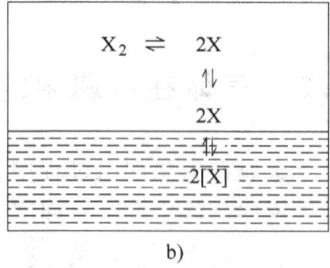

图 8-2 双原子气体 X_2 的溶解过程示意图

1）气体分子向金属-气体界面上运动。
2）气体被金属表面吸附。
3）气体分子在金属表面上分解为原子。
4）原子穿过金属表面层向金属内部扩散。

铸造合金通常在熔炼温度条件下（一般不超过1700℃）很少分解为原子态的氢，但氢在高温时的分解度较大。图8-3所示为不同双原子气体在压强为0.1MPa下的分解度与温度的关系曲线。由此可见，铸造时氢的溶解过程以图8-2b所示方式为主[6-8]。

氮溶解的前三个过程是吸附过程，最后一个是扩散过程。金属吸收气体时，实际上这四个过程同

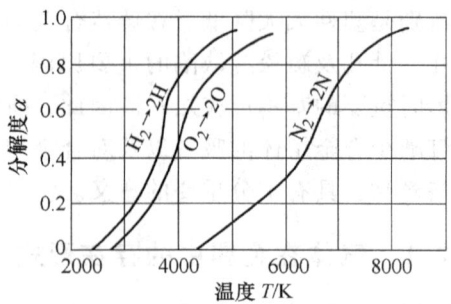

图 8-3 双原子气体分解度与温度的关系

时存在，其中扩散是关键，因为它决定着金属的溶入速度。完成上述吸气过程也需要一定的时间，在未达到饱和浓度以前，如果金属温度越高，气体与金属接触时间越长，吸收气体量就越多，以致达到该状态下的饱和浓度为止。显然，金属表面与内部气体原子的浓度差越大、气体的压力或温度越高，扩散速度就越快。

气体无论以何种方式向金属中溶解，都要先趋近金属表面并吸附于表面上，然后以原子状态溶入金属内部。气体趋近于金属表面的过程可以是气体质点的机械运动，也可以是带电质点在电场作用下的定向运动。金属吸附不带电气体质点（如分子、原子）的过程是纯化学过程，它遵从化学反应平衡法则；而金属吸引带电质点（如离子）的过程则是电化学过程，它不服从化学反应平衡法则[1]。

8.2.3 双原子气体在液态金属和合金中的溶解

对于一定成分的合金，某种气体的溶解度主要受温度和压力的影响[1]。

1. 温度对气体溶解度的影响

由物理化学可知，双原子气体的溶解度 S 与温度和压力的关系为

$$S = K_0 \sqrt{p} \exp\left(-\frac{\Delta H}{2RT}\right) \tag{8-8}$$

式中，K_0 为常数；p 为气体分压；ΔH 为气体熔解热；R 为气体常数；T 为热力学温度。

可见，当温度不变时，某种气体的溶解度与该气体分压的平方根成正比；当分压不变时，溶解度与温度的关系取决于溶解热的符号。

温度对气体溶解度的影响主要视溶解反应是吸热反应还是放热反应而定。显然，对于吸热反应的金属和合金，气体的溶解度将随温度的升高而增大；反之，对于放热反应，气体的溶解度将随温度的升高而减小，如图 8-4 所示。大多数金属吸收气体时都是吸热，即溶解热为正值，溶解度随温度的升高而增加。例如，氢和氮在 Ni、Co、Cu、Cr、Al、Mg 等金属和合金中的溶解反应，以及氢和氮在铁和铁基合金中的溶解反应都是吸热反应，如图 8-5 所示。氢和氮在不同金属或合金中的溶解反应类型见表 8-4，当溶解过程为放热反应时熔解热为负值，此时溶解度随温度的升高而降低，Ti、Zr、V 等金属溶解氢时就属于此类。

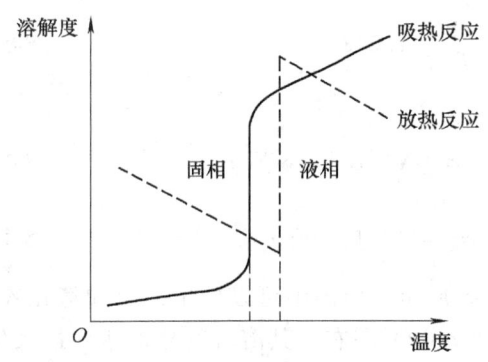

图 8-4 气体溶解度与热效应和温度的关系

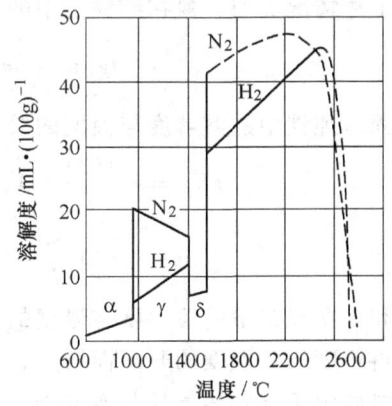

图 8-5 氢和氮在铁中的溶解度与温度的关系
（$p_{N_2} = 0.1 \text{MPa}$，$p_{H_2} = 0.1 \text{MPa}$）

此外，金属发生相变时，由于金属组织结构的变化，气体的溶解度将发生突变。液相比

固相更有利于气体的溶解,当金属由液相转变为固相时,溶解度的突然下降将对铸件中气孔的形成产生直接影响。

表 8-4 氮和氢在金属或合金中的溶解反应类型及形成化合物倾向[1]

气体	金属与合金	溶解反应类型	形成化合物倾向
氮	铁和铁基合金	吸热反应	能形成稳定氮化物
	Al、Ti、V、Zr 等金属及合金	放热反应	
氢	Fe、Ni、Al、Cu、Mg、Cr 等金属及合金	吸热反应	能形成稳定氢化物
	Ti、V、Zr、Nb、Ta、Th 等金属及合金	放热反应	不能形成稳定氢化物

(1) 氢、氮在铁基合金中的溶解度 氢在铁液中的溶解反应为

$$\frac{1}{2}H_2 = [H], \Delta G^0 = 36484 + 30.46T \tag{8-9}$$

由于氢在铁液中的溶解度很小,所形成的溶液可看做是稀溶液,因此,氢的活度系数 $f_{[H]} = 1$,则其溶解反应的平衡常数为

$$K_H = \frac{[w_H]}{p_{H_2}^{\frac{1}{2}}} \tag{8-10}$$

由 $\Delta G_0 = RT\ln K$,可得上述反应的平衡常数与温度的关系为

$$\lg K_H = -\frac{1670}{T} - 1.68 \tag{8-11}$$

当反应是在标准状态下($p_{H_2} = 1\text{atm}^{\ominus}$)时,$K_H = [w_H]$,则此时氢在纯铁液中的溶解度与温度之间的关系为

$$\lg[w_H] = \lg K_H = -\frac{1670}{T} - 1.68 \tag{8-12}$$

同理,氢在固态纯铁中的溶解度与温度的关系为

$$\lg K_H = -\frac{1.418}{T} - 2.369, \quad \frac{1}{2}H_2 = [H](\alpha\text{-Fe}、\delta\text{-Fe}) \tag{8-13}$$

$$\lg K_H = -\frac{1182}{T} - 2.369, \quad \frac{1}{2}H_2 = [H](\gamma\text{-Fe}) \tag{8-14}$$

与上述情况类似,氮在纯铁液中的溶解度与温度之间的关系为

$$\lg[w_N] = \lg K_N = -\frac{188}{T} - 1.248 \tag{8-15}$$

在固体纯铁中的溶解度与温度的关系分别为

$$\lg K_N = -\frac{1573}{T} - 1.01, \quad \frac{1}{2}N_2 = [N](\alpha\text{-Fe}、\delta\text{-Fe}) \tag{8-16}$$

$$\lg K_N = -\frac{450}{T} - 1.95, \quad \frac{1}{2}N_2 = [N](\gamma\text{-Fe}) \tag{8-17}$$

氢和氮在纯铁中的溶解度与温度的关系如图 8-5 所示,由图中可以看出,氢和氮在液态铁中的溶解度均随温度的升高而增大,在 2200℃ 和 2400℃ 左右,其溶解度分别达到最大值,继续升温后由于金属蒸气压快速增加,气体的溶解度急剧下降,至铁的沸点(2750℃)时溶解度变为 0。当液态铁凝固时,氮和氢的溶解度突然下降;在晶型转变温度,溶解度也发

⊖ 1atm = 101325Pa。

生了明显突变。由图 8-5 还可看出,氢和氮在面心立方晶格（γ-Fe）中的溶解度比在体心立方晶格（δ-Fe 和 α-Fe）中的大,这是由于面心立方晶格的间隙大于体心立方晶格的间隙所致。此外,氮在 γ-Fe 中的溶解度随温度升高而减小,其主要原因在于氮与铁所形成的氮化物（Fe_4N）在高温时不稳定,随着温度的升高,γ-Fe 中的氮化铁将发生分解,致使氮的溶解度降低。

氢在其他金属中的溶解度变化如图 8-6 所示,可以看出,第 II 类金属（吸氢过程是放热反应）不同于第 I 类金属（氢的溶解是吸热反应）,随着温度的升高,氢在第 II 类金属中的溶解度减小,即第 II 类金属在低温时吸氢量大、高温时吸氢量小[1, 6-10]。

氮在铝、铜及其合金中的溶解度一般都非常低,因此,在铝、铜合金精炼时,可借助于氮气去除金属液中的有害气体和杂质。氮与铜、镍不发生作用（既不溶解,也不形成氮化物）。氧通常以原子氧和 FeO 两种形式溶入液态铁中,氧在液态铁中的溶解度随温度升高而增大,室温下 α-Fe 几乎不溶解氧。因此,铁基金属中的氧绝大部分以氧化物（FeO、MnO、SiO_2、Al_2O_3 等）和硅酸盐夹杂物形式存在。

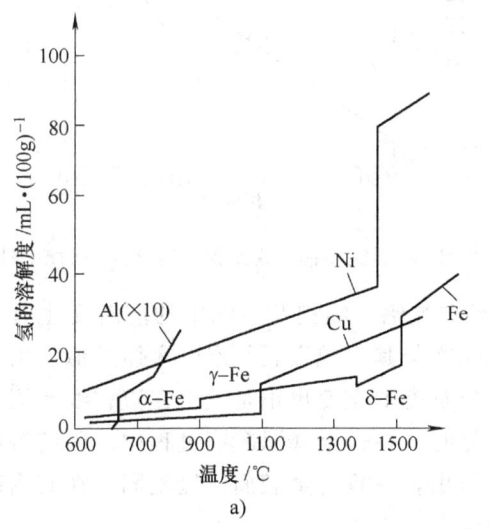
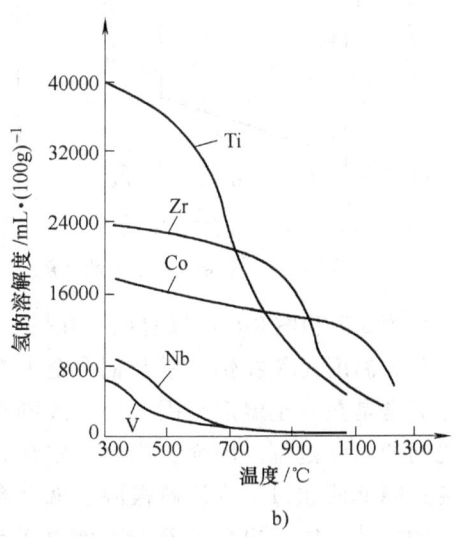

图 8-6　氢在不同金属中的溶解度随温度的变化（$p_{H_2} = 0.1 MPa$）

a）I 类金属　b）II 类金属

（2）氢在 Cu、Al、Mg 等金属及合金中的溶解度　氢在 Cu、Al、Mg 等金属及合金中的溶解过程也是吸热反应,故其溶解度亦随温度升高而增大。氢在铜、铝中的溶解反应可表示为

$$\frac{1}{2}H_2 = [H]_{Cu}, \quad \frac{1}{2}H_2 = [H]_{Al} \tag{8-18}$$

同样,在 $p_{H_2} = 1 atm$ 及 $f_{[H]} = 1$ 的条件下,氢的溶解度即等于溶解反应的平衡常数。氢在铝及固态纯铝中的溶解度（mL/100g）与温度的关系可分别表示为

$$660 \sim 850℃（液态）时 \quad \lg[H]_{Al} = \frac{2760}{T} + 1.356 \tag{8-19}$$

$$460 \sim 620℃（固态）时 \quad \lg[H]_{Al} = -\frac{2080}{T} - 0.652 \tag{8-20}$$

氢在铜液中的溶解度（10^{-6}）与温度的关系为

$$\lg[H]_{Cu} = \frac{5250}{T} + 5.502 \tag{8-21}$$

在 $p_{H_2} = 1\text{atm}$ 的条件下，氢在纯铝、纯镁及纯铜中的溶解度与温度的关系分别如图 8-7 和图 8-8 所示。

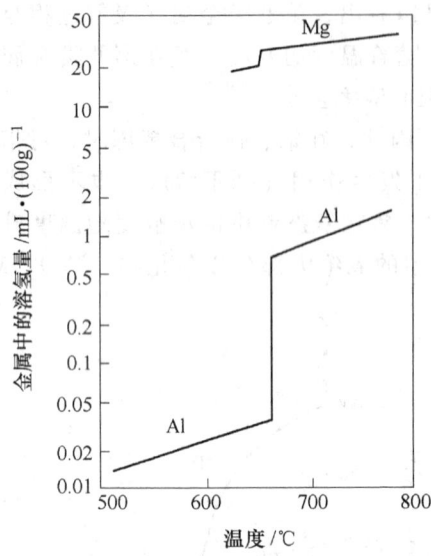

图 8-7　1atm 下氢在镁、铝中的溶解度

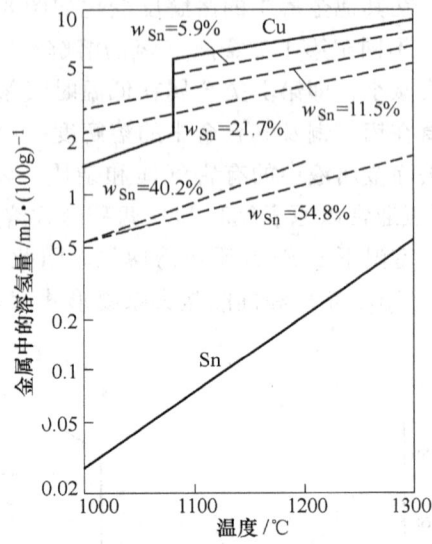

图 8-8　1atm 下氢在铜、锡及铜、锡合金中的溶解度

由图 8-7 和图 8-8 可以看出，在熔点温度时，氢在纯铝、纯镁及纯铜中的溶解度也有明显突变，温度对氢在铝、镁及铜合金中溶解度的影响亦与其在纯金属状态时大体类似。由于合金通常是在一定温度范围内熔化或凝固，而气体溶解度的突变也正是发生在液相线和固相线之间的温度范围。因而，当合金中含有饱和氢或氮时，在合金降温凝固过程中，因溶解度的突然降低而超过饱和溶解极限，就会有大量氢气析出。一旦合金表面已经凝固，在其内部析出的氢就不能逸出，从而在工件内部形成气孔缺陷[6-10]。

熔点温度时氢在几种金属中的溶解度见表 8-5。

表 8-5　熔点温度时氢在金属中的溶解度[6]

金属	熔点/℃	溶解度/mL·$(100g)^{-1}$		$(C_L - C_S)/C_S$
		液态（C_L）	固态（C_S）	
Al	660	0.7	0.04	16.5
Cu	1083	5.5	2.0	1.75
Mg	650	26.0	18.0	0.44
Fe	1536	27.7	7.81	2.55

由表 8-5 可见，溶入铝液内的氢虽然少于其他金属，但因其在固态铝中的溶解度非常小，液、固相中的溶解度相差悬殊，结果 $(C_L - C_S)/C_S = 16.5$。这表明，液态铝中氢的溶解度是固态铝中溶解度的 16.5 倍，这就是热加工中铝制品容易出现气孔的主要原因。为了防止过多吸气，铝合金在熔炼中不宜过度过热及长期保温。

2. 压力对气体溶解度的影响

研究表明，在多数金属及合金中，H_2 及 N_2 均以原子状态（H 和 N）溶解，其溶解度与该气体在环境中平衡分压的平方根成正比，服从平方根定律，即西华特（Sievert）定律

$$[w_H] = K_H p_{H_2}^{\frac{1}{2}} \tag{8-22}$$

式中，K_H 为式（8-10）的平衡常数，其数值与温度、溶质（气体）和溶剂（金属液）的性质及浓度的表示方法有关。显然，K_H 在数值上等于当气体的平衡分压为单位压力（如 1atm）时，该气体在某一金属和合金中的溶解度。由平方根定律可以看出，当已知某一温度下气体在金属或合金中溶解的平衡常数为 K 时，即可由式（8-10）和式（8-12）或式（8-15）计算出在同一温度下，相应于不同压力（p_{H_2} 或 p_{N_2}）时气体的溶解度，也可以计算出达到某一气体溶解度时与之相平衡的气体分压。由式（8-22）还可以看出，如果气体的分压越小，则其在金属和合金中的溶解度也就越低。因此，加工时应尽量降低环境中有害气体的分压。

3. 合金元素对气体溶解度的影响

气体的溶解度除了受制于温度和压力外，还会受到合金成分的影响。

合金元素对氢、氮、氧在铁液和铁基合金中溶解度的影响分别如图 8-9 ~ 图 8-11 所示。由图中可见，氢和氮的溶解度随含碳量的增加而降低，因此铸铁的吸气能力比钢的低；当铁液中存在第二种合金元素时，随着合金元素含量的增加，氧的溶解度下降。

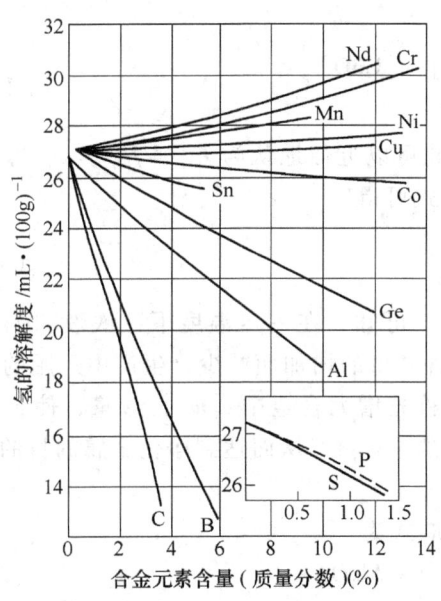
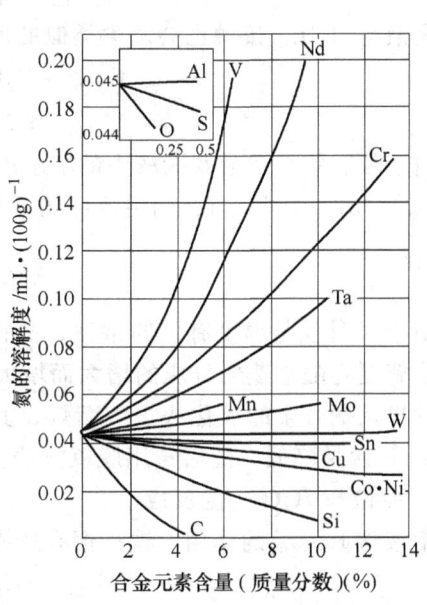

图 8-9 氢在二元系铁合金中的溶解度（1600℃）　　图 8-10 氮在二元系铁合金中的溶解度（1600℃）

一般来说，在液态金属中加入能提高气体含量的合金元素，可提高气体的溶解度。若加入的合金元素能与气体形成稳定的化合物（即氮、氢、氧的化合物），则可降低气体的溶解度。

此外，合金元素还能改变金属表面膜的性质及金属蒸气压，从而影响气体的溶解度。例如，在铁中加入微量的铝会加速水蒸气在铁液表面的分解，从而加速氢在铁液中的溶解；而

含有较易挥发的镁时,既能提高铁液的蒸气压,又能显著降低铁液的含气量;但在铝合金中含有镁时,由于镁破坏了合金表面氧化膜的致密性,致使铝合金增氢。

8.2.4 化合态气体在金属和合金中的溶解

与金属和合金接触最多且危害也很大的化合物气体有水蒸气 $H_2O_{(G)}$、CO_2、SO_2 等。一些气体可直接溶于水及水溶液中,但却不能直接溶于原子排列密集的金属和合金中。化合态气体在溶解时,首先在与其接触的金属液界面上离解为原子,然后才被金属所吸收。

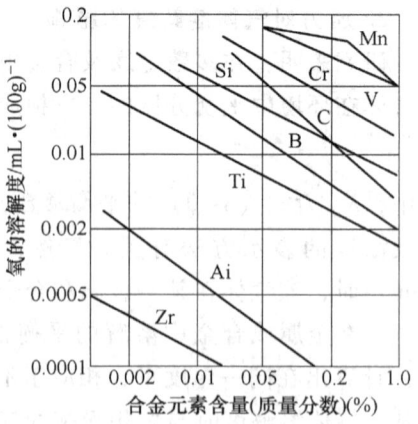

图 8-11 合金元素对液态铁中氧溶解度的影响 (1600℃)

下面以 $H_2O_{(G)}$ 为例,讨论化合态气体在金属中的溶解规律[7-11]。

1. 铁液、铜液与 $H_2O_{(G)}$ 的反应

铁液与 $H_2O_{(G)}$ 接触会发生以下反应

$$Fe_{(L)} + H_2O_{(G)} = 2[H] + [FeO]$$
$$H_2O_{(G)} = 2[H] + [O] \tag{8-23}$$

铜液与 $H_2O_{(G)}$ 接触也会发生类似的反应

$$Cu_{(L)} + H_2O_{(G)} = 2[H] + [CuO]$$
$$H_2O_{(G)} = 2[H] + [O] \tag{8-24}$$

由于氢、氧在铁液及铜液中的溶解度很低,因此可以近似地认为 $f_{[H]} = f_{[O]} = 1$,即 $\alpha_{[O]} = [w_O]$,$\alpha_{[H]} = [w_H]$,则由反应的平衡常数表达式可得

$$[w_H]^2 = K \frac{p_{H_2O}}{[w_O]} \tag{8-25}$$

由于 K 是仅与温度有关的常数,故由式 (8-25) 可知,在一定温度下,铁液和铜液中的氢溶解度将随水蒸气分压的增大而增大,而随其含氧量的增加而减少,生产中采用的氧化法炼钢以及铜合金的氧化法去气精炼,其原理就是首先增大合金中 $[w_O]$ 含量,使合金中的 $[w_H]$ 含量降低,随后再用脱氧方法去除合金中的 $[w_O]$,从而达到净化金属的目的。

2. 铝液与 $H_2O_{(G)}$ 的反应

铝液与 $H_2O_{(G)}$ 的作用与铁、铜有所不同,其反应式为

$$Al_{(L)} + 3H_2O_{(G)} = 6[H] + Al_2O_3 \tag{8-26}$$

所以,与水蒸气接触后,铝液直接吸氢。其溶解度与水蒸气分压及温度的关系如下

$$\lg C = -\frac{5800}{T} + 6.0164 + \frac{1}{2}\lg p_{H_2O} \tag{8-27}$$

可见,水蒸气越多,温度越高,吸氢量就越严重。

在铝合金液吸收的气体中 80% 是氢,而氢又来源于高温下水蒸气的上述反应,因此,铝液的温度是影响合金吸氢的重要因素。同时,铝合金熔炼对气候条件(潮湿或干燥)也非常敏感,由于夏季的空气中水蒸气含量高,因此铸件的气孔缺陷较冬季严重。

8.3 氧化性气体对金属的氧化

在熔炼过程中，液态金属可与多种氧化性气体发生作用而导致氧化。本节主要讨论 CO_2、水蒸气和 O_2 等气体对金属的氧化。

8.3.1 金属氧化还原方向的判据

在一个由金属、金属氧化物和氧化性气体组成的系统中，判别金属是否被氧化可以采用金属氧化物的分解压 p_{O_2} 作为判据[1]。若氧在金属-氧-氧化物系统中的实际分压为 $\{p_{O_2}\}$，则 $\{p_{O_2}\} > p_{O_2}$ 时，金属被氧化；$\{p_{O_2}\} = p_{O_2}$ 时，处于平衡状态；$\{p_{O_2}\} < p_{O_2}$ 时，金属被还原。

金属氧化物的分解压是温度的函数，它随温度的升高而增加，如图 8-12 所示，可以看出，除了 NiO 和 Cu_2O 外，在同样温度下，FeO 的分解压最大，即 FeO 最不稳定。当 FeO 为纯凝聚相时，分解压为

$$\lg p_{O_2} = -\frac{26730}{T} + 6.43 \quad (8-28)$$

然而，在通常情况下，FeO 不是纯凝聚相，而是溶于液态铁中，这时其分解压可用下式表示

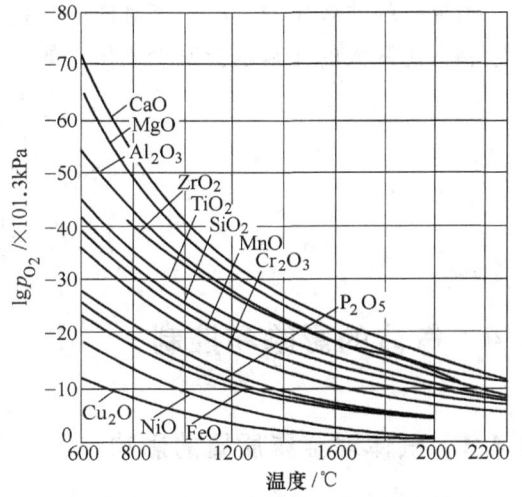

图 8-12 自由氧化物分解压与温度的关系

$$p'_{O_2} = p_{O_2} \frac{[FeO]^2}{[FeO]_{max}^2} \quad (8-29)$$

式中，p'_{O_2} 是液态铁中 FeO 的分解压；[FeO] 是溶解在液态铁中的 FeO 含量；$[FeO]_{max}$ 是液态铁中 FeO 的饱和含量。

由式（8-29）可以看出，由于 FeO 溶于液态铁中，致使其分解压减小，导致 Fe 更容易氧化。由计算得知，在高于铁熔点的温度下，FeO 的分解压很小。例如，温度为 1800℃、液态铁中 [FeO] 的质量分数为 1%（[O] 的质量分数为 0.222%）时，FeO 的分解压 $p'_{O_2} = 1.5 \times 10^{-8}$ MPa，说明气相中只要存在微量的氧，即可使铁液氧化。不同温度下铁液中 [FeO] 浓度与其分解压（×101.3kPa）的关系见表 8-6[6]。

表 8-6 不同温度下铁液中 [FeO] 浓度与其分解压 p'_{O_2}（×101.3kPa）的关系[6]

在铁液中的含量（%）		温度/℃				
$w_{[FeO]}$	$w_{[O]}$	1540	1600	1800	2000	2300
0.10	0.0222	7.4×10^{-11}	1.7×10^{-10}	1.56×10^{-9}	6.1×10^{-9}	4.8×10^{-8}
0.20	0.0444	2.9×10^{-10}	6.7×10^{-10}	6.25×10^{-9}	2.4×10^{-8}	1.9×10^{-7}
0.50	0.1110	1.8×10^{-9}	4.2×10^{-9}	3.90×10^{-8}	1.5×10^{-7}	1.2×10^{-6}
1.00	0.2220	—	—	1.50×10^{-7}	6.1×10^{-7}	4.8×10^{-6}
2.00	0.4440				2.4×10^{-6}	1.9×10^{-5}
3.00	0.6660					4.3×10^{-5}
$[FeO]_{max}$	—	4.0×10^{-9}	1.5×10^{-8}	3.40×10^{-7}	4.8×10^{-6}	1.08×10^{-4}

8.3.2 自由氧对金属的氧化

液态金属被氧化后能产生不同的氧化物,这些氧化物由于大小和形态不同,在铸造成形后的零件中会以夹杂物的形式存在,从而影响铸件的使用性能和寿命[6]。

当气相中 O_2 的分压超过 FeO 的分解压时,将使铁氧化

$$[Fe] + \frac{1}{2}O_2 = [FeO] + 26.97 \text{kJ/mol}$$
$$[Fe] + O = [FeO] + 515.76 \text{kJ/mol}$$
(8-30)

由反应的热效应看,原子氧对铁的氧化比分子氧更为激烈。除了铁以外,钢液中其他对氧亲和力比铁大的元素也会发生氧化,如

$$[C] + \frac{1}{2}O_2 = CO$$
$$[Si] + O_2 = (SiO_2)$$
$$[Mn] + \frac{1}{2}O_2 = (MnO)$$
(8-31)

8.4 气体的影响和控制

8.4.1 气体对金属质量的影响

气体在金属中无论以何种形式存在,都会对金属的性能产生一定影响。氮、氢和氧是最常见的三种气体,它们对金属的有害作用归纳起来大致有以下几方面[1, 11, 12]:

(1) 使材料脆化 钢材中氮、氢或氧的含量增加时,其塑性和韧性都将下降,尤其是低温韧性下降得更为严重。室温时氮在 α-Fe 中的溶解度仅为 0.001% (质量分数),若钢在高温时溶入了较多的氮,则在快速冷却条件下,一部分氮以过饱和形式存在于固溶体中,另一部分氮则以针状 Fe_4N 的形式析出,分布于晶界和晶内,使金属的强度和硬度升高,塑性和韧性下降。过饱和氮在金属中处于不稳定状态,随着时间的延长也将逐渐析出,并形成稳定的针状 Fe_4N,导致金属时效脆化。炼钢时若加入过多的铝便会产生大量的 AlN,则因 AlN 呈细微的多角形颗粒状分布在晶界,也会使材料脆化。

氢导致钢材脆化主要体现在两个方面:一是引起氢脆,二是形成白点。氢在室温附近使钢的塑性严重下降的现象称为氢脆,它是由溶解在金属晶格中的原子氢发生扩散、聚集引起的。氢含量较高的碳钢和低合金钢在拉伸或弯曲断面上出现的银白色圆形脆断点称为白点,又称为鱼眼,其直径一般为 0.5~3.0mm,在白点的中心常有夹杂物或气孔。金属的氢含量越高,出现白点的可能性越大。一旦产生白点,金属的塑性就会大大下降。

氧在金属中多以化合物形态的氧化物夹杂存在,使金属的强度、塑性和韧性明显下降,氧含量的增加还会引起金属红脆、冷脆和时效硬化等。

(2) 形成气孔 液态金属在高温时可以溶解大量的氮或氢,而在凝固时氮或氢的溶解度突然下降,这时过饱和的氮或氢以气泡形式从液态金属中向外逸出。当液态金属的凝固速度大于气泡的逸出速度时,就会形成气孔。

溶解在液态金属中的氧能与碳发生反应，生成不溶于金属的 CO 气体。CO 气体在液态金属凝固时若来不及逸出，也会形成气孔。

气孔的一般特征是，在铸件表面或内部形成孔洞，孔壁光滑，带有金属光泽或氧化皮的色泽。金属中的气孔，尤其是形状不规则的气孔，不仅会增加缺口敏感性，使金属强度下降，而且能降低金属的疲劳强度和气密性。

（3）产生冷裂纹　冷裂纹是金属冷却到较低温度下产生的一种裂纹，其危害性很大。氢是促使产生冷裂纹的主要因素之一，这将在后面章节中进行讨论。

（4）引起氧化和飞溅　氧可使钢中有益的合金元素烧损，导致金属性能下降。

8.4.2　气体的控制措施

鉴于氮、氢和氧的有害作用，必须采取有效措施，减少这些气体在金属中的含量，具体措施包括以下几种：

（1）限制气体来源　氮主要来源于空气，它一旦进入液态金属中，去除就比较困难。因此，控制氮的首要措施是加强对金属的保护，防止空气与金属接触。例如，在金属冶炼时，根据不同的冶炼期配制不同组成和足够数量的熔渣，以加强对液态金属的保护；液态金属出炉后，在浇包的液面上用覆盖剂覆盖，以免液态金属与空气接触；在真空中熔炼和浇注等[1,11]。

氢主要来源于水分，包括原材料（金属炉料、造渣材料、溶剂、孕育剂、变质剂等）本身所含有的水分、材料表面吸附的水分以及铁锈或氧化膜中含有的结晶水、化合水等，因此必须采取措施限制水分的来源。此外，材料内的碳氢化合物和材料表面吸附的油污等也是氢的重要来源，故原材料在使用前均应进行烘干、去油、除锈等处理，炉膛、出钢槽、浇包等均应充分干燥，炼钢工具在使用前也要加热去除水分以免重新吸潮。

（2）控制工艺参数　金属中氮、氢、氧的含量与工艺参数有着密切的关系，严格控制液态金属的保温时间、浇注方式及冷却速度，可在一定程度上减少液态金属中氮、氧、氢的含量[1,12]。

（3）冶金处理　采用冶金方法对液态金属进行脱氧、脱氮、脱氢等除气处理，是降低金属中气体含量的有效方法。例如，在液态金属中加入 Ti、Al 和 RE 等对氮有较大亲和力的元素，可形成不溶于液态金属的稳定氮化物而进入熔渣，从而减少金属的氮含量，降低其形成气孔和时效脆化倾向，但在炼钢时要严格控制加铝量。再如，在金属冶炼过程中，常常通过加入固态或气态除气剂来进行除氢处理[1]。

8.5　熔渣的作用与形成

8.5.1　熔渣的作用与铸造熔渣的分类

所谓熔渣，是指铁矿石或人为加入的合金成分经过冶金化学反应以后，包覆在熔融金属表面的玻璃质非金属物。转炉炼钢过程是在熔融的反应介质中进行的，熔渣是火法炼钢过程的产物，主要是由冶金原料中的氧化物或冶金过程中生成的氧化物组成的熔体。

1. 熔渣的作用

熔渣对于铸造、合金熔炼过程起着积极的作用，主要表现在以下三个方面：

(1) 机械保护作用　熔渣的密度一般要小于液态金属，高温下浮在液态金属的表面，使之与空气隔离，可避免液态金属中合金元素的氧化烧损，防止气相中的氢、氮、氧、硫等直接溶入，并减少液态金属的热损失。熔渣凝固后形成的渣壳覆盖在金属表面，可继续保护处在高温下的金属免受空气的有害作用。

(2) 冶金处理作用　熔渣与液态金属之间能发生一系列物化反应，从而对金属与合金的成分产生较大影响。适当的熔渣成分可以去除金属中的有害杂质，如脱氧、脱硫、脱磷和去氢。熔渣还可以起到吸附或溶解液态金属中非金属夹杂物的作用。

(3) 改善成形工艺性能作用　适当的熔渣构成对改善脱渣性及铸造成形工艺均至关重要。采用电弧炉熔炼时，熔渣起到稳定电弧燃烧的作用；电渣熔炼中的熔渣作为电阻发热体，能重熔并精炼金属。

熔渣也会产生以下三个方面的危害：第一，侵蚀和冲刷炉衬，减少炉衬的使用寿命，如强氧化性熔渣可以使液态金属增氧，侵蚀炉衬；第二，损失钢液，降低回收率，且形成熔渣时会带走热量，增加冶炼能耗；第三，密度或熔点与金属接近的熔渣易残留在金属中形成夹渣。因此，对不同的成形工艺过程应合理选择熔渣的组成，以控制成形件的质量与生产效益[1,12]。

2. 铸造熔渣的成分与分类

熔渣主要由氧化物构成，如 CaO、FeO、MnO、MgO、Al_2O_3、SiO_2、P_2O_5、Fe_2O_3 等。除了氧化物之外，熔渣还可能含有少量其他类型的化合物甚至金属，如氟化物（CaF_2）、氯化物（$NaCl$）、硫化物（CaS 和 MnS 等）、硫酸盐等。

铸造过程中的熔渣组成与分类较为复杂，钢铁熔炼熔渣的主要成分有 SiO_2、CaO、Al_2O_3、FeO、MgO、MnO 等氧化物和少量 CaF_2；有色金属熔体中的熔渣主要来源于溶剂。由于各类有色金属的物理及化学性能相差较大，因此，熔炼中用于除气、脱渣或去除夹杂物的熔剂品种繁多。例如，铝合金精炼时采用以 $NaCl$ 和 KCl 为主的多种氯化盐混合成低熔点熔剂，覆盖在铝液表面；铜合金精炼时经常使用的覆盖熔剂有木炭、玻璃（$Na_2O \cdot CaO \cdot 6SiO_2$）、苏打（$Na_2CO_3$）、石灰（$CaO$）和硼砂（$Na_2B_4O_7$）等。熔渣类型除了与熔炼材料品种有关外，还与具体熔炼方法或工艺过程有关，不同熔炼方法需要不同的熔渣组成，甚至熔炼过程的不同阶段也应根据冶金反应或其他工艺要求的需要而改变（或更换）熔渣组成[1,12-15]。

8.5.2　熔炼过程中的熔渣来源与构成

炼钢中的熔渣组成物主要来源于以下几方面[1,16]：

1) 生铁或废钢原材料中所含的各种合金元素，熔炼过程中由于氧化而形成的氧化物。
2) 作为氧化剂或冷却剂使用的矿石和烧结矿等。
3) 原材料带入的泥沙或铁锈。
4) 加入的造渣材料，如石灰、石灰石、氟石、铁矾土、粘土砖块等。
5) 侵蚀下来的炉衬耐火材料。
6) 脱氧、脱硫产物。

除了冶炼过程中形成的熔渣外，还有用于炉外处理的钢液以及由人工配制的合成渣等。例如，炉外脱硫及脱磷精炼过程中的熔渣、用于熔体浇注时的保护浇注渣等。

8.6 熔渣的结构及碱度

熔渣的物化性质及其与金属的相互作用与熔渣的内部结构密切相关。关于液态熔渣的结构目前存在着两种理论,即分子理论和离子理论[1,2,6,17]。

8.6.1 熔渣结构的分子理论

1. 分子理论的主要内容

分子理论的主要依据是室温下对凝固熔渣的相分析和成分分析的结果,其要点如下:

1)液态熔渣由自由状态化合物和复合状态化合物的分子所组成(即熔渣由电中性的分子组成)。自由化合物包括氧化物、氟化物、硫化物的分子等。钢铁在熔炼过程中的熔渣主要是一些独立存在的酸性氧化物和碱性氧化物,如酸性氧化物 SiO_2、TiO_2、ZrO、碱性氧化物 CaO、MgO、MnO、FeO、Na_2O、两性氧化物 Al_2O_3、Fe_2O_3 等。复合化合物(或称为结合氧化物)就是酸性氧化物和碱性氧化物生成的盐,如硅酸盐($FeO \cdot SiO_2$、$MnO \cdot SiO_2$、$CaO \cdot SiO_2$ 等)、钛酸盐($FeO \cdot TiO_2$、$CaO \cdot TiO_2$、$MnO \cdot TiO_2$ 等)和铝酸盐[$MgO \cdot Al_2O_3$、$(CaO)_3 \cdot Al_2O_3$]等。

2)氧化物与复合物在一定温度下处于平衡状态。氧化物的复合是一个放热反应,所以一般来说,当温度升高时复合物易分解,熔渣中自由氧化物的浓度增加。另外,各氧化物之间的结合强弱也不同,凡是生成热效应大的就易结合。强酸性氧化物最易与强碱性氧化物结合,强碱性氧化物能从复合物中取代弱碱性氧化物。但根据质量作用定律,当弱碱性氧化物的浓度相当大时,也能从复合物中取代强碱性氧化物,如

$$CaO + SiO_2 = CaO \cdot SiO_2$$
$$\Delta G^B \ (\text{J/mol}) \ = -992470 + 2.15T \tag{8-32}$$

当反应达到平衡时,其平衡常数为

$$K = \frac{x_{CaO \cdot SiO_2}}{x_{CaO} x_{SiO_2}} \tag{8-33}$$

在一定温度下,必有平衡的 CaO、SiO_2 和 $CaO \cdot SiO_2$ 存在。

3)只有熔渣中的自由氧化物才能与液体金属和其中的元素发生作用。例如,只有熔渣中自由的 FeO 才能参与下面的反应

$$(FeO) + [C] = [Fe] + CO \tag{8-34}$$

而硅酸盐$(FeO)_2 \cdot SiO_2$ 中的 FeO 则不能参与上面的反应。

2. 分子理论的应用

1)熔渣的氧化能力。熔渣的氧化能力主要取决于其中未与 SiO_2 或其他酸性氧化物结合的自由 FeO 的浓度;在熔渣-金属熔体界面上氧化过程的强度及氧从炉气向金属液中转移的量都与渣中自由 FeO 的浓度有关。

2)熔渣的脱硫及脱磷能力。熔渣从金属液中吸收有害杂质硫及磷的能力主要取决于熔渣中存在的自由 CaO;脱硫和脱磷过程的强度及限度也与自由 CaO 的浓度有关。根据分子理论,脱硫反应为

$$(CaO) + [FeS] = (CaS) + (FeO), \Delta H > 0 \tag{8-35}$$

反应的平衡常数及金属液中 FeS 的活度为

$$K = \frac{x_{CaS} \cdot x_{FeO}}{x_{CaO} \cdot \alpha_{FeS}}, \quad \alpha_{FeS} = \frac{1}{K}\frac{x_{CaS} \cdot x_{FeO}}{x_{CaO}} \tag{8-36}$$

在一定温度下，K 为常数，当 x_{CaO} 增大或 x_{FeO} 减小时，均可使 α_{FeS} 下降，即有利于硫的脱除。脱硫反应为吸热反应，升高温度有利于脱硫反应的进行。总之，增加熔渣的碱度、降低熔渣的氧化性、提高过程温度均能促使熔渣脱硫。

3. 分子理论的缺陷

1）不能运用分子理论进行定量计算。对于脱硫反应，将一定温度下平衡时各组元的活度值代入上面平衡常数 K 的表达式中，发现 K 不为常数。进一步假定熔渣中存在 $2CaO \cdot Al_2O_3$、$CaO \cdot Fe_2O_3$ 和 $(2CaO \cdot SiO_2)_2$ 等复杂分子，对 K 的计算加以修正，但修正后计算的 K 值仍在一定范围内变化，而不是常数。

2）分子理论不能解释 FeO 在脱硫中的作用。根据分子理论，降低熔渣中的 FeO 含量有利于脱硫。实验发现，无论是纯 FeO 熔渣还是含 FeO 的熔渣均具有一定的脱硫作用，即实验结果与分子结构理论的结论（只有 CaO 才有脱硫作用）不一致。

3）分子理论与熔渣性能间缺乏有机联系，无法解释熔渣的导电性。熔渣既可以导电又可以电解，说明熔渣中的结构单元应是带电的离子，而非中性分子。

4）只有在稀溶液时，熔渣才能被视为理想溶液。一般情况下，必须用活度来代替浓度进行热力学计算。

分子理论建立较早，由于它能简明地分析熔渣和金属之间的一些冶金反应，因而目前仍广泛应用。但用它无法解释一些重要的现象，如上面所述的熔渣导电性，因此又出现了离子理论。

8.6.2 熔渣结构的离子理论

1. 离子理论的理论基础和主要内容

熔渣结构的离子理论基础源于：①熔渣具有导电性，且其电导随着温度的升高而增大；②熔渣可以电解；③在熔渣-熔液体系中存在着毛细现象，说明熔渣具有电解质溶液的特性；④可以测出硅酸盐熔渣中 K、Na、Li 和 Ca、Fe 等阳离子的迁移数，说明熔渣中的最小扩散单元为离子；⑤X 射线结构分析表明，组成熔渣的简单氧化物和复杂化合物的基本单元均为离子。统计热力学为离子理论的建立提供了理论基础[1,2,6]。

离子理论基于对熔渣电化学性能的研究，其主要要点如下：

1）认为液态熔渣是由正离子和负离子组成的电中性溶液，一般包括简单正离子（Ca^{2+}、Mn^{2+}、Mg^{2+}、Fe^{2+}、Fe^{3+}、Ti^{4+} 等）、简单负离子（F^-、O^{2-}、S^{2-} 等）以及复杂负离子（SiO_4^{4-}、$Si_3O_9^{6-}$、AlO_3^{3-}、$Al_3O_7^{5-}$）等。

2）离子在熔渣中的分布、聚集和相互作用取决于它的综合矩，即离子电荷/离子半径。各种离子在标准温度（0℃）下的综合矩见表 8-7。当温度升高时，离子的半径增大，综合矩减小，但它们之间的大小排列顺序不变。离子的综合矩越大，说明其静电场越强，与异号离子的引力越大。由表 8-7 可见，阳离子中 Si^{4+} 的综合矩最大，而阴离子中 O^{2-} 的综合矩最大，故二者最易结合为复杂硅氧阴离子 SiO_4^{4-}，它的结构最简单，为一个四面体。随着熔渣中 SiO_2 含量的增多（或碱性氧化物 RO 的减少），经过不同的聚合反应可以连接成链状、环状和网状结构的硅氧离子团，如图 8-13 所示。硅氧离子的结构越复杂，其尺寸就越大。硅氧复合离子的结构、形状及参数见表 8-8。

表 8-7 离子的综合矩[1]

离子	离子半径/nm	综合矩/×10²C·cm⁻¹	离子	离子半径/nm	综合矩/×10²C·cm⁻¹
K^+	0.133	3.61	Ti^{4+}	0.068	28.2
Na^+	0.095	5.05	Al^{3+}	0.050	28.8
Ca^{2+}	0.106	9.0	Si^{4+}	0.041	48.0
Mn^{2+}	0.091	10.6	F^-	0.133	3.6
Fe^{2+}	0.083	11.6	PO_4^{3-}	0.276	5.2
Mg^{2+}	0.078	12.9	S^{2-}	0.174	5.6
Mn^{3+}	0.070	20.6	SiO_4^{4-}	0.279	6.9
Fe^{3+}	0.067	21.5	O^{2-}	0.132	7.3

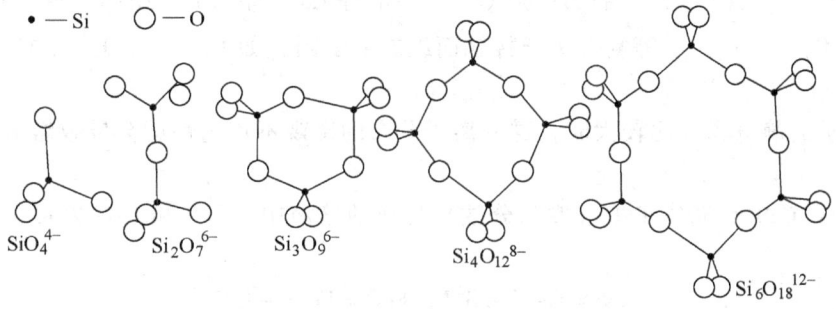

图 8-13 硅氧离子团结构

表 8-8 硅氧复合离子的结构、形状及参数[14]

离子种类	O/Si	离子的结构形状	化学式	常见矿物名称
SiO_4^{4-}	4.00	简单四面体	M_2SiO_4	橄榄石
$Si_2O_7^{6-}$	3.50	双链四面体	$M_2Si_2O_7$	方柱石
$(SiO_3^{2-})_n$	3.00	由三、四、六个四面体构成环状	$MSiO_3$	绿柱石
$(SiO_3^{2-})_\infty$	3.00	无限多个四面体构成线状	$MSiO_3$	辉石
$(Si_4O_{11}^{6-})_n$	2.75	无限多个四面体构成链状	$M_3Si_4O_{11}$	闪石
$(Si_2O_5^{2-})_n$	2.50	许多个四面体构成网状	MSi_2O_5	云母
$(SiO_2)_n$	2.00	三度空间格架	SiO_2	石英

此外，离子间的作用力还影响离子在熔渣中的分布，相互作用力强的异号离子彼此接近形成集团，而相互作用力弱的离子也形成集团。所以，熔渣不是完全均匀的离子溶液，而是微观不均匀的溶液。例如，在由 FeO、CaO 和 SiO_2 组成的熔渣中，综合矩比较大的 Fe^{2+} 和 SiO_4^{4-} 彼此接近形成集团，被排挤到另一个微区域。因此，熔渣中离子的分布不是完全无序的，而是近程有序的。

3）液体熔渣与金属之间相互作用的过程是原子与离子交换电荷的过程。例如，硅还原和铁氧化的过程是金属中的铁原子和渣中的硅离子在两相界面上交换电荷的过程，即

$$Si^{4+} + 2[Fe] = 2Fe^{2+} + [Si] \tag{8-37}$$

结果是硅进入金属中，而铁变成离子进入熔渣中。从分子理论的观点来看，上述反应应为

$$(SiO_2) + 2[Fe] = 2(FeO) + [Si] \tag{8-38}$$

2. 离子理论的应用

1) 离子熔体的微观不均匀性及分层现象。熔渣熔化后，随着温度的升高，离子的活动范围增大，能够自由移动，离子在固态时键的等价性消失，具有各自的静电场强。熔渣中阳离子及阴离子的分布显示微观不均匀性，出现了有序态的离子团。

例如，由于 Fe^{2+} 比 Ca^{2+} 的静电场强大，而 O^{2-} 对阳离子的作用力大于复合离子，因此，在 $CaO-FeO-SiO_2$ 系熔渣中，Fe^{2+} 的周围大半是 O^{2-}，而 Ca^{2+} 位于 SiO_4^{4-} 的周围，分别形成了离子团 $Fe^{2+} \cdot O^{2-}$ 及 $Ca^{2+} \cdot SiO_4^{4-}$。静电场强大的阳离子与静电场强大的阴离子分布在一起，形成强离子对或离子团。静电场强小的阳离子与静电场强小的阴离子分布在一起，形成弱离子对或离子团。

在 O^{2-} 数目很少的熔渣中，静电场强大的 Fe^{2+} 能使复合离子发生极化，使离子变形，从中可分裂出 O^{2-} 来，因而 Fe^{2+} 的邻近是 O^{2-}。一部分 Ca^{2+} 与 SiO_4^{4-} 相邻，另一部分 Ca^{2+} 则与渣中的 $Si_2O_7^{6-}$、$Si_3O_9^{6-}$ 等复合离子接触而组成离子团，如 $Ca^{2+} \cdot SiO_4^{4-}$、$Ca^{2+} \cdot Si_2O_7^{6-}$ 等。

当阳离子的静电场强比较大时，这种离子分布的微观不均匀性就会导致熔渣出现液相分层现象。

在由 70% CaS 和 30% FeO（摩尔分数）构成的熔渣中，CaS 和 FeO 离解成相应的简单离子

$$CaS = Ca^{2+} + S^{2-}, \quad FeO = Fe^{2+} + O^{2-} \tag{8-39}$$

假定 Ca^{2+} 对 S^{2-} 和 O^{2-} 的作用力相同，Fe^{2+} 对 S^{2-} 和 O^{2-} 的作用力也相同，则在 Ca^{2+} 周围出现 S^{2-} 和 O^{2-} 的概率分别应为 0.7 和 0.3，即构成该熔体的微观成分分布是均匀的。

2) 应用离子理论说明熔渣-金属间的反应。熔渣的脱硫作用为

阴极反应 $\quad [S] + 2e = (S^{2-})$

阳极反应 $\quad (O^{2-}) = [O] + 2e$

总反应 $\quad [S] + (O^{2-}) = (S^{2-}) + [O] \tag{8-40}$

金属中的锰被熔渣中 FeO 氧化的反应为

阴极反应 $\quad (Fe^{2+}) + 2e = [Fe]$

阳极反应 $\quad [Mn] = [Mn^{2+}] + 2e$

总反应 $\quad (Fe^{2+}) + [Mn] = [Fe] + [Mn^{2+}] \tag{8-41}$

3. 离子理论存在的问题

1) 不少复合离子的结构是人为的推测和假定，如铝氧离子 AlO_2^-、AlO_3^{3-}、$Al_2O_4^{2-}$；铁氧离子 FeO_2^-、$Fe_2O_4^{2-}$、$Fe_2O_5^{2-}$、FeO_3^{3-} 等。

2) 熔渣中同时存在游离的离子、游离氧化物和类似于化合物分子的络合物，它们之间同时存在着热离解平衡和电离平衡。例如，在含 FeO 和 SiO_2 的熔渣中，络合物分子 Fe_2SiO_4 与游离的离子 Fe^{2+}、SiO_4^{4-} 以及游离氧化物 FeO 和 SiO_2 之间同时存在以下平衡关系

$$Fe_2SiO_4 = 2Fe^{2+} + SiO_4^{4-}, \quad Fe_2SiO_4 = 2FeO + SiO_2$$

$$(Fe_2SiO_4) = K_e(Fe^{2+})^2(SiO_4^{4-}) = K_T(FeO)^2(SiO_2) \tag{8-42}$$

应当指出，实际的冶金熔渣是十分复杂的溶液，其中不仅有离子，而且还有少量的中性分子。虽然熔渣的离子理论对许多现象的解释比分子理论更为合理，但由于目前它还没有一个完整的模型，又缺乏系统的热力学资料，故在化学冶金中还是广泛应用分子理论[1,14,17]。

8.6.3 离子与分子共存理论

1. 共存理论的主要依据

1) SiO_2 或 Al_2O_3 的熔体几乎不导电，SiO_2-Al_2O_3 熔体的电导非常低，不能将全部熔渣当做电解质。

2) CaO-SiO_2、MgO-SiO_2、MnO-SiO_2、FeO-SiO_2 等渣系在含 SiO_2 较多的一侧熔化时，会出现两层液体，其中一层的成分与 SiO_2 相近，证明 SiO_2 存在于熔渣中。

3) 不同渣系固液相同成分熔点的存在，说明熔渣中存在有分子。

4) 某些研究结果否定了 CaO-SiO_2 系熔渣中 SiO_3^{2-}、$Si_3O_9^{6-}$ 离子以及复合分子 $Ca_3Si_3O_9$ 的存在。

2. 共存理论的基本观点

1) 熔渣由简单离子（Na^+、Ca^{2+}、Mg^{2+}、Mn^{2+}、Fe^{2+}、O^{2-}、S^{2-}、F^- 等）和 SiO_2、硅酸盐、磷酸盐、铝酸盐等分子组成。

2) 简单离子与分子间进行着动平衡反应

$$2(Me^{2+} + O^{2-}) + (SiO_2) = (Me_2SiO_4)$$
$$(Me^{2+} + O^{2-}) + (SiO_2) = (MeSiO_3)$$

(8-43)

3) 不论在固态或液态下，自由的 Me^{2+} 和 O^{2-} 均能保持独立而不结合成 MeO 分子，MeO 的活度表示为

$$\alpha_{MeO} = N_{MeO} = N_{Me^{2+}} + N_{O^{2-}} \tag{8-44}$$

对比离子理论，MeO 的活度则为：$\alpha_{MeO} = N_{MeO} = N_{Me^{2+}} \times N_{O^{2-}}$

4) 熔渣内部的化学反应服从质量作用定律[6,14,17]。

8.6.4 熔渣的碱度

碱度是熔渣的重要化学性质之一，熔渣的其他物化性质，如氧化能力、粘度等和熔渣的碱度密切相关。碱度对液态金属的脱硫及脱磷效果也有重要影响[1,2]。

1. 熔渣碱度的分子理论

按照分子理论，熔渣的碱度就是熔渣中的碱性氧化物与酸性氧化物浓度的比值，表示为

$$B = \frac{\sum 碱性氧化物的摩尔分数}{\sum 酸性氧化物的摩尔分数} \tag{8-45}$$

从原子结构的观点来看，氧化物酸性和碱性的基本区别在于其电子层的结构。当两种氧化物相互结合时，如果某氧化物提供电子，则这种氧化物叫做碱性氧化物；而享用电子的氧化物则叫做酸性氧化物。当用式（8-45）进行计算时，若 $B>1$ 时为碱性渣，$B<1$ 时为酸性渣，$B=1$ 时为中性渣。但实际上这样的计算结果并不准确，这是因为用该式计算时既没有考虑到各种氧化物酸、碱性强弱程度的差别，也没有考虑碱性氧化物和酸性氧化物形成中性复合物的情况。按照氧化物的酸性（或碱性）由强至弱的顺序排列有：酸性氧化物：SiO_2、TiO_2、P_2O_5 等；碱性氧化物：K_2O、Na_2O、CaO、MgO、MnO、FeO 等。因此产生对式（8-

45) 的修正公式（式中各化合物的浓度以质量分数计算）

$$B_1 = \frac{0.018\text{CaO} + 0.015\text{MgO} + 0.006\text{CaF}_2 + 0.014(\text{K}_2\text{O} + \text{Na}_2\text{O}) + 0.007(\text{MnO} + \text{FeO})}{0.017\text{SiO}_2 + 0.005(\text{Al}_2\text{O}_3 + \text{TiO}_2 + \text{ZrO}_2)}$$

(8-46)

当计算值 $B_1 > 1$ 时为碱性渣，$B_1 < 1$ 时为酸性渣，$B_1 = 1$ 时为中性渣。

2. 熔渣碱度的离子理论

离子理论把液态熔渣中自由氧离子的浓度（或氧离子的活度）定义为碱度。熔渣中自由氧离子的浓度越大，则碱度越大，其表达式为

$$B_2 = \sum_{i=1}^{n} a_i M_i$$

(8-47)

式中，M_i 为熔渣中第 i 种氧化物的摩尔分数；a_i 为熔渣中第 i 种氧化物的碱度系数。a_i 的取值见表 8-9。

表 8-9 熔渣中氧化物的 a_i 值[1]

氧化物	K_2O	Na_2O	CaO	MnO	MgO	FeO	SiO_2	TiO_2	ZrO_2	Al_2O_3	Fe_2O_3
a_i 值	9.0	8.5	6.05	4.8	4.0	3.4	-6.31	-4.97	-0.2	-0.2	0

当 $B_2 > 0$ 时为碱性渣，$B_2 < 0$ 时为酸性渣，$B_2 = 0$ 时为中性渣。

氧化物的 a_i 为正值，这是因为碱性氧化物在液态渣中产生 O^{2-}，例如

$$\text{CaO} = \text{Ca}^{2+} + \text{O}^{2-}$$

(8-48)

而酸性氧化物消耗熔渣中的 O^{2-}，例如

$$\text{SiO}_2 + 2\text{O}^{2-} = \text{SiO}_4^{4-}$$

(8-49)

因此，碱性渣中 O^{2-} 多，碱度较高；酸性渣中 O^{2-} 少，碱度较低。

8.7 渣相的物理性质

1. 熔渣的凝固温度与密度

熔渣是一个多元体系，它的液固转变是在一个温度区间内进行的，其凝固温度的高低取决于熔渣的组分。一般构成熔渣各组元独立相的熔点较高，而以一定比例构成复合渣时可使凝固温度大大降低。在金属熔炼或熔焊中，若熔渣的熔点过高，将不能均匀覆盖在液态金属表面，保护效果变差。图 8-14 所示为炼钢过程中常见的 $CaO\text{-}FeO\text{-}SiO_2$ 三元渣系的熔化等温线图[1,2]，此相图是碱性炼钢熔渣的基本相图，同时也是大多数有色冶金炉渣（如炼铜熔渣、炼锡熔渣）的相图。

密度也是熔渣的基本性质之一，它影响熔渣与液态金属间的相对位置和相对运动速度。密度与金属接近的熔渣易滞留于金属内部形成夹杂。几种常见化合物的熔点和密度见表 8-10，选用材料时，首先要保证所形成的熔渣具有合适的凝固温度范围和较低的密度。

表 8-10 几种常见化合物的熔点和密度[1]

化合物	FeO	MnO	SiO_2	TiO_2	Al_2O_3	$(FeO)_2 \cdot SiO_2$	$MnO \cdot SiO_2$	$(MnO)_2 \cdot SiO_2$
熔点/℃	1369	1580	1723	1825	2050	1205	1270	1326
密度/$\times 10^3 \text{kg} \cdot \text{m}^{-3}$	5.80	5.11	2.26	4.07	3.95	4.30	3.60	4.10

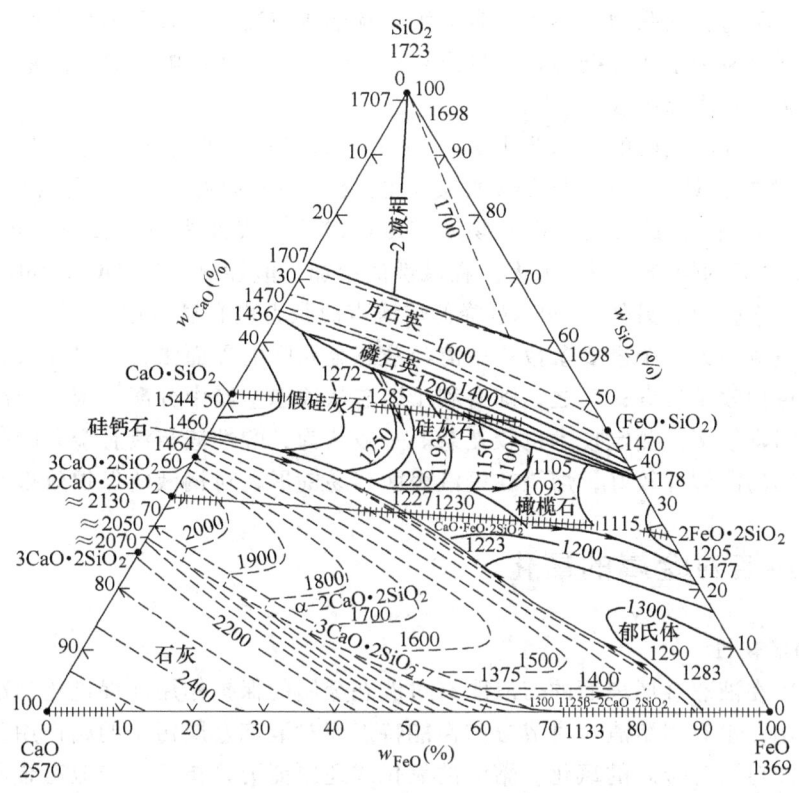

图 8-14 CaO-FeO-SiO$_2$ 三元渣系的熔化等温线图

稳定化合物：CS、C$_2$S、F$_2$S、CFS　不稳定化合物：C$_3$S$_2$、C$_3$S、SiO$_2$、CS、C$_2$S

—·—表示晶型转变线

2. 熔渣的粘度

熔渣的粘度是一个较为重要的性能。由于金属与熔渣之间的冶金反应，从动力学角度考虑，在很大程度上取决于它们之间的相对传输速度。因此，熔渣粘度越小则流动性越好，扩散越容易，对冶金反应进行越为有利。

熔渣的粘度与它的成分和结构有关，含 SiO$_2$ 多的熔渣其结构比较复杂，Si-O 阴离子聚合程度大，离子尺寸大，粘度大。在温度升高时，复杂的 Si-O 离子逐渐被破坏，形成较小的 Si-O 阴离子，粘度缓慢下降。碱性渣中离子尺寸小，粘度低，且随温度升高离子浓度增大，粘度迅速下降。在酸性渣中减少 SiO$_2$、增加 TiO$_2$ 会使复杂的 Si-O 阴离子减少，可降低粘度。另外，在酸性渣中，加入一定量的能产生 O^{2-} 的碱性氧化物（如 CaO、MgO、MnO 和 FeO 等）能破坏 Si-O 离子键，使 Si-O 离子的聚合程度降低，粘度下降。

当碱性渣中高熔点 CaO 多时，可出现未熔化的固体颗粒而使粘度升高。向熔渣中加入 CaF$_2$ 可起到很好的稀释作用。在碱性渣中，CaF$_2$ 能促使 CaO 熔化，降低粘度；在酸性渣中，CaF 中的 F$^-$ 能更有效地破坏 Si-O 键，减小聚合离子尺寸，降低粘度[1,23]。

3. 熔渣的表面张力及界面张力

液体表面层由于分子引力不均衡而产生的沿表面作用于任一界线上的张力，称为表面张力。冶金上通常遇到的物质有三种存在状态，即气、液、固。不同相界面之间有不同的界面张力，为了区别起见，通常将与气相接触的界面张力称为表面张力，而在固-液，液-液或固-

固界面上的张力称为界面张力。熔渣的表面张力及熔渣与液态金属间的界面张力对于熔炼过程动力学及液态金属中熔渣等杂质相的排出有重要影响，它还影响到熔渣对液态金属的覆盖性能，并由此影响隔离保护效果[1,17]。

熔渣的固相与气相之间的表面张力 σ_{S-G} 除了与温度有关外，还主要取决于熔渣组元质点间化学键的键能。具有离子键的物质其键能较大，表面张力也较大（如 MgO、CaO、Al_2O_3、MnO、FeO 等）；具有极性键的物质其键能较小，表面张力也较小（如 B_2O_3、P_2O_5 等）。因此，碱度高的熔渣表面张力大。在碱性渣中加入酸性氧化物 TiO_2、SiO_2、B_2O_3 等能降低碱性渣的表面张力。另外，CaF_2 对降低熔渣表面张力也有显著作用。

影响熔炼质量的另一个重要参数是熔渣与液态金属间的界面张力。界面张力小时，熔渣对金属的覆盖保护效果较好；反之，则有利于熔渣从液态金属中分离。熔渣与液态金属间界面张力的影响因素较多，测定技术也较复杂。一般认为，酸性渣与液态金属间的界面张力较小，对液态金属的润湿性较好，熔渣在钢液表面容易铺展，对钢液的保护效果好。

8.8 活性熔渣对金属的氧化

1. 熔渣的氧化性

高温下覆盖在液态金属表面的熔渣既有对液态金属的保护作用和促进化学冶金反应过程顺利进行的作用，也有因熔渣自身成分与性能特点而对液态金属污染的副作用，其中包括氧化性较强的熔渣对液态金属的氧化。熔渣的氧化或还原能力是指熔渣向液态金属中传入氧或从液态金属中导出氧的能力。氧化性较强的熔渣又称为活性熔渣[1]。

熔渣的氧化性通常用熔渣中含有最不稳定的氧化物 FeO 的浓度高低及该氧化物在熔渣中的活度来衡量。由于熔渣并非理想溶液，熔渣中 FeO 的含量并不是参加氧化反应时的有效浓度，氧化反应能否顺利进行与 FeO 在熔渣中的活度 α_{FeO} 有关。图 8-15 所示为 FeO 在 1600℃ 的等活度曲线，图中将实际熔渣中的碱性氧化物 CaO、MgO、MnO 对 α_{FeO} 的影响近似地认为相同，而 P_2O_5 的影响近似地认为和 SiO_2 相同。实际熔渣中除了 FeO 外，还常有一部分铁的高价氧化物 Fe_2O_3。计算 FeO 的活度时，应将熔渣中的 Fe_2O_3 按下式折合成 FeO 的含量

$$Fe_2O_3 + Fe = 3FeO$$

$$Fe_2O_3 = 2FeO + \frac{1}{2}O_2 \tag{8-50}$$

前者称为全氧折合法，后者称为全铁折合法。这样，实际熔渣成为图中的伪三元系。

从图 8-15 中可以看出，有一条虚线将 α_{FeO} 的各等活度曲线的峰值点连在一起。该虚线表示：当熔渣中 FeO 的含量一定时，欲获得熔渣的最高氧化性，需保持该熔渣中碱性氧化物与酸性氧化物的含量比一定，对应于该比值的熔渣碱度大约为 2。由于该虚线位置偏向组元 $CaO + MgO + MnO$ 一侧，显而易见，FeO 在碱性渣中的活度系数比在酸性渣中的大。

在已知熔渣的成分时，可以根据图 8-15 中对应于 $CaO + MgO + MnO$ 和 $SiO_2 + P_2O_5$ 两侧的反应特征查出 1600℃ 下熔渣中 FeO 的活度 α_{FeO}，再通过下式可以估算出该温度下熔渣与液态金属构成的系统达到平衡时液态金属中的含氧量

$$[w_O] = [w_O]_{max} \alpha_{FeO} \tag{8-51}$$

式中 $[w_O]_{max}$ 为在纯 FeO 构成的熔渣下，与之平衡时液态金属中 $[w_O]$ 的极限含量。

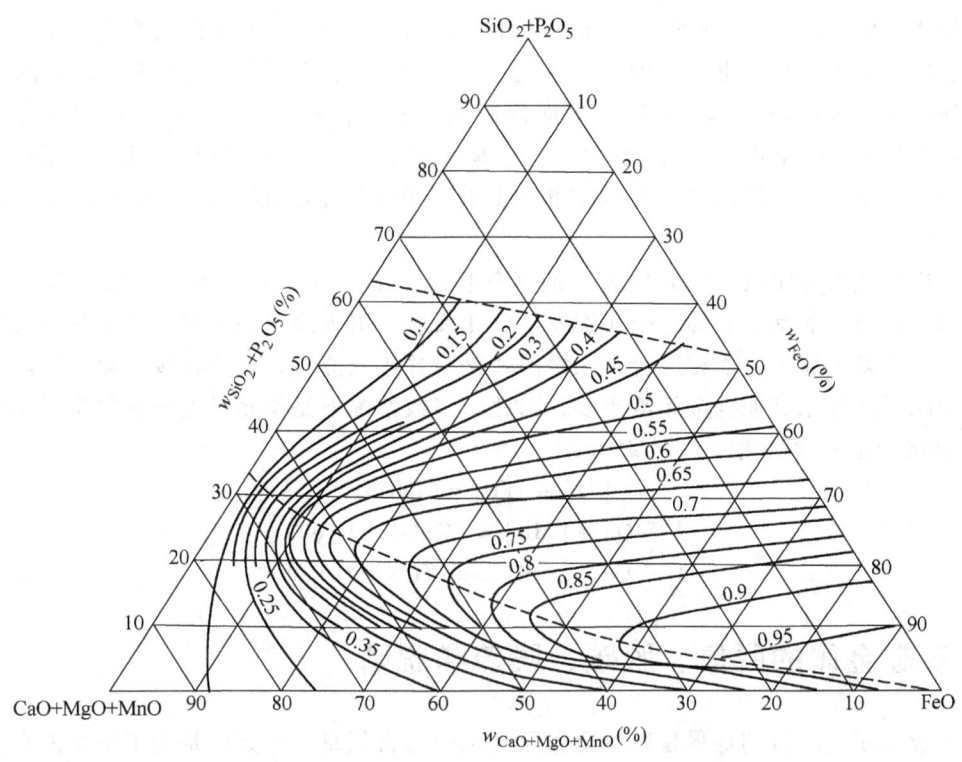

图 8-15 渣系中 FeO 在 1600℃时的等活度曲线

$[w_O]_{max}$ 是与温度有关的常数,其关系式为

$$\lg[w_O]_{max} = -\frac{6320}{T} + 2.734 \tag{8-52}$$

当 $T = 1600℃$ 时,$[w_O]_{max} = 0.06$。

由式(8-52)可以看出:随着温度的升高,熔渣的氧化性增大。

熔渣对液态金属的氧化形式可分为扩散氧化与置换氧化两种[1,6,14]。

2. 扩散氧化

熔渣中的 FeO 既溶于熔渣又溶于液态钢,在一定温度下,它在两相中的平衡浓度符合分配定律

$$L = \frac{(FeO)}{[FeO]} \tag{8-53}$$

由此可以看出,当温度不变时,增加液态熔渣中的 FeO 含量将会使液态金属增氧。FeO 的分配常数 L 与温度和熔渣的性质有关。在 SiO_2 饱和的酸性渣中,有

$$\lg L = \frac{4906}{T} - 1.877 \tag{8-54}$$

在 CaO 饱和的碱性渣中,有

$$\lg L = \frac{5014}{T} - 1.980 \tag{8-55}$$

由式(8-54)及式(8-55)可以看出,当温度升高时,分配常数 L 值减小,即在高温下 FeO 更容易向金属中分配。

比较式(8-54)及式(8-55)中 L 的大小,在同样温度下,FeO 在碱性渣中比在酸性渣中更容易向金属中分配。也就是说,在熔渣中 FeO 相同的情况下,碱性渣金属中的含氧量比酸性渣的大。碱性渣中 SiO_2、TiO_2 等酸性氧化物较少,FeO 大部分以自由状态存在,即 FeO 在熔渣中的活度系数大,因而更容易向金属中扩散,致使液态金属增氧。实际扩散氧化反应进行的程度取决于界面附近 FeO 的扩散速度、接触界面的面积大小与扩散反应进行的时间[1, 14]。

在钢铁氧化熔炼阶段,加入的氧化剂(气体或矿石)除了进行脱碳、脱磷反应外,还会与溶解在钢液中的锰、硅等合金元素发生氧化反应。溶入到液态金属中的氧化性气体可以直接与合金元素反应,生成相应合金元素的氧化物并进入渣相,称为直接氧化。但由于液态金属中铁原子数远比其他合金元素要多,因此,多数情况下是铁元素先被氧化生成 FeO,而后 FeO 再将合金元素氧化。

$$[O] + [Fe] = (FeO)$$
$$(FeO) + [Mn] = (MnO) + [Fe]$$

或
$$2[FeO] + 2[Si] = (SiO_2) + 2[Fe] \quad (8\text{-}56)$$

8.9 液态金属的脱氧、脱碳、脱硫和脱磷

液态金属脱氧的目的是尽量减少金属及合金中的含氧量。一方面是为了防止液态金属的氧化,减少液态金属中溶解的氧;另一方面要排除脱氧后的产物,因为它们是金属及合金中非金属夹杂物的主要来源之一,而这些夹杂物会使金属的含氧量增加。对于钢液来说,脱氧就是用脱氧剂除去钢液中残留于 FeO 中的氧而将铁还原的工艺措施。不同的元素具有不同的脱氧能力。脱氧剂的脱氧能力可以用加入等量的脱氧元素后,钢液中 FeO 的平衡含量来衡量。与某种元素相平衡的 FeO 含量越低时,表明这种元素的脱氧能力越强。在使用某种元素进行脱氧时,钢液的脱氧程度与该元素在钢液中的残留量有关。这可以从脱氧反应的化学平衡来理解。脱氧的过程可以用下式表示

$$x[Me] + y[FeO] \rightarrow (Me_xO_y) + y[Fe] \quad (8\text{-}57)$$

式中,Me 表示脱氧元素,如 Mn、Si、Al 等。当反应进行充分,达到平衡时,Me 与钢液中 FeO 的含量(残留量)之间存在着下述关系

$$[w_{Me}]^x [w_{FeO}]^y = K \quad (8\text{-}58)$$

式中,K 是常数,它是温度的函数,在一定的温度条件下为定值。由此可见,钢液中 FeO 的残留量与脱氧元素的残留量成反比,脱氧元素的残留量越高,则 FeO 的残留量越低,即钢液的脱氧程度就越彻底。图 8-16 表明一些元素在 1600℃ 时的脱氧能力及在不同残留量条件下钢液的脱氧程度。

元素按照其脱氧能力由小到大排列的顺序是:Cr、Mn、V、C、Si、B、Ti、Al、Zr、Ce。当使用

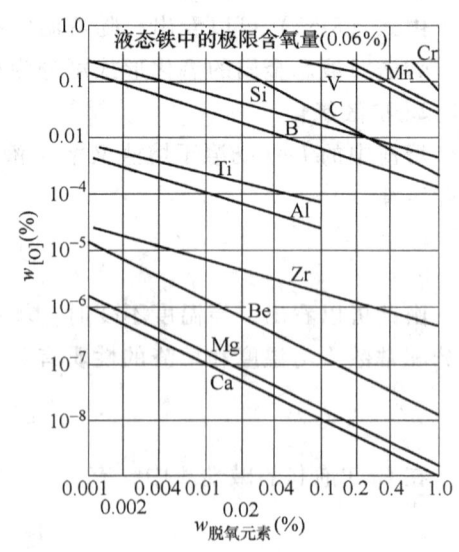

图 8-16 各种元素脱氧能力的比较(1600℃)

几种脱氧剂同时进行脱氧时，应该按照脱氧能力的顺序由小到大依次使用。一般铸造过程中最常用的脱氧剂主要有锰、硅、钛和铝。

在材料成形加工中，液态金属的脱氧方法有很多种，按其进行的方式和特点不同主要可分为沉淀脱氧、扩散脱氧和真空脱氧等[1, 16-20]。

8.9.1 液态金属的脱氧

1. 沉淀脱氧

沉淀脱氧是指溶解于液态金属中的脱氧剂直接和熔池中的[FeO]起作用，使其转化为不溶于液态金属的氧化物，并析出转入熔渣中的一种脱氧方式。这种方法的优点是脱氧速度快、脱氧彻底，但脱氧产物不能清除时将增加金属液中杂质的含量。其脱氧反应为

$$x[Me] + y[O] = (Me_xO_y) \tag{8-59}$$

若考察熔渣碱度、脱氧元素的种类及数量等的影响，则有如下关系式

$$\lg[w_O] = -\frac{A}{y}B_L - \frac{x}{y}\lg[w_{Me}] + \frac{1}{y}\lg[w_{Me_xO_y}] - \frac{1}{y}(C - yD) \tag{8-60}$$

式中，A、C 和 D 为与脱氧元素有关的常数。从式（8-60）中可以看出，脱氧效果或金属中的含氧量[O]不仅与脱氧元素[Me]和脱氧产物（Me_xO_y）的数量有关，并且和熔渣碱度 B_L 有关。[Me]越多、（Me_xO_y）越少，脱氧效果越好。另外，熔渣的性质应与脱氧产物的性质相反，这样既有利于降低脱氧产物在熔渣中的活度，也有利于熔渣吸收脱氧产物[1]。

由此可见，要实现沉淀脱氧，应具备以下三个条件：① 必须向熔池中加入对氧亲和力大的元素；② 脱氧产物应不溶于金属而成为独立液相转入熔渣中；③ 熔渣的酸碱性质与脱氧产物性质相反，以利于熔渣吸收脱氧产物。

下面介绍几种生产中常用的脱氧产物[1, 24-26]。

（1）锰的脱氧反应 在液态金属中加入适量的锰，可进行如下脱氧反应

$$[Mn] + [FeO] = [Fe] + (MnO)$$

$$K = \frac{\alpha_{MnO}}{\alpha_{Mn}\alpha_{FeO}} = \frac{w_{MnO}\gamma_{MnO}}{\alpha_{Mn}\alpha_{FeO}} \tag{8-61}$$

式中，γ_{MnO} 为熔渣中 MnO 的活度系数；α_{MnO} 为熔渣中 MnO 的活度；α_{Mn} 为液态金属中 Mn 的活度；α_{FeO} 为液态金属中 FeO 的活度；w_{MnO} 为熔渣中 MnO 的质量分数；K 为平衡常数（温度的函数），当温度降低时 K 增大，有利于脱氧。

当金属中含锰和 FeO 量少时，其活度系数近似为 1，于是可得到

$$w_{FeO} = \frac{w_{MnO}\gamma_{MnO}}{Kw_{Mn}} \tag{8-62}$$

由式（8-62）可以看出，增加金属中的含锰量、减少熔渣中的 MnO 可提高脱氧效果。熔渣的性质对锰的脱氧效果也有很大的影响，在酸性渣中含有较多的 SiO_2 和 TiO_2，它们与脱氧产物 MnO 生成复合物 $MnO \cdot SiO_2$ 和 $MnO \cdot TiO_2$，从而使 MnO 的活度系数减小，因此脱氧效果较好；相反，在碱性渣中，MnO 的活度系数较大，不利于锰脱氧，且碱度越大，锰的脱氧效果越差。正因为如此，一般造酸性渣的钢液中可用锰铁作为脱氧剂，而碱性钢液中不单独使用锰铁作为脱氧剂。

根据钢液中锰的浓度不同，其脱氧产物 MnO 和 FeO 既可形成液态产物，又可形成固态产物，如图 8-17 所示。出现液态或固态产物的临界含锰量既取决于钢液的温度，也与钢液中加入的锰铁量有关。显然，在一定温度下，加入过多的锰会形成固态产物，易造成夹杂。

（2）硅的脱氧反应 在钢液中加入脱氧剂硅铁或含硅较高的合金，可进行如下反应

$$[Si] + 2[FeO] = 2[Fe] + (SiO_2)$$

$$w_{FeO} = \sqrt{\frac{w_{SiO_2} \gamma_{SiO_2}}{w_{Si} K}} \qquad (8\text{-}63)$$

显然，提高熔渣的碱度和金属中的硅含量，可以提高硅的脱氧效果。硅的脱氧能力比锰的大，但生成的 SiO_2 熔点高（表 8-10）。通常认为 SiO_2 处于固态，不易聚合为大的质点；同时 SiO_2 与钢液的界面张力小，润湿性好，不易从钢液中分离，所以容易造成夹杂。因此，一般不单独用硅脱氧。

（3）硅锰联合脱氧 把硅和锰按适当比例加入液态金属中进行联合脱氧时，脱氧产物为不饱和液态硅酸盐，其密度小，熔点低（表 8-10），易于浮出，并易被熔渣吸收，从而可减少钢中夹杂物和含氧量，脱氧效果十分显著。

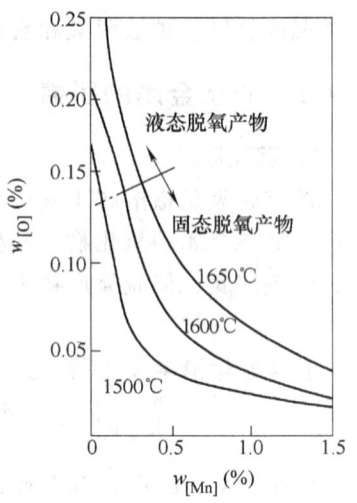

图 8-17 与脱氧产物平衡的锰、氧浓度

在熔炼钢铁时经常采用硅锰联合脱氧，例如，在转炉炼钢时，向炉内加入一定量的硅锰合金进行预脱氧，结果使钢中含氧量大大降低。

采用由两种以上的脱氧元素组成的复合脱氧剂脱氧一直被铸造工作者所重视，因为这种脱氧剂的熔点低、熔化快，且各种反应在同一区域进行，有利于低熔点脱氧产物的形成、聚合和排除，从而可减少夹杂物数量。例如，钙的脱氧能力强，但其蒸气压高，在钢液中溶解度低，脱氧效果变差；如果用硅钙合金作为脱氧剂，则可提高钙的溶解度，减少蒸气损失，易生成低熔点的硅酸盐，对 Al_2O_3 还可起到助熔作用。因此，硅钙合金不仅是有效的脱氧剂，而且还可起到消除夹杂物、净化钢液的作用。

2. 扩散脱氧

扩散脱氧是在液态金属与熔渣界面上进行的，它以 FeO 在两相中的分配定律为理论基础，即 FeO 同时存在于熔渣和钢液中，熔渣中的 FeO 与钢液中的 FeO 能够互相转移，而且是趋于平衡。这种情况符合物理化学中异相平衡的分配定律。熔渣中与钢液中 FeO 的含量之间存在一定的比值，即

$$\frac{w_{(FeO)}}{w_{[FeO]}} = L_{FeO} \qquad (8\text{-}64)$$

式中，L_{FeO} 称为氧的分配系数，它是温度的函数。

扩散脱氧通常是将脱氧剂加入熔渣中，使脱氧元素与熔渣中的 FeO 起作用而进行脱氧。当熔渣中 FeO 的含量降低时，钢液中的 FeO 就向熔渣中扩散，这样就间接达到了脱去钢液中 FeO 的目的。

另外，根据上面的分析还可知道，通过降低温度、增大氧的分配系数，也可以进行扩散脱氧。一般扩散脱氧的优点是脱氧产物留在熔渣中，液态金属不会因脱氧而造成夹杂；缺点是扩散脱氧过程进行缓慢，脱氧时间长[1, 6, 17, 27]。

电炉炼钢一般采用沉淀脱氧与扩散脱氧相结合的方法，即先用锰（锰铁）进行沉淀脱氧，再用碳（炭粉）和硅（硅铁粉）进行扩散脱氧，最后再用铝进行沉淀脱氧。这种沉淀脱氧与扩散脱氧相结合的方法既能保证钢的质量，又不会使冶炼时间过长。

在电炉炼钢的脱氧过程中，扩散脱氧是重要环节。钢液脱氧是否良好与造还原渣脱氧操作有着重要的关系。脱氧过程是在炉渣中进行的，图 8-18 所示为电炉炼钢的脱氧过程。

前一阶段是碳起脱氧作用　　$C + (FeO) = CO\uparrow + [Fe]$ 　　　　　　　　　　(8-65)

后一阶段是硅起脱氧作用　　$Si + 2(FeO) = (SiO_2) + 2[Fe]$ 　　　　　　　　　(8-66)

还原生成的铁返回到钢液中，而 FeO 逐渐减少，这样就破坏了原来的平衡，于是钢液中的 FeO 会自动向炉渣中扩散转移，即 $[FeO] \rightarrow (FeO)$，这样就达到了脱氧的目的。

为了使扩散脱氧过程顺利进行，需要创造适当的热力学条件和动力学条件。能够使扩散脱氧顺利进行的有利条件如下：

1）还原性炉气。只有炉气是还原性的时候才有可能出现还原性（含少量 FeO）的炉渣。例如，电弧炉炼钢由于不采用燃烧方法加热，因此能关闭炉门，避免进入空气，保持了还原性炉气，这是电弧炉炼钢的优点之一。

2）比较高的炉温。高温有利于碳脱氧，如图 8-19 所示，在炉温比较高的条件下，碳与氧的亲和力增大，而铁与氧的亲和力减小。因此，炉温越高，碳的脱氧能力越强，这与一般焊接熔池中的扩散脱氧要求温度低正好相反。

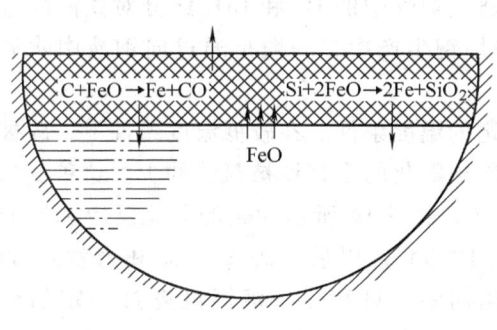

图 8-18　电炉炼钢脱氧过程示意图

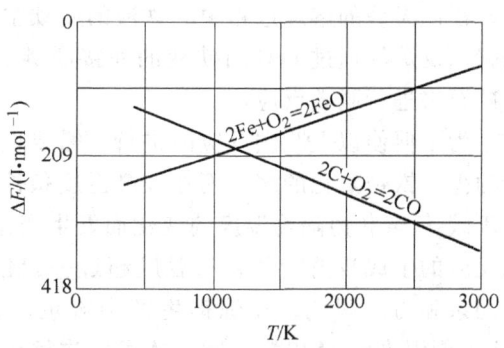

图 8-19　碳与铁氧化反应的生成自由能图

3）炉渣的粘度。炉渣的粘度要小，粘度大会使 FeO 的传输速度降低，因而脱氧速度变慢，脱氧效果不佳。

3. 真空脱氧

真空脱氧的原理实质上是以降低 CO 分压为手段加强钢液中碳的脱氧能力。由于钢液的熔化过程是在真空条件下进行的，碳的脱氧能力比在常压下大为提高。这是因为碳的氧化反应为

$$[C] + [O] = CO\uparrow \qquad (8-67)$$

生成的 CO 不溶于液态金属，直接被抽走，有利于反应向右侧进行，因而钢液脱氧良好。

研究表明，在温度为 1873K、$p_{CO} = 1.0$ kPa 的条件下，当 $w_C = 0.1\%$ 时，$w_O = 2.5 \times 10^{-4}\%$；而当 $w_C = 0.5\%$ 时，$w_O = 0.5 \times 10^{-4}\%$。即当 $p_{CO} = 1.0$ kPa 时，碳的脱氧能力高于铝的脱氧能力。这是按理想条件计算的结果，没有考虑钢液同其他氧化物的接触情况，也就是说在特殊的成形工艺冶炼中（如真空电弧炉熔炼、电子轰击熔炼、真空电子束焊接等）才

有可能实现。而在一般的真空处理时，钢液总是同钢包衬或炉渣接触，在钢液同各种氧化物接触的条件下，碳不仅使钢液脱氧，还能使其他氧化物还原，可能发生如下反应

$$(SiO_2) \rightarrow [Si] + 2[O] \tag{8-68}$$

这些还原反应除了降低钢液的脱氧程度以外，还可能使钢液中一些成分达到不应有的上限。因此，在一般真空处理条件下，碳只能起到部分脱氧作用。尽管如此，在真空条件下用碳脱氧，脱氧产物不残留在钢液中，所以对提高钢液质量有明显效果。

8.9.2 液态金属的脱碳

脱碳反应是成形冶金中非常重要的反应之一，通常其目的主要是通过生成不溶于钢液的 CO_2 来去除钢液中的有害气体和夹杂物，对钢液起到精炼作用，但其过程伴随着含碳量的降低。对于低碳及超低碳不锈钢的熔炼，脱碳反应则主要是为了降低含碳量，其反应方式主要有两种，一种是碳被氧化性气体直接氧化，如

$$2[C] + O_2 = 2CO \uparrow \tag{8-69}$$

$$[C] + CO_2 = 2CO \uparrow \tag{8-70}$$

另一种方式是间接氧化，即钢液中的铁先被氧化生成 FeO，而后碳又被 FeO 所氧化

$$2[Fe] + O_2 = 2[FeO] \tag{8-71}$$

$$[Fe] + CO = [FeO] + C \tag{8-72}$$

在冲天炉的熔炼过程中，铁液的脱碳主要是通过炉气中的 O_2 和 CO_2 成分对铁液的直接脱碳以及炉气通过 FeO 对铁液的间接脱碳。而在炼钢生产中，一般是通过向钢液中吹氧或加矿石来进行脱碳反应。

为了促使以上脱碳反应的进行，需要创造一定的温度条件。在较低温度条件下，碳被氧化的少，铁被氧化的多。而在较高温度条件下，碳被氧化的多，铁被氧化的少。这种变化是由于碳-氧亲和力随着温度的变化而发生变化的结果。图8-19所示为碳的氧化反应和铁的氧化反应的生成自由能图，当温度超过一定值（约1000℃）以后，碳-氧的亲和力就超过铁-氧的亲和力。因此，在炼钢生产中规定，在氧化期中，只有在钢液温度超过一定的温度（热电偶温度为1530℃）时，才可以吹氧和加矿石脱碳[1,2]。

脱碳反应生成的产物是 CO，CO 不溶解于钢液，因而形成大量气泡。气泡在与钢液脱离和上浮的过程中使钢液受到强烈的搅动，致使钢液温度和化学成分均匀，并能有效清除钢液中的气体和非金属夹杂物。由于脱碳反应能够起到这样的作用，所以在炼钢时，总是使炉料的平均含碳量超过钢的规定含碳量，以便将这部分多余的碳氧化掉。

因此，可以说，在一定的炼钢过程中，脱碳是手段而不是目的。当然，如果检验发现钢液的含碳量高于成分设计的含碳量时，也可采用脱碳反应来降低钢液的含碳量。

近代在发展新型低合金结构钢、低温钢和不锈钢等钢种中，有一种趋向是要求钢中的含碳量非常低。例如，为了提高钢的焊接性而开发的 CF 钢、细晶粒钢和管线钢等，这就要求能冶炼出低碳（$w_C \leq 0.08\%$）、超低碳（$w_C \leq 0.03\%$）以及极低碳（$w_C \leq 0.01\%$）的钢液。这样的技术条件要求在一般的空气气氛冶炼条件下是难以达到或不可能达到的，因为钢液中的碳以及构成钢的基本元素铁和其他元素都与钢中的氧存在一定的平衡关系。当钢液中的含碳量被氧化到很低时，钢中的含氧量就会达到很高的值，这时，铁及其他合金元素也将大量被氧化，其结果不仅会造成合金元素的大量烧损，更严重的是会使钢液中存在大量的氧化铁

及其他氧化物夹杂，降低钢的质量。

所以，为了冶炼纯净度高的低碳钢液，比较有效的方法是在真空下进行脱碳。例如，生产中采用氩氧脱碳精炼（AOD）法以及真空氩氧脱碳转炉（VAODC）法。下面从热力学的角度来说明真空脱碳原理。

根据图 8-20 所示和碳的氧化反应式（8-69）~ 式（8-72），在空气冶炼条件下，CO 的分压是比较高的，因此限制了碳的氧化。欲使含碳量降得很低，就必须使钢液中的含氧量提高，即使钢液过度氧化。而在真空条件下，由于反应生成物 CO 被抽去，CO 的分压很低，即 [C] 和 [O] 的乘积可以降得很低。亦即在同样的钢液含氧量下，真空条件下的平衡值大为降低。真空度越高（即 CO 分压越低）时，其平均含碳量越低，其间的关系如图 8-20 所示[1, 20-22, 28]。

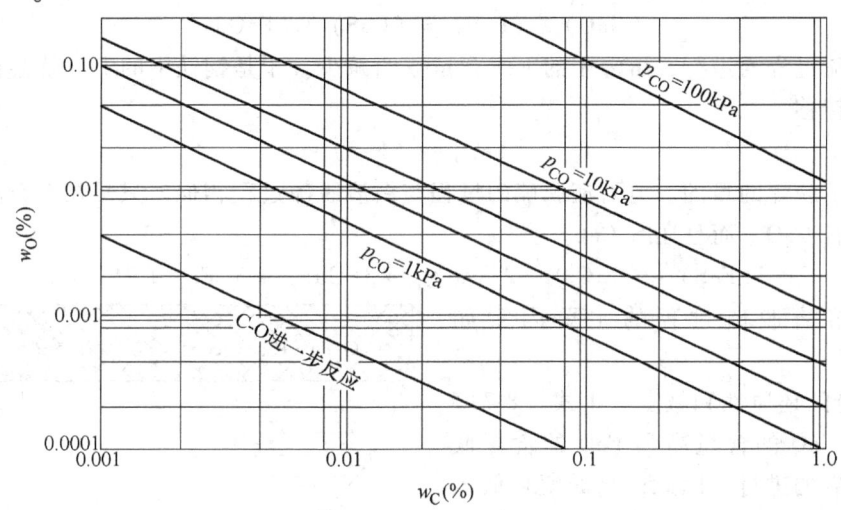

图 8-20　在 1700℃ 和不同 CO 压力下 C-O 之间的平衡关系

8.9.3　液态金属的脱硫

硫是钢铁中的有害杂质元素之一，多以 FeS 形式存在，危害性极大。因为 FeS 与液态铁几乎无限互溶，而在室温下它在固态铁中的溶解度仅为 0.015% ~ 0.020%（质量分数）（图 8-21）。这样，在钢铁凝固时它容易发生偏析，以低熔点共晶 Fe + FeS（熔点为 985℃）或 FeS + FeO（熔点为 940℃）的形式呈片状或链状分布于晶界，增加了金属产生热裂纹的倾向，同时还会降低冲击韧度和耐蚀性。在一些高镍合金钢中，硫的危害作用更为严重。因为硫极易与镍形成 NiS，而 NiS 又会与镍形成熔点更低的共晶 NiS + Ni（熔点降到 644℃），所以产生热裂纹的倾向更大。当钢中含碳量增加时，会促使硫发生偏析，从而增加其危害性。由于上述原因，有必要采用脱硫措施减少金属中的含硫量。

目前在成形工艺中常用的脱硫方法，按脱硫反应进行的场所可分为炉内脱硫和炉外脱硫两种方式。按脱硫的物理化学作用或过程可分为沉淀脱硫、熔渣脱硫和真空脱硫三种方

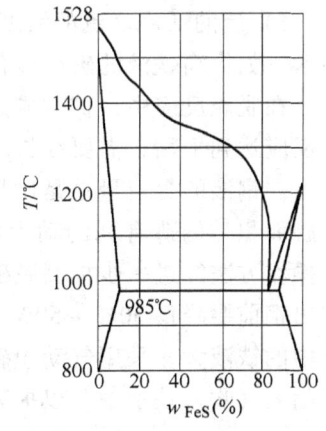

图 8-21　Fe-FeS 状态图

式[1, 2, 21]。

熔渣脱硫是目前铸造和焊接冶金中主要的脱硫方法，它是利用熔渣中的 CaO、CaC$_2$、MnO、MgO 等进行脱硫，其脱硫反应包括扩散过程，脱硫的原理与扩散脱氧基本相似。液态钢铁中的硫以 FeS 的形态存在，FeS 也是同时存在于熔渣和液态金属中，能互相转移。当达到动态平衡时，熔渣中 FeS 的含量与钢铁液中 FeS 的含量成一定比例，即

$$\frac{w_{(FeS)}}{w_{[FeS]}} = L_{FeS}$$

式中，L_{FeS} 为硫的平衡分配系数，它也是温度的函数，在一定温度下它是一个定值。

脱硫的过程是在熔渣中进行的。例如，在白渣冶炼条件下（图 8-22），熔渣中的 CaO 起脱硫作用

$$(CaO) + (FeS) = (CaS) + (FeO) \tag{8-73}$$

随着脱硫过程的进行，熔渣中的 FeS 含量逐渐减少，于是钢铁中的 FeS 就会自动往炉渣中不断扩散转移

$$[FeS] \rightarrow (FeS) \tag{8-74}$$

这样就达到了脱硫的目的。电石渣脱硫的过程与白渣脱硫过程相似，只是在电石渣下起脱硫作用的不仅有 CaO，而且还有 CaC$_2$

$$3(FeS) + (CaC_2) + 2(CaO) \rightarrow 3(CaS) + 3[Fe] + 2CO \tag{8-75}$$

影响熔渣脱硫过程的主要因素如下[1, 2, 29-32]：

1) 熔渣的还原性和碱度。由式（8-73）可知，渣中 CaO 的含量高和 FeO 的含量低都有利于反应的进行，因此，高碱度且低氧化性熔渣有利于脱硫。

2) 粘度。脱硫存在着传输过程，熔渣粘度小则容易传输，有利于脱硫反应的进行。

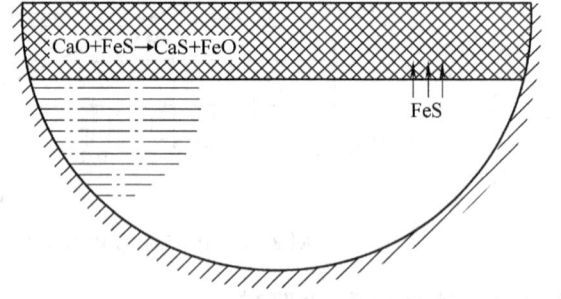

图 8-22　白渣下脱硫过程示意图

3) 温度。用 CaO 和用 CaC$_2$ 脱硫，其反应都是吸热反应，因此，温度高有利于脱硫。另外，温度高时熔渣粘度小，扩散快。熔渣熔点与石灰量有关，碱度越高熔点越高，因此温度高时可用高碱度渣脱硫。

4) 硫的活度。硫的活度大，则容易从金属液中析出，有利于脱硫。凡是增加硫活度的因素，如提高铁液的碳、硅含量，都有利于脱硫。

在脱硫反应中，扩散成为决定整个反应过程快慢的限制性环节。为了进行充分扩散，以使反应达到平衡，需要很长时间。实际上，脱硫反应在还原期的有限时间内总是来不及充分进行。钢液的含硫量总是比与熔渣相平衡的数值高得多。为了增加熔渣和金属液两相之间的接触面积，创造有利的动力学条件，常采用炉外脱硫措施，如在出钢时采取"钢渣混出"的操作方法能进一步提高脱硫效果。生产经验表明：在一般情况下，出钢后的钢液含硫量比临出钢前要降低 30%～50%，而这些硫如果在炉内脱掉时，则需要一个相当长的时间。铸造中的铁液大多采用气动脱硫法，即向铁液中吹氮气，使脱硫剂与铁液充分接触，或使脱硫剂随氮气吹入铁液中，以提高脱硫效果。

8.9.4 液态金属的脱磷

磷在大多数铁基合金中都被认为是有害元素,它在钢铁中主要以 Fe_2P 和 Fe_3P 的形式存在,它们与铁和镍能形成低熔点共晶,如 $Fe_3P + Fe$(熔点 1050℃)、$Ni_3P + Fe$(熔点 880℃)。磷化铁分布于晶界,减弱了晶粒之间的结合力,同时它本身硬而脆,因此,当钢铁中含磷量过多时,将增加材料的冷脆性,即冲击韧度降低,脆性转变温度升高。在含碳量较高的低合金钢和奥氏体钢中,磷也会促使产生热裂纹。因此,除了控制一些原材料的含磷量以外,还应采取冶金脱磷措施以降低金属中的含磷量[1,2,33,34]。

在铸造过程中,脱磷反应分为以下两步:

第一步:熔渣中的 FeO 将钢液中的磷氧化生成 P_2O_5

$$2[Fe_2P] + 5(FeO) \rightarrow P_2O_5 + 9[Fe]; \quad 2[Fe_3P] + 5(FeO) \rightarrow P_2O_5 + 11[Fe] \quad (8-76)$$

第二步:使 P_2O_5 与渣中的碱性氧化物反应生成稳定的磷酸盐

$$P_2O_5 + 3(CaO) \rightarrow ((CaO)_3 \cdot P_2O_5); \quad P_2O_5 + 4(CaO) \rightarrow ((CaO)_4 \cdot P_2O_5) \quad (8-77)$$

以上两步合并的反应式为

$$2[Fe_2P] + 5(FeO) + 4(CaO) \rightarrow ((CaO)_4 P_2O_5) + 9[Fe] \quad (8-78)$$

这个反应是放热反应,$\Delta H = -544310 J/mol$。因此,脱磷的有利条件是高碱度和强氧化性的粘度小的熔渣,较大的熔渣量和较低的温度。

(1) **熔渣的碱度和氧化性** 为了促使脱磷反应进行,应制造高碱度和强氧化性的熔渣。图 8-23 所示为熔渣碱度和渣中 FeO 含量对磷在熔渣和钢液中分配比值的影响,由图中可见,分配比值越高,表明钢液中磷转移到熔渣中去的越多,亦即脱磷效果较好。由图 8-23 还可见到,随着熔渣碱度和 FeO 含量的提高,磷的分配比值也相应增大,但当碱度超过 3.0 时,进一步提高碱度并不能将磷的分配比值提

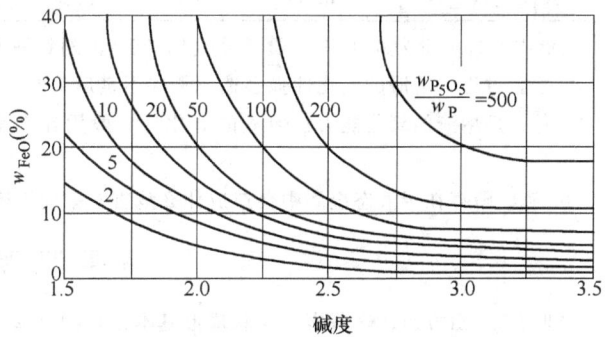

图 8-23 熔渣碱度和 FeO 含量对磷在熔渣和钢液中分配比值的影响

得更高。实际上,熔渣碱度太高时会使熔渣粘度增大,反而使脱磷效果变差。

(2) **熔渣的粘度** 脱磷反应是在熔渣与钢液界面上进行的,随着反应过程的进行,界面处的 CaO 和 FeO 因参加反应而消耗,浓度降低,必然会引起远处(渣层上方)的 CaO 和 FeO 向界面传输。与此同时,脱磷反应的生成物磷酸钙在界面处的浓度增高,必然会由界面向远处(渣层上方)传输。熔渣粘度大时不利于这些传输过程的进行,因而脱磷效果下降。

(3) **温度** 脱磷是强放热反应,降低温度有利于反应的进行。但是,只有在高温下才能获得流动性良好的高碱度熔渣,所以温度必须适当,才能有效地脱磷。

(4) **熔渣量** 随着脱磷反应的进行,熔渣中的磷酸钙浓度逐渐增大,这对于进一步脱磷来说是起阻碍作用的。熔渣的量越大,磷酸钙浓度的增长越慢,熔渣中能够吸收的磷量也越多。因此,熔渣量大是有利于脱磷的。当然造渣量也不能过多,因为造渣需要消耗大量的热,使耗电量增加,冶炼时间延长。

综上所述可以看出，在碱性电弧炉炼钢中，在熔化期形成的初期渣虽然碱度不高，但由于 FeO 含量高，流动性好，加之炉温低，所以大部分磷在熔化期即被氧化进入渣中。熔化期结束时，这种含有大量磷的熔渣应当扒掉，另造新渣。进入还原期后，熔渣中 FeO 的含量相当低，炉温又高，脱磷非但不能进行，如果含磷的氧化渣没有扒净，反而会出现"返磷现象"。在碱性冲天炉中，由于熔渣的碱度和氧化能力不高，脱磷效果不佳。在酸性冲天炉中，即使磷在氧化带被氧化，但因熔渣碱度相当低，渣中的磷又重新回到铁液内，所以铸铁在熔化过程中其含磷量基本上没有变化。

思考与练习

1. 铸造过程中的气体来源于何处？它们是如何产生的？
2. 气体是如何溶解到金属中的？哪些因素影响气体在金属中的溶解度？其影响规律如何？
3. 氮、氢、氧对金属的质量有何影响？如何控制铸件的含氢量？
4. 熔渣的主要作用是什么？简述熔渣分子理论和离子理论的主要内容。
5. 熔渣分子理论和离子理论在实际熔渣中有哪些应用？两种理论各存在哪些不足？
6. 什么是熔渣的碱度？熔渣有哪些物理性能？这些性能与熔渣的组成或碱度有什么联系？
7. 1600℃时，炼钢熔池中熔渣的成分见下表

氧化物	CaO	MgO	MnO	FeO	Fe_2O_3	SiO_2	P_2O_5
质量分数（%）	46.59	3.2	5.68	13.82	4.47	24	2.24

钢液中的含氧量为 0.07%（质量分数），问熔渣对钢液而言是氧化渣还是还原渣？

8. 冶炼过程中熔渣的氧化性强会造成哪些不良后果？
9. 什么是熔渣的氧化能力？熔渣的氧化性一般用什么来衡量？熔渣对液态金属的氧化形式分为哪几种？
10. 硫、磷存在于液态金属中会造成什么危害？如何除硫和除磷？

参 考 文 献

[1] 刘全坤，祖方遒，李萌盛. 材料成形基本原理[M]. 2版. 北京：机械工业出版社，2010.
[2] 董若璟. 铸造合金熔炼原理[M]. 北京：机械工业出版社，1995.
[3] 李魁盛. 铸造工艺及原理[M]. 北京：机械工业出版社，1989.
[4] 万里. 特种铸造工学基础[M]. 北京：化学工业出版社，2009.
[5] 陆文华，李隆盛，黄良余. 铸造合金及其熔炼[M]. 北京：机械工业出版社，2007.
[6] 崔忠圻. 金属学与热处理[M]. 北京：机械工业出版社，2004.
[7] 林小娉. 材料成形原理[M]. 北京：化学工业出版社，2010.
[8] 吴树森，柳玉起. 材料成形原理[M]. 北京：机械工业出版社，2008.
[9] 刘雅政. 材料成形理论基础[M]. 北京：国防工业出版社，2004.
[10] 常春. 材料成形基础[M]. 北京：机械工业出版社，2009.
[11] 安阁英. 铸造形成理论[M]. 北京：机械工业出版社，1990.
[12] 方亮. 材料成形技术基础[M]. 北京：高等教育出版社，2008.
[13] 李庆春. 铸件形成理论基础[M]. 北京：机械工业出版社，1982.
[14] 樊自田. 先进材料成形技术与理论[M]. 北京：化学工业出版社，2006.
[15] 翟封祥. 材料成形工艺基础[M]. 哈尔滨：哈尔滨工业大学出版社，2004.
[16] 关绍康. 材料成形基础[M]. 长沙：中南大学出版社，2009.

[17] 唐靖林,曾大本. 铸造非铁合金及其熔炼[M]. 北京:中国水利水电出版社,2007.
[18] 司乃潮,傅明喜. 液态成形技术[M]. 北京:化学工业出版社,2004.
[19] 李远才. 金属液态成形工艺[M]. 北京:化学工业出版社,2004.
[20] 陈宗民,姜学波,类成玲. 特种铸造与先进铸造技术[M]. 北京:化学工业出版社,2008.
[21] 林松波. 铸件的缺陷和防止方法[M]. 北京:机械工业出版社,1986.
[22] 许镇宇. 铸件的缺陷和原因分析[M]. 北京:科学技术出版社,1952.
[23] 贾吉祥,李德刚,廖相巍,等. 熔渣导电性的研究[J]. 鞍钢技术,2009(6).
[24] 李连清. 熔模精密铸造渣孔缺陷的控制等4则[J]. 宇航材料工艺,2000,30(6).
[25] 张志祥,闵义,王德永,等. 熔体结构对钢包渣脱氧速率的影响[J]. 中南大学学报,2011,42(1).
[26] 王敏,包燕平,崔衡,等. IF钢全氧的控制与预测[J]. 北京科技大学学报,2010,32(4).
[27] 陈俊锋,李广田,李文献,等. LF预熔精炼渣成分优化的研究[J]. 材料与冶金学报,2003,2(3).
[28] 鲁雄刚,李福燊,胡晓军,等. Fe-C熔体与熔渣反应的电化学机理[J]. 化工冶金,1999,20(3).
[29] 张国志,张雅静,谭新华,等. 预熔渣用于铸铁液脱硫的试验研究[J]. 铸造,2006,55(8).
[30] 王海川,王世俊,周云,等. 铁水用预熔渣真空脱硫脱磷处理的研究[J]. 炼钢,2004,20(2).
[31] 吴铿,梁志刚,张二华,等. LF精炼过程中硫分配比和脱硫动力学方程研究[J]. 金属学报,2001,37(10).
[32] 欧阳德刚,罗安智,王清方,等. 影响铁水脱硫过程粘渣物形成的因素分析[J]. 工业加热,2008,37(4).
[33] 王书桓,吴艳青,徐志荣,等. 硅还原转炉熔渣气化脱磷热力学分析[J]. 炼钢,2008,24(1).
[34] 王海川,王世俊,周云,等. 锰铁合金真空氧化脱磷过程成分变化研究[J]. 铁合金,2004,35(2).

第9章 凝固过程中的成分偏析

9.1 引言

在生产实践过程中，由于凝固过程不可能按照平衡相图的条件进行，无论是从微观尺度上（晶粒范围）还是在宏观尺度上（区域性），铸件或铸锭的不同部位总是表现出化学成分的差异。合金在凝固过程中出现的化学成分不均匀现象称为成分偏析。

根据出现成分不均匀的尺度范围，可以将偏析分为显微偏析和宏观偏析两大类。显微偏析是指在晶粒级别的尺度范围内所表现出来的化学成分不均匀的现象；宏观偏析是指在较大尺度范围即铸件的不同宏观区域所表现出来的化学成分不均匀的现象，故又称为区域偏析。

显微偏析一般可以分为晶内偏析与晶界偏析。当铸件冷却速度较快时溶质来不及扩散，凝固所得到的晶粒内部的成分是不均匀的，即先结晶部分与后结晶部分的化学成分存在差异，称为晶内偏析；而且当冷却速度较快时，固溶体合金多以树枝状形式结晶，晶内偏析表现为树枝晶的枝干与分枝、树枝与枝间的成分不均匀，故又称为枝晶偏析。在结晶过程中，晶粒之间的晶界部分最后凝固，晶界处的成分也与晶粒内的成分存在差异，形成了晶界偏析。当固溶体合金在过冷度较小的条件下获得胞状晶时，其晶界处的成分与晶粒内不同，由于胞状晶属于亚结构，因此胞状偏析是一种亚晶界偏析。

常见的宏观偏析有以下几类：正常偏析、逆偏析、V型偏析、逆V型偏析及带状偏析，密度偏析也属于宏观偏析的范畴。

此外，铸件偏析也可根据偏析部位的浓度 C_S 与合金平均浓度 C_0 的相对大小进行分类。当 $C_S > C_0$ 时称为正偏析，反之称为负偏析，这种分类适用于所有显微偏析及宏观偏析。各种偏析的分类及特征见表9-1。

表9-1 偏析的分类及特征

	偏析类型	特征（$K_0 < 1$）
显微偏析	晶内偏析（枝晶偏析）	晶粒内先结晶部分与后结晶部分的溶质浓度存在差异
	晶界偏析	后凝固的晶界处溶质浓度高于先凝固的晶粒内浓度
	胞状偏析	胞晶亚晶界处溶质浓度高于胞晶内部
宏观偏析	正常偏析	后结晶的固相溶质浓度高于先结晶的固相溶质浓度
	逆偏析	铸件外层一定范围内的成分分布与正偏析相反
	V型偏析及逆V型偏析	厚大铸钢锭上呈V型或逆V型的点阵状偏析
	带状偏析	平行于固-液界面的数条周期性偏析带
	密度偏析	凝固初期由于密度不同而形成的偏析

在铸件中出现的种种偏析现象，都与合金在非平衡结晶过程中发生溶质再分配有关。在平衡结晶的理想条件下，固相及液相中的溶质能够充分扩散，消除了结晶时溶质再分配的影响，凝固过程中析出固相与剩余液相的成分始终分别沿着平衡相图中的固相线及液相线变化。凝固结束时，溶质在整个固相中均匀分布，合金不会出现偏析现象。但在实际铸造过程中（非平衡凝固），合金熔体的冷却速度相对较快，液相与固相中的扩散不可能充分进行，溶质再分配造成的成分不均匀状态部分保留到凝固结束后的固体中，形成偏析。此外，由于成分过冷、溶质扩散及液体流动等因素的影响，在铸件完全凝固后，成分不均匀性在不同的尺度范围内以不同的形式表现出来，就形成了各种各样的偏析类型。在实际铸造生产中，对于某一类合金往往会出现几种偏析共存的现象。例如，Cu-Sn 合金可能会同时存在逆偏析与枝晶偏析；在大型镇静钢钢锭中存在多种宏观偏析。

无论是宏观偏析还是显微偏析，它们往往都会对铸件的性能产生很大的影响。偏析的存在使铸件各部位的力学性能和物理性能产生很大的差异，由此产生的组织不均匀性或相偏析还会影响产品的使用性能或加工性能；而且偏析部位更易于被腐蚀，会大大降低铸件的整体耐蚀性；一些元素如 S、P 等及其低熔点共晶在晶界处形成的偏析，会使铸件韧性降低或热裂倾向增加。因此，应弄清各类偏析形成的原因及机理，并采取适当措施尽量预防或减少成分偏析的产生。

金属元素在液体中的扩散系数 D_L 约为 $5 \times 10^{-5} \mathrm{cm^2/s}$，而在固体中的扩散系数 D_S 约为 $10^{-8} \mathrm{cm^2/s}$，且实际铸锭凝固时间较短，使得固相扩散非常困难。因此为了简化问题，本章中如未特殊说明，将不考虑元素在固相中的扩散，而且由于大多数合金元素及杂质在基体金属中的平衡分配系数 $K_0 < 1$，所以本章讨论中将假定 $K_0 < 1$；对于 $K_0 > 1$ 的合金，其结果正好相反，读者可类比进行相应分析。

9.2 显微偏析

显微偏析按其形式不同分为枝晶偏析及晶界偏析（包括胞状偏析），虽然表现形式不同，但都是由于合金在结晶过程中的溶质再分配所产生的。实际生产中影响偏析的因素有很多，特别在考虑固相中的溶质扩散时，固相中溶质的分布无法用精确的公式加以推算。文献 [1] 总结了实际生产中影响显微偏析的主要因素，包括：①凝固方式（如定向凝固）及凝固组织（枝晶的形态、大小）；②凝固过程中固相的相转变使固相的平衡分配系数随之发生变化；③第三组元对平衡分配系数的影响；④枝晶重熔对液相浓度的影响；⑤液相的流动方式；⑥扩散系数随温度及浓度的变化；⑦过冷度的影响等。为了便于讨论，下文对凝固过程中的某些因素进行了简化。

9.2.1 晶内偏析（枝晶偏析）

假设固相内无扩散、液相成分始终混合均匀，则凝固过程中固相内的溶质分布可用 Scheil 公式来近似描述（物理过程及推导见第4章）

$$C_S^* = K_0 C_0 (1 - f_S)^{(K_0 - 1)}$$

从上式中可以看出，只要 K_0 不等于 1（$K_0 < 1$），则任一时刻析出的固相中溶质含量总是小于平均成分 C_0，多余的溶质将向固-液界面前端的液相中排出，这就形成了溶质的再分

配。

对于大多数的铸件或铸锭,晶体多以树枝晶的形式出现,因此,本节重点讨论以树枝晶形式结晶时所形成的晶内偏析。这里以图 9-1 所示的 Ni-Cu 合金为例,分析该合金的 C_0 成分在非平衡结晶时的溶质再分配过程以及晶内偏析的形成。如图 9-1a 所示,C_0 成分的 Ni-Cu 合金在实际凝固条件下需要过冷至低于平衡液相温度的 T_1 温度时才开始结晶,析出固相成分为 α_1,剩余液相成分为 L_1。随着温度降低,在 T_2 温度时析出成分为 α_2 的固相。因为在从 T_1 降低到 T_2 的过程中,不同时刻析出的固相成分从 α_1 逐渐变化至 α_2,所以 T_2 温度时整体固相的平均成分为 α_2',且 $\alpha_1 < \alpha_2' < \alpha_2$。同理,在 T_3、T_4 温度下也是如此。因此,在凝固结束前,析出固相的平均成分总是低于该温度下的平衡固相成分 C_0。此外,在铸造条件下,合金达到平衡固相线温度时结晶过程并未完成,只有继续过冷至低于平衡固相线温度下的某个温度(T_4),结晶才能全部完成。此时,固相的平均浓度 α_4' 才与原合金成分 C_0 相同。图 9-1b 所示为在各温度下合金中树枝晶各部位的组织(溶质浓度)示意图。显而易见,当 $K_0 < 1$ 时,若忽略固相的原子扩散(通常实际 D_s 的确较低),则对应于 T_1、T_2、T_3 与 T_4 温度,凝固所形成的固体平均成分分别为 α_1、α_2'、α_3' 与 α_4',但凝固结束后不同部位的溶质浓度按先后凝固顺序由低到高,因此晶粒内先结晶部分的溶质浓度总是低于其后结晶部分的浓度,这就形成了晶内偏析。

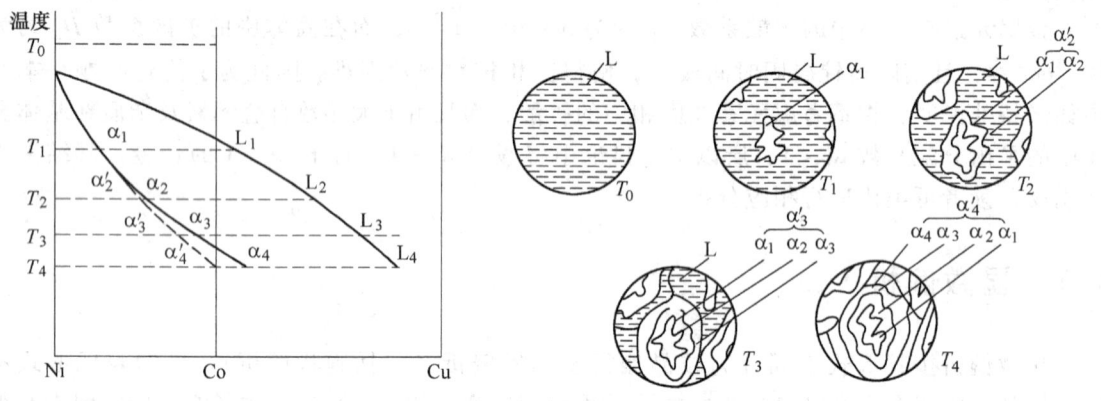

图 9-1 Ni-Cu 合金不平衡结晶及组织示意图

对于按树枝晶生长方式的合金而言,树枝晶的一次分枝(枝干)先生长,之后在枝干上再分出其他分枝,枝间被捕获的溶质浓化液最后凝固。因此,先结晶的树枝晶枝干与后结晶的分枝的成分存在差异,枝干与枝间的成分也存在差异。图 9-2 所示为利用电子探针测量的结果,清楚地反映了枝晶生长过程中枝晶形态和成分分布情况,其中,图 9-2a 为低合金钢中树枝晶各截面的溶质等浓度线;图 9-2b 为 Cu-8%Sn 合金单向凝固铸态组织中锡在枝晶横断面分布的等浓度线,图中锡的最低质量分数为 6%,最高质量分数高达 23%。

影响铸件晶内偏析的主要因素有溶质的平衡分配系数 K_0、偏析元素在固相中的扩散系数 D_s 以及合金的冷却速度。$|1-K_0|$ 称为偏析系数,通常可由偏析系数的大小来判断各元素在相应合金中的偏析程度。当 $K_0 < 1$ 时,若合金相图上液相线与固相线之间的间隔越大,则 $|1-K_0|$ 值越大。此时,固液界面处固相与液相中的溶质浓度差就越大,偏析现象就越严重。不同元素在铁中的偏析系数见表 9-2,不同元素在铝中的偏析系数见表 9-3。例如,P、S、B、Mn 和 C 等元素在铁中的偏析系数分别为 0.94、0.90、0.87、0.86 和 0.74,可见

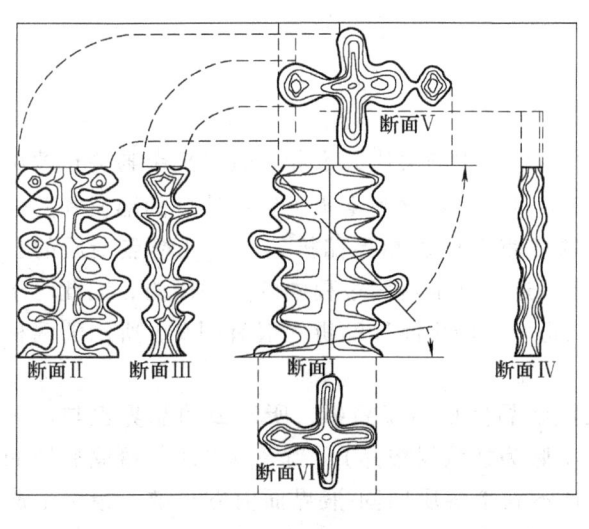 

a)　　　　　　　　　　　　　　　　b)

图 9-2　合金凝固形成的实际枝晶偏析情况

a) 低合金钢树枝晶不同截面的溶质等浓度线　b) Cu-8%Sn 合金枝晶偏析的锡等浓度线

这几种元素在铸钢锭或铸件中的偏析较为严重。

表 9-2　元素在铁中的偏析系数

元素	P	S	B	C	V	Ti	Mo	Mn	Ni	Si	Cr
质量分数（%）	0.01~0.03	0.01~0.04	0.002~0.100	0.3~1.0	0.5~4.0	0.2~1.2	1.0~4.0	1.0~2.5	1.0~4.5	1.0~3.0	1.0~8.0
偏析系数 $\vert 1-k_0 \vert$	0.94	0.90	0.87	0.74	0.62	0.53	0.51	0.86	0.65	0.35	0.34

表 9-3　元素在铝中的偏析系数

元素	Ti	Ni	Be	Fe	Si	Cu	Cr	Mg	Zn	Mn
偏析系数 $\vert 1-K_0 \vert$	0.70	0.99	0.98	0.97	0.86	0.83	0.80	0.70	0.56	0.30

为了简化问题，前文假设了溶质在固相中不扩散，但实际上溶质在固相中仍有一定的扩散能力，并对晶内偏析产生较大的影响。偏析元素在固溶体中的扩散能力越小，形成晶内偏析的倾向会越大，如硅在钢中的扩散能力大于磷，故硅在钢中的偏析程度就小于磷。

冷却速度对偏析的影响是随着冷速变化的，当冷却速度极小，接近平衡结晶时，固液界面为平面晶形式，且溶质在固相及液相中均得到充分扩散，得到的固相成分较均匀，接近原始成分 C_0；随着冷却速度增大，溶质越来越难以扩散均匀，偏析程度增加；但当冷却速度极大时，偏析来不及发生，晶粒细化甚至得到非晶态组织，晶内偏析程度反而会下降。此外，结晶过程中液体的流动也会影响晶内偏析产生，当剩余液体的流动方向与晶体长大方向相反时，将会促进枝晶偏析的产生；若流动方向与晶体长大方向一致且流动速度大于凝固速度时，则有利于枝晶偏析的减少。

由于晶内偏析是非平衡结晶的结果，将铸件在低于液相线 100~200℃ 的温度下进行均匀化退火，促使偏析元素充分扩散，可使成分达到均匀化。在合金熔炼过程中，通过孕育处理或加入合适的微量元素，降低枝晶臂长度和细化树枝晶，也能够减轻晶内偏析的趋势。如在 Cu-Sn 合金内加入适量的 Fe、Ni 或 P，可以增加单位面积的树枝晶数量（即枝晶细化），从而降低晶内偏析的程度。

9.2.2 晶界偏析

当 $K_0<1$ 的合金凝固时，由于溶质再分配，合金中的溶质元素和非金属夹杂物会持续从正在凝固的固相中排出而进入液相。当晶粒相遇时，晶粒之间富集了较高浓度的溶质和其他低熔点杂质的液体，并最后凝固形成晶界，这样就形成了晶界偏析。由于低熔点杂质的富集，晶界偏析既能降低合金的塑性和高温性能，还会增加凝固过程中的热裂倾向，因此对于大多数合金来说，晶界偏析较晶内偏析要严重得多。产生晶界偏析一般有图 9-3 所示的两种形式。

（1）晶粒平行生长　这种形式发生在以柱状晶生长的凝固中，所形成的晶界也与晶粒生长方向平行，如图 9-3a 所示（通常情况下实际为柱状树枝晶）。当 $K_0<1$ 时，凝固后期的晶粒之间熔体中溶质富集程度越来越高，并且不利于溶质向固-液界面前方扩散，最终形成晶界偏析。固溶体合金在低的成分过冷条件下凝固时，若形成胞状晶并平行地沿凝固方向长大，这种情况下最终形成的晶界偏析又称为胞状偏析。胞状晶实质上属于亚结构，因此胞状偏析是亚晶界偏析。

（2）晶粒相向生长　这种形式将溶质排至晶粒间，如图 9-3b 所示。当晶粒相遇时，其间富含溶质和低熔点杂质的液相最后凝固形成晶界。凝固过程中等轴晶的生长即表现为晶粒相向生长。

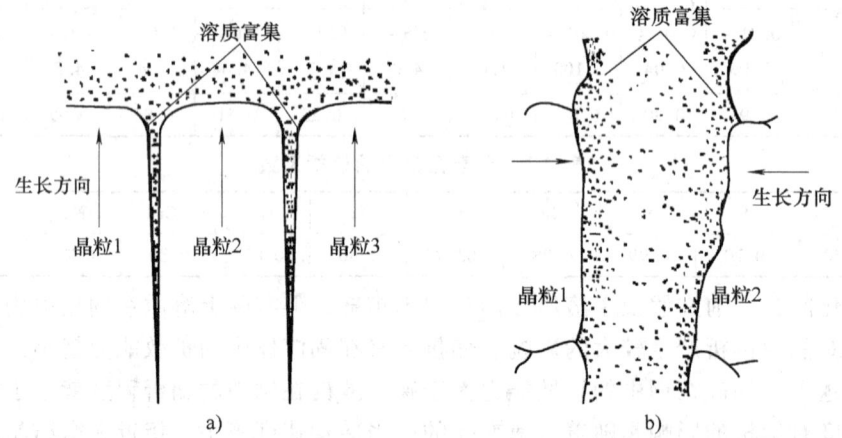

图 9-3　晶界偏析形成示意图
a）晶界平行于生长方向形成的晶界偏析　b）晶粒相向生长形成的晶界偏析

预防与消除晶界偏析的途径与晶内偏析相同，即细化晶粒和均匀化退火。但对于氧化物、硫化物及某些碳化物这些在晶界上存在的稳定化合物所引起的晶界偏析，即使均匀化退火也无法消除，必须采取减少合金中氧和硫的含量的方法来加以预防。

9.3　宏观偏析

前文已述，形成偏析的最根本原因是溶质的再分配，宏观偏析也不例外。在微观偏析产生的过程中，平衡分配系数、溶质元素扩散、冷却速度等影响微观偏析的因素通过溶质再分配表现出来。而在宏观偏析的形成过程中，除了合金的溶质再分配的影响之外，液相及固相的凝固收缩、密度差异、气体的形成等因素造成的溶质浓化液体（$K_0<1$）的流动和枝晶游离的影响，使得合金在较大的区域范围内出现溶质分布的不均匀。

9.3.1 正常偏析

在实际生产过程中，由于铸型壁强烈的定向散热，凝固不会在整个熔体范围内同时进行，而是从与铸型壁接触的最外层开始结晶，并向铸型心部生长。假设铸件凝固时按照单向柱状晶方式生长（不考虑枝晶间的液流运动），而且铸型壁上没有结晶游离，此时可以认为宏观偏析的影响因素只是溶质再分配。对于 $K_0<1$ 的合金，溶质再分配使得结晶过程中液-固界面处的部分溶质被排出进入前端的液体中。随着温度降低和结晶的进行，液体中溶质的浓度越来越高，因此，从整个铸件的宏观范围来看，后结晶的固相的溶质浓度将大于先结晶的固相，这种偏析即称为正常偏析。

按照上述假设，取一细长棒状液态合金，使其从一端按单向柱状晶方式结晶，其固液界面为平滑界面。若固相及液相中的溶质均充分扩散，合金凝固后将不存在任何偏析，即为平衡凝固方式，如图 9-4 中的 a 所示。若不考虑固相的扩散，只考虑液相的扩散和混合，则存在以下两种极端情况：

1）液相只存在单向扩散，而没有搅拌和混合，则结晶出的固相浓度从起始处的 K_0C_0 逐步增加到 C_0 后，保持稳定状态并持续到接近凝固终了，凝固最终端的固相浓度又如图 9-4 中的 b 所示急剧上升。

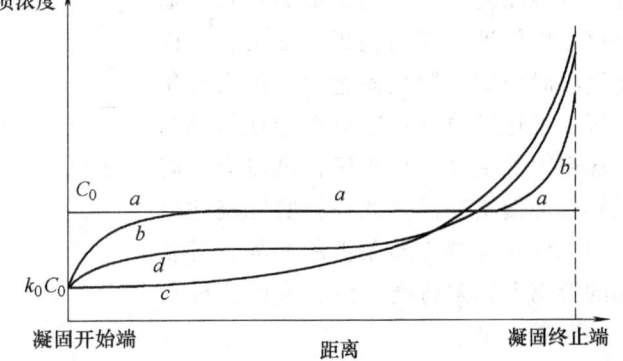

图 9-4　单向凝固时铸棒内溶质的分布
a—平衡凝固　b—固体无扩散而液体有扩散
c—固体无扩散而液体完全混合
d—固体有若干扩散而液体部分混合

2）液相完全混合，则固相浓度分布从起始端的 K_0C_0 持续升高至凝固结束时高于 C_0，如图 9-4 中的 c 所示。

实际合金凝固时，固相内溶质有若干扩散，液相内同时存在一定程度的混合，因此实际的固相溶质分布应该是介于以上两种极端情况之间，如图 9-4 中的 d 所示。图 9-5[2] 所示为 Pb-0.85%Sb 合金在单向凝固过程条件下，Sb 元素沿铸件长度方向的分布数据。可见，凝固开始端的锑浓度低于平均成分 $C_0=0.85\%$，并逐渐增大至平均成分以上。

但是，实际的铸件并非完全按单相柱状晶的平滑界面生长，铸件截面往往形成三个结晶区：靠近型壁的细等轴晶区，再向内分别是柱状晶区和粗等轴晶区。实际铸件的正常偏析分布情况还与各晶区的结晶特点有着密切的关系。当铸型壁冷速较大时，表面等轴晶在激冷条件下形成，合金来不及在宏观范围内选择结晶，不会产生宏观偏析。与细等轴晶相连的柱状晶结晶速度相对较慢，随着由外向内结晶过程的持续，由于溶质的再分配，后结晶部分的溶质浓度逐渐提高，并且其固液界面前端的液体中溶质浓度也不断升高。当铸件整体温度持续下降至一定范围时，在铸型中心部分开始形成粗大等轴晶粒。在柱状晶由外向内生长过程中，心部的粗大等轴晶粒也由内向外缓慢生长，并持续向固液界面前沿排出溶质。当柱状晶与中心粗大等轴晶相遇时，显而易见其接触区域的溶质严重富集，最终在柱状晶区与粗大等轴晶区交界处形成严重偏析。图 9-6 所示为铸件整体截面上正常偏析与各结晶区的关系。

若正常偏析所造成的成分不均匀，则很难通过后续的加工和热处理予以消除，只能在凝固过程中采取适当的措施加以控制。从图 9-6 中可以看出，铸锭在柱状晶与中心粗大等轴晶交界处的偏析最为严重，而外壁处细等轴晶区的偏析程度最轻。因此浇注时控制铸锭凝固过程，扩大等轴晶区、细化晶粒以及避免产生柱状晶与心部粗大等轴晶的交界区，可以有效降低铸件的偏析程度。此外，实际浇注过程中工件各部位冷却条件的差异、等轴晶的游离等因素将会导致合金的实际偏析情况更为复杂。

利用正常偏析的特点，即结晶过程中固-液界面处的部分溶质被排出进入前端的液相中，通过控制铸件的结晶过程，可以对金属进行精炼提纯。如图 9-7 所示，如对长棒型铸件顺序地从一端至另一端在一个很窄的区域内进行熔化、结晶，使一次结晶后的溶质向尾端富集，并使得尾端的高浓度溶质无法扩散至开始端。多次重复这一过程，使溶质逐步聚集到铸件尾端，这一方法就称为区域提纯。

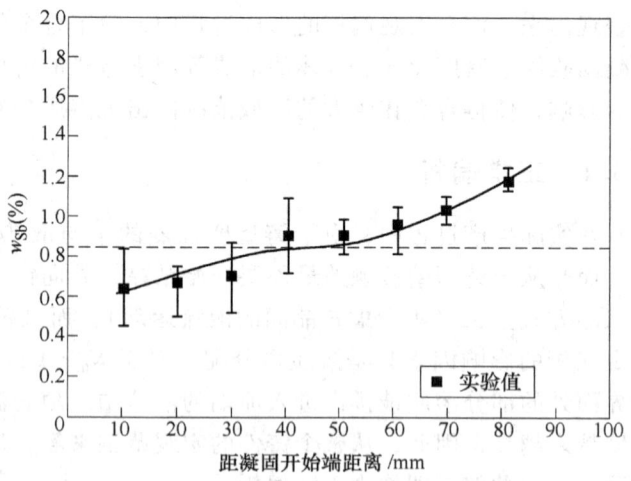

图 9-5 单向凝固时 Sb 元素沿铸件长度的分布

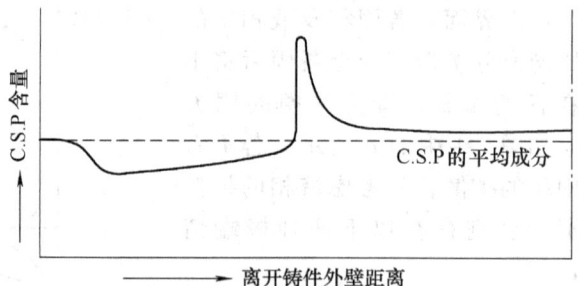

图 9-6 厚壁铸件截面偏析规律与各晶区的关系
1—细等轴晶区 2—柱状晶区
3—偏析富集区 4—粗等轴晶区

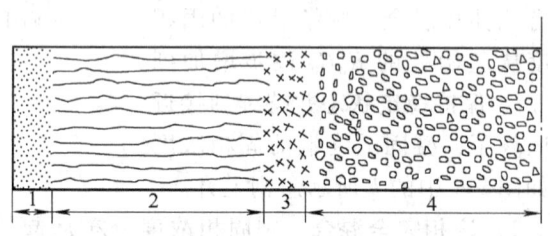

图 9-7 区域提纯示意图

9.3.2 逆偏析

与正常偏析相反，当 $K_0 < 1$ 时，即使结晶是从外层铸件向内部进行，一些铸件的外层在一定范围内由外向内的溶质浓度也逐渐减小，这种现象称为逆偏析。Cu-Sn 合金与 Al-Cu 合金是易产生逆偏析的两种典型合金。Cu-10% Sn 合金产生逆偏析时，铸件表面锡的质量分数可能达到20%～25%，并呈汗点状，称为锡汗（实际为富锡

相）。Al-4.7% Cu 合金产生逆偏析时，其铸件的截面溶质分布如图 9-8 所示。

有关逆偏析的形成机理目前尚没有令人满意的解释。通常认为，具有宽结晶温度范围的合金在缓慢凝固时形成发达的粗大树枝晶，在凝固后期的铸件断面上，从外到内的枝晶间仍存在许多相互连通的显微通道且聚集着富溶质的液相。一方面，铸件已凝固的枝晶骨架在冷却过程中产生体收缩；另一方面，凝固后期枝晶间析出的气体产生较高的气体压力。在收缩压力

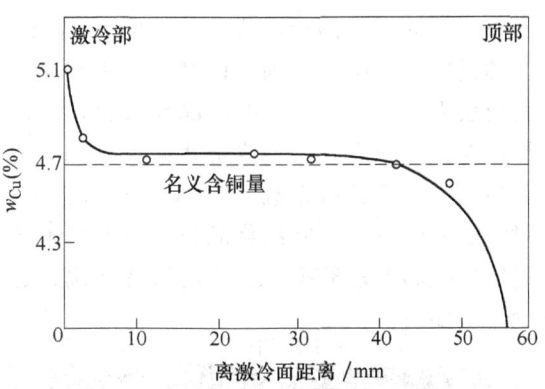

图 9-8 Al-4.7% Cu 合金铸件的逆偏析

和气体压力的共同作用下，溶质富集的剩余液体沿枝晶间显微通道由内向外移向铸件表面，且凝固成富溶质固体，使得铸件外侧的溶质浓度反而偏高，即形成了逆偏析。但这一形成机理尚无法解释在铸件中心部位贫溶质的现象。铸件产生逆偏析后，会导致力学性能和气密性下降，并使切削加工性能恶化。

与正常偏析相同，逆偏析无法通过均匀化退火等热处理方法得到有效的消除。通过分析容易产生逆偏析的合金及其凝固过程，可以确定以下几方面因素将促进逆偏析的形成：①固溶体合金具有宽的结晶温度范围；②合金凝固时易形成粗大的树枝晶；③凝固过程中缓慢冷却；④液态合金中溶解有较多的气体。这些因素都会促进高溶质浓度液体在粗大树枝晶间的流动性。针对这些影响因素，可以采取以下措施有效防止或降低逆偏析的程度：

1）增大冷却速度或向合金中添加晶粒细化剂，减小树枝晶尺寸。例如，浇注厚大的锡青铜时，如果采用砂型铸造，则表面容易出现逆偏析，形成锡汗；而改用金属型浇注时，由于冷却速度加快，合金晶粒细化，则有效防止了逆偏析的形成。

2）减小铸件在凝固过程中所受的压力。枝晶间高溶质浓度的液体在金属静压力（浇冒口液体压力）及大气压力的作用下，通过枝晶间毛细通道向外补缩，容易形成逆偏析。降低合金熔体中的含气量，使凝固过程中析出气体的压力减小，将会降低逆偏析形成的程度。

9.3.3 带状偏析

在厚壁或定向凝固的铸件中，容易产生一种平行于固-液界面且沿凝固方向周期性出现的偏析，这种偏析称为带状偏析。图 9-9 所示为松本在研究 Ni-C-S 合金定向凝固时观察到的带状偏析形貌，图中黑色带状区域内存在硫的偏析，阻碍了石墨球化，生成了片状石墨。

带状偏析与固-液界面溶质偏析引起的成分过冷有关，其形成机理可用图 9-10 来说明。当合金熔体内溶质的扩散速度小于凝固速度时（图 9-10a），在固-液界面前沿形成的溶质富集（$K_0 < 1$）造成了成分过冷的降低（图 9-10b）（参见"成分过冷"）。固相均匀向前推进受到抑制，但在界面偏析程度较小处晶体将优先生长，形成局部凸出，并穿过偏析层进入前方高过冷区，以树枝晶的形态向前及侧向生长。当相邻的树枝晶相遇时，溶质富集的液体被封闭在枝晶内，并再次形成宏观上的平滑界面（图 9-10c）。此时平滑界面前无明显的溶质富集，故成分过冷降低的现象消失或弱化（图 9-10d）。之后液-固界面继续向前推进，又重新出现溶质偏析和过冷降低（图 9-10e 及图 9-10f）。如此周期性地重复，在铸件断面就形成

了一条一条的带状偏析。此外，当固-液界面因过冷降低而生长受阻时，如果界面前方高过冷区的过冷度足够大，则在铸型侧壁上可能会生成新的晶粒。在固-液界面处的局部突出穿过偏析层之前，侧壁生成的新晶粒快速长大，横穿溶质富集带前沿，将溶质富集的液体封闭在界面与新晶粒之间，形成带状偏析（图9-10g）。

显然，溶质偏析系数 $|1-K_0|$ 越大，则越有利于带状偏析的形成。加强固-液界面前沿的对流、采取孕育措施细化晶粒、降低易于偏析的溶质量，均有利于减少带状偏析。而对于利用定向凝固方法获得柱状晶的铸件来说，通常采用降低凝固速度、提高温度梯度等措施来减少带状偏析。

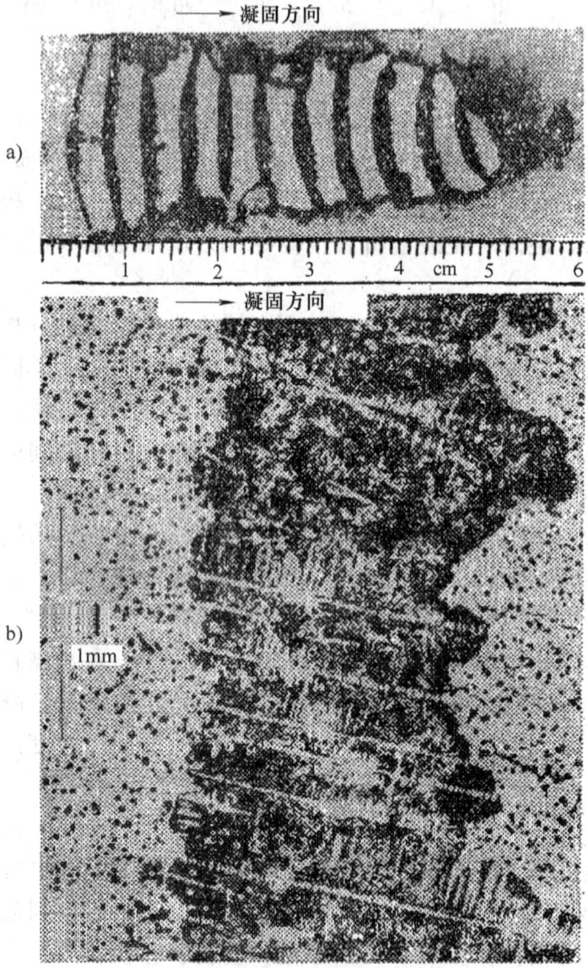

图 9-9　Ni-C-S 合金中的带状偏析

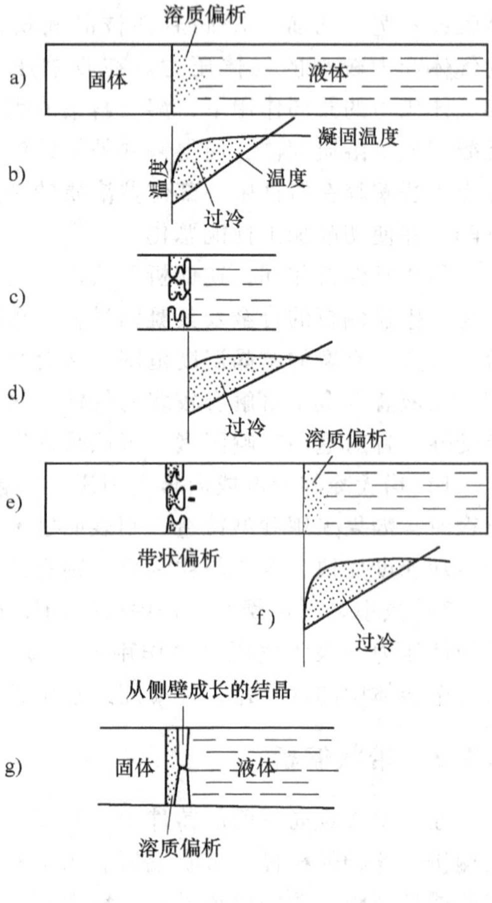

图 9-10　带状偏析形成机理示意图

9.3.4　V型及逆V型偏析

V型及逆V型偏析是常出现在大型镇静钢锭中的一种富集S、P等杂质的宏观偏析，其形貌呈锥形，通常伴随着在钢锭下半部中心处出现负偏析区域，即区域内溶质浓度小于合金平均浓度。图9-11所示为大型镇静钢锭中各种宏观偏析的示意图，包括正偏析、负偏析、V型偏析及逆V型偏析。图9-12[2]所示为65t钢锭铸件（平均碳的质量分数为0.22%）中的各种类型的宏观偏析，在图9-12a中标明了各部位碳的含量，图9-12b为利用硫印（Sulphur

Print）的手段显示出其 V 型及逆 V 型的偏析形貌。

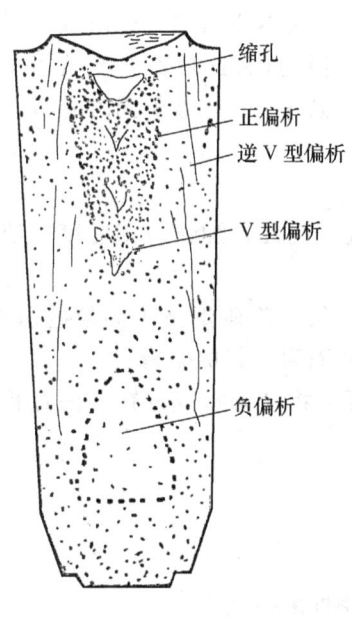

图 9-11 大型铸钢锭（镇静钢）中的宏观偏析

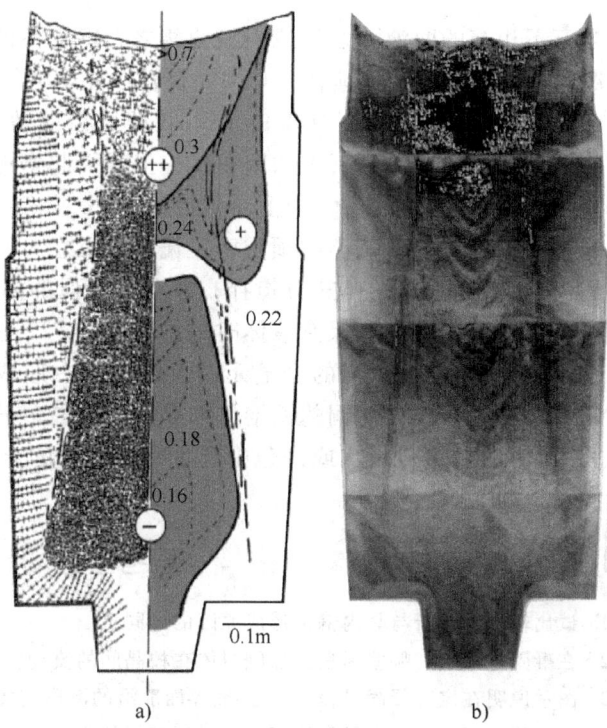

图 9-12 65t 钢锭纵截面示意图
a）碳的宏观偏析形貌 b）硫印

M. C. 弗莱明斯和大野笃美都认为，在钢锭凝固初期形成的部分晶粒发生晶粒游离，脱落沉淀在铸件中下部形成了堆积锥。因为先期结晶的晶粒溶质浓度较低，故该堆积区域内属于合金元素的贫化区，形成了负偏析。与此对应，在钢锭的上半部则形成了溶质浓度较高的正偏析区。

然而，对于钢锭中 V 型及逆 V 型偏析的形成目前尚未有确定的解释。Kohn. A. 曾利用铱同位素研究了不同凝固时期的固-液界面，发现在凝固最终阶段，钢锭中下部的结晶堆积锥出现下沉现象，如图 9-13 所示。大野笃美认为，结晶堆积锥的下沉使得其上方固体产生了 V 型裂纹，钢锭内的压力使尚未凝固的溶质浓化液充填进 V 型裂纹，形成 V 型偏析。同样，部分观点也认为，凝固过程中钢锭中央部分下沉产生了侧面向斜下方的拉力，使得钢锭上部形成逆 V 型裂纹，被溶质浓化液充填后形成逆 V 型偏析带。但这些解释并未达成共识。

降低铸锭的冷却速度并促使形成粗大枝晶，会使得液体沿枝晶间的流动阻力减小并促进富集液的流动，这些因素都可能会增加 V 型和逆 V 型偏析的形成倾向。在大型有色金属铸锭中尚未发现 V 型及逆 V 型偏析。

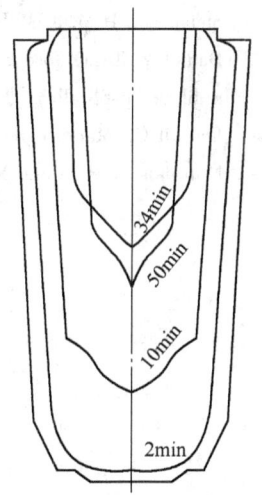

图 9-13 同位素法测量大型钢锭不同凝固时刻的固-液界面

9.3.5 密度偏析

当互不相溶的两液相之间或固液两相之间密度不同时，就会形成密度偏析，它常产生于铸件凝固前或刚开始凝固阶段。Cu-Pb 合金在液态下易产生溶质的不均匀甚至会出现分层现象，上部为富 Cu 层，下部为富 Pb 层。在凝固后的铸件中也将保持着这种不同溶质的富集状态。还有一种情况是先析出的固相发生上浮引起密度偏析，如 Sn-Sb 合金凝固时先析出的富 Sb 晶体密度比液体的小，会上浮到铸件上部。

通过以下方法可以减小或预防密度偏析的发生：

1) 浇注前对合金熔体充分搅拌，并在尽量低的温度下进行浇注，加快冷却速度，使铸件迅速凝固，最大限度地保持液体时的均匀状态。

2) 在合金中增加适当的合金元素，使液体中形成枝晶骨架，阻碍熔体中晶粒的沉浮。如在铝青铜中加入镍，使铜的固溶体初晶成为树枝晶骨架，从而阻止铅的偏析。

3) 对容易在熔化坩埚或浇包中产生密度偏析的合金，可以将易偏析成分在浇注过程中连续少量地加入到熔体中。

思考与练习

1. 试比较正常偏析与晶内偏析形成原因的异同点。
2. 在凝固过程中，哪些因素会加剧液体在枝晶间的流动？它们对偏析有何影响？
3. 图示说明在定向凝固过程中，固-液界面前沿的溶质富集如何使成分过冷降低。
4. 试分析凝固过程中枝晶重熔可能对微观偏析的影响。

参 考 文 献

[1] Stefanescu D M. ASM Handbook [M]. 9th ed. ASM International, 1998.
[2] Daniel M Rosa, José E, Spinelli, et al. Effects of cell size and macrosegregation on the corrosion behavior of a dilute Pb-Sb alloy [J]. Journal of Power Sources, 2006, 162: 696-705.
[3] Lesoult G. Macrosegregation in steel strands and ingots: Characterisation formation and consequences [J]. Materials Science and Engineering A, 2005, 413-414: 19-29.

第10章 气孔和夹杂的形成与控制

10.1 引言

在熔炼和浇注充型过程中,由于金属原材料的不纯净,以及高温条件下金属液与大气、炉衬、包衬和铸型材料的相互作用,铸造合金中常含有一些气体和非金属杂质元素,在铸件凝固过程中不可避免地会产生气孔和非金属夹杂物缺陷,对铸件质量产生不同程度的影响。研究气孔和非金属夹杂物的形成过程及其影响因素,防止这些缺陷的产生,对获得优质铸件具有重要意义。

1. 气体对铸件质量的影响

铸造合金中的气体元素主要有三种存在状态:①以分子态存在于铸件中,形成气孔;②以原子态溶解在金属中,形成固溶体;③与金属中其他元素形成化合物。

气孔是铸件中一种最常见的缺陷,它作为一种孔洞,破坏了铸件微观结构的连续性,减小了有效承载面积,并在其周围造成局部应力集中,成为零件断裂的裂纹源,显著降低铸件的强度、塑性、疲劳极限和断裂韧度。气孔被认为是对抗疲劳与抗断裂性能最有害的缺陷之一[1]。气孔在铸件中的存在部位与形状不同,对铸件性能的影响也有区别。位于铸件中心的大气泡,可能对力学性能和疲劳强度的影响并不大,但是接近于表面的非常小的气泡却能产生显著的影响;气孔形状越不规则,尖角处的应力集中效应越显著,对铸件力学性能破坏越大;另外,弥散性气孔导致铸件组织不致密,使铸件气密性降低。

溶解于固态金属中的气体对铸件质量也有不利影响,会严重降低铸件的塑性和韧性。例如,溶解在合金中的氧和氮会降低铸件强度,特别是大幅度降低塑性;溶解在合金中的氢易使合金产生细小裂纹而变脆。

溶解于液态金属中的气体对其铸造性能有不良影响,含有气体的金属液的流动性会降低,气体析出时的反压力会降低金属液的补缩能力,使铸件易产生缩松缺陷。

2. 非金属夹杂物对铸件质量的影响

宏观夹杂物对铸件质量影响较大,为了获得优质铸件,对铸件宏观夹杂物的数量、大小等有较严格的检验标准。但是,各种"合格"的铸件中除了含有宏观非金属夹杂物之外,通常不可避免地含有 $10^7 \sim 10^8 / cm^3$ 数量级的微观夹杂物,严重影响铸件的力学性能。

夹杂物的存在会降低铸件的塑性、韧性和疲劳极限。夹杂物对铸件质量的影响取决于其类型、形状、大小、分布和数量等因素。在拉应力的作用下,铸件中非金属夹杂物的尖角处易出现应力集中,往往成为疲劳裂纹源,并且夹杂物尺寸越大、形状越不规则,材料的疲劳极限就越低,会加速零件破坏。文献[2]研究了夹杂物的分布与大小对超高强度钢低周疲劳裂纹萌生及扩展的影响,发现夹杂物几何长轴与外力方向间的夹角决定了裂纹萌生的位置。夹角为 0°时，裂纹多发生在夹杂内部，且载荷类型（静拉伸与疲劳）对裂纹萌生位置的影响很小；夹角为 90°时，裂纹多在夹杂物边缘（界面）萌生；夹角为 45°时，裂纹主要发生在夹杂物内部，但夹杂物尺寸超过 20μm 后在夹杂物边缘也存在裂纹萌生的可能。文献 [3] 发现，减小夹杂物体积分数、增大夹杂物平均间距有利于超高强度钢断裂韧度的改善。

此外，非金属夹杂物还会对合金的铸造性能产生影响。在液态金属中含有难熔固态非金属夹杂物时，其流动性显著降低。低熔点夹杂物（如钢中的 FeS）往往分布在晶界处，是铸件凝固时产生热裂纹的主要原因之一。一些熔点低、收缩大的夹杂物（如钢中的 FeO）会促进铸件产生微观缩孔和气缩孔。

但在有些情况下非金属夹杂物可以改善铸件的某种性能。非金属夹杂物一般具有较高的硬度，可以提高铸件的耐磨性，如铸钢中的氧化物、碳化物、氮化物和铸铁中的磷共晶等。碳钢中微量的钙和硫形成球形硫化物夹杂，分布在晶内，对铸件力学性能影响不大，却能改善其切削性能[4]。某些高熔点非金属夹杂物可作为形核衬底，促进非均质形核，从而细化组织。例如，钢中的高熔点稀土氧化物可作为形核衬底，促进非均质形核，细化晶粒[5]。

10.2 铸件中的气孔

10.2.1 气孔的分类及特征

气体在金属中的浓度超过其溶解度时，或侵入的气体不被金属溶解时，会以分子状态的气泡存在于液态金属中。若凝固结束前气泡来不及上浮排除，就会在金属内形成孔洞。这种因气体分子聚集而产生的孔洞称为气孔。

气孔的一般特征是：在铸件表面或内部形成孔洞，孔壁光滑，带有金属光泽或氧化色。

由于气体的来源和形成原因不同，气孔的表现形式也各不相同，一般把铸造气孔分为三种类型：析出型气孔、侵入型气孔和反应型气孔。

1. 析出型气孔

在金属熔炼过程中，气体溶解在金属液中，在金属液温度降低及凝固过程中，因气体溶解度降低，导致气体过饱和析出、长大，形成气泡未能排出而产生气孔，这种气孔称为析出型气孔，如图 10-1 所示。

析出型气孔的特征是：在铸件断面上分散分布，尤其在最后凝固部位、冒口附近及热节中心部位分布最为密集，形状呈球团状、多角状、断续裂纹状或为混合型。析出型气孔与金属的熔炼质量密切相关，常发生在同一炉或同一包金属液浇注的全

图 10-1 析出型气孔[6]

部或大部分铸件中，铝合金和钢比较容易出现此类气孔，浇注后常出现型腔内金属液面上涨现象。析出型气孔主要为氢气孔和氮气孔。

2. 侵入型气孔

铸型和型芯等在液态金属的高温作用下产生的气体侵入金属内部所形成的气孔，以及在充型过程中由金属液卷入的气体而形成的气孔称为侵入型气孔。

侵入型气孔的特征是：数量较少，尺寸较大，多产生在铸件外表面的某些部位，呈梨形或圆球形，气孔的小头常常指向气体侵入部位，孔表面光滑，如图 10-2 所示。因为气泡密度小，在金属液中会上浮并随金属液流动而移动，因而在铸件下部较少发现。

侵入气体主要有以下来源：

1）铸型（型芯）中的水分、添加物或树脂粘结剂在高温金属液的作用下汽化、分解或燃烧所产生的气体侵入金属液，侵入型气孔大多是由于这种原因造成的。

2）浇注系统设计不合理，在浇注过程中由浇口、型腔卷入金属液的气体。

图 10-2　侵入型气孔[6]

3）金属液和冷铁、芯撑等表面的水分、氧化皮相互作用而产生的气体侵入金属液。

据统计，湿型铸造因气孔报废的铸件约占总废品量的一半，而侵入型气孔约占气孔缺陷的 50%。

3. 反应型气孔

金属液与铸型、熔渣之间或金属液内部某些元素、化合物之间发生化学反应而产生气体，形成气泡所产生的气孔称为反应型气孔。

金属与砂型、砂芯、冷铁等外部因素之间发生反应生成的气孔通常分布在铸件表面皮下 1～3mm，经清理或机加工后会清晰地显露出来，形状有球形或梨形，孔径为 1～3mm，但多呈长条状垂直于铸件表面，深度可达 10mm，这类气孔亦称为皮下气孔或皮下针孔。

金属内部的化学元素之间或组元与非金属夹杂物之间发生反应也会产生反应型气孔，一般为蜂窝状，呈梨形或球团形均匀分布。这类反应型气孔通常出现在薄壁铸件的底面或厚壁铸件的上表面，铸件粘砂部位和浇冒口附近较多。

10.2.2　气体在金属中的析出

1. 金属液中气体的析出

气体在液态金属中的溶解已在前面章节中论述过。在金属的凝固过程中，随着温度的降低，熔体中气体的溶解度下降，特别是随着液态金属凝固为固态时，气体的溶解度骤然下降，气体将处于过饱和状态，便产生析出的驱动力，如图 10-3 所示。

液态金属气体元素溶质的析出有三种形式：①扩散逸出；②以气泡形式逸出；③与金属内的合金元素形成化合物。气体原子通过扩散逸出只有在非常缓慢的冷却条件下才能充分进行，在实际生产条件下往往难以实现。析出的气体以气泡还是以化合物形式存在，首先要看哪种形式的形成自由能较低，以及金属中的合金元素与气体元素亲合力的强弱；其次，还要看是否具备气泡形成的动力学条件。

这里主要讨论气体以气泡形式从液态金属中的析出过程，这种析出方式包括气泡的形成和上浮等过程。一般认为，气泡在金属熔体中的形成过程与固相自液相中结晶析出相类似，都需要经历形核和长大两个过程。

(1) 气泡的形核过程　金属液中气泡的形核条件为：①气体处于过饱和状态且有析出分压力；②气泡内的分压力之和大于局部的外部阻力。

假设气体在金属液中的溶解度不变，当温度从 T 下降到 T' 时，则气体的析出压力 ΔP 为[7]

$$\Delta p = p' - p = p\left[\exp\frac{\Delta H}{R}\left(\frac{1}{T'} - \frac{1}{T}\right) - 1\right] \quad (10\text{-}1)$$

式中，p、p' 分别为 T 及 T' 时金属液内气体的分压力（p 也是外界气体的分压力）；ΔH 为气体的熔解热；R 为气体常数。

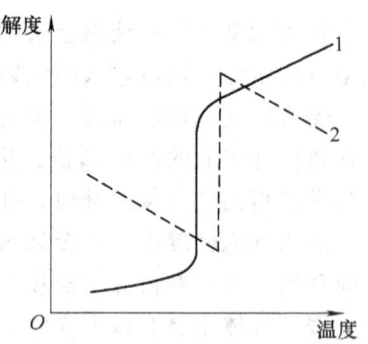

图 10-3　气体溶解度与温度及热效应关系示意图
1—溶解吸热过程　2—溶解放热过程

由式 (10-1) 可见，气体溶解为吸热过程时，p 越高、T' 越低时，气体析出压力 Δp 越大，即析出驱动力越大。

如在金属液中形成气泡，气体要在金属液中形成一个气体核心，按照经典形核理论，形成气核需要克服一定的表面自由能。当气体析出时，依靠气体原子的浓度起伏造成瞬时存在的气泡核，它们是否可以形成气泡与其所处的压力条件有关，需要气体析出压力克服外部阻力，这个外部阻力包括大气压力、金属的静压力和界面张力造成的附加压力等，可表示为

$$\Sigma p = p_{大气} + \rho g H + \frac{2\sigma}{r} \quad (10\text{-}2)$$

式中，Σp 为气体析出的外部阻力；$p_{大气}$ 为大气压力；ρ 为金属密度；H 为气泡以上金属液的高度；σ 为液态金属的表面张力；r 为气泡半径。

与金属结晶形核过程一样，气泡的形核方式也有自发形核和非自发形核两种。

由界面张力造成的附加压力为气孔形核的最大制约因素[8]。在自发形核过程中，气泡形成初期的 r 非常小，因此所需气体析出压力很大，气核必须大于某临界尺寸时才能稳定存在。研究表明，即使溶解的气体处于过饱和状态，气泡自发形核也是非常困难的。根据 Campbell[9] 的计算，在液相中形成气核需要产生接近 3000MPa 大小的负压力。因此，实际上金属熔体中的气体自发形核很少可能发生。

在非自发形核过程中，现有表面可以缩小相界面积，从而减少所需增加的表面自由能，其形核几率比自发形核要高得多。在条件一定时自发和非自发形核的临界尺寸是一样的，但有现成表面存在且曲率半径相同时，新相的体积却可大大减少，因此所需能量也低得多，更容易形成临界尺寸的核心。Chen 和 Engler[10] 等人发现，气孔在铝合金中氧化物表面的裂纹处形核，由界面张力引起的附加压力对形核的阻碍作用明显小于自发形核，氧化夹杂物的表面不规则，界面张力对气孔形核的影响进一步降低。在实际铸造生产条件下，在金属液中存在的大量现成表面可作为气泡形核衬底，使气泡形核所需的能量降低，气泡核就容易在这些表面上形成。例如，与金属液接触的炉壁、包衬、型壁；金属液内部的非金属夹杂物、结晶体；熔炼过程中形成的气泡和浇注过程中卷入的气体。所以，实际金属中的气泡形核以非自发形核为主。

(2) 气泡的长大过程　当气体在金属液中有足够大的过饱和度、析出压力足以克服外部阻力时，气泡才能稳定存在并继续长大。若一种气体的析出压力大于其在气泡内的分压时，

此种气体便向气泡内扩散析出，使气泡长大。气泡的长大使曲率半径增大，可进一步减小外部阻力，有利于气泡的继续长大。研究发现，当气孔半径为 20μm 时，表面张力的大小接近一个大气压[8]。在现成衬底上形核的气泡，其形状呈椭圆形，此时曲率半径较大，降低了由于界面张力引起的附加压力，有利于气泡的继续长大。随着气孔半径的增大，表面张力急剧下降。

2. 气泡的上浮

由于气泡密度远小于金属液密度，当气泡长大到一定尺寸时，将脱离衬底而上浮。气泡脱离衬底表面的难易程度与气相、液相和固相之间的界面张力有关，它们之间的关系可用接触角 θ 表示为

$$\cos\theta = \frac{\sigma_{SG} - \sigma_{SL}}{\sigma_{LG}} \tag{10-3}$$

式中，θ 为气泡与固相衬底表面的接触角；σ_{SG} 为衬底与气泡间的表面张力；σ_{SL} 为衬底与金属液间的界面张力；σ_{LG} 为金属液与气泡间的表面张力。

气泡与固相衬底的接触形式和脱离过程如图 10-4 所示。当 $\theta < 90°$ 时，气泡在较小尺寸时即可完全脱离现成表面，气泡易于逸出，不易形成气孔；当 $\theta > 90°$ 时，气泡长大需要有"颈缩"过程，气泡长大到一定尺寸时才能脱离衬底表面，并会留下气泡核，成为新的气泡核心，易形成气孔。形成颈缩需要时间，合金的结晶速度有可能大于气泡的脱离速度，气泡来不及脱离逸出而形成气孔。可见，凡是能减小 σ_{SL} 和 σ_{LG} 以及增大 σ_{SG} 的因素均有利于气泡的脱离逸出。

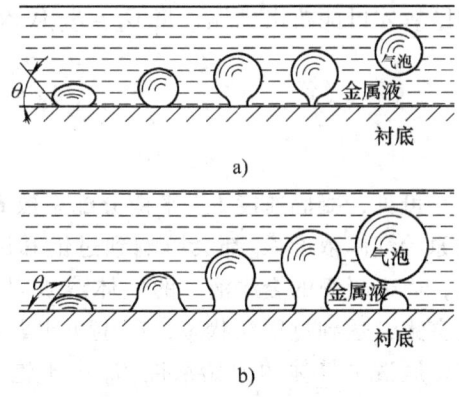

图 10-4 气泡脱离衬底表面示意图
a) $\theta < 90°$ b) $\theta > 90°$

气泡脱离衬底后在密度差的作用下上浮。对于尺寸较小的气泡（$r \leq 0.1$mm）可用 Stokes 公式估算其上浮速度 v

$$v = \frac{2}{9} \frac{(\rho_{液} - \rho_{气})r^2 g}{\eta} \tag{10-4}$$

式中，r 为气泡半径；η 为金属液的动力粘度；$\rho_{液}$、$\rho_{气}$ 分别为金属液和气泡的密度；g 为重力加速度。

可见，气泡半径越大，上浮速度越大，其上浮速度与金属液的粘度成反比。

气泡在上浮过程中还会继续吸收析出的气体，不同的气泡也可能相碰而合并，使得气泡不断变大，上浮速度不断加快。在金属表面凝固前，上浮至表面的气泡可排出于铸件，若气泡在金属表面凝固前来不及排出则留在铸件中形成气孔缺陷。依附于金属结晶体形成的气泡还应考虑其固-液界面的推进速度，当固-液界面的推移速度较小时，气泡有充分时间逸出；而界面推移速度较大时，气泡有可能被晶体捕获，残留于铸件中形成气孔。附着于非金属夹杂物生长的气泡，可能与夹杂物一起上浮。

在铸件的形成过程中，存在着多种形式的液态金属流动，气泡也会随着金属液的流动而发生移动。气泡在液体中的移动速度与气泡的形状和大小有关。但是，由于气泡在移动过程

中的形状和大小均发生变化,使气泡的移动速度、尺寸和液体性质的关系变得非常复杂[1]。

3. 溶质再分配与气体析出的关系

值得注意的是,往往在金属液中气体浓度没有超过溶解度的情况下,铸件的凝固界面也会由于溶质再分配而使气体元素富集,造成局部过饱和而析出气体,形成气孔。

在铸造条件下的结晶过程中,可认为液相中的气体溶质只存在有限扩散,无对流、搅拌,而固相中气体溶质的扩散可以忽略不计,则可用下式描述稳定生长阶段固-液界面前方液相中气体溶质 C_L 的分布

$$C_L = C_0 \left[1 + \frac{1-K_0}{K_0} \exp\left(-\frac{R}{D_L}x\right) \right] \tag{10-5}$$

式中,C_0 为熔体中的原始气体浓度;K_0 为气体元素的平衡分配系数;D_L 为气体元素在金属液中的扩散系数;R 为凝固速度;x 为离开液-固界面的距离。

根据式(10-5),金属凝固时气体在固相及液相中的浓度分布如图10-5所示。假设 Δx 为由溶质再分配引起的过饱和区,气体在金属液中的溶解度为 S_L。只有在气体浓度大于 S_L 的区域才可能析出气体,将 $C_L = S_L$ 代入式(10-5),则可求出过饱和区的 Δx 为

$$\Delta x = -\frac{D_L}{R} \ln \frac{1-K_0}{K_0\left(\frac{S_L}{C_0} - 1\right)} \tag{10-6}$$

可见,凝固速度 R、平衡分配系数 K_0、扩散系数 D_L 及原始气体浓度 C_0 都会影响到过饱和区 Δx。在此区域内,尚未凝固的金属液中的气体溶质因溶质再分配而产生富集,达到过饱和状态,产生析出驱动力。所以,即使金属液中气体的原始浓度 C_0 小于饱和浓度,也可能生成气泡。

在金属凝固过程中,若液相被周围的树枝晶所封闭,因被封闭的液相体积通常很小,可以认为液相中的气体浓度是均匀的。继续结晶时,剩余液相中的气体浓度将不断增加,后结晶的固相中的气体浓度也相应地不断提高,凝固后期气体的析出压力也不断增大,到结晶末期将达到最大值。由于铸造合金的收缩,枝晶间产生的微观缩孔呈真空状态,为气体析出创造了有利条件。

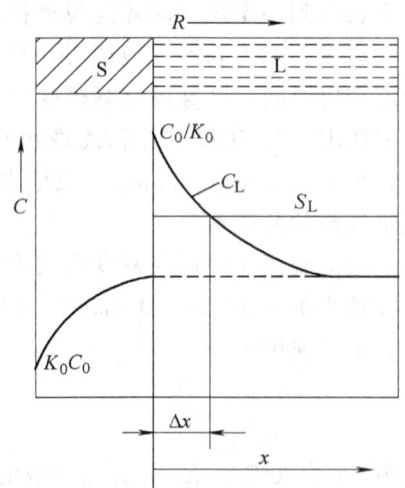

图10-5 金属凝固时气体在固相及液相中的浓度分布[11]

1988年,Kubo 与 Pehlke 首次建立了气体聚集与枝晶收缩对气孔形成影响的物理模型[12]。Pehlke 认为[13],凝固收缩和气体析出的共同作用克服了形成气孔时由于气体和液体之间的表面张力造成的附加压力,在枝晶壁根部首先形成气孔,随着凝固的进行,气孔逐渐长大,随着枝晶间的补缩阻力增大,气孔不断长大以补偿凝固收缩,结晶温度范围越大的合金,枝晶封闭液相的时间越早,最后凝固的液相中气体浓度就越大,产生这种气缩孔的倾向就越大。

10.2.3 析出型气孔

1. 析出型气孔的形成机理

如上节所述,析出型气孔的形成机理为:在合金的冷却凝固过程中,由于温度的降低和液态向固态的物态变化,使得气体溶解度急剧下降,并由于溶质再分配,气体溶质在固-液界面前方的液相中富集,当其浓度达到过饱和时,会产生很大的析出动力,气体在现成的衬底上析出,并形成气泡,保留在铸件中成为析出型气孔。

显然,析出型气孔不但取决于金属液中的气体浓度,还与合金的结晶特性紧密相关。铸件产生析出型气孔的倾向性可用下式判断

$$\eta = \frac{C_L - C_S}{C_S} \text{ 或 } \eta' = \frac{C_L}{C_L - C_S} \tag{10-7}$$

式中,η、η'为气孔判据;C_L、C_S分别为气体在合金液相及固相中的溶解度。

根据合金结晶界面的平衡假设,在固-液界面处$C_S/C_L = K_0$,则

$$\eta = \frac{1 - K_0}{K_0} \text{ 或 } \eta' = \frac{1}{1 - K_0} \tag{10-8}$$

在非平衡结晶的稳定生长阶段,界面处($x = 0$)液相气体的溶质浓度为

$$C_L \big|_{x=0} = \frac{C_0}{K_0} = C_0(1 + \eta) \tag{10-9}$$

而界面处液固两相气体的溶质浓度差为

$$C_L - C_S = \frac{C_0}{\eta'} \tag{10-10}$$

所以,合金气孔判据η表示的是在稳定生长阶段,凝固界面处液相中的气体溶质浓度比原始金属液中的气体溶质浓度所增加的倍数;η'表示的是液固两相中气体溶质浓度差值所占原始金属液气体溶质浓度的份数。可见,合金的η值越大或η'值越小,越容易产生气孔。

2. 形成析出型气孔的主要影响因素

由析出型气孔的形成机理和金属凝固过程中气体溶质的再分配规律可见,影响析出型气孔形成的主要因素有以下几种:

(1) 液态合金的原始气体溶质浓度C_0 C_0越大,凝固前沿液相中气体的溶质浓度越高,气体越容易达到过饱和状态,越容易形成析出型气孔。炉料本身所含的气体、表面锈蚀及油污、潮湿等会增加金属液的含气量。一般铸造合金随着熔炼温度升高,会促进气体溶解。与合金液接触的气体分压越高、接触面积越大,金属液的含气量越大。例如,生产实践和研究表明,在我国南方的梅雨季节铸件易产生析出型气孔,这与空气湿度、温度对金属液的吸气直接相关[14]。

(2) 合金的结晶特点 在原始含气量一定的条件下,合金的平衡分配系数K_0决定了凝固时液相气体溶质的富集程度,在$K_0 < 1$的情况下,气体元素向液相中富集,K_0偏离1越远,液相中的气体越容易富集,气体也越容易达到过饱和而析出气孔。

(3) 合金成分 合金成分决定合金的收缩值及结晶温度范围,收缩量大、结晶温度范围宽的合金在凝固时易形成封闭液相区并收缩为微观缩孔。微观缩孔呈真空态,可促进气体的析出,易形成析出型气孔(这类与缩孔相伴而生的气孔亦称为气缩孔)。

(4) 冷却速度　铸件的冷却速度越快，凝固区域越窄，凝固界面前沿的液相始终受到大气压力和合金液静压力的作用，液相中溶解的气体不易析出。即使产生了气泡，由于没有枝晶的阻碍，气泡也易在液相中上浮而排出铸件之外，或集中于最后凝固部位。铸件的冷却速度越慢，凝固区域越宽，液相越容易被发达的枝晶封闭，真空态的微观缩孔会促进气体的析出，生成的气泡受到枝晶阻碍，不易上浮，形成沿铸件截面均匀分布的析出型气孔。

(5) 外界压力　外界压力越大，气泡形成阻力越大，越不易形成析出型气孔。例如，一般铝合金的含气量较大，但铝合金压铸件由于外界压力大而不易产生析出型气孔。

(6) 气体性质　气体原子在金属中的扩散速度越快，越容易产生析出型气孔。例如，氢比氮的扩散速度快，所以氢比氮更容易形成析出型气孔。

3. 防止和减少析出型气孔的途径

对于特定铸造合金而言，控制合金液的气体含量及其析出条件是防止和减少析出型气孔的主要途径。

(1) 减少合金液的原始含气量

1) 控制铸造原材料质量，尽量减少气体溶入合金液的量。合金炉料应干燥、无锈蚀、无油脂，以降低固态原始含气量；炉衬、包衬应充分烘干；各种添加剂（如球化剂、孕育剂、覆盖剂等）应保持干燥，湿度高时要烘干后才能使用；应控制造型材料的水分和有机粘结剂的用量。

2) 减少合金熔炼时与炉气接触时的吸气量。温度越高，合金液的气体溶解度越大，吸气量越大，应控制熔炼温度，不能过高；减少合金液直接与大气接触的机会，如使用覆盖剂、真空熔炼等。

(2) 进行脱气处理，降低合金液的含气量

1) 浮游脱气处理。向合金液中通入不溶解气体，形成大量浮游气泡。溶解气体在气泡内的分压低，易扩散到浮游气泡中而随之上浮逸出，从而降低合金液的含气量。若合金液与非金属夹杂物不润湿，合金液会将夹杂物挤向浮游气泡，使夹杂物吸附在浮游气泡表面并随之上浮而去除，即浮游脱气还有去除夹杂物的作用。铸造生产中常用惰性气体和氮气进行脱气处理。在铝合金中加入氯盐能生成 $AlCl_3$ 气泡，同样能起到浮游脱气的作用。

2) 真空脱气处理。在真空状态下对合金液进行脱气，降低金属液的含气量，作为炉外精炼的一种，在冶金工业得到了广泛应用。

3) 氧化脱气处理。对于不易氧化的合金液（如铜合金），根据氧和氢在合金液中溶解度的平衡关系，可采用先吹氧去氢，然后再脱氧的熔炼工艺。

(3) 阻止气体析出

1) 提高合金凝固时的外界压力，增大气体析出阻力。例如，采用密封通入压缩气体法加压或采用压铸法可有效防止在铝合金内形成析出型气孔。

2) 提高铸件的冷却速度，使金属液中溶解的气体来不及形核析出，如采用金属型铸造方法。

10.2.4　侵入型气孔

1. 侵入型气孔的形成机理

从金属液充型开始，砂型（芯）即受到剧烈的高温作用，其表面被迅速加热到接近金

属液的温度，促使砂型（芯）中的水分汽化、有机物挥发或燃烧、碳酸盐分解形成大量气体，其中一部分气体通过砂型孔隙逸出。但若发气量大、发气速度快或型砂透气性不够高时，一部分气体不能及时排出，使金属液和砂型界面处的气体压力增加，当界面的气体压力超过某一临界压力时，这些气体就能侵入到金属液中。另外，因浇注工艺不合理造成充型过程液流不平稳时，气体也容易被卷入金属液中。当铸件凝固时，就会在接近铸件的表面形成侵入型气孔。

铸型（芯）产生的气体侵入合金液中必须满足以下条件

$$p_{气} > p_{液} + p_{附} + p_{腔} \tag{10-11}$$

式中，$p_{气}$ 为合金液与型（芯）界面处的气体压力；$p_{液}$ 为合金液的静压力；$p_{附}$ 为气泡界面张力引起的附加压力；$p_{腔}$ 为型腔中的气体压力。

侵入到合金液中的气体若刚进入合金液中铸件就开始凝固，则气孔将保留带缩颈形状，在铸件表面处形成梨形气孔；若气体在合金液温度很高时侵入，则可能上浮或随金属液流动到铸件其他部位成为圆形气孔，甚至上浮至液面而排出或进入到顶部冒口处。侵入型气孔的形成过程如图 10-6 所示。

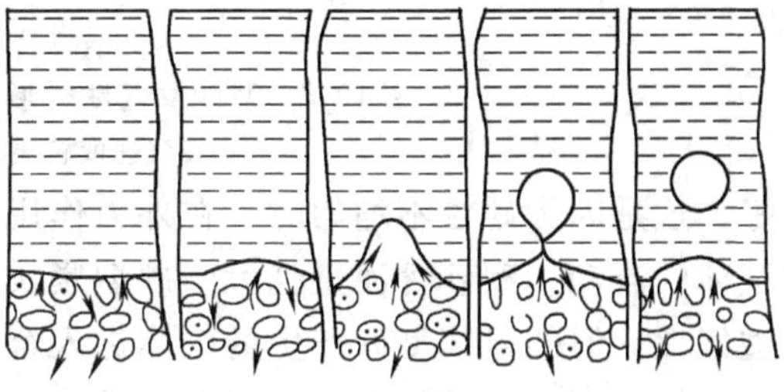

2. 形成侵入型气孔的主要影响因素

通过对侵入型气孔形成机理的分析可知，形成气孔的气体来源主要是由砂型或砂芯产生的气体和浇注时卷入的气体，型（芯）砂质量和浇注工艺是铸件产生该类气孔的关键因素。

图 10-6 侵入型气孔形成过程示意图
a) 气体通过砂型逸出　b) 压力增加　c) 侵入金属液
d) 产生缩颈　e) 形成气泡

（1）型（芯）砂的发气性　高温条件下型（芯）砂的发气量和发气速度称为发气性，它主要取决于含水量或有机粘结剂含量、浇注温度和杂质含量等因素。发气量越大、发气速度越快，铸件越容易产生侵入型气孔。

$p_{气}$ 和 $p_{液}$ 在浇注过程中都是变化着的，$p_{液}$ 随着型腔内合金液面高度的增加而增大。合金液浇入铸型后，型砂水分受热产生气体，型砂含水量越高，发气量越大。型（芯）砂中的有机粘结剂及附加物（如树脂粘结剂、煤粉、重柴油等）在高温作用下会燃烧或挥发，也会产生气体，有机物含量越高，发气量越大。随着时间增长，型砂的发气总量增加，$p_{气}$ 也增大，但 $p_{气}$ 对侵入型气孔的形成还取决于发气温度和发气速度。因此，$p_{气}$ 最大值的出现时间不同、数值不同，其后果也就相应不同。在铸件表面凝固结壳前满足式（10-11）的条件，气体才能侵入合金液中。一旦凝固结壳，无论型砂的发气性如何，气体将无法进入合金液中。图 10-7 所示为型砂发气性对形成侵入型气孔的影响示意图。

一般来说，合金液浇注温度越高，型砂发气量越大、发气速度越快，但是金属液的凝固时间也长，侵入气体有足够的上浮时间；浇注温度越低，型砂发气量越小，但是金属液的凝固时间也短，侵入气体没有足够的上浮时间，也容易产生气孔缺陷。

（2）型砂的透气性　紧实的型砂能让气体通过而逸出的能力称为透气性。金属液浇入铸型后，短时间内型砂受热产生气体，如果型砂的透气性较差，气体不易逸出，则部分气体会钻入合金液中形成侵入型气孔。

型砂的粒径越大，砂粒间的孔隙也就越大，透气性就越好；型砂的颗粒越均匀，透气性

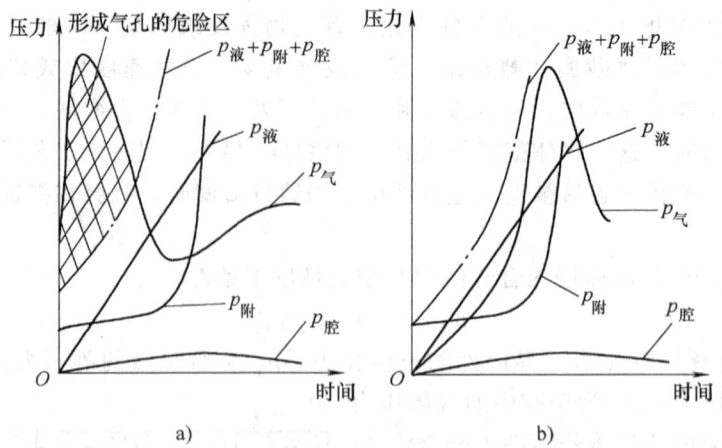

图 10-7 型砂发气性对形成侵入型气孔的影响示意图[15]
a) 发气速度较快时 b) 发气速度较慢时

越好，这是因为砂粒不均匀时，在外力作用下，小砂粒易嵌入大砂粒之间，会减少空隙，阻碍气体的流动；型砂含泥量越大、砂型紧实度越高，透气性越差；在型砂表面刷涂料会降低其透气性，但能阻挡型砂产生的气体进入合金液中。为了增加型砂的透气性，铸造生产中通常在上箱砂型上扎透气孔或使用空心砂芯，以利于排气，设于铸件顶部的明冒口也可提高排气能力。

（3）金属液的充型速度 充型速度过快时会在金属液周围产生负压，并形成表面湍流，容易造成卷气，气体来不及上浮时也会在铸件中形成侵入型气孔。

3. 防止和减少侵入型气孔的途径

1）尽量采用发气量低的造型材料。选择适当的型砂、芯砂粘结剂及添加物，并严格控制发气物质的加入量；湿型在起模和修型时刷水不能过多，干型要保证烘干质量，烘干后应及时合箱浇注；避免使用潮湿生锈的冷铁和芯撑。

2）采用发气慢的造型材料。生产实践表明，若要防止侵入型气孔，控制型砂的发气速度更为重要。例如，在型砂中加入适量的煤粉既能防止粘砂，又不会产生侵入型气体，这是由于煤粉的发气速度较慢的原因。

3）提高铸型的排气能力。提高型砂和芯砂的透气性，合理确定粘土和水分的加入量，砂型的紧实度要适中，保证砂芯通气孔通畅，增设出气孔，并扎设足够的气眼等。

4）防止卷入气体。浇、冒口系统的设置应使金属液平稳充型，浇注时防止卷入气体。对薄壁铸件的浇注尤其应该注意。

5）适当提高浇注的温度，可以使侵入金属液的气体有充分的时间上浮排出。

10.2.5 反应型气孔

1. 反应型气孔的形成机理

（1）金属与铸型间的反应型气孔 高温合金液与砂型、砂芯、冷铁或氧化皮等发生反应，生成的气体溶解于合金液中，使铸件表层金属液中的气体含量增高，在凝固过程中形成气泡，气泡受到侧面柱状枝晶限制而形成针状，因来不及排出而产生的气孔称为反应型气孔。反应型气孔一般存在于铸坯表面，经清理、热处理或机加工后才能发现，又称为皮下气孔，如图 10-8 所示。

皮下气孔的形成原因比较复杂，目前说法不一，主要有氢气说、氮气说和一氧化碳说。

1) 氢气核心说。将金属液浇入铸型后，铸型中的水分在热作用下蒸发并与金属液中的金属元素发生如下反应

$$m[\mathrm{Me}] + n\mathrm{H}_2\mathrm{O} \rightarrow \mathrm{Me}_m\mathrm{O}_n + n\mathrm{H}_2\uparrow \tag{10-12}$$

反应生成的氢气一部分通过铸型逸出，一部分扩散进入金属液中，使金属液表面层的含氢量升高。由于凝固时的溶质再分配，金属液中的氢在凝固界面前沿富集，达到过饱和浓度。在过饱和区域若存在夹杂物固相颗粒，则可作为气泡形核衬底，促进氢气泡的核心形成。氢气泡形成后，金属液中溶解的气体通过扩散进入气泡，使气泡在枝晶间继续长大。

文献 [16] 认为，高温铁液中的 Al、Ti 与水蒸气发生反应生成氢气，进入铁液中，加上熔化过程中溶入的氢气，二者共同作用的结果可能形成皮下气孔。

2) 氮气核心说。采用含氮树脂作为型（芯）砂粘结剂时，在金属液的高温作用下，树脂分解产生的氮气溶解进入金属液中，凝固时产生气泡，并吸收其他气体元素，形成氮气孔。

3) CO 核心说。由于钢液脱氧不良、钢液表面的氧化膜、冷铁氧化皮或钢液与铸型中的水分反应生成的 FeO 与钢中的碳发生以下反应

$$\mathrm{FeO} + [\mathrm{C}] \rightarrow [\mathrm{Fe}] + \mathrm{CO}\uparrow \tag{10-13}$$

生成的 CO 气体不溶解于钢，易形成气泡核心，同时其他气体元素扩散进入气泡，使气泡继续长大。但目前对 CO 气体在形成皮下气孔中的作用在认识上仍有分歧：一种说法认为 CO 可以作为氢气皮下气孔的核心；另一种说法认为 CO 直接形成皮下气孔。

图 10-8 皮下气孔[6]

尽管目前对皮下气孔的形成机理尚未形成统一认识，但铸件产生皮下气孔缺陷具有一定的规律性，在以下条件下易出现皮下气孔：①砂型水分含量高、透气性差，或采用含氮量高的树脂粘结剂；②金属液原始含气量高；③金属液中易氧化元素含量高，钢液脱氧不良；④金属熔点较高或浇注温度较高；⑤中等壁厚铸件。

皮下气孔的形状与金属结晶特点密切相关，当铸件表面以柱状晶形式结晶时，气泡沿晶界长大成为长条状。

铸件壁厚对皮下气孔的产生十分敏感。对于薄壁铸件，金属液与铸型接触时温度很快降低，反应时间短，生成气体少，并在短时间内形成稳定的凝固壳层，溶解到金属液中的反应气体少，不易产生皮下气孔。厚壁铸件同样不易产生皮下气孔，文献 [17] 认为厚大件不容易产生皮下气孔的原因是由于冷却速度较慢，使溶解在铁液中的高浓度气体可以在铁液内部扩散消失。文献 [18] 提出另一种可能是由于厚大件的浇注流量大，凝固时间也较长，使表面氧化结皮时间推迟，铁液内部气体可以在表面结皮之前排除，因而不会产生皮下气

孔。而对于中等壁厚铸件，金属液与铸型有较长的相互作用时间，因反应产生和溶解的气体量较大，且凝固速度较快，有可能产生皮下气孔。如壁厚在 8~15mm 的球墨铸铁件和壁厚在 10~25mm 的灰铸铁件易产生皮下气孔。

（2）金属液内的反应型气孔　根据金属液内部参与反应的物质不同，可将金属液内的反应型气孔分为两类：一类为金属液与熔渣相互作用生成气体而形成的渣气孔；另一类为金属液内部元素发生反应生成气体而形成的气孔。

1）渣气孔。浇注前由于熔渣没有清理干净，或在浇注过程中又产生二次氧化渣，以及铸件在凝固过程中其结晶前沿的液相区内存在的低熔点渣中含有 FeO，FeO 与金属液中的 C 原子发生以下反应

$$(FeO) + [C] \rightarrow Fe + CO\uparrow \tag{10-14}$$

当金属液中的 [C] 和 (FeO) 较多时，就有可能形成渣气孔。铸铁中的石墨析出时，也会与 (FeO) 发生如下反应

$$(FeO) + C \rightarrow Fe + CO\uparrow \tag{10-15}$$

反应产生的 CO 气体依附在熔渣上形成气泡，残留在铸件中形成渣气孔。

渣气孔的特点是气孔和氧化渣依附在一起，铸钢件最容易产生这种气孔。因为氧化反应产生的 CO 不溶解于钢液，CO 气泡在固-液界面上的枝晶间形成成群的气泡核。同时，气泡周围钢液中溶解的氮、氢气体也会扩散到 CO 气泡中，使其长大。这种气泡是在钢液凝固时期形成的，因此难以上浮逸出金属液，导致这种反应气孔呈弥散性分布。

2）金属液内部元素间的反应型气孔。金属液凝固时，溶解于金属液的化学元素与其他某些元素或化合物之间发生化学反应，产生气体并形成气泡而出现的反应型气孔。这种气孔是由于金属液本身的原因而产生的，所以它是一种内生式气孔。

若钢液脱氧不良或严重氧化，金属液中溶解的氧与碳发生反应，生成 CO 而产生气泡。当铸件凝固较快时，气泡因不能上浮到铸件表面而形成气孔。CO 气泡在上浮过程中也会由于扩散进氢气、氮气等而长大，这种气泡多呈蜂窝状，常导致铸件在浇冒口处出现上涨和冒泡现象。金属液中溶解的氢、氧也会反应生成 H_2O 气泡，从而形成气孔，这种气孔常见于还原性气氛下熔炼的铜合金铸件中，多分布在铸件上部和热节处。金属液中溶解的氢、碳元素也能反应生成 CH_4 气泡而导致气孔产生，此类气孔多见于铸钢件的中心部位。

综上所述，反应型气孔的形成是合金熔炼质量、凝固过程的溶质富集、浇注条件及铸型条件等多种因素共同影响的结果，气孔呈多种类型。因此，必须针对具体的气孔类型采取相应的措施，防止或减少气孔的产生。

2. 防止和减少反应型气孔的措施

1）合金方面。提高金属液的冶炼质量，尽量减少气体形成元素的含量，严格控制易氧化元素的含量。例如，铸钢比铸铁更容易溶解氧，可用过量的铝脱氧，以减少钢中溶氧量；球墨铸铁件生产时，在保证球化效果的前提下，应尽量减少镁和稀土的用量；适当提高浇注温度，以利于气泡上浮，可减少和防止皮下气孔产生。

2）在铸型方面应注意以下几点：①控制型砂水分；②树脂砂要尽量减少有机粘结剂含量，特别要控制含氮树脂的含量；③提高铸型透气性；④湿型砂应添加煤粉、重柴油等附加物以增加铸型的还原性气氛，防止金属液氧化；⑤冷铁、芯撑应严格除油、除锈和干燥；⑥生产球墨铸铁件时可向浇包液面或型腔中撒入冰晶石粉。

3）根据铸件结构和气孔的产生特点，采用合理的铸造工艺。例如，在浇道末端和死角位置设置溢流冒口；对于回转体及盘类铸件，应切向引入金属液，使气体易于上浮逸出[19]。

10.3 铸件中的夹杂

10.3.1 概述

铸件中的非金属夹杂是指金属中含有的不在成分和性能所要求范围内的非金属相[20]。在金属的熔炼过程中，少量炉渣、耐火材料及冶炼中的反应产物可能进入金属液，形成非金属夹杂物；金属液内部元素之间也可能发生反应，生成非金属化合物，留在铸件中形成非金属夹杂物。

1. 夹杂物的分类

（1）按化学成分分类 可分为以下几种：

1）简单氧化物，如 FeO、MnO、Cr_2O_3、Al_2O_3、SiO_2 以及钛、钒、铌的氧化物等。

2）复杂氧化物，又称为尖晶石类夹杂物，通常用化学式 $AO \cdot B_2O_3$ 表示（化学式中 A 表示二价金属，如镁、锰、铁等；B 表示三价金属，如铁、铬、铝等）。这类化合物具有尖晶石 $MgO \cdot Al_2O_3$ 型结构，由此而得名。尖晶石类夹杂物为一大类氧化物，此类氧化物在工业用钢中比较常见，如 $MnO \cdot Al_2O_3$、$MnO \cdot Cr_2O_3$、$MnO \cdot Fe_2O_3$、$FeO \cdot Al_2O_3$、$FeO \cdot Cr_2O_3$、$FeO \cdot Fe_2O_3$（Fe_3O_4）、$MgO \cdot Al_2O_3$、$MgO \cdot Cr_2O_3$、$MgO \cdot Fe_2O_3$ 等。

3）硅酸盐及硅酸盐玻璃，通用化学式可写成 $l FeO \cdot mO \cdot nAl_2O_3 \cdot pSiO_2$。它们一般具有多成分形式，既可以是单相，也可以是多相。单相情况下一般呈玻璃态，随脱氧情况的不同出现各式各样的硅酸盐，如铁硅酸盐、铁锰硅酸盐、铁锰铝硅酸盐等。

以上三类夹杂物统称为氧化物系夹杂物。

4）硫化物，主要是 FeS、MnS，此外，根据情况不同，还可能出现 CaS、TiS、稀土硫化物等。根据钢液的成分不同，特别是钢液的脱氧程度不同，所形成的硫化物在铸态情况下具有不同形态：Ⅰ类是以复合形式出现的硫化物（氧硫化物）；Ⅱ类是由共晶反应形成的硫化物；Ⅲ类是具有几何外形、任意分布的硫化物。

5）氮化物，如 VN、TiN、AlN、ZrN、NbN 等。

（2）按形成时间分类 可分为以下几种：

1）初生夹杂物，是在金属熔炼及炉前处理过程中产生的非金属夹杂物。

2）二次氧化夹杂物，是在浇注及充型过程中因氧化而产生的夹杂物。

3）次生夹杂物，是在金属凝固过程中产生的，又称为偏析夹杂物。

（3）按夹杂物形状分类 可分为球形、多面体、不规则多角形、条状及薄板形、板形等。同一类型夹杂物在不同的铸造合金中会呈现出不同的形状，如 Al_2O_3 在钢中呈链球多角状，而在铝合金中则呈板状；同一类型夹杂物的成分不同时，其形态也不相同，如 MnS 在钢中通常有球形、枝晶间杆状和多面体结晶形三种形态。

2. 夹杂物的来源

1）脱氧、脱硫、孕育及球化等炉前处理过程中产生的反应产物，特别是一些密度大的脱氧产物，因不易上浮而留在铸件中。

2)炉料中的硫、氧、氮等杂质元素在熔炼时溶解于金属液中,在凝固过程中随着温度的降低溶解度下降,达到过饱和,这些处于过饱和状态的元素通常形成低熔点共晶或化合物并残留在铸件中。

3)金属液与外界物质相互作用生成的非金属夹杂物,如金属表面的粘砂、锈蚀,焦炭中的灰分熔化后成为熔渣,炉衬和浇包受金属液侵蚀生成的非金属夹杂物等。

4)在熔炼及浇注过程中金属液与空气接触,在金属液面发生氧化反应生成的氧化物。

前两类非金属夹杂物称为内生夹杂物,后两类夹杂物称为外来夹杂物。

10.3.2 夹杂物的形成原因

1. 非金属夹杂物形成的热力学条件

溶解于金属液中的非金属元素能否形成夹杂物并具有一定的析出量,取决于具体化学反应的热力学和动力学条件。非金属夹杂物形成过程的化学反应方程式为

$$m[Me] + n[C] \rightarrow Me_mC_n \tag{10-16}$$

式中,Me 为金属元素;C 为非金属元素;Me_mC_n 为生成的非金属夹杂物。

平衡常数 K 为

$$K = \frac{\alpha_{Me_mC_n}}{\alpha_{Me}^m \alpha_C^n} \tag{10-17}$$

式中,α 为相应元素和夹杂物的活度。

在标准状态下,夹杂物生成的标准自由能 ΔF^0 与温度和平衡常数的关系为

$$\Delta F^0 = -RT\ln K \tag{10-18}$$

式中,R 为气体常数;T 为热力学温度;K 为平衡常数。

化学反应进行的条件是 $\Delta F^0 < 0$,ΔF^0 越负,两种元素的结合力越强,生成的化合物越稳定。在标准条件下,可利用生成标准自由能的大小来判断反应进行的可能性、方向和限度,如图 10-9 所示。例如,在相同温度及浓度条件下,根据标准生成自由能可以判断,金属液中生成氧化物的优先顺序依次为 $CaO \rightarrow BeO \rightarrow CrO_2 \rightarrow Al_2O_3 \rightarrow SiO_2 \rightarrow MnO \rightarrow FeO \rightarrow Cu_2O$。

在实际金属液中,各元素的浓度是不同的,在非标准条件下夹杂物生成的可能性及优先生成顺序不仅与它们各自的化学亲和力有关,还与它们在溶液中的活度有关,应由化学反应等温方程式计算出 ΔF 作为判断化学反应的依据。

生成夹杂物的反应速度不仅要满足热力学条件,还取决于参与反应的元素含量及扩散速度。反应元素含量越高、扩散系数越大、温度越高,则反应速度越快,越有利于夹杂物的生成。当非金属元素含量很少时,反应主要取决于动力学条件。

2. 浇注前形成的非金属夹杂物

金属在熔炼和炉前处理时产生的非金属夹杂物可能是脱氧、脱硫、孕育、球化的反应产物,也可能是金属液与炉衬、包衬相互作用的产物。浇注前许多尺寸较大的夹杂物会上浮到金属液表面,经过反复扒渣,大部分会被清除。但金属液内仍残留有大量尺寸较小的非金属夹杂物,浇注时随液流一起充填入型腔,在金属凝固时来不及上浮而残留在铸件内部,成为非金属夹杂物,也称为初生夹杂物。

铝及其合金在熔炼及浇注过程中易于氧化并吸收气体,使得铝液极易形成夹杂物并在凝

固过程中形成气孔,从而影响铸件的质量。近年来许多研究表明,铝及其合金液中的夹杂物主要是氧化夹杂物,会导致铝液脱氢困难、气孔等缺陷增多,继而引起铝合金铸件的力学性能下降[21-25]。

3. 浇注时形成的非金属夹杂物

在浇注和充型过程中生成的非金属夹杂物主要是氧化物,又称为二次氧化夹杂物。金属液与大气接触,表面生成氧化膜,在浇注过程中由金属液的断流、充型产生的涡流、飞溅将氧化膜卷入金属液中形成氧化夹杂物。

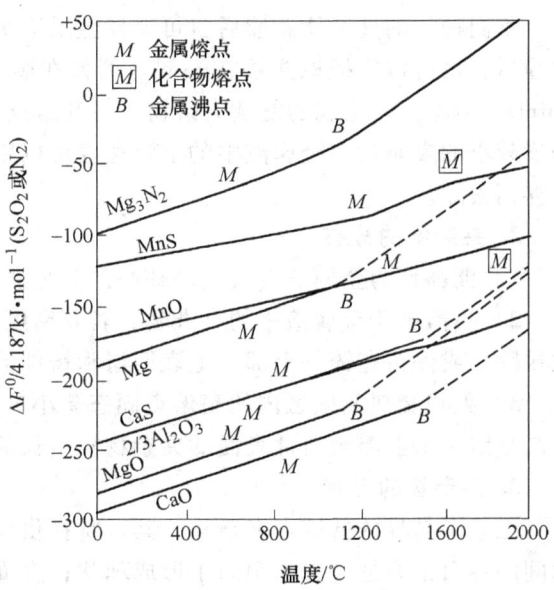

图 10-9 氧化物、硫化物、氮化物的标准生成自由能-温度图

二次氧化夹杂物的形成与合金液的成分、液流特征、浇注工艺和铸型条件等因素有关。合金液中合金元素的性质和含量直接影响二次氧化夹杂物生成的数量和组成,其影响可从氧化难易程度、含量多少、结膜温度、逸出气体等几方面综合考虑。金属液流与大气接触时间越长、接触面积越大、流动越强烈,就越容易产生二次氧化夹杂物。还原性的铸型气氛可减少此类夹杂物的产生。

球墨铸铁的二次氧化夹杂物主要与镁的残量、原铁液含硫量和浇注温度有关。提高镁的残量将相应提高氧化膜形成温度,在较高的温度形成氧化膜,氧化膜就越多,二次氧化夹杂物也就越多,所以球墨铸铁应尽量降低镁的残量[26]。

4. 凝固时形成的非金属夹杂物

熔炼时炉料中的硫、氧、氮等杂质元素溶解于金属液中,这些元素降低合金熔点,其平衡分配系数 $K_0 < 1$。在合金液的凝固过程中,由于溶质再分配的结果,液相中溶质浓度不断增高,出现偏析液相。当枝晶间的偏析液达到过饱和或反应热力学条件时,则析出非金属夹杂物,称为次生夹杂物,又称为偏析夹杂物。

一般情况下,枝晶间残留的偏析液是易熔成分,最后将进行二元和三元共晶反应,生成物以网状存在于晶界上。例如,钢中的硫极易偏析,在凝固末期发生共晶反应,生成二元共晶产物(Fe + FeS)或三元共晶产物(Fe + FeS + FeO),以网状分布于晶界,增大了铸件的热裂倾向。

10.3.3 夹杂物的长大、分布及形状

1. 夹杂物的聚合长大

在满足热力学的条件下,溶有非金属的金属液中会生成非金属夹杂物,从金属液中刚刚析出的夹杂物尺寸非常小,仅有几微米,在密度差造成的浮力和金属液对流的作用下产生上浮或下沉运动,会使夹杂物之间发生碰撞、聚合长大[27]。夹杂物相互碰撞后能否聚合在一起,取决于夹杂物表面的性质、熔点和温度等条件。夹杂物的粘度越低、与金属液的表面张力越大、熔点越低、金属液温度越高,越容易聚合长大。

不同种类的夹杂物碰撞后，可能发生反应组成更为复杂的夹杂物。不发生反应的夹杂物碰撞后，也可以机械地连接在一起。例如在碳钢中，MnO 与 Al_2O_3 碰撞后会形成锰尖晶石（$MnO \cdot Al_2O_3$）。生成的复杂夹杂物一般其熔点比简单夹杂物要低，更容易聚合长大。此外，密度较小的夹杂物在金属液中的上浮速度可以用 Stokes 公式估算，聚合长大的夹杂物更容易上浮而去除。

2. 夹杂物的分布

1）能够作为金属非自发结晶核心的非金属夹杂物分布在晶内。

2）不溶解于金属液中的夹杂物，若其密度小于金属液，则可能最后上浮集中到冒口中被排除，或保留在铸件上部、上表面层和铸件的拐角处。

3）处在金属凝固区内的高熔点固态微小夹杂物可能被枝晶粘附，分布于晶内；不能被枝晶粘附又未上浮至铸件表面的夹杂物被生长的枝晶推挤到晶间，分布于晶界。

3. 夹杂物的形状

汇集于晶界的低熔点夹杂物，其形状在很大程度上受界面张力的影响。夹杂物与固态金属间的界面张力越大，越倾向于形成球状；界面张力越小，越倾向于以薄膜状分布在晶界。合金成分对夹杂物形状的影响是由于它改变了界面张力。例如，钢中的硫为表面活性元素，界面张力小，硫化物沿晶界形成尖角薄膜状的硫共晶。加入锰后，提高了界面张力，可以改变硫化物夹杂的形态。夹杂物越近似球形，对金属基体力学性能的影响越小；若夹杂物呈尖角形，甚至包围晶粒形成薄膜时，对铸件性能的危害性很大；夹杂物越细小，且分布在晶内时，其危害性越小。

10.3.4 夹杂物的防止措施

排除和减少金属液中气体或气泡的工艺措施同样也能达到减少夹杂物的目的。但由于夹杂物的密度比气体大得多，在金属液中上浮速度较慢，故比气泡更难以去除，需要采取更有效的工艺措施。

1. 排除液态金属中初生夹杂物的途径

1）合金熔炼时加熔剂。在液态金属表面覆盖一层能吸收上浮夹杂物的熔剂（如铝合金精炼时加入氯盐），或加入能降低夹杂物密度或熔点的熔剂（如球墨铸铁加冰晶石），均有利于夹杂物的排除。

2）炉外精炼。质量要求高的铸件应对熔融金属液进行炉外二次精炼，可去除金属液中的气体并避免氧化，进一步提高金属液的洁净度，有效避免铸件中的夹杂和气孔缺陷。炉外二次精炼方法主要有 LF 法（Ladle Furnace，电弧加热包底吹氩搅拌法）、VD 法（Vacuum Degassing，真空室中钢包底部吹氩搅拌法）、VOD 法（Vacuum Oxygen Decarburization，真空罐内钢包吹氧除气法）、RH 法（RH-vacuum degassing，真空循环脱气法）等，这些精炼技术在炼钢过程中应用较为普遍，近年来也逐步为铸造生产所采用。将各种夹杂物去除技术进行合理组合，最有效地发挥各自的优势，实现多功能精炼，将会取得更好的效果。

3）过滤法。在浇注系统中放置过滤器（陶瓷过滤块、纤维过滤网），充型过程中液态金属中的夹杂物被过滤器阻挡而不能进入型腔。

4）采用复合脱氧剂，生成密度更小、熔点更低的液态脱氧产物，易聚合长大，利于上浮、排除。

2. 防止和减少二次氧化夹杂物的途径

1）正确选择合金成分，严格控制易氧化元素的含量。

2）采取合理的浇注系统及浇注工艺，保持液态金属在充型过程中平稳流动，避免发生飞溅和涡流。

3）严格控制铸型水分，防止铸型内产生氧化性气氛。还可加入煤粉等碳质材料，或采用涂料，以形成还原性气氛。

4）在液态金属表面加入熔剂，促使氧化物夹杂的排除，保护铸型内金属表面不被氧化。

5）对要求高的重要零件或易氧化的合金，可以在真空或保护性气氛下浇注。

3. 夹杂物变性处理

在金属液中加入少量变性剂，以改变非金属夹杂物的结构、组成和形态，从而改变其性质的过程称为夹杂物的变性处理。铸件中非金属夹杂物是不可能完全消除的，在尽量降低其含量的同时，科学地控制夹杂物的类型、尺寸、分布和形态，尽量降低其对铸件材质的危害就是变性处理的目的。钢中常用的变性剂有钙合金[28]、稀土合金[29]、镁[30]等。

思考与练习

1. 简述铸件中析出型气孔的形成机理、特征、影响因素及防止措施。
2. 金属液中气体元素含量低于饱和溶解度时在铸件中也会产生析出型气孔，试分析其原因。
3. 金属冶金质量对铸件中反应型气孔的产生有何影响？
4. 如何防止侵入型气孔的产生？
5. 金属液中气体与夹杂物有何关联？
6. 简述二次氧化夹杂物及其形成的影响因素。
7. 铸件凝固过程中形成的非金属夹杂物与微观偏析有何联系？
8. 影响非金属夹杂物形状的因素有哪些？
9. 试论述在铸钢件生产过程中脱氧处理对防止气孔和非金属夹杂物缺陷的作用。
10. 在铸造生产过程中，通常采用高温出炉、低温浇注工艺（静置处理），这种措施对获得优质铸件有何意义？

参考文献

[1] 侯延辉，成志强，柳葆生，等．铸造气孔物理模型研究进展［J］．材料导报，2008，22（3）：111-114.

[2] 王习术，梁锋，曾燕屏，等．夹杂物对超高强度钢低周疲劳裂纹萌生及扩展影响的原位观测［J］．金属学报，2005，41（12）：1272-1276.

[3] 郭峰，李杰，李志，等．夹杂物体积分数和平均间距对高 Co-Ni 超高强度钢断裂韧度的影响［J］．航空材料学报，2008，28（4）：17-21.

[4] 严国安，秦哲，田志红，等．中碳钙硫易切削钢夹杂物形态控制［J］．北京科技大学学报，2007，29（7）：685-688.

[5] 梅志，万天敏，娄德春．稀土变质剂对超低碳钢铸态晶粒细化的研究［J］．特种铸造及有色合金，2002（2）：3-4.

[6] 日本铸造工学会．铸造缺陷及其对策［M］．张俊善，尹大伟，译．北京：机械工业出版社，2008.

[7] 安阁英．铸件形成理论［M］．北京：机械工业出版社，1989.

[8] 桂仲林．铸造铝合金显微气孔形成的模拟研究［D］．南京：东南大学，2008.

[9] Campbell J. Pore Nucleation in solidifying metals [M]. London: The Iron and Steel Institute, 1968.

[10] Chen X G, Engler S. Formation of gas porosity in aluminum alloys [J]. AFS Trans, 1994, 102: 673-682.

[11] 李晨希. 铸造工艺设计及铸件缺陷控制 [M]. 北京: 化学工业出版社, 2009.

[12] Kubo K, Pehlke R D. Mathematical modeling of the porosity formation in solidification [J]. Metall Trans, 1985 (16B): 359.

[13] Pehlke R. Foundry Processes. The Chemistry and Physics [M]. Warren, MI: General Motors Research Laboratories, 1987.

[14] 黄光伟. 梅雨季节制动鼓气孔的产生及预防措施 [J]. 现代铸铁, 2003 (1): 59-60.

[15] 朱彦方. 灰铸铁件侵入性气孔的形成机制及消除对策 [J]. 铸造工程, 2009 (5): 19-21.

[16] 袁征峰, 庞争群, 毛启成. 解决皮下气孔的一种好方法 [J]. 中国铸造装备与技术, 2004 (3): 26-29.

[17] Carter S F, Evans W J, Harkness J C, et al. Factors influencing the formation of pinholes in gray and ductile iron [J]. AFS Transactions, 1979, 87: 245-268.

[18] 周亘, 刘婉华. 球铁件皮下气孔产生原因及防止方法 [J]. 现代铸铁, 2008 (5): 15-25.

[19] 吕淑春. 采用溢流技术消除铸钢件驱动桥壳体气孔缺陷 [J]. 铸造技术, 2003, 24 (4): 344.

[20] 萧柯则. 铸件缺陷分析技术讲座 (第九讲 夹杂类缺陷) [J]. 机械工人·热加工, 1986 (9): 26-27.

[21] 毕娟娟, 廖恒成, 潘冶, 等. 铸造铝合金中氧化夹杂物的研究进展 [J]. 铸造, 2009 (12): 1224-1228.

[22] 何峰, 程军. 铸造铝合金中的气体和氧化夹杂 [J]. 华北工学院学报, 1997, 1 (18): 55-57.

[23] Sabatino M D, Arnberg L, R rvik S. The influence of oxide inclusions on the fluidity of Al-7wt.% Si alloy [J]. Materials Science and Engineering, 2005, 413 (414A): 272-276.

[24] 周月梅. 铝合金铸件夹杂物的检测控制和分离 [J]. 内燃机配件, 1996 (2): 62-64.

[25] 王肇经, 李东升. 铸造铝合金的气体和非金属夹杂物 [M]. 北京: 兵器工业出版社, 1989: 8-34.

[26] 张伯明. 铸造手册: 铸铁 [M]. 北京: 机械工业版社, 2002.

[27] 雷洪, 赫冀成. 板坯连铸机内钢液流动和夹杂物碰撞长大行为 [J]. 金属学报, 2007, 43 (11): 1195-1200.

[28] 杨伶俐, 包燕平, 刘建华. 钙处理对钢中非金属夹杂物变性效果分析 [J]. 炼钢, 2009, 25 (4): 35-37, 72.

[29] 李长荣, 杨洪, 文辉. 稀土元素对硬线钢中夹杂物的变性处理 [J]. 热加工工艺, 2010, 39 (8): 12-14.

[30] 王建, 姜丽. 镁处理对钢中夹杂物变性研究 [J]. 包钢科技, 2008, 34 (4): 32-34.

[31] 于震宗, 龚出群. 湿砂型铸铁件的气孔缺陷: 湿砂型铸铁件缺陷讲座 (四) [J]. 现代铸铁, 2004, 24 (6): 51-55.

第 11 章 凝固收缩过程中的缺陷形成与控制

液态金属浇入铸型后，发生由液态到固态的凝固转变，在液态、凝固态及固态时均出现收缩现象。收缩是铸件中许多缺陷产生的基本原因。本章主要探讨金属熔体在液态收缩及凝固收缩过程中形成缩孔、缩松及热裂等铸造缺陷的特征、形成机理及其控制方法。

11.1 金属的收缩

11.1.1 收缩的基本概念

金属在凝固过程中，由于外界环境吸热导致金属温度降低，金属原子间的距离逐渐变短；因液、固两相的密度差别，金属在液-固转变过程中通常体积也会陡然变小（一级相变特征）。金属在液态冷却、凝固过程和固态冷却过程中发生体积减小的现象称为收缩。金属从液态到常温的体积改变量称为体收缩；金属在固态时的线尺寸改变量称为线收缩。收缩是金属本身的物理性质，也是导致缩孔、缩松、热裂、应力及变形等缺陷的基本原因。

液态金属从浇注温度冷却到常温，其收缩要经历三个阶段，如图 11-1 所示，即液态收缩阶段（Ⅰ）、凝固收缩阶段（Ⅱ）及固态收缩阶段（Ⅲ）。在不同阶段金属具有不同的收缩特性，如一定结晶温度范围合金的凝固收缩阶段含有温度降低和状态改变两个部分，而液态收缩和固态收缩阶段均只含有温度降低部分。

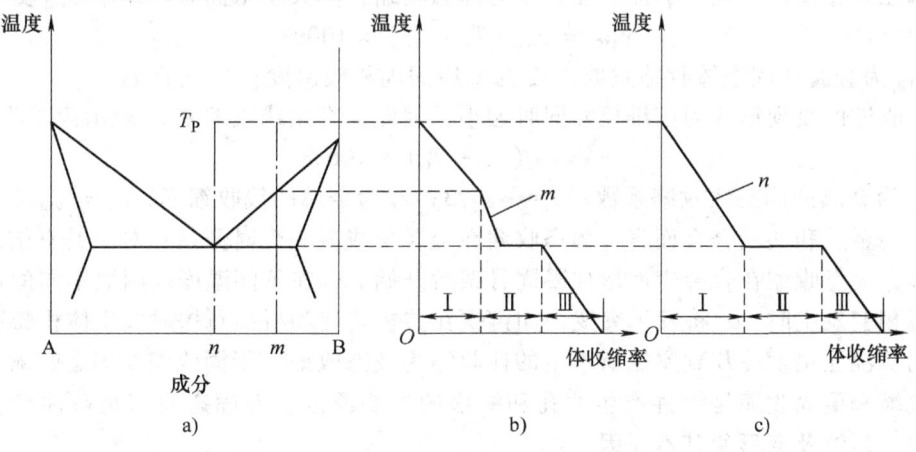

图 11-1 二元合金收缩过程示意图
a) 合金相图 b) 一定结晶温度范围的合金 c) 恒温凝固合金

金属的收缩特性通常由相对收缩量来表示，此相对收缩量称为收缩率。当温度由 $T_0 \rightarrow$

T_L 时,金属的体收缩率 ε_V 和线收缩率 ε_l 分别为

$$\varepsilon_V = \frac{V_0 - V_L}{V_0} \times 100\% = \alpha_V(T_0 - T_L) \times 100\% \tag{11-1}$$

$$\varepsilon_l = \frac{l_0 - l_L}{l_0} \times 100\% = \alpha_l(T_0 - T_L) \times 100\% \tag{11-2}$$

式中,V_0、V_L 分别为金属在 T_0 和 T_L 时的体积;l_0、l_L 分别为金属在 T_0 和 T_L 时的长度;α_V、α_l 分别为金属在 $T_0 \sim T_L$ 温度范围内的体收缩系数和线收缩系数。

1. 液态收缩

液态金属从浇注温度 T_P 冷却到液相线温度 T_L 产生的体收缩,称为液态收缩。液态收缩的表现形式为金属液面的降低,其大小可由液态收缩率 $\varepsilon_{V液}$ 表示

$$\varepsilon_{V液} = \alpha_{V液}(T_P - T_L) \times 100\% \tag{11-3}$$

式中,$\alpha_{V液}$ 为金属的液态体收缩系数;T_P 为液态金属的浇注温度;T_L 为金属熔体的液相线温度。液态体收缩系数 $\alpha_{V液}$ 和液相线温度 T_L 主要取决于合金成分。可见,提高浇注温度 T_P 或降低液相线温度 T_L,都会使液态收缩率增加。液态体收缩系数改变时,液态收缩率也会相应变化。

2. 凝固收缩

金属从液相线冷却到固相线所产生的体收缩,称为凝固收缩,其大小由凝固收缩率 $\varepsilon_{V凝}$ 表示。对于纯金属和共晶合金而言,凝固期间的体收缩是由状态变化引起的,与温度无关,故凝固收缩率具有一定的数值。对于具有一定结晶温度范围的合金,其凝固收缩率不仅与状态改变时的体积变化有关,而且还与结晶温度范围有关。对于 Ga、Bi-Sb 等合金,在凝固过程中体积不但不收缩反而膨胀,故其凝固收缩率为负值。

凝固收缩的表现形式分为两个阶段:当结晶较少未连成骨架时,表现为液面的降低;当结晶较多并搭成完整骨架时,收缩表现为三维尺寸减小,在结晶骨架间残留的液体则表现为液面下降。

3. 固态收缩

金属在固相线以下发生的体收缩,称为固态收缩,其大小由固态收缩率 $\varepsilon_{V固}$ 表示,即

$$\varepsilon_{V固} = \alpha_{V固}(T_S - T_0) \times 100\% \tag{11-4}$$

式中,$\alpha_{V固}$ 为金属的固态体收缩系数;T_S 为金属的固相线温度;T_0 为室温。

固态收缩的表现形式为三维尺寸同时缩小,因此,常用线收缩率 ε_l 表示固态收缩,即

$$\varepsilon_l = \alpha_l(T_S - T_0) \times 100\% \tag{11-5}$$

式中,α_l 为金属的固态线收缩系数,$\alpha_l \approx \alpha_{V固}/3$;$\varepsilon_l$ 为金属的线收缩率,$\varepsilon_l \approx \varepsilon_{V固}/3$。

对于纯金属和共晶合金而言,固态收缩在金属形成凝固壳时开始;对于具有结晶温度范围的合金,固态收缩在合金表面形成凝固骨架后开始。α_l 在不同温度范围取不同的值,当合金有固态相变发生时,α_l 将发生突变,如铸铁在共析转变和析出石墨时发生体积膨胀。

金属从浇注温度冷却到室温所产生的体收缩为液态收缩、凝固收缩及固态收缩之和,其中液态收缩和凝固收缩是铸件产生缩孔和缩松的主要原因,而固态收缩是铸件产生尺寸变化、应力、裂纹及变形的基本原因。

11.1.2 铸铁的收缩

铸铁的收缩过程如图 11-2 所示,下面分别对铸铁的液态收缩、凝固收缩及固态收缩这

三个阶段的收缩过程进行讨论。

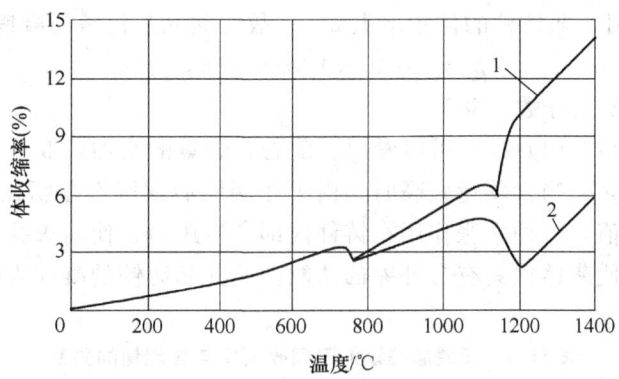

图 11-2　铸铁的收缩过程曲线[1]
1—白口铸铁　2—灰口铸铁

1. 液态收缩

铸铁的液态收缩率由式（11-3）表示，铸铁的液态体收缩系数 $\alpha_{V液}$ 随含碳量的增加而增大。对于亚共晶铸铁，$\alpha_{V液}$ 的平均值为

$$\alpha_{V液} = (90 + 30w_C) \times 10^{-6} \tag{11-6}$$

式中，w_C 为铸铁中碳的质量分数（%）。

根据相图，亚共晶铸铁碳的质量分数每增加 1%，其液相线温度即下降 90℃，可以得到铸铁的液态收缩率为

$$\varepsilon_{V液} = \alpha_{V液}[T_P - (1540 - 90w_C)] \times 100\% \tag{11-7}$$

由式（11-6）及式（11-7）可知，当浇注温度一定时，亚共晶铸铁的液态收缩率随着含碳量的增加而增大，见表 11-1。

表 11-1　亚共晶铸铁的液态收缩率与含碳量的关系

w_C（%）	2.0	2.5	3.0	3.5	4.0
$\varepsilon_{V液}$（$T_P=1400℃$）（%）	0.6	1.4	2.3	3.4	4.6
$\varepsilon_{V液}$（$T_P-T_L=100℃$）（%）	1.5	1.7	1.8	2.0	2.1

2. 凝固收缩

铸铁的凝固收缩是由状态改变和温度降低共同作用的结果，可由式（11-8）表示

$$\varepsilon_{V凝} = \varepsilon_{V(L \to S)} + \alpha_{V(L \to S)}(T_L - T_S) \times 100\% \tag{11-8}$$

式中，$\varepsilon_{V(L \to S)}$ 为因状态改变的凝固收缩率，亚共晶白口铸铁的凝固收缩率平均值为 3.0%；$\alpha_{V(L \to S)}$ 为凝固温度范围内的体收缩系数，亚共晶白口铸铁的体收缩系数平均值为 $1.0 \times 10^{-4}℃^{-1}$。

亚共晶白口铸铁的凝固收缩率可表示为

$$\varepsilon_{V凝} = [3.0 + 1.0 \times 10^{-4}(T_L - T_S) \times 100]\% \tag{11-9}$$

根据亚共晶铸铁碳的质量分数与液相线温度的变化关系，可知 $T_L - T_S = 90(4.3 - w_C)$。将此关系带入式（11-9），可获得亚共晶白口铸铁的凝固收缩率为

$$\varepsilon_{V凝} = (6.9 - 0.9w_C)\% \tag{11-10}$$

对于亚共晶灰铸铁，在凝固后期共晶转变时发生石墨化膨胀使体收缩得到弥补。析出质量分数为1%的石墨时，灰铸铁的体积增大2%，故亚共晶灰铸铁的凝固收缩率为

$$\varepsilon_{V凝} = (6.9 - 0.9w_C - 2w_{石墨})\% \tag{11-11}$$

式中，$w_{石墨}$为石墨的质量分数（%）。

从式（11-10）及式（11-11）可以看出，随着含碳量的增加，亚共晶铸铁的凝固收缩率减小。对于灰铸铁而言，当含碳量较高时，由于在凝固后期因石墨析出发生体积膨胀现象，导致凝固收缩率为负值。这种膨胀作用在铸件内部产生压力，使尚未凝固的熔体对因收缩形成的孔洞进行充填，使灰铸铁具有自补缩的功能。亚共晶铸铁的凝固收缩率与含碳量的关系见表11-2。

表11-2 亚共晶铸铁的凝固收缩率与含碳量的关系

w_C（%）		2.0	2.5	3.0	3.5	4.0
$\varepsilon_{V凝}$（%）	白口铸铁	5.1	4.6	4.2	3.7	3.3
	灰口铸铁	4.3	2.8	1.4	-0.1	-1.5

3. 固态收缩

铸铁的固态收缩以线收缩率形式表达，由式（11-5）表示。铸铁的固态收缩分为以下五个阶段：

（1）最初收缩 $\varepsilon_{初缩}$ 铸铁凝固开始后，已凝固的外壳缩小，发生初步收缩，但收缩量很小，如图11-3中所示不明显。

（2）缩前膨胀 $\varepsilon_{缩前}$ 共晶转变时析出奥氏体和石墨，发生膨胀。

（3）珠光体前收缩 $\varepsilon_{珠前}$ 在共析转变前的收缩。共析转变时石墨化程度越大，收缩量越小。

（4）共析转变膨胀 $\varepsilon_{共膨}$ 共析转变时析出铁素体、石墨和珠光体，产生膨胀。

（5）珠光体后收缩 $\varepsilon_{珠后}$ 在共析转变后的收缩。

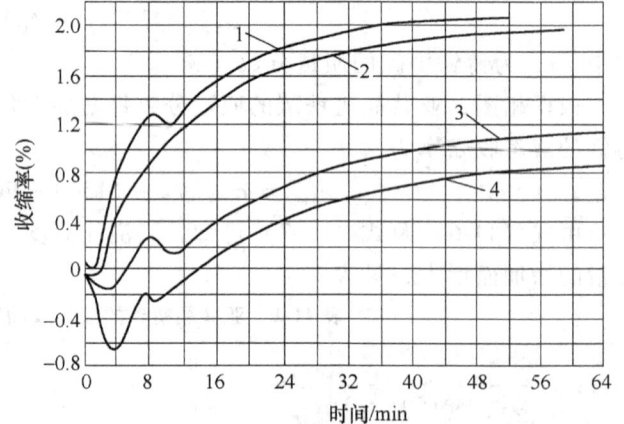

图11-3 Fe-C合金的固态自由线收缩曲线
1—碳钢 2—白口铸铁 3—灰铸铁 4—球墨铸铁

在铸铁的固态收缩中，线收缩率 ε_l 为上述五个阶段综合作用的结果，即

$$\varepsilon_l = \varepsilon_{初缩} - \varepsilon_{缩前} + \varepsilon_{珠前} - \varepsilon_{共膨} + \varepsilon_{珠后} \tag{11-12}$$

缩前膨胀和珠光体前收缩对热裂倾向有显著影响，而共析转变膨胀和珠光体后收缩对应力、变形及冷裂的产生有影响。表11-3列出了三种铸铁的自由线收缩率，为了建立整体的直观概念，在表中还增加了碳钢的自由收缩率。由表11-3中可以看出，白口铸铁的线收缩率最大，而球墨铸铁的线收缩率最小，其主要原因是白口铸铁的缩前膨胀和共析膨胀非常微弱（图11-3）。这也说明了由于含碳量及石墨化的程度不同，铸铁的固态收缩差异较大。

表 11-3　几种 Fe-C 合金的自由线收缩率

材料名称	化学成分（质量分数,%）						线收缩率（%）	浇注温度/℃
	C	Si	Mn	P	S	Mg		
碳钢	0.14	0.15	0.014	0.050	—	—	2.165	1530
白口铸铁	2.65	1.00	0.480	0.060	0.015	—	2.180	1300
灰铸铁	3.30	3.14	0.660	0.095	0.026	—	1.082	1270
球墨铸铁	3.00	2.96	0.690	0.110	0.015	0.045	0.807	1250

11.1.3　铸钢的收缩

铸钢的收缩过程与铸铁一样，也分为液态收缩、凝固收缩及固态收缩三个阶段。碳钢和纯铁的收缩过程曲线如图 11-4 所示。

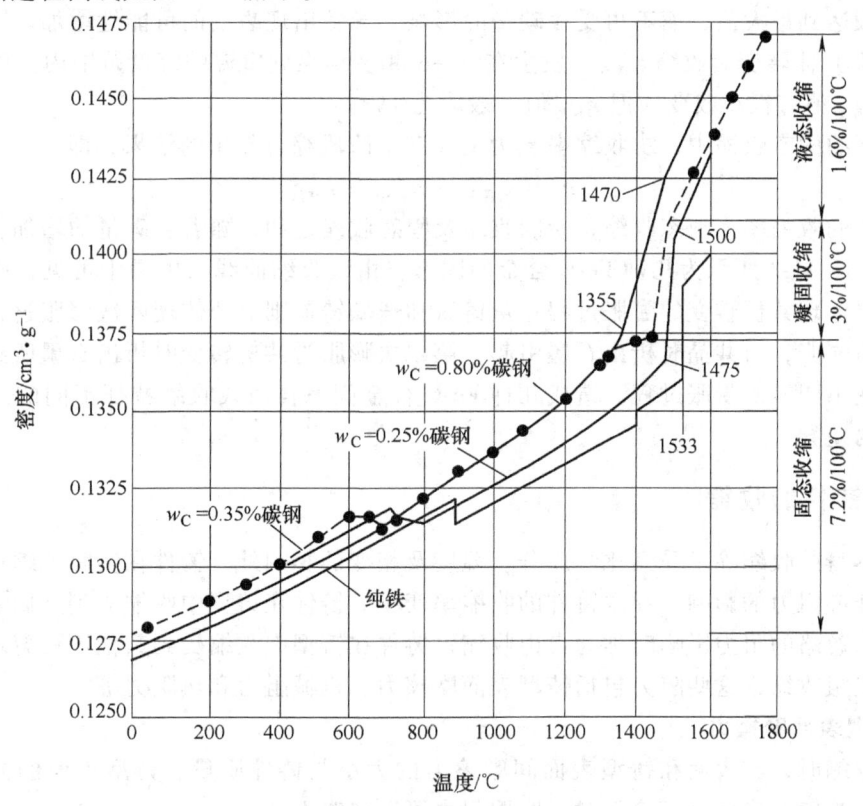

图 11-4　碳钢和纯铁的收缩过程曲线[1]

1. 液态收缩

铸钢的液态收缩率见式（11-3）。在浇注温度不变时，随着含碳量的增加，液相线温度降低，$\alpha_{V液}$ 相应增大，铸钢的液态收缩率也增大。在铸钢的化学成分一定时，若浇注温度提高，液态收缩率也增大。

2. 凝固收缩

铸钢凝固过程的体收缩包括状态改变和温度降低两个部分，可由式（11-8）表示。与铸铁的凝固收缩相似，铸钢由状态变化所引起的体收缩为一个固定值。随着含碳量增加，结晶温度范围变大，由温度降低所导致的体收缩增大。碳钢的凝固收缩率与含碳量的关系见表 11-4。

表 11-4　碳钢的凝固收缩率与含碳量的关系

w_C（%）	0.10	0.25	0.35	0.45	0.70
$\varepsilon_{V凝}$（%）	2.0	2.5	3.0	4.3	5.3

3. 固态收缩

碳钢的固态收缩分为三个阶段，其固态收缩通常以线收缩率形式表达，见式（11-5）。

（1）珠光体转变前收缩 $\varepsilon_{珠前}$　介于凝固结束温度与 γ→α 相变前的温度范围内。随着含碳量的增加，$\varepsilon_{珠前}$ 减小。

（2）共析转变期膨胀 $\varepsilon_{\gamma\to\alpha}$　发生在 γ→α 相变温度范围内。随着含碳量的增加，由于碳从奥氏体中析出，晶格收缩，$\varepsilon_{\gamma\to\alpha}$ 减小。但是，在快速冷却条件下马氏体产生，在 γ→α 相变时的膨胀达到最大值，而不再受含碳量的影响，导致出现裂纹的可能性增加。

（3）珠光体转变后收缩 $\varepsilon_{珠后}$　发生在 γ→α 相变结束到室温的温度范围内。随着含碳量的提高，$\varepsilon_{珠后}$ 值有很小改变，但 $\varepsilon_{珠后}$ 值一般取为 1%。

在铸钢的固态收缩中，线收缩率 ε_l 为上述三个阶段综合作用的结果，即

$$\varepsilon_l = \varepsilon_{珠前} - \varepsilon_{\gamma\to\alpha} + \varepsilon_{珠后} \tag{11-13}$$

铸钢总的收缩率为液态收缩、凝固收缩及固态收缩之和，随着含碳量的增加，总的体收缩率增大。图 11-3 所示为几种 Fe-C 合金的固态自由线收缩曲线，由图中可见，碳钢的线收缩曲线主要体现共析转变的膨胀过程；灰铸铁和球墨铸铁则显著体现两次膨胀过程，第一次膨胀为缩前膨胀，由共晶时析出石墨引起，第二次膨胀为共析转变时析出石墨所致；白口铸铁没有表现出明显的膨胀过程。造成几种 Fe-C 合金固态自由线收缩特征不同的主要原因是凝固特点的差异。

11.1.4　铸件的收缩

金属本身的收缩除了受到化学成分、温度及相变的影响外，铸件在实际收缩过程中还会受到一些外界阻力的影响，导致铸件的收缩率变小。铸件在铸型中收缩受到金属表面与铸型表面间可以忽略的阻力影响时称为自由收缩；铸件在铸型中收缩受到其他不可忽略的阻力影响时称为受阻收缩，这些阻力包括铸型表面摩擦力、机械阻力和热阻力等。

1. 铸型表面摩擦力

铸件收缩时，其表面和铸型表面间摩擦力的大小与铸件质量、铸型表面的光滑程度有关。例如，当铸型表面涂有涂料时，摩擦阻力可以忽略不计。

2. 机械阻力

铸件本身具有凸出部分或内腔型芯，在收缩时受到铸型和型芯的阻力而不能自由收缩，这种阻力称为机械阻力。机械阻力的大小由造型材料的强度、退让性、铸型和型芯的紧实度、芯骨的位置及铸件厚度和长度等因素决定。受阻收缩的示意图如图 11-5 所示。

3. 热阻力

由于铸件的结构特点或其他因素造成铸件各部分冷却速度不同，使各部分收缩相互制约，产生阻力而不能自由收缩，这种阻力称为热阻力。热阻力的产生主要与铸件的结构有关。

铸件在收缩时受到三种阻力影响，铸造设计中所使用的铸造收缩率是考虑各种阻力影响之后的实际收缩率，其表达式见式（11-14）。常用合金的铸造收缩率见表 11-5。由于铸件结构的复杂性，所示数据仅供参考。

$$\varepsilon_{铸} = \frac{l_{模} - l_{件}}{l_{件}} \times 100\% \quad (11-14)$$

式中，$l_{模}$ 为模样尺寸；$l_{件}$ 为铸件尺寸。

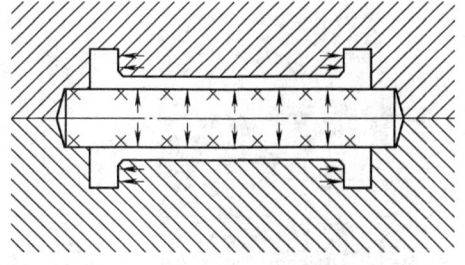

图 11-5　铸件收缩受阻

表 11-5　常用合金的铸造收缩率

合金类别		收缩率（%）	
		自由收缩	受阻收缩
灰铸铁	中小型铸件	1.0	0.9
	中大型铸件	0.9	0.8
	圆筒型铸件（长度方向）	0.9	0.8
	圆筒型铸件（直径方向）	0.7	0.5
孕育铸铁		1.0~1.5	0.8~1.0
可锻铸铁		0.75~1.00	0.50~0.75
白口铸铁		1.75	1.5
球墨铸铁		1.0	0.8
碳钢和低合金结构钢		1.6~2.0	1.3~1.7
铝硅合金		1.0~1.2	0.8~1.0
锡青铜		1.4	1.2
无锡青铜		2.0~2.2	1.6~1.8
铝铜合金		1.6	1.4

11.2　缩孔与缩松的分类及特征

由于金属熔体的液态收缩和凝固收缩，在铸件凝固的最后部位通常会出现孔洞，其中容积大而集中的孔洞称为缩孔，细小而分散的孔洞称为缩松。图 11-6 所示为 Al-4.5% Cu 合金挤压铸造宏观组织中的缩孔形貌、Mg-6% Al 合金的二维缩松形貌及 Al-4.5% Cu 合金的三维缩松形貌。与图 11-6a 中的缩孔对比，图 11-6b 所示的缩松尺寸小且不连接，图 11-6c 生动揭示了缩松形貌的复杂性且相互连接的特征。

11.2.1　缩孔

缩孔往往出现在纯金属、共晶成分合金及结晶温度范围较窄的合金中，多集中在铸件上部和最后凝固部位，或者在铸件厚壁处、两壁交接处及内浇道附近等凝固缓慢部位（称为热节）。根据缩孔所在铸件的位置不同，可将缩孔分为内缩孔和外缩孔两种形式。外缩孔出现在铸件的外部或顶部，一般在铸件上部，呈漏斗状，如图 11-7a 所示。在铸件厚壁处的侧面或凹角处也常出现外缩孔，如图 11-7b 所示。内缩孔形成于铸件内部，如图 11-7c 及图 11-

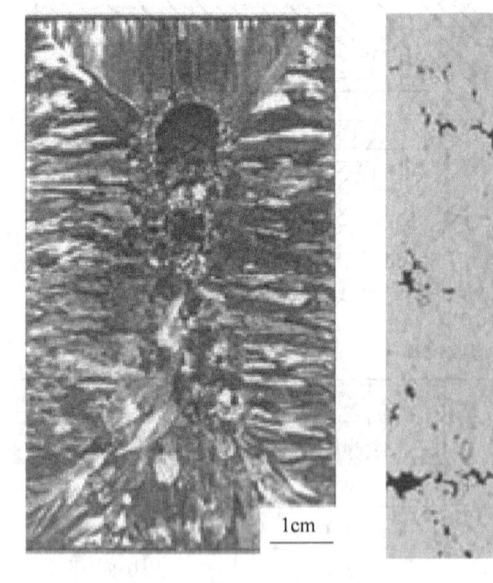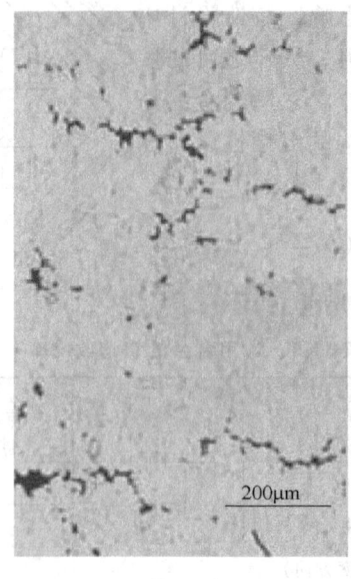

a) b) c)

图 11-6 缩孔与缩松形貌

a) Al-4.5%Cu 合金挤压铸造缩孔形貌[2] b) Mg-6%Al 合金二维缩松形貌[3] c) Al-4.5%Cu 合金三维缩松形貌[4]

7d 所示。缩孔的尺寸较大，形状不规则，表面不光滑，具有枝晶脉络状凸起特征，一般呈黑色或褐色。

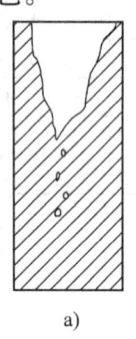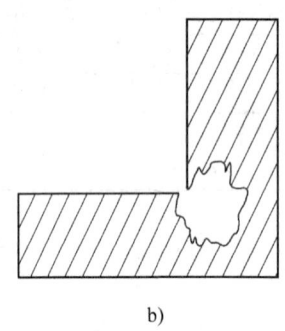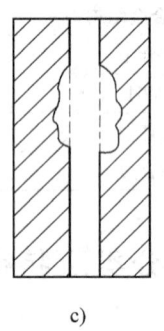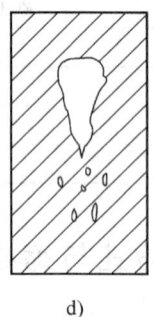

a) b) c) d)

图 11-7 铸件缩孔形式

a) 顶部缩孔 b) 凹角缩孔 c) 芯面缩孔 d) 内部缩孔

11.2.2 缩松

缩松常出现在结晶温度范围较宽的合金中，多分布于铸件轴线附近较宽的区域及缩孔附近等部位，如图 11-8 所示。缩松按其形态分为宏观缩松和微观缩松两种类型；按其分布特点又可分为分散性缩松、轴线缩松和局部缩松三种类型。宏观缩松简称缩松，微观缩松也称为显微缩松。宏观缩松可以通过肉眼观察，微观缩松只有在显微镜下才能观察到，它存在于各种铸件中，一般出现于树枝晶间或分枝晶间。分散在整个铸件断面上的缩

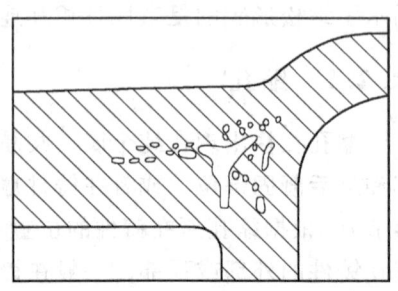

图 11-8 铸件热节处的缩孔与缩松

松称为分散性缩松；在铸件轴线附近区域产生的缩松称为轴线缩松；存在于铸件局部范围的缩松称为局部缩松，如在铸件的厚大部分、冒口根部及内浇道附近存在的缩松。

缩孔和缩松的存在会减小铸件受力的有效面积，同时在缩孔和缩松的尖角处产生应力集中，这两种缺陷均使铸件的力学性能显著降低。此外，产生缩孔与缩松会降低铸件的气密性和物理化学性能。因此，缩孔和缩松是铸件的严重缺陷，有必要探讨其形成机理，提出控制措施。

11.3 缩孔与缩松的形成机理

11.3.1 缩孔的形成机理

在固定温度下凝固的纯金属、共晶合金或结晶温度范围很窄的合金中容易产生缩孔，这些合金的铸件由表及里逐层凝固。下面以圆柱体铸件为例，说明缩孔的形成过程，如图11-9所示。

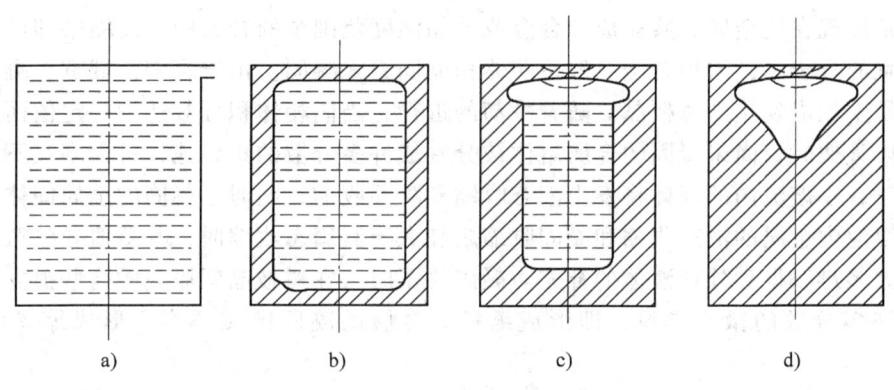

图 11-9 铸件中缩孔的形成示意图

液态金属充满型腔后，受到铸型的激冷作用，其温度降低，产生液态收缩。此时，由于液态金属可通过浇注系统得到补充，型腔内一直保持充满状态，如图11-9a所示。当靠近型壁的熔体温度降低到凝固温度时，在铸件表面凝固形成一层完整的固态外壳，内浇道凝结，并产生凝固收缩，如图11-9b所示。随着散热的进行，铸件进一步冷却，一方面壳内金属熔体因温度降低而产生液态收缩，同时它继续凝固增厚壳层并发生凝固收缩；另一方面壳层金属也因温度降低而产生固态收缩。如果壳层内金属熔体的液态收缩与凝固收缩引起的体积收缩之和等于壳层固态收缩导致的体积缩减，则壳层金属与内部液态金属紧密接触，不会产生缩孔。但是，若金属熔体的液态收缩与凝固收缩之和大于壳层的固态收缩，则壳层内金属熔体与外壳顶部脱离，即壳层内的液面之上开始出现空腔，如图11-9c所示。随着冷却的继续进行，固态壳层不断增厚，内部金属液面不断降低，内部空腔随之发展，且由于固体壳层的不断增厚，空腔越往下发展其截面也越小。如此进行，当金属全部凝固后，在铸件上部形成一个倒锥形的缩孔，如图11-9d所示。

在金属熔体含气量不大的条件下，当液态金属与外壳顶面脱离时，所形成的缩孔内保持一定的真空度。在大气压力的作用下，铸件外壳较薄的部位，如顶面薄层可能向缩孔内凹陷，如图11-9c及图11-9d虚线所示。因此，在这种条件下，缩孔体积应由外部缩凹和内部缩孔两部分组成。当然,如果铸件薄壳部分强度很大,可能没有缩凹出现。

经过上述分析可知,铸件产生缩孔的基本原因是金属熔体的液态收缩和凝固收缩之和大于其固态收缩;产生缩孔的条件是铸件由表及里逐层凝固;缩孔产生在铸件最后凝固的部位。

关于缩孔的体积大小,有研究表明,使用与尺寸无关的 Niyama 准则,可以预测缩孔的体积分数。利用计算机模拟获得与尺寸无关的 Niyama 准则值,同时知道固相分数-温度曲线以及合金的总收缩率,可以确定固相中的缩孔体积分数,这种方法已经成功应用于 A356 合金、AZ91D 合金及 WCB 钢中[5]。

关于缩孔位置的确定,通常使用等固相线法判定其具体位置[1]。利用计算机进行铸件温度场的模拟计算,获得凝固界面随时间的推移关系,通过绘制等固相线图形的方法,可以准确判定最后凝固的铸件缩孔位置。当然,根据经验也可以在铸件断面图上手工绘制等固相线图,粗略直观地判断缩孔的位置。

11.3.2 缩松的形成机理

缩孔常出现在纯金属、共晶成分合金或结晶温度范围窄的合金中,而缩松却产生于结晶温度范围宽的合金中,这种合金一般按照体积凝固方式凝固。由于凝固区域宽,凝固区域内的晶体容易生长成发达的树枝晶。随着冷却的进行,当固相体积分数达到一定值而形成连续的网状晶体骨架时,尚未凝固的金属熔体被分割成许多分散的小熔池,且大多互不相通。在继续冷却时,小熔池内的液体将发生液态收缩和凝固收缩,同时已凝固的金属固体产生固态收缩。当熔池内金属的液态收缩和凝固收缩之和大于其固态收缩时,其差值导致微小空腔的产生,且大多难以得到外部液体的补充。凝固终了时,在树枝晶间原先的这些孤立小熔池的位置留下许多分散的微小空洞,即形成缩松。金属的凝固区域越宽,形成缩松的趋势越大。

由上述分析可知,铸件产生缩松的基本原因是金属熔体的液态收缩和凝固收缩之和大于其固态收缩;产生缩松的条件是铸件趋向糊状凝固。

显微缩松常伴随着微观气孔的形成而产生,如图 11-10 所示。铸件在凝固过程中析出气体时,显微缩松的形成条件可用式(11-15)表示

$$p_G + p_S > p_A + \frac{2\sigma}{r} + p_H \qquad (11\text{-}15)$$

式中,p_G 为某温度下金属中气体的析出压力;p_S 为对显微孔洞的补缩阻力;p_A 为正凝固时金属上面的大气压;σ 为气-液界面上的表面张力;r 为显微孔洞半径;p_H 为孔洞上的金属压头。当金属在常压下凝固时,变化的参数只是 p_G 和 p_S。熔体中气体含量越大,p_G 也越大,更容易产生微观气孔和显微缩

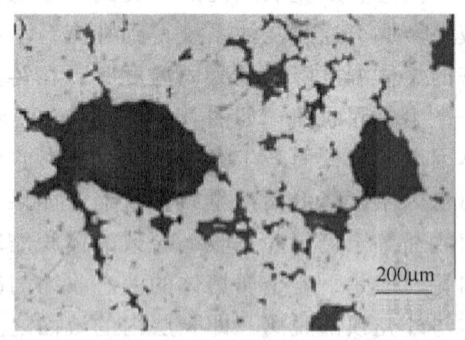

图 11-10 铸件微观气孔周围的显微缩松分布[3]

松。p_S 与枝晶间通道的长度、晶粒形态及晶粒大小等因素有关。凝固区间越宽、树枝晶越发达、通道越长,树枝晶间和分枝晶间被封闭的可能性越大,产生显微缩松的趋势也就越大。此外,有研究表明,枝晶间距对 Al-Cu 合金显微缩松的形成也有显著影响。通过考虑枝

晶间距、气孔半径、初始氢含量及凝固过程的热条件等因素,建立数学模型可以精确分析显微缩松的形成[6]。

从以上分析可知,铸件中缩孔及缩松的形成倾向与合金成分之间具有一定联系。逐层凝固的合金倾向于产生缩孔,而糊状凝固的合金倾向于产生缩松。对一定成分的合金而言,缩孔和缩松的数量可以相互转化,但缩孔和缩松的总体积是基本不变的,即 $V_{总} = V_{缩孔} + V_{缩松}$。以 Fe-C 合金(碳钢和白口铸铁)为例,各种成分合金在不同条件下形成铸件时,其缩孔和缩松的分配和转化规律如图 11-11 所示。纯铁和共晶成分铸铁在固定温度下结晶,其铸件倾向于逐层凝固而易形成缩孔。若合理设置冒口,则缩孔可以移入冒口中而获得致密铸件。结晶温度范围宽的合金倾向于糊状凝固,补缩困难,易产生缩松,导致铸件致密性差。

铸件的凝固和补缩特性除了与成分有关外,还受到浇注条件、铸型性质以及补缩压力等因素影响。提高浇注温度,合金的液态收缩率增大,缩孔和缩松的总体积增加,如图 11-11a 中的虚线所示,但对缩松的体积影响不大。湿型的激冷能力比干型的强,铸件的凝固区域变窄,缩松体积减小,缩孔体积增大,但两者的总体积不变,如图 11-11b 所示。而金属型的激冷能力更强,缩松体积显著减小,同时由于浇注过程中一部分合金的体收缩被浇入后的合金液补偿,收缩的总体积也有所减小,如图 11-11c 所示。若浇注速度变慢,浇注时间等于铸件的凝固时间,则铸件中不存在缩孔,但收缩的总体积将减小,如图 11-11d 所示。采用绝热铸型,除了含碳量很低的铸钢件和接近共晶成分的铸铁件能形成集中缩孔外,其余成分均产生缩松,如图 11-11e 所示。在凝固过程中增加补缩压力,可减少缩松体积而增加缩孔体积,如图 11-11f 所示。而合金在很高的压力下浇注和凝固时,可以得到无缩孔和缩松的致密铸件,如图 11-11g 所示。

了解缩孔和缩松与合金相图的关系及在不同铸造条件下的分配规律,可以根据铸件的技术要求正确选择合金成分,并采取相应的工艺措施,防止缩孔和缩松类缺陷的产生。

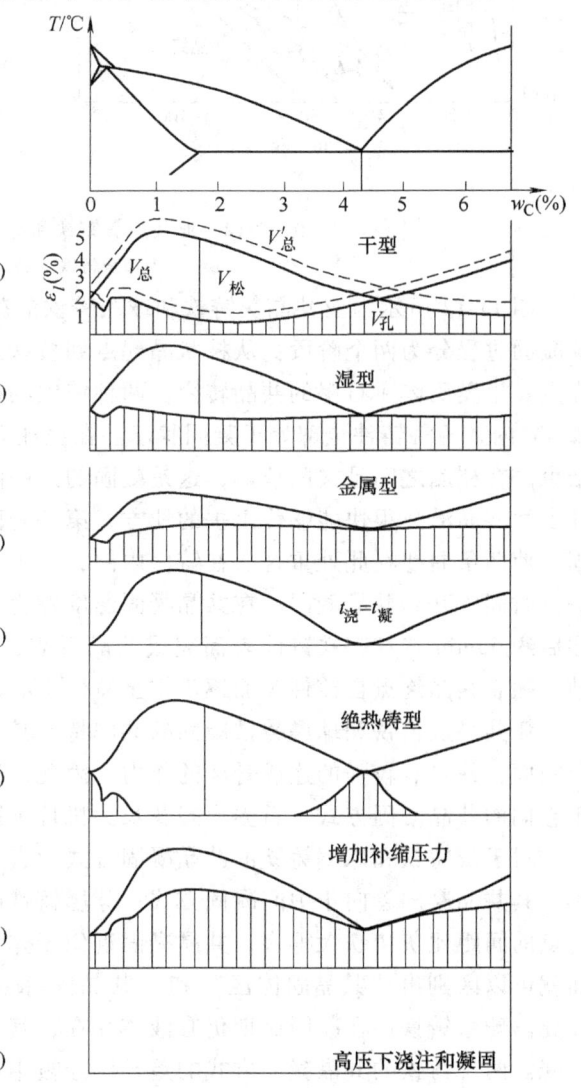

图 11-11 Fe-C 合金中缩孔和缩松的分布状况[1]

11.3.3 铸铁件的缩孔及缩松形成特点

灰铸铁和球墨铸铁在凝固过程中析出石墨相而产生体积膨胀，与白口铸铁相比，它们的缩孔和缩松的形成相对复杂。下面以亚共晶灰铸铁和球墨铸铁为例，探讨缩孔和缩松的形成特点。

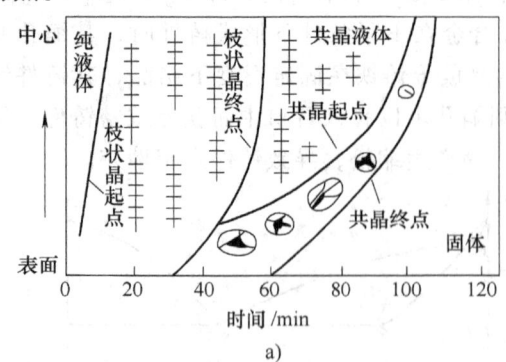
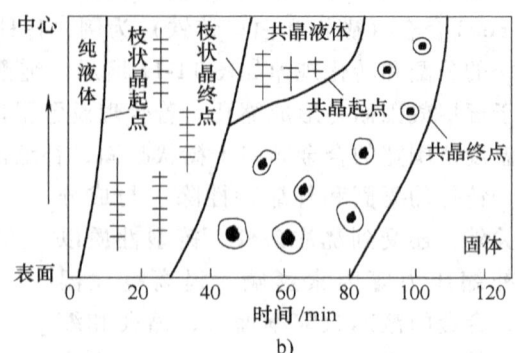

图 11-12 亚共晶灰铸铁和球墨铸铁的凝固动态曲线
a) 灰铸铁 b) 球墨铸铁

图 11-12 所示为亚共晶灰铸铁和球墨铸铁的凝固动态曲线，从图中可以看出，两种铸铁的凝固过程分为两个阶段：从枝状晶起点到枝状晶终点析出奥氏体枝晶，从共晶起点到共晶终点发生奥氏体+石墨的共晶转变。两种铸铁的初生奥氏体枝晶凝固过程相似，在浇注后约 32min 内，两种铸件全部处于凝固状态。在浇注后约 55min 后，铸件中心部位的树枝晶凝固结束，在枝晶之间是共晶液体，这是凝固的第一阶段；之后开始第二阶段的凝固。在靠近铸件表面共晶潜热很快能够传出去的地方，第一阶段枝晶凝固一完成就开始第二阶段的共晶凝固，使两条曲线在此处重合。在铸件内部，由于共晶转变潜热不易散出，枝晶间液体需经过一段时间才开始共晶凝固。在共晶凝固温度发生奥氏体+片状或球状石墨的转变过程中，浇注后约 60min 在灰铸铁铸件表面完成共晶凝固，而球墨铸铁约 80min 后在铸件表面凝固终结。随着共晶终点自铸件表面逐步推至铸件中心，第二阶段凝固结束。

亚共晶灰铸铁和球墨铸铁凝固的共同特点是初生奥氏体枝晶在一定时间内布满铸件的整个断面，并具有较强的连成骨架的能力。因此，这两类铸铁都有产生缩松的倾向。但是，由于它们的共晶凝固方式、石墨形态及长大机理不同，产生缩孔和缩松的倾向有较大的差异。

对于灰铸铁和球墨铸铁的共晶凝固方式而言，灰铸铁的共晶始点和共晶终点间的距离较小，其共晶凝固趋向于中间凝固方式；球墨铸铁的共晶转变温度范围大，其共晶始点和共晶终点的间距比灰铸铁大得多，共晶凝固近似于体积凝固方式。因此，在灰铸铁凝固中期的断面就可以区别出"共晶固体区"和"共晶固-液共存区"，即在其表面已经具有完全固态的外壳。球墨铸铁件在凝固后期仍有液体存在，其表面不具备像灰铸铁一样的完全固态的坚实外壳。两种铸铁的共晶凝固方式的差异已经被生产实践所证实。

灰铸铁和球墨铸铁的石墨形态及长大机理截然不同，灰铸铁共晶团中的片状石墨与共晶液直接接触，如图 11-13a 所示。片状石墨长大时所产生的体积膨胀大部分作用在未凝固的晶间液体上，迫使它们通过枝晶间的通道去充填奥氏体枝晶间因液态收缩和凝固收缩所产生的小孔洞，因而极大降低了灰铸铁产生缩松的程度，这就是灰铸铁所具备的"自补缩能力",也就是在通常情况下灰铸铁不用设置冒口的原因。除了尖端生长外,包围在奥氏体中的片状石墨通过碳原子扩散横向也要生长,只是速度很慢。石墨片横向生长时产生的膨胀力作用在共晶奥氏体上,使共晶团膨胀,并传到邻近的共晶团上或奥氏体枝晶的骨架上,促使铸件产生缩前膨胀。显然,这种缩前膨胀抵消了一部分自补缩效果,即增加了需补缩的空间。但是,这种横向膨胀作用很小而且是逐渐发生的,而且灰铸铁在凝固中期已形成坚硬的外壳,所以灰铸铁的缩前膨胀一般只有 0.1% ~ 0.2%[7]。经上述分析可知,灰铸铁件的缩松倾向性较小。

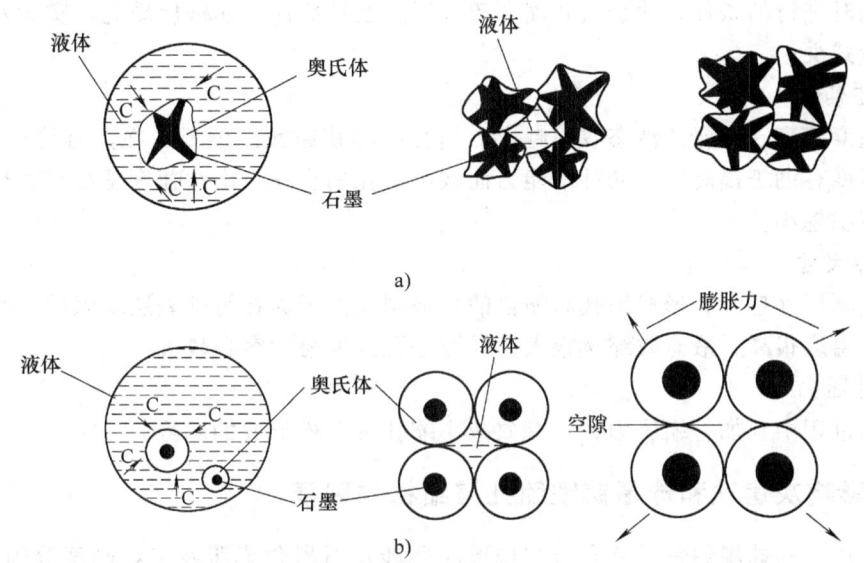

图 11-13 灰铸铁和球墨铸铁共晶石墨长大示意图
a) 片状石墨 b) 球状石墨

从图 11-13b 中可以看出,共晶团中的球状石墨四周包围有奥氏体外壳,碳原子通过奥氏体外壳扩散到共晶团中使石墨球长大。当共晶团长大到相互接触后,石墨化膨胀所产生的膨胀力只有一小部分作用在晶间液体上,而大部分作用在相邻的共晶团或奥氏体枝晶上,趋向于把它们挤开,因此球墨铸铁的缩前膨胀比灰铸铁的大很多(图 11-3)。由于球墨铸铁件在表面凝固后期不具备坚固的外壳,随着石墨球的长大,共晶团间的空隙也逐步增大,导致铸件普遍膨胀。共晶团之间的空隙构成球墨铸铁件的显微缩松,而共晶团集团之间的空隙构成可直接观察到的宏观缩松。所以,球墨铸铁件产生缩松的倾向较灰铸铁要大很多。若铸件厚大,则球墨铸铁件的缩前膨胀也会导致缩孔形成,所以,一般球墨铸铁件要设置冒口进行补缩。但是,若铸型刚度足够大,石墨化的膨胀力有可能将缩松或缩孔压合,在这种条件下,可以看做球墨铸铁具有自补缩能力而进行无冒口铸造。

11.4 影响缩孔与缩松的因素及防止措施

11.4.1 影响缩孔与缩松的因素

根据上节所述缩孔与缩松的形成机理可知,铸件中的缩孔与缩松是在铸件外表开始凝固形成薄层硬壳至铸件中心凝固完毕时期内形成的，它们的体积是熔体液态收缩和凝固收缩与其固态收缩的差值。因此，缩孔与缩松的影响因素主要从以下几个方面进行说明。

1. 金属性质

金属熔体的液态体收缩系数和液态及凝固的收缩率越大，缩孔和缩松的容积越大。而金属的固态收缩系数越大，缩孔及缩松的容积越小，其形成的趋势也越小。

2. 铸型条件

铸型的激冷能力越强，缩孔及缩松的容积越小。因为铸型的激冷能力强，易造成浇注与凝固几乎同时进行的条件，使金属收缩在较大程度上被后注金属液所填充，实际发生收缩的液态金属量减少。

3. 浇注条件

浇注温度越高，金属的液态收缩越大，缩孔的容积越大。但是，在具有冒口的条件下，高的浇注温度有助于提高冒口的补缩能力而减小缩孔的容积。浇注速度越缓慢，浇注时间越长，缩孔容积越小。

4. 铸件尺寸

铸件壁厚尺寸越大，形成缩孔和缩松的趋势越大。因为在铸件表层凝固后，厚壁铸件内部的金属液温度很高，液态收缩量很大，导致缩孔及缩松的容积较大。

5. 补缩压力

在凝固过程中施加补缩压力，可有效减小缩孔及缩松形成的趋势。

11.4.2 影响灰铸铁和球墨铸铁缩孔与缩松的因素

由于灰铸铁和球墨铸铁的缩孔及缩松形成还涉及石墨化膨胀及铸型刚度等因素，因此，影响灰铸铁和球墨铸铁缩孔及缩松的主要因素有以下几种。

1. 铸铁的成分

对于亚共晶灰铸铁，随着碳当量增加，共晶石墨析出量增大，石墨化膨胀量增大，有利于消除缩孔和缩松。共晶成分灰铸铁以逐层方式进行凝固，有利于缩孔的形成。但是，共晶石墨的膨胀作用能抵消或超过共晶液体的收缩，在铸件中不形成缩孔。对于碳当量超过4.3%的过共晶灰铸铁，由于C、Si的含量过高，在铁液中出现石墨漂浮，使石墨析出量减少，石墨化膨胀作用减小。

碳当量对球墨铸铁的缩松影响较大。对于球墨铸铁，只有当碳当量大于3.9%时，经过充分孕育，当铸型刚度足够大时，利用共晶石墨化膨胀作用产生的自补缩效果，可以避免缩松的形成。球墨铸铁中的磷含量、残余镁量及残余稀土含量过高时，都会增加缩松产生的可能性。因为磷共晶会减弱铸件外壳的强度，增加缩前膨胀量，减小铸件内部压力；镁及稀土会增加白口倾向，减少石墨析出，削弱石墨的膨胀作用。

2. 铸型的刚度

铸铁在共晶石墨化膨胀时，其型壁是否迁移是影响缩孔容积的重要因素。铸型刚度越大，缩前膨胀越小，则缩孔容积越小。铸型刚度依下列顺序逐级降低：金属型→覆砂金属型→水泥型→水玻璃砂型→干型→湿型。

11.4.3 防止缩孔与缩松的措施

防止缩孔和缩松的形成,主要是针对具体铸件制订正确的铸造工艺,使铸件在凝固过程中具备良好的补缩条件。应采取合理的凝固工艺原则(顺序凝固和同时凝固),制订正确的浇注工艺,引入适当的浇注系统,并采取有效的补缩手段等措施。

1. 顺序凝固和同时凝固原则

(1)顺序凝固原则 顺序凝固原则是采取工艺措施使铸件各部分按照距离冒口的远近,由远及近向冒口方向凝固,冒口最后凝固,如图 11-14 所示。通过顺序凝固原则,在铸件内部营造较大的纵向温度分布梯度,使缩孔集中于冒口中,可获得致密的铸件。在不同冷却条件下的板状铸件凝固实验也证明了纵向温度梯度在凝固中的重要作用,如图 11-15 所示。在图 11-15a 中由于在补缩方向上不存在温度梯度而出现缩孔,而在图 11-15b 中因外在施加了纵向温度梯度(2θ 角度所示)而阻止了缩孔出现。有关铸件的临界温度梯度(凝固过程中避免出现缩孔所需的温度梯度)与凝固时间的关系研究表明,凝固时间越

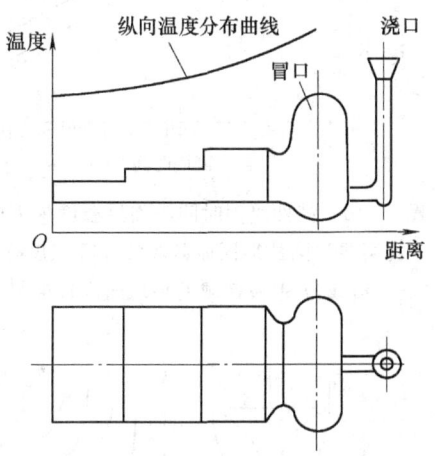

图 11-14 顺序凝固方式示意图

短(或者说凝固速度越快),铸件中的温度梯度越大,如图 11-16 所示,也可以推断铸件凝固速度越快,形成缩孔的几率越小。图 11-17 所示的铸件冷却速度与缩孔半径的关系进一步证实了上述推断,即冷却速度越快,所形成的缩孔半径越小。因此,体现不同冷却速度的顺序凝固原则有利于缩孔出现在最后凝固的冒口部位,从而防止产生缩孔。

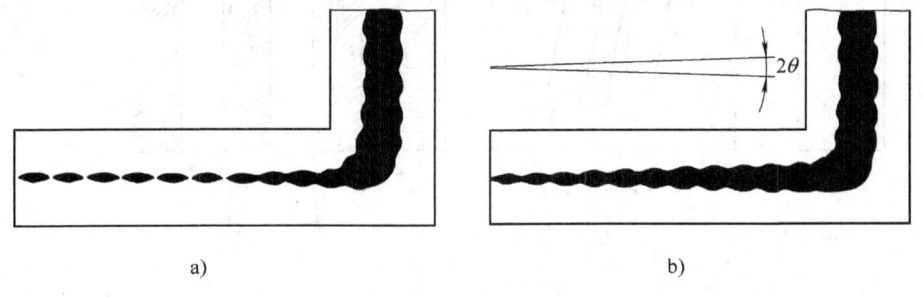

图 11-15 不同冷却条件下的板状铸件凝固状态[8]
a)无温度梯度 b)外加温度梯度

铸件的结构及由铸造条件所形成的温度场是决定铸件凝固方向倾向性的主要因素。这里以板状铸件加以说明,带有冒口的壁厚均匀板状铸件的顺序凝固过程如图 11-18 所示,采用顶注式浇注(图 11-18a)。图 11-18b 所示为铸件纵截面上中心线的温度曲线及随时间 t 的变化情况,图中 1、2、3、4 分别表示不同的时间状态,由图中可见,在不同时刻铸件中心线上的温度均依次向冒口方向递增。由图 11-18c 可知,在铸件纵截面上,向冒口方向张开 φ 角(即等温液相线之间的夹角,称为补缩通道扩张角)的范围内,金属都处于液态,形成楔形补缩通道。φ 角越大,越有利于冒口补缩的进行。这也说明顺序凝固的实质是在铸件凝固过程中始终存在和冒口连通的楔形补缩通道,使冒口发挥补缩作用。在铸件中,液固两相

区与铸件壁热中心相交的线段称为"补缩困难区",用 μ 表示。液固两相区越宽,扩张角 φ 越小,补缩困难区 μ 越长,如图 11-19 所示。

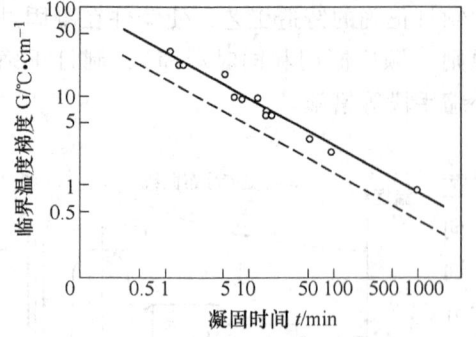

图 11-16 铸件凝固时间与临界温度梯度的关系
(实线为圆柱形固体区域的计算温度梯度,
虚线为固-液区域的平均温度梯度)[8]

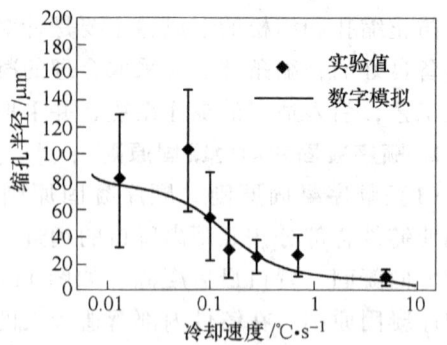

图 11-17 铸件冷却速度与缩孔半径的关系[6]

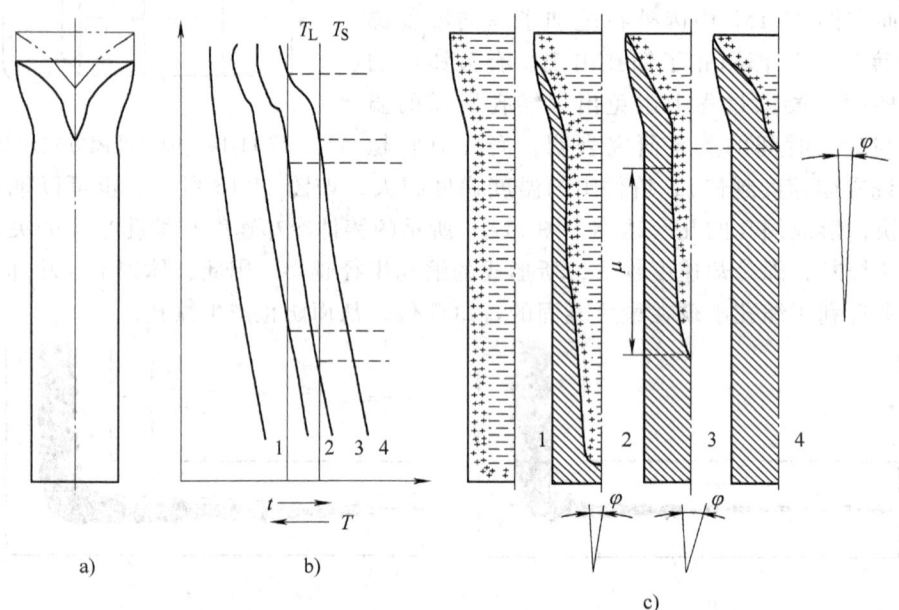

图 11-18 均匀壁厚铸件的顺序凝固过程示意图
a) 带冒口铸件 b) 1~4 为不同时刻铸件中的温度分布 c) 凝固顺序(1~4 为不同时刻的铸件断面)

通过以上分析可知,顺序凝固可以充分发挥冒口的补缩作用,防止缩孔和缩松的形成。因此,对于凝固收缩大、结晶温度范围窄的合金,常采用顺序凝固原则。这一原则的不利之处是在铸件各部分存在温差,导致在凝固过程中易产生热裂,并在凝固后的铸件中易产生应力和变形,同时冒口的使用还会降低工艺出品率。

(2) 同时凝固原则 同时凝固原则是采取工艺措施使铸件各部分之间没有温差,或使温差尽量减小,使铸件各部分同时凝固,如图 11-20 所示。从图中可知铸件内没有温度分布梯度。

在同时凝固条件下,补缩通道扩张角 $\varphi=0$,即没有补缩通道,不能进行补缩,在铸件

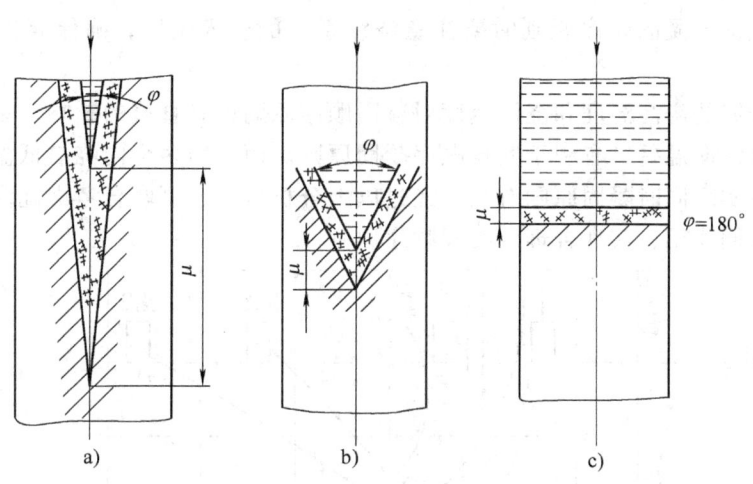

图 11-19 扩张角对补缩困难区的影响示意图

的中心区域通常存在缩松，导致铸件不致密。但是，凝固时铸件各部分温差小，不易产生热裂，凝固后不易产生变形和应力，同时由于没有冒口，可节约金属，简化工艺。因此，同时凝固原则一般用在以下几种情况：

1）碳、硅含量高的灰铸铁，其体收缩较小，合金本身不易产生缩孔和缩松缺陷。

2）结晶温度范围大的合金，这类合金容易产生缩松缺陷，在对气密度要求不高时，可以采用这一原则来简化工艺。

3）壁厚均匀的铸件，特别是均匀的薄壁铸件倾向于同时凝固，应采用这一原则消除缩松缺陷。

4）球墨铸铁件利用石墨化膨胀进行自补缩，必须采用同时凝固原则。

5）适合采用顺序凝固原则的铸件，当热裂、应力及变形成为主要矛盾时，也可采用同时凝固原则。

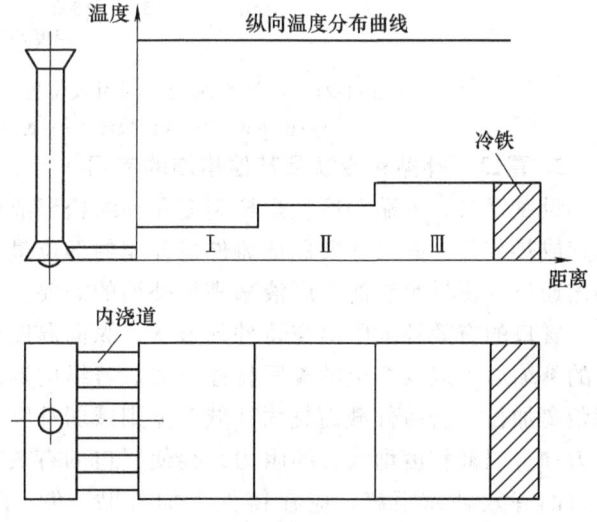

图 11-20 同时凝固方式示意图

需要指出的是，对于具体铸件采用哪一种凝固原则，应根据合金特点、铸件结构及其技术要求，以及可能出现的缺陷（如应力、变形及裂纹等）等综合进行考虑。虽然这两种凝固原则是对立的，但对于结构复杂的铸件，通常采用复合凝固方式，即整体铸件采取同时凝固、局部热节处采取顺序凝固原则，或者采取相反的原则。

2. 浇注系统的引入位置及浇注工艺

浇注系统的引入位置对铸件的纵向温度分布有较大的影响。图 11-21 所示为不同浇注位置时的铸件纵向温度分布，从图中可以看出，顶注式与底注式引入位置有截然相反的温度分布，而阶梯式注入的铸件温度分布略微平缓些，在相同的引入位置下浇注速度对温度分布也有影响。因此在选择凝固顺序原则时要注意浇注系统的引入位置，确保获得合理的温度分布。

改变液态金属的浇注温度和浇注速度对凝固顺序原则也有直接的影响。采用高温慢浇工艺，可加强铸件纵向温差，有利于实现顺序凝固原则。而采用多个内浇口低温快浇，可减弱纵向温差，则对实现同时凝固原则有利。经过以上分析可知，可联合考虑浇注系统引入位置和浇注工艺的共同作用，实现合理的凝固顺序原则。

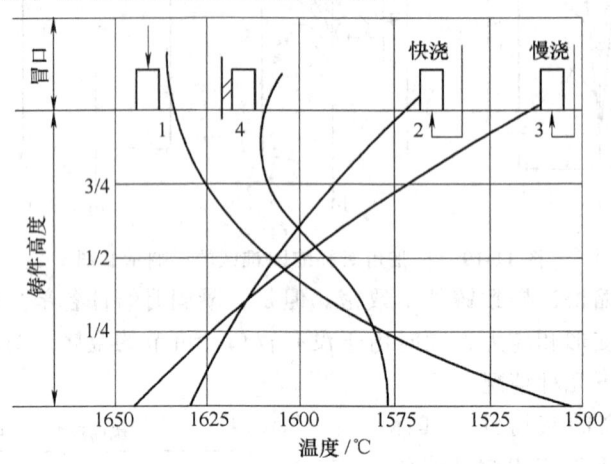

图 11-21 浇注系统的不同引入位置对铸件纵向温度分布的影响
1—顶注式 2—底注快浇 3—底注慢浇 4—阶梯式注入

3. 冒口、补贴和冷铁及其他措施的应用

设置冒口、补贴和冷铁是抑制缩孔和缩松形成最有效的工艺措施。冒口通常设置在铸件厚壁或热节处，其尺寸要保证铸件被补缩的部位最后凝固，借助冒口与被补缩部位间的楔形补缩通道，提供足够的金属液来满足补缩的需要。

冒口的有效补缩距离与铸件的形状、纵向温度分布、合金粘度、析出气体的反压力、冒口的补缩压力以及合金的凝固特性有关。若纵向温度梯度和冒口的补缩压力增大，则有效补缩距离加长；若铸件截面凝固区域变宽则减弱补缩效果，有效补缩距离变短；析出气体的反压力和金属液粘度增大补缩阻力，会使冒口的有效补缩距离减小。若铸件的长度和高度大于冒口的有效补缩距离，应在铸件上加补贴，制造人为的补缩通道，可加长冒口的有效补缩距离，消除轴线缩松的存在。在铸件中间放置加大冷却速度的冷铁，也可造成人为末端区，延长冒口的有效补缩距离。因此，补贴和冷铁与冒口联合使用，可建造人为的补缩通道和末端区，延长冒口的有效补缩距离。如图 11-22 所示，冒口有效补缩距离等于冒口补缩区长度与

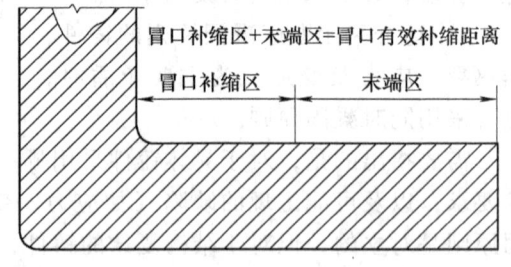

图 11-22 冒口有效补缩距离示意图

末端区长度之和。此外，冷铁的使用可以加速局部热节冷却，也可实现同时凝固原则。

加压补缩是防止铸件产生显微缩松的有效方法。将铸件置于具有一定压力的装置中，使铸件在压力下凝固，一方面可减少或抑制溶解于金属熔体中气体的析出，另一方面可以消除或减轻显微缩松程度。施压越早，压力越高，补缩效果越好。除了加压补缩之外，一些使铸

件结晶组织细化的技术，如悬浮浇注、机械振动、电磁搅拌等对减轻显微缩松都具有一定的作用。

11.5 热裂纹的形成与控制

在应力与致脆因素的共同作用下，使材料的原子结合遭到破坏，在形成新界面时产生的缝隙称为裂纹。热裂纹是金属冷却到固相线附近的高温区时所产生的开裂现象，在微观上具有沿晶开裂特征。裂纹的存在无疑会给材料带来不良的使用后果。

热裂纹分为与液膜有关的热裂纹和与液膜无关的热裂纹两大类。金属在凝固末期，在固相线 T_s 附近，因晶间残存液膜所造成的热裂纹称为凝固裂纹，这种裂纹出现在铸件的凝固过程中。本节重点讨论凝固裂纹（以下简称热裂纹）的形成与控制。

11.5.1 热裂纹的分类及形成机理

1. 热裂纹的分类及特征

热裂纹是常见的铸造缺陷之一，裂纹外观形状曲折而不规则，断口表面呈氧化色。热裂纹分为外裂纹和内裂纹。在铸件表面可以看到的热裂纹称为外裂纹。外裂纹一般产生于局部凝固缓慢、容易产生应力集中的部位，裂纹从铸件表面开始，逐渐延伸到铸件内部，表面宽而内部窄。图 11-23 所示为 Mg-8% Al 合金的外裂纹形貌。内裂纹通常产生在铸件内部的最后凝固部位，有时出现在缩孔的下部。内裂纹需用 X 射线、γ 射线或超声探伤才能检测到，其氧化程度不明显。

2. 热裂纹的形成机理

在实际生产中，热裂纹的形成过程非常复杂。关于热裂纹的形成机理主要有两种理论，即液膜理论和强度理论。

（1）液膜理论　从第 1 章中可知，由于表面张力的作用，在凝固后期，存在于晶粒之间的液膜会将晶粒紧紧地吸附在一起，液膜厚度越小，其吸附力就越大。液膜理论认为，热裂纹的形成是由于铸件在凝固末期的晶体间存在液膜和铸件在凝固过程中受拉应力共同作用的结果。液膜是产生热裂纹的根本原因，而铸件凝固收缩受阻所产生的拉应力是热裂纹形成的必要条件。

金属在凝固过程中通常要经过液-固状态和固-液状态两个阶段，如图 11-24 所示。在温度较高的液-固阶段，晶体数量较少，液膜与大量未凝固的液体连接，相邻晶体间不发生接触，液态金属可以在晶体间自由流动，金属变形主要由液体承担，不会产生热裂。随着温度降低进入固-液阶段后，多数液体已凝固成晶体，液膜已经与液体区隔离，

图 11-23　Mg-8% Al 合金的外裂纹形貌[9]

此时塑性变形的基本特点是晶体间相互移动，晶体本身也会发生一些变形而没有裂纹形成。当晶体交替长大构成枝晶骨架时，残留的少量液体尤其是低熔点共晶体便以液膜形式存在于晶体之间，且难以自由流动[10]，同时使得液膜变厚。由于较厚的液态薄膜抗变形阻力小，

变形将集中于厚液膜所在的晶体间，使之成为薄弱环节。若铸件收缩受阻，存在足够大的拉伸应力作用于液膜上，且大于液膜拉断的临界应力 f_{max}，则在晶体发生塑性变形之前，液膜所在晶界会优先开裂，形成热裂纹[7]。若铸件收缩受阻所受到的拉伸应力小于液膜的拉断临界应力 f_{max}，则会在高温固体内产生蠕变变形，避免了热裂产生。

合金的热裂倾向性与合金在结晶末期晶体间的液体性质（如液膜的表面张力）及其厚薄密切相关。从第 1 章可知，液膜表面张力越大，液膜越薄，

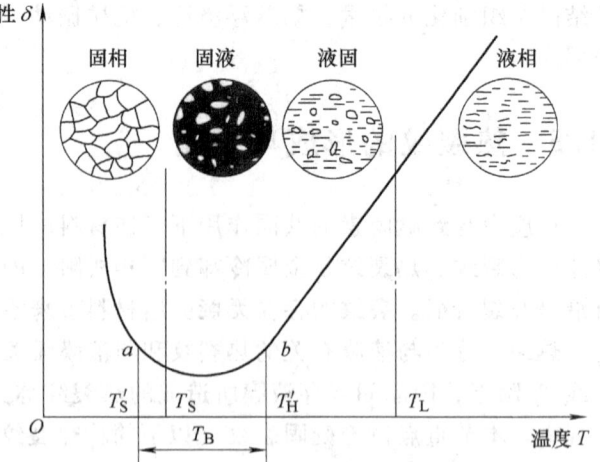

图 11-24　金属结晶阶段及脆性温度区
T_L—液相线　T_S—固相线　T_B—脆性温度区

则液膜的拉断临界应力 f_{max} 越大，裂纹形成的倾向性越小；液膜越厚，热裂倾向越大。液膜厚度取决于晶粒大小、铸件的冷却条件和低熔点组成物的含量。铸件晶粒越细小，冷却速度越快，低熔点组成物含量越低，液膜越薄。当晶体间的液体铺展成液膜时，裂纹倾向明显增大。若晶间液体铺展成液膜，其表面张力将固体枝晶吸附在一起，由于液膜的结合力很低，受到很小的应力即会发生断裂，形成热裂纹。液膜越厚，拉断液膜所需应力越小，热裂倾向性越大。因此，可以认为，凡是降低晶体间液膜表面张力的活性元素都会增加合金的热裂倾向。若晶间液体呈球状孤立存在而不易铺展时，则合金的热裂倾向会显著降低[1]。虽然液膜理论在一定程度上可以解释热裂的形成机理，但有研究表明，合金在准固态下的强度远大于液膜理论的计算结果[11,12]。所以，由液膜理论揭示热裂机理具有一定的局限性。

（2）强度理论　强度理论认为，热脆区、合金应变能力及铸件受阻应变综合影响热裂纹的产生。

在铸件凝固的固-液阶段，固相骨架已经形成并开始线收缩。由于收缩受阻，铸件中产生应力或塑性变形。当应力或塑性变形超过该温度下合金的强度极限或伸长率时，铸件产生热裂纹。一些合金的高温力学性能实验数据也证实了强度理论的观点[11]。

在合金固相线上下的温度范围内强度和应变能力都很低，合金呈脆性断裂而形成热裂，研究者把这个温度范围称为脆性温度区或热脆区，如图 11-24 中的 a、b 之间部分（T_B）。合金具有可测强度的温度为热脆区上限 T'_H，强度开始急剧增加的温度为热脆区下限 T'_S。合金的化学成分、晶间杂质偏析、晶粒尺寸和形状及液体在晶间的分布等影响热脆区的大小。

热裂纹的产生主要由热脆区内合金的应变能力与铸件因收缩受阻所产生应变之间的对比关系决定，即热裂纹能否产生还要受到热脆区内铸件应变的变化情况而定。图 11-25 说明了在脆性温度区内产生裂纹的具体条件，图中 δ 是脆性温度区间内合金的应变能力，它随温度变化而变，其最小值为 δ_{min}。ε 是铸件受阻产生的应变，它是温度的函数，可用 $\partial\varepsilon/\partial T$ 表示其应变增长率。当 $\partial\varepsilon/\partial T$ 较小时，ε 随着温度不同按曲线 1 变化，$\varepsilon<\delta_{min}$，不会产生裂纹；当 $\partial\varepsilon/\partial T$ 为曲线 2 时，$\varepsilon\approx\delta_{min}$，裂纹产生处于临界状态，此时的应变增长率称为临界应变增长率，以 CST 表示，它反映材料对热裂纹的敏感性；当 $\partial\varepsilon/\partial T$ 为曲线 3 时，$\varepsilon>\delta_{min}$，即铸

件受阻产生的应变量超过合金在 T_B 内的最低应变能力,金属凝固时必定产生热裂纹[10]。

综上所述,合金在高温下是否产生热裂纹由以下三个方面决定:

1) 脆性温度区的大小。T_B 越大,合金处于低塑性区的时间越长,形成热裂纹的倾向性越大。

2) T_B 内合金的应变能力。T_B 内合金的应变能力 δ_{min} 越小,热裂纹形成的倾向性越大。

3) T_B 内铸件的应变 ε。ε 越大,产生热裂纹的趋势越大。

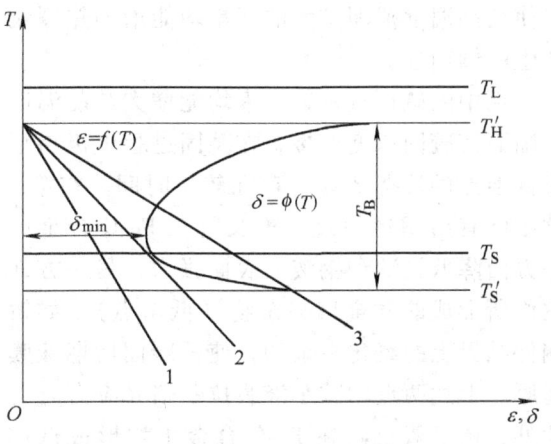

图 11-25 产生凝固裂纹的条件
T_L—液相线　T_S—固相线　T_B—脆性温度区　T_H'—T_B 上限　T_S'—T_B 下限

除了液膜理论和强度理论之外,有研究提出了凝固收缩补偿理论及晶间搭桥理论[13-15]。两个理论均认为合金凝固过程中存在晶间搭桥区,晶间搭桥区的存在提高了晶间强度。凝固收缩补偿理论认为,晶间搭桥造成晶界初始裂纹不连续,形成小的晶间孔洞,收缩受阻产生的应力使晶间搭桥破坏,孔洞进一步扩展形成连续的热裂纹。晶间搭桥理论认为,热裂纹的形成是由于晶间收缩受阻时晶间搭桥被破坏而形成的,若收缩受阻时晶间补缩可以弥补晶间搭桥的破坏,则热裂纹不会产生。也有研究表明,利用液固两相半耦合方法建立热裂模型,通过计算机模拟及实验结果对比,可以对热裂形成条件有一个深入理解[16]。热裂是一个复杂的过程,关于热裂形成机理虽然已经有了上述定性阐述,但是对热裂形成进行定量描述还有待深入研究。

11.5.2 热裂纹的影响因素及防止措施

1. 影响因素

由热裂纹的形成机理可知,脆性温度区 T_B、合金应变能力 δ、铸件受阻应变 ε 及晶间液膜等对热裂纹的产生起着决定作用,而影响 T_B、δ、ε 及晶间液膜的因素都会影响热裂纹的形成。具体影响因素归纳为以下四个方面。

(1) 铸造合金性质

1) 化学成分。随着合金化学成分的变化,结晶温度区间越大,则脆性温度区间也越大。合金元素对凝固区间、脆性温度区间及热裂倾向性都有影响,如图 11-26 所示。随着合金元素含量的增加,结晶温度区间及脆性温度区间(图 11-26a 中的阴影部分)先是逐渐增大,形成热裂纹的倾向随之增大(图 11-26b)。在 S 点时,结晶温度区间及脆性温度区间均达到最大值,此时热裂的倾向最大。但是,当合金元素含量继续增加时,结晶温度区间和脆性温度区间反而减小,形成热裂纹的倾向也相应逐步降低。在成分接近共晶点时,热裂倾向最小。在实际铸造条件下,合金均在非平衡状态下凝固,因此,固相线向左下方移动,形成热裂纹倾向的变化曲线也随之左移,由相应的虚线来表示。

需要指出的是,虽然合金系统不同,合金相图不同,合金元素对形成热裂纹倾向性的影响也不同,但是其共同之处是形成热裂纹的倾向性随着结晶温度区间的扩大而增加。因此,促使结晶温度范围扩大的元素均能增加热裂纹产生的倾向性。

钢中的硫、氧及磷元素均能增大结晶温度范围而使凝固速度变慢，在凝固过程中极易形成低熔点的液态薄膜且存在较长时间。在第 1 章中已有所阐述，硫、氧及磷在 Fe-C 合金中一方面降低铁液和钢液的表面张力，另一方面它们所形成的非金属夹杂物（低熔点），如铸钢件晶界上的氧化夹杂物，使得凝固后期液膜增厚。上述两点均减小液膜拉断临界应力 f_{max}。此外，硫、氧及磷在 Fe-C 合金中均形成低熔点共晶，使得固相线下移，因而扩大了结晶温度范围及脆性温度区间。以上因素均导致热裂趋势增大。为了防止产生热裂纹，必须严格控制硫、氧及磷的含量。

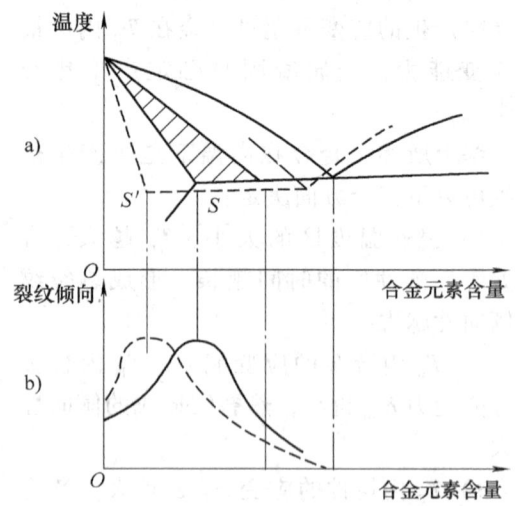

图 11-26　凝固温度区与裂纹倾向的关系
实线—平衡状态　虚线—非平衡状态

碳在 Fe-C 合金中也是影响热裂纹的主要因素，碳可显著增大 Fe-C 合金的结晶温度范围 ΔT，因而相应增大脆性温度区间，并能加剧硫、磷等元素的有害作用。随着含碳量的增加，初生相由 δ 相转变成 γ 相，Fe-C 合金的结晶温度区间 ΔT 显著增大，其脆性温度区间也相应增大。硫和磷在 γ 相中的溶解度比在 δ 相中低很多[10]，当含碳量增加时，则会促使析出更多的硫和磷并富集于晶界，进一步增大热裂倾向。

锰具有脱硫作用，可将 FeS 置换成 MnS，同时改变硫化物形态，使晶间液膜趋向于球状。在一般情况下，当 $w_C < 0.16\%$（包晶点）且锰与硫的质量分数比 $w_{Mn}/w_S > 25$ 时，锰可以防止热裂纹产生。硅有利于消除热裂纹，但当 $w_{Si} > 0.4\%$ 时，易形成低熔点硅酸盐，增加热裂倾向[10]。

2）凝固组织形态。初生相晶粒的形状、尺寸等对热裂纹产生具有一定的影响。细小的等轴晶产生热裂纹的倾向性小，而晶粒粗大、柱状晶方向越明显，产生热裂纹的倾向越大。这是由于晶粒粗大则晶界面积减小，而使凝固偏析趋于严重，有害元素对热裂的作用更加易于显现。晶间低熔点物质聚集程度相对增加，导致晶间结合力降低，而柱状晶的晶间强度又低于等轴晶，故在脆性区更易产生凝固热裂纹。实践表明，一些具有粗大柱状晶组织的合金钢铸件更易产生热裂纹。

3）合金的收缩量和相变。合金的收缩量越大，产生热裂纹的倾向越大。灰铸铁及球墨铸铁在凝固温度范围内不但没有收缩，反而发生石墨化膨胀，使铸件体积增大；而白口铸铁和普通低碳钢在凝固温度范围内只有收缩现象。所以，灰铸铁及球墨铸铁不易产生热裂，而白口铸铁和碳钢产生热裂的趋势较大。

（2）铸型性质　铸件凝固收缩时受到来自铸型（或砂芯）的阻力，如果阻力越大，铸件内产生的收缩应力越大，热裂纹形成的趋势越大。铸型阻力大小取决于铸型（或砂芯）的退让性，退让性好则热裂纹形成的趋势小。湿砂型的退让性好于干砂型，采用湿砂型铸件的热裂倾向小。有机粘结剂砂型的退让性很好，铸件形成热裂纹的倾向很小。对于砂芯而言，退让性由好到差的顺序大致为：壳芯，湿砂芯，冷或热芯盒树脂砂芯，水玻璃砂芯，膨润土干砂芯及普通粘土砂芯。

铸件产生热裂的倾向性还与铸型的退让时刻有关，如果铸型（或砂芯）达到最大强度的时刻刚好与铸件凝固即将结束的时刻相吻合，则产生热裂的倾向性最大。

(3) 浇注条件　浇冒口系统设计对铸件产生热裂的趋势均有影响。浇冒口部位的温度高，如流经一个内浇道的金属液流量过大，则冷却速度慢，易产生集中变形，会增加热裂形成的可能性。若浇冒口系统设计不当造成铸件收缩受阻，如冒口、浇口或直浇道距离砂箱很近，也会导致铸件产生热裂纹。

浇注温度、浇注速度对热裂纹的形成也有影响，提高浇注温度可减轻薄壁铸件的热裂倾向。这是因为，高温浇注会降低铸件的收缩速度和集中变形程度，同时高温液体对铸型材料的热作用可改善铸型的退让性。但是，高温浇注可增加厚大铸件的热裂倾向。这是由于高温浇注会增加缩孔容积，降低金属的冷却速度，使铸件晶粒粗大，晶间结合力减弱，增加热裂纹形成的可能性。浇注温度过高还会引起铸件粘砂，阻碍铸件收缩，促进热裂纹形成。浇注速度是通过改变铸件的温度分布影响热裂纹的形成，对于薄壁件，希望加快填充速度，避免局部热裂纹形成；而对于厚壁件，则需要减小浇注速度，有助于补缩进行而降低热裂纹形成的可能性。

(4) 铸件结构　若铸件结构设计不合理，则容易引起热裂纹。在铸件两截面直角交接处或两壁十字交接处形成热节，收缩应力易于集中热节处，导致热裂纹形成。铸件由于薄厚不均，各处的冷却速度不同，薄壁部分先凝固而具有较高的强度，当厚大部分凝固时会产生应力集中，将增加厚壁部分热裂纹形成的趋势。

2. 防止措施

根据影响铸件热裂纹形成的因素，可从以下四个方面采取相应措施，防止热裂纹产生。

(1) 合金成分及熔炼工艺

1) 在不影响铸件使用性能的前提下，选择抗热裂性能好的合金成分，如接近共晶成分的合金。

2) 减少合金中的有害物质含量。严格控制炉料中的硫、磷等有害物质含量，加强熔化过程中的脱氧、脱碳、脱硫及脱磷处理，减少金属熔体中的氧、硫、磷含量及氧化夹杂物和气体等有害杂质。例如，采用综合脱氧剂可减少氧化夹杂物，并改变其在铸件中的分布和形态。

3) 控制结晶过程。一切细化晶粒组织的措施均可有效降低凝固热裂倾向，例如，可通过孕育处理、动力学细化（如超声振动、电磁搅拌等）等方法细化初晶，消除柱状晶；在高铬镍钢中加入微量铈可消除柱状晶，促使硫化物分布均匀；使碳钢在超声振动下凝固，其晶粒尺寸可减小3~6倍。

(2) 铸型方面

1) 增加砂型和砂芯的退让性。采用粘土砂时加入一些木屑，可降低砂型的热裂强度。采用薄壳空心芯或在芯内加入松散材料（炉渣、草绳等），舂砂不应过硬，均可增加型芯砂的退让性。

2) 减小收缩阻力。采用涂料使型腔（砂芯）表面光滑，减小铸件和铸型（砂芯）之间的摩擦阻力。还应减小芯骨或箱挡可能引起的机械阻碍。

(3) 浇注条件方面

1)改进浇冒口系统,减小对铸件收缩的机械阻碍。

2)减少铸件各部分温差。内浇道开设在铸件最薄部分,或采用多内浇道分散浇注,避免每个内浇道流经金属量过多,防止铸件产生局部变形。用冷铁去除局部热节的有害作用(如两壁相交部位)。

3)薄壁件浇注采用高温、快浇方法,而厚壁件采用低温、慢浇方法。

(4)铸件结构方面

1)避免两壁十字交叉,两壁相交处做成圆角。

2)在采用不等厚度截面时,避免各部分收缩相互阻碍。

3)在铸件易热裂处设置防裂筋,如图 11-27 所示。由于防裂筋较薄,凝固迅速,具有较高的强度,增强了铸件易裂处的强度,可防止热裂纹的产生。

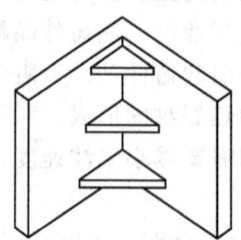

图 11-27　防裂筋的应用

思考与练习

1. 铸件在形成过程中合金收缩要经历哪几个阶段?
2. 什么是体收缩、线收缩、液态收缩、凝固收缩、固态收缩、自由收缩及受阻收缩?
3. 分析铸铁及碳钢的固态收缩特点。
4. 什么是缩孔、缩松?简述缩孔及缩松的形成机理。
5. 分析灰铸铁及球墨铸铁产生缩孔及缩松的倾向性。
6. 分析缩孔及缩松的影响因素。
7. 概述防止缩孔及缩松的措施。
8. 什么是热裂?简述热裂的形成机理及防止措施。

参 考 文 献

[1] 安阁英,陈其善,曾岩松. 铸件形成理论 [M]. 北京:机械工业出版社,1990.

[2] Squeeze Casting Process:Part One. http://www.keytometals.com/.

[3] Lee S G, Gokhale A M. Formation of gas induced shrinkage porosity in Mg-alloy high-pressure die-castings [J]. Scripta Materialia, 2006, 55:387-390.

[4] Asta M, Beckermann C, et al. Solidification microstructures and solid-state parallels:Recent developments, future directions [J]. Acta Materialia, 2009, 57:941-971.

[5] Carlson K D, Beckermann C. Prediction of Shrinkage Pore Volume Fraction Using a Dimensionless Niyama Criterion [J]. Metallurgical and materials transactions A, 2009, 40:163-175.

[6] Melo M L N M, Rizzc E N S, Santos R G. Predicting dendrite arm spacing and their effect on microporosity formation in directionally solidified Al-Cu alloy [J]. Journal of materials science, 2005, 40:1599-1609.

[7] 李庆春. 铸件形成理论基础 [M]. 北京:机械工业出版社,1982.

[8] Sigworth G K, Wang C. Mechanisms of Porosity Formation during Solidification:A Theoretical Analysis

[J]. Metallurgical transactions B, 1993, 24: 349-361.

[9] Cao G, Kou S. Hot cracking of binary Mg-Al alloy castings [J]. Materials Science and Engineering A, 2006, 417: 230-238.

[10] 刘全坤, 祖方遒, 李萌盛, 等. 材料成形基本原理 [M]. 2版. 北京: 机械工业出版社, 2010.

[11] 王业双, 王渠东, 丁文江, 等. 合金的热裂机理及其研究进展 [J]. 特种铸造及有色合金, 2002 (2): 48-50.

[12] Borland J C. Fundamentals of solidification cracking in welds [J]. Welding and Metal Fabrication, 1979 (3): 99-107.

[13] 丁浩, 傅恒志, 陈章荣, 等. 凝固收缩补偿与合金的热裂倾向 [J]. 金属学报, 1997 (9): 921-925.

[14] Clyne T W, Davies G J. The influence of composition on solidification cracking susceptibility in binary alloy systems [J]. The British Foundryman, 1981, 74: 65-73.

[15] 曹禄华, 丁浩. 热裂纹的电子显微分析 [J]. 铸造技术, 1997 (1): 47-48.

[16] Mathier V, Vernede S, et al. Two-Phase modeling of hot tearing in Aluminum alloys: applications of a semicoupled method [J]. Metallurgical and materials transactions A, 2009, 40: 943-957.

第12章 固态冷却过程中的缺陷形成与控制

金属从液态冷却到室温，一般都要经历液态收缩、凝固收缩和固态收缩三个相互联系而又相互区别的阶段。如果不同阶段的铸造工艺控制不当，就会出现应力、裂纹和变形等缺陷，这些缺陷会严重影响铸件的使用性能。因此，控制或减少铸件在固态冷却过程中的缺陷形成，对于提高铸件产品质量、延长铸件服役寿命无疑会起到至关重要的作用。本章主要讨论铸件在固态冷却过程中的变形、应力和裂纹等缺陷的特点、类型、形成原因及控制措施。

12.1 铸造应力

铸件在凝固及冷却过程中，由于温度下降而产生收缩，有的合金还会发生固态相变而引起膨胀，这些都会使铸件的体积和长度发生变化。若这些变化受到外界约束或铸件各部分之间的相互制约而不能自由进行（热阻碍、外力阻碍等），便会在铸件内部产生附加应力，这种应力称为铸造应力（Casting Stress）。当然，并非所有的铸造应力都是由尺寸或形状变化导致的，在有些情况下，由于凝固条件和铸造工艺各异，也可以不因尺寸或形状变化而在铸件内部产生铸造应力。

12.1.1 应力的分类和危害[1-3]

1. 应力的分类

（1）按应力形成的原因分类

1）热应力（Thermal Stress）。由于铸件各部分厚薄不同，以至在凝固和其后的冷却过程中冷却速度各异，导致铸件各部分存在温差，从而造成同一时刻铸件各部分的收缩量不一致，使得彼此相互制约而产生应力，这种应力称为热应力。

图12-1所示为一个金属框架的热应力变化示意图。若将金属框架进行整体均匀加热和均匀冷却，则金属框架内不会产生应力；若只将框架的中心杆件加热，而两侧的杆件不加热，则前者由于温度上升而要伸长，但其伸长会受到两侧杆件的阻碍而不能自由进行，因此，中心杆件受到压缩力的作用，而两侧杆件在阻碍中心杆件伸长的同时，也受到了中心杆件对其的反作用力，即受到拉伸应力作用。这种拉伸应力与压缩应力是在没有外部应力的作用下形成的，而且在框架中互相平衡，所以称为内应力。同时，由于这些应力是由不均匀温度造成的，故也称为温度应力或热应力。对于铸件，热应力形成一般具有如下特点：铸件的厚壁或心部

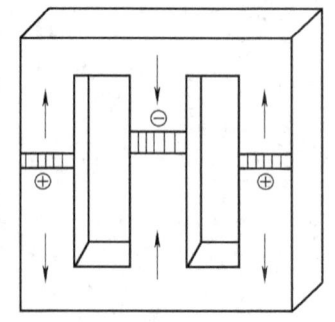

图12-1 金属框架的热应力变化

受拉应力，薄壁或表层受压应力。

2）相变应力（Phase Transformation Stress），也称为组织应力。具有固态相变的合金，在加热或冷却过程中，当温度达到一定界限时，便发生组织转变（即相变）。由于铸件各部分的冷却条件不同，各部分发生相变的时刻各异，它们到达相变温度的时刻和相变程度亦不同，因而产生应力。金属在相变时体积会发生相应变化，当相变在较低温度下进行时，金属已处于弹性状态，能够形成应力，即相变应力。

钢材在加热和冷却过程中，体积发生变化的情形如图 12-2 所示，其中，Ⅱ、Ⅲ分别代表低碳钢和低合金钢的冷却转变曲线，Ⅰ表示它们的加热曲线[1]。加热时钢材要膨胀，其体积随温度的升高而增大。加热到 Ac_1 时发生相变，铁素体与珠光体转变为奥氏体。由于奥氏体的比体积最小，因此钢材体积要减小。到了 Ac_3 相变结束后，其体积又随温度的升高而增大。冷却时，低碳钢与合金钢的体积变化大不相同。低碳钢在相变温度高于 600℃ 时仍处于塑性状态，所以不会产生相变应力。对合金钢来说，由于合金元素的作用，使钢材在高温时奥氏体的稳定性增强，以致冷却到 350℃ 左右时，才发生奥氏体向马氏体的转变，并保留到室温。由于马氏体的比体积最大，因此马氏体形成后会造成较大应力。钢中各种组织的密度和比体积见表 12-1。

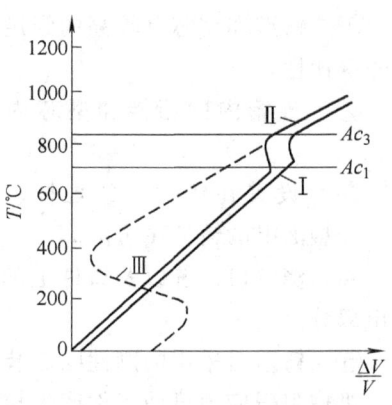

图 12-2 钢材在温度变化时的体积改变情况

表 12-1 钢中各种组织的密度及比体积

钢的组成相	铁素体	渗碳体	奥氏体 ($w_C = 1.4\%$)	珠光体 ($w_C = 0.9\%$)	马氏体 ($w_C = 1.4\%$)	石墨
密度/g·cm^{-3}	7.868	7.680	7.843	7.778	7.633	2.200
比体积/cm^3·g^{-1}	0.1271	0.1302	0.1275	0.1286	0.1310	0.4545

分析厚壁铸件中的相变应力时，可分为以下两种情况：

① 在冷却过程中，当铸件内层处于塑性状态时，外层已开始发生相变，如果析出的新相比体积大于旧相，则铸件外层将发生弹性膨胀，内层将发生塑性变形，结果在铸件内不会生相变应力。当铸件继续冷却、内层温度也达到弹性状态时，若此时产生体积膨胀的相变，则外层发生弹性拉伸，产生拉伸应力，而内层被弹性压缩，产生压缩应力。这种情况下（内层）的相变应力与热应力方向相反。

② 外层发生相变时，内层处于弹性状态，但内层不发生相变，这相当于进行表面淬火处理。在此种情况下，外层发生相变产生的体积膨胀受到内层的制约而产生压缩应力，内层产生拉伸应力。其结果是（内层）相变应力与热应力方向相同。

由此可见，在冷却过程中，凡是产生相变的合金，若新旧两相的比体积相差很大，同时产生相变的温度又低于塑性向弹性转变的临界温度时，都会在铸件中产生很大的相变应力，可能导致铸件开裂。尤其是相变应力与热应力方向一致时，危险性更大。

在生产实践中，如大型球墨铸铁件，特别是各部分厚度相差很大的铸件，常因出现冷裂而报废，裂纹是在铸件清理或热处理时不慎出现的。由于球墨铸铁的弹性模量较大，故残余应力也较大,再加上相变应力的作用,往往使铸件的韧性下降。

3) 机械阻碍应力(Mechanism Hindered Stress),也称为收缩应力,是指合金的线收缩在受到铸型、型芯、箱挡和芯骨等的机械阻碍所形成的内应力,如图12-3所示。一般铸件冷却到弹性状态后,因收缩受阻都会产生收缩应力。

机械阻碍应力的来源有以下几个方面:

① 铸型和型芯有较高的强度和较低的退让性。

② 砂箱内的箱挡和型芯内的芯骨。

③ 设置在铸件上的拉杆、防裂筋、分型面上的铸件飞边。

④ 浇冒口系统以及铸件上的一些凸出部分。

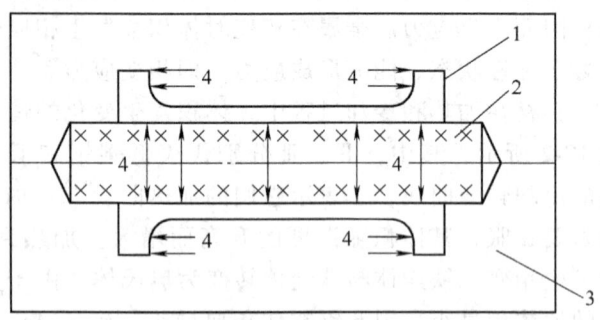

图12-3 铸件中的机械阻碍应力
1—铸件 2—型芯 3—铸型 4—阻力

⑤ 铸造时采用的刚性固定装置、工装夹具及胎具等。

机械阻碍应力可使工件产生拉伸应力或切应力。若应力处在弹性范围之内,则当阻碍消除(如铸件落砂或去除浇口)后,应力会自动消失,因此收缩应力是一种临时应力。但在落砂前,如果铸件的阻碍应力与其他应力同时作用且方向一致,则会促使内应力的加剧,当此瞬间的应力大于铸件的抗拉强度时,铸件就会产生裂纹。

(2) 按应力作用范围的大小分类

1) 第一类应力(宏观内应力),即由于材料各部分变形不均匀而造成的宏观范围内的内应力。应力在结构中的较大范围(很多晶粒)内起作用,存在的区域可以大到一个金属结构的部分,其平衡范围大小可与结构尺寸相比较。目前对这类内应力研究得比较多,如沿机床床身导轨纵向分布的拉应力和沿侧臂分布的压应力等。

2) 第二类应力(微观内应力),即物体的各晶粒或亚晶粒之间因不均匀变形而产生的晶粒或亚晶粒间的内应力。应力在一个或几个金属晶粒范围内起作用,并保持平衡,如金属的组织变化引起的内应力等。

3) 第三类应力(超微观应力或晶格畸变应力),即由于晶格畸变,使晶体中的一部分原子偏离其平衡位置而造成的内应力。例如,在间隙原子与溶剂原子间存在的应力,这种应力的平衡范围小,其大小可与晶粒尺寸相比较,它是变形物体中最主要的内应力。

(3) 按应力作用的时间分类

1) 瞬时应力(Temporary Stress)。瞬时应力是在某一温度场作用下,在某一时间所存在的内应力。它随着引起内应力的原因存在而存在,随着引起内应力的原因消失而消失。通常把在冷却过程中,任一时刻铸件内存在的应力称为瞬时应力。如图12-1所示框架中的应力,若在材料弹性范围内,由于受热不均产生的弹性变形消失了,应力也随之消失;若应力超出了材料的弹性范围,则最后将产生残余应力。

2) 残余应力(Residual Stress)。当产生应力的原因消除以后,应力依然存在,这种在无外力作用下以平衡状态存在于铸件内部的应力称为残余应力。即总应力低于合金的弹性极限时,则以残余应力形式存在于铸件内。

一般情况下，热应力是残余应力，机械阻碍应力是瞬时应力，而相变应力则因发生相变的时间和程度不同，可能是瞬时应力，也可能是残余应力。在铸件冷却过程中，两种应力可能同时起作用，但在冷却至常温并落砂以后，只有残余应力对铸件质量产生影响。

综上所述，铸件内的应力包括热应力、相变应力及机械阻碍应力。当铸件内的总应力值低于合金的弹性极限时，则以残余应力形式存在于铸件内；当总应力值超过合金的屈服强度时，铸件便发生变形，使铸件尺寸发生变化；当总应力值超过合金的抗拉强度时，铸件将产生裂纹。铸件中的残余应力并非是永久性的，经过热处理，即在一定温度下经过一定保温时间后，工件内的各部分应力会重新分配或消失。

2. 应力的危害

铸造应力和铸件变形对铸件质量的危害很大。铸造应力是铸件在生产、存放、加工及使用过程中产生变形和裂纹的主要原因，它大大降低了铸件的使用性能。例如，当机件工作应力的方向与残余应力方向相同时，应力叠加，可能超出合金的强度极限而发生断裂。有残余应力的铸件，长久放置或经机械加工后会产生变形，使机件失去精度。在腐蚀性介质中，残余应力还会降低铸件的耐蚀性能，严重时会引起应力腐蚀开裂。因此，必须减小和消除铸件中的应力。

12.1.2 铸件热应力的形成[1,3,4]

这里以应力框为例（图12-4a）来讨论铸件热应力的形成过程。

应力框由粗杆Ⅰ、细杆Ⅱ及横梁Ⅲ组成。为了便于讨论，作如下假设：

1) 金属液充满铸型后立即停止流动，杆Ⅰ和杆Ⅱ从同一温度 T_L 开始冷却，最后冷至室温 T_0。

2) 合金线收缩的开始温度为 T_y，材料的弹性模量和线胀系数 α 不随温度变化。

3) 铸件不产生挠曲变形。

4) 铸件收缩不受铸型阻碍。

5) 横梁Ⅲ是刚性体。

图12-4b 为杆Ⅰ和杆Ⅱ的冷却变化曲线，开始冷却时，两杆具有相同的温度 T_L，最后又冷却到同一温度 T_0。由于杆Ⅰ较厚，冷却前期杆Ⅱ的冷却速度大于杆Ⅰ，而后期必然是杆Ⅰ的冷却速度比杆Ⅱ快。在整个冷却过程中，两杆的温差变化如图12-4c所示。

研究表明，当合金温度低于液相线后，其变形由弹性变形、塑性变形和粘弹性变形组成，且以弹性变形为主。这样，铸件在冷凝过程中，收缩一旦受阻就会产生应力。瞬时应力的发展过程可分为以下四个阶段来加以说明，如图12-4d所示。

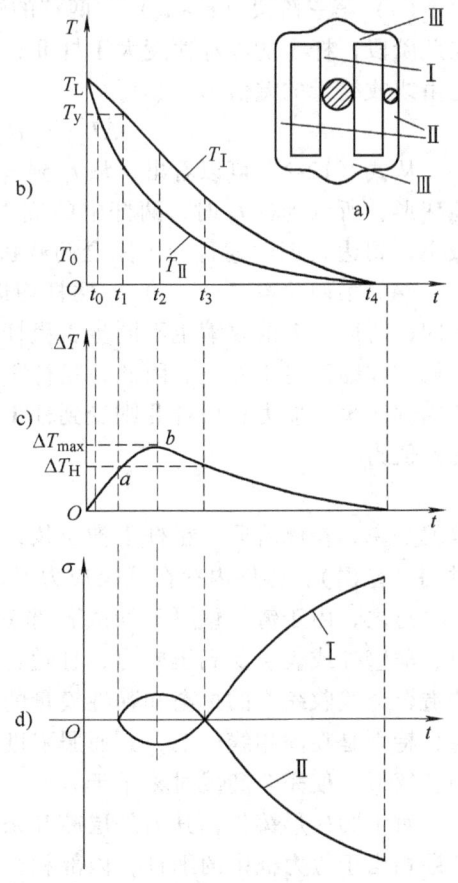

图12-4 壁厚不同的应力框铸件瞬时应力变化过程示意图

a) 应力框铸件 b) 两杆温度变化曲线
c) 两杆温差变化曲线 d) 两杆应力变化曲线

(1) 第一阶段（$t_0 \sim t_1$）　$T_{II} < T_y < T_I$，杆 II 开始线收缩，而杆 I 此时仍处于凝固的初期，枝晶骨架还没有形成。显然，此时铸件的变形由杆 II 来确定，杆 II 带动杆 I 一起收缩。到 t_1 时，两杆具有同一长度，温差为 ΔT_H，铸件不产生应力。也就是说，本阶段两杆都处于塑性状态，尽管此时两杆的冷却速度不同，收缩也不同步，但瞬时应力可通过塑性变形来自行消失，在铸件内无应力产生。

(2) 第二阶段（$t_1 \sim t_2$）　$T_I < T_y$、$T_{II} < T_y$，两杆均产生线收缩，并且随着时间的推移，其温差逐渐增大。继续冷却时，冷却速度较快的杆 II 进入弹性状态，杆 I 仍处于塑性状态。此时由于细杆 II 的冷却速度较快、收缩较大，所以细杆 II 会受到拉伸，粗杆 I 会受到压缩。如果两杆都不受约束，则杆 II 的收缩量要大于杆 I，但由于两杆彼此相连，始终具有相同长度，因此杆 II 被拉长，而杆 I 则被压缩。这样，在杆 I 内产生压应力、杆 II 内产生拉应力。到了 t_2 时刻，两杆温度差最大（ΔT_{max}），应力达到极大值，该阶段为应力增长阶段，此时杆 I 的变化量为

$$\Delta L_1 = \alpha(\Delta T_{max} - \Delta T_H)L \tag{12-1}$$

式中，α 为线收缩系数；L 为杆长。

(3) 第三阶段（$t_2 \sim t_3$）　两杆的温差逐渐减小，到达 t_2 时，两杆温差又减小到 ΔT_H。在此阶段，杆 I 的冷却速度大于杆 II，即杆 I 的自由线收缩速度大于杆 II。从 t_2 到 t_3，两杆自由线收缩量的差值为

$$\Delta L_2 = \alpha(\Delta T_H - \Delta T_{max})L = -\Delta L_1 \tag{12-2}$$

从式（12-2）可以看出，从 t_1 到 t_3，两杆的自由线收缩量相等。因为假定铸件只产生弹性变形，所以到达 t_3 时，两杆中的应力值均为零。这样，在第三阶段，两杆中的应力逐渐减小，到达 t_3 时，铸件处于完全卸载状态。

(4) 第四阶段（$t_3 \sim t_4$）　两杆均进入弹性状态，此时由于两杆温度不同、冷却速度也不同，所以二者的收缩也不同步，粗杆 I 的温度较高，还要进行较大的收缩；细杆 II 的温度较低，收缩已趋于停止。因此，粗杆 I 的收缩必定受到细杆 II 的阻碍，使其收缩不彻底，在其内部产生拉应力；而杆 II 则受到杆 I 因收缩而施与的压应力。从 t_3 到 t_4，两杆自由线收缩的差值为

$$\Delta L_3 = \alpha \Delta T_H L \tag{12-3}$$

也就是说，在此阶段，粗杆 I 被拉长，故产生拉应力；细杆 II 则相反，产生压应力。到了 t_4 时刻（室温），铸件内存在残余应力，即杆 II 内为压应力，杆 I 内为拉应力。

总之，由于铸件壁厚不均或各部分的冷却速度不同，使铸件的厚壁处或心部受到拉应力、薄壁处或表层受到压应力，且随着铸件壁厚差的增大、各部分冷却速度差的不同，以及铸造合金线收缩率的提高和弹性模量的增大，铸件的热应力也增大。应该指出，合金在高温时，特别是在固相线以上，其屈服强度很低，铸件内产生的应力很容易超出屈服强度而发生塑性变形，使完全卸载时刻早于 t_3。

对于圆柱形铸件，其内外层冷却条件不同，开始时外层冷却较快，后来则相反，因此其外层相当于应力框中的细杆，内部相当于粗杆。当冷却到室温时，其内部存在残余拉应力，外层存在残余压应力。

12.1.3　影响铸造应力的因素[3,5]

金属铸件在凝固和冷却过程中，其所受应力是热应力、相变应力和机械阻碍应力的代数

和。机械阻碍应力一般在铸件落砂后随即消失,是瞬时应力。因此,残余应力往往是热应力和相变应力的叠加。铸造应力通常与下列因素有关。

1. 金属性质方面

1)铸造应力与金属或合金的弹性模量和变形量密切相关。一般情况下,金属或合金的弹性模量越大,铸件中的残余应力就越大。例如,铸钢、白口铸铁和球墨铸铁的残余应力比灰铸铁的要大,其原因之一是与金属的弹性模量有关。常见铸造合金的弹性模量见表 12-2。

表 12-2 常见铸造合金的弹性模量[5]

材 料	钢	白口铸铁	球墨铸铁	灰铸铁	铜合金	铝合金
弹性模量 $E/10^7 \text{N} \cdot \text{m}^{-2}$	19600	16600	13500~18200	7350~10800	11000~13200	6500~8300

2)铸件的残余应力与合金的自由线收缩系数成正比。图 12-5 所示为几种常见不锈钢和铸铁材料在 0~600℃ 范围的线膨胀曲线。可见,当其他条件相同时,奥氏体不锈钢由于线胀系数较大,故其残余应力比铁素体不锈钢的要大。

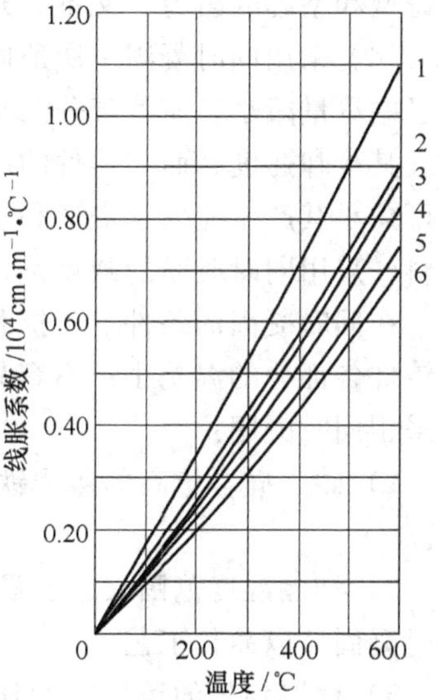

3)合金的热导率直接影响铸件厚薄两部分的温差值。合金钢比碳钢具有较低的导热性能,因此在其他条件相同时,合金钢具有较大的残余应力。

4)金属或合金的相变对残余应力的影响表现在以下两个方面:①相变引起比体积的变化;②相变热效应改变铸件各部分的温度分布。

2. 铸型性质方面

铸型的蓄热系数越大,铸件的冷却速度越大,铸件内外的温差就越大,产生的应力则越大。金属型比砂型容易在铸件中引起更大的残余应力。

3. 浇注条件

提高浇注温度相当于提高铸型温度,可延缓铸件的冷却速度,使铸件各部分温度趋于均匀,因而可减小残余应力。

4. 铸件结构

铸件的壁厚相差越大,则冷却时厚薄壁的温差就越大,引起的热应力则越大。

图 12-5 几种常见材料在 0~600℃ 范围的线膨胀曲线
1—ZG12Cr18Ni9Ti 2—ZG15CrMo
3—ZG25Cr 4—Cr30
5—灰铸铁 6—Cr15

12.1.4 减小铸造应力的途径[3,5-7]

减小铸造应力的主要途径是,针对铸件的结构特点,在制订铸造工艺时,尽可能减小铸件在冷却过程中各部分的温差,提高铸型和型芯的退让性,减小机械阻碍。通常采用以下具体措施:

(1)合金选择方面 在零件能够满足工作条件的前提下,应选择弹性模量和收缩系数小的合金材料。

(2)结构设计方面 为了使铸件在冷却过程中温度分布均匀,铸件的壁厚应尽量一致,不同壁厚的连接处要圆滑过渡，热节要小而分散。可在铸件厚实部分放置冷铁，或采用蓄热系数大的型砂；也可对铸件的特别厚大部分进行强制冷却，即在铸件冷却过程中，向事先埋设在铸型内的冷却器内吹入压缩空气或水汽混合物，加快厚大部位的冷却速度；还可在铸件的冷却过程中，将铸件厚壁部位的砂层减薄。

预热铸型可减小铸件各部分的温差。在熔模铸造中，为了减小铸造应力和裂纹等铸造缺陷，型壳在浇注前常被预热到 600～900℃。为了提高铸型和型芯的退让性，应减小砂型的紧实度，或在型砂中加入适量的木屑、焦炭等，若采用壳型或树脂砂型，其效果尤为显著。

因此，为了减少铸造应力，在设计铸件时应尽量使铸件的形状简单、对称、壁厚均匀。

（3）浇注工艺方面　应合理控制浇注时间和冷却时间。内浇口和冒口的位置应有利于铸件各部分温度的均匀分布，内浇口布置要同时考虑温度分布均匀和阻力最小的要求。

铸件在铸型内要有足够的冷却时间，开箱不能过早。但对一些形状复杂的铸件，为了减小铸型和型芯的阻力，又不能开箱过迟。

（4）采用同时凝固　所谓同时凝固，是指采取一些工艺措施来保证铸件各部分没有温差或温差尽量减小，使各部分几乎同时进行凝固。具体方法是将内浇口开在铸件的薄壁处，以减缓其冷却速度；而在铸件的厚壁处放置冷铁，以加快其冷却速度。总之，铸件采用同时凝固可减小其产生应力、变形和裂纹的倾向，且不必设置冒口，可使工艺简化，并可节约金属材料。采用同时凝固的缺点是，在铸件心部会产生缩孔或缩松缺陷。

在同时凝固的条件下，扩张角等于零，没有补缩通道，无法实现补缩。但由于同时凝固时铸件各部分的温差小，不容易产生热裂，凝固后不易引起应力和变形，因此常在以下情况下采用同时凝固：

1）碳、硅含量高的灰铸铁，其体收缩较小，甚至不收缩，合金本身不易产生缩孔和缩松。

2）结晶温度范围大，容易产生缩松的合金（如锡青铜），对气密性要求不高时可采用同时凝固，以简化工艺。

3）壁厚均匀的铸件，尤其是均匀薄壁铸件消除缩松困难，倾向于采用同时凝固。

4）球墨铸铁件利用石墨化膨胀进行自补缩时，必须采用同时凝固。

5）某些适合采用顺序凝固的铸件，当热裂、变形成为主要矛盾时，可采用同时凝固。

12.1.5　降低铸造应力的方法[3,5-10]

构件在冷热加工过程中必然会产生残余应力，因此，消除残余应力的时效工序就显得十分必要。凡是能降低残余应力、使工件尺寸精度稳定的方法都可称为时效。常用的时效方法有热时效、自然时效、振动时效、静态过载时效、热冲击时效等。后两种方法在生产中应用较少，这里不作介绍。

1. 热时效

热时效是将构件由室温缓慢均匀加热至550℃左右，保温 4～8h，再严格控制降温速度至150℃以下出炉。对热时效工艺的要求是严格的，如要求炉内温差不大于±25℃、升温速度不大于50℃/h、降温速度不大于20℃/h等。炉内最高温度不允许超过570℃，保温时间也不宜过长，如果温度高于570℃，保温时间过长，则会引起石墨化，使构件强度降低。如果升温速度过快，构件在升温过程中，薄壁处的升温速度比厚壁处快很多，构件各部分的温差急剧增大，会造成附加温度应力。如果附加应力与构件本身的残余应力叠加后超过抗拉强度，就会造成构件开裂。

如果热时效降温不当，会使时效效果大为降低，甚至产生与原残余应力相同的温度应力（二次应力），并残留在构件中，从而破坏已取得的热时效效果。

热时效存在的问题如下：

1) 建窑占地面积大，费用高。
2) 热时效能耗高，生产成本高。
3) 热时效炉内温度不均匀，升降温的速度无法严格控制。
4) 热时效劳动强度大，污染严重，目前大部分被振动时效代替。

2. 自然时效

自然时效是最古老的时效方法。它是将具有残余应力的铸件放置在室内或露天场地，经过较长时间（通常为几个月或半年以上，甚至几年）的风吹、日晒、雨淋和季节的温度变化，给构件多次造成反复的温度应力。在温度应力形成的过载下，促使残余应力发生松弛而使尺寸精度获得稳定。

自然时效降低的残余应力不大，但对工件尺寸稳定性很好，其原因是工件经过长时间的放置，在石墨尖端及其他线缺陷尖端附近产生应力集中，发生了塑性变形，松弛了应力，同时也强化了这部分基体，于是该处的松弛刚度也提高了，增加了这部分材质的抗变形能力。自然时效降低了少量残余应力，却提高了构件的松弛刚度，对构件的尺寸稳定性较好，其方法简单易行，但生产周期长，占用场地大，不易管理，不能及时发现构件内的缺陷，已逐渐被现代生产工艺所淘汰。

3. 振动时效

振动时效在国外称为 VSR（Vibratory Stress Relieve），它是由"锤击松弛法"（敲击时效）发展而来的。通常是将铸件置于具有共振频率的激振力作用下，使其获得相当大的振动能量。在共振过程中，交变应力与残余应力叠加，铸件局部屈服，产生塑性变形，从而使铸件中的残余应力逐步得到松弛和消失。此方法处理铸件时间短（10~15min），不受零件大小限制，且没有热处理过程带来的零件表面氧化问题。可以采用木锤、橡皮锤、钝铜锤等敲击构件的合适部位，给工件一个冲击力，以激起工件共振，工件以自己的固有频率和迅速衰减的振幅作减幅振动。敲击后的最初振幅较大，在构件内引起的"振动力"也大。这一振动力多次反复作用，当它与残余应力叠加时，在应力集中处超过材料的屈服强度，就会引起局部塑性变形，使应力得到松弛而降低了应力峰值。可采用拾振器、测振仪和光线示波器来记录构件作自由衰减振动的振型。

目前，VSR 技术是通过激振器的周期性外力（激振力）作用，使金属构件产生共振，进而松弛残余应力，从而提高构件的松弛刚度，使其尺寸稳定。振动时效是热时效的补充和发展，可在很大范围内代替热时效。

振动时效具有显著的优越性，时间短、费用低、功率小、省能源、无污染、机构轻便、易操作，且在铸件表面不产生氧化皮、不损害铸件的尺寸精度。该法对箱、框类铸件效果尤为显著，但对盘类和厚大铸件效果较差，有待于进一步完善。

在 21 世纪初，一种新的振动时效技术——频谱谐波技术在我国出现了，它摒弃了原有振动时效技术的攻关方向，突破了原有的技术瓶颈，因为其独有的找频方式与处理频率，故被称为频谱谐波技术。频谱谐波技术不再沿用原有的扫频方式,而是通过傅里叶方法对工件进行频谱分析,找出工件的几十种谐波频率,在这几十种谐波频率中优选出对消除工件残余应力效果最佳的五种不同振型的谐波频率进行时效处理,达到多维消除应力、提高尺寸精度稳定性的目的。频谱谐波方式不论工件大小、频率刚性高低及材料特性如何,均能找出五种不同振型的谐波峰。它不受激振器的转速范围限制,对激振点和拾振点无特殊要求,能够处理亚共振无法处理的高刚性、高固有频率工件,能够满足对尺寸精度要求高的工件,振动噪声低,在机械行业的覆盖面已达到100%。

12.2 铸件变形

如前所述,具有残余内应力的铸件,其厚的部位受到拉应力、薄的部位受到压应力作用。处于这种状态的铸件是不稳定的,将自发地变形以减小其内应力,以趋于稳定状态。变形的结果是受拉应力的部位趋于缩短变形、受压应力的部位趋于伸长变形,以使铸件中的残余应力减小或消除。铸件的变形往往使得铸件的精度降低,严重时可使铸件报废,应予以防止。

因为铸件变形是由铸造应力引起的,所以减小和防止铸造应力的办法,也是防止铸件残余变形的有效途径。本节主要分析残余变形的种类、影响因素及控制变形的措施。

12.2.1 铸件变形种类[3,11-15]

在铸造结构中,存在着各种各样的变形,不同性质铸件的变形方式也不同。但从生产上涉及的情况而言,大体上可分为两大类,即铸件挠曲变形和铸件扩口变形。

1. 铸件的挠曲变形

几种典型的挠曲变形如图12-6~图12-9所示。

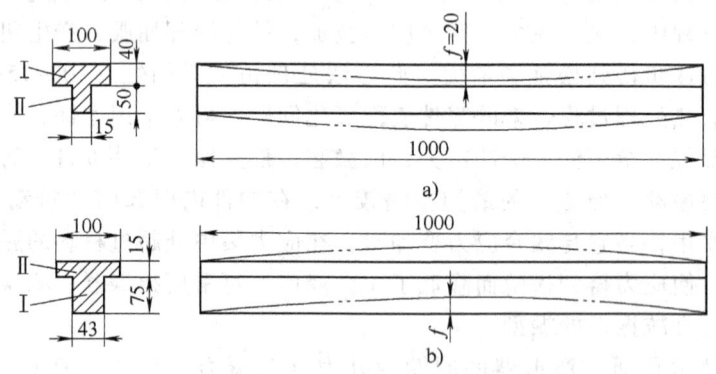

图12-6 T形梁铸件的挠曲变形
Ⅰ—粗杆 Ⅱ—细杆

图12-6所示为由粗杆Ⅰ和细杆Ⅱ组成的T形梁铸件。在图12-6a中,当两者温度都处于弹性温度范围时,由于杆Ⅱ比杆Ⅰ先冷,所以,当杆Ⅰ冷至室温后,其收缩受到杆Ⅱ的限制而承受拉伸应力,杆Ⅱ承受压缩应力,整体变形结果为上凹下凸。在图12-6b中,杆Ⅱ较薄、杆Ⅰ较厚,其原理如上述,只是杆Ⅰ与杆Ⅱ的关系相对换,从而杆Ⅰ受到压应力、杆Ⅱ受到拉应力,故整体变形结果为上凸下凹,其中部下凹变形量最大,该下凹量称为挠度f。

图 12-7 所示为灰铸铁机床床身的挠曲变形。由于机床床身的导轨面较厚，而侧壁部分较薄，在冷却过程中，厚薄两部分温差相差较大，导轨部分因冷却慢而承受残余拉应力，侧壁部分因冷却快而承受残余压应力，其变形结果是导轨面下凹、薄壁部分下凸。

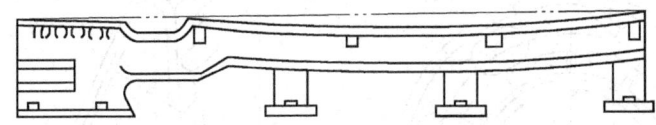

图 12-7 灰铸铁机床床身的挠曲变形

图 12-8 所示为矩形平板铸件的挠曲变形。厚度均匀的平板铸件由于四角及边缘的冷却比中心部分快，故四周产生残余压应力，而中心部位产生残余拉应力。当平板上下两面存在温度差时，便产生挠曲变形。在一般条件下，由于上面导热比下面差，故平板上面冷到室温的时间较长，因此平板变形呈向下凹的形态。

图 12-9 所示为带轮铸件的变形。带轮的特点是轮缘和轮辐比轮毂薄，当轮毂进入弹性状态时，其收缩受到轮缘和轮辐的阻碍。逐渐冷却后，轮辐和轮毂中存在残余拉应力，而轮缘中存在残余压应力，结果使铸件呈现图 12-9b 所示的变形，轮辐和轮毂向轮心收缩以减小拉应力，轮缘向外胀出以减轻压应力及铸型阻力。

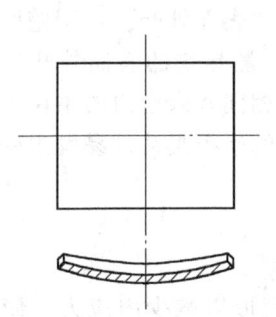

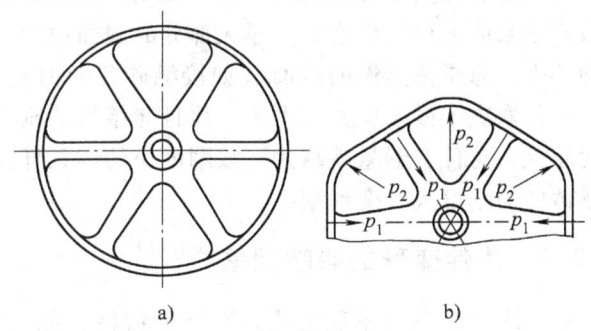

图 12-8 矩形平板铸件的挠曲变形　　　　　图 12-9 带轮铸件的变形

2. 铸件的扩口变形

形成扩口变形的原因是，在合金材料处于以塑性变形为主的状态时，形成铸件开口尺寸处的型砂或砂芯阻碍了铸件的固态线收缩，使得铸件开口自由结构部分发生塑性变形（永久变形），从而产生了扩口变形缺陷。半圆类、开口框架类铸件最容易产生扩口变形。

图 12-10a 所示为半齿轮铸钢件，要求其开口直径为 D_0，但铸造后其开口直径变为 D_1，并且半圆边的端部翘起，产生扩口变形。如有可能，可将这类半齿轮铸件铸成一个整圆铸件，只要留出切缝量，热处理后再切分成两个半圆铸件，也可以有效地防止扩口变形。

图 12-10b 所示为一个框架铸件，对其端点 A、B、C 三点间的尺寸有严格要求，但由于扩口变形，不能达到要求。在 A、B、C 三点间及这三点同铸件的本体间设置拉筋，就可以防止扩口变形而保证这三点间的尺寸要求。拉筋的作用实际上是使柔性结构铸件具有刚性，用拉筋消除开口的自由结构部分，铸件经热处理后才能去除拉筋。有时，也可以利用横浇道作为拉筋以防止扩口变形，但其效果不如专用拉筋好。增加形成开口尺寸处的砂型或砂芯的退让性也有利于防止扩口变形。对于中、大型铸钢件而言，拉筋厚度应为设置拉筋处铸件壁

厚的 40%～60%。

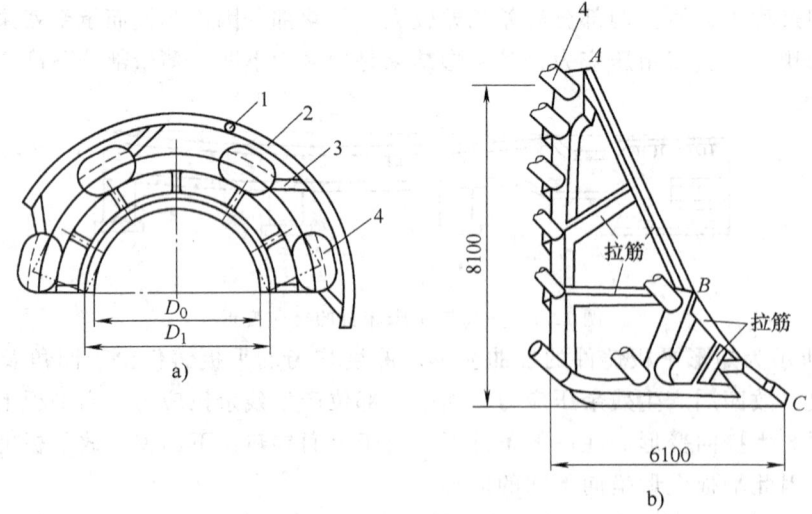

图 12-10 铸件的扩口变形
a) 半齿轮铸件　b) 框架铸件
1—直浇道　2—横浇道　3—内浇道　4—冒口

从上述铸件变形可以看出，铸件的变形规律取决于残余应力的分布规律，铸件总是趋向于减轻残余应力而发生变形。厚大部分的表面内凹，薄壁部分的表面外凸；对于壁厚均匀的各种铸件，总是散热慢的表面（如接触砂芯的内表面）内凹，散热快的表面外凸。铸件变形量不仅取决于残余应力的大小，而且与结构的刚度有关，在相同残余应力的条件下，结构刚度越差，铸件变形量就越大。故刚度小的细长杆件及大而薄的平板类铸件易发生变形；箱体形铸件的刚度大，变形量小。

12.2.2　铸件变形的影响因素[3,11-15]

处于应力状态（不稳定状态）下的铸件，能自发地进行变形以减少内应力，使铸件趋于稳定状态。显然，只有原来受弹性拉伸的部分产生压缩变形、原来受弹性压缩的部分产生拉伸变形时，才能使铸件中的残余应力减小或消除。对于具有一定塑性的材料（如钢、有色金属等），变形可以矫正；而对于像灰铸铁这样的脆性材料，变形则不易矫正。铸件产生变形后，往往只能减小应力而不能完全消除应力。

总之，铸件变形是一个相当复杂的问题，涉及的因素很多，不能针对某个具体部件加以讨论，因而只能分析其中的一些主要因素。

1. 金属材料的热物理性能

金属材料的热物理性能对变形有一定影响，一般来说，材料的线胀系数越大，则产生的塑性变形越大，冷却后纵向和横向的收缩也越大。例如，不锈钢的线胀系数比低碳钢大，因而其变形也大；导热性好的金属，如铝及其合金等，因其线胀系数大，且在高温时的屈服强度较低，变形也大。

2. 工艺因素

在铸造生产中，由于用来制作木模的木料未经干燥或重新吸收水分，以致木模产生变形，从而会导致砂型和铸件产生变形。模型的刚度不足或强度不够、模型放置不平、上下砂型夹紧不良等也均能导致铸件变形。

12.2.3 防止铸件变形的途径[3,13-18]

铸件在凝固和以后的冷却过程中发生线收缩，有些合金还发生固态相变，都会引起体积的膨胀和收缩。这种变化往往受到外界约束或铸件各部分之间的相互制约而不能自由地进行，于是在产生变形的同时还会产生铸造应力。因此，凡是能够防止产生铸造应力的方法都可用于防止铸件产生变形。减小铸造应力的主要途径是，针对铸件的结构特点，在制订铸造工艺时尽可能地减小铸件在冷却过程中各部分的温差，提高铸型和型芯的退让性，减小机械阻碍；也可以采用时效的方式来消除铸件中的残余应力。针对变形的影响因素，在生产中所采取的防止或减小变形的方法可以分为以下两个方面。

1. 结构设计方面

在铸件的结构设计中，可以采用局部加厚、设置拉筋等方法来减小铸件变形。例如，带轮的轮缘厚度比轮毂薄，冷却后容易向内凹，导致加工余量不足，为此可以在轮缘与轮毂连接处的外圆进行局部加厚，如图 12-11 所示。又如，铸件的法兰部分因收缩受到砂芯或砂型的阻碍而变形，因而可以在该处设置拉筋，阻止法兰变形，如图 12-12 所示。

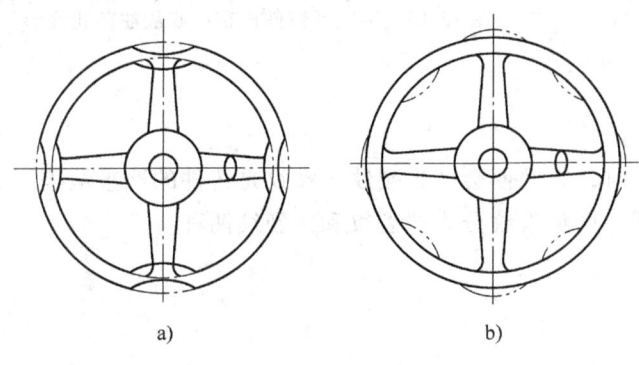

图 12-11 带轮铸件轮缘的变形和加厚示意图

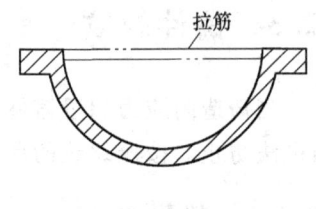

图 12-12 铸件设置拉筋防止变形

2. 工艺方面

（1）反变形法 反变形法是生产中最常用的方法，是根据结构件变形的情况，预先给出一个方向相反、大小相等的变形，用来抵消结构件在加工过程中产生的变形，使加工后的结构件符合设计要求。反变形的尺寸、形态应根据实测或经验来确定。

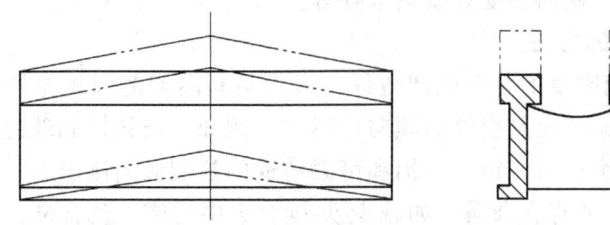

图 12-13 采用反变形法防止床身类铸件的变形

在机床床身的铸造中，为了防止其变形，采用如图 12-13 所示的反变形法，床身的模样要分成两段，造型时导轨面向下（图中双点画线），浇注出的铸件如图中实线所示。

（2）制订合理的工艺 在液态成形工艺中，为了减小变形，在合箱以后浇注以前，可将压铁放在砂箱上，以防止铸件的挠曲变形，如图 12-14 所示。其原理为：砂箱内铁液充填时出现的浮力会将上砂箱上抬，压铁通过铁垫对上砂箱产生压力，这样既可以避免砂箱被上抬时跑出铁液，同时又能防止铸件产生变形。此外，需控制铸件的出型时间，若出型过早，铸件温度高，在空气中冷却会加大内外温差，导致变形量增加。因此，适当延长开箱时间，可避免开裂和减小变形。但对于某些结构复杂的铸件，因铸型或型芯的溃散性差，会引起冷裂，可采用早开箱，并立即将铸件放入炉内保温缓冷的方法。若铸件早出型后立即进行退火，使铸件缓慢冷却，也可减小变形量。对于半圆形铸件可将两个铸件连在一起浇注，使柔性结构变为刚性结构，以防止铸件的变形，如图 12-15 所示。

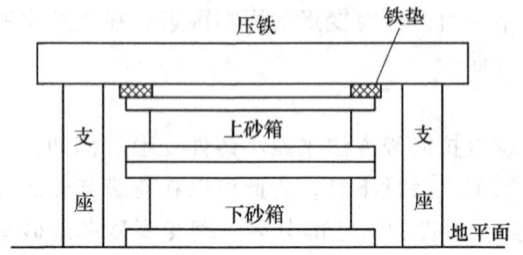

图 12-14 压铁假压法防止铸件变形

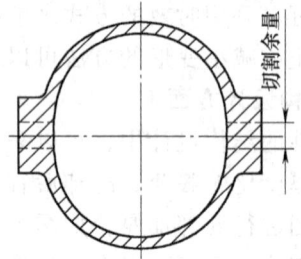

图 12-15 半圆形铸件连在一起浇注防止变形

12.3 铸件裂纹

当铸造内应力超过铸件的抗拉强度时，铸件便会产生裂纹。裂纹是铸件的严重缺陷，必须设法防止。按照裂纹的形成温度不同，可将裂纹分为热裂纹和冷裂纹两种。

12.3.1 热裂纹

1. 热裂纹的产生

热裂纹是在铸件凝固末期的高温下形成的，其形状特征是裂纹短、缝隙宽、形状曲折、缝内金属呈氧化色，且裂纹沿晶界产生、外形曲折。因为在凝固末期，铸件绝大部分已凝固成固态，但其强度和塑性较低，当铸件的收缩受到铸型、型芯和浇注系统等的机械阻碍时，将在铸件内部产生铸造应力。若铸造应力的大小超过了铸件在该温度下的抗拉强度，即产生热裂纹。热裂纹是铸钢件、可锻铸铁件以及一些铝合金铸件的常见缺陷，一般出现在铸件的应力集中部位，如尖角、截面突变处或热节处等。

2. 防止热裂纹产生的方法

1）选择结晶温度范围窄的合金生产铸件，因为结晶温度范围越宽的合金，其液、固两相区的绝对收缩量越大，产生热裂纹的倾向也越大。例如，灰铸铁和球墨铸铁的凝固收缩率很小，所以热裂倾向也小；而铸钢、铸铝和可锻铸铁的热裂倾向则较大。

2）减少铸造合金中的有害杂质，如减少铁-碳合金中的磷、硫含量，可提高铸造合金的高温强度。

3）改善铸型和型芯的退让性。退让性越好，机械应力越小，形成热裂的可能性越小。具体措施是采用有机粘结剂配制型砂或芯砂，在型砂或芯砂中加入木屑或焦炭等材料也可改善退让性。

4)减小浇冒口对铸件收缩的阻碍,内浇口的设置应符合同时凝固原则。

12.3.2 冷裂纹

冷裂纹是铸件在较低的温度下,即处于弹性状态时形成的裂纹,其形状特征是裂纹细小、呈连续直线状、裂纹表面有金属光泽或呈微氧化色。冷裂纹一般为穿晶开裂,外形规则光滑,常出现在形状复杂的、大型铸件受拉应力的部位,尤其易出现在应力集中处。此外,一般脆性大、塑性差的合金,如白口铸铁、高碳钢及一些合金钢等也易产生冷裂纹。

另外,金属熔液在凝固冷却时会收缩,而由硅砂组成的型芯受热又会膨胀,这样凝固的金属构件与型芯均承受彼此的作用力而产生应力。当型芯的内应力大于自身强度时,型芯被破坏,消除了铸件收缩遇到的阻力。反之,若收缩阻力不能消除,反倒增加了型芯的膨胀力,使金属构件内应力增大,当增大到大于该金属构件在该温度下某部位的抗拉强度时,则该部位将产生裂纹。铸造时,铸锭截面和高度上存在着温度梯度,因而产生内应力,若内应力超过了铸锭本身的抗拉强度,合金在结晶过程中或者在完全凝固后也会发生开裂。

根据裂纹出现的位置不同,冷裂纹可分为表面裂纹和内部裂纹;按裂纹的走向不同,冷裂纹可分为横向裂纹和纵向裂纹;按裂纹的尺寸大小不同,冷裂纹又可分为宏观裂纹和微观裂纹。

1. 铸造冷裂纹的特征[1-3,19-21]

铸造冷裂纹是铸件凝固后冷却到较低温度(处于弹性状态)时,因局部铸造应力大于材料的抗拉强度而引起的开裂。这类裂纹是中碳钢、高碳钢、低合金高强度钢、工具钢、钛合金及铸铁等材料在成形加工时或使用过程中极易出现的一类工艺缺陷,对结构的安全使用破坏性极大。一些不合理的铸造工艺会促使铸锭内应力的增加,从而引起铸造冷裂纹。铸造冷裂纹总是发生在冷却过程中承受较高拉应力的部位,特别是在应力集中处,壁厚不均匀、形状复杂的大型铸件也容易产生冷裂纹。有些冷裂纹在开箱清理后即能发现;有些在水爆清砂后才被发现;有些则因铸件内部有很大残余应力,在清理和搬运过程中受到振击时形成。

低塑性脆化裂纹是铸件中常见的冷裂纹,它是某些低塑性材料冷却到较低温度时,由于体积收缩所引起的应变超过了材料本身所具有的塑性储备量时所产生的裂纹。这种裂纹通常无延迟现象,常发生在铸铁或硬质合金构件的成形加工中。例如,灰铸铁在400℃以下基本无塑性,形成铸造裂纹的倾向很大。

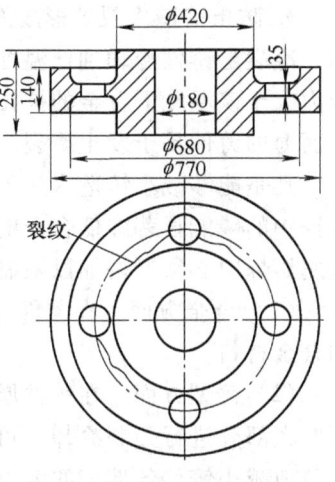

图 12-16 ZG35CrMn 齿轮毛坯产生的冷裂纹

冷裂纹比较明显,有时未经侵蚀即可发现。作断口检验时,可见冷裂纹处呈亮晶色;作显微观察时,可见裂纹穿过晶粒或枝晶网内部。冷裂纹的裂缝细小,呈连续直线状或圆滑曲线,裂口表面干净,具有金属光泽,有时有轻微氧化色。

图 12-16 所示为形状复杂的 ZG35CrMn 齿轮轮毂铸造毛坯,当壁厚不均匀时,在交界处会产生应力集中而导致冷裂纹的出现。由于轮毂开始收缩时受到已先冷却轮缘的阻碍,因此,在轮辐中产生拉应力,并由此而引发冷裂纹。

2. 铸造冷裂纹的形成

如前所述，铸件在室温附近出现的裂纹称为冷裂纹。其中主要与材料本身低塑性有关，不需要其他致脆因素作用而形成的冷裂纹称为低塑性脆化裂纹。低塑性材料如铸铁、硬质合金等，在加工冷至低温的过程中，由于收缩应力而产生的应变超过了材料本身所具有的塑性储备能力或材质变脆，常常会出现低塑性脆化裂纹。

这里简要分析铸铁中低塑性脆化裂纹的形成条件。

灰铸铁在化学成分上的特点是含碳量高，杂质元素磷、硫的含量高，一般情况下，$w_C = 2.7\% \sim 3.5\%$，$w_P < 0.30\%$，$w_S < 0.15\%$；在力学性能上的特点是强度低、低温下基本无塑性。因此，裂纹是加工铸铁时最易出现的一种缺陷，而且铸件中裂纹的扩展速度非常快，呈脆性断裂时常可听到较响的脆性断裂声音。若冷却速度很大，在铸件中出现白口组织，即珠光体+共晶渗碳体+二次渗碳体时，由于渗碳体（Fe_3C）的性能更脆，因此更容易出现裂纹。

铸铁中石墨的形状对抗裂性有很大影响，粗而长的片状石墨容易引起应力集中，故能降低铸铁的抗裂性；片状石墨的存在不仅减小了工件的有效截面，而且石墨如同刻槽一样，在其两端呈严重的应力集中状态。在一般情况下，裂纹的裂源往往是片状石墨的尖端。

若铸件中存在微量的铸造缺陷，如气孔、夹渣等，也可能产生裂纹。此外，有些铸件长期在高温下工作，使石墨片变得粗而长，基体又为铁素体，因而力学性能下降。

在铸造灰铸铁件时，若$w_P > 0.5\%$，则会出现大量网状磷共晶，从而使铸铁的冲击韧度急剧下降，并导致裂纹的出现。

3. 防止铸造冷裂纹形成的措施[3,19-21]

冷裂是铸件冷却到低温处于弹性状态时所产生的热应力和收缩应力的总和。如果此时的应力大于该温度下合金的抗拉强度，则产生冷裂纹。壁厚差别大、形状复杂的铸件，尤其是大而薄的铸件易于发生冷裂。

凡是能够减小铸造内应力或降低合金脆性的措施，都能防止冷裂纹的形成。例如，钢和铸铁中的磷能显著降低合金的冲击韧度、增加脆性，使合金容易产生冷裂倾向，因此，磷在金属熔炼中必须严格加以限制。防止或减少冷裂纹的具体措施主要有以下几种：

（1）合金方面 在零件能够满足工作条件的前提下，选择弹性模量和热收缩系数较小的合金材料。

（2）铸型方面 在铸件厚大部分放置冷铁，或采用蓄热系数较大的型砂，以及对铸件特别厚大部分进行强制冷却，可以使铸件在冷却过程中的温度分布均匀。此外，预热铸型还能有效地减小铸件各部分的温差，如在熔模铸造中，型壳在浇注前被预热到600~900℃。

（3）浇注条件 内浇口和冒口的位置应有利于铸件各部分温度的合理分布，使铸件在铸型内有足够的冷却时间。

（4）改进铸件结构 避免产生较大的应力和应力集中，铸件壁厚差要尽可能小，厚薄壁连接处要合理过渡，热节要小而且分散。

（5）减小残余应力 可采用时效的方法来减小铸件中的残余应力。

思考与练习

1. 什么是铸造应力？简述铸造应力的类型及各类铸造应力的形成原因。

2. 以应力框为例讨论金属在凝固和冷却过程中内应力的产生过程。
3. 影响铸造应力的因素有哪些？阐述减小铸造应力的途径和消除铸造应力的方法。
4. 铸件常见的变形方式有哪几种？分析铸件变形的影响因素和防止铸件变形的措施。
5. 什么是铸造冷裂纹？以灰铸铁为例，分析其冷裂纹产生的机理。
6. 分析影响铸造冷裂纹形成的因素及防止铸造冷裂纹的措施。

参 考 文 献

[1] 林小娉．材料成形原理 [M]．北京：化学工业出版社，2010．
[2] 樊自田．先进材料成形技术与理论 [M]．北京：化学工业出版社，2006．
[3] 刘全坤．材料成形基本原理 [M]．北京：机械工业出版社，2004．
[4] 吴树森，柳玉起．材料成形原理 [M]．北京：机械工业出版社，2008．
[5] 关绍康．材料成形基础 [M]．长沙：中南大学出版社，2009．
[6] 方亮．材料成形技术基础 [M]．北京：高等教育出版社，2008．
[7] 李庆春．铸件形成理论基础 [M]．北京：机械工业出版社，1982．
[8] 崔忠圻．金属学与热处理 [M]．北京：机械工业出版社，2004．
[9] 刘雅政．材料成形理论基础 [M]．北京：国防工业出版社，2004．
[10] 安阁英．铸造形成理论 [M]．北京：机械工业出版社，1990．
[11] 钱翰城．铸件挽救工程 [M]．重庆：重庆大学出版社，1996．
[12] 许镇宇．铸件的缺陷和原因分析 [M]．北京：科学技术出版社，1952．
[13] 美国铸造师协会．铸件缺陷分析 [M]．北京：机械工业出版社，1982．
[14] 林松波．铸件的缺陷和防止方法 [M]．北京：机械工业出版社，1986．
[15] 童幸生．材料成形技术基础 [M]．北京：机械工业出版社，2006．
[16] 季文华．呋喃树脂砂铸件常见缺陷及防止措施 [J]．现代铸铁，2006，26（5）．
[17] 丁大创．消除铸件密集性砂孔缺陷的途径 [J]．铸造技术，2008，29（6）．
[18] 彭兴礼．缺陷铸件的再制造技术 [C] //2009 全国铸件挽救工程技术年会论文集．重庆，2009．
[19] 廖淑华，樊自田，龙威，等．典型铸铁件缺陷与粘土型砂常用性能关系研究 [J]．铸造技术，2008，29（2）．
[20] 聂小武．荧光渗透检出的铸件缺陷成因分析及防止措施 [J]．无损检测，2005，27（8）．
[21] 朱锦伦．铸件热裂缺陷的分析与防止 [C] //中国铸造协会精铸分会第十届年会论文集．西安，2007．